WICHTIGE ÄHNLICHKEITSKENNZAHLEN

Symbol	Bezeichnung	Gleichung
Ar	Archimedes-Zahl	$Ar = \frac{\Delta\varrho}{\varrho}\frac{\mathbf{g}\,L_\varepsilon}{\nu^2} = \frac{\Delta\varrho}{\varrho}Ga$
		$= \frac{\Delta T}{T}\frac{\mathbf{g}\,L^3}{\nu^2} = \frac{\Delta T}{T}Ga$
		$= \frac{\Delta p}{p_0}\frac{\mathbf{g}\,L^3}{\nu^3} = \frac{\Delta p}{p_0}Ga$
Arr	Arrhenius-Zahl	$Arr = \frac{E}{\mathrm{R}\,T}$
Bi	Biot-Zahl	$Bi = \frac{\alpha\,L}{\lambda}$
Bo	Boltzmann-Zahl	$Bo = \frac{\varrho\,c_p\,v}{\sigma\,T^3}$
Bo	Bodenstein-Zahl	$Bo = \frac{v\,L}{D} = Sc\,Re$
Ca	Carnot-Zahl	$Ca = \frac{T_0}{T - T_0}$
Cl	Clausius-Zahl	$Cl = \frac{\varrho\,v^3\,L}{\lambda\,\Delta T}$
Eu	Euler-Zahl	$Eu = \frac{\Delta p}{\varrho\,v^2}$
Fo	Fourier-Zahl	$Fo = \frac{a\,t}{L^2} = \frac{\lambda}{c_p\,\varrho}\frac{t}{L^2}$
Fr	Froude-Zahl	$Fr = \frac{v}{\sqrt{\mathbf{g}\,L}} = \frac{v^2}{\mathbf{g}\,L}$
Ga	Galilei-Zahl	$Ga = \frac{\mathbf{g}\,L^3}{\nu^2} = \frac{\varrho^2\,\mathbf{g}\,L^3}{\eta^2}$
Gr	Grashof-Zahl	$Gr = \frac{\Delta T}{T}\frac{\mathbf{g}\,L^3}{\nu^2} = \beta\,\Delta T\frac{\mathbf{g}\,L^3}{\nu^2}$
		$= \frac{\Delta T}{T}\frac{\varrho^2\,\mathbf{g}\,L^3}{\eta^2}$
Gu	Guchman-Zahl	$Gu = \frac{T_G - T_0}{T_L - T_0}$
Gy	Gay-Lussac-Zahl-	$Gy = \frac{1}{\beta\,\Delta T}$

Symbol	Bezeichnung	Gleichung
Ho	Hooke-Zahl	$Ho = \frac{F}{E\,L^2}$
Ho	Homochronitäts-Zahl	$Ho = \frac{v\,t}{L}$
Ka	Karman-Zahl	$Ka = -\frac{\mathrm{d}p}{\mathrm{d}s}\frac{\varrho\,L^3}{\eta^2}$
		$= \sqrt{\frac{v_x^2 + v_y^2 + v_z^2}{3v^2}}$
Ki	Kirpičev-Zahl	$Ki = \frac{\dot{m}\,L}{\varrho\,K\,\Delta u}$
Ko	Konakov-Zahl	$Ko = \frac{\dot{m}\,c_p\,T}{\varepsilon_{ges}\,C_S\,T^4}$
Ko	Kossovič-Zahl	$Ko = \frac{r_S}{c\,\Delta T}$
Le	Lewis-Zahl	$Le = \frac{a}{D}$
		$= \frac{\lambda}{\varrho\,c_p\,D}$
		$= \frac{Sc}{Pr}$
Ma	Mach-Zahl	$Ma = \frac{v}{a}$
M	Margulis-Zahl	$M = \frac{\alpha}{c_v\,\varrho\,v}$
Ne	Newton-Zahl	$Ne = \frac{F}{\varrho\,v^2\,L^2}$
		$\triangleq \frac{F\,t}{m\,v}$
Nu	Nusselt-Zahl	$Nu = \frac{\alpha\,L}{\lambda}$

Symbol	Bezeichnung	Gleichung
Pe	Peclet-Zahl	$Pe = \frac{v\,L}{a}$
		$= \frac{\varrho\,c_p\,v\,L}{\lambda} = Re\,Pr$
Pr	Prandtl-Zahl	$Pr = \frac{\nu}{a} = \frac{\eta}{\varrho\,a} = \frac{Pe}{Re}$
Re	Reynolds-Zahl	$Re = \frac{v\,L}{\nu}$
		$= \frac{\varrho\,v\,L}{\eta}$
Sc	Schmidt-Zahl	$Sc = \frac{\nu}{D} = \frac{\eta}{\varrho\,D} = \frac{Bo}{Re}$
Sf	Stefan-Zahl	$Sf = \frac{\varepsilon\,C_S\,T^3\,L}{\lambda}$
Sh	Sherwood-Zahl	$Sh = \frac{\beta\,L}{D}$
Sp	Sparrow-Zahl	$Sp = \frac{\varepsilon_{ges}\,C_S\,T^4\,L}{\lambda\,T}$
Sr	Strouhal-Zahl	$Sr = \frac{f\,L}{v}$
St	Stanton-Zahl	$St = \frac{\alpha}{\varrho\,c_p\,v} = \frac{\alpha\,A}{\dot{m}\,c_p}$
		$= \frac{Nu}{Pe} = \frac{Nu}{Re\,Pr}$
Th	Thring-Zahl	$Th = \frac{\varrho\,c_p\,v}{\varepsilon\,C_S\,T^3}$
Wa	van-der-Waals-Zahl	$Wa = R\left(\frac{T}{p\,v}\right)_k$
We	Weber-Zahl	$We = \frac{v^2\,\varrho\,L}{\sigma_0}$
$\varkappa$	Isentropenexponent Adiabatenexponent	$\varkappa = \frac{c_p}{c_v}$

Grundlagen der Industrieofentechnik

Herausgegeben von
Rolf Steinhardt und Vladimir A. Krivandin

Mit 146 Bildern, 21 Tabellen
und 14 Anhängen

Springer-Verlag Berlin Heidelberg New York
London Paris Tokyo 1987

Herausgeber:

Prof. Dr.-Ing. Rolf Steinhardt
Prof. Dr. sc. techn. Vladimir A. Krivandin

Autoren:

V. A. Arutjunov
Ju. P. Filimonov
A. V. Jegorov
V. V. Kobachidse
V. A. Krivandin
B. S. Mastrjukov
G. S. Sborščikov
R. Steinhardt

Lizenzausgabe für den
Springer-Verlag Berlin Heidelberg New York London Paris Tokyo
Vertriebsrechte für die nichtsozialistischen Länder:
Springer-Verlag Berlin Heidelberg New York London Paris Tokyo
Vertriebsrechte für die sozialistischen Länder:
VEB Deutscher Verlag für Grundstoffindustrie, Leipzig

ISBN 978-3-642-51116-5 ISBN 978-3-642-51115-8 (eBook)
DOI 10.1007/978-3-642-51115-8

CIP-Kurztitelaufnahme der Deutschen Bibliothek
Grundlagen der Industrieofentechnik/hrsg. von
Rolf Steinhardt; Vladimir A. Krivandin.
[Autoren: V. A. Arutjunov...]. – Berlin; Heidelberg;
New York; London; Paris; Tokyo: Springer,
1987.

NE: Steinhardt, Rolf [Hrsg.]

Softcover reprint of the hardcover 1st edition 1987

2160/3020-543210

Geleitwort

Die weitere Entwicklung der Industrie ist unter anderem mit der Erhöhung der Effektivität der vorhandenen Produktionsanlagen verbunden, was auch eine Erhöhung der Produktivität und eine Senkung des spezifischen Energieverbrauches der Anlagen erfordert. Das trifft in starkem Maße auf Wärmeanwendungsanlagen (Industrieöfen u. a.) zu, die besonders in solchen Industriezweigen wie der Schwarz- und Buntmetallurgie, dem Maschinenbau, der chemischen Industrie, der Baustoff-, Glas- und Keramikindustrie und anderen Volkswirtschaftszweigen weit verbreitet sind.
Die bedeutende Rolle, die die Industrieöfen in den modernen Produktionsprozessen spielen, erfordert Spezialisten für deren Entwicklung und deren qualifizierten Betrieb, die in Einrichtungen der Entwicklung, des Baues und dem Produktionsbetrieb wirksam werden. Dieser Bedeutung Rechnung tragend, werden in den Hochschulen entwickelter Industrieländer Spezialisten der industriellen Wärmetechnik ausgebildet die sowohl mit theoretischen Grundlagen als auch deren Anwendung vertraut gemacht werden. Die Grundlagen dieses Fachgebietes werden im vorliegenden Werk für die Teilgebiete technische Thermodynamik, Strömungsmechanik, Ähnlichkeitstheorie und Modelltechnik, Wärme- und Stoffübertragung, Brennstoffe, Verbrennungstheorie und Wärmeentbindung, Erwärmung und Schmelzen von Werkstoffen sowie Trocknungstechnik dargestellt.
Der angewandte Teil des Fachgebietes Industrieofentechnik wird in einem z. Z. in Vorbereitung befindlichen Buch mit den Schwerpunkten Grundlagen des wärmetechnischen Betriebes, Brenner und Feuerungen, Ofenbaustoffe, mechanische Ausrüstungen, Nutzung der Sekundärenergie, Abgasreinigung und Umweltschutz sowie Konstruktion von brennstoff- und elektrisch beheizten Industrieöfen (für die Schwarz- und Buntmetallurgie sowie die metallverarbeitende Industrie) behandelt.
Im Interesse des Qualifizierungsprozesses für Spezialisten der Industrieofentechnik wurde die Herausgabe in zwei Büchern – theoretische Grundlagen und angewandte Probleme getrennt zu behandeln – gewählt. Beide Bücher wurden unter Berücksichtigung der neuesten Erkenntnisse auf dem Gebiet der theoretischen Grundlagen und auch der Praxis des Baues, des Betriebes moderner Ofenanlagen und deren Elemente geschrieben.

Moskau *Vladimir A. Krivandin*

Vorwort

Jeder Fachmann der Wärmetechnik weiß von der Bedeutung, die Industrieofenanlagen in modernen Produktionsprozessen besitzen. Nachdem in den letzten Jahrzehnten bedeutende Fortschritte auf dem komplizierten Gebiet der Wärmetechnik erzielt wurden, ist heute völlig unbestritten, daß sich die Industrieofentechnik in der jüngsten Entwicklung von Wissenschaft und Technik als ein selbständiges Fachgebiet etabliert hat. Es gibt nach einer Periode partieller Ofentheorien einen deutlichen Trend zu einer Gesamttheorie des Industrieofens als einer bedeutenden Wärmeanwendungsanlage. Das bedeutet für die Industrieofentechnik, daß bei der Herstellung, Verarbeitung und Veredlung von Werkstoffen mit sinkender spezifischer Werkstoffmasse und geringerem spezifischem Energieträgereinsatz mehr und bessere Erzeugnisse bereitgestellt werden müssen. Diese Aufgabe ist ohne die Weiterentwicklung der Industrieofentechnik nicht lösbar.
Im vorliegenden Buch werden bewußt Grundlagenkenntnisse der technischen Thermodynamik, der Strömungsmechanik, der Ähnlichkeitstheorie und Modelltechnik, der Wärme- und Stoffübertragung, der Verbrennungslehre, der Erwärmung, des Brennens und Schmelzens von Werkstoffen und der Trocknungstechnik auf der Basis physikalisch-chemischer Gesetzmäßigkeiten gezielt für deren Nutzung in der Industrieofentechnik dargestellt. Gelegentlich sich wiederholende Bezüge sind dabei beabsichtigt, um das notwendige komplexe Fachdenken für Koppelprozesse zu entwickeln.
Bei der Bearbeitung der deutschsprachigen Ausgabe habe ich mich bemüht, die gegenwärtig gebräuchlichen Größenbenennungen möglichst einheitlich anzuwenden. Dabei wurden einerseits internationale Empfehlungen für Formelzeichen und Einheiten weitgehend berücksichtigt und andererseits eine Einheitlichkeit zur vorhandenen Fachliteratur gesucht.
Die Herausgeber sind der Hoffnung, mit dem Gesamtwerk – dem Buch über theoretische Grundlagen und dem über angewandte Probleme der Industrieofentechnik – einen Beitrag für die Qualifizierung der Entwicklung, des Baues und des rationellen Betriebes hochleistungsfähiger, mechanisierter und automatisierter Industrieöfen zu leisten und damit einem dringenden Bedürfnis der Technik gerecht zu werden.
Meinem sehr verehrten Fachkollegen Prof. *V. A. Krivandin* bin ich für die entgegenkommenden Diskussionen beim Entstehen des Manuskriptes ebenso verpflichtet, wie all seinen Fachkollegen des Moskauer Institutes für Stähle nd Legierungen.

Freiberg *Rolf Steinhardt*

Inhaltsverzeichnis

Anhang

Einführung

Die Herstellung und Verarbeitung von Werkstoffen, die Grundlage für moderne Technik sind, ist ohne komplizierte und i. allg. mit energieintensiven Hochtemperaturprozessen verbundenen Technologien nicht denkbar. Die Weiterentwicklung der Metallurgie, der Glas- und Keramikindustrie und anderer Industriezweige erfordert deshalb eine Vervollkommnung energieintensiver Technologien sowie die Erarbeitung und Einführung neuer energotechnologischer Lösungen. Es ist leicht erkennbar, daß sich die Metallurgie und andere Industriezweige nur weiterentwickeln können, wenn deren wärmetechnischen (thermophysikalischen) Prozesse weiter erforscht und qualifiziert werden. Die Herstellung von Roheisen im Hochofen z. B. ist ohne die Beherrschung komplexer thermophysikalischer Prozesse, die im Nutzraum dieser Öfen ablaufen, undenkbar. Dazu gehören u. a. die Prozesse der Verbrennung von Koks, der Hydrodynamik von Schichten sowie die Wärme- und Stoffübertragung in Möllersäulen und auch deren Zusammenhänge mit der Windvorwärmung. Die Rationalisierung der Erzeugung von Roheisen war immer mit einer besseren wissenschaftlichen Durchdringung dieser komplexen Vorgänge verbunden. Die Praxis der jüngsten Vergangenheit zeigt, daß solche Maßnahmen in der Hochofenproduktion wie die Vergrößerung des Nutzraumes, das Einblasen von Erdgas, Heizöl oder Kohlenstaub, die Anreicherung des Windes mit Sauerstoff, die Erhöhung des Ofenraumdruckes u. a. nur realisierbar und effektiv nutzbar sind, wenn die damit verbundenen thermophysikalischen Prozesse als Grundlage des Hochofenprozesses beherrscht werden.
Auch bei einer Analyse der Fortschritte der Stahlerzeugungsprozesse in Konvertern, der Elektrostahl- und der Herdschmelzofenverfahren ist deutlich zu erkennen, daß die thermophysikalischen Vorgänge und deren bessere Beherrschung eine fundamentale Rolle spielen.
Die gegenwärtig schnelle Entwicklung der Sauerstoff-Konverterverfahren für die Stahlerzeugung ist nur möglich, weil die Prozesse zwischen Sauerstoffstrahl und Metallbad immer besser beherrscht werden. Dies ist aber ein komplizierter thermophysikalischer Komplex von Prozessen der Stoff- und Wärmeübertragung.
Auch alle Bemühungen, die Herdschmelzverfahren zu intensivieren, basieren auf dem tieferen Eindringen in die hydrodynamischen Vorgänge von Schmelzbädern und deren Nutzung für die gezielte Beeinflussung der Wärme- und Stoffübertragung. Dabei stehen sowohl bei den Elektroschmelzprozessen als beispielsweise auch bei der Entwicklung von Doppelherdöfen die thermischen Prozesse im Vordergrund.
Die große Bedeutung der wärmetechnischen Prozesse ist nicht nur für die Schmelzmetallurgie zutreffend, sondern auch in den weiteren Verarbeitungsstufen der Formgebung und Vergütung. Die Leistungsfähigkeit und Qualitätsarbeit von Walzwerks-, Schmiede- und sonstigen Formgebungsausrüstungen wird entscheidend durch thermische Parameter beeinflußt. In speziellen Ofenanlagen für die thermische und thermochemische Vergütung von Werkstoffen werden Effekte der Qualitätssteigerung ausschließlich durch gekoppelte und gesteuerte Wärme- und Stoffübertragungsvorgänge erzielt.
An vielen Beispielen läßt sich zeigen, daß die thermophysikalischen Vorgänge nicht nur in der Schwarz- und Buntmetallurgie, sondern auch in solchen Industriezweigen wie der metallverarbeitenden Industrie, der chemischen Industrie, der Glas- und Keramikindustrie und in anderen Bereichen wichtige Produktionsprozesse darstellen.

Im modernen Verständnis ist der Industrieofen eine Wärmeanwendungsanlage, in der Prozesse der Wärmeentbindung aus diesem oder jenem Energieträger ablaufen und in dem Wärme zu diesen oder jenen technologischen Zielen an ein Wärmgut übertragen wird. In der Mehrzahl verlaufen die technologischen Prozesse, die in Industrieöfen realisiert werden, bei hohen Temperaturen und erfordern deshalb einen erheblichen Energieverbrauch. Die große Energieintensität der Industrieofenprozesse und die Beherrschung der wärmetechnischen Vorgänge bestimmen den Energieverbrauch von Ofenanlagen. Deshalb wird über die gezielte Nutzung der Wärmetechnik für Industrieofenprozesse nicht nur Einfluß auf die Kenngrößen der Ofenanlagen genommen, sondern auch auf die solcher wichtigen Gebiete wie der Nutzung von Sekundärenergie und der Umweltbelastungen. Diese bedeutenden Tatsachen sind die Ursache dafür, daß sich die Industrieofentechnik als selbständiges Gebiet der technischen Physik entwickelt hat und die Grundlagenkenntnisse der Verbrennungstheorie, der Strömungsmechanik, der Wärme- und Stoffübertragung in festen, flüssigen und gasförmigen Körpern für dieses spezielle Anwendungsgebiet weiterentwickelt.
Im vorliegenden Werk zur Industrieofentechnik werden die theoretischen Grundlagen der oben genannten technischen Teilgebiete in zusammengefaßter Form zielgerichtet dargestellt. In einer folgenden Monographie werden dann die Fragen von Bau und Betrieb dieser speziellen, aber weit verbreiteten Wärmeanwendungsanlagen dargestellt.
Die Industrieofentechnik hat sich wie jede Wissenschaft in einem Meinungsstreit entwickelt. Einen bedeutenden Beitrag haben dabei russische und sowjetische Wissenschaftler geleistet. Der bekannte russische Wärmetechniker und Metallurge *V. E. Groume-Grjimailo* hat in den Jahren 1905 bis 1906 die Grundlagen der »*Hydraulischen Ofentheorie*« geschaffen. Obwohl heute Teile der hydraulischen Ofentheorie nur noch eingeschränkt Bedeutung haben, hat sie international wesentlich zur Entwicklung beigetragen. Auch die sogenannte »*Energetische Ofentheorie*«, die im wesentlichen auf dem Energiedurchsatz eines Ofens basierte, hat ihre Bedeutung verloren. In den letzten Jahrzehnten entwickelten sich die Industrieöfen zu hochleistungsfähigen, mechanisierten und automatisierten Anlagen, deren Leistungsfähigkeit aber immer mehr von der besseren Beherrschung der Wärme- und Stoffübertragungsprozesse im Arbeitsraum des Ofens abhängt.
M. A. Glinkov hat viele Jahre an der Schaffung einer modernen Ofentheorie gearbeitet, die 1959 durch die fundamentale Monographie als »*Allgemeine Ofentheorie*« bekannt wurde. In dieser Arbeit wird eine tiefgehende Analyse der energetischen Vorgänge im Industrieofen verallgemeinert vorgelegt. *Glinkov* hat mit diesem Werk klargestellt, daß der technologische Hauptprozeß in Industrieöfen die Wärmeübertragung (Enthalpieänderung) an das Wärmgut ist. Er hat nachgewiesen, daß die Teilprozesse Wärmeentbindung, Gasströmung, Konstruktion des Ofenraumes u. a. mit der bestmöglichen (notwendigen) Wärmeübertragung an das Wärmgut gekoppelt sind und von diesem Hauptprozeß bestimmt werden.
Die Wärme- und Stoffübertragungsprozesse, die in Ofenräumen ablaufen, sind kompliziert und vielfältig. Zu ihrer Analyse werden die Möglichkeiten modernster mathematischer Erkenntnisse genutzt, die für die Schaffung und Nutzung entsprechender mathematischer Modelle notwendig sind. Solche mathematischen Modelle finden in der Industrieofentechnik immer breitere Anwendung, da physikalische Experimente an den Ofenanlagen oft schwierig und aufwendig und z. T. sogar unmöglich sind. Deshalb entwickelt sich die mathematische Modellierung als ein sehr nützliches und zukunftsträchtiges Teilgebiet der Industrieofentechnik. Viele moderne, hochleistungs-

fähige Ofenanlagen, die mit adaptierten mathematischen Modellen über Rechner gesteuert werden, zählen heute schon zu den vollautomatisierten Produktionsanlagen, deren Zahl gegenwärtig weiter zunimmt.
Die Weiterentwicklung der Industrieofentechnik fordert in naher Zukunft die Weiterentwicklung der theoretischen Grundlagen und ganz besonders deren Nutzung im Sinne der theoretischen Erkenntnisse von *Glinkov*. Das bedeutet, daß die thermophysikalischen Prozesse im Arbeitsraum der Industrieöfen durch mathematische Modelle erfaßt, theoretisch untersucht und mit entsprechend adaptierten Modellen für die Prozeßführung bis zur vollständigen Automatisierung der Ofenprozesse genutzt werden. Praktisch bedeutet das auch, daß die Weiterentwicklung von Konstruktionen und die weitere Rationalisierung des Betriebes von hochleistungsfähigen Industrieöfen, die der Forderung moderner Fließproduktion entsprechen, nur möglich ist, wenn die thermophysikalischen Grundlagen der Schmelz-, Brenn- und Erwärmungsprozesse besser beherrscht werden.

1 Grundlagen der technischen Thermodynamik

1.1. Gegenstand und Grundbegriffe der technischen Thermodynamik

Thermodynamik ist das Gebiet der Wissenschaft, das sich mit der Wandlung der Energie beschäftigt. Die technische Thermodynamik befaßt sich mit Energiewandlungsprozessen, die in technischen Einrichtungen (Wärmeanwendungsanlagen) ablaufen. Diese Vorgänge umfassen eine Vielzahl von Gebieten und Anlagen der modernen Technik (z. B. Ofenanlagen, Gebläse, Kompressoren, Turbinen, Verbrennungsmotoren, Dampfkessel u. a.). Sie haben deshalb in der Metallurgie, der chemischen Industrie, der Glas-Keramik-Industrie, der metallverarbeitenden Industrie und in anderen Industriezweigen eine außerordentliche Bedeutung.

Die Ergebnisse, die mit den Methoden der technischen Thermodynamik gewonnen werden, spielen bei der Weiterentwicklung von wärmetechnischen Anlagen und der Qualifizierung ihres Betriebes in den unterschiedlichsten Spezialgebieten der Technik eine hervorragende Rolle.

1.1.1. Thermodynamisches System

Das *thermodynamische System* ist einer der wichtigsten Begriffe der Thermodynamik. Er ist eng mit dem Wesen der thermodynamischen Methode verknüpft.

Als thermodynamisches System wird ein Körper (oder eine Gesamtheit von Körpern) bezeichnet, der von der Umgebung durch eine reale oder fiktive (gedachte) Oberfläche abgegrenzt ist, durch die das betrachtete System mit der Umgebung in Wechselwirkung treten kann. Deshalb ist eine der wichtigsten Besonderheiten der *thermodynamischen Methode* die Tatsache, daß das thermodynamische System getrennt von seiner Umgebung untersucht und die Umgebung nur vom Standpunkt der Wechselwirkungen mit diesem System betrachtet wird.

Als *Zustand eines thermodynamischen Systems* bezeichnet man die Gesamtheit all seiner Eigenschaften. Wenn der Zustand des Systems über der Zeit unverändert ist, spricht man vom *Gleichgewichtszustand.* Ein solcher Zustand ist bei der Erfüllung der drei folgenden Bedingungen vorhanden:

1. Bei Vorhandensein eines *thermischen Gleichgewichtes*, d. h., es gibt keine Tempera turgradienten innerhalb des Systems und keine Temperaturdifferenz zur Umgebung.
2. Bei Vorhandensein eines *mechanischen Gleichgewichtes*, d. h., es gibt keine Druckgradienten innerhalb des Systems und keine Druckdifferenz zur Umgebung.
3. Bei Vorhandensein eines *chemischen Gleichgewichtes*, d. h., es gibt über der Zeit keine Veränderung der chemischen Zusammensetzung des Systems.

Wenn sich ein System im Gleichgewicht befindet, kann es nur durch eine äußere Einwirkung aus diesem Gleichgewicht gebracht werden.

1.1.2. Zustandsparameter und innere Energie

Der Zustand eines Systems wird durch eine begrenzte Zahl von Größen beschrieben, die diesen Zustand eindeutig beschreiben und *Zustandsparameter* genannt werden.
Bei Systemen von Fluiden (Gase und Flüssigkeiten), die für die technische Thermodynamik von größtem Interesse sind und in denen keine chemischen Reaktionen ablaufen, sind dies die Zustandsparameter

- absoluter Druck p (Pa),
- spezifisches Volumen v (m^3/kg),
- thermodynamische Temperatur T (K).

Da diese Zustandsparameter voneinander nicht unabhängig sind, sondern durch die *Zustandsgleichung* miteinander im Verhältnis stehen, bestimmen zwei von ihnen den Zustand des Systems.
Ein beliebiger flüssiger oder gasförmiger Körper besteht aus Molekülen, die bei einer beliebigen Temperatur, die von 0 K abweicht, chaotische thermische Bewegungen oder thermische Schwingungen ausführen. Die kinetische Energie dieser thermischen Bewegungen wird als *innere kinetische Energie* bezeichnet.
Andererseits existiert in Abhängigkeit von der Beeinflussung der Moleküle untereinander eine *innere potentielle Energie.* Die Summe von innerer kinetischer und innerer potentieller Energie wird als innere Energie eines Körpers (oder Systems) bezeichnet. Sie stellt eine der wichtigsten Größen und einen fundamentalen Begriff der Thermodynamik dar.

1.1.3. Wärme und Arbeit

Im Verlauf eines *thermodynamischen Prozesses* ändert sich die innere Energie des Systems, da zwischen System und Umgebung eine *Energieübertragung* stattfindet. An das System kann dabei Energie aus der Umgebung übertragen oder umgekehrt Energie vom System an die Umgebung abgegeben werden. Die Energieübertragung zwischen dem thermodynamischen System und der Umgebung kann sowohl in Form von *Wärme* als auch in Form *mechanischer Arbeit* realisiert werden.
Wärme wird auch als *mikroskopische Form der Energieübertragung* zwischen dem thermodynamischen System und der Umwelt bezeichnet. Diese Bezeichnung bezieht sich auf die Tatsache, daß die Mikroteile des Systems (Moleküle und Atome) einen Teil ihrer Energie an die Umgebung übertragen, oder umgekehrt Energie aus der Umge-

bung auf sie übertragen wird (durch die bekannten Arten des Wärmetransportes). Die *Wärmeübertragung* zwischen Körper (System) und Umgebung geht ohne Änderung der Form und der Maße des Körpers vor sich.
Mechanische Energie wird als *makroskopische Form der Energieübertragung* zwischen System und Umwelt bezeichnet. Sie geht bei einer Änderung der Form und/oder des Volumens des Körpers vor sich. Wenn z. B. die Oberfläche A, die das Volumen einer Masseeinheit eines Gases begrenzt, mit einem Druck p belastet wird, so ist die spezifische Arbeit, die durch die Kraft pA bei der Verschiebung der Oberfläche um die Größe $\mathrm{d}x$ geleistet wird:

$$\mathrm{d}w = pA\,\mathrm{d}x = p\,\mathrm{d}v \quad (\mathrm{J/kg}) \tag{1.1-1}$$

(v spezifisches Volumen ($\mathrm{m^3/kg}$); w spezifische Arbeit (J/kg);
A spezifische Oberfläche ($\mathrm{m^2/kg}$); p Druck ($\mathrm{N/m^2} = \mathrm{Pa}$); x Weg (m))

Wärme und mechanische Arbeit sind also keine eigenständigen Arten der Energie, sondern sie sind nur unterschiedliche Formen der Übertragung von innerer Energie zwischen dem thermodynamischen System und der Umwelt. In der technischen Thermodynamik wird die Energie, die an das System übertragen wird, als positiv bezeichnet. Umgekehrt ist die Energie, die vom System an die Umwelt übertragen wird, negativ. In der technischen Literatur wird jedoch die Arbeit, die ein System verrichtet, i. allg. mit den umgekehrten Vorzeichen versehen. Das heißt, wenn ein System eine Arbeit gegen eine äußere Kraft verrichtet, also ein Teil seiner inneren Energie in Form von Arbeit an die Umgebung übertragen wird (z. B. Ausdehnung eines Gases), leistet es eine positive Arbeit, und umgekehrt, wenn an ein System von der Umgebung Arbeit geleistet wird (z. B. Verdichtung eines Gases), so ist diese negativ.[1])
In unterschiedlichen technischen Anlagen und Einrichtungen, z. B. bei *Wärmekraftmaschinen*, sind Prozesse der Energieübertragung in Form von Wärme aus der Umgebung an das thermodynamische System und die Übertragung einer Arbeit dieses Systems an die Umgebung weit verbreitet. Diese Vorgänge werden als Wandlungsprozesse von Wärme in Arbeit bezeichnet. Es ist verständlich, daß vorgenannte Wandlungsprozesse nur an Körpern realisiert werden können, die sich ausdehnen können. Es handelt sich hier also um Gase und Dämpfe als thermodynamisches System.
Aus dem Dargestellten ist ersichtlich, daß für den Ablauf eines thermodynamischen Prozesses eine gegenseitige Beeinflussung zwischen System und Umgebung erfolgen muß, die durch Übertragung von Wärme oder Arbeit (bzw. beides gleichzeitig) gekennzeichnet ist. Es ist verständlich, daß unter solchen Bedingungen das System im Ergebnis der Beeinflussung durch die Umgebung aus dem Gleichgewicht gebracht wird. Im weiteren werden jedoch zunächst *Gleichgewichtsprozesse*, die als *reversible Prozesse* bezeichnet werden, betrachtet.
Reversible Prozesse nennt man solche, die eine Folge von Gleichgewichtszuständen darstellen, d. h., daß sich im Prozeßverlauf das System in jedem beliebigen Zeitmoment im Gleichgewicht befindet. Deshalb ist nach Prozeßablauf in der einen und dann in umgekehrter Richtung im Gleichgewicht weder im System noch in der Umgebung eine Veränderung vorhanden. Eben deshalb nennt man diese Prozesse reversibel. Ein solcher Prozeß ist eine Abstraktion, eine Idealisierung eines realen Prozesses. In der Praxis sind alle realen Prozesse irreversibel. Dennoch ist dieses Herangehen sehr nütz-

[1]) Im vorliegenden Lehrbuch wird im Interesse eines einheitlichen Vorgehens die gleiche Vorzeichensetzung für Wärme und mechanische Arbeit verwendet.

lich, da es erlaubt, den thermodynamischen Gleichgewichtszustand für die Untersuchung realer Prozesse zu verwenden. In der Praxis kann man einen dem reversiblen Prozeß nahen Zustand erreichen, wenn die Zustandsänderungen am System sehr langsam verlaufen, d. h. bei sehr kleinen Differenzen von Temperatur oder Druck.
In der Thermodynamik, besonders in der technischen Thermodynamik, werden graphische Methoden der Darstellung von Prozessen oft verwendet. Sie sind übersichtlich und erleichtern das Verständnis und die Berechnungen.

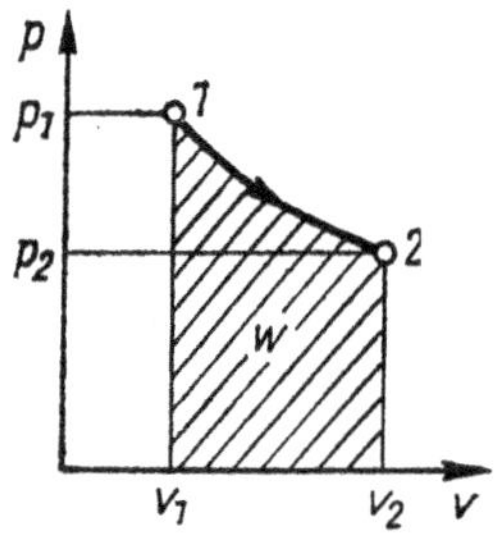

Bild 1.1-1. *p-v*-Diagramm

Weit verbreitet ist das *p-v-Diagramm*, bei dem auf der Ordinate der *absolute Druck p* über dem *spezifischen Volumen v* (Abszisse) abgetragen wird. Bild 1.1-1 zeigt den Prozeß der Ausdehnung von 1 kg Gas vom Zustand *1* zum Zustand *2*. Es ist offensichtlich, daß die Fläche zwischen der Kurve, die den Prozeß im *p-v*-Diagramm beschreibt, und der Abszisse der Arbeit äquivalent ist, die vom Gas im Prozeß geleistet wird (bei maßstäblicher Darstellung). Nach Gl. (1.1-1) ergibt sich die *spezifische Arbeit w* eines thermodynamischen Prozesses als

$$w = \int_{v_1}^{v_2} p \, dv \qquad (\mathrm{J/kg}) \qquad (1.1\text{-}2)$$

d. h., die Arbeit w entspricht der Fläche unter der Kurve $1 \rightarrow 2$ in Bild 1.1-1.

1.1.4. Ideales Gas

Als wichtiger Begriff der Thermodynamik dient das *ideale Gas*. Es wird als ein solches Gas dargestellt, dessen Moleküle ein Volumen von Null einnehmen und bei dem keine zwischenmolekularen Kräfte vorhanden sind. Die Moleküle eines solchen Gases werden als materielle Punkte behandelt, die sich gegenseitig nur durch elastische Stöße beeinflussen. Die Tatsache, daß im idealen Gas keine gegenseitigen Kräfteeinflüsse vorliegen, bedeutet, daß die innere potentielle Energie ebenfalls gleich Null ist. Folglich ist die innere Energie eines idealen Gases gleich der inneren kinetischen Energie und damit proportional der Temperatur.
Die *Zustandsgleichung eines idealen Gases* (der Zusammenhang zwischen p, v und T) erhält man durch die Verallgemeinerung der bekannten Gasgesetze (nach *Boyle-Mariotte*, *Gay-Lussac* und *Charle*) für 1 kg Gas:

$$pv = R_i T \qquad (1.1\text{-}3)$$

R_i ist dabei die *spezifische Gaskonstante* (J/(kg K)) des betreffenden Gases. Sie hängt von der physikalischen Natur des Gases ab und ist mit der *universellen (molaren) Gas-*

konstante R (J/(kmol K)) über die Gleichung $R_i = R/M_i$ verbunden. M_i ist die molare Masse des Gases (kg/kmol). Für eine Masse m (kg) eines Gases, die das Volumen $V = vm$ einnimmt, ist die Zustandsgleichung dann:

$$pV = mR\,T \tag{1.1-4}$$

Setzt man in Gl. (1.1-4) anstelle der Masse m die molare Masse M und anstelle des Volumens das *molare Volumen* V_M (m³/kmol) ein, erhält man unter Berücksichtigung, daß $R_i M_i = R$, die Zustandsgleichung für ein Kilomol eines idealen Gases:

$$pV_M = RT \tag{1.1-5}$$

Bei Normbedingungen ($T_0 = 273{,}15$ K und $p_0 = 101{,}325$ kPa) ist das molare Volumen $V_M = 22{,}4$ m³/kmol. Der physikalische Sinn der spezifischen Gaskonstante wird später erklärt.
Der Begriff »*ideales Gas*« ist eine Abstraktion – ein Modell – für ein reales Gas, das dann genutzt werden kann, wenn die Zustandsparameter einen Arbeitszustand beschreiben, der genügend weit vom Phasenübergang flüssig – gasförmig entfernt ist.

1.1.5. Spezifische Wärmekapazität

Als *spezifische Wärmekapazität* wird die Wärmemenge bezeichnet, die erforderlich ist, um die Einheit eines Stoffes um die Temperatur 1 K zu ändern. In Abhängigkeit davon, auf welche Einheit des Stoffes Bezug genommen wird, unterscheidet man:

- die massebezogene (spezifische) Wärmekapazität c (J/(kg K)),
- die volumenbezogene (spezifische) Wärmekapazität c^* (J/(m³K)),
- die molare (spezifische) Wärmekapazität C (J/(kmolK))

In der technischen Thermodynamik und in der Wärmetechnik wird meistens die massebezogene (spezifische) Wärmekapazität verwendet. Deshalb wird diese Größe im weiteren benutzt. Die *volumenbezogene* und die *molare Wärmekapazität* sind mit der massebezogenen folgendermaßen verknüpft:

$$c^* = c\,\varrho = \frac{c}{V}$$

$$C = c\,M_i$$

(ϱ Dichte des Stoffes (kg/m³); M_i molare Masse (kg/kmol)); V Volumen (m³))

Nach den bisherigen Darstellungen ist dann die massebezogene (spezifische) Wärmekapazität:

$$c = \mathrm{d}q/\mathrm{d}T \quad (\mathrm{J/(kgK)}) \tag{1.1-6}$$

(q Wärmemenge, bezogen auf 1 kg Masse (J/kg))

Die Wärmekapazität ist allgemein eine Funktion der Temperatur. Die Gl. (1.1-6) b - stimmt die Wärmekapazität bei einer gegebenen (bestimmten) Temperatur und wird als wahre spezifische Wärmekapazität bezeichnet.
In der Praxis wird die mittlere spezifische Wärmekapazität für ein bestimmtes Temperaturintervall verwendet. Geht man davon aus, daß ein thermodynamischer Prozeß

in einem Temperaturintervall (T_1, T_2) abläuft, dann wird der Wert der *mittleren spezifischen Wärmekapazität:*

$$c_m \Big|_{T_1}^{T_2} = \frac{1}{T_2 - T_1} \int_{T_1}^{T_2} c(T)\, dT \tag{1.1-7}$$

$c(T)$ wahre spezifische Wärmekapazität bei der Temperatur T (kJ/(kg K))

In der Literatur werden meist Werte für das Temperaturintervall von der Temperatur des Eispunktes $T_0 = 273{,}15$ K (0 °C) und der gegebenen Prozeßtemperatur T angegeben. Für Berechnungen müssen also i. allg. Werte der mittleren spezifischen Wärmekapazitäten in den Intervallen T_0, T_1 und T_0, T_2 verwendet werden. Dafür wird der rechte Teil der Gl. (1.1-7) als Summe für die beiden genannten Intervalle geschrieben:

$$\int_{T_1}^{T_2} c(T)\, dT = \int_{T_0}^{T_2} c(T)\, dT - \int_{T_0}^{T_1} c(T)\, dT$$

wenn

$$c_m \Big|_{T_0}^{T_1} = \frac{1}{T_1 - T_0} \int_{T_0}^{T_1} c(T)\, dT$$

und

$$c_m \Big|_{T_0}^{T_2} = \frac{1}{T_2 - T_0} \int_{T_0}^{T_2} c(T)\, dT$$

sowie

$$\int_{T_0}^{T_1} c(T)\, dT = c_m \Big|_{T_0}^{T_1} (T_1 - T_0)$$

$$\int_{T_0}^{T_2} c(T)\, dT = c_m \Big|_{T_0}^{T_2} (T_2 - T_0)$$

dann ist:

$$\int_{T_1}^{T_2} c(T)\, dT = c_m \Big|_{T_0}^{T_2} (T_2 - T_0) - c_m \Big|_{T_0}^{T_1} (T_1 - T_0)$$

Setzt man dieses Ergebnis in Gl. (1.1-7) ein, so erhält man:

$$c_m \Big|_{T_1}^{T_2} = \frac{c_m \Big|_{T_0}^{T_2} (T_2 - T_0) - c_m \Big|_{T_0}^{T_1} (T_1 - T_0)}{T_2 - T_1} \tag{1.1-8}$$

Mit Gl. (1.1-8) kann man den Wert der mittleren spezifischen Wärmekapazität für beliebige Temperaturintervalle mit Hilfe der genannten Tabellenwerte errechnen.

Die spezifische Wärmekapazität hängt von der Art des thermodynamischen Prozesses ab und kann theoretisch beliebige Werte von $-\infty$ bis $+\infty$ annehmen. In dieser unendlichen Menge von Werten der *Wärmekapazität* sind die Werte *bei konstantem Druck (isobare)* c_p und *bei konstantem Volumen (isochore)* c_v von besonderem Interesse. Für ideale Gase werden diese Werte für die Masse 1 kg bei einer Temperaturänderung um den Wert $\mathrm{d}T$ bestimmt. Wenn die Erwärmung des Gases bei konstantem Volumen erfolgt, dann wird die ihm übertragene Wärmemenge $\mathrm{d}q_v$ nur für die Vergrößerung der inneren Energie genutzt, da keine mechanische Arbeit geleistet wird. Wenn die Erwärmung jedoch bei konstantem Druck erfolgt, dann wird die übertragene Wärmemenge $\mathrm{d}q_p$ sowohl für die Vergrößerung der inneren Energie als auch für die Verrichtung von Arbeit verwendet. Folglich ist die Differenz $\mathrm{d}q_p - \mathrm{d}q_v$ gleich der mechanischen Arbeit, die in einem elementaren isobaren Prozeß geleistet wird, und entsprechend Gl. (1.1-1):

$$\mathrm{d}q_p - \mathrm{d}q_v = p\,\mathrm{d}v \tag{1.1-9}$$

Entsprechend der Definition für die Wärmekapazität nach Gl. (1.1-6):

$$\mathrm{d}q_p = c_p\,\mathrm{d}T \quad \text{und}$$

$$\mathrm{d}q_v = c_v\,\mathrm{d}T$$

Differenziert man die Zustandsgleichung des idealen Gases (Gl. (1.1-3) und berücksichtigt, daß $p = \text{const}$, erhält man:

$$p\,\mathrm{d}_v = R_i\,\mathrm{d}T$$

Setzt man diesen Ausdruck in Gl. (1.1-9) ein und dividiert beide Seiten durch $\mathrm{d}T$, erhält man die Beziehung zwischen isobarer (c_p) und isochorer (c_v) spezifischer Wärmekapazität eines idealen Gases. Dann ist

$$c_p - c_v = R_i \tag{1.1-10}$$

Gl. (1.1-10) wird als *Mayersche Gleichung* bezeichnet. Wie aus der Ableitung hervorgeht, ist

$$R_i = \mathrm{d}w_p/\mathrm{d}T$$

$\mathrm{d}w_p$ ist die elementare Arbeit, die von 1 kg Gas im isobaren Prozeß geleistet wird. Der Inhalt (Sinn) der *spezifischen Gaskonstante* besteht also in der Aussage, daß sie die Arbeit darstellt, die 1 kg ideales Gas bei einer Temperaturänderung von 1 K im isobaren Prozeß leistet. Aus der *Mayerschen Gleichung* ist erkennbar, daß die isobare spezifische Wärmekapazität immer größer ist als die isochore, da im isobaren Prozeß die Wärme sowohl zur Änderung der inneren Energie als auch zur Verrichtung einer Arbeit wirksam wird, während im isochoren Prozeß die gesamte Wärme nur für die Änderung der inneren Energie wirkt. Das Verhältnis von isobarer zur isochoren spezifischen Wärmekapazität ist

$$c_p/c_v = \varkappa$$

($\varkappa$ *Adiabatenexponent*; er ist immer >1 und hängt nur von der Natur des Gases ab (von der Zahl der Atome im Molekül))

Gln. (1.1-10) und (1.1-11) erlauben sowohl die isobare als auch die isochore spezifische Wärmekapazität eines beliebigen idealen Gases mit Hilfe seiner spezifischen Gaskonstante und des Adiabatenexponenten zu ermitteln.

1.2. Erster Hauptsatz der Thermodynamik

1.2.1. Formulierung des ersten Hauptsatzes

Der *erste Hauptsatz der Thermodynamik* ist eine partielle Darstellung eines allgemeinen Naturgesetzes – des Gesetzes der Erhaltung der Energie. Dieses Gesetz kann man nicht analytisch herleiten. Es ist eine Annahme, auf der die gesamte Thermodynamik basiert und die durch die Erfahrung bestätigt wird. Der erste Hauptsatz wird für 1 kg Gas in differentieller mathematischer Form dann:

$$\mathrm{d}q = \mathrm{d}u + \mathrm{d}e + \mathrm{d}w \quad (\mathrm{J/kg}) \tag{1.2-1}$$

($\mathrm{d}q$ elementare Wärmemenge; $\mathrm{d}u$ elementare Änderung der inneren Energie; $\mathrm{d}e$ elementare Änderung der äußeren Energie; $\mathrm{d}w$ elementare Arbeit, die das Gas verrichtet)

Die *äußere (makroskopische) Energie* ist die Summe von kinetischer Energie eines sich bewegenden (strömenden) Gases und dessen potentieller Energie. Damit ist dargestellt, daß eine an das Gas übertragene Energie in Form von Wärme für die Änderung der inneren und der äußeren Energie sowie für die Verrichtung einer mechanischen Arbeit verwendet wird.

In einer Vielzahl von thermodynamischen Prozessen kann man die äußere Energie vernachlässigen, wenn die Bewegung (Strömung) des gesamten Gaskörpers unbedeutend ist. Die Änderung der äußeren Energie darf jedoch nicht vernachlässigt werden, wenn es sich um Prozesse einer Gasströmung handelt. Bei Vernachlässigung der äußeren Energie wird der erste Hauptsatz dann:

$$\mathrm{d}q = \mathrm{d}u + \mathrm{d}w \quad (\mathrm{J/kg}) \tag{1.2-2}$$

d. h., die an das Gas übertragene Wärmemenge wird für die Änderung der inneren Energie und die Verrichtung einer Arbeit wirksam. Integriert man Gl. (1.2-2) von einem Anfangszustand bis zu einem Endzustand, erhält man den ersten Hauptsatz in der Form

$$q = \Delta u + w \quad (\mathrm{J/kg}) \tag{1.2-3}$$

(q Wärmemenge, die 1 kg Gas im Prozeß übertragen (zu- bzw. abgeführt) wird; $\Delta u = u_2 - u_1$ Änderung der inneren Energie; w Arbeit eines kg des Gases, die im Verlauf des Prozesses verrichtet wird (gemäß Gl. (1.1-2)))

1.2.2. Zustandsgrößen des Systems

Die *Zustandsgrößen* eines thermodynamischen Systems werden durch die *Zustandsparameter* bestimmt und hängen nicht vom Charakter des thermodynamischen Prozesses ab. Im weiteren werden die Zustandsgrößen *innere Energie, Enthalpie* und *Entropie* dargestellt.

Es ist verständlich, daß jedem bestimmten Zustand eines Systems eine bestimmte innere Energie zugeordnet ist, unabhängig davon, wie das System den entsprechenden Zustand erreichte. Deshalb ist die innere Energie eine Zustandsgröße. Einen Ausdruck für die Änderung der inneren Energie eines Systems kann man erhalten, wenn man einen elementaren isochoren Prozeß betrachtet. Die Wärmemenge, die an diesem Prozeß beteiligt ist ($\mathrm{d}q_\mathrm{v}$), wird nach Gl. (1.1-6) gleich

$$\mathrm{d}q_\mathrm{v} = c_\mathrm{v}\,\mathrm{d}T \quad (\mathrm{J/kg})$$

Andererseits, da bei konstantem Volumen keine Arbeit verrichtet wird, ist entsprechend Gl. (1.2-2)

$$\mathrm{d}q_\mathrm{v} = \mathrm{d}u$$

Dann ist

$$\mathrm{d}u = c_\mathrm{v}\,\mathrm{d}T \quad (\mathrm{J/kg}) \tag{1.2-4}$$

Integriert man die Gl. (1.2-4) vom Zustand *1* bis zum Zustand *2* und nimmt an, daß die isochore spezifische Wärmekapazität konstant ist als mittlerer Wert), dann ist

$$\Delta u = c_\mathrm{v}\,(T_2 - T_1) \qquad (\mathrm{J/kg}) \tag{1.2-5}$$

Da die spezifische *innere Energie* eine Zustandsgröße ist, die nicht vom Prozeßverlauf abhängt, sind die Gln. (1.2-4) und (1.2-5) für einen beliebigen Prozeß gültig. Die innere Energie eines Gases hängt also nur von dessen Temperatur ab, da diese die innere kinetische Energie bestimmt.
Die Zustandsgröße *spezifische Enthalpie* wird (für 1 kg Gas) wie folgt bestimmt:

$$h = u + pv \tag{1.2-6}$$

Der physikalische Inhalt (Sinn) der inneren Energie ist bereits bekannt. Den Sinn des Ausdruckes pv kann man aus folgendem Zusammenhang erklären: Der Druck p ist vom energetischen Standpunkt eine potentielle Energie, die auf eine Volumeneinheit bezogen ist, d. h., es handelt sich um eine volumenbezogene Dichte der potentiellen Energie des Druckes. Wenn ein geschlossenes Gefäß mit dem Druck p in ein Vakuum gebracht und das Gefäß zerstört wird, dann wird das Gas mit einer bestimmten Geschwindigkeit in das Vakuum strömen, d. h., es erlangt eine kinetische Energie (in Abhängigkeit vom Druck p, der im Gefäß vorhanden war). Es ist offensichtlich, daß die potentielle Energie, die hier wirksam wird, um so größer wird, je größer der Druck p und je größer das Volumen V des Gefäßes ist. Die potentielle Energie ist dann das Produkt $p\,V$ und hat die Einheit Joule. Bezieht man diese Größe auf eine Masseeinheit (d. h. auf das spezifische Volumen v), erhält man die massebezogene Dichte der potentiellen Energie des Druckes pv (J/kg).
Die spezifische Enthalpie ist also die gesamte Energie des Gases bezogen auf die Masseeinheit (die Summe von innerer Energie und potentieller Energie des Druckes). Aus Gl. (1.2-6) ist erkenntlich, daß auch die Enthalpie eine Zustandsgröße ist, denn sie hängt nur von der inneren Energie (die gleichfalls eine Zustandsgröße ist) und dem Ausdruck $p\,v$ ab (der nur von Systemparametern abhängt). Weiter kann man daraus ableiten, daß die spezifische Enthalpie eines idealen Gases nur von der Temperatur abhängt, da diese für die innere Energie bereits nachgewiesen wurde, und entsprechend der Zustandsgleichung eines idealen Gases

$$pv = R_\mathrm{i}\,T$$

ist. Für die spezifische Enthalpieänderung eines elementaren Prozesses ist nach Gl. (1.2-6)

$$\mathrm{d}h = \mathrm{d}u + \mathrm{d}(pv)$$

oder entsprechend der Zustandsgleichung

$$\mathrm{d}h = \mathrm{d}u + R_\mathrm{i}\,\mathrm{d}T$$

Wird du durch Gl. (1.2-4) ersetzt:

$$\mathrm{d}h = c_\mathrm{v}\,\mathrm{d}T + R_\mathrm{i}\,\mathrm{d}T = (c_\mathrm{v} + R_\mathrm{i})\,\mathrm{d}T$$

und nach der *Mayerschen Gleichung* (Gl. (1.1-10)) erhält man für die Enthalpieänderung eines elementaren Prozesses:

$$\mathrm{d}h = c_\mathrm{p}\,\mathrm{d}T \qquad (1.2\text{-}7)$$

Integriert man die Gl. (1.2-7) vom Zustand *1* bis zum Zustand *2* und setzt die isobare spezifische Wärmekapazität als konstant (mittlerer Wert), erhält man für den thermodynamischen Prozeß:

$$\Delta h = h_2 - h_1 = c_\mathrm{p}\,(T_2 - T_1) \qquad (1.2\text{-}8)$$

Gln. (1.2-7) und (1.2-8) sind ebenfalls für beliebige thermodynamische Prozesse gültig. Die dritte für die technische Thermodynamik wichtige Zustandsgröße ist die *Entropie*. Sie ist nicht so übersichtlich darstellbar wie die beiden vorgenannten Zustandsgrößen. Zur Erklärung benutzt man Gl. (1.1-1) für die elementare mechanische Arbeit:

$$\mathrm{d}w = p\,\mathrm{d}v \qquad (\mathrm{J/kg})$$

Der Wert der elementaren spezifischen Arbeit, die das betrachtete System gegen die Umgebung verrichtet, ist gleich dem Produkt von absolutem Druck p und der Änderung des spezifischen Volumens dv. Der Druck bestimmt die Intensität des Prozesses gegen die Umgebung. Je größer der Druck bei ein und derselben Änderung des Volumens ist, um so größer ist die verrichtete Arbeit, d. h. der Betrag der Energie, der dem System übertragen (zu- oder abgeführt) wird. Wenn der absolute Druck $p = 0$ ist, dann führt eine Volumenänderung nicht zur Verrichtung einer Arbeit. Eine Energieübertragung in Form von Arbeit ist in diesem System nicht möglich. Solche Größen wie der Druck, dessen absolute Werte die Intensität des Prozesses bestimmen, nennt man intensive und solche, dessen absolute Werte keine Rolle im Prozeß der Energieübertragung in Form von Arbeit spielen, nennt man extensive Größen. Das spezifische Volumen ist eine solche extensive Größe, da sie die Intensität des Prozesses nicht bestimmt.
Den Begriff Entropie muß man dann einführen, wenn die Energieübertragung der Energieform Wärme mit einer Gleichung des Types von Gl. (1.1-1) (für die Arbeit) beschrieben werden soll. Dabei ist offensichtlich, daß die Rolle des intensiven Parameters von der Temperatur übernommen wird, da bei einer Temperatur $T = 0$ K eine Energieübertragung unmöglich wird, weil keine Wärmebewegung der Moleküle vorhanden sein kann. Folglich ist die Gleichung für die Beschreibung einer elementaren spezifischen Wärmemenge analog Gl. (1.1-1) entsprechend

$$\mathrm{d}q = T\,\mathrm{d}s \qquad (\mathrm{J/kg}) \qquad (1.2\text{-}9)$$

ds ist dabei die elementare Änderung der extensiven Größe im Wärmeübertragungsprozeß (wie vorher das spezifische Volumen für die Beschreibung einer elementaren spezifischen Arbeit). Damit wird die Entropie durch die Beziehung

$$\mathrm{d}s = \mathrm{d}q/T \qquad (1.2\text{-}10)$$

bestimmt, die nur für reversible (Gleichgewichts-)Prozesse gültig ist. Die Schwierigkeiten beim Verstehen des begrifflichen Inhaltes der Entropie entstehen i. allg. dadurch, daß die Entropie nur durch Gl. (1.2-10) definiert werden kann. Die elementare

spezifische Entropieänderung wird im thermodynamischen Prozeß also durch den Quotient der Wärmemenge $\mathrm{d}q$, die im Prozeß beteiligt ist, zur *thermodynamischen Temperatur* T beschrieben.
Zur Bestimmung der Entropieänderung in einem beliebigen Prozeß ersetzt man die Wärmemenge q durch deren Beschreibung mit dem ersten Hauptsatz entsprechend Gl. (1.2-2) und setzt diese in Gl. (1.2-10) ein:

$$\mathrm{d}s = \frac{\mathrm{d}u}{T} + \frac{\mathrm{d}w}{T}$$

Unter Berücksichtigung, daß $\mathrm{d}u = c_\mathrm{v}\,\mathrm{d}T$ und $\mathrm{d}w = p\,\mathrm{d}v$, ist dann

$$\mathrm{d}s = c_\mathrm{v}\frac{\mathrm{d}T}{T} + p\frac{\mathrm{d}v}{T}$$

und unter Nutzung der Zustandsgleichung für ideale Gase $p/T = R_\mathrm{i}/v$ ergibt sich:

$$\mathrm{d}s = c_\mathrm{v}\frac{\mathrm{d}T}{T} + R_\mathrm{i}\frac{\mathrm{d}v}{v}$$

Integriert man diese Gleichung von Zustand *1* zum Zustand *2* und setzt $c_\mathrm{v} = \mathrm{const}$ (bei Verwendung eines mittleren Wertes für die isochore spezifische Wärmekapazität), ergibt sich für die *spezifische Entropieänderung* eines beliebigen thermodynamischen Prozesses:

$$\Delta s = s_2 - s_1 = c_\mathrm{v}\ln\frac{T_2}{T_1} + R_\mathrm{i}\ln\frac{v_2}{v_1} \qquad (1.2\text{-}11)$$

Aus der gefundenen Beziehung geht hervor, daß die Entropieänderung nicht vom Prozeßverlauf, sondern nur von den Prozeßparametern T und v zu Beginn und Ende des Prozesses bestimmt wird. Die Entropie ist also eine Zustandsgröße des thermodynamischen Prozesses.
Eine andere Beschreibung der Entropie erhält man durch die Darstellung der elementaren spezifischen Wärmemenge $\mathrm{d}q$ durch Gl. (1.1-6), die man in Gl. (1.2-10) einsetzt:

$$\mathrm{d}s = c\frac{\mathrm{d}T}{T}$$

Daher ist

$$\Delta s = c\ln\frac{T_2}{T_1} \qquad (1.2\text{-}12)$$

(c mittlere spezifische Wärmekapazität des betrachteten thermodynamischen Prozesses für das gegebene Temperaturintervall)

Das Vorzeichen der Entropieänderung im reversiblen Prozeß in Gl. (1.2-10) entspricht dem Vorzeichen der Wärmeübertragung, da das Vorzeichen der thermodynamischen Temperatur nur positiv sein kann. Eine Entropiezunahme bedeutet also, daß dem System Wärme (Energie) zugeführt wird, während eine Entropieabnahme eine Wärmeabgabe des Systems an die Umgebung bedeutet.
Zur Analyse von thermodynamischen Prozessen benutzt man oft graphische Darstellungen, die auf der Abszisse die spezifische Entropie und auf der Ordinate die thermodynamische Temperatur abtragen. In Bild 1.2-1 ist das *T-s-Diagramm* für eine Zuführung von Wärme dargestellt. Dabei ist zu erkennen, daß die Fläche zwischen Kurve und Abszisse (bei Einhaltung eines Maßstabes) die spezifische Wärme-

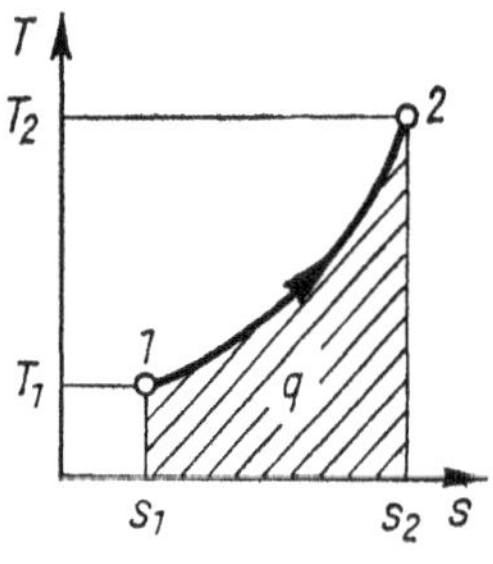

Bild 1.2-1. T-s-Diagramm

menge darstellt, die im Prozeß zugeführt wird. Da nach Gl. (1.2-10) $dq = T\,ds$ ist, ergibt sich:

$$q = \int_{s_1}^{s_2} T\,ds \tag{1.2-13}$$

Das aber ist die Fläche unter der Kurve im T-s-Diagramm (Bild 1.2-1)
Eine wichtige Besonderheit der betrachteten Zustandsgrößen ist die Tatsache, daß bei der Untersuchung von technischen Prozessen nicht die absoluten Werte dieser Größen von Interesse sind, sondern lediglich deren Änderungen im gegebenen Prozeß. In diesem Zusammenhang kann für praktische Berechnungen ein beliebiger Ausgangszustand (Anfangszustand) gleich Null gesetzt werden. In der technischen Thermodynamik ist es jedoch üblich, die Temperatur des Eispunktes $T_0 = 273{,}15$ K und den Druck auf Meeresspiegel $p_0 = 101{,}325$ kPa ($\triangleq$ 760 mm Hg) als Anfangs-(Ausgangs-) Zustand zu verwenden. Deshalb werden auch in Nachschlagewerken die Werte für die innere Energie, die Enthalpie und die Entropie i. allg. nicht als absolute Werte der Zustandsgrößen angegeben, sondern als Differenzwerte zwischen dem gegebenen Zustand und den o. g. Normalbedingungen.[1])

1.3. Thermodynamik eines Körpers (Systems)

1.3.1. Thermodynamische Prozesse eines idealen Gases

Die Zustandsänderung eines Körpers (Systems), d. h. der Übergang von einem Anfangs- in einen Endzustand, kann auf unendlich vielen Wegen erfolgen. Folglich gibt es auch eine unendlich große Zahl von *thermodynamischen Prozessen,* von denen vier Hauptprozesse hervorgehoben werden:

- der isochore Prozeß,
- der isobare Prozeß,
- der isotherme Prozeß und
- der adiabate Prozeß.

In der Praxis sind derart »*reine*« Prozesse selten, aber in vielen Fällen sind bei der Untersuchung von Wärmekraftmaschinen und Wärmeanwendungsanlagen die

---

[1]) Normbedingungen sind in TGL 34126 entsprechend »*CINA-Atmosphäre*« festgelegt.

Kenntnis der Zusammenhänge dieser Grundprozesse äußerst nützlich. Deshalb werden im weiteren für jeden von ihnen, bezogen auf ideales Gas, die Beziehungen zwischen den Zustandsparametern dargestellt und über die Ermittlung der geleisteten Arbeit sowie der übertragenen Wärme die Zustandsgrößen beschrieben und graphisch als p-v-Diagramm bzw. T-s-Diagramm für den reversiblen (Gleichgewichts-)Prozeß dargestellt.
Eine Übersicht aller thermodynamischen Prozesse gibt Tabelle 1.3.1.

1.3.1.1. Isochorer Prozeß

Der *isochore Prozeß* verläuft bei konstantem Volumen. Eine Erwärmung oder Abkühlung des Gases verläuft in einem hermetisch abgeschlossenen Raum (Gefäß). Die Beziehung zwischen den Zustandsparametern Druck p und Temperatur T wird in diesem Fall durch das *Charlesche Gesetz* beschrieben:

$$p/T = \text{const}$$

Im p-v-Diagramm wird dieser Prozeß durch eine Gerade parallel zur Ordinate (p-Achse) abgetragen (Bild 1.3-1 *a*). Bei einer Zuführung von Wärme ($q > 0$) erhöht sich die Temperatur und proportional dazu der Druck im Gefäß (Strecke *12* im Bild 1.3-1 *a*). Wenn Wärme abgeführt wird ($q < 0$), so verringert sich die Temperatur und proportional dazu der Druck im Gefäß (Strecke *12′* in Bild 1.3-1 a).

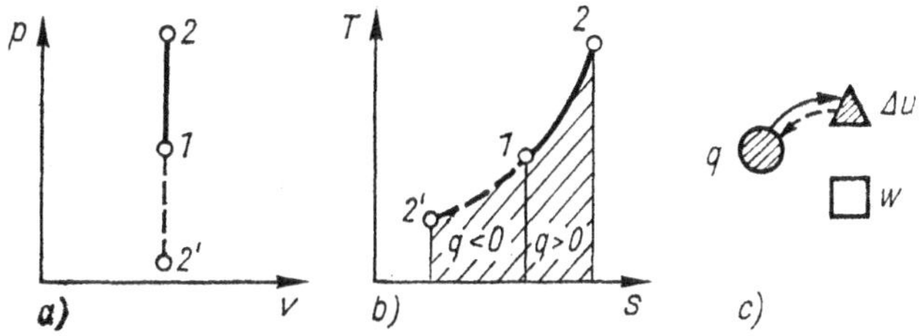

Bild 1.3-1. Isochore Zustandsänderung
a) im p-v-Diagramm
b) im T-s-Diagramm
c) für die Energiewandlung

Da das Volumen konstant ist, wird im isochoren Prozeß die geleistete mechanische Arbeit gleich Null. Die spezifische Wärme ist dann:

$$q_v = c_v\,(T_2 - T_1) \qquad (\text{J/kg})$$

c_v mittlere spezifische Wärmekapazität des Gases für den isochoren Prozeß)

Entsprechend den Aussagen des ersten Hauptsatzes wird die übertragene (zu- oder abgeführte) Wärme zur Änderung des Wertes der spezifischen inneren Energie wirksam, d h.,

$$\Delta u = q_v \qquad (\text{J/kg})$$

Zur Ermittlung der spezifischen Entropieänderung benutzt man die allgemeine Beziehung aus Gl. (1.2-12), indem man für die spezifische Wärmekapazität den konkreten Wert von c_v einsetzt:

$$\Delta s = c_v \ln \frac{T_2}{T_1} \qquad (\text{J/(kg K)})$$

woraus folgt, daß im T-s-Diagramm der isochore Prozeß durch eine logarithmische Funktion beschrieben wird. Im Bild 1.3-1 *b* ist die Entropiezunahme (Zuführung von

Tabelle 1.3-1. Übersicht der thermodynamischen Prozesse

Bezeichnung des Prozesses	Gleichung des Prozesses	Zusammenhang der Zustandsgrößen	Geleistete Arbeit im Prozeß
Isochor	$v = \text{const}$	$\frac{p}{T} = \text{const}$	$\mathrm{d}w = 0$ $w = 0$
Isobar	$p = \text{const}$	$\frac{v}{T} = \text{const}$	$\mathrm{d}w = p\,\mathrm{d}v$ $w = p\,(v_2 - v_1)$
Isotherm	$T = \text{const}$	$pv = \text{const}$	$\mathrm{d}w = p\mathrm{d}v$ $w = MRT \ln \frac{v_2}{v_1}$ $w = MRT \ln \frac{p_1}{p_2}$
Adiabat	$\mathrm{d}q = 0$	$pv^{\varkappa} = \text{const}$ $p\,T^{\varkappa/1-\varkappa} = \text{const}$ $v\,T^{\varkappa/\varkappa-1} = \text{const}$	$\mathrm{d}w = p\mathrm{d}v = -\,\mathrm{d}u$ $w = -\,\Delta u = c_v\,(T_1 - T_2)$ $w = \frac{1}{\varkappa - 1}\,(p_1v_1 - p_2v_2)$ $w = \frac{MRT}{\varkappa - 1}\left[1 - \left(\frac{p_2}{p_1}\right)^{(\varkappa-1)/\varkappa}\right]$ $w = \frac{p_1v_1}{\varkappa - 1}\left[1 - \left(\frac{v_2}{v_1}\right)^{1-\varkappa}\right]$
Polytrop	$C = \text{const}$	$pv^n = \text{const}$ $p\,T^{n/1-n} = \text{const}$ $v\,T^{1/n-1} = \text{const}$	$\mathrm{d}w = p\mathrm{d}v$ $w = \frac{1}{n - 1}\,(p_1 v_1 - p_2 v_2)$ $w = \frac{MRT}{\varkappa - 1}\left[1 - \left(\frac{p_2}{p_1}\right)^{n-1/n}\right]$ $w = \frac{p_1v_1}{n - 1}\left[1 - \left(\frac{v_2}{v_1}\right)^{1-n}\right]$

Wärme) mit einer Temperaturzunahme verbunden (Strecke 12 in Bild 1.3-1*b*) und umgekehrt eine Entropieabnahme (Abführung von Wärme) mit einer Temperaturabnahme (Strecke 12′ in Bild 1.3-1*b*).

Schematisch ist die Energieübertragung für den isochoren Prozeß in Bild 1.3-1*c* dargestellt. Bei Zuführung einer Energie in Form von Wärme wird im System eine vollständige Wandlung in innere Energie vorgenommen (ausgezogener Pfeil). Wenn das Gas Energie in Form von Wärme abgibt, so wird ein Teil der inneren Energie an die Umgebung abgegeben (gestrichelter Pfeil). Die spezifische Wärmekapazität des isochoren Prozesses $c_v = \mathrm{d}q_v/\mathrm{d}T$ ist eine positive Größe, da die Zuführung von Energie zu einer Temperaturzunahme führt.

Zugeführte Wärmemenge	Änderung der inneren Energie	Änderung der Enthalpie	Wärmekapazität	Polytropenexponent
$dq = c_v\, dT$ $q = c_v (T_2 - T_1)$	$du = c_v\, dT$ $\Delta u = c_v (T_2 - T_1)$	$dh = du + v\, dp$ $dh = c_p\, dT$ $\Delta h = c_p (T_2 - T_1)$	$c_v = \frac{MR}{\varkappa - 1}$	$n = \pm \infty$
$dq = c_v\, dT$ $q = c_v (T_2 - T_1)$	$du = c_v\, dT$ $\Delta u = c_v (T_2 - T_1)$	$dh = du + p\, dv$ $dh = dq$ $\Delta h = \Delta u + w = q$	$c_p = \frac{MR\varkappa}{\varkappa - 1}$	$n = 0$
$dq = dw$ $q = w$	$du = 0$ $\Delta u = 0$	$dh = 0$ $\Delta h = 0$	$c = +\infty$ für $dv > 0$ $c = -\infty$ für $dv < 0$	$n = 1$
$dq = 0$ $q = 0$	$du = c_v\, dT$ $du = -dw$ $\Delta u = -w$ $\Delta u = c_v (T_2 - T_1)$	$dh = c_p\, dT$ $dh = -\varkappa\, dw$ $\Delta h = -\varkappa w$ $\Delta h = c_p (T_2 - T_1)$	$c = 0$	$n = \varkappa$ $n = \frac{c_p}{c_v}$
$dq = c\, dT$ $q = c (T_2 - T_1)$	$du = c_v\, dT$ $\Delta u = c_v (T_2 - T_1)$	$dh = c_p\, dT$ $\Delta h = c_p (T_2 - T_1)$	$c = MR \frac{n - \varkappa}{(\varkappa - 1)(n - 1)}$	$n = \frac{c - c_p}{c - c_v}$

1.3.1.2. Isobarer Prozeß

Der *isobare Prozeß* verläuft bei konstantem Druck im System. Der Zusammenhang zwischen den Prozeßparametern spezifisches Volumen v und der Temperatur T wird durch das *Gay-Lussacsche Gesetz* beschrieben:

$$v/T = \text{const.}$$

Im p-v-Diagramm wird der isobare Prozeß als eine Gerade parallel zur Abszisse (v-Achse) abgetragen (Bild 1.3-2a).

Wird dem Gas Wärme zugeführt ($q > 0$), so nimmt seine Temperatur und proportional sein spezifisches Volumen zu (Strecke *12* in Bild 1.3-2a), d. h., es erfolgt eine isobare Ausdehnung. Wird Wärme aus dem System abgeführt, so nimmt die Temperatur und proportional das spezifische Volumen ab (Strecke *12'* in Bild 1.3-2a). Im ersten Fall wird vom Gas eine Arbeit geleistet ($w < 0$) und im zweiten Fall von äußeren

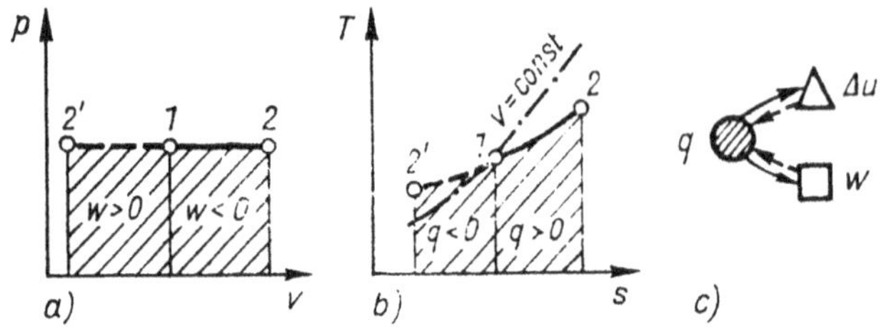

Bild 1.3-2. Isobare Zustandsänderung
a) im p-v-Diagramm
b) im T-s-Diagramm
c) für die Energiewandlung

Kräften ($w > 0$). Schreibt man die allgemeine Gleichung für die Verrichtung von mechanischer Arbeit im isobaren Prozeß, erhält man:

$$|w| = \int_{v_1}^{v_2} p \, dv = p \int_{v_1}^{v_2} dv = p \, (v_2 - v_1)$$

oder, da für ideales Gas $pv = R_i T$:

$$|w| = R_i \, (T_2 - T_1)$$

Die spezifische Wärme ist

$$q_p = c_p \, (T_2 - T_1)$$

c_p ist die mittlere isobare Wärmekapazität des Gases und wertmäßig gleich der Enthalpie (Gl. (1.2-8)). Das bedeutet, daß die im Prozeß übertragene (zugeführte) Wärmemenge vollständig zur Erhöhung der Enthalpie führt. Das ist verständlich, da in diesem Prozeß nicht nur die Temperatur erhöht wird (und folglich die innere Energie), sondern sich auch das spezifische Volumen vergrößert (infolge des konstanten Druckes), was zu einer Vergrößerung der potentiellen Energie (des Druckes) führt. Die Veränderung der inneren Energie im isobaren Prozeß ist nach Gl. (1.2-5)

$$\Delta u = c_p \, (T_2 - T_1) = q_p$$

und die Entropieänderung nach Gl. (1.2-12):

$$\Delta s = c_p \ln (T_2/T_1)$$

Im T-s-Diagramm wird also der isobare Prozeß auch als logarithmische Funktion dargestellt, deren Steigung jedoch geringer ist als im isochoren Prozeß (Bild 1.3-2*b*). Da $c_p > c_v$, ist im isobaren Prozeß bei einer gleichen Temperaturänderung die Entropieänderung größer als im isochoren. Die Zuführung von Wärme führt im isobaren Prozeß zur Erhöhung der Entropie und somit zu einer Erhöhung der Temperatur (Strecke *12* in Bild 1.3-2*b*), ein Entzug von Wärme führt entsprechend zu einer Verringerung der Entropie und somit zu einer Senkung der Temperatur (Strecke *12'* in Bild 1.3-2*b*). Daraus ist erkenntlich, daß im isobaren Prozeß die spezifische Wärmekapazität c_p immer positiv ist.
Im Bild 1.3-2*c* ist die Energiewandlung für den isobaren Prozeß dargestellt. Bei Zuführung von Wärme erhöht sich die innere Energie, und es wird Arbeit geleistet, d. h., ein Teil der dem Prozeß zugeführten Energie in Form von Wärme wird bei der isobaren Volumenausdehnung in Form von mechanischer Arbeit an die Umgebung zurückgeführt (ausgezogener Pfeil). Wird aus dem System Energie (Wärme) abgeführt, so verringert sich die innere Energie des Gases; die dem Gas aus der Umgebung zugeführte Energie bei einer isobaren Verdichtung wird der Umgebung in Form von Wärme wieder zugeführt (gestrichelter Pfeil).

1.3.1.3. Isothermer Prozeß

Der *isotherme Prozeß* wird bei konstanter Temperatur realisiert. In diesem Prozeß ändern sich also die Zustandsparameter Druck p und spezifisches Volumen v. Die Beziehung zwischen diesen Prozeßparametern wird durch das *Boyle-Mariottesche Gesetz* beschrieben:

$$pv = \text{const}$$

Im p-v-Diagramm wird der isotherme Prozeß als gleichseitig Hyperbel dargestellt (Bild 1.3-3*a*). Bei Zuführung von Wärme erfolgt eine Vergrößerung des spezifischen Volumens (Ausdehnung des Gases), und der Druck verringert sich (Strecke *12* in Bild 1.3-3*a*). Eine isotherme Verdichtung wird bei Abführung von Wärme realisiert. Dabei verringert sich das spezifische Volumen, und der Druck nimmt zu (Strecke *12'* in Bild 1.3-3*a*).

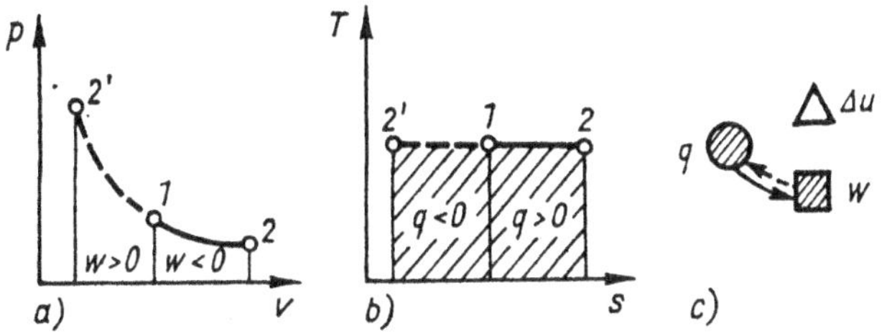

Bild 1.3-3. Isotherme Zustandsänderung
a) im p-v-Diagramm
b) im T-s-Diagramm
c) für die Energiewandlung

Die geleistete spezifische Arbeit für den isothermen Prozeß wird nach Gl. (1.1-2) ermittelt:

$$|w| = \int_{v_1}^{v_2} p \, dv$$

Wenn man den Druck durch das spezifische Volumen und die Temperatur mit Hilfe der Zustandsgleichung schreibt, ist

$$p = R_i T / v$$

Unter Berücksichtigung, daß $T = \text{const}$, erhält man für die spezifische Arbeit:

$$|w| = R_i \, T \int_{v_1}^{v_2} \frac{dv}{v} = R_i \, T \ln \frac{v_2}{v_1} \tag{1.3-1}$$

Nutzt man die Tatsache, daß das spezifische Volumen und der absolute Druck im isothermen Prozeß umgekehrt proportional sind, kann man folgende Beziehungen für diesen Prozeß schreiben:

$$|w| = R_i \, T \ln \frac{p_1}{p_2} = p_1 v_1 \ln \frac{v_2}{v_1} = p_1 v_1 \ln \frac{p_1}{p_2} = p_2 v_2 \ln \frac{v_2}{v_1} = p_2 v_2 \ln \frac{p_1}{p_2}$$

Da im isothermen Prozeß die Temperatur konstant bleibt, ist die Änderung der inneren Energie gleich Null. Auf der Basis des ersten Hauptsatzes (Gl. (1.2-3)) erhält man dann:

$$q = |w|$$

Das bedeutet, daß bei einer isothermen Ausdehnung die dem Prozeß in Form von Wärme zugeführte Energie in Form von geleisteter mechanischer Arbeit an die Umgebung zurückgeführt wird.
Umgekehrt wird bei einer isothermen Verdichtung die dem Gas in Form von mechanischer Arbeit zugeführte Energie der Umgebung in Form von Wärme wieder zugeführt. Das heißt, ein isothermer Prozeß kann nur realisiert werden, wenn die Energie (Wärme), die dem Prozeß zugeführt (abgeführt) wird, mit dem gleichen Wert als mechanische Arbeit, die durch das Gas geleistet (oder an es übertragen) wird, abgeführt wird.
Für den isothermen Prozeß ist die Änderung der Enthalpie ebenso wie die der inneren Energie gleich Null.
Die Entropieänderung wird mit Hilfe der allgemeinen Beziehung für den reversiblen Prozeß

$$\Delta s = \int_1^2 \frac{\mathrm{d}q}{T}$$

und da $T = \text{const}$, ist

$$\Delta s = \frac{1}{T} \int_1^2 \mathrm{d}q = \frac{q}{T} = \frac{w}{T}$$

Setzt man einen beliebigen Ausdruck des isothermen Prozesses in die Gleichung ein, erhält man:

$$\Delta s = R_i \ln \frac{v_2}{v_1} = R_i \ln \frac{p_1}{p_2}$$

Im T-s-Diagramm wird der isotherme Prozeß als Gerade parallel zur Abszisse (s-Achse) nach Bild 1.3-3*b* dargestellt. Dabei stellt die Strecke *12* eine Zufuhr (isotherme Ausdehnung) und die Strecke *12'* eine Abfuhr (isotherme Verdichtung) von Energie Wärme) dar.
Das Schema der isothermen Energiewandlung ist in Bild 1.3-3*c* dargestellt. Bei Energie-(Wärme-)Zufuhr dehnt sich das Gas aus und leistet mechanische Arbeit (ausgezogener Pfeil). Bei Verdichtung wird Wärme abgeführt (gestrichelter Pfeil). In beiden Fällen gibt es keine Änderung der inneren Energie.
Bezüglich der isothermen spezifischen Wärmekapazität gilt entsprechend Gl. (1.1-6), daß bei der Ausdehnung $c = +\infty$ und bei der Verdichtung $c = -\infty$ ist, da $\mathrm{d}T = 0$.

1.3.1.4. Adiabater Prozeß

Der *adiabate Prozeß* verläuft bei einer Änderung der Prozeßparameter

- absoluter Druck,
- spezifisches Volumen und
- thermodynamische Temperatur.

Er verläuft jedoch ohne Wärmeübertragung mit der Umgebung. Das bedeutet, daß der adiabate Prozeß in einem thermisch isolierten System verläuft und eine Energieübertragung mit der Umgebung nur in Form von mechanischer Arbeit erfolgen kann.

Zur Auffindung der Beziehungen zwischen den Parametern im adiabaten Prozeß benutzt man die Gl. (1.2-2) für den ersten Hauptsatz in differentieller Form:

$$\mathrm{d}q = \mathrm{d}u + p\,\mathrm{d}v$$

Da im adiabaten Prozeß $\mathrm{d}q = 0$ und $\mathrm{d}u = c_v\,\mathrm{d}T$ ist, erhält man:

$$c_v\,\mathrm{d}T = -\,p\,\mathrm{d}v \tag{a}$$

Bei Benutzung der Zustandsgröße spezifische Enthalpie nach Gl. (1.2-6) $h = u + pv$, wird ihr differentieller Ausdruck:

$$\mathrm{d}h = \mathrm{d}u + p\,\mathrm{d}v + v\,\mathrm{d}p$$

Da die Summe der beiden ersten Summanden der rechten Seite der Gleichung der elementaren Wärmemenge gleich ist, die im adiabaten Prozeß $\mathrm{d}q = 0$ ist, erhält man:

$$\mathrm{d}h = v\,\mathrm{d}p$$

Unter Berücksichtigung der Tatsache, daß die elementare Enthalpieänderung für beliebige Prozesse $\mathrm{d}h = c_p\,\mathrm{d}T$ beträgt, erhält man:

$$c_p\,\mathrm{d}T = v\,\mathrm{d}p \tag{b}$$

Wenn man den Quotient der Gln. (b) und (a) bildet, wird

$$\frac{c_p}{c_v} = -\,\frac{v\,\mathrm{d}p}{p\,\mathrm{d}v}$$

Nach Zuordnung der Variablen und Integration vom Zustand *1* bis Zustand *2* sowie nach Einsetzen des Adiabatenexponenten $c_p/c_v = \varkappa$ erhält man:

$$-\varkappa \int_{v_1}^{v_2} \frac{\mathrm{d}v}{v} = \int_{p_1}^{p_2} \frac{\mathrm{d}p}{p}$$

und nach Lösung der Integrale:

$$p_2/p_1 = (v_1/v_2)^{\varkappa} \tag{1.3-2}$$

Die Gl. (1.3-2) stellt die Beziehungen zwischen zwei von drei Prozeßparametern dar. Daraus resultiert, daß bei einer adiabaten Ausdehnung der Druck fällt und bei einer adiabaten Verdichtung zunimmt. Da die Zustände *1* und *2* beliebig gewählt werden können, ergibt sich aus Gl. (1.3-2) für den adiabaten Prozeß:

$$p\,v^{\varkappa} = \mathrm{const} \tag{1.3-3}$$

Gl. (1.3-3) wird als Adiabaten-Gleichung bezeichnet.
Im p-v-Diagramm wird der adiabate Prozeß mit einer Kurve beschrieben, die der des isothermen Prozesses nahe kommt, jedoch eine größere Steigung besitzt, da $\varkappa > 1$ (Bild 1.3-4*a*).
Gl. (1.3-2) erlaubt mit der Zustandsgleichung (1.1-3) die Beziehungen zwischen allen drei Zustandsparametern darzustellen. Die Drücke p_1 und p_2 werden in Gl. (1.1-3) durch die Beziehungen zwischen der thermodynamischen Temperatur und dem spezifischen Volumen dargestellt und in Gl. (1.3-2) eingesetzt. Nach Umstellung der Gleichung erhält man:

$$T_2/T_1 = (v_1/v_2)^{\varkappa - 1} \tag{1.3-4}$$

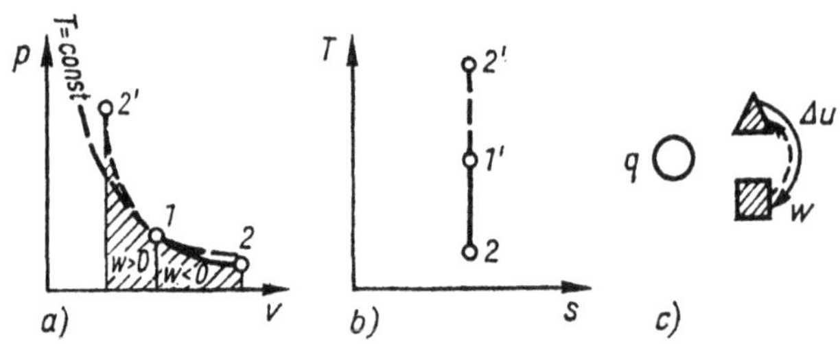

Bild 1.3-4. Adiabate Zustandsänderung
a) im *p*-*v*-Diagramm
b) im *T*-*s*-Diagramm
c) für die Energiewandlung

Die Gl. (1.3-4) ist von großem Interesse, da sie aussagt, daß bei einer adiabaten Ausdehnung, wo $v_2 > v_1$ ist, die Temperatur abnimmt, d. h. $T_2 < T_1$ ist, da $\varkappa > 1$. Umgekehrt nimmt bei einer adiabaten Verdichtung die Temperatur zu. Dies ist leicht erklärbar, wenn die Gl. (1.2-3) für den ersten Hauptsatz verwendet wird und man für den adiabaten Prozeß $q = 0$ setzt, so ist

$$|w| = \Delta u = u_1 - u_2 \tag{1.3-5}$$

Aus Gl. (1.3-5) ergibt sich, daß bei der adiabaten Ausdehnung die Arbeit $w < 0$ zu Lasten der inneren Energie u geleistet wird und diese folglich abnimmt. Die geleistete mechanische Arbeit wird an die Umgebung abgeführt, und deshalb muß die Temperatur abnehmen.

Bei einer adiabaten Verdichtung wird eine Arbeit von äußeren Kräften auf das System geleistet, d. h. $w > 0$. Dem Gas wird durch mechanische Arbeit von der Umgebung Energie zugeführt, was zu einer Vergrößerung des Wertes der inneren Energie führen muß, und deshalb nimmt die Temperatur zu.

Die Gl. (1.3-5) erlaubt auf einfache Weise, die mechanische Arbeit im adiabaten Prozeß zu bestimmen. Nach Gl. (1.2-5) erhält man für die geleistete Arbeit:

$$|w| = c_v (T_1 - T_2) \tag{1.3-6}$$

Da $c_p - c_v = R_i$ und $c_p = \varkappa\, c_v$, erhält man:

$$c_v = \frac{R_i}{\varkappa - 1}$$

Setzt man diesen Ausdruck in Gl. (1.3-6) ein, ergibt sich:

$$|w| = \frac{R_i}{\varkappa - 1} (T_1 - T_2)$$

oder unter Berücksichtigung, daß $pv = R_i\, T$:

$$|w| = \frac{1}{\varkappa - 1} (p_1 v_1 - p_2 v_2) \tag{1.3-7}$$

Die Änderung der inneren Energie und der Enthalpie wird durch Gln. (1.2-5) und (1.2-8) beschrieben.

Da im adiabaten Prozeß die Wärmeübertragung $q = 0$ ist und im reversiblen Fall $\mathrm{d}q = T\,\mathrm{d}s$, ergibt sich, daß bei $T > 0$ $\mathrm{d}s = 0$ sein muß; d. h., im adiabaten Prozeß ist die spezifische Entropieänderung

$$\Delta s = 0\,.$$

Da sich die Entropie im adiabaten Prozeß nicht ändert (auch als *isentroper Prozeß* bezeichnet), wird dieser im T-s-Diagramm durch eine Gerade parallel zur Ordinate (T-Achse) dargestellt (Bild 1.3-4*b*). Dabei bedeutet die Verringerung der Temperatur eine Ausdehnung und die Zunahme der Temperatur eine Verdichtung. In ild 1.3-4*c* ist für den adiabaten Prozeß dargestellt, daß eine Wärmeübertragung nicht vorliegt und daß bei Ausdehnung bzw. Verdichtung eine entsprechende Veränderung der inneren Energie erfolgt.

Im Zusammenhang damit, daß im adiabaten Prozeß keine Wärmeübertragung vorliegt, die Temperatur sich jedoch ändert, ergibt sich, daß für diesen Prozeß die Wärmekapazität gleich Null ist.

Die vier betrachteten Grundprozesse der Thermodynamik für das ideale Gas spielen bei der Untersuchung realer Prozesse und technologischer Anlagen eine wichtige Rolle, obwohl der polytrope Prozeß eine universellere Darstellung erlaubt.

1.3.1.5. Polytroper Prozeß

Im *polytropen Prozeß* ändern sich alle drei Zustandsparameter (p, v und T), und die Beziehung zwischen absolutem Druck und spezifischem Volumen wird durch folgende Gleichung ausgedrückt:

$$p\, v^n = \text{const} \qquad (1.3\text{-}8)$$

Die Gl. (1.3-8) wird als *Polytropen-Gleichung* bezeichnet, und n ist dabei der *Polytropenexponent*, der einen beliebigen Wert haben kann (ganzzahlig, gebrochen, positiv oder negativ im Bereich von $-\infty$ bis $+\infty$). Er ist jedoch für den jeweiligen Prozeß als Wert dieser unendlichen Menge konstant.

Man kann leicht beweisen, daß die behandelten Grundprozesse partielle spezielle Fälle eines polytropen Prozesses darstellen. Es ist dann bei

$n = \pm\infty$	ein isochorer Prozeß	(v = const),[1])
$n = 0$	ein isobarer Prozeß	(p = const),
$n = 1$	ein isothermer Prozeß	(pv = const),
$n = \varkappa$	ein isentroper (adiabater) Prozeß	($p\, v^\varkappa$ = const).

Zur weiteren Analyse des polytropen Prozesses genügen die Beziehungen zwischen dem Druck und dem spezifischen Volumen, die in Gl. (1.3-8) ausgedrückt sind, nicht. Formal ist Gl. (1.3-8) der Gl. (1.3-3) für den adiabaten Prozeß gleich. Deshalb ersetzt man den Adiabatenexponent in Gl. (1.3-4) durch den Polytropenexponent und erhält:

$$T_2/T_1 = (v_1/v_2)^{n-1} \qquad (1.3\text{-}9)$$

Deshalb ermittelt man die geleistete Arbeit im polytropen Prozeß nach Gl. (1.3-7) zu

$$|w| = \frac{1}{n-1}\,(p_1 v_1 - p_2 v_2) \qquad (1.3\text{-}10)$$

Auch hier erkennt man wieder, daß die im Prozeß geleistete mechanische Arbeit keine Zustandsgröße darstellt, sondern von den spezifischen Bedingungen des thermodynamischen Prozesses abhängt. Die Gl. (1.3-10) weist aus, daß die geleistete Arbeit nicht nur eine Funktion von Anfangs- und Endzustand ist, sondern auch vom Polytropen-

---

[1]) Hier wird $p\, v^{\pm\infty}$ = const als $p^{1/\pm\infty}\, v$ = const zugrunde gelegt ($p\, v^n = p^{1/n} v$ = const)

exponent, der vom Prozeßcharakter bestimmt wird, abhängt. Es wird darauf hingewiesen, daß man die Gl. (1.3-10) auch durch Integration der Gl. (1.1-2), unter Verwendung der Gl. (1.3-8), erhalten kann.
Die übertragene spezifische Wärmemenge im polytropen Prozeß wird durch Verwendung der Gl. (1.2-3) des ersten Hauptsatzes ermittelt:

$$q = \Delta u + w$$

Setzt man für die Änderung der inneren Energie Δu die Gl. (1.2-3) und für die geleistete Arbeit w die Gl. (1.3-10) ein, erhält man:

$$q = c_v (T_2 - T_1) + \frac{1}{n-1}(p_1 v_1 - p_2 v_2)$$

Berücksichtigt man die Zustandsgleichung (Gl. (1.1-3)), so erhält man für

$$p_1 v_1 = R_i T_1 \quad \text{und} \quad p_2 v_2 = R_i T_2$$

Es ergibt sich also:

$$q = c_v (T_2 - T_1) - \frac{R_i}{n-1}(T_2 - T_1)$$

$$q = \left(c_v - \frac{R_i}{n-1}\right)(T_2 - T_1)$$

Durch Einsetzen von $R_i = c_p - c_v$ und $c_p = \varkappa c_v$ erhält man dann:

$$q = c_v \frac{n - \varkappa}{n-1}(T_2 - T_1) \tag{1.3-11}$$

Schreibt man die Gl. (1.3-11) in der üblichen Form $q = c\,(T_2 - T_1)$, so ergibt sich für die spezifische Wärmekapazität des polytropen Prozesses:

$$c = c_v \frac{n - \varkappa}{n-1} \tag{1.3-12}$$

Die Gln. (1.3-11) und (1.3-12) zeigen, daß im polytropen Prozeß sowohl die übertragene Wärmemenge als auch die spezifische Wärmekapazität von dem Polytropenexponenten abhängig sind, d. h. vom konkreten Prozeßcharakter.
Die Änderung der spezifischen inneren Energie und der spezifischen Enthalpie im polytropen Prozeß wird mit den Gln. (1.2-5) und (1.2-8) bestimmt. Setzt man in Gl. (1.2-12) für die spezifische Wärmekapazität die Gl. (1.3-12) des polytropen Prozesses ein, erhält man für die spezifische Entropieänderung:

$$\Delta s = c_v \frac{n - \varkappa}{n-1} \ln \frac{T_2}{T_1} \tag{1.3-13}$$

In Abhängigkeit vom Wert des Polytropenexponenten n kann man die polytropen Prozesse in drei Gruppen einteilen, von denen jede eine bestimmte Art der Energiewandlung beschreibt.
Zur ersten Gruppe gehören die Prozesse, die mit einem Polytropenexponenten von $-\infty < n < 1$ beschrieben werden. Dies sind die Prozesse, die zwischen dem isochoren und dem isothermen Zustand ablaufen.
Zur zweiten Gruppe zählen all jene Prozesse, die mit einem Polytropenexponent von $1 < n < \varkappa$ beschrieben werden. Also alle Prozesse, die zwischen dem isothermen und dem adiabaten (isentropen) Zustand ablaufen.

Zur dritten Gruppe zählen dann alle Prozesse, die mit einem Polytropenexponenten von $\varkappa < n < +\infty$ beschrieben werden. Sie laufen also zwischen dem adiabaten und dem isochoren Zustand ab.
Zur Beurteilung der Besonderheiten der Energiewandlung dieser drei Gruppen bestimmt man zunächst nach Gl. (1.3-9) die Temperaturänderung (Zunahme oder Abnahme). Dieses Ergebnis bestimmt gleichzeitig das Vorzeichen der Änderung der inneren Energie, da für ideale Gase die Änderungen der inneren Energie und der Temperatur das gleiche Vorzeichen besitzen. Das Vorzeichen der übertragenen Wärmemenge wird mit Hilfe der Gl. (1.3-11) bestimmt. Wenn die Vorzeichen der Temperaturänderung $\Delta T = T_2 - T_1$ und der übertragenen Wärmemenge q gleich sind, so ist auch das Vorzeichen der Wärmekapazität c positiv; im entgegengesetzten Fall ist es negativ.
Die Ergebnisse der Analyse der *polytropen Ausdehnung* (Expansion) für $w < 0$ sind in Tabelle 1.3-2 dargestellt.

Tabelle 1.3-2. Änderungen der Temperatur, der inneren Energie, der übertragenen Wärmemenge und der Wärmekapazität bei polytroper Ausdehnung

Gruppe	w	ΔT	Δu	q	c
I $-\infty < n < 1$	−	+	+	+	+
II $1 < n < \varkappa$	−	−	−	+	−
III $\varkappa < n < +\infty$	−	−	−	−	+

Die Besonderheit der ersten Gruppe besteht darin, daß die dem Gas übertragene Wärmemenge ($q > 0$) sowohl für die mechanische Ausdehnungsarbeit w als auch für die Vergrößerung der inneren Energie ($\Delta u > 0$) verwendet wird. Das heißt, daß die dem Gas in Form von Wärme übertragene Energie zu einem Teil an die Umgebung als mechanische Arbeit zurückgeführt und zu einem Teil zur Vergrößerung der inneren Energie wirksam wird. Ein solcher Prozeß der Energiewandlung ist beispielsweise die Ausdehnung eines kalten Gases in einer hochtemperierten Umgebung, wie das bei Einblasen von Preßluft in einen Hochtemperaturofen zum Durchblasen eines geschmolzenen Metalles geschieht.
Mit der Vergrößerung des Wertes des Polytropenexponenten in den Grenzen von $n = -\infty$ bis $n = 1$ verringert sich der Anteil der übertragenen Energie (Wärme), die zur Vergrößerung der inneren Energie wirksam wird, und der Anteil, der zur Verrichtung einer mechanischen Arbeit wirksam wird, vergrößert sich. So wird bei $n = -\infty$, d. h. im isochoren Prozeß, die gesamte übertragene Energie (Wärme) zur Erhöhung der inneren Energie wirksam, und bei $n = 1$, d. h. im isothermen Prozeß, wird die gesamte übertragene Energie (Wärme) zur Verrichtung von mechanischer Arbeit wirksam.
Auf den ersten Blick könnte man meinen, daß die Ergebnisse, die für die zweite Gruppe erhalten wurden, paradox sind. In diesem Prozeß wird an das Gas eine Wärmemenge q aus der Umgebung übertragen ($q > 0$). Die Temperatur T des Gases und damit auch seine innere Energie u verringern sich jedoch ($\Delta T < 0$; $\Delta u < 0$). Natür-

lich ist in einem solchen Fall die spezifische Wärmekapazität negativ. In Wirklichkeit liegt kein Widerspruch vor, da in dieser Gruppe von Prozessen die übertragene Energie (Wärme) nicht ausreicht, um die zu leistende Arbeit zu verrichten. Deshalb wird ein Teil der inneren Energie dazu benötigt. Solche Prozesse kommen in der Praxis häufig vor, z. B. beim Ausströmen eines verdichteten Gases in eine Umgebung mit geringer Temperatur.

Bei einer Zunahme des Wertes des Polytropenexponenten n (für diese Gruppe) im Bereich von $n = 1$ bis $n = \varkappa$ nimmt der Anteil der übertragenen Energie (Wärme) an der zur Verrichtung von Arbeit notwendigen Energie ab, und der Anteil der inneren Energie, der zur Verrichtung von Arbeit benötigt wird, nimmt zu. Bei $n = 1$ (isothermer Prozeß) wird die gesamte übertragene Energie (Wärme) zur Verrichtung von Arbeit verwendet, bei $n = \varkappa$ (adiabater Prozeß) wird die gesamte zu verrichtende Arbeit jedoch zu Lasten der Abnahme der inneren Energie realisiert.

Ausdehnungsprozesse der dritten Gruppe verlaufen bei Wärmeübertragung an die Umgebung ($q < 0$). Das bedeutet, daß nicht nur die zu leistende Arbeit zu Lasten der Abnahme der inneren Energie abläuft, sondern daß ein Teil der inneren Energie als Wärme an die Umgebung abgegeben wird. Solche Prozesse liegen dann vor, wenn hochtemperierte Gase unter hohem Druck in eine Umgebung ausströmen, die eine wesentlich niedrige Temperatur besitzt. Hierzu gehören z. B. das Ausdehnen von Gasen in Gasturbinen, die Ausdehnung von Verbrennungsprodukten, die aus der Düse eines Hochgeschwindigkeitsbrenners ausströmen, die Rückstoßantriebe u. dgl.

Analog kann man eine Analyse für Energiewandlungsprozesse auf der Grundlage der Gln. (1.3-9) und (1.3-11) für eine *polytrope Verdichtung* durchführen. Die Ergebnisse sind in Tabelle 1.3-3 dargestellt.

Tabelle 1.3-3. Änderung der Temperatur, der inneren Energie, der übertragenen Wärmemenge und der Wärmekapazität bei polytroper Verdichtung

Gruppe	w	ΔT	Δu	q	c
I $-\infty < n < 1$	+	−	−	−	+
II $1 < n < \varkappa$	+	+	+	−	−
III $\varkappa < n < +\infty$	+	+	+	+	+

In der ersten Gruppe von Prozessen der polytropen Verdichtung gibt das Gas die gesamte ihm in Form von mechanischer Arbeit übertragene Energie und einen Teil seiner inneren Energie an die Umgebung ab. In der Praxis handelt es sich hier z. B. um Verdichtungsvorgänge von hochtemperierten Gasen.

In der zweiten Gruppe von Prozessen der polytropen Verdichtung wird die dem Gas in Form von mechanischer Arbeit übertragene Energie zu einem Teil zur Erhöhung der inneren Energie verwendet und zu einem Teil als Wärme an die Umgebung abgegeben. Solche Prozesse verlaufen beim Betrieb von Kompressoren.

In der dritten Gruppe von Prozessen der polytropen Verdichtung wird dem kalten Gas aus der Umgebung Energie in Form von Wärme und mechanischer Arbeit übertragen. Solche Prozesse finden in Verbrennungskraftmaschinen und Gasturbinen statt.

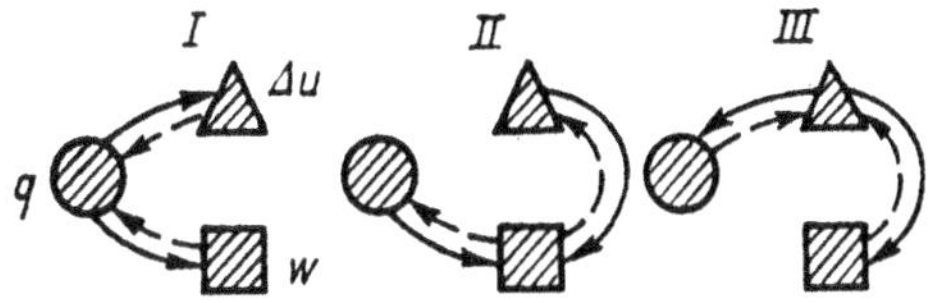

Bild 1.3-5. Schema für die Energiewandlung einer polytropen Zustandsänderung

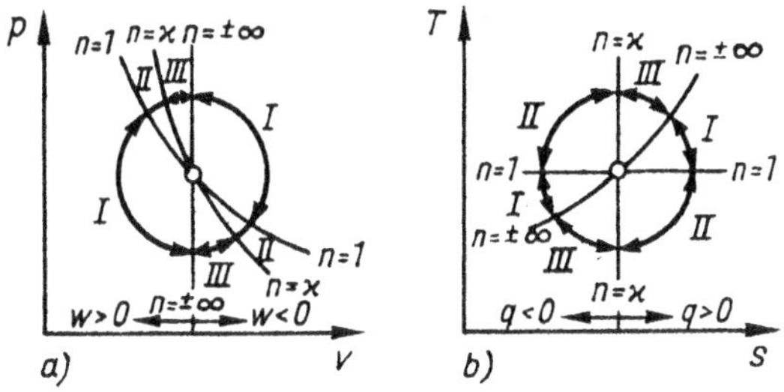

Bild 1.3-6. Polytrope Zustandsänderung
a) im *p*-*v*-Diagramm
b) im *T*-*s*-Diagramm

In Bild 1.3-5 sind die drei Gruppen des polytropen Prozesses schematisch dargestellt. Die ausgezogenen Pfeile entsprechen den Ausdehnungs- und die gestrichelten den Verdichtungsprozessen.
In Bild 1.3-6 sind die drei Gruppen der polytropen Prozesse im *p*-*v*- und *T*-*s*-Diagramm dargestellt. Im *p*-*v*-Diagramm (Bild 1.3-6*a*) sind rechts von der Isochore ($n = \pm\infty$) die Kurven für die Ausdehnungsprozesse dargestellt ($w < 0$) und links davon die Verdichtungsprozesse ($w > 0$). Im *T*-*s*-Diagramm sind rechts der Adiabate ($n = \varkappa$) die Prozesse mit Zuführung von Wärme ($q > 0$) und links davon diejenigen mit Abführung von Wärme ($q < 0$) dargestellt.
Der polytrope Prozeß wird weitgehend für die Beschreibung thermodynamischer Vorgänge in industriellen Anlagen verwendet. Für die Untersuchung derartiger Prozesse müssen zunächst die entsprechenden Polytropenexponenten bestimmt werden. Wenn der Anfangs- und Endzustand des untersuchten Prozesses bekannt sind, kann der Polytropenexponent bestimmt werden.
Für die bekannten Zustände sind die Polytropengleichungen (nach Gl. (1.3-8)) bekannt:

$$p_1 v_1^n = p_2 v_2^n$$

Nach Logarithmierung wird diese Gleichung

$$\lg p_1 + n \lg v_1 = \lg p_2 + n \lg v_2$$

So erhält man den Polytropenexponent

$$n = \lg (p_1/p_2) / \lg (v_2/v_1)$$

1.3.2. Thermodynamik des Wasserdampfes

Wasserdampf ist als thermodynamischer Körper und als Energieträger in der Technik weit verbreitet. Wasserdampf spielt auch bei Industrieöfen z. B. für deren Verdampfungskühlung oder in Abhitzekesseln sowie bei der *Sekundärenergienutzung* eine große Rolle. Er wird verbreitet zur Beheizung von Ölversorgungsleitungen, zur Zerstäubung

von Heizöl, für die Erzeugung von gesteuerten Ofenatmosphären, für die Durchgasung von Metallschmelzen und als Arbeitsmedium in Kraft- und Wärmeversorgungswerken u. dgl. eingesetzt. Der weitverbreitete Einsatz von Wasserdampf in der Technik und der Technologie basiert auf der praktisch unbegrenzten Verfügbarkeit von Wasser auf der Erde und seinen günstigen physikalisch-chemischen Eigenschaften, wie geringe Aggressivität und relativ niedrige *Sättigungstemperatur (Siedetemperatur)*.
Wasserdampf wird in Technik und Technologie bei Zustandsparametern, die nicht weit vom Sättigungszustand entfernt sind, eingesetzt. Deshalb darf er häufig nicht als ideales Gas betrachtet werden. Die Zustandsgleichung eines idealen Gases nach Gl. (1.1-3) ist für die Berechnung von Wasserdampfzuständen nicht geeignet. Die *Van-der-Waals-Gleichung* ist dafür besser geeignet, obwohl auch sie nur Überschlagsrechnungen zuläßt. Deshalb benutzt man bei Zustandsberechnungen für Wasser und Wasserdampf entsprechende Tabellen, die nach experimentellen Werten zusammengestellt wurden. Sehr bekannt sind die Wasser- und Wasserdampfzustandstabellen von *Wukalowitsch*.

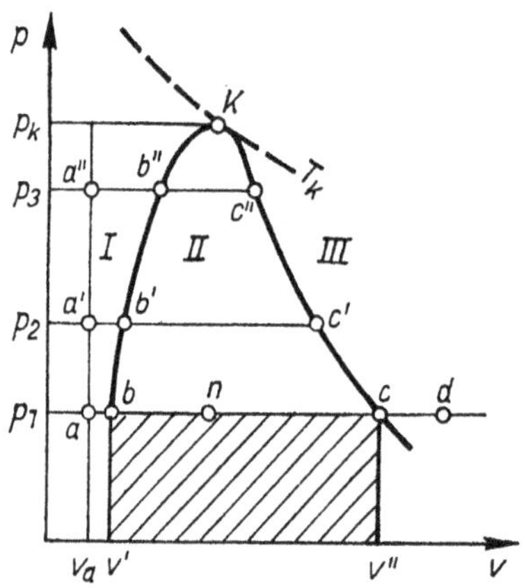

Bild 1.3-7. p-v-Diagramm für die Verdampfung

In der Industrie wird Wasserdampf in Kesseln und in Systemen der Verdampfungskühlung praktisch bei konstantem Druck erzeugt. Deshalb werden im weiteren nur die isobaren Prozesse der Erwärmung von Wasser bis zur *Sättigungstemperatur*, des *Siedens* bei dieser Temperatur und der *Überhitzung des Dampfes* behandelt. Zunächst werden diese Prozesse im p-v-Diagramm betrachtet (Bild 1.3-7). Möge im Ausgangszustand, entsprechend Punkt a, das Wasser eine Temperatur von 273,15 K ($\triangleq$ 0 °C) und einen bestimmten Druck p_1 haben. Wird dem Wasser (es wird sich auf die Masse von 1 kg Wasser oder Wasserdampf bezogen) eine bestimmte Wärmemenge zugeführt, erreicht man den Siedepunkt b. Dabei ist die Wassertemperatur gleich der *Sättigungstemperatur (Siedetemperatur)* T_s und das spezifische Volumen $v' > v_a$, da mit der Temperaturerhöhung eine Ausdehnung der Flüssigkeit erfolgt. Der Zustand im Punkt b beschreibt also den *Sättigungszustand*. Eine weitere Wärmezufuhr führt nicht zu einer Temperaturerhöhung, sondern zu einer Vergrößerung der Dampfmenge und somit zu einer Vergrößerung des spezifischen Volumens. Die Strecke bc in Bild 1.3-7 ist also gleichzeitig Isobare und Isotherme.
Zwischen den Punkten b und c, d. h. bei unterschiedlichen Werten von n, ist das thermodynamische System ein Gemisch von siedendem Wasser und gesättigtem Dampf,

das *Naßdampf* genannt wird. Am Zustandspunkt c ist das gesamte Wasser verdampft, und der Dampf hat das spezifische Volumen v'' und die Sättigungstemperatur (Siedetemperatur) T_s. Dampf mit diesen Parametern nennt man *trocken gesättigten Dampf*. Eine weitere Zuführung von Wärme führt zu einer Erhöhung der Temperatur $T_ü$ über die Sättigungstemperatur und zu einer Vergrößerung des spezifischen Volumens. Wasserdampf mit den Parametern des Punktes d (in Bild 1.3-7) nennt man *überhitzten Dampf*.

Als Charakteristik für die Zusammensetzung des Naßdampfes wird der Masseanteil an trocken gesättigtem Dampf der Gemischmasse des Naßdampfes benutzt. Diesen nennt man auch *Dampfanteil im Naßdampf* (Dampfgehalt) und bezeichnet ihn mit dem Symbol x. Dann stellt die Größe $y = 1 - x$ den *Masseanteil von Wasser im Naßdampf* dar. Man bezeichnet diesen als *Anteil an gesättigter Flüssigkeit* des Naßdampfes. Da die Zunahme des Wertes für das spezifische Volumen des Naßdampfes von v' (Punkt b in Bild 1.3-7) bis v'' (Punkt c) nur durch die Zunahme des Dampfanteiles im Gemisch bedingt ist, wird der Dampfanteil im Punkt n leicht bestimmbar. Im Punkt b ist $x = 0$ und $y = 1$, während im Punkt c $x = 1$ und $y = 0$ ist. Der Zustand des Naßdampfes wird also durch die Strecke bc beschrieben, und für den Punkt n wird dann:

$$x = \frac{bn}{bc} \quad \text{und} \quad y = \frac{nc}{bc}$$

Es sei vermerkt, daß die Fläche zwischen der Strecke bc und der Abszisse der spezifischen Arbeit entspricht, die geleistet werden muß, damit sich das spezifische Volumen von v' auf v'' ausdehnt.

Wird die Erwärmung des Wassers, die Verdampfung und die Überhitzung bei einem Druck $p_2 > p_1$ durchgeführt, so wird das spezifische Volumen des Wassers praktisch nicht verändert (da Wasser nahezu inkompressibel ist). Punkt a' behält deshalb seine Lage zur Ordinate. Die Sättigungstemperatur (Siedetemperatur) nimmt jedoch durch die Druckerhöhung zu. Deshalb ist der Punkt b', der den Beginn des Siedevorganges charakterisiert, gegenüber Punkt b nach rechts verschoben, da mit der Erhöhung der Siedetemperatur auch das spezifische Volumen des Wassers zunimmt. Der Punkt c', der den Zustand des trocken gesättigten Dampfes bei einem Druck von $p_2 > p_1$ beschreibt, verschiebt sich gegenüber Punkt c nach links, da mit der Erhöhung des Druckes sich das spezifische Volumen des trocken gesättigten Dampfes verringert. Mit einer weiteren Druckerhöhung nähern sich die entsprechenden Punkte b und c einander, bis letzten Endes bei einem bestimmten Druck, den man *kritischen Druck* p_K nennt, sich beide in einem Punkt vereinen – im kritischen *Punkt* K. In diesem Punkt sind die thermodynamischen Eigenschaften von Wasser und Wasserdampf nicht zu unterscheiden, Wasser geht plötzlich in überhitzten Dampf über.

Im Bild 1.3-7 ist die Isotherme der *kritischen Temperatur* T_K gestrichelt eingetragen. Bei Temperaturen $T > T_K$, d. h. im Gebiet, das rechts und über der eingetragenen Kurve für die kritische Temperatur liegt, kann bei keinem noch so großen Druck der Wasserdampf in den flüssigen Zustand überführt werden.

Für Wasser ist der kritische Druck $p_K = 22{,}115$ MPa ($\triangleq$ 221,15 bar $\triangleq$ 225,51 at (kp/cm²) $\triangleq$ 218,258 atm), die kritische Temperatur $T_K = 647{,}27$ K ($\triangleq$ 374,12 °C) und das kritische spezifische Volumen $v_K = 0{,}00315$ m³/kg.

Verbindet man alle Punkte b, erhält man die Kurve bK, die den geometrischen Ort aller Punkte, an denen das Sieden beginnt, beschreibt. Man nennt sie *untere Grenzkurve*. Ebenso erhält man bei der Verbindung aller Punkte c die Kurve Kc, die den

geometrischen Ort aller Punkte bestimmt, bei denen trocken gesättigter Dampf vorliegt. Man nennt sie *obere Grenzkurve.*
Das Gebiet *I* im Diagramm (Bild 1.3-7) liegt links von der unteren Grenzkurve, die dem Wasser im flüssigen (oder festen) Zustand entspricht. Das Gebiet *II* (zwischen den beiden Grenzkurven) ist das Naßdampfgebiet. Das Gebiet *III* (rechts der oberen Grenzkurve) charakterisiert den überhitzten Dampf. Auf den Grenzkurven wird der Zustand des Systems mit einem Parameter eindeutig beschrieben, z. B. durch den Druck p oder die Temperatur T. In den genannten Gebieten des Diagrammes müssen jedoch zur eindeutigen Beschreibung des Zustandes zwei Parameter bekannt sein.

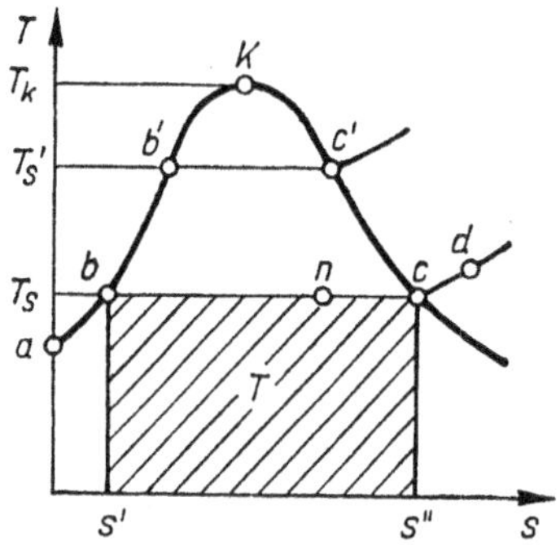

Bild 1.3-8. T-s-Diagramm für die Verdampfung

In Bild 1.3-8 ist das T-s-Diagramm der betrachteten Prozesse der Verdampfung dargestellt. Der Punkt a in diesem Diagramm entspricht der Temperatur $T = 273{,}15$ K ($\triangleq$ 0 °C) und ist auf der Ordinate abgetragen, da die spezifische Entropie für diese Temperatur gleich Null gesetzt wird. Bei einer Zuführung von Wärme nimmt die Temperatur bis zum Erreichen der Sättigungstemperatur (Siedetemperatur) T_s im Punkt b zu. Eine weitere Wärmezufuhr, d. h. Erhöhung der Entropie, verändert die Siedetemperatur T_s nicht. Die Zustandsänderung des Systems wird entlang der Geraden bc bis zum Punkt c, an dem trocken gesättigter Dampf vorliegt, beschrieben. Bei weiterer Wärmezufuhr wird der Dampf auf die Temperatur $T_ü$ überhitzt (z. B. im Punkt d).
Die Fläche zwischen der Strecke bc im T-s-Diagramm (Bild 1.3-8) und der Abszisse entspricht (bei maßstäblicher Darstellung) der Wärmemenge, die zur Überführung von 1 kg Wasser in trocken gesättigten Dampf notwendig ist. Man nennt sie *Verdampfungswärme r* (J/kg). Diese Wärmemenge wird für die zu leistende Ausdehnungsarbeit (s. p-v-Diagramm, Bild 1.3-7) und für die Lösung der molekularen Bindungskräfte der Flüssigkeit benötigt.
Im T-s-Diagramm entspricht der Punkt n auf der Geraden bc ebenso wie im p-v-Diagramm einem beliebigen Zustand des Naßdampfes mit entsprechenden Anteilen an trocken gesättigtem Dampf und gesättigter Flüssigkeit.
Wenn die Verdampfungsprozesse bei einem Druck $p_2 > p_1$ durchgeführt werden, dann erhöht sich die Siedetemperatur T_s (Sättigungstemperatur). Entsprechend vergrößert sich auch die Entropie s' des siedenden Wassers, da für die Erwärmung des Wassers auf höhere Temperaturen eine entsprechend größere Wärmemenge benötigt wird. Deshalb liegt der Punkt b' im T-s-Diagramm gegenüber Punkt b nach rechts verschoben. Andererseits verringert sich die Verdampfungswärme bei Druckerhöhung, da der Anteil für die Ausdehnbarkeit des spezifischen Volumens (s. p-v-Diagramm,

Bild 1.3-7) und auch der Anteil für die Lösung zwischenmolekularer Bindungskräfte (infolge größerer innerer Energie durch höhere Siedetemperatur) verringert wird. Deshalb liegt auch der Punkt c' im T-s-Diagramm gegenüber Punkt c, nach links verschoben.

Bei weiterer Druckerhöhung nähern sich die entsprechenden Punkte b und c, bis sich bei Erreichung des *kritischen Zustandes* K ($T_s = T_K$; $p_s = p_K$) beide im Punkt K vereinen. Daraus ist auch erkenntlich, daß im Punkt K die Verdampfungswärme $r = 0$ beträgt. Im T-s-Diagramm erhält man also, wie im p-v-Diagramm, eine *untere Grenzkurve bk* und eine *obere Grenzkurve kc*, die sich im *kritischen Punkt K* vereinen. Auch hier gilt, daß bei Temperaturen $T > T_K$ eine Überführung von überhitztem Dampf in Wasser nicht möglich ist.

Jedem beliebigen Zustand (entsprechend den Punkten b, c, n oder d) entspricht also eine bestimmte Wärmemenge, die an das Wasser übertragen werden muß, um diesen Zustand zu erreichen. Damit ändert sich entsprechend auch die spezifische Entropie des betrachteten Systems. Da es sich bei den betrachteten Prozessen um isobare handelt, entspricht die zugeführte Wärmemenge der spezifischen Enthalpieänderung des Systems. Sie wird (vereinbarungsgemäß) im Punkt a gleich Null gesetzt. Dann ist die zu bestimmende Wärmemenge gleich dem absoluten Wert der Enthalpie für den jeweils betrachteten Zustand. Auch die Entropieänderung entspricht dann dem jeweiligen absoluten Wert.

Die spezifische Enthalpie des siedenden Wassers im Punkt b, d. h. die Änderung zwischen den Zuständen a und b, entspricht der Wärmemenge, die notwendig ist, um 1 kg Wasser von der Temperatur $T_0 = 273{,}15$ K ($\triangleq$ 0 °C) auf die Sättigungstemperatur T_s zu erwärmen. Entsprechend Gl. (1.2-8) ist dann die spezifische Enthalpie des Wassers:

$$h' = c_{p,w}\,(T_s - T_0) \qquad (\text{J/kg}) \tag{1.3-14}$$

($c_{p,w}$ mittlere isobare spezifische Wärmekapazität des Wassers (J/(kg K))

Zur Ermittlung der spezifischen Entropieänderung (bezogen auf die Zustände a und b) nutzt man die Gl. (1.2-12):

$$s' = c_{p,w} \ln \frac{T_s}{T_0} \qquad (\text{J/(kg K)}) \tag{1.3-15}$$

Die spezifische Enthalpie des trocken gesättigten Dampfes (entsprechend Punkt c) ist gegenüber der Enthalpie des Wassers (in Punkt b) um die Verdampfungswärme r größer:

$$h'' = h' + r = c_{p,w}\,(T_s - T_0) + r \tag{1.3-16}$$

Die spezifische Entropieänderung zwischen den Zuständen b und c ist dann:

$$s'' - s' = r/T_s$$

Somit ist die spezifische Entropie des trocken gesättigten Dampfes:

$$s'' = c_{p,w} \ln \frac{T_s}{T_0} + \frac{r}{T_s} \tag{1.3-17}$$

Für Naßdampf mit dem Zustand n ist dann bei einem Dampfanteil (trocken gesättigter) von x die spezifische Enthalpie:

$$h_{D,n} = c_{p,w}\,(T_s - T_0) + rx \tag{1.3-18}$$

und entsprechend die Entropie:

$$s_{D,n} = c_{p,W} \ln \frac{T_s}{T_0} + \frac{r x}{T_s} \tag{1.3-19}$$

Nach Gl. (1.2-8) wird die spezifische Enthalpie des überhitzten Dampfes (entsprechend Punkt d):

$$h_{D,ü} = h'' + c_{p,D} (T_ü - T_s) \tag{1.3-20}$$

($c_{p,D}$ mittlere isobare spezifische Wärmekapazität des Dampfes (J/(kg K)))

Nach Gl. (1.2-12) wird dann die spezifische Entropieänderung (von Zustand b bis d) für den überhitzten Dampf:

$$s_ü = s'' + c_{p,D} \ln \frac{T_ü}{T_s} = c_{p,W} \ln \frac{T_s}{T_0} + \frac{r}{T_s} + c_{p,D} \ln \frac{T_ü}{T_s} \tag{1.3-21}$$

Für die Berechnung thermodynamischer Prozesse des Wasserdampfes ist die Ermittlung der notwendigen Wärmemenge zur Erzeugung von Dampf mit entsprechenden Parametern wichtig. Wie gezeigt, entspricht diese Wärmemenge der jeweiligen Enthalpieänderung. Aus diesem Grunde wird für die Untersuchung und Berechnung solcher Prozesse oft das *h-s-Diagramm* verwendet. Dabei wird auf der Ordinate die spezifische Enthalpie h (J/kg) über der spezifischen Entropie s (J/kg K) als Abszisse abgetragen. In der Praxis wird jedoch meist mit den bereits erwähnten thermodynamischen Tabellen für Wasser und Wasserdampf gearbeitet.[1])

1.4. Zweiter Hauptsatz der Thermodynamik

1.4.1. Kreisprozesse

Bisher wurden nach dem ersten Hauptsatz der Thermodynamik solche Prozesse behandelt, denen Energie in Form von Wärme und von denen Energie als mechanische Arbeit an die Umgebung übertragen wird. Dieser Hauptsatz sagt jedoch noch nichts darüber aus, unter welchen Bedingungen solche Energiewandlungsprozesse möglich sind. Bevor ein solches Gesetz formuliert wird, werden die Wirkprinzipien von Wärmeanwendungsanlagen für die Energiewandlung von Wärme in mechanische Arbeit (Wärmekraftmaschinen) und für Wandlung von mechanischer Arbeit in Wärme (sog. Kältemaschinen) betrachtet. Die genannten Maschinen haben ein periodisches Wirkprinzip, d. h., ihr Betrieb beruht auf *thermodynamischen Kreisprozessen* (Zyklen).
Wenn ein System von einem Ausgangszustand nach einer Reihe von thermodynamischen Prozessen wieder zu diesem Ausgangszustand zurückkehrt, so nennt man die Gesamtheit der ablaufenden Prozesse einen thermodynamischen Kreisprozeß (oder Zyklus). Zur Erzeugung von mechanischer Arbeit muß man also einem gasförmigen Körper (System, Prozeß) eine bestimmte Wärmemenge zuführen, damit dieser eine bestimmte Arbeit (durch seine Ausdehnung) verrichtet. Danach muß der Körper in seinen Ausgangszustand zurückgeführt werden, damit er von neuem Arbeit verrichten kann. Deshalb muß von dem Körper eine bestimmte Wärmemenge abgeführt werden,

---

[1]) z. B. in: *Wukalowitsch, M. P.:* Thermodynamische Eigenschaften des Wassers und des Wasserdampfes. Berlin: VEB Verlag Technik 1958

was zu einer Verdichtung, d. h. in den Ausgangszustand, zurückführt. Auf diese Art und Weise kann Wärme in mechanische Arbeit gewandelt werden. Eine *Wärmekraftmaschine* hat also ein zyklisches Wirkprinzip, bei dem Wärmezufuhr und Ausdehnung mit Wärmeabfuhr und Verdichtung nacheinander folgen.

In Bild 1.4-1 ist ein solcher Zyklus *(Rechtsprozeß)* im p-v-Diagramm dargestellt. Der Ausdehnungsvorgang des Körpers vom Zustand *1* zum Zustand *2* wird infolge einer Wärmezuführung q_1 realisiert. Der Verdichtungsvorgang dieses Körpers vom Zustand 2 zum Zustand 1 erfolgt bei Wärmeabführung q_2. Die Fläche A zwischen der Kurve $1 \rightarrow m \rightarrow 2$ und der Abszisse (A: $1 \rightarrow m\ 2 \rightarrow 2' \rightarrow 1' \rightarrow 1$) stellt in diesem Diagramm die mechanische Arbeit des Gases bei dessen Ausdehnung dar (bei maßstäblicher Darstellung). Die Flächen A' zwischen der Kurve $2 \rightarrow n \rightarrow 1$ und der Abszisse (A' $2 \rightarrow n \rightarrow 1 \rightarrow 1' \rightarrow 2' \rightarrow 2$) dagegen ist der von außen geleisteten mechanischen Arbeit der Verdichtung gleich. Die Differenz zwischen diesen beiden Flächen $A - A'$ ist somit die nutzbare mechanische Arbeit, die in einem Zyklus zur Nutzung (Nutzenergie) an entsprechende Einrichtungen abgegeben wird (Generator u.dgl.). Die nutzbare spezifische Arbeit (technische Arbeit) w_0 (J/kg) wird im p-v-Diagramm für einen Zyklus durch die Fläche A_0 ($\varkappa \rightarrow m \rightarrow 2 \rightarrow n \rightarrow 1$) dargestellt. Für eine *Wärmekraftmaschine* muß also die Ausdehnungsarbeit größer sein als die Verdichtungsarbeit.

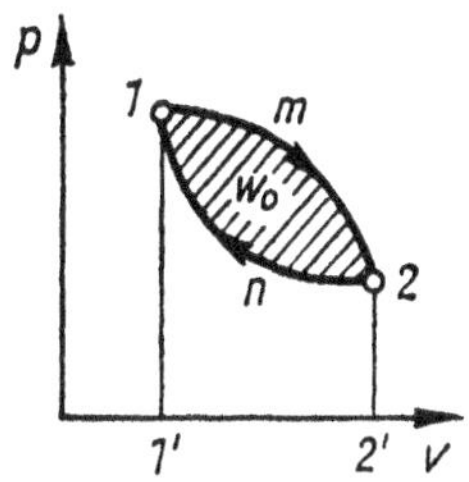

Bild 1.4-1
Rechtsprozeß im p-v-Diagramm

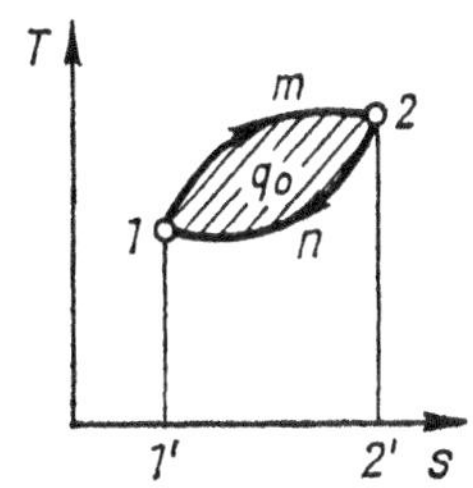

Bild 1.4-2
Rechtsprozeß im T-s-Diagramm

In Bild 1.4-2 ist dieser Zyklus im T-s-Diagramm dargestellt. Der Ausdehnungsprozeß vom Zustand *1* zum Zustand *2* geht bei einer Entropieerhöhung vor sich, da dem Körper (Gas) eine Wärmemenge zugeführt wird. Dabei stellt die Fläche A (A: $1 \rightarrow m \rightarrow 2 \rightarrow 2' \rightarrow 1' \rightarrow 2$) die zugeführte Wärmemenge q_0 dar (bei maßstäblicher Darstellung). Die Fläche A' hingegen (A': $2 \rightarrow n\ 1 \rightarrow 1' \rightarrow 2' \rightarrow 2$) entspricht der abgeführten Wärmemenge q_2. Die Differenz $q_0 = q_1 - q_2$ wird durch die Fläche A_0 (A_0: $1 \rightarrow m \rightarrow 2 \rightarrow n\ 1$) dargestellt, die in nutzbare mechanische Arbeit überführt (gewandelt) wird. Deshalb muß die einer Wärmekraftmaschine zugeführte Wärmemenge q_1 größer sein als die in der Kühleinrichtung abgeführte Wärmemenge q_2. Da das thermodynamische System nach einem Kreisprozeß (Zyklus) in den Ausgangszustand zurückkehrt, ändert sich seine innere Energie nicht, und folglich ist

$$q_0 = |w_0|$$

Aus dem Gesagten muß deshalb die Schlußfolgerung gezogen werden, daß eine Wärmekraftmaschine nur arbeiten kann, wenn ein Teil der zugeführten Wärme durch eine Kühleinrichtung wieder abgeführt wird. In nutzbare (technische) Arbeit kann nur die Differenz dieser beiden Wärmemengen überführt werden.

Eine solche Einrichtung arbeitet also dann effektiver, wenn die nutzbare Arbeit w_0, die je Zyklus erhalten wird, bezogen auf die zugeführte Wärmemenge, möglichst groß ist. Deshalb gilt für die *thermodynamische Güte* einer Wärmekraftmaschine die Beurteilung durch einen entsprechenden *Wirkungsgrad:*

$$\eta_{th} = w_0/q_1$$

Da aber $|w_0| = q_0$ und $q_0 = q_1 - q_2$ ist, ergibt sich der thermodynamische Wirkungsgrad (auch *thermischer Wirkungsgrad* genannt) als

$$\eta_{th} = 1 - (q_2/q_1) \tag{1.4-1}$$

Aus Gl. (1.4-1) geht hervor, daß der thermodynamische Wirkungsgrad zunimmt, wenn q_1 größer und/oder q_2 kleiner wird. Er ist aber immer kleiner 1, unabhängig von der Vollkommenheit einer solchen Anlage, da q_1 nicht unendlich groß und q_2 nicht Null werden kann.

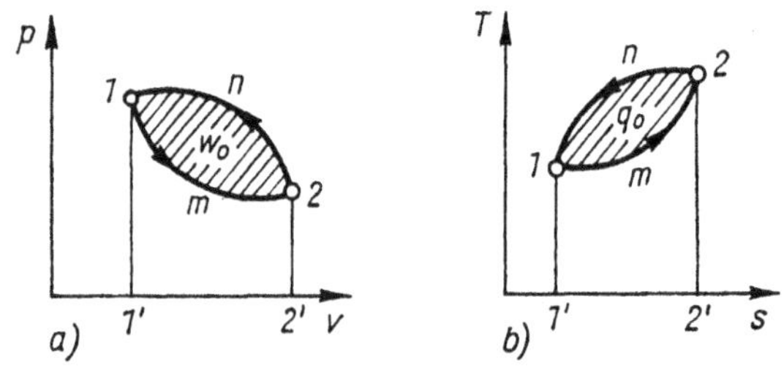

Bild 1.4-3. Linksprozeß
a) im *p-v*-Diagramm
b) im *T-s*-Diagramm

Kreisprozesse können auch in umgekehrter Richtung als in den Bildern 1.4-1 und 1.4-2 dargestellt verlaufen. Ein solch umgekehrter Kreisprozeß *(Linksprozeß)* ist in Bild 1.4-3 als *p-v*-Diagramm (*a*) und *T-s*-Diagramm (*b*) dargestellt. Zu diesen Zyklen verläuft die Ausdehnung ($1 \to 2$) bei niederen Drücken und Temperaturen und die Verdichtung ($2 \to 1$) entsprechend bei höheren Temperaturen und Drücken. Die Verdichtungsarbeit, die von äußeren Kräften verrichtet wird, ist im Bild 1.4-3*a* als die Fläche A ($A: 2 \to n \to 1 \to 1' \to 2' \to 2$) größer als die Ausdehnungsarbeit (Fläche $A': 1 \to m \to 2 \to 2' \to 1' \to 1$), die vom Gas verrichtet wird. Dann entspricht die Differenz zwischen den beiden Flächen $A - A'$ der von außen zu verrichtenden Arbeit w_0 ($A_0: 1 \to m \to 2 \to n \to 1$), wobei $w_0 > 0$ (zugeführte Arbeit).
Die Ausdehnungsarbeit von Zustand *1* zu Zustand *2* wird in diesem Prozeß als Wärmemenge q_2 einer Wärmequelle entnommen und an den Körper (Gas) übertragen. Im Verdichtungsprozeß von Zustand *2* zu Zustand *1* wird die Wärmemenge q_1 an die Umgebung übertragen. Dabei ist, wie Bild 1.4-3*b* zeigt, $|q_1| > |q_2|$ und nach den vereinbarten Regeln $q_1 < 0$ (abgeführt) und $q_2 > 0$ (zugeführt). Folglich hat q_0, das der Fläche A_0 ($A: 1 \to m \to 2 \to n \to 1$) in Bild 1.4-3*b* entspricht, einen negativen Wert. Auch in diesem Zyklus entspricht

$$q_0 = |w_0|$$

So wird also in dem *Linksprozeß* (umgekehrter Kreisprozeß) dem Körper mit der niederen Temperatur die Wärmemenge q_2 entzogen (abgeführt) und an den Körper mit höherer Temperatur (Umgebung) die Wärmemenge $q_1 = q_2 + q_0$ übertragen (zugeführt). Um diesen Prozeß zu realisieren, muß von äußeren Kräften eine mechani-

sche Arbeit q_0 am System verrichtet werden, die in die Wärmemenge q_0 gewandelt und an die Umgebung (Körper höherer Temperatur) abgegeben wird.
Die Linksprozesse bilden somit die Grundlage für den Betrieb von Kühlanlagen. Eine solche Anlage arbeitet um so effektiver, je größer die Wärmemenge q_2 ist, die dem Körper mit der niederen Temperatur entzogen wird, und je kleiner die dafür notwendige von äußeren Kräften zu leistende Arbeit ist. Deshalb wird der thermodynamische Wirkungsgrad einer Kälteanlage:

$$\varepsilon = \frac{q_2}{w_0} = \frac{q_2}{q_1 - q_2} = \frac{1}{(q_1/q_2) - 1} \qquad (1.4\text{-}2)$$

Dieser *Wirkungsgrad der Linksprozesse* wird auch *Leistungszahl* genannt.

1.4.2. Carnot-Prozeß

Die bisher behandelten Zyklen setzten sich aus Prozeßteilen zusammen, die reversibel sind. Deshalb ist auch der betrachtete Kreisprozeß reversibel. Als vollkommenster reversibler Kreisprozeß gilt ein solcher, der sich aus zwei isothermen und zwei adiabaten Teilprozessen zusammensetzt. Einen Kreisprozeß mit solchen Merkmalen nennt man *Carnot-Prozeß*. Im Bild 1.4-4 ist ein Carnot-Kreisprozeß im *p-v-* sowie im *T-s*-Diagramm dargestellt. Im Punkt *1* wird der Körper (System) mit einer höher temperierten Wärmequelle mit der Temperatur T_1 in Verbindung gebracht. Durch die von der Wärmequelle übertragene Wärmemenge q_1 erfolgt isotherme Ausdehnung (bei der Temperatur T_1). Im Punkt *2* wird der Körper von der Wärmequelle isoliert, und es erfolgt eine adiabate Ausdehnung. Dabei wird ein Teil der inneren Energie für die Verrichtung der Ausdehnungsarbeit aufgewendet, deshalb sinkt die Temperatur auf den Wert T_2 (im Punkt 3). Wird der Kö pe: dann am Punkt *3* mit einer Wärmesenke in Verbindung gebracht, die die Temperatur T_2 besitzt, und einer Verdichtung unterzogen, so verläuft ein Prozeß der isothermen Verdichtung, bei Abführung der Wärmemenge q_2 in die Wärmesenke (bis zum Punkt *4*). Im Punkt *4* erfolgt dann wieder eine Isolierung des Körpers und eine adiabate Verdichtung. Dabei erhöht sich die innere Energie (und folglich auch die Temperatur des Körpers) durch die von äußeren Kräften geleistete Arbeit. Der Körper (System) erreicht dann im Punkt *1* wieder den Ausgangszustand.
Den thermodynamischen Wirkungsgrad eines Carnot-Prozesses kann man dann leicht über die Temperaturen T_1 und T_2 ausdrücken, wie dies aus Bild 1.4-4*b* ersichtlich ist, denn $q_1 = T_1\,(s_2 - s_1)$ und $q_2 = T_2\,(s_2 - s_1)$. Setzt man diese Ausdrücke in die Gl. (1.4-1) für den thermodynamischen Wirkungsgrad ein, so erhält man:

$$\eta_{th} = 1 - (T_2/T_1) \qquad (1.4\text{-}3)$$

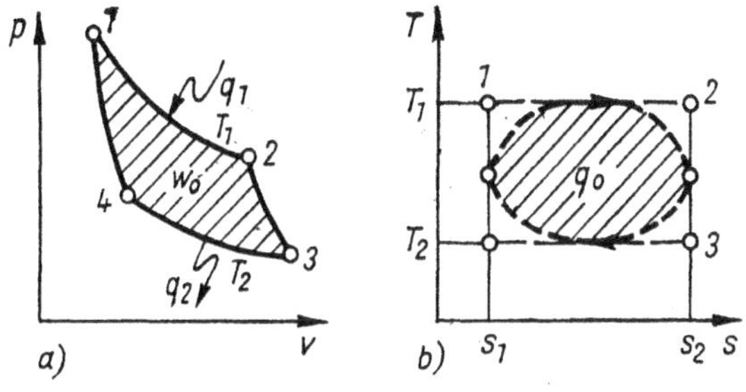

Bild 1.4-4. Carnot-Prozeß
a) im *p-v*-Diagramm
b) im *T-s*-Diagramm

Wie aus Gl. (1.4-3) hervorgeht, hängt der thermodynamische Wirkungsgrad eines Carnot-Prozesses nicht von den Eigenschaften des Gases ab, sondern lediglich von den Temperaturen der Wärmequelle und der Wärmesenke. Er nimmt mit der Erhöhung der Temperatur T_1 und/oder mit der Senkung der Temperatur T_2 zu. Er kann jedoch praktisch nie gleich 1 werden, da $T_2 > 0$.
Der *reversible Carnot-Prozeß* als vollkommenster Kreisprozeß hat den *größtmöglichen thermodynamischen Wirkungsgrad.* Von dieser Aussage kann man sich leicht überzeugen, indem man einen beliebigen anderen Prozeß mit dem gleichen Temperaturintervall und mit der gleichen Entropieänderung betrachtet (gestrichelte Darstellung in Bild 1.4-4*b*). Es ist zu erkennen, daß die zugeführte Wärmemenge q_1 geringer und die abgeführte Wärmemenge q_2 größer ist als im Carnot-Prozeß. Entsprechend Gl. (1.4-1) ist dann der thermodynamische Wirkungsgrad kleiner als im Carnot-Prozeß.
Weiter kann man auch leicht darstellen, daß der thermodynamische Wirkungsgrad eines reversiblen Carnot-Prozesses größer ist als der eines irreversiblen. In Bild 1.4-5 ist für den irreversiblen Prozeß die isotherme Ausdehnung mit den Punkten $1' \to 2'$ und die isotherme Verdichtung entsprechend mit den Punkten $3' \to 4'$ gekennzeichnet. In der Praxis sind alle Prozesse irreversibel, denn eine Wärmeübertragung von einer Wärmequelle mit der Temperatur T_1 auf einen Körper ist nur möglich, wenn dessen Temperatur T'_1 kleiner ist. Ebenfalls ist die Wärmeübertragung vom Körper zur Wärmesenke nur möglich, wenn die Körpertemperatur T'_2 größer ist als die Temperatur der Wärmesenke T_2. Folglich verlaufen die irreversiblen isothermen Prozesse bei Vorhandensein einer bestimmten Temperaturdifferenz zwischen Körper (System) und Umgebung, was ihren irreversiblen Charakter bestimmt. Beim *reversiblen Carnot-Prozeß* ist also die Temperatur des Körpers (Gases) jeweils gleich der Temperatur der Wärmequelle bzw. der Wärmesenke, deshalb ist auch die Fläche unter der Kurve $1 \to 2$, die der Wärmezufuhr entspricht, größer als die des *irreversiblen Prozesses* unter der Kurve $1' \to 2'$. Umgekehrt ist die abgeführte Wärmemenge für den irreversiblen Prozeß größer (Fläche unter Kurve $3' \to 4'$) als beim reversiblen Prozeß (Fläche unter Kurve $3 \to 4$). Nach Gl. (1.4-1) muß also der *thermodynamische Wirkungsgrad des irreversiblen Prozesses* kleiner sein.
Der Carnot-Prozeß ist also ein *idealer Kreisprozeß* für Wärmekraftmaschinen und Wärmeanwendungsanlagen. Er ist jedoch in technischen Anlagen nicht realisierbar, da er ein reversibler Kreisprozeß ist und vor allem, da adiabate Prozesse in technischen Anlagen nicht möglich sind. Ungeachtet dessen gibt es Möglichkeiten, den thermodynamischen Wirkungsgrad *realer Kreisprozesse* zu verbessern. Eine sehr effektive Methode zur Erreichung dieser Ziele ist der sog. *rekuperative Carnot-Prozeß.* In Bild 1.4-6 ist im *T*-*s*-Diagramm ein reversibler Kreisprozeß dargestellt, der eine isotherme Ausdehnung von Punkt *1* zu Punkt *2* bei Zuführung einer Wärmemenge q_1 und eine

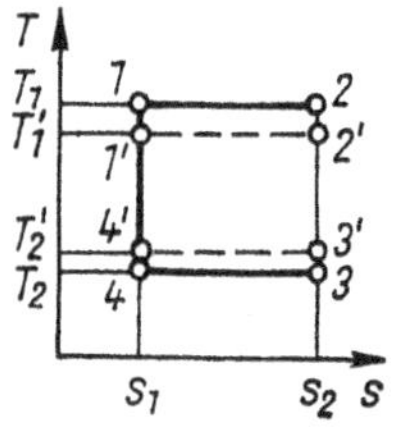

Bild 1.4-5. Reversibler und irreversibler Carnot-Prozeß im *T*-*s*-Diagramm

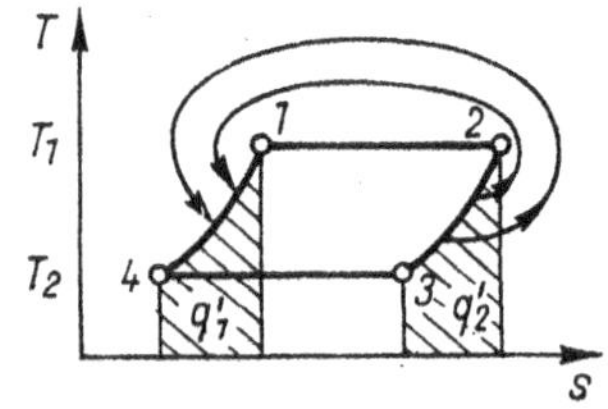

Bild 1.4-6. Rekuperativer Carnot-Prozeß

siotherme Verdichtung von Punkt *3* zu Punkt *4* bei Abführung der Wärmemenge q_2 beinhaltet.

Die anderen beiden Teilprozesse sind im Unterschied zu dem Carnot-Prozeß nicht adiabat, sondern eine *polytrope Ausdehnung* von Punkt *4* zu Punkt *1* und eine *polytrope Verdichtung* von Punkt *2* zu Punkt *3* mit gleichen Polytropenexponenten.

Man kann leicht zeigen, daß die Wärmemenge q_1', die im Teilprozeß $4 \to 1$ zugeführt wird, dann gleich der Wärmemenge q_2' ist, die im Teilprozeß $2 \to 3$ abgeführt wird. Für einen solchen Kreisprozeß ist dann der thermodynamische Wirkungsgrad nach Gl. (1.4-1):

$$\eta_{th} = 1 - \frac{q_2 + q_2'}{q_1 + q_1'}$$

Wenn in das betrachtete System ein Wärmeübertrager (Rekuperator) eingeschaltet wird, der die vom System abgeführte Wärmemenge q_2' bei polytroper Verdichtung (Punkte $2 \to 3$) dem Kreisprozeß im Teilprozeß polytroper Ausdehnung (Punkte $4 \to 1$) als q_1' wieder zuführt, dann wird der thermodynamische Wirkungsgrad:

$$\eta_{th} = 1 - \frac{q_2 + q_2' - q_2'}{q_1 + q_1' - q_2'}$$

Unter Berücksichtigung der Festlegung, daß $q_2' = q_1'$, ergibt sich dann:

$$\eta_{th} = 1 - \frac{q_2}{q_1} = 1 - \frac{T_2}{T_1}$$

Das heißt, man erhält für den Wirkungsgrad einen Wert, der dem Carnot-Prozeß, bestehend aus zwei isothermen und zwei adiabaten Teilprozessen, entspricht.

Mit Hilfe eines Carnot-Prozesses kann auch ein Linksprozeß für Kälteanlagen beschrieben werden. In diesem Fall verläuft die Prozeßrichtung umgekehrt der bisher betrachteten. In Bild 1.4-7 ist der *Carnot-Linksprozeß* im p-v- und im T-s-Diagramm dargestellt. Im Punkt *1* beginnt eine adiabate Ausdehnung (von Punkt *1* zu Punkt *2*), in deren Ergebnis sich die Temperatur von T_1 auf T_2 senkt. Von Punkt *2* zu Punkt *3* verläuft eine isotherme Ausdehnung bei der Temperatur T_2 bei Entnahme einer Wärmemenge q_2 aus der Umgebung niederer Temperatur mit der gleichen Temperatur T_2. Von Punkt *3* zu Punkt *4* erfolgt eine adiabate Verdichtung, in deren Ergebnis die Temperatur im System wieder auf die Temperatur T_1 erhöht wird. Bei der nachfolgenden isothermen Verdichtung von Punkt *4* zu Punkt *1* erfolgt dann die Abführung der Wärmemenge q_1 an die Umgebung höherer Temperatur T_1. Dabei ist $q_1 = q_2 + q_0$. In diesem Kreisprozeß ist die Verdichtungsarbeit (Fläche A unter $3 \to 4 \to 1$) um den

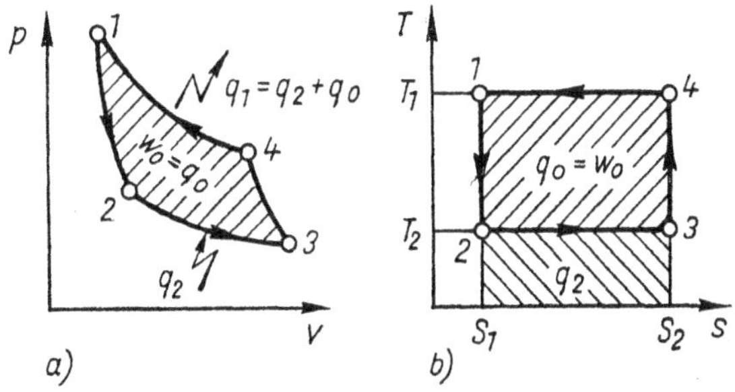

Bild 1.4-7. Carnot-Linksprozeß
a) im p-v-Diagramm
b) im T-s-Diagramm

Wert w_1 größer als die Ausdehnungsarbeit (Fläche A' unter $1 \rightarrow 2 \rightarrow 3$). Diese Arbeit w_0 wird in Wärme q_0 gewandelt und mit der Wärmemenge q_2 an die Umgebung abgeführt. Da $q_1 = T_1\,(s_2 - s_1)$ und $q_2 = T_2\,(s_2 - s_1)$ ist, ergibt sich der thermodynamische Wirkungsgrad (die *Leistungszahl*) *für den Carnot-Linksprozeß* entsprechend Gl. (1.4-2):

$$\varepsilon = \frac{1}{\frac{T_1}{T_2} - 1}$$

Der Carnot-Linksprozeß hat die größte Leistungszahl und stellt somit den idealen Kreisprozeß für Kühlanlagen dar.

1.4.3. Formulierung des zweiten Hauptsatzes

Es gibt einige Formulierungen des zweiten Hauptsatzes der Thermodynamik. In der technischen Thermodynamik haben die Formulierungen von *Planck* und *Clausius* die größte Bedeutung. Nach *Planck* kann es keine Wärmeanwendungsanlage mit zyklischem Wirkprinzip geben, die mechanische Arbeit lediglich bei einer Wärmezuführung von einer Wärmequelle verrichten kann. Wie bereits dargestellt, erfordert das Wirkprinzip einer Wärmekraftmaschine, daß eine Wärmequelle und eine Wärmesenke unterschiedlicher Temperaturen vorhanden sind, die dem System sowohl eine Wärmemenge zuführen als auch eine bestimmte Wärmemenge aus dem System abführen können. Als nutzbare mechanische Arbeit kann nur die Differenz dieser beiden Wärmemengen in Arbeit gewandelt werden.
Nach der Formulierung von *Clausius* kann von einem Körper niederer Temperatur keine Wärme auf einen Körper höherer Temperatur selbständig übertragen werden. Solche Prozesse verlaufen nur dann, wie man bei den Linksprozessen erkennen konnte, wenn dem System von außen Energie in Form von mechanischer Arbeit zugeführt wird. Selbständig verläuft ein Prozeß der Wärmeübertragung nur von einem Körper höherer Temperatur zu einem Körper niederer Temperatur, d. h. als irreversibler Prozeß.
Zur mathematischen Beschreibung des zweiten Hauptsatzes betrachtet man einen beliebigen reversiblen Kreisprozeß. Da beim Kreisprozeß das System in den Ausgangszustand zurückkehrt und die Entropie eine Zustandsgröße ist, ergibt sich, daß die Entropieänderung für den Kreisprozeß gleich Null ist. Andererseits ist bekannt, daß $\mathrm{d}s = \mathrm{d}q/T$ ist. Integriert man diesen Ausdruck für den geschlossenen Zyklus, dann ergibt sich:

$$\Delta s = \oint \mathrm{d}q/T$$

Da die Entropieänderung jedoch gleich Null ist, erhält man für das *Kreisintegral:*

$$\oint \mathrm{d}q/T = 0 \qquad (1.4\text{-}4)$$

Der Ausdruck $\mathrm{d}q/T$ wird elementare bezogene Wärmemenge genannt und sein Integral bezogene Wärmemenge. Damit ist die bezogene Wärmemenge nach Gl. (1.4-4) für den reversiblen Kreisprozeß gleich Null. Das bedeutet aber, daß die elementare Wärmemenge im reversiblen Kreisprozeß sowohl positives (Wärmezufuhr) als auch negatives (Wärmeabfuhr) Vorzeichen haben kann. Folglich ist die Gl. (1.4.-4) tatsächlich

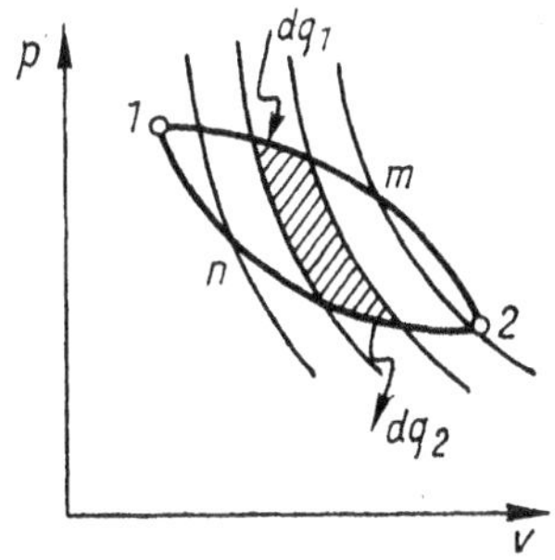

Bild 1.4-8. Irreversibler Prozeß im p-v-Diagramm

die Beschreibung des zweiten Hauptsatzes entsprechend der *Planckschen Formulierung.*

Betrachten wir einen beliebigen irreversiblen Kreisprozeß, z. B. eine reversible Ausdehnung entsprechend $1 \rightarrow m \rightarrow 2$ und eine irreversible Verdichtung entsprechend $2 \rightarrow n \rightarrow 1$ in Bild 1.4-8. Mit Hilfe einer unendlichen Menge von Adiabaten wird der Kreisprozeß in eine unendliche Menge von elementaren Kreisprozessen zerlegt (wie z. B. der gestrichelt dargestellt Kreisprozeß in Bild 1.4-8).

Diesen elementaren Kreisprozeß kann man als Carnot-Prozeß behandeln, da er von zwei Adiabaten und zwei elementaren Abschnitten, die man wegen ihrer Kleinheit als Isothermen betrachten kann, begrenzt ist. Möge die höhere Temperatur T_1 sein und die niedrigere T_2. Weiter werden die elementaren Wärmemengen, die an diesem Prozeß beteiligt sind, entsprechend $\mathrm{d}q_1$ für die Temperatur T_1 und $\mathrm{d}q_2$ für die Temperatur T_2 sein. Dabei ist $\mathrm{d}q_1 > 0$ und $\mathrm{d}q_2 < 0$. Dann ist der thermodynamische Wirkungsgrad für den betrachteten elementaren Prozeß entsprechend Gl. (1.4-1)

$$\eta_{\mathrm{th}} = 1 - (\mathrm{d}q_2/\mathrm{d}q_1)\,.$$

Dieser elementare Carnot-Prozeß ist irreversibel, da der Teilprozeß $2 \rightarrow n \rightarrow 1$ irreversibel ist und dies folglich auch auf jeden elementaren Abschnitt zutrifft. Deshalb ist der thermodynamische Wirkungsgrad des betrachteten Kreisprozesses kleiner als der eines reversiblen Carnot-Prozesses. Daher ist $[1 - (\mathrm{d}q_2/\mathrm{d}q_1)] < [1 - (T_2/T_1)]$. Daraus erhält man, daß

$$\mathrm{d}q_2/\mathrm{d}q_1 > T_2/T_1 \quad \text{oder} \quad \mathrm{d}q_2/T_2 > \mathrm{d}q_1/T_1 \tag{1.4-5}$$

Aus der Ungleichung (1.4-5) ergibt sich, daß die zugeführte Wärmemenge des in Bild 1.4-8 gezeigten irreversiblen Prozesses ein negatives Vorzeichen besitzt:

$$\oint \mathrm{d}q/T < 0 \tag{1.4-6}$$

Da der absolute Wert aller elementaren Wärmemengen des irreversiblen Prozesses $2 \rightarrow n \rightarrow 1$ größer ist als der entsprechende Wert des reversiblen Prozesses $1 \rightarrow m \rightarrow 2$, ist die Summe entsprechend negativ. Somit entspricht die Ungleichung (1.4-6) der mathematischen Formulierung des zweiten Hauptsatzes für den irreversiblen Kreisprozeß.

Vereint man die Formeln (1.4-4) und (1.4-6), so erhält man die allgemeine *mathematische Formulierung des zweiten Hauptsatzes* der Thermodynamik für beliebige Prozesse:

$$\oint \mathrm{d}q/T \leqq 0 \tag{1.4-7}$$

Damit kann die bezogene Wärmemenge für einen Kreisprozeß nicht positiv sein, d. h.,

die Realisierung eines Kreisprozesses setzt sowohl eine Zufuhr als auch eine Abfuhr von Wärme voraus.
Aus der Darstellung des zweiten Hauptsatzes für den irreversiblen Kreisprozeß nach Formel (1.4-6) kann man einen wichtigen Schluß ziehen, wenn man die bezogene Wärmemenge des Kreisprozesses als Summe der Wärmemengen des reversiblen $1 \to m \to 2$ (Ausdehnung) und des irreversiblen (Verdichtung) $2 \to n \to 1$ Teilprozesses angibt:

$$\oint \mathrm{d}q/T = \int_1^2 \mathrm{d}q/T + \int_2^1 \mathrm{d}q/T$$

dann erhält man entsprechend Formel (1.4-6):

$$\int_1^2 \mathrm{d}q/T + \int_2^1 \mathrm{d}q/T < 0$$

wobei für den reversiblen Teilprozeß $1 \to m \to 2$ die bezogene Wärmemenge der Entropieänderung entspricht:

$$\int_1^2 \mathrm{d}q/T = \Delta s_{1\to 2}$$

Setzt man die Gleichung in den vorhergehenden Ausdruck ein, erhält man:

$$\Delta s_{1\to 2} + \int_2^1 \mathrm{d}q/T < 0$$

Jedoch ist die Entropieänderung für jeden beliebigen Kreisprozeß gleich Null und deshalb auch

$$\Delta s_{1\to 2} + \Delta s_{2\to 1} = 0 \quad \text{oder} \quad \Delta s_{1\to 2} = -\Delta s_{2\to 1}$$

wobei $\Delta s_{2\to 1}$ die Entropieänderung des irreversiblen Teilprozesses $2 \to n \to 1$ darstellt. Somit ist

$$\Delta s_{2\to 1} > \int_2^1 \mathrm{d}q/T \tag{1.4-8}$$

Damit ist die Entropieänderung eines beliebigen irreversiblen Prozesses größer als die bezogene Wärmemenge dieses Prozesses.
Dieses Ergebnis ist verständlich, wenn man betrachtet, daß mit der bezogenen Wärmemenge nur die Wärmeübertragung mit der Umgebung berücksichtigt wird, die Entropieänderung jedoch auch die Wärmemenge berücksichtigt, die innerhalb des Systems (der Systemgrenze) durch Energiewandlung entbunden wird (z. B. durch Reibungsvorgänge). Wenn man die Formel (1.4-8) auf ein thermisch isoliertes System anwendet, das mit der Umgebung keine Wärmeübertragung realisiert, in dem folglich die bezogene Wärmemenge gleich Null ist, so erhält man für ein solches System $\Delta s > 0$. Das bedeutet, daß in thermisch isolierten Systemen bei Realisierung von irreversiblen Prozessen die Entropie zunimmt. Dieses Ergebnis bestätigt das bekannte Prinzip, daß in thermisch isolierten Systemen die Entropie zunimmt. (Die unberechtigte Anwendung dieses Prinzipes auf den Weltraum führte einige Physiker zu der unbegründeten These vom sog. Wärmetod des Weltalls. Das Wesen dieser Hypothese besteht darin,

daß die Entropiezunahme das Arbeitsvermögen eines Systems verringert und das Weltall letzten Endes einem Gleichgewichtszustand zusteuert, in dem keinerlei Prozesse mehr realisierbar sind. Es ist verständlich, daß diese Hypothese unangemessen ist. Sie ist ein Beispiel einer unangebrachten Erweiterung einer partiellen Erkenntnis auf andere Systeme.)

1.5. Thermodynamik der Wärmekraftmaschinen

1.5.1. Theoretische Kreisprozesse der Verbrennungsmotoren

Der *Verbrennungsmotor* ist eine *Wärmekraftmaschine* mit Kolbenantrieb, in der die Wärmezuführung durch Verbrennung eines Kraftstoffes unmittelbar im Zylinderraum erfolgt. Solche Motoren sind sehr verbreitet, insbesondere bei Transportmaschinen und Hebezeugen sowie in geringerem Maß als Antriebe für Notstromversorgung und ähnliche Einrichtungen.
Es werden drei Gruppen von Viertakt-Verbrennungsmotoren unterschieden:

1. Motoren mit schneller Verbrennung mit Fremdzündung (Gleichraumprozeß),
2. Motoren mit langsamer Verbrennung mit Selbstzündung (Gleichdruckprozeß),
3. Motoren mit gemischten Parametern (Gemischtprozeß).

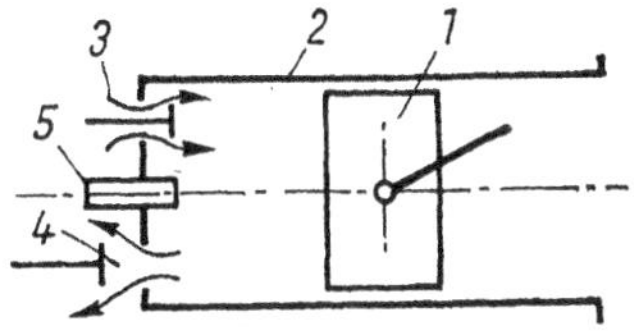

Bild 1.5-1. Schema eines Verbrennungsmotors

Das Wirkprinzip der ersten Gruppe ist in Bild 1.5-1 dargestellt. Bei Bewegung de Kolbens (*1*) aus der linken Grenzlage nach rechts wird durch das geöffnete Ventil (*3*) ein Kraftstoff-Luft-Gemisch, das in einer speziellen Einrichtung (Vergaser) vorbereitet wurde, in den Zylinder (*2*) eingesaugt. Dieser Takt wird mit Ansaugen bezeichnet. Wenn der Kolben seine rechte Grenzlage erreicht hat, wird das Ansaugventil (*3*) geschlossen. Es folgt der zweite Takt, das Verdichten des Gemisches. Hat der Kolben abermals seine linke Grenzlage erreicht, erfolgt über die Zündkerze (*5*) eine Fremdzündung mit Hilfe eines Funkens. Die Verbrennung erfolgt sehr schnell (praktisch momentan) bei fast unveränderter Lage des Kolbens. Das bedeutet, daß die Verbrennung bei einem nahezu konstanten Volumen vor sich geht. Anschließend dehnen sich die Verbrennungsprodukte aus und bewegen den Kolben nach rechts bis zur rechten Grenzlage. Dies ist der dritte Takt (Arbeitstakt). Ist der Kolben in der rechten Grenzlage, wird das Abgasventil (*4*, Auspuffventil) geöffnet, und Verbrennungsprodukte, die unter erhöhtem Druck stehen, entweichen aus dem Zylinder. Im vierten Takt, bei der Bewegung des Kolbens aus der rechten Grenzlage in die linke, werden die verbleibenden Verbrennungsprodukte aus dem Zylinder entfernt. Danach folgt das nächste Arbeitsspiel. Verbrennungsmotoren dieser Gruppe nennt man *Otto-Motoren* und den ablaufenden Prozeß den *Otto-Kreisprozeß*. Er ist ein Grenzprozeß des *Seiliger-Kreisprozesses* und wird auch *Gleichraumprozeß* genannt, da im theoretischen Otto-Prozeß die Wärmezu- und -abfuhr bei konstantem spezifischem Volumen realisiert wird.

Das Wirkprinzip der zweiten Gruppe der Verbrennungsmotoren betrifft die *Diesel-Motoren*. Bei diesen Motoren ist anstelle der Zündkerze (5 in Bild 1.5-1) eine Düse zur Zerstäubung des Kraftstoffes vorhanden. Im Ansaugtakt wird der Zylinder nicht mit Gemisch, sondern mit Luft gefüllt, die durch den Verdichtungstakt auf eine Temperatur über die Zündtemperatur des Brennstoffes erwärmt wird. Nach Beendigung des Verdichtungstaktes wird der Kraftstoff zugeführt. Der mit Preßluft zerstäubte Kraftstoff verbrennt langsam und bewegt durch die Ausdehnung der Verbrennungsprodukte den Kolben nach rechts. Dabei bleibt der Druck im Zylinder praktisch konstant mit dem Wert, den er am Ende des Verdichtungstaktes besitzt. Die anderen Takte (Teilprozesse) verlaufen wie im Otto-Motor.

Thermodynamisch handelt es sich hier ebenfalls um einen bestimmten Grenzfall des Seiliger-Kreisprozesses. Dieser Prozeß wird *Diesel-Kreisprozeß* und, weil die Wärmezufuhr bei gleichem Druck erfolgt, auch *Gleichdruckprozeß* genannt.

Das Wirkprinzip der Verbrennungsmotoren der dritten Gruppe realisiert den Ansaug- und den Verdichtungstakt wie Motoren der zweiten Gruppe. Die Kraftstoffzufuhr (Dieselkraftstoff) am Ende des Verdichtungstaktes erfolgt jedoch durch Eindüsen. Dabei wird der Kraftstoff durch eine Kolbenpumpe unter sehr hohem Druck eingedüst. Dadurch entsteht eine hochdisperse Zerstäubung, in deren Folge ein Teil des Kraftstoffes schnell verbrennt. Damit geht eine isochore Verdichtung vor sich. Der restliche Kraftstoff verbrennt dann langsam bei gleichzeitiger Ausdehnung der Verbrennungsprodukte und praktisch konstantem Druck (wie bei Motoren der zweiten Gruppe). Die Wärmezufuhr erfolgt also teilweise isochor und teilweise isobar. Deshalb werden diese Kreisprozesse auch als *Gemischtprozesse* bezeichnet. Ihre thermo dynamische Beschreibung wird mit dem *Seiliger-Kreisprozeß* realisiert.

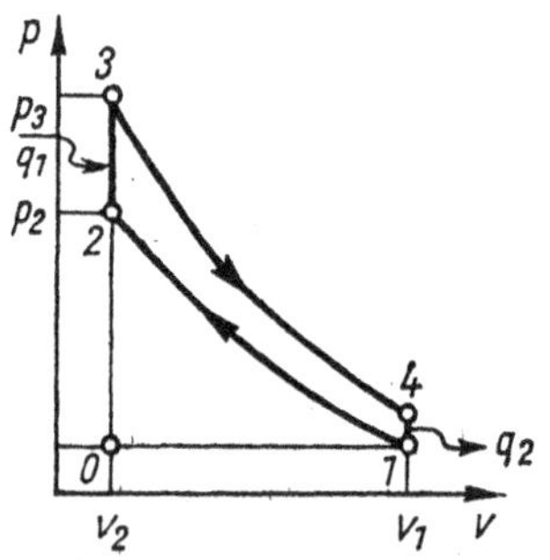

Bild 1.5-2. Otto-Prozeß im p-v-Diagramm

In Bild 1.5-2 ist das p-v-Diagramm des Otto-Kreisprozesses dargestellt. Die Wärmezufuhr (von Punkt *2* zu Punkt *3*) q_1 erfolgt isochor. Der Verdichtungstakt ($1 \rightarrow 2$) und der Ausdehnungstakt ($3 \rightarrow 4$) werden als adiabat betrachtet. Die Wärmeabfuhr q_2 ($4 \rightarrow 1$) erfolgt ebenfalls isochor. Bei der Behandlung des theoretischen Prozesses wird der gasförmige Körper als ideales Gas betrachtet.

Der thermodynamische Wirkungsgrad des Otto-Kreisprozesses kann auch durch das Verdichtungs-Verhältnis dargestellt werden:

$$\varepsilon = V_1/V_2$$

(V_1 funktionelles Zylindervolumen (= Hubraum + Verdichtungsraum);
V_2 Verdichtungsraum)

Entsprechend Gl. (1.4-1) ist

$$\eta_{th} = 1 - (q_2/q_1)$$

(q_1, q_2 zu- bzw. abgeführte Wärmemenge in den Teilprozessen (*2* → *3*) und (*4* → *1*))

Die Wärmemengen werden in den entsprechenden Punkten durch folgende Beziehungen bestimmt:

$$q_2 = c_v (T_4 - T_1)$$

$$q_1 = c_v (T_3 - T_2)$$

und folglich ist

$$\eta_{th} = 1 - \frac{(T_4/T_1) - 1}{(T_3/T_2) - 1} - \frac{T_1}{T_2} \quad \text{(a)}$$

Das Verhältnis der Temperaturen T_4/T_1 für den isochoren Teilprozeß (*4* → *1*) entspricht den Druckverhältnissen, d. h.,

$$T_4/T_1 = p_4/p_1$$

Wenn man Zähler und Nenner der rechten Seite dieser Gleichung mit den Größen $v_4^{\varkappa}$ und $v_1^{\varkappa}$ multipliziert, erhält man:

$$T_4/T_1 = p_4 v_4^{\varkappa}/p_1 v_1^{\varkappa}$$

und unter Berücksichtigung der adiabaten Teilprozesse (*1* → *2*) und (3 → 4), d. h.,

$$p_4 v_4^{\varkappa} = p_3 v_3^{\varkappa} \text{ und } p_1 v_1^{\varkappa} = p_2 v_2^{\varkappa},$$

ergibt sich dann:

$$T_4/T_1 = p_3 v_3^{\varkappa}/p_2 v_2^{\varkappa}$$

Da aber $v_3 = v_2$ ist, ergibt sich:

$$T_4/T_1 = p_3/p_2$$

Andererseits ist für den isochoren Prozeß (*2* → *3*)

$$T_3/T_2 = p_3/p_2$$

So erhält man also aus Gl. (a):

$$\eta_{th} = 1 - (T_1/T_2) \quad \text{(b)}$$

Dabei sind T_1 und T_2 die den adiabaten Prozeß (*1* → *2*) begrenzenden Temperaturen. Nach Gl. (1.3-4) ist dann

$$T_1/T_2 = (v_2/v_1)^{\varkappa - 1} = 1/\varepsilon^{\varkappa - 1} \quad \text{(c)}$$

Setzt man nun Gleichung (b) in (c) ein, erhält man:

$$\eta_{th} = 1 - \frac{1}{\varepsilon^{\varkappa - 1}} \quad \text{(1.5-1)}$$

Da der Adiabatenexponent $\varkappa$ immer größer 1 ist, wird der thermodynamische *Wirkungsgrad des Otto-Kreisprozesses* mit Zunahme des Verdichtungsverhältnisses größer.

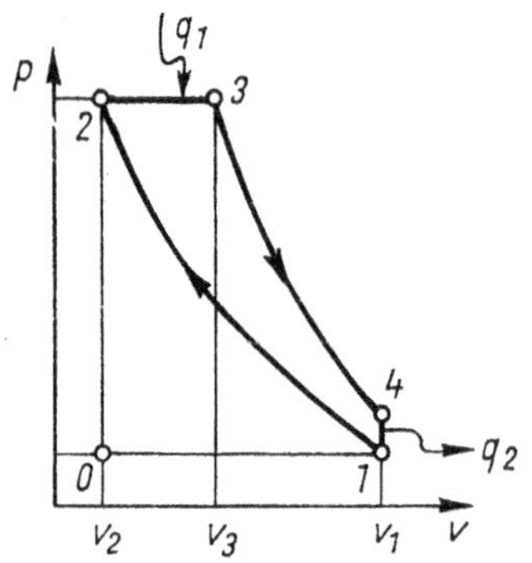

Bild 1.5-3. Diesel-Prozeß im p-v-Diagramm

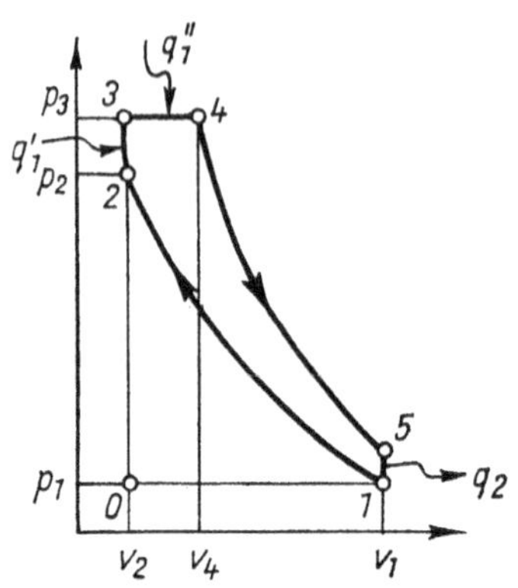

Bild 1.5-4. Seiliger-Prozeß im p-v-Diagramm (in der russischsprachigen Literatur als Trinkler-Prozeß bezeichnet)

Bei Verwendung von Vergaserkraftstoffen ist er jedoch begrenzt, da sich bei $\varepsilon > 10$ i. allg. Klopfen (Detonationserscheinungen beim Verdichtungsvorgang) einstellt.

In Bild 1.5-3 ist der *theoretische Diesel-Kreisprozeß* (Gleichdruckprozeß) für Dieselmotoren der Gruppe 2 (Kompressor-Dieselmotoren) dargestellt. Im Unterschied zum theoretischen Otto-Prozeß erfolgt die Wärmezuführung q_1 im isobaren Teilprozeß ($2 \rightarrow 3$). Als Prozeßparameter in diesem Prozeß gelten:

- das *Verdichtungsverhältnis (Kompressionszahl)* $\varepsilon = v_1/v_2$
- das *Ausdehnungsverhältnis (Expansionszahl)* $\varrho = v_3/v_2$

Stellt man den thermodynamischen Wirkungsgrad dieses Kreisprozesses mit den genannten Parametern dar und berücksichtigt, daß die Wärmezufuhr des Prozesses $q_1 = c_p (T_3 - T_2)$ und die Wärmeabfuhr q_2 wie bisher dargestellt (isochor) verbleibt, so ergibt sich:

$$\eta_{th} = 1 - \frac{c_v (T_4 - T_1)}{c_p (T_3 - T_1)}$$

Berücksichtigt man, daß $c_p/c_v = \varkappa$, so erhält man:

$$\eta_{th} = 1 - \frac{(T_4/T_1) - 1}{\varkappa [(T_3/T_2) - 1]} \; \frac{T_1}{T_2} \tag{d}$$

Für den Wirkungsgrad η_{th} des Otto-Prozesses gilt:

$$T_4/T_1 = p_3 v_3^{\varkappa} / p_2 v_2^{\varkappa}$$

Beim Diesel-Prozeß ist jedoch $p_3 = p_2$, und deshalb ist

$$T_4/T_1 = \varrho^{\varkappa}$$

Weiter ist im isobaren Prozeß das spezifische Volumen proportional der Temperatur, d. h.,

$$T_3/T_2 = v_3/v_2 \quad \text{oder} \quad T_3/T_2 = \varrho$$

Das Verhältnis der Temperaturen in den Punkten *1* und *2* ist wie im Otto-Prozeß:

$$T_1/T_2 = \frac{1}{\varepsilon^{\varkappa - 1}}$$

Setzt man diesen Ausdruck in die Gl. (d) ein, so erhält man:

$$\eta_{\text{th}} = 1 - \frac{\varrho^{\varkappa} - 1}{\varkappa(\varrho - 1)} \frac{1}{\varepsilon^{\varkappa - 1}} \qquad (1.5\text{-}2)$$

Man erkennt, daß auch im Diesel-Prozeß (wie im Otto-Prozeß) der Wirkungsgrad mit dem *Verdichtungsverhältnis* ε zunimmt. Da das Verdichtungsverhältnis der Luft im Diesel-Prozeß bedeutend größer sein kann als bei Verbrennungsmotoren mit Vergaserkraftstoff, ist auch der Wirkungsgrad i. allg. wesentlich größer.
Wie aus Gl. (1.5-2) zu erkennen, verringert sich der Wirkungsgrad η_{th} mit der Vergrößerung des *Ausdehnungsverhältnisses* ϱ. In der Praxis ist das bei einer Vergrößerung der Belastung durch die Erhöhung der Kraftstoffzufuhr der Fall. Man erkennt also, daß für Diesel-Motoren (mit Preßluftzerstäubung) bei Vergrößerung der Last und somit erhöhter Kraftstoffzufuhr der Wirkungsgrad abnimmt.
Als theoretischer Kreisprozeß eines *Gemischtverbrennungsmotors* gilt der *Seiliger-Kreisprozeß* (Bild 1.5-4, auch *Trinkler-Sabate-Kreisprozeß* genannt). In diesem Prozeß wird ein Teil q_1' der Wärmezufuhr im isochoren Teilprozeß ($2 \rightarrow 3$) (wie im theoretischen Otto-Prozeß) und der Rest q'' im isobaren Teilprozeß ($3 \rightarrow 4$) (wie im theoretischen Diesel-Prozeß) realisiert. Die anderen Teilprozesse unterscheiden sich nicht von den anderen beiden Gruppen.
Als Parameter dieses Prozesses wirken:

- das Verdichtungsverhältnis ε,
- das Ausdehnungsverhältnis ϱ,
- und das *Druckverhältnis* $\lambda = p_3/p_2$.

Entsprechend Gl. (1.4-1) wird dann der thermodynamische Wirkungsgrad:

$$\eta_{\text{th}} = 1 - \frac{q_2}{q_1' + q_1''}$$

Unter Berücksichtigung, daß

$$q_2 = c_v\,(T_5 - T_1)$$

$$q_1' = c_v\,(T_3 - T_2)$$

$$q_1'' = c_p\,(T_4 - T_3)$$

erhält man:

$$\eta_{\text{th}} = 1 - \frac{(T_5/T_1) - 1}{(T_3/T_2) - 1 + \varkappa[(T_4/T_2) - (T_3/T_2)]} \frac{T_1}{T_3} \qquad (\text{e})$$

Für den isochoren Teilprozeß ($5 \rightarrow 1$) gilt $T_5/T_1 = p_5/p_1$. Multipliziert man die rechte Seite dieser Gleichung mit den Größen $v_5^{\varkappa}$ und $v_1^{\varkappa}$, so erhält man:

$$T_5/T_1 = p_5\,v_5^{\varkappa}/p_1\,v_1^{\varkappa}$$

Für die adiabate Ausdehnung ($4 \rightarrow 5$) gilt:

$$p_5\,v_5^{\varkappa} = p_4\,v_4^{\varkappa}$$

und für adiabate Verdichtung ($1 \rightarrow 2$):

$$d_1\,v_1^{\varkappa} = p_2\,v_2^{\varkappa}$$

Unter Berücksichtigung, daß $p_4 = p_3$, erhält man:

$T_5/T_1 = p_3 v_3^\varkappa / p_2 v_2^\varkappa = \lambda \varrho^\varkappa$

Für den isobaren Teilprozeß (*2* → *3*):

$T_3/T_2 = p_3/p_2 = \lambda$

und für den isochoren Teilprozeß (*3* → *4*) gilt:

$T_4/T_3 = v_4/v_3 = \varrho$

Dann ist

$T_4/T_2 = \lambda\varrho$

Das Verhältnis der Temperaturen in den Punkten *1* und *2* ist dann:

$T_1/T_2 = 1/\varepsilon^{\varkappa-1}$

Setzt man die erhaltenen Temperaturverhältnisse in die Gl. (e) ein, so erhält man:

$$\eta_{\mathrm{th}} = 1 - \frac{\lambda \varrho^\varkappa - 1}{\lambda - 1 + \varkappa \lambda (\varrho - 1)} \, \frac{1}{\varepsilon^{\varkappa-1}} \qquad (1.5\text{-}3)$$

Danach gilt auch für den thermodynamischen *Wirkungsgrad des Seiliger-Prozesses*, daß er sich mit der Vergrößerung des Verdichtungsverhältnisses ε erhöht; ebenso wie im Diesel-Prozeß verringert er sich mit der Vergrößerung des Ausdehnungsverhältnisses ϱ, d. h. mit der Erhöhung der Belastung des Verbrennungsmotors. Dieser Nachteil wird im Seiliger-Prozeß teilweise durch die Tatsache kompensiert, daß sich das Druckverhältnis λ mit der Vergrößerung des Anteiles der Kraftstoffzufuhr im isochoren Teilprozeß (z. B. durch verbesserte Zerstäubung) ebenfalls erhöht.
Aus Gl. (1.5-3) erhält man für Grenzfälle den thermodynamischen Wirkungsgrad für den Otto- und Diesel-Prozeß, da bei $\varrho = 1$ Gl. (1.5-3) in Gl. (1.5-1) und bei $\lambda = 1$ in Gl. (1.5-2) übergeht.

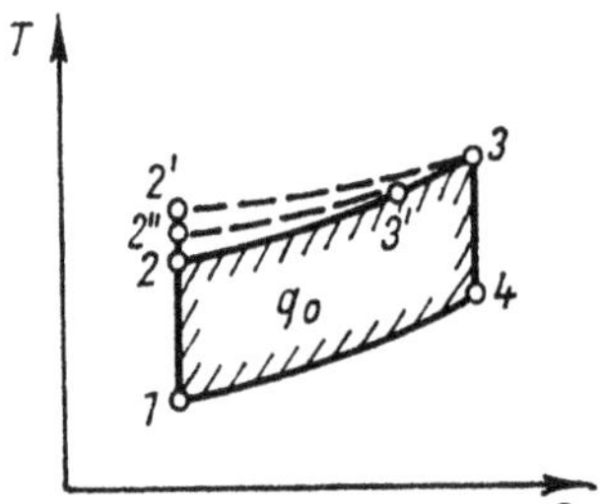

Bild 1.5-5. Verbrennungsmotor-Prozeß im T-s-Diagramm für gleiche maximale Temperatur

In Bild 1.5-5 sind im T-s-Diagramm drei Kreisprozesse mit der gleichen maximalen Temperatur T_3 dargestellt. Die dargestellten Teilprozesse (*1* → *2*), (*1* → *2'*) und (*1* → *2''*) entsprechen der adiabaten Verdichtung für den Otto-, Diesel- und Seiliger-Prozeß. Der Teilprozeß (*2* → *3*) entspricht der isochoren Wärmezufuhr im Otto-Prozeß, der Teilprozeß (*2'* → *3*) entspricht dem Diesel-Prozeß und die Teilprozesse (*2''* → *3'*) und (*3'* → *3*) den isobaren und isochoren Teilprozessen im Seiliger-Kreisprozeß. Die adiabate Ausdehnung (Arbeitstakt) als Teilprozeß (*3* → *4*) und die iso-

chore Wärmeabfuhr im Teilprozeß (*4* → *1*) sind für die betrachteten Bedingungen für alle drei genannten Kreisprozesse gleich.
Wie aus dem Diagramm (Bild 1.5-5) zu erkennen, ist die Wärmemenge q_0, die in mechanische Arbeit gewandelt wird, und damit auch der thermodynamische Wirkungsgrad beim Diesel-Prozeß maximal und beim Otto-Prozeß minimal (was aus der Größe der jeweiligen Fläche hervorgeht).

1.5.2. Theoretische Kreisprozesse der Gasturbinen

Gasturbinen sind Wärmekraftmaschinen, in denen ein zugeführter Brennstoff in einer *Brennkammer* verbrennt und durch die Ausdehnung der Verbrennungsprodukte (teilweise) in mechanische Arbeit gewandelt wird. Wegen ihrer Schnelläufigkeit, ihrer Kompaktheit und des größeren thermodynamischen Wirkungsgrades im Vergleich zu Verbrennungsmotoren haben sie in einer Reihe von Anwendungsfällen Vorzüge und sind deshalb in einigen Industriezweigen verbreitet.

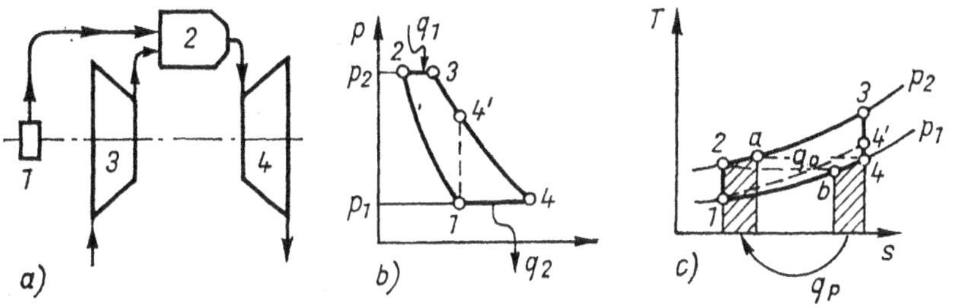

Bild 1.5-6. Schema eines Gasturbinen-Prozesses (*a*) für die isobare Verbrennung im *p*-*v*-Diagramm (*b*) und im *T*-*s*-Diagramm (*c*)

Meistens arbeiten *Gasturbinen mit isobaren Brennkammern.* Im Bild 1.5-6 ist neben einer schematischen Darstellung einer Gasturbine das *p*-*v*- und das *T*-*s*-Diagramm gezeichnet. Der Brennstoff wird durch eine Pumpe (*1*) der Brennkammer (*2*) zugeführt. Die Luft, die der Brennkammer zur Verbrennung des Brennstoffes (und zur Senkung der Temperatur der Verbrennungsprodukte auf etwa 700 bis 800 °C) zugeführt werden muß, wird im Axialkompressor (*3*) von Umgebungsdruck p_1 auf den Druck p_2 gebracht. Die Verbrennung verläuft praktisch bei diesem Druck p_2 und mit entsprechender Wärmeentbindung q_1. Die Verbrennungsprodukte (durch Luft verdünnt) werden durch eine Düse der Gasturbine (*4*) zugeführt und dort auf den Druck p_1 ausgedehnt. Dadurch wird das Turbinenschaufelrad in Bewegung gesetzt, und die ausgedehnten Verbrennungsprodukte verlassen mit dem Umgebungsdruck p_1 und mit der Wärmemenge q_2 die Turbine. Die Brennstoffpumpe und der Axialkompressor sind i. allg. auf der Turbinenachse montiert.
Für den theoretischen Kreisprozeß der betrachteten Gasturbine (Bild 1.5-6*b* und *c*) wird angenommen, daß der Verdichtungsprozeß im Kompressor (*1* → *2*) und der Ausdehnungsprozeß in der Turbine (*3* → *4*) adiabat und die Teilprozesse Wärmezuführung (Verbrennung) (*2* → *3*) sowie Wärmeabführung (*4* → *1*) isobar verlaufen. Der prinzipielle Unterschied zwischen dem *Gasturbinen-Kreisprozeß* und dem Verbrennungsmotoren-Kreisprozeß liegt darin, daß die Wärmeabfuhr im Gasturbinenprozeß isobar verläuft (Teilprozeß (*4* → *1*)) und im Verbrennungsmotor isochor (Teilprozeß

(*4'* → *1*)). Der Umstand, daß die Gasausdehnung in der Turbine vollkommen bis zum Umgebungsdruck p_1 erfolgen kann, erhöht den thermodynamischen Wirkungsgrad bei gleicher Wärmezuführung gegenüber dem Verbrennungsmotor (für isobare Verbrennung, Diesel-Prozeß).

In Bild 1.5-6*c* ist zu erkennen, daß die Wärmemenge q_0, die in mechanische Arbeit gewandelt werden kann, bei einer isobaren Wärmeabführung (*4* → *1*) größer ist als bei isochorer Wärmeabführung (*4'* → *1*). Da für den betrachteten Fall die Wärmezufuhr (Fläche unter Kurve *2* → *3*) für beide Prozesse gleich ist, muß der thermodynamische Wirkungsgrad für den Gasturbinen-Kreisprozeß größer sein als für einen Diesel-Kreisprozeß. Als wichtigster Parameter dient hier das *Druckverhältnis für die Luftverdichtung:*

$$\beta = p_2/p_1$$

Beschreibt man den thermodynamischen Wirkungsgrad nach Gl. (1.4-1), ergibt sich:

$$\eta_{th} = 1 - \frac{q_2}{q_1} = 1 - \frac{c_p (T_4 - T_1)}{c_p (T_3 - T_2)} = 1 - \frac{T_4 - T_1}{T_3 - T_2} = 1 - \frac{(T_4/T_1) - 1}{(T_3/T_2) - 1} \frac{T_1}{T_2} \tag{a}$$

Für die adiabaten Teilprozesse (*1* → *2*) und (*3* → *4*) erhält man $p_1 v_1^\varkappa = p_2 v_2^\varkappa$ und $p_4 v_4^\varkappa = p_3 v_3^\varkappa$. Dividiert man die zweite Gleichung durch die erste und berücksichtigt, daß $p_1 = p_4$ und $p_2 = p_3$ sowie $v_4/v_1 = v_3/v_2$ ist, so ergibt sich für die isobaren Teilprozesse (*2* → *3*) und (*4* → *1*):

$$T_3/T_2 = v_3/v_2 \quad \text{und} \quad T_4/T_1 = v_4/v_1$$

Folglich ist

$$T_4/T_1 = T_3/T_2$$

und für die Gl. (a) erhält man dann:

$$\eta_{th} = 1 - (T_1/T_2)$$

Andererseits gilt für den adiabaten Prozeß (*1* → *2*) entsprechend Gl. (1.3-4):

$$T_1/T_2 = (v_2/v_1)^{\varkappa-1}$$

und entsprechend Gl. (1.3-2):

$$v_2/v_1 = (p_1/p_2)^{1/\varkappa}$$

Daher ist

$$T_1/T_2 = (p_1/p_2)^{(\varkappa-1)/\varkappa}$$

Daraus folgt:

$$\eta_{th} = 1 - \frac{1}{\beta^{(\varkappa-1)/\varkappa}} \tag{1.5-4}$$

Daraus läßt sich erkennen, daß mit Vergrößerung des Verdichtungsverhältnisses β der thermodynamische *Wirkungsgrad der Gasturbine* zunimmt.

Aus dem *T*-*s*-Diagramm (Bild 1.5-6*c*) ist zu erkennen, daß die Temperatur T_4 der an die Umgebung abgeführten Verbrennungsprodukte größer ist als die der dem Kompressor zugeführten Luft T_2. In diesem Zusammenhang ergibt sich die Möglichkeit

einer Erhöhung des thermodynamischen Wirkungsgrades durch Anwendung einer Rekuperation entsprechend Abschnitt 1.4.2. In diesem Fall werden die Abgase aus der Gasturbine durch einen Rekuperator geleitet, der einen Teil der abgeführten Wärme an die Luft überträgt, und damit die Enthalpie, die der Brennkammer zugeführt wird, erhöht. Im idealen (theoretischen) Fall wird dabei die Luft auf die Temperatur T_4 (Punkt *a* in Bild 1.5-6*c*) erhöht, und die Abgase werden auf die Temperatur T_2 (Punkt *b*) abgekühlt und erst dann an die Umgebung abgeführt.
Bei Verwendung einer solchen rekuperativen Abwärmenutzung würde dann die Wärmemenge q_p (gestrichelte Fläche in Bild 1.5-6*c*) von den Abgasen in den Kreisprozeß zurückgeführt, und damit könnte bei sonst gleichen Bedingungen die Wärmezuführung q_1 verringert werden (Verringerung der Brennstoffzufuhr). Der thermodynasche Wirkungsgrad wird damit erhöht.

1.6. Thermodynamik der Gasströmung

1.6.1. Erster Hauptsatz für die Gasströmung

In der Wärmetechnik kommen Prozesse, die mit *Gasströmungen* gekoppelt sind, verbreitet vor. Für solche Anwendungsfälle ist der erste Hauptsatz nach Gl. (1.2-3) nicht vollständig, da die Änderungen der äußeren (makroskopischen) kinetischen und potentiellen Energie bezogen auf eine Masseeinheit des Gases nicht berücksichtigt sind.

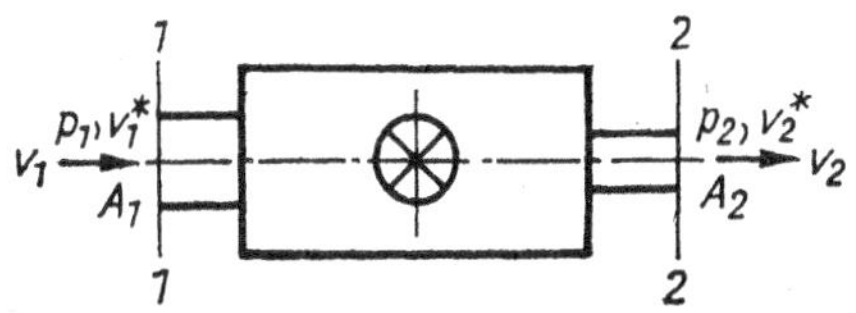

Bild 1.6-1. Schema für die Ableitung des ersten Hauptsatzes der Thermodynamik

In Bild 1.6-1 ist eine beliebige technische Anlage mit den durchströmten Querschnitten A_1 (Zuströmquerschnitt) und A_2 (Abströmquerschnitt) und den dazugehörigen Parametern für die Geschwindigkeit v_1 und v_2, den absoluten Druck p_1 und p_2 und das spezifische Volumen v_1^* und v_2^* [1]) dargestellt. Bei Durchströmen der Anlage wird dem Gas eine Wärmemenge q übertragen (zugeführt) und von dem Gas eine mechanische technische Arbeit (Nutzarbeit) w_t verrichtet (durch Bewegung des Turbinenschaufelrades eines Elektrogenerators). Entsprechend dem Energieerhaltungssatz gilt dann für die Masseeinheit:

$$e_1 + q = e_2 + w_t \tag{1.6-1}$$

Damit ist die der Anlage zugeführte Energie (bezogen auf den Querschnitt $(1 \rightarrow 1)$) $e_1 + q$ und die aus der Anlage abgeführte Energie (bezogen auf den Querschnitt $(2 \rightarrow 2)$) $e_2 + w_t$.

[1]) In diesem Abschnitt wird zur Unterscheidung von der Geschwindigkeit v für das spezifische Volumen das Symbol v^* verwendet.

Die Energie e setzt sich in jedem betrachteten Abschnitt aus der inneren Energie u, der potentiellen Energie des Druckes pv^* und der kinetischen Energie der Masseeinheit $v^2/2$ zusammen. Bei Berücksichtigung dieses Zusammenhanges erhält Gl. (1.6-1) folgende Form:

$$u_1 + p_1 v_1^* + (v_1^2/2) + q = u_2 + p_2 v_2^* + (v_2^2/2) + w_t \tag{1.6-2}$$

Stellt man diese Gleichung nach der zugeführten Wärmemenge um, erhält man eine Gleichung für den *ersten Hauptsatz einer Gasströmung:*

$$q = (u_2 - u_1) + (p_2 v_2^* - p_1 v_1^*) + \left(\frac{v_2^2}{2} - \frac{v_1^2}{2}\right) + w_t \tag{1.6-3}$$

Daraus ist erkenntlich, daß die zugeführte Wärmemenge für die Änderung der inneren Energie, der potentiellen Energie des Druckes, der kinetischen Energie sowie Verrichtung einer technischen Arbeit verwendet wird. Berücksichtigt man, daß die Summe von innerer und potentieller Energie (des Druckes) eines Gases der Enthalpie gleich ist ($u + pv^* = h$), dann erhält man Gl. (1.6-3) in folgender Form:

$$q = (h_2 - h_1) + \left(\frac{v_2^2}{2} - \frac{v_1^2}{2}\right) + w_t \tag{1.6-4}$$

d. h., die zugeführte Wärmemenge wird für die Änderung der Enthalpie und der kinetischen Energie des Gases sowie zur Verrichtung einer technischen Arbeit verwendet. Andererseits wird die Differenz $p_2v_2^* - p_1v_1^*$ oft als *Verdrängungsarbeit* bezeichnet, da man dafür folgendes Modell verwenden kann: Das Produkt $pv^* = pAx$ ergibt, daß $pA = F$ (also die Kraft in N) ist, die 1 kg des Gases über den Weg x (m) transportiert. Somit ist das Produkt $p_1v_1^*$ gleich der spezifischen »*Eintrittsarbeit*« und $p_2v_2^*$ gleich der spezifischen »*Austrittsarbeit*« (bezogen auf 1 kg transportierter Masse). Folglich entspricht die Differenz $p_2v_2^* - p_1v_1^*$ tatsächlich der aufzuwendenden spezifischen Arbeit für den Transport der Masseeinheit (1 kg) durch die Anlage (also eine Verdrängungsarbeit), was zu einer Verringerung der potentiellen Energie des Gases führt.
Bezeichnet man also die Differenz $p_2v_2^* - p_1v_1^* = w_n$, so erhält man eine weitere Form der Darstellung des *ersten Hauptsatzes für eine Gasströmung:*

$$q = (u_2 - u_1) + \left(\frac{v_2^2}{2} - \frac{v_1^2}{2}\right) + w_n + w_t \tag{1.6-5}$$

d. h., die zugeführte Wärmemenge q wird also für die Änderung der inneren und der kinetischen Energie des Gases sowie für die Verrichtung einer Verdrängungsarbeit und einer technischen Arbeit verwendet.
Die erhaltenen Darstellungen des ersten Hauptsatzes für eine Gasströmung können selbstverständlich auch in differentieller Form geschrieben werden. Die Gl. (1.6-4) würde dann:

$$\mathrm{d}q = \mathrm{d}h + v\mathrm{d}v + \mathrm{d}w_t \tag{1.6-6}$$

1.6.2. Isentropes Ausströmen aus einer Düse

Düsen (oder *Konfusoren*) werden in der technischen Praxis oft zur Bereitstellung von Gasströmen mit großer Geschwindigkeit verwendet. Sie werden für Brenner gasförmi-

ger, flüssiger und fester (staubförmiger) Brennstoffe, für Durchblasen von Metallschmelzen u. a. verbreitet eingesetzt. In einer Düse wird die Strömungsgeschwindigkeit (folglich auch die kinetische Energie) des Gases erhöht.
Wenn die Ausströmung aus einer Düse bei sehr großen Geschwindigkeiten erfolgt (nahe der Schallgeschwindigkeit), so haben thermodynamische Aspekte eine große Bedeutung (Prozesse, die durch die Energiewandlung der inneren Energie des Gases ablaufen).

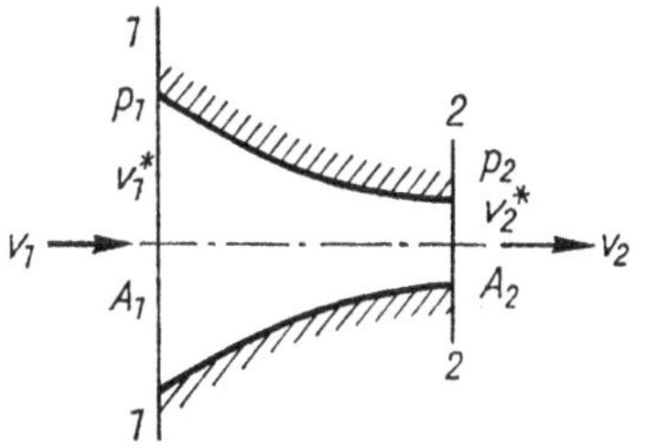

Bild 1.6-2. Schema für die Berechnung der Gasausströmung aus einer Düse

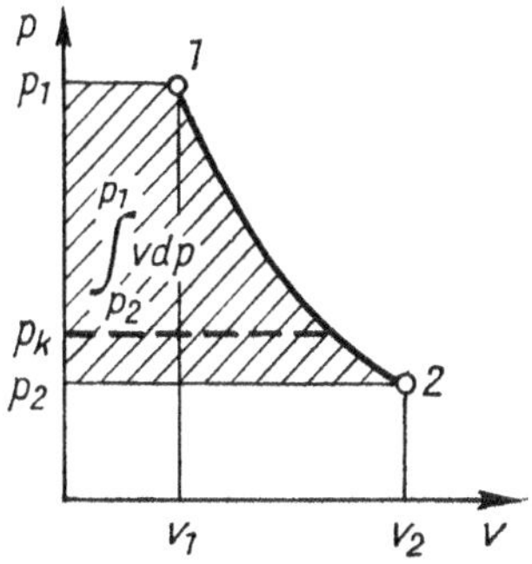

Bild 1.6-3. Gasausströmungs-Prozeß aus einer Düse im p-v-Diagramm

In Bild 1.6-2 ist eine sich verengende Düse dargestellt. Am Düseneintritt (Querschnitt (*1* → *1*)) hat das Gas die Parameter spezifisches Volumen v^*, Druck p_1 und Geschwindigkeit v_1 und entsprechend am Düsenaustritt (Querschnitt (*2* → *2*)) spezifisches Volumen v^*_2, Druck p_2 und Geschwindigkeit v_2. Die Eintrittsfläche ist A_1 und die Austrittsfläche A_2. Es wird angenommen, daß während der Durchströmung der Düse keine Wärmeübertragung stattfindet, d. h., $q = 0$ und $\mathrm{d}q = 0$, und daß der Prozeß reversibel ist, d. h. *isentrop*. Nutzt man die Gleichung des ersten Hauptsatzes in differentieller Form entsprechend Gl. (1.6-6) und setzt für den *isentropen Prozeß* $\mathrm{d}q = 0$, so wird innerhalb der Düse keine technische Arbeit geleistet und $\mathrm{d}w_t = 0$. Man erhält die Gl. (1.6-6) in der Form

$$v\mathrm{d}v = -\,\mathrm{d}h$$

Da aber

$$\mathrm{d}h = \mathrm{d}u + p\,\mathrm{d}v^* + v^*\,\mathrm{d}p$$

und

$$\mathrm{d}u + p\mathrm{d}v^* = \mathrm{d}q = 0$$

ergibt sich:

$$v\,\mathrm{d}v = -\,v^*\,\mathrm{d}p \tag{1.6-7}$$

Nach Integration von Zustand *1* zum Zustand *2* ergibt sich dann:

$$\frac{v_2^2}{2} - \frac{v_1^2}{2} = -\int_{p_1}^{p_2} v^*\,\mathrm{d}p = \int_{p_2}^{p_1} v^*\,\mathrm{d}p \tag{1.6-8}$$

In Bild 1.6-3 ist ein solcher Ausströmvorgang im p-v-Diagramm dargestellt. Man erkennt, daß die Fläche zwischen der Kurve ($1 \to 2$) und der Ordinate (Druck-Achse) den Ausdruck der rechten Seite der Gl. (1.6-8) darstellt. Diese Größe ist also gleich der Energie, die bei einer isentropen Ausströmung für Vergrößerung der kinetischen Energie des Gasstromes, d. h. für dessen Beschleunigung, benötigt wird. Andererseits erhält man aus Gl. (1.6-4) bei Berücksichtigung, daß $q = 0$ und $w_t = 0$, die Beziehung:

$$\frac{v_2^2}{2} - \frac{v_1^2}{2} = h_1 - h_2 \tag{1.6-9}$$

Folglich ist die verfügbare spezifische Arbeit gleich der spezifischen Enthalpiedifferenz zwischen Eintritts- und Austrittszustand des Gases, d. h., bei isentroper Ausströmung wird die Beschleunigung des Gases durch die Änderung der spezifischen inneren Energie und der potentiellen Energie (des Druckes) erwirkt. Das ist dann die maximal verfügbare Energie (bei Vernachlässigung von Verlusten), die zur Beschleunigung des Gases aufgewendet werden kann.

Bei Berechnung von Düsen ist also die Austrittsgeschwindigkeit v_2 von den gegebenen Parametern am Düseneintritt (Druck p_1 und spezifisches Volumen v_1^*) und am Düsenaustritt (Druck p_2 als Umgebungsdruck) abhängig. Bezeichnet man das Druckverhältnis $p_2/p_1 = \beta$, so kann man die Geschwindigkeit v_2 als eine Funktion von p_1, v_1^* und β darstellen. Dafür verwendet man die Gl. (1.6-9) und setzt $v_1^2/2 = 0$, da $v_1 \ll v_2$ ist. Berücksichtigt man weiter, daß $h = u + pv^*$ ist, so erhält man:

$$\frac{v_2^2}{2} = u_1 - u_2 + p_1 v_1^* - p_2 v_2^* \tag{1.6-10}$$

Die Differenz $u_1 - u_2$ ist nach Gl. (1.3-5) die im adiabaten Prozeß geleistete Arbeit und kann entsprechend Gl. (1.3-7) als

$$u_1 - u_2 = \frac{p_1 v_1^* - p_2 v_2^*}{\varkappa - 1}$$

dargestellt werden. So erhält man für die Ausströmgeschwindigkeit:

$$v_2 = \sqrt{\frac{2\varkappa}{\varkappa - 1} (p_1 v_1^* - p_2 v_2^*)}$$

oder

$$v_2 = \sqrt{\frac{2\varkappa}{\varkappa - 1} p_1 v_1^* \left(1 - \frac{p_2}{p_1} \frac{v_2^*}{v_1^*}\right)}$$

Berücksichtigt man, daß vereinbarungsgemäß $p_2/p_1 = \beta$ und daß in der Düse ein adiabater Prozeß verläuft, so ist

$$\frac{v_2^*}{v_1^*} = \left(\frac{p_1}{p_2}\right)^{1/\varkappa} = \beta^{-1/\varkappa}$$

Danach wird die Ausströmgeschwindigkeit aus der Düse:

$$v_2 = \sqrt{\frac{2\varkappa}{\varkappa - 1} p_1 v_1^* \left(1 - \beta^{\frac{\varkappa - 1}{\varkappa}}\right)} \quad \text{(m/s)} \tag{1.6-11}$$

Kennt man die Ausströmgeschwindigkeit v_2, kann man leicht den Massestrom durch die Düse ermitteln (bezogen auf 1 Sekunde):

$$\dot{m} = v_2\, A_2\, \varrho_2 = \frac{v_2\, A_2}{v_2^*} \quad \text{(kg/s)}$$

Setzt man für die Ausströmgeschwindigkeit v_2 die Gl. (1.6-11) ein und setzt das spezifische Volumen v_2^* unter den Wurzelausdruck, erhält man:

$$\dot{m} = A_2 \sqrt{\frac{2\varkappa}{\varkappa - 1}\, \frac{p_1 v_1^*}{v_2^{*2}} \left(1 - \beta^{\frac{\varkappa-1}{\varkappa}}\right)}$$

Da im adiabaten Prozeß $p_1\, v_1^{*\varkappa} = p_2\, v_2^{*\varkappa}$, erhält man:

$$v_2^* = v_1^* \left(\frac{p_1}{p_2}\right)^{1/\varkappa} = v_1^*\, \beta^{-1/\varkappa}$$

Somit wird der Massestrom:

$$\dot{m} = A_2 \sqrt{\frac{2\varkappa}{\varkappa - 1}\, \frac{p_1}{v_1^*} \left(\beta^{2/\varkappa} - \beta^{\frac{\varkappa+1}{\varkappa}}\right)} \qquad (1.6\text{-}12)$$

Der Massestrom durch eine Düse hängt also vom Austrittsquerschnitt, den Gasparametern am Düseneintritt (p_1 und v_1^*) und dem Druckverhältnis β ab.

1.6.3. Kritische Zustände ausströmender Gase

Aus Gl. (1.6-12) geht hervor, daß der Massestrom eines Gases durch eine Düse gegen Null geht, wenn $\beta = 1$, d. h., wenn $p_2 = p_1$ und wenn $p_2 = 0$ ist (dann ist auch $\beta = 0$). Im ersten Fall ist das Fehlen einer Druckdifferenz, die das Gas bewegt, die Ursache. Im zweiten Fall wird bei dem Druck $p_2 = 0$ auch die Dichte des Gases am Düsenaustritt gleich Null ($\varrho_2 = 0$). Folglich muß entsprechend Gl. (1.6-12) ein Wert von β existieren, bei dem der Massestrom ein Maximum erreicht. Diesen Wert nennt man *kritisches Druckverhältnis* β_K. Um den entsprechenden Wert zu bestimmen, nutzt man den Klammerausdruck unter der Wurzel in Gl. (1.6-12). Danach ist

$$y = \beta^{2/\varkappa} - \beta^{\frac{\varkappa+1}{\varkappa}}$$

Differenziert man diesen Ausdruck nach β und setzt das Ergebnis gleich Null, erhält man:

$$\frac{2}{\varkappa}\, \beta_\text{K}^{\frac{2-\varkappa}{\varkappa}} - \frac{\varkappa+1}{\varkappa}\, \beta_\text{K}^{1/\varkappa} = 0$$

oder:

$$\beta_\text{K} = \left(\frac{2}{\varkappa + 1}\right)^{\frac{\varkappa}{\varkappa-1}} \qquad (1.6\text{-}13)$$

Folglich hängt das kritische Druckverhältnis β_K (auch *Laval-Druckverhältnis genannt*) nur von der Natur des Gases (d. h. vom Adiabatenexponent) ab.
Im Bild 1.6-4 ist die Abhängigkeit des Massestromes vom Druckverhältnis β dargestellt. Bei einer Verringerung des Druckverhältnisses β von 1 bis β_K wächst der Masse-

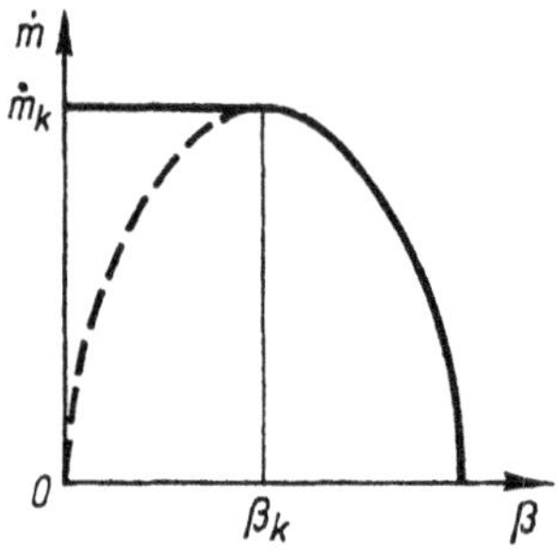

Bild 1.6-4. Abhängigkeit des Massestromes $\dot{m}$ vom Druckverhältnis

strom bis zu einem maximalen Wert $\dot{m}_k$ an. Bei weiterer Verringerung vom Druckverhältnis β (d. h. des Druckes p_2 der Umgebung der Düse) nimmt der Massestrom entsprechend Gl. (1.6-12) bis zum Wert Null ab (gestrichelte Kurve). Das Experiment zeigt jedoch, daß dies nicht erfolgt, sondern daß der Massestrom mit dem Wert $\dot{m}_{max}$ konstant bleibt, selbst bei einer Senkung des Umgebungsdruckes p_2 bis auf den Wert Null. Als Ursache für diese Erscheinung wurde die Existenz einer *kritischen Geschwindigkeit* v_k gefunden, d. h. die Geschwindigkeit, die bei dem kritischen Druckverhältnis β_k vorliegt. Setzt man die Gl. (1.6-13) für das kritische Druckverhältnis in die Gl. (1.6-11), so erhält man auch nach Kürzung:

$$v_k = \sqrt{\frac{2\varkappa}{\varkappa + 1} p_1 v_1^*}$$

Ersetzt man diesen Ausdruck durch die entsprechenden Parameter am Düsenaustritt, erhält man die Parameter des *kritischen Ausströmungszustandes*. Benutzt man die Adiabatengleichung

$$p_1 v_1^{*\varkappa} = p_k v_k^{*\varkappa}$$

erhält man:

$$v_1^* = \left(\frac{p_k}{p_1}\right)^{1/\varkappa} v_k^* = \beta_k^{1/\varkappa} v_k^*$$

Da andererseits $p_k/p_1 = \beta_k$ ist, ist

$$p_1 = p_k \beta_k$$

Setzt man diese Ergebnisse in die Gl. (1.6-13) für die kritische Ausströmungsgeschwindigkeit, erhält man:

$$v_k = \sqrt{\varkappa p_k v_k^*}$$

oder bei Berücksichtigung der Gl. (1.1-3) für ideales Gas:

$$v_k = \sqrt{\varkappa R_i T_k}$$

Aus der Physik ist bekannt, daß die Schallgeschwindigkeit für das ideale Gas

$$a = \sqrt{\varkappa R_i T}$$

ist. Somit ergibt sich, daß die *kritische Ausströmungsgeschwindigkeit*

$$v_k = a$$

ist.

Diese Tatsache erklärt die sogenannte »*Strömungskrise*« der Gasausströmung. Die Schallgeschwindigkeit entspricht der Geschwindigkeit von mechanischen Änderungen in einem Fluid. Bei *unterkritischer Ausströmung* ist der Druck am Ausströmquerschnitt p_2 gleich dem Umgebungsdruck, da die Ausdehnungswelle mit der Geschwindigkeit $a - v_2$ gegen die Strömung wirkt. Bei Verringerung des Druckes p_2 existiert ein solcher Zustand so lange, wie diese Geschwindigkeitsdifferenz einen Wert größer Null besitzt (d. h. $v_2 < a$). Im *kritischen Zustand*, wenn $v_2 = a$ ist, kann diese Ausdehnungswelle den Austrittsquerschnitt nicht erreichen, deshalb wird der Druck im Austrittsquerschnitt beim weiteren Absenken des Druckes p_2 nicht mehr verändert. Er bleibt konstant entsprechend dem Wert des *kritischen Druckes* p_k. Deshalb bleiben auch die Ausströmgeschwindigkeit v und der Massestrom $\dot{m}$ konstant (entsprechend deren kritischen Werten v_k und $\dot{m}_k$).

Die *Schallgeschwindigkeit* ist also die maximal erreichbare Geschwindigkeit am Austritt einer (sich verengenden) Düse. Eine Überschallgeschwindigkeit ist für solche Düsen nicht erreichbar.

Wenn $\beta < \beta_k$ bei $p_2 < p_k$, wird für die Beschleunigung des Gasstromes nur ein Teil der verfügbaren Arbeit genutzt, da in der Düse eine Ausdehnung nur bis zum kritischen Druck p_k erfolgt (s. Bild 1.6-3). Der andere Teil der Energie dissipiert als Wärme in die Umgebung.

1.6.4. Lavaldüse (*Hugoniot-Gleichung*)

Es gibt Düsengeometrien, die Ausströmgeschwindigkeiten größer der Schallgeschwindigkeit zulassen. Zur Ermittlung der Geometrie solcher Düsen benutzt man bestimmte Modellvorstellungen.

Für einen beliebigen Düsenquerschnitt soll der Massestrom

$$\dot{m} = A\, v\, \varrho = \frac{A\, v}{v^*}$$

betragen. Dabei ändern sich alle drei Größen (Geschwindigkeit v, Querschnitt A und das spezifische Volumen $v^* = 1/\varrho$) in Richtung der Düsenachse. Der Massestrom bleibt jedoch konstant, da die Düsenwände dicht sind, d. h. $A\, v/v^* = \text{const}$. Logarithmiert man diesen Ausdruck, dann erhält man:

$$\ln v + \ln A - \ln v^* = \text{const}$$

Differenziert man diese Gleichung, so ergibt sich:

$$\frac{\mathrm{d}v}{v} + \frac{\mathrm{d}A}{A} - \frac{\mathrm{d}v^*}{v^*} = 0$$

oder

$$\frac{\mathrm{d}A}{A} = \frac{\mathrm{d}v^*}{v^*} - \frac{\mathrm{d}v}{v} \tag{1.6-14}$$

Wenn man die gleichen Operationen an der Adiabaten-Gleichung $pv^{*\varkappa} = \text{const}$ durchführt, erhält man:

$$\ln p + \varkappa \ln v^* = \text{const}$$

und

$$\frac{\mathrm{d}p}{p} + \frac{\varkappa\,\mathrm{d}v^*}{v^*} = 0$$

d. h.,

$$\frac{\mathrm{d}v^*}{v^*} = -\frac{\mathrm{d}p}{\varkappa p}$$

In Gl. (1.6-14) eingesetzt, ergibt sich:

$$\frac{\mathrm{d}A}{A} = -\frac{\mathrm{d}p}{\varkappa p} - \frac{\mathrm{d}v}{v} \tag{1.6-15}$$

Aus Gl. (1.6-7) ist $\mathrm{d}p = -v\frac{\mathrm{d}v}{v^*}$; in Gl. (1.6-15) eingesetzt, ergibt:

$$\frac{\mathrm{d}A}{A} = \frac{v\,\mathrm{d}v}{\varkappa\, p\, v^*} - \frac{\mathrm{d}v}{v}$$

Bei Berücksichtigung, daß $\varkappa p v^* = \varkappa R_i T = a^2$, erhält man nach Umstellung der rechten Seite der Gleichung:

$$\frac{\mathrm{d}A}{A} = \left[\left(\frac{v}{a}\right)^2 - 1\right]\frac{\mathrm{d}v}{v} \tag{1.6-16}$$

Der Quotient der Gasgeschwindigkeit v zur örtlichen Schallgeschwindigkeit a wird *Mach-Zahl* (*Ma*) genannt und ist einer der wichtigsten Parameter der Gasströmung. Damit erhält man die *Hugoniot-Gleichung:*

$$\frac{\mathrm{d}A}{A} = (Ma^2 - 1)\frac{\mathrm{d}v}{v} \tag{1.6-17}$$

Mit Hilfe dieser Gleichung findet man eine Antwort auf die Anforderungen der Düsengeometrie für *Überschall-Ausströmgeschwindigkeiten.*
Um die Geschwindigkeit von der Unterschallgeschwindigkeit beim Düseneintritt v_1 auf eine Überschallgeschwindigkeit am Düsenaustritt v_2 zu erhöhen, muß $\mathrm{d}v$ positiv sein. Daraus folgt, daß bei $Ma < 1$, also im Unterschallbereich, der Klammerausdruck in der Hugoniot-Gleichung negativ wird, d. h. $\mathrm{d}A < 0$, also für die Beschleunigung des Gasstromes eine Querschnittsverringerung notwendig ist (Konfusor). Bei $Ma > 1$ jedoch, also im Überschallbereich der Gasströmung, wird der Klammerausdruck in Gl. (1.6-17) größer 1 – ist also positiv –, und folglich muß $\mathrm{d}A > 0$ sein, d. h., zur Be-

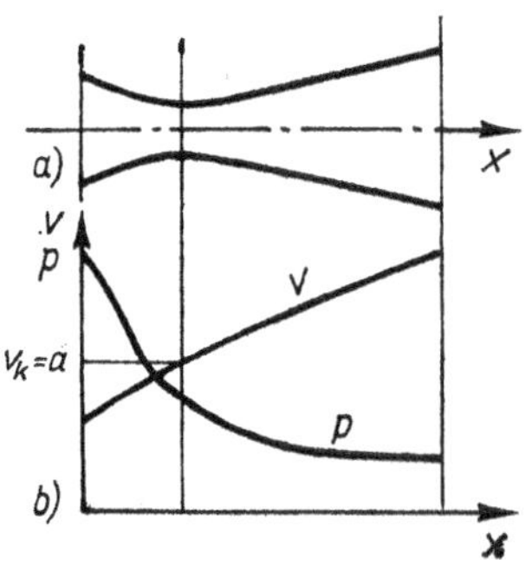

Bild 1.6-5. Druck- und Geschwindigkeitsänderung in einer Laval-Düse

schleunigung des Gasstromes im Überschallbereich ist eine Querschnittserweiterung der Düse erforderlich (Diffusor). Zur Beschleunigung eines Gasstromes von einer Unterschallgeschwindigkeit auf eine Überschallgeschwindigkeit benötigt man also eine kombinierte Düse, einen Konfusorteil zur Beschleunigung des Gasstromes auf Schallgeschwindigkeit im engsten (kritischen) Düsenquerschnitt und einen Diffusorteil, in dem die Gasströmung bis auf die Überschallgeschwindigkeit am Düsenaustritt beschleunigt wird. Eine solche Düse nennt man *Laval-Düse*, die im Bild 1.6-5*a* dargestellt ist. Bild 1.6-5*b* zeigt die Änderung der Geschwindigkeit v und des Druckes p in Richtung der Strömungsachse.

1.7. Verdichtung von Gasen

Die *Verdichtung von Gasen* ist in Technik und Technologie weit verbreitet. An Industrieöfen werden Druckluft und verdichtete Gase für vielfältige Operationen eingesetzt. Druckluft wird u. a. in automatischen Steuersystemen, bei Antrieben, zur Oberflächenreinigung und vielen anderen Operationen verwendet.
Die Verdichtung der Gase wird mit Kolben-Zentrifugal- und Axialverdichtern durchgeführt. Unabhängig von den konstruktiven Unterschieden der drei genannten Verdichtertypen sind die Verdichtungsvorgänge thermodynamisch gleich. Deshalb wird nur der *Kolbenverdichterprozeß* dargestellt.

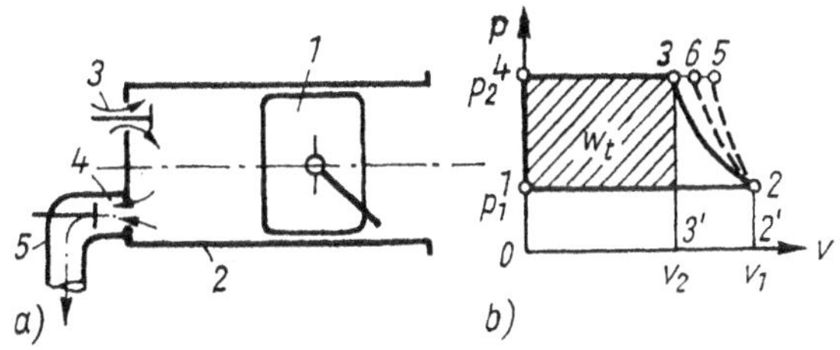

Bild 1.7-1. Schema eines Kompressors (a) und sein p-v-Diagramm (b)

In Bild 1.7-1*a* ist ein Schema des Kolbenverdichters dargestellt. Der Kolben (*1*) wird von einem Antrieb über einen Kurbelwellenmechanismus in Bewegung gebracht und bewegt sich im Zylinder (*2*) hin und her. Die Luftzufuhr erfolgt über das Ansaugventil (*3*), und die Druckluft wird über das Auspuffventil (*4*) in die Druckleitung (5) abgeführt.
Der theoretische *Verdichter-Kreisprozeß* ist im p-v-Diagramm (Bild 1.7-1*b*) gezeigt. In diesem Kreisprozeß werden Verluste nicht berücksichtigt (ebenso wird der Spalt zwischen Kolben und Zylindergehäuse am oberen Totpunkt vernachlässigt). Bei der Kolbenbewegung von links nach rechts erfolgt das Ansaugen des Gases ($1 \rightarrow 2$) bei dem Druck p_1 über das geöffnete Ansaugventil (*3*). Wenn der Zylinderraum gefüllt ist, wird das Ansaugventil geschlossen, und der Kolben bewegt sich nach links. Das Gas wird verdichtet ($2 \rightarrow 3$). Beim Erreichen des Druckes p_2 wird das Auspuffventil (*4*) geöffnet, und das verdichtete Gas wird in die Druckgasleitung (5) befördert ($3 \rightarrow 4$). Das Auspuffventil wird geschlossen und das Ansaugventil geöffnet. Es erfolgt ein Druckabfall von p_2 auf p_1 ($4 \rightarrow 1$), und das Arbeitsspiel wiederholt sich.
Die Arbeit, die vom Antrieb der Verdichter geleistet werden muß (w_t), wird an das Gas übertragen und entspricht der im p-v-Diagramm (Bild 1.7-1*b*) gestrichelt dargestellten Fläche. Zur Ermittlung der zu leistenden technischen Arbeit wird der erste Haupt-

satz nach Gl. (1.6-3) genutzt. Die Änderung der inneren Energie ist $\Delta u = u_2 - u_1$ (die Änderung der kinetischen Energie des Gases wird vernachlässigt, da sie klein ist). Es ergibt sich somit:

$$q = \Delta u + p_2 v_2 - p_1 v_1 + w_t$$

Daher ist:

$$|w_t| = \Delta u + p_2 v_2 - p_1 v_1 - q \qquad (1.7\text{-}1)$$

Entsprechend dem ersten Hauptsatz nach Gl. (1.2-3) ist die Verdichtungswärme

$$q = \Delta u + w = \Delta u + \int_{v_1}^{v_2} p \, dv$$

Setzt man diese Gleichung in Gl. (1.7-1) ein, erhält man:

$$w_t = p_2 v_2 - \int_{v_1}^{v_2} p \, dv - p_1 v_1$$

oder

$$w_t = p_2 v_2 + \int_{v_2}^{v_1} p \, dv - p_1 v_1 \qquad (\text{J/kg}) \qquad (1.7\text{-}2)$$

Der erste Ausdruck der rechten Seite dieser Gleichung ist die Ausstoßarbeit (Fläche *0* → *4* → *3* → *3'* → *0*), der zweite Ausdruck die Verdichtungsarbeit (Fläche *2* → *3* → *3'* → *2'* → *2*) und der dritte Ausdruck die Ansaugarbeit (Fläche *0* → *1* → *2* → *2'* → *0*) (sie wird nicht vom Antrieb, sondern von dem Gas der Umgebung verrichtet).
Der Verdichtungsprozeß des Gases von p_1 auf p_2 kann mit verschiedenen Methoden realisiert werden, z. B. mit einem isothermen Prozeß (*2* → *3*) (Bild 1.7-1*b*) oder mit einem adiabaten Prozeß (*2* → 5). An technischen Verdichteranlagen liegt ein polytroper Prozeß mit Polytropenexponenten $n = 1{,}2$ bis $1{,}3$ vor (Prozeß (*2* → 6) in Bild 1.7-1*b*). Wie aus Bild 1.7-1*b* hervorgeht, ist die geringste technische Arbeit (folglich auch geringste Antriebsleistung) im isothermen Prozeß (*2* → *3*) zu verrichten. Deshalb werden Hochleistungsverdichteranlagen mit Systemen der Wasserkühlung versehen.
Nachfolgend werden für die drei Verdichtungsprozesse die technische Arbeit des Verdichters, die Antriebsleistung und der abzuleitende Wärmestrom, bestimmt.
Für die isotherme Verdichtung gilt nach Gl. (1.7-2) bei Berücksichtigung, daß $p_1 v_1 = p_1 v_2$ ist:

$$w_t = \int_{v_2}^{v_1} p \, dv$$

und unter Berücksichtigung des Gesetztes für ideale Gase $p = R_i T / v$ bei konstanter Temperatur:

$$w_t = R_i \, T \int_{v_2}^{v_1} \frac{dv}{v} = R_i \, T \ln \frac{v_1}{v_2} = p_1 v_1 \ln \frac{p_2}{p_1} \qquad (\text{J/kg}) \qquad (1.7\text{-}3)$$

Wenn der Massestrom (Durchsatz) des Verdichters $\dot{m}$ (kg/s) ist, dann wird eine Antriebsleistung $P = \dot{m} w_t$ benötigt, oder

$$P = \dot{m} p_1 v_1 \ln \frac{p_2}{p_1} \qquad (\text{W}) \qquad (1.7\text{-}4)$$

Bei einem isothermen Prozeß muß dann der entsprechend gleich große Wärmestrom in das Kühlsystem abgeführt werden:

$$\dot{Q} = \dot{m}\, p_1\, v_1 \ln \frac{p_2}{p_1} \qquad \text{(W)} \tag{1.7-5}$$

Für leistungsstarke Verdichter ist eine derart effektive Kühlung nicht realisierbar. Deshalb werden solche Anlagen i. allg. als Stufenverdichter ausgeführt.
Bei einer adiabaten Verdichtung ist nach Gl. (1.3-7) unter Berücksichtigung, daß

$$w = \int_{v_1}^{v_2} p \, dv = \frac{1}{\varkappa - 1} (p_1 v_1 - p_2 v_2) = - \frac{1}{\varkappa - 1} (p_2 v_2 - p_1 v_1)$$

und entsprechend Gl. (1.7-2)

$$w_t = p_2 v_2 + \frac{1}{\varkappa - 1} (p_2 v_2 - p_1 v_1) - p_1 v_1$$

daher die technische Arbeit für diesen Prozeß:

$$w_t = \frac{\varkappa}{\varkappa - 1} (p_2 v_2 - p_1 v_1) \qquad \text{(J/kg)} \tag{1.7-6}$$

und die Antriebsleistung entsprechend:

$$P = \dot{m} \frac{\varkappa}{\varkappa - 1} (p_2 v_2 - p_1 v_1) \qquad \text{(W)} \tag{1.7-7}$$

Der abzuführende Wärmestrom $\dot{Q} = 0$, da es sich um einen adiabaten Prozeß handelt.
Für den polytropen Prozeß der Verdichtung gilt dann analog Gl. (1.7-6) für die technische Arbeit:

$$w_t = \frac{n}{n - 1} (p_2 v_2 - p_1 v_1) \qquad \text{(J/kg)} \tag{1.7-8}$$

und die Antriebsleistung wird:

$$P = \dot{m} \frac{n}{n - 1} (p_2 v_2 - p_1 v_1) \qquad \text{(W)} \tag{1.7-9}$$

Der abzuführende Wärmestrom kann mit Gl. (1.3-11) für den polytropen Prozeß bestimmt werden:

$$\dot{Q} = c_v \frac{n - \varkappa}{n - 1} (T_2 - T_1)\, \dot{m} \qquad \text{(W)} \tag{1.7-10}$$

Wie bereits gezeigt, ist der isotherme Verdichtungsprozeß energetisch am günstigsten. Aus Gl. (1.7-5) geht jedoch hervor, daß der dabei abzuführende Wärmestrom proportional dem Massestrom $\dot{m}$ und dem Druckverhältnis p_2/p_1 ist. Deshalb wird bei Hochleistungsverdichtern, die ein großes Druckverhältnis (Kompressionsgrad) zu realisieren haben, ein Kühlsystem zur Sicherung eines isothermen Prozesses notwendig, das praktisch nicht verwirklicht werden kann. Deshalb wird der Verdichtungsprozeß in Stufen aufgeteilt, die eine jeweilige Kühlung (Wärmestromabfuhr) ermöglichen. Auf der Hochdruckseite der jeweiligen Verdichterstufe wird deshalb ein Kühler ange-

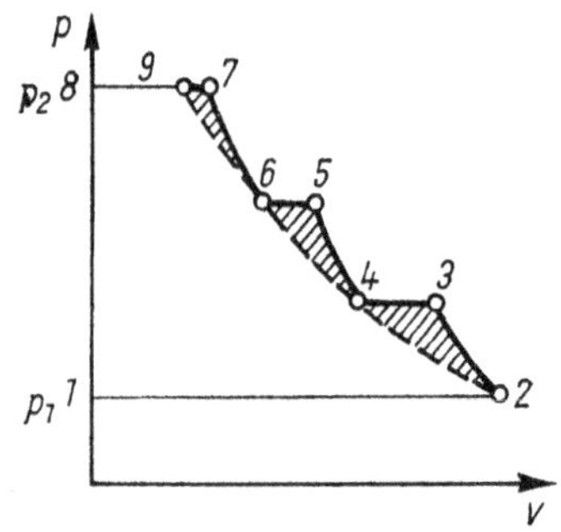

Bild 1.7-2. Verdichtung des Gases im Mehrstufenkompressor

bracht, aus dem die vorverdichteten Gase in die jeweils nächste Verdichterstufe zugeführt werden.

In Bild 1.7-2 ist das p-v-Diagramm für den Verdichtungsprozeß eines dreistufigen Kompressors dargestellt. Die jeweiligen Kurvenabschnitte $2 \rightarrow 3$, $4 \rightarrow 5$ und $6 \rightarrow 7$ zeigen die polytrope Verdichtung in der jeweiligen Stufe. Die Abschnitte $3 \rightarrow 4$ und $5 \rightarrow 6$ sind für die isobare Abkühlung des Gases in den Kühlern der ersten und zweiten Stufe. Die Kurve $2 \rightarrow 9$ stellt dabei den isothermen Verdichtungsprozeß vom Druck p_1 auf den Druck p_2 dar. Die gestrichelte Fläche ist proportional der zusätzlich notwendigen Arbeit gegenüber dem idealen (isothermen) Verdichtungsprozeß.

2 Strömungsmechanik

2.1. Gegenstand und Grundbegriffe der Strömungsmechanik

Die *Strömungsmechanik* untersucht die Gleichgewichtsbedingungen und Gesetzmäßigkeiten der Bewegung von strömenden Medien – von Flüssigkeiten und Gasen. Einerseits kann sie als ein Teilgebiet der theoretischen Mechanik betrachtet werden, weil sie auf den allgemeinen Gesetzen der Mechanik beruht, andererseits stellt die Strömungsmechanik einen Teil der Thermophysik dar, da die Prozesse der Wärme- und Stoffübertragung in strömenden Medien (konvektiver Wärme- und Stoffübergang) nur auf der Basis der im Rahmen der Strömungsmechanik erzielten Ergebnisse untersucht werden können. Wegen der Spezifik der in der Strömungsmechanik behandelten Aufgaben und der dabei verwendeten Methoden kann diese Disziplin jedoch als selbständiges Wissensgebiet betrachtet werden. In der Wärmetechnik nimmt die Strömungsmechanik einen wichtigen Platz ein. Die Bewegung und die Druckverteilung der Gase in den Arbeitsräumen der Öfen, die Bewegung von Flüssigkeiten und Gasen in den Rohrleitungen und die Bewegung von geschmolzenen Gütern bei deren Transport und beim Vergießen sowie die bereits erwähnten Prozesse des konvektiven Wärme- und Stoffüberganges, all diese außerordentlich wichtigen Erscheinungen und Prozesse können nur mit Hilfe der Methoden der Strömungsmechanik untersucht und berechnet werden.

Im Rahmen dieser Wissenschaft werden strömende Medien – Flüssigkeiten und Gase – als Kontinuum betrachtet, d. h., ihr diskreter, molekularer Aufbau wird vernachlässigt. Betrachtet man zum Beispiel ein Elementarvolumen, so wird angenommen, daß die Eigenschaften des Mediums in ihm dieselben sind wie im makroskopischen Volumen. Physikalisch bedeutet dies, daß die Zahl der Moleküle, die in diesem Elementarvolumen enthalten ist, außerordentlich groß ist.

Die Annahme der Homogenität des Mediums ist völlig gerechtfertigt, wenn die mittlere freie Weglänge eines Moleküls sehr klein ist im Vergleich zur charakteristischen Abmessung der Strömung, d. h. zur Querschnittsfläche eines Rohres oder eines Kanals, in dem sich das Medium bewegt, oder zur Abmessung eines umströmten Körpers. Diese Annahme ist nicht zulässig, wenn die Bewegung eines Gases mit besonders geringer Dichte bei niedrigen Drücken betrachtet wird (da die freie Weglänge dem Druck umgekehrt proportional ist) oder wenn das Gas bei Normaldruck durch sehr

kleine Kanäle (d. h. Poren) strömt. Im weiteren wird nur die Bewegung von homogenen strömenden Medien betrachtet.
Eine wichtige physikalische Eigenschaft des Mediums ist die Dichte $\varrho = \mathrm{d}m/\mathrm{d}V$ (kg/m³) (m Masse; V Volumen), d. h. die Masse eines Stoffes, die in einer Volumeneinheit enthalten ist. Ist die Dichte eines strömenden Mediums konstant, so bezeichnet man das Medium als *inkompressibel.* Darunter versteht man nicht unbedingt nur Tropfenflüssigkeiten. Sind zum Beispiel in einem Gasstrom Druck und Temperatur konstant, so ist auch die Dichte konstant, und das Gas verhält sich in diesem Falle wie ein inkompressibles Medium. Andererseits, wenn die Dichte eine veränderliche Größe ist, bezeichnet man das strömende Medium als *kompressibel.* Es ist verständlich, daß hierbei nur Gase gemeint sind.
Somit wird die Bezeichnung »*Fluid*« im weiteren für jedes beliebige strömende Medium verwendet und nur wenn erforderlich das strömende Fluid als inkompressibles bzw. kompressibles Fluid angegeben.
In der Strömungsmechanik unterscheidet man zwischen *idealen* und *realen Fluiden.* Als ideal oder nicht zäh wird ein Fluid bezeichnet, bei dessen Bewegung die inneren Reibungskräfte fehlen und die man folglich als Fluide mit einer Null-Zähigkeit betrachten kann. Anderenfalls bezeichnet man die Fluide als real.
Der Begriff der idealen Fluide ist sehr nützlich, da in der Praxis häufig Fälle auftreten, wo sich das Fluid unter solchen Bedingungen bewegt, daß die inneren Reibungskräfte vernachlässigt werden können; z. B. bei der Bewegung in genügendem Abstand von festen Oberflächen. In diesem Zusammenhang haben die Teilgebiete der Strömungsmechanik, die der Untersuchung der Bewegung inkompressibler und kompressibler idealer Fluide gewidmet sind und als *Hydro-* und *Gasdynamik* bezeichnet werden, eine breite Entwicklung erfahren und haben große praktische Bedeutung. Die Strömungsmechanik, wie auch die Festkörpermechanik, beinhaltet die Teilgebiete Statik, Kinematik und Dynamik. Unter dem Gesichtspunkt einer günstigen Darstellungsweise verletzen wir jedoch diese Reihenfolge der Betrachtung der Festkörpermechanik und beginnen die Untersuchung der Strömungsmechanik mit der Kinematik.

2.2. Kinematik der Fluide

2.2.1. Einige Begriffe

Eine wichtige Größe der Kinematik ist der Begriff des *Geschwindigkeitsvektors* $\boldsymbol{v}$. (In der Strömungsmechanik ist nach TGL 20967 für die Geschwindigkeit das Formelzeichen »c« festgelegt. Mit Rücksicht auf die anderen Abschnitte des Lehrbuches wird aber »v« verwendet.) Ähnlich der Festkörpermechanik kann diese Größe als Verschiebung eines Fluidteilchens in der Zeiteinheit definiert werden, d. h.

$$\boldsymbol{v} = \partial \boldsymbol{l}/\mathrm{d}t \qquad (\boldsymbol{l} \text{ Verschiebungsvektor des Elementes})$$

Hinsichtlich der Aufgaben der Strömungsmechanik ist jedoch eine Definition des Geschwindigkeitsvektors wesentlich bedeutsamer, wonach die Geschwindigkeit des Fluids in einem gegebenen Punkt der Strömung ein Fluidvolumen darstellt, welches sich in der Zeiteinheit durch eine Oberflächeneinheit bewegt, die in Normalenrichtung zu diesem Geschwindigkeitsvektor liegt, d. h.

$$\boldsymbol{v} = \frac{\partial^2 v}{\partial A\, \partial t} \boldsymbol{n} \quad \text{(m/s)}$$

($\boldsymbol{n}$ Normalenvektor, dessen Richtung mit der des Geschwindigkeitsvektors im gegebenen Punkt übereinstimmt)

Aus dieser Sicht ist somit die Geschwindigkeit ein Flußdichtevektor eines Flüssigkeitsvolumens. Wie auch jede andere vektorielle Größe kann der Geschwindigkeitsvektor durch seine Projektionen auf die Koordinatenachsen dargestellt werden:

$$\boldsymbol{v} = v_x \boldsymbol{i} + v_y \boldsymbol{j} + v_z \boldsymbol{k}$$

(v_x, v_y, v_z Projektionen des Geschwindigkeitsvektors auf die Achsen x, y und z; i, j, k orthogonale Einheitsvektoren)

Eine andere wichtige Größe des Flüssigkeitsstromes ist der Vektor der Massestromdichte $\varrho \boldsymbol{v}$ (kg/(m² s)), der die Flüssigkeitsmasse darstellt, die sich in der Zeiteinheit durch eine Oberflächeneinheit bewegt, welche in Normalenrichtung zu diesem Vektor liegt. Dabei sind ϱv_x, ϱv_y und ϱv_z die Projektionen dieses Vektors auf die Koordinatenachsen x, y und z.

Durch Integration der Geschwindigkeit über der Fläche, durch die das Fluid strömt, erhält man den Volumendurchsatz $\dot{V}$ (m³/s), der als *Volumenstrom* bezeichnet wird. Ebenso erhält man durch Integration der Massestromdichte über der Fläche den *Massestrom* der Flüssigkeit $\dot{m}$ (kg/s), der auch als Massedurchsatz bezeichnet wird.

2.2.2. Kontinuitätsgleichung

Die *Kontinuitätsgleichung* in differentieller Form, die den Masseerhaltungssatz ausdrückt, ist eine der wichtigsten Gleichungen der Strömungsmechanik. Zunächst wird diese Gleichung für kompressible Fluide abgeleitet und danach die entsprechende Gleichung für inkompressible Medien als Spezialfall gezeigt. Gegeben sei ein beliebiger Strom eines kompressiblen Mediums, in dem die Dichte $\varrho = \varrho\,(x, y, z, t)$, der Geschwindigkeitsvektor $\boldsymbol{v} = \boldsymbol{v}\,(x, y, z, t)$ und der Vektor der Massestromdichte $\varrho \boldsymbol{v} = \varrho \boldsymbol{v}$ (x, y, z, t) beliebig verteilt sind. Aus dieser Strömung betrachten wir einen Elementarquader mit den Seitenkanten dx, dy und dz in einem unbewegten rechtwinkligen Koordinatensystem (Bild 2.2-1). Die Idee der Herleitung besteht in folgendem:

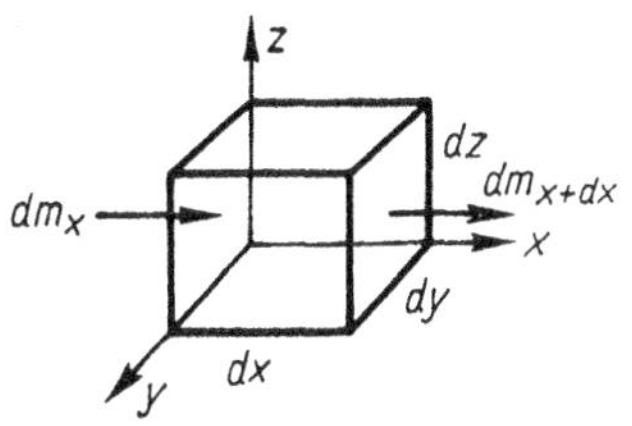

Bild 2.2-1. Ableitung der Kontinuitätsgleichung

Zunächst ermittelt man die Differenz der Masse der in der Zeiteinheit dt in das Kontrollvolumen eintretenden Flüssigkeit und der Masse, die es in der gleichen Zeit verläßt. Danach wird die Änderung der Masse des in dem Einheitsvolumen enthaltenen Fluids in der Zeit dt, die durch die Veränderung der Dichte über der Zeit bedingt ist, bestimmt. Zuletzt werden auf der Grundlage des Massenerhaltungssatzes die Ergebnisse gleichgesetzt.

Die Fluidmasse, welche in den Quader in x-Richtung durch seine linke Fläche in der Zeit dt eintritt, d. h. die Größe dm_x, ergibt sich entsprechend der Definition des Begriffes der Massestromdichte zu

$$dm_x = \varrho v_x \, dy \, dz \, dt$$

(ϱv_x Projektion des Vektors der Massestromdichte auf die x-Achse; $dy\, dz$ betrachtete Quaderfläche)

Der Wert der Massestromdichte in der Ebene der rechten Quaderfläche, die im Abstand dx von der linken Quaderfläche liegt, ist

$$\varrho v_x + \frac{\partial(\varrho v_x)}{\partial x} dx$$

und die Flüssigkeitsmasse, die in der Zeit dt den Quader durch seine rechte Seitenfläche verläßt, ergibt sich deshalb zu

$$dm_{x+dx} = \left(\varrho v_x + \frac{\partial(\varrho v_x)}{\partial x} dx\right) dy \, dz \, dt$$

Somit beträgt die Differenz zwischen der in das Kontrollvolumen eintretenden und der aus diesem austretenden Masse für die x-Richtung

$$d^2m_x \equiv dm_x - dm_{x+dx} = -\frac{\partial(\varrho v_x)}{\partial x} dV \, dt$$

($dV = dx\, dy\, dz$ — Volumen des Einheitsquaders)

Wiederholt man diese Betrachtungen für die Richtungen y und z, dann erhält man:

$$d^2m_y = -\frac{\partial(\varrho v_y)}{\partial y} dV \, dt$$

$$d^2m_z = -\frac{\partial(\varrho v_z)}{\partial z} dV \, dt$$

Den wirklichen Wert der Differenz zwischen ein- und austretender Flüssigkeitsmasse in der Zeit dt erhält man offensichtlich aus der Addition dieser drei Größen, d. h.

$$d^2m = -\left[\frac{\partial(\varrho v_x)}{\partial x} + \frac{\partial(\varrho v_y)}{\partial y} + \frac{\partial(\varrho v_z)}{\partial z}\right] dV \, dt \quad \text{(kg)} \tag{a}$$

Da die Dichte in jedem beliebigen Punkt der Strömung sich über die Zeit ändert, verändert sich die in dem Kontrollvolumen dV enthaltene Masse in der Zeit dt um den Wert

$$d^2m = \frac{\partial \varrho}{\partial t} dt \, dV \tag{b}$$

Setzt man auf der Grundlage des Masseerhaltungssatzes die rechten Seiten der Gln. (a) und (b) gleich und kürzt $dV\, dt$, so erhält man:

$$\frac{\partial \varrho}{\partial t} = -\left[\frac{\partial(\varrho v_x)}{\partial x} + \frac{\partial(\varrho v_y)}{\partial y} + \frac{\partial(\varrho v_z)}{\partial z}\right] \tag{c}$$

Man sieht leicht, daß der Ausdruck in der eckigen Klammer die Divergenz des Vektors der Massestromdichte darstellt. Folglich erhält man die Gleichung

$$\frac{\partial \varrho}{\partial t} + \operatorname{div}(\varrho \boldsymbol{v}) = 0 \tag{2.2-1}$$

deren physikalischer Sinn völlig klar ist. Da die Größe div $(\varrho \boldsymbol{v})$ die Differenz darstellt zwischen der Flüssigkeitsmasse, die in der Zeiteinheit aus dem Einheitsvolumen austritt, und der Masse, die in derselben Zeit in dieses Volumen eintritt, muß die Differenz folglich (mit umgekehrtem Vorzeichen) der Veränderung der Masse gleich sein, die in der Zeiteinheit im Einheitsvolumen enthalten ist, d. h. $\partial\varrho/\partial t$. Somit drückt die Gl. (2.2-1) das Masseerhaltungsgesetz für ein Einheitsvolumen und die Zeiteinheit aus und stellt eine der Formen der Kontinuitätsgleichung für kompressible Flüssigkeiten dar.

Eine andere Form dieser Gleichung erhält man unter der Berücksichtigung, daß die Divergenz des Produktes der skalaren Funktion ϱ und des Vektors $\boldsymbol{v}$ als

$$\operatorname{div}(\varrho \boldsymbol{v}) = \boldsymbol{v} \operatorname{grad} \varrho + \varrho \operatorname{div} \boldsymbol{v}$$

ausgedrückt werden kann. Setzt man diesen Ausdruck in Gl. (2.2-1) ein, so ergibt sich

$$\frac{\partial\varrho}{\partial t} + \boldsymbol{v} \operatorname{grad} \varrho + \varrho \operatorname{div} \boldsymbol{v} = 0$$

oder, wenn man das skalare Produkt $\boldsymbol{v}$ grad ϱ auflöst:

$$\frac{\partial\varrho}{\partial t} + v_x \frac{\partial\varrho}{\partial x} + v_y \frac{\partial\varrho}{\partial y} + v_z \frac{\partial\varrho}{\partial z} + \varrho \operatorname{div} \boldsymbol{v} = 0$$

woraus man unter Einführung der Bezeichnung

$$\frac{\partial\varrho}{\partial t} + v_x \frac{\partial\varrho}{\partial x} + v_y \frac{\partial\varrho}{\partial y} + v_z \frac{\partial\varrho}{\partial z} = \frac{\mathrm{d}\varrho}{\mathrm{d}t} \tag{2.2-2}$$

die andere Form der Kontinuitätsgleichung für kompressible Fluide

$$\frac{\mathrm{d}\varrho}{\mathrm{d}t} + \varrho \operatorname{div} \boldsymbol{v} = 0 \tag{2.2-3}$$

erhält. Die in dieser Beziehung auftretende Größe $\mathrm{d}\varrho/\mathrm{d}t$, die das vollständige Differential der Dichte nach der Zeit darstellt, wird als substantielles Differential bezeichnet. Entsprechend Gl. (2.2-2) enthält es die lokale Ableitung $\partial\varrho/\partial t$, die das instationäre Verhalten des Prozesses berücksichtigt, d. h. die Dichteänderung über der Zeit an einem unbeweglichen Raumpunkt und die konvektive Ableitung

$$\boldsymbol{v} \operatorname{grad} \varrho = v_x \, \partial\varrho/\mathrm{d}x + v_y \, \partial\varrho/\mathrm{d}y + v_z \, \partial\varrho/\mathrm{d}z$$

welche die Dichteänderung eines sich bewegenden Fluidteilchens über der Zeit berücksichtigt, die durch seine räumliche Verschiebung im Feld veränderlicher Dichte bedingt ist.

Für den Fall inkompressibler Fluide, wo die Dichte konstant ist, d. h., $\mathrm{d}\varrho/\mathrm{d}t = 0$, und aus Gl. (2.2-3) erhält man den Ausdruck

$$\operatorname{div} \boldsymbol{v} \equiv \frac{\partial v_x}{\partial x} + \frac{\partial v_y}{\partial y} + \frac{\partial v_z}{\partial z} = 0 \tag{2.2-4}$$

für die Kontinuitätsgleichung inkompressibler Fluide. Bei praktischen ingenieurmäßigen Berechnungen der Strömung von Flüssigkeiten und Gasen in Rohren und Kanälen verwendet man die Kontinuitätsgleichung in integraler Form für den Gesamtquerschnitt des Rohres oder Kanals. Es soll nun die stationäre Strömung einer kompressiblen Flüssigkeit in einem Rohr, dessen Querschnitt sich über der Länge ändert, d. h. $A = A(x)$, betrachtet werden. Es sei $\varrho\, v_x$ der Wert der mittleren Massestromdichte über dem Rohrquerschnitt (kg/(m² s)), welcher offensichtlich als

$$\overline{\varrho v_x} = \frac{1}{A} \int_A \varrho v_x \, dA$$

ermittelt wird. Es ist verständlich, daß das Integral der Massestromdichte über der Querschnittsfläche des Rohres einen Massedurchsatz oder einen Massestrom darstellt, d. h. die Masse, die durch die Querschnittsfläche in der Zeiteinheit durchgesetzt wird. Da das stationäre Regime betrachtet wird und die Rohrwände undurchlässig sind, ändert sich dieser Massestrom nicht über der Rohrlänge, d. h.

$$\overline{\varrho v} A = \dot{m} = \text{const} \tag{2.2-5}$$

Diese Beziehung entspricht genau der Kontinuitätsgleichung für die stationäre Strömung eines kompressiblen Fluids in einem Rohr veränderlichen Querschnitts.
Für die Strömung einer inkompressiblen Flüssigkeit erhalten wir aus Gl. (2.2-5):

$$\bar{v} A = \dot{V} = \text{const}$$

($\bar{v}$ mittlere Geschwindigkeit über den Querschnitt; $\dot{V}$ Volumenstrom, d. h. Flüssigkeitsdurchsatz durch den Rohrquerschnitt (m³/s))

2.3. Dynamik idealer Fluide

2.3.1. Kräfte, die in strömenden idealen Fluiden wirken

In einem sich bewegenden idealen Fluid wirken drei Arten von Kräften: äußere Massenkräfte, Druckkräfte und Trägheitskräfte.
Die *äußeren Massekräfte* wirken, wie aus ihrer Bezeichnung hervorgeht, von seiten der Umgebung auf das Fluid, und ihr Wert ist der Fluidmasse umgekehrt proportional. Ein weit verbreitetes Beispiel der äußeren Massekraft ist die Gravitationskraft, es können aber auch Kräfte anderer, zum Beispiel elektromagnetischer Natur sein.
Die *Druckkraft* entsteht, wie später gezeigt wird, wenn in der Flüssigkeit eine ungleichmäßige Druckverteilung vorliegt. Diese Kraft ist eine Oberflächenkraft, d. h., sie wirkt auf eine Oberfläche; ihr Wert ist der Fläche proportional, auf die der Druck wirkt. Der Druck ist die Spannung dieser Kraft. Die äußeren Massenkräfte und die Druckkräfte wirken sowohl in strömenden als auch in ruhenden Fluiden.
Die *Trägheitskräfte* entstehen nur, wenn die Strömung des Fluids nicht geradlinig und gleichförmig ist. Das sind ebenfalls Massenkräfte, d. h., ihre Größe ist der Masse des strömenden Fluids proportional.

2.3.2. Bewegungsgleichungen idealer Fluide (Euler-Gleichungen)

Die Differentialgleichungen für die Bewegung idealer Fluide, die als *Euler-Gleichungen* bezeichnet werden, sind der mathematische Ausdruck des 2. Newtonschen Gesetzes, d. h. des Impulserhaltungssatzes. Bei der Herleitung dieser Gleichungen werden die auf ein sich bewegendes Fluidvolumen wirkenden Kräfte betrachtet, und auf der

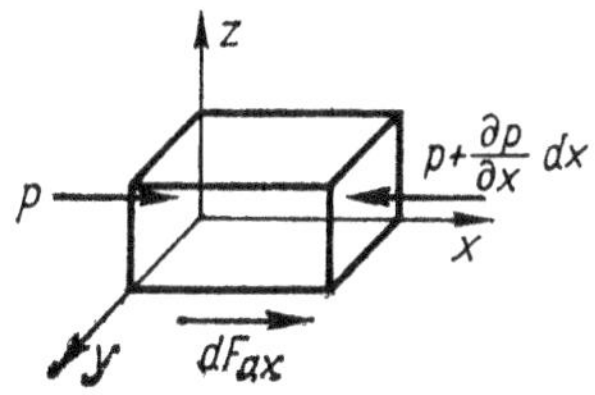

Bild 2.3-1. Ableitung der Euler-Gleichung

Basis des Impulserhaltungssatzes wird die Resultierende dieser Kräfte dem Impuls dieses Fluidvolumens in der Zeiteinheit, d. h. dem Produkt aus Masse und Beschleunigung gleichgesetzt.

Betrachten wir aus einem Fluidstrom ein Kontrollvolumen in Form eines Elementarquaders mit den Seitenkanten dx, dy und dz (Bild 2.3-1). Zunächst untersuchen wir die auf dieses Volumen in x-Richtung wirkenden Kräfte, d. h. die Projektionen dieser Kräfte auf die x-Achse. Die äußere Massekraft dF_{ax} ist proportional der Masse des betrachteten Volumens

$$dm = \varrho dV, \text{ d. h., } dF_{ax} = X\varrho\, dV,$$

wobei der Proportionalitätskoeffizient X, (m/s²) den Sinn einer äußeren Massenkraft hat (genauer, ihre Projektion auf die x-Achse) bezogen auf eine Masseneinheit, d. h. den Sinn einer Massendichte dieser Kraft oder der Beschleunigung dieser Kraft hat.

Auf die linke Seitenfläche des Quaders wirkt der Druck p, auf die rechte Seitenfläche, die sich im Abstand dx von der linken befindet, der Druck

$$p + \frac{\partial p}{\partial x}\, dx$$

Die entsprechenden Druckkräfte sind gleich dem Produkt aus Druck und Seitenfläche. Somit ergibt sich der resultierende Wert der Druckkraft (in der Projektion auf die x-Achse) zu

$$dF_{Drx} = p\, dy\, dz - \left(p + \frac{\partial p}{\partial x}\, dx\right) dy\, dz = -\frac{\partial p}{\partial x}\, dV$$

Aus diesem Ergebnis folgt nun, wie bereits erwähnt, daß die Druckkraft in der Flüssigkeit nur bei einer ungleichmäßigen Druckverteilung auftritt. Somit ist die Resultierende der äußeren Kräfte, die auf das betrachtete Volumen wirkt, gleich der Summe der äußeren Massekraft und der Druckkraft. Auf der Basis des Impulserhaltungssatzes setzen wir diese Größe gleich dem Produkt aus der Masse des Quaders und seiner Geschwindigkeit, d. h.

$$\varrho\, dV \frac{dv_x}{dt} = dF_{ax} + dF_{Drx}$$

oder, wenn man auf der rechten Seite die entprechenden Ausdrücke für die Kräfte einsetzt:

$$\varrho\, dV \frac{dv_x}{dt} = X\varrho\, dV - \frac{\partial p}{\partial x}\, dV \qquad \text{(N)} \qquad \text{(a)}$$

Es sei darauf hingewiesen, daß die hier auftretende Projektion der Beschleunigung auf die x-Achse dv_x/dt ein vollständiges, d. h. substantielles Differential der entsprechenden Komponente des Geschwindigkeitsvektors nach der Zeit darstellt, welches sich aus der Summe der örtlichen und der konvektiven Ableitung ergibt:

$$\frac{dv_x}{dt} = \frac{\partial v_x}{\partial t} + v_x \frac{\partial v_x}{\partial x} + v_y \frac{\partial v_x}{\partial y} + v_z \frac{\partial v_z}{\partial z} \tag{2.3-1}$$

Dividiert man beide Seiten der Gl. (a) durch die Masse des Kontrollvolumens ϱdV, so erhält man

$$\frac{dv_x}{dt} = X - \frac{1}{\varrho}\frac{\partial p}{\partial x} \qquad (\mathrm{m/s^2}) \tag{2.3-2}$$

Jeder Term dieser Gleichung stellt eine Kraft dar, die auf eine Masseneinheit bezogen ist, d. h. eine Massendichte der Kraft (immer noch in der Projektion auf die x-Achse), die die Maßeinheit der Beschleunigung besitzt. Analog zu dieser Betrachtung lassen sich die Gleichungen für die beiden anderen Koordinatenachsen ableiten:

$$\frac{dv_y}{dt} = Y - \frac{1}{\varrho}\frac{\partial p}{\partial y} \tag{2.3-3}$$

$$\frac{dv_z}{dt} = Z - \frac{1}{\varrho}\frac{\partial p}{\partial z} \tag{2.3-4}$$

In diesen Gleichungen sind dv_y/dt und dv_z/dt die substantiellen Ableitungen der Projektionen des Geschwindigkeitsvektors auf die y- und z-Achse nach der Zeit. Dabei sind

$$\frac{dv_y}{dt} = \frac{\partial v_y}{\partial t} + v_x \frac{\partial v_y}{\partial x} + v_y \frac{\partial v_y}{\partial y} + v_z \frac{\partial v_y}{\partial z} \tag{2.3-5}$$

$$\frac{dv_z}{dt} = \frac{\partial v_z}{\partial t} + v_x \frac{\partial v_z}{\partial x} + v_y \frac{\partial v_z}{\partial y} + v_z \frac{\partial v_z}{\partial z} \tag{2.3-6}$$

Y und Z sind die Projektionen auf die y- und z-Achse des Vektors der Massendichte der äußeren Massenkraft, d. h. der Beschleunigung dieser Kraft. Die Gln. (2.2-2), (2.3-3) und (2.3-4) sind die Euler-Gleichungen für die Strömung eines idealen Fluids, dargestellt in den Projektionen auf die entsprechenden Koordinatenachsen. Multipliziert man jede dieser Gleichungen mit dem entsprechenden Einheitsvektor und addiert sie gliedweise, so erhält man die Euler-Gleichung in Vektorform:

$$\frac{d\boldsymbol{v}}{dt} = \boldsymbol{K} - \frac{1}{\varrho}\,\mathrm{grad}\,p \tag{2.3-7}$$

Der linke Teil der Gl. (2.3-7), die substantielle Ableitung des Geschwindigkeitsvektors nach der Zeit, ist ein Vektor, dessen Projektionen auf die Koordinatenachsen substantielle Ableitungen und Komponenten des Geschwindigkeitsvektors nach der Zeit darstellen, die nach den Gln. (2.3-1), (2.3-5) und (2.3-6) bestimmt werden.

Jedes Glied der Euler-Gleichung (2.3-7) hat den Sinn einer Massendichte der entsprechenden Kraft. Der linke Teil verkörpert die Massendichte der Trägheitskraft, das erste Glied im rechten Teil $\boldsymbol{K} = X\boldsymbol{i} + Y\boldsymbol{j} + Z\boldsymbol{k}$ ist die Massendichte der äußeren Massenkraft, und schließlich stellt das letzte Glied im rechten Teil die Massendichte der Druckkraft dar. Die Form der Euler-Gleichung ist unabhängig davon, ob das Fluid kompressibel oder inkompressibel ist, da die Deformation des Volumens, d. h. die Verdichtung oder Ausdehnung eines idealen Fluids wegen der fehlenden Zähigkeit nicht zum Auftreten irgendwelcher neuer Kräfte führt.

2.3.3. Aufgabenstellung für die Berechnung der Strömung idealer Fluide

In der überwiegenden Mehrzahl der Fälle besteht die Aufgabe der Berechnung der Strömung eines inkompressiblen idealen Fluids in der Ermittlung des Geschwindigkeitsvektors als Funktion der Koordinaten, der Zeit $\boldsymbol{v}$ (x, y, z, t) und des Druckes als Funktion der selben Argumente p (x, y, z, t). Somit sind eine Vektor- und eine skalare Funktion, oder, was dasselbe ist, vier skalare Funktionen, d. h. die Projektionen des Geschwindigkeitsvektors v_x, v_y und v_z und der Druck zu bestimmen. Es ist verständlich, daß zur Lösung dieser Aufgabe vier Gleichungen erforderlich sind. Das sind die drei Euler-Gleichungen (2.3-2), (2.3-3) und (2.3-4) und die Kontinuitätsgleichung (2.2-4). Da es sich bei allen Gleichungen um Differentialgleichungen mit partiellen Ableitungen handelt, müssen zur Lösung dieser Aufgabe außerdem noch die Anfangs- und Randbedingungen gegeben sein. Als Anfangsbedingungen werden Werte der gesuchten Funktion zu einem bestimmten Zeitpunkt, der als Prozeßbeginn betrachtet wird, gegeben. Die Randbedingungen können unterschiedlich sein. Am häufigsten ist der Wert der gesuchten Funktion an den Grenzen des untersuchten Gebietes gegeben. Zum Beispiel bei der Strömung eines idealen Fluids in der Nähe eines festen Körpers wird auf die Oberfläche die Bedingung gegeben, daß die normale Komponente des Geschwindigkeitsvektors gleich Null ist, d. h. die Bedingungen der Undurchlässigkeit der Oberfläche. Außerdem müssen die Verteilung der äußeren Massenkraft und die Dichte des Fluids bekannt sein.

Die so formulierte Aufgabe ist außerordentlich kompliziert. Das Problem besteht darin, daß die Bewegungsgleichungen (2.3-2), (2.3-3) und (2.3-4) nichtlineare Differentialgleichungen mit partiellen Ableitungen sind. Denn die in die Beziehungen (2.3-1), (2.3-5) und (2,3-6) eingehenden konvektiven Ableitungen sind nichtlineare Operatoren, da sie die Produkte aus den gesuchten Funktionen und ihre Ableitungen enthalten. Allgemeine Methoden zur Lösung von Systemen, die solche Gleichungen enthalten, fehlen. Deshalb können diese Aufgaben analytisch nur für eine begrenzte Zahl einfacher Fälle gelöst werden. Selbstverständlich können und werden auch mit Erfolg zur Lösung solcher Aufgaben verschiedene numerische Verfahren unter Einsatz der EDV verwendet. Gegenwärtig ist bereits eine große Zahl numerischer Lösungen von Aufgaben der Bewegung idealer inkompressibler Fluide in Form von Standardprogrammen vorhanden.

Es ist verständlich, daß die Aufgabe bei der Betrachtung kompressibler Fluide noch komplizierter wird. In diesem Falle taucht neben den bereits genannten zu ermittelnden Funktionen noch eine weitere, die Dichte des Fluides auf, und folglich ist eine weitere Gleichung – die Zustandsgleichung des Gases – hinzuzufügen. In dem Falle, wo die Dichte lediglich eine Funktion des Druckes ist (diese Strömungen werden als *barotrop* bezeichnet), hat diese Gleichung die Form $\varrho = \varrho(p)$; zum Beispiel für ein ideales Gas ist $\varrho = \text{const}\, p$. Dieser Fall tritt bei isothermer oder adiabater Strömung des Gases auf.

Noch komplizierter wird die betrachtete Aufgabe, wenn die Dichte nicht nur vom Druck, sondern auch von der Temperatur abhängig ist. Dann muß dem Gleichungssystem noch eine Gleichung hinzugefügt werden, die die Temperaturverteilung in der Gasströmung beschreibt und als Energiegleichung bezeichnet wird.

Abschließend sei bemerkt, daß in der Praxis der Metallurgie in der Regel stationäre Strömungen anzutreffen sind und das Fluid in vielen Fällen als inkompressibel betrachtet werden kann.

2.3.4. Bernoulli-Gleichung für den Stromfaden eines idealen Fluids

Wie bereits ausgeführt wurde, gelingt es in einigen Fällen, eine analytische Lösung der Euler-Gleichungen abzuleiten. Einer dieser einfachsten Fälle ist die stationäre Strömung eines inkompressiblen idealen Fluids in einem Stromfaden. Die zu dieser Strömung gehörende Lösung, d. h. das Integral der Euler-Gleichungen, wird als *Bernoulli-Gleichung* bezeichnet und hat große praktische Bedeutung.

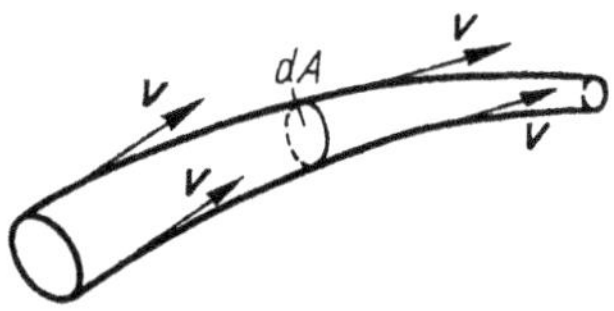

Bild 2.3-2. Stromfaden

Als *Stromröhre* (oder *Stromfaden*) (Bild 2.3-2) bezeichnet man die Mantelfläche, die von allen Linien gebildet wird, die durch eine geschlossene ebene Kontur verlaufen, von der eine unendlich kleine Fläche dA begrenzt wird. Die Stromlinie ihrerseits ist die Vektorlinie der Geschwindigkeit, der geometrische Ort der Punkte, in denen der Geschwindigkeitsvektor tangential zu dieser Linie gerichtet ist. Man kann sich leicht vorstellen, daß bei stationärer Strömung die Stromlinie mit der Bewegungslinie eines Fluidteilchens übereinstimmt. Folglich kann sich das Fluid nur entlang eines Stromfadens bewegen und schneidet diesen in keinem Punkt.

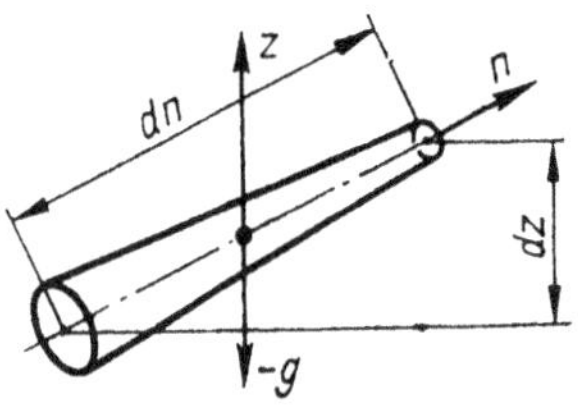

Bild 2.3-3. Ableitung der Bernoulli-Gleichung

Betrachten wir ein Längenelement eines Stromfadens, welches in Bild 2.3-3 dargestellt ist. Das Fluid bewegt sich im Feld der Schwerkraft, deren Beschleunigung (d. h. ihre Massendichte) in negativer Richtung der z-Achse gerichtet ist. Die Bewegung im betrachteten Punkt erfolgt in beliebiger Richtung n. Das Fluid ist inkompressibel, es liegt ein stationäres Bewegungsregime vor. Wenn man die Projektion des Geschwindigkeitsvektors auf diese Achse mit v_n bezeichnet und berücksichtigt, daß wegen der stationären Bewegung und wegen der kleinen Querschnittsfläche des Stromfadens die Geschwindigkeit und der Druck nur von n abhängen, lautet die Euler-Gleichung (2.3-7) in der Projektion auf die Achse n für die genannten Bedingungen

$$v_n \frac{dv_n}{dn} = -g \cos \alpha - \frac{1}{\varrho} \frac{dp}{dn} \tag{a}$$

Es sei darauf hingewiesen, daß der linke Teil dieser Gleichung die Hälfte der Ableitung des Geschwindigkeitsquadrates nach n ergibt und daß $\cos \alpha = dz/dn$ ist. Multipliziert man beide Seiten mit der Dichte ϱ, so erhält man:

$$\frac{\varrho}{2} \frac{d(v^2)}{dn} + \frac{dp}{dn} + \varrho g \frac{dz}{dn} = 0 \tag{b}$$

Die beiden angegebenen Gleichungen sind verschiedene Darstellungsformen der Euler-Gleichung für die betrachtete Strömung. Während in Gl. (a) jeder Summand die Massendichte einer bestimmten Kraft mit der Maßeinheit N/kg = m/s² verkörpert, stellt in Gl. (b) jedes Glied eine volumenbezogene Kraft mit der Maßeinheit N/m³ dar. Integriert man Gl. (b) über n und berücksichtigt, daß ϱ = const und ϱg die volumenbezogene Schwerkraft ergibt, so erhält man:

$$\frac{\varrho v_n^2}{2} + p + \varrho g z = \text{const} \tag{2.3-8}$$

Diese Beziehung ist die *Bernoulli-Gleichung* für einen Stromfaden einer idealen Flüssigkeit. Jeder Summand dieser Gleichung mit der Maßeinheit J/m³ = N/m² = Pa, den man durch Integration der volumenbezogenen Kraft über den Bewegungsweg des Fluids erhält, hat den Sinn einer volumenbezogenen Energie, d. h. der Energie, bezogen auf eine Volumeneinheit. Andererseits werden die Summanden als Drücke bezeichnet, da ihre Maßeinheit der eines Druckes entspricht.

Der erste Summand $\varrho v_n^2/2$s tellt die volumenbezogene Dichte der kinematischen Energie des sich bewegenden Fluids dar und wird als *dynamischer Druck* bezeichnet. Der zweite Summand p hat den Sinn einer volumenbezogenen Dichte der potentiellen Druckenergie und wird *statischer Druck* genannt. Der dritte Summand $\varrho g z$ schließlich, der eine volumenbezogene potentielle Energie darstellt, ist der *Schweredruck.* Die Bernoulli-Gleichung ist somit der mathematische Ausdruck für den Energieerhaltungssatz für den Stromfaden eines inkompressiblen idealen Fluids, und sie zeigt, daß die summare mechanische Energie, d. h. die Summe der kinetischen und potentiellen Energie entlang des Stromfadens, konstant bleibt. Dieses Ergebnis läßt sich durch folgende Fakten erklären:

1. Bei der Bewegung eines idealen Fluids wirken keine Reibungskräfte, und folglich treten auch keine Reibungsverluste auf.
2. Das Fluid tritt nicht aus dem Stromfaden heraus, deshalb erfolgt kein Energieübergang an das umgebende Fluid.

Entsprechend der Bernoulli-Gleichung können die verschiedenen Arten der Energie ineinander übergehen. Zum Beispiel, bei horizontaler Bewegung der Fluide, d. h. z = const, führt die Beschleunigung der Strömung zur Verringerung des statischen

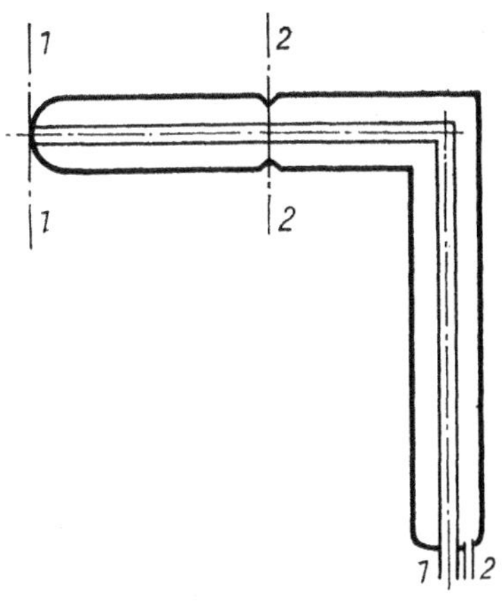

Bild 2.3-4. Schematische Darstellung des Pitot-Prandtl-Rohres

Druckes, und umgekehrt steigt der statische Druck mit Verringerung der Geschwindigkeit. Insbesondere darauf beruht die Wirkungsweise verschiedener Geräte zur Messung des Fluiddurchsatzes und seiner Bewegungsgeschwindigkeit, z. B. Drucksonden. In Bild 2.3-4 ist das Schema des *Pitot-Prandtl-Rohres* dargestellt, welches zur Messung von Geschwindigkeiten in strömenden Fluiden breite Anwendung findet. Das Rohr wird entgegen der Strömungsrichtung eingesetzt. Dabei ist die Geschwindigkeit in der Ebene der zentralen Stauöffnung *1-1* gleich Null. Folglich wird der am Manometer, welches am Austritt (*1*) angeschlossen ist, gemessene Druck als *Gesamtdruck* bezeichnet, der entsprechend der Bernoulli-Gleichung gleich der Summe aus dynamischem und statischem Druck $p_0 = (\varrho\, v^2/2) + p$ ist. An der Fläche der in der Ebene *2-2* liegenden Öffnungen entspricht der Druck dem statischen Druck p. Ihn kann man messen, indem man das Manometer an den Austritt (*2*) anschließt. Somit ergibt die Differenz von Gesamtdruck p_0 und statischem Druck p (ihn kann man unmittelbar mit einer statischen Drucksonde messen) den dynamischen (Stau-)Druck $\varrho v^2/2$, aus dem man leicht die Geschwindigkeit der Strömung ermitteln kann.
Mitunter wird die Bernoulli-Gleichung auch in einer anderen Form verwendet, die man erhält, wenn man beide Seiten der Gl. (2.3-8) durch ϱg dividiert. Dann ergibt sich:

$$\frac{v^2}{2g} + \frac{p}{\varrho\, g} + z = \text{const} \tag{2.3-9}$$

($v^2/2g$ dynamische Höhe; $p/\varrho\, g$ statische Höhe; z geodätische Höhe)

Bei dieser Darstellung hat jeder Summand den Sinn einer Energie, die auf die Gewichtseinheit der Flüssigkeit bezogen ist. Man bezeichnet diese Glieder als Höhe, die Maßeinheit ist m.
Da das Gewicht (im Gegensatz zum Volumen und zur Masse) nicht die Menge einer Flüssigkeit bestimmt, ist die Verwendung der Bernoulli-Gleichung in der Form (2.3-9) nicht sinnvoll.

2.4. Statik der Fluide und Gase

2.4.1. Euler-Gleichung für die Statik

Wenn sich ein Fluid nicht bewegt oder, was dasselbe ist, sich als Ganzes mit einer konstanten, weder von den Koordinaten noch von der Zeit abhängigen Geschwindigkeit bewegt, dann ist offensichtlich $dv/dt = 0$, und anstelle der Gl. (2.3-7) ergibt sich:

$$\boldsymbol{K} = \frac{1}{\varrho}\,\text{grad}\; p \tag{2.4-1}$$

Diese Gleichung wird als *Euler-Gleichung für die Statik* bezeichnet. Sie drückt die Gleichgewichtsbedingung des ruhenden Fluids aus: Die äußeren Massenkräfte befinden sich im Gleichgewicht mit den Druckkräften.
In einem ruhenden Fluid wirken die Druckkräfte folglich nur dann, wenn sich das Fluid in einem Feld von äußeren Massenkräften befindet, zum Beispiel der Schwerekraft. Im entgegengesetzten Falle, d. h. beim Nichtvorhandensein von äußeren Mas-

senkräften, grad $p = 0$, ist der Druck überall gleich groß, und es treten keine Druckkräfte auf.
Die häufigste äußere Massenkraft ist in der Praxis die Schwerekraft. Nehmen wir an, daß diese Kraft in negativer Richtung der z-Achse wirkt. Dann ist die Projektion des Vektors K auf die z-Achse gleich -g; die beiden anderen Projektionen sind $x = y = 0$. In diesem Falle erhält man aus Gl. (2.4-1)

$$\partial p/\partial x = \partial p/\partial y = 0$$

$$-g = \frac{1}{\varrho}\frac{dp}{dz} \tag{2.4-2}$$

d. h., die Vektorgleichung (2.4-1) wird auf eine gewöhnliche Differentialgleichung zurückgeführt, in der der Druck die unbekannte Funktion $p = p(z)$ ist.

2.4.2. Druckverteilung in ruhenden Fluiden und Gasen

Die Lösung der Gl. (2.4-2) mit den entsprechenden Randbedingungen liefert sehr einfach Ergebnisse für eine Reihe von Aufgaben, die eine sehr große praktische Bedeutung haben. Im folgenden werden einige in der metallurgischen Praxis vorkommenden Aufgaben betrachtet.
Druckveränderungen über der Höhe in einem ruhenden inkompressiblen Fluid. Wir betrachten ein ruhendes Fluid, das sich im Schwerkraftfeld befindet und dessen Volumen so groß ist, daß man die Randeffekte, die mit der Wirkung der Zwischenphasenspannung an den Gefäßwänden zusammenhängen, vernachlässigen kann. Die positive Richtung der z-Achse soll mit der Wirkungsrichtung der Schwerkraft übereinstimmen, und an der freien Flüssigkeitsoberfläche, wo der Druck p_0 herrscht, sei

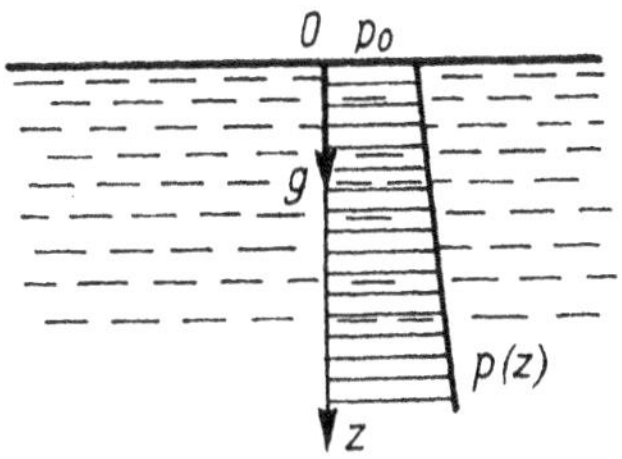

Bild 2.4-1. Druckverteilung über der Tiefe in einem ruhenden Fluid

$z = 0$ (Bild 2.4-1). In diesem betrachteten Falle nimmt Gl. (2.4-2) die Form

$$g = \frac{1}{\varrho}\frac{dp}{dz}$$

an. Multipliziert man beide Seiten mit ϱ dz und stellt die Gleichung um, dann erhält man:

$$dp = \varrho g \, dz$$

Integriert man diese Gleichung bei der Bedingung, daß ϱ g = const, so ergibt sich:

$$p = \varrho g z + C \tag{a}$$

wobei C die Integrationskonstante ist, deren Wert man aus der Randbedingung $p(0) = p_0$ ermittelt. Setzt man in die Lösung (a) $z = 0$ ein, so erhält man $C = p_0$, und folglich hat die Lösung der Aufgabe die Form

$$p = p_0 + \varrho \, g \, z \tag{2.4-3}$$

Bei einer inkompressiblen Flüssigkeit nimmt somit der Druck über der Tiefe linear zu, und zwar um so schneller, je größer die Dichte der Flüssigkeit ist.

Druckänderung über der Höhe in kompressiblen Gasen. Betrachten wir den Fall, daß die Gasdichte druckabhängig ist und über der Höhe wegen der Druckverminderung abnimmt. Die z-Achse richten wir senkrecht nach oben. Bei $z = 0$ ist der Druck $p(0) = p_0$. Aus der Gl. (2.4-2) erhält man:

$$\mathrm{d}p = -\varrho \, g \, \mathrm{d}z \tag{b}$$

Wir nehmen an, das Gas sei ideal und die Temperatur konstant; dann ist nach dem Gesetz von *Boyle-Mariotte* die Dichte proportional dem Druck, d. h., die Dichte ϱ, die dem Druck p entspricht, wird aus der Beziehung $\varrho = \varrho_0 \, p/p_0$ ermittelt, wobei ϱ_0 die Dichte beim Druck p_0 ist. Setzt man diese Beziehung in Gl. (b) ein, so erhält man:

$$\mathrm{d}p = -\varrho_0 \, p \, g \, \mathrm{d}z/p_0$$

oder, wenn man die Variablen trennt:

$$\mathrm{d}p/p = -\varrho_0 \, g \, \mathrm{d}z/p_0$$

Die Integration dieser Gleichung liefert

$$\ln p = -\frac{\varrho \, g}{p_0} z + C \tag{c}$$

Die Integrationskonstante C wird aus der Randbedingung $p(0) = p_0$ bestimmt. Setzt man in der letzten Lösung $z = 0$, so ist $C = \ln p_0$. Die Lösung (c) hat folglich die Form

$$\ln p = \ln p_0 - \varrho_0 \, g \, z/p_0$$

woraus man schließlich erhält:

$$p = p_0 \, e^{-(\varrho_0 g/p_0) z} \tag{2.4-4}$$

Überdruck in einem mit leichten Gasen gefüllten Ofenraum. In Bild 2.4-2 ist ein metallurgischer Ofen schematisch dargestellt, dessen Arbeitsraum mit Gasen hoher Temperatur gefüllt ist. Die Dichte ϱ_G dieser Gase ist wesentlich kleiner als die Dichte der Umgebungsluft. Auf dem Herd in der Höhe der Arbeitsöffnungen ist der Druck p_0 gleich dem Druck der Umgebung. Dies ist zur Verhinderung von Lufteinbrüchen und

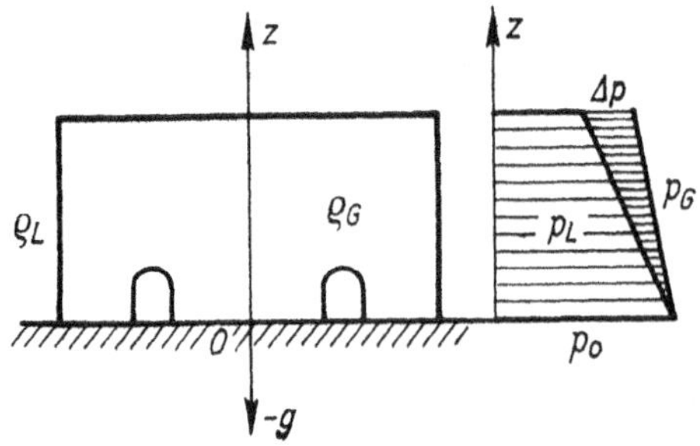

Bild 2.4-2. Änderung des Überdruckes über der Höhe des Ofens

Ausflammen der Gase notwendig. Wir wollen ermitteln, wie sich der Druck im Ofen und in der Umgebungsluft über die Höhe ändert. Dabei wird wegen der geringen Höhe des Ofens die Dichteänderung vernachlässigt.
Integriert man Gl. (b) bei $\varrho = \text{const}$, so erhält man

$$p = -\varrho\, g\, z + C$$

Aus der Bedingung $p(0) = p_0$ ergibt sich $C = p_0$. Somit ist

$$p = p_0 - \varrho\, g\, z$$

Damit wird der Druck im Ofenraum

$$p_G = p_0 - \varrho_G\, g\, z$$

und in der Umgebung

$$p_L = p_0 - \varrho_L\, g\, z$$

Da $\varrho_G < \varrho_L$, fällt der Druck im Ofen über die Höhe langsamer als außen (siehe Bild 2.4-2), und bei beliebigen $z > 0$ ist der Druck im Ofen größer als in der Umgebung, und zwar um den Wert

$$\Delta p = p_G - p_L = (\varrho_L - \varrho_G)\, g\, z \tag{2.4-5}$$

Zum Beispiel, bei $z = h$, d. h. am Gewölbe, ist die Druckdifferenz

$$\Delta p(h) = (\varrho_L - \varrho_G)\, g\, h \tag{2.4-50a}$$

Wenn im oberen Teil des Ofens Öffnungen oder Undichtheiten im Mauerwerk vorhanden sind, kommt es dort folglich zum Ausflammen der Gase.

Wirkungsweise des Schornsteins. In Bild 2.4-3 ist ein Schema dargestellt, wo ein Schornstein A über einen Kanal B mit dem Ofen C verbunden ist. Am Herd des Ofens, wo die Ableitung der Verbrennungsprodukte aus dem Ofenraum erfolgt, ist der Ofenraumdruck gleich dem Druck der Umgebungsatmosphäre in der Höhe des Schornsteinfußes, d. h. in der Ebene *2-2*. In der Ebene *1-1* am Schornsteinmund ist der Druck gleich dem Umgebungsdruck in dieser Höhe, d. h. p_0. Wir legen die z-Achse

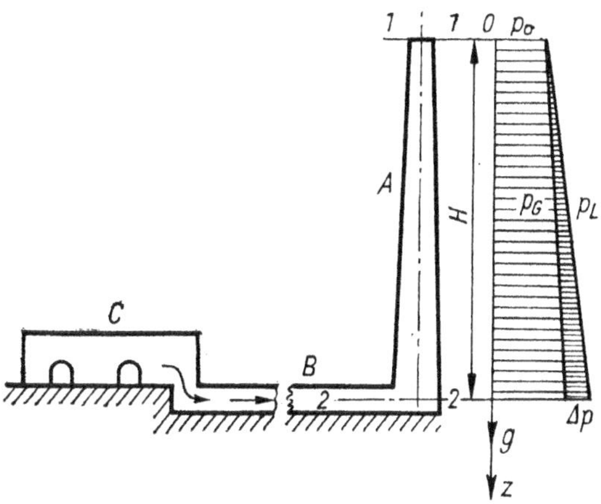

Bild 2.4-3. Druckverteilung über der Schornsteinhöhe

senkrecht nach unten. Die Fläche $z = 0$ wird in die Ebene *1-1* des Schornsteinmundes gelegt. Die Dichte der Verbrennungsprodukte im Schornstein ϱ_G ist wegen ihrer hohen Temperatur wesentlich kleiner als die Dichte der Umgebungsluft ϱ_L. Die Änderung der Dichten ϱ_G und ϱ_L aufgrund der Druckänderung wird vernachlässigt, da selbst bei einer Schornsteinhöhe von 100 m diese Änderung nur etwa 1 % beträgt. Somit werden beide Gase, d. h. die Verbrennungsprodukte und die Luft, als inkompressible Flüssigkeiten betrachtet.
Es ist leicht zu erkennen, daß diese Aufgabe der ersten von uns untersuchten Aufgabe (Abschn. 2.4.) entspricht, d. h., sowohl im Inneren des Schornsteines als auch in der Umgebungsatmosphäre wird die Druckänderung, ausgehend von der Ebene *1-1* nach unten, durch die Beziehung (2.4-3) beschrieben:

$$p_L = p_0 + \varrho_L \, g \, z$$

$$p_G = p_0 + \varrho_G \, g \, z$$

Somit ist der Druck im Schornstein in jeder unterhalb *1-1* liegenden Ebene kleiner als in der Umgebungsluft, da $\varrho_L > \varrho_G$. Für den Schornsteinfuß (Ebene *2-2*), bei $z = H$, ergibt sich dann:

$$p_L(H) = p_0 + \varrho_L \, g \, H$$

$$p_G(H) = p_0 + \varrho_G \, g \, H$$

Am Schornsteinfuß entsteht folglich der Zug

$$\Delta p = p_L(H) - p_G(H) = (\varrho_L - \varrho_G) \, g \, H \qquad (2.4\text{-}6)$$

Da, wie oben erwähnt, der Druck im Ofen gleich dem Druck $p_L(H)$ ist, werden die Verbrennungsprodukte unter der Wirkung des Schornsteinzuges aus dem Ofenraum über den Abgaskanal in den Schornstein evakuiert. Wie aus der Beziehung (2.4-6) folgt, ist der vom Schornstein erzeugte Zug um so größer, je größer die Höhe H und je kleiner die Dichte der Verbrennungsprodukte ist, d. h. je höher die Temperatur der Abgase ist.

2.5. Dynamik realer Fluide

2.5.1. Bewegungsregime der realen Fluide

Die Besonderheit der Bewegung realer Fluide besteht darin, daß innere Reibungskräfte vorhanden sind, deren Zusammenwirken mit den Trägheitskräften dazu führt, daß die Strömung in zwei prinzipiell verschiedenen Strömungsarten erfolgt:

1. laminare Strömung,
2. turbulente Strömung.

Bei *laminarer Strömung* bewegen sich die Flüssigkeitsteilchen entlang fließender und einander nicht schneidender Bewegungslinien, und alle Charakteristika der Strömung (Geschwindigkeit, Druck, Temperatur usw.) ändern sich fließend; sie sind ebene Funktionen der Koordinaten und der Zeit (bei instationärer Strömung). Bei laminarer Strömung laufen alle Übertragungsprozesse, d. h. die Prozesse der Impuls-, Wärme- und Masseübertragung, quer zur Strömungsrichtung nur aufgrund molekularer Mechanismen (bedingt durch den thermischen Zustand der Moleküle) ab. Die laminare Strömung ist eine geordnete Bewegung des Fluids, die mitunter auch als Schichtenströmung bezeichnet wird.

Bei *turbulenten Strömungen* sind die Stromlinien unregelmäßig ineinander verknäult, und alle Strömungsgrößen können als pulsierende, sich sprunghaft und chaotisch verändernde Funktion von Ort und Zeit beschrieben werden. Bei dieser Strömungsart erfolgt somit eine makroskopische Durchmischung der Strömung, und deshalb verlaufen die Übertragungsprozesse in Querrichtung der Strömung nicht nur aufgrund mikroskopischer, molekularer Mechanismen, sondern auch aufgrund dieser makroskopischen Durchmischung. Den bezeichnenden Prozeß der makroskopischen Durchmischung des Fluids in einer turbulenten Strömung kann man sich folgendermaßen vorstellen: Durch die Querpulsation der Geschwindigkeit verschieben sich große Fluidvolumina – die turbulenten Wirbel, die auch Turbulenzballen bezeichnet werden – in senkrechter Richtung zur Strömung, und im Ergebnis entsteht ein sehr intensiver Prozeß der turbulenten Übertragung verschiedener Eigenschaften der Strömung (des Impulses, der Wärme, der Masse usw.), der im Unterschied zur molekularen Übertragung oft als molare Übertragung bezeichnet wird. Aus der beschriebenen Darstellung der turbulenten Strömung folgt, daß es sich um eine stark instationäre Bewegung handelt. In Bild 2.5-1 ist als Beispiel die zeitliche Änderung der Projektion der Geschwindigkeit auf die x-Achse in einem beliebigen Punkt der turbulenten Strömung dargestellt. Die zeitliche Abhängigkeit beliebiger anderer Eigenschaften der turbulenten Strömung, zum Beispiel der beiden anderen Komponenten des Geschwindigkeitsvektors, der Temperatur, der Konzentration usw., zeigt das gleiche Bild. Der zeitlich pulsierende augenblickliche Wert z. B. der Geschwindigkeit wird als aktueller Wert oder einfach als Augenblicksgeschwindigkeit bezeichnet. Wie aus der graphischen Darstellung ersichtlich ist, kann die Augenblicksgeschwindigkeit zu jedem beliebigen Zeitpunkt als Summe des zeitlichen Mittelwertes dieser Größe $\bar{v}$ und der Pulsation der Geschwindigkeit v', d. h. $v = \bar{v} + v'$, dargestellt werden.

Im weiteren betrachten wir nur solche turbulenten Strömungen, für die die gemittelten Werte (z. B. der Geschwindigkeit) nicht von der Zeit abhängig sind, d. h. Strömungen, die in bezug auf die gemittelten Werte stationär sind (quasistationäre Strömungen). Somit sind im letzten Ausdruck v und v' zeitabhängige Funktionen, während $\bar{v}$ in jedem Punkt der turbulenten Strömung konstant ist. Dabei pulsiert die Augenblicksgeschwindigkeit v um ihren gemittelten Wert und die Pulsationsgeschwindigkeit v' um den Wert Null. Da positive und negative Werte der Pulsation mit gleicher Wahrscheinlichkeit auftreten, ist die mittlere zeitliche Pulsation gleich Null, d. h.

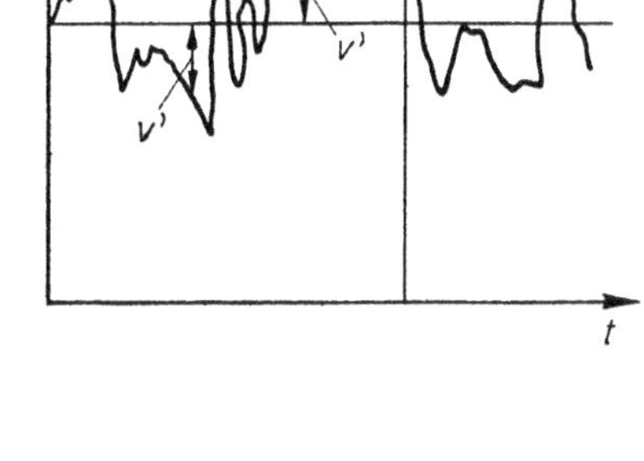

Bild 2.5-1. Geschwindigkeit als Funktion der Zeit bei turbulenter Strömung

$\bar{v}' = 0$. Die zeitlich gemittelte Größe der Geschwindigkeit kann offensichtlich nach folgender Beziehung ermittelt werden:

$$\bar{v} = \frac{1}{t_0} \int_t^{t+t_0} v \, \mathrm{d}t$$

(t_0 Intervall der Mittelwertbildung)

Ein wichtiges Problem ist dabei die richtige Wahl der Schrittweite der Mittelwertbildung. Ist das Intervall zu klein gewählt, dann erhält man verständlicherweise einen falschen Mittelwert. Als Kriterium für die Richtigkeit der Mittelung gilt die Gleichung $\bar{\bar{v}} = \bar{v}$, d. h., eine wiederholte Mittelwertbildung (in einem vergrößerten Intervall) darf den Wert der mittleren Größe nicht verändern. Aus dieser Regel folgt übrigens der bereits erwähnte Fakt, daß der mittlere Wert der Pulsation gleich Null ist. Die Definition der Pulsation ergibt $\bar{v}' = v - \bar{v}$. Wendet man diese Gleichung bei der linearen Operation der Mittelwertbildung an, so erhält man

$$\bar{v}' = \bar{v} - \bar{\bar{v}}, \text{ d. h. } \bar{v}' = 0\,.$$

Da es sowohl in theoretischer als auch in experimenteller Hinsicht sehr schwierig und z. T. unmöglich ist, mit diesen zeitabhängigen Funktionen für die Momentanwerte zu operieren, werden im weiteren nur die gemittelten Größen betrachtet. Man muß sich aber darüber im klaren sein, daß eine gemittelte Größe (und ihre Verteilung in der Strömung) keine Information über die Struktur der turbulenten Strömung liefert. Denn bei gleichen Mittelwerten der Amplitude und Frequenz können die Pulsationen sehr unterschiedlich sein. Zur Vervollständigung der Information verwendet man häufig eine Größe, die als *Turbulenzgrad* bezeichnet wird. Diese Größe wird aus dem Quotienten des quadratischen Mittelwertes der Pulsation und dem gemittelten Wert der betrachteten Größe gebildet. Das Niveau der Pulsation der Längskomponente der Geschwindigkeit beträgt zum Beispiel $I_\mathrm{v} = \sqrt{\overline{(v')^2}}/\bar{v}$. Oft wird auch die mittlere kinetische Energie der Pulsation, bezogen auf die Masseeinheit der Flüssigkeit, verwendet, d. h. die Massendichte der kinetischen Energie der Pulsation:

$$e = 0{,}5\left[\overline{(v_x')^2} + \overline{(v_y')^2} + \overline{(v_z')^2}\right].$$

Ein außerordentlich wichtiges Problem ist die Ermittlung der Bedingungen, bei denen der Übergang vom laminaren zum turbulenten Bewegungsregime erfolgt. Wie bereits ausgeführt, wird dieser Übergang durch das Zusammenwirken der inneren (Schubkräfte) Reibungskräfte und der Trägheitskräfte bestimmt. Die Schubkraft spielt im betrachteten Übergangsprozeß die Rolle einer konservativen Kraft, d. h. einer Kraft, die die Stabilität des laminaren Regimes aufrechterhält. Je größer die Schubkraft, d. h. je stärker das Zusammenwirken benachbarter Teilchen, und je intensiver die Zerstreuung (Dissipation) der mechanischen Energie in Wärme erfolgt, desto wahrscheinlicher ist ein laminares, geordnetes Bewegungsregime.
Umgekehrt führt die Vergrößerung der Trägheitskraft dazu, daß die in der Strömung vorhandenen und aus dem umgebenden Medium eindringenden Erregungen (Pulsationen des Durchsatzes, die durch die Arbeit der Transporteinrichtungen hervorgerufen werden, Einfluß der Oberflächenrauhigkeit usw.) in ihrer Amplitude schnell zunehmen und schließlich den Stabilitätsverlust des laminaren Regimes und den Übergang zur turbulenten Bewegung zur Folge hat. Die dimensionslose Größe, die an-

nähernd das Verhältnis der Trägheits- zu den Schubkräften in der Strömung charakterisiert, wird als *Reynolds-Zahl* oder *Reynolds-Kriterium* bezeichnet und wird durch $Re = v\,L/\nu$ ausgedrückt. In diesem Ausdruck ist v (m/s) der charakteristische Wert der Geschwindigkeit, L (m) die charakteristische Abmessung der Strömung und ν (m^2/s) die kinematische Zähigkeit, der physikalische Parameter der Strömung, der die Größe der in der Strömung wirkenden Kraft der inneren Reibung (Schubkraft) charakterisiert. Was die charakteristischen Werte der Geschwindigkeit und der Abmessung betrifft, so werden sie für verschiedene Strömungen auf unterschiedliche Weise ermittelt. Bei der Rohrströmung einer Flüssigkeit zum Beispiel wird als charakteristischer Wert für die Geschwindigkeit die mittlere Geschwindigkeit über den Querschnitt angesetzt, und als charakteristische Abmessung wählt man die Abmessung des Rohr- oder Kanalquerschnitts. Bei der Umströmung eines Körpers sind die Strömungsgeschwindigkeit in bestimmtem Abstand vom Körper und irgendeine Abmessung des umströmten Körpers die charakteristischen Werte. Verständlicherweise wird die Trägheitskraft um so größer, je höher die Strömungsgeschwindigkeit des Fluids und je größer die Abmessung der Strömung sind. Umgekehrt führt die Erhöhung der kinematischen Zähigkeit zum Ansteigen der inneren Reibungskraft (Schubkraft). Somit charakterisiert die Reynolds-Zahl tatsächlich das Verhältnis dieser beiden Kräfte.

Im Abschnitt 3. wird gezeigt, daß die Reynolds-Zahl ein Verhältnis von Größenordnungen (d. h. von Näherungswerten) der Massendichten der Trägheitskräfte und der Schubkräfte darstellt.

Aus diesen Betrachtungen folgt, daß bei steigender Reynolds-Zahl die Wahrscheinlichkeit des Überganges vom laminaren zum turbulenten Bewegungsregime zunimmt. Der Wert, bei dem der genannte Übergang erfolgt, wird als *kritische Größe* bezeichnet. Es ist nicht schwer, theoretisch und experimentell den unteren kritischen Wert der Reynolds-Zahl $Re_{\text{kr,u}}$ zu ermitteln, dessen Sinn im folgenden besteht: Betrachtet man eine Strömung mit $Re < Re_{\text{kr,u}}$, so kann das Bewegungsregime dieser Strömung nur laminar sein, da die Schubkräfte so groß sind, daß die Energie einer beliebigen in die Strömung getragenen Erregung sehr schnell in Wärme übergeht und eine Turbulenz nicht eintritt.

Bis jetzt steht nicht fest, ob auch ein oberer kritischer Wert der Reynolds-Zahl existieren muß, d. h. ein Wert, bei dessen Überschreitung das Bewegungsregime der Strömung nur turbulent sein kann.

Bei der Rohr- oder Kanalströmung einer Flüssigkeit beträgt der untere kritische Wert der Reynolds-Zahl etwa 2300. Bei den in der Technik üblichen Bedingungen gewährleistet eine Reynolds-Zahl der Größenordnung 10^4 für solche Strömungen ein turbulentes Bewegungsregime.

2.5.2. Bernoulli-Gleichung für Rohr- und Kanalströmung realer Fluide

Bei ingenieurmäßigen Berechnungen der Strömung realer Fluide in Rohren und Kanälen wird oft eine Gleichung verwendet, die, wie die Gl. (2.3-8), das Gesetz der Erhaltung der mechanischen Energie ausdrückt, jedoch nicht für einen Stromfaden einer idealen Flüssigkeit, sondern für die Strömung eines realen Fluids in Rohren oder Kanälen. Diese Beziehung wird ebenfalls als *Bernoulli-Gleichung* bezeichnet. Im Unterschied zur Gl. (2.3-8) müssen beim Aufstellen dieser Gleichung zwei Fakten berücksichtigt werden:

1. Die Geschwindigkeitsverteilung über den Rohrquerschnitt ist nicht gleichmäßig, da an den Rohrwänden die Geschwindigkeit gleich Null ist, und wegen der endlichen Querschnittsabmessung sind auch die Verteilungen der statischen und geometrischen Drücke ungleichmäßig.
2. Da es sich um eine reale Flüssigkeit handelt, geht ein Teil der mechanischen Energie verloren, d. h. geht infolge der Wirkung der Reibungskräfte in Wärme über.

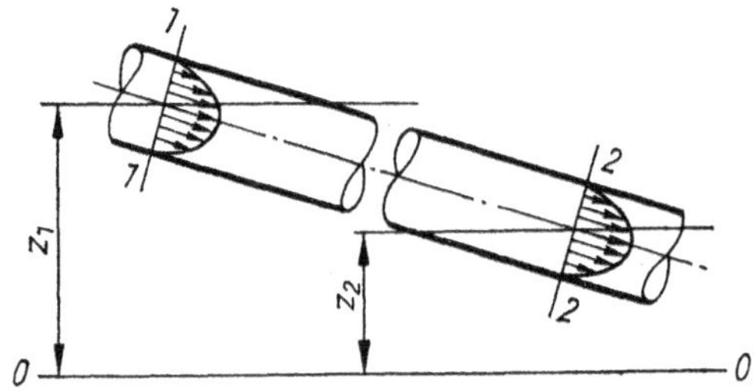

Bild 2.5-2. Ableitung der Bernoulli-Gleichung für die Rohrströmung realer Fluide

Betrachten wir die stationäre Strömung einer realen inkompressiblen Flüssigkeit in einem beliebig orientierten Rohr mit beliebigem, z. B. rundem Querschnitt (Bild 2.5-2). Die mechanische Gesamtenergie der Strömung, bezogen auf eine Volumeneinheit des Querschnitts *1-1*, ist gleich der Summe von dynamischem, statischem und geometrischem Druck, d. h. der Summe der volumenbezogenen kinetischen Energie, der potentiellen Druckenergie und der potentiellen Lageenergie. Dabei müssen immer die über dem Querschnitt gemittelten Werte verwendet werden, da alle diese Größen über den Rohrquerschnitt veränderlich sind. Ebenso kann man für den Querschnitt *2-2* die Summe der über diesen Querschnitt gemittelten Werte aus dynamischem, statischem und geometrischem Druck bilden, die ebenfalls eine Volumendichte der mechanischen Gesamtenergie des Fluids im gegebenen Querschnitt darstellt. Da es sich um ein reales Fluid handelt und folglich Energieverluste vorhanden sind, ist die mechanische Gesamtenergie im Querschnitt *1-1* um den Wert der Verluste größer als die entsprechende Größe im Querschnitt *2-2*, d. h.,

$$\bar{p}_{d1} + \bar{p}_1 + \bar{p}_{g1} = \bar{p}_{d2} + \bar{p}_2 + \bar{p}_{g2} + p_v$$

Der über die Querschnittsfläche mittlere dynamische Druck muß offensichtlich aus der Beziehung

$$\bar{p}_d = \frac{1}{A}\int\limits_A \frac{\varrho v^2}{2}\,dA \tag{a}$$

(v örtlicher Geschwindigkeitswert in einem beliebigen Punkt des Rohrquerschnittes)

bestimmt werden. Bei praktischen Fällen ist jedoch meist die mittlere Querschnittsgeschwindigkeit bekannt:

$$\bar{v} = \frac{1}{A}\int\limits_A v\,dA \equiv \frac{\dot{V}}{A} \tag{b}$$

Es ist klar, daß der über die mittlere Geschwindigkeit ermittelte dynamische Druck nicht dem mittleren dynamischen Druck entspricht, der nach der Beziehung (a) bestimmt wird. Deshalb gilt $p_d = \alpha\varrho\bar{v}^2/2$, worin α der Koriolis-Koeffizient ist, der diesen

Sachverhalt berücksichtigt. Er wird aus dem Quotienten vom mittleren dynamischen Druck und dem über die mittlere Geschwindigkeit berechneten Druck bestimmt:

$$\alpha = \frac{\bar{p}_{\mathrm{d}}}{\frac{\varrho\,\bar{v}^2}{2}}$$

und hängt von der Form des Geschwindigkeitsprofiles ab. Für einen kreisförmigen Querschnitt ergibt sich für den geometrischen Druck offensichtlich (s. Bild 2.5-2)

$$p_{\mathrm{g}} = \varrho\, g\, Z$$

(Z Höhe des geometrischen Zentrums des betrachteten Querschnitts, bezogen auf eine Bezugsebene *0-0*)

Somit nimmt die Bernoulli-Gleichung für die Rohrströmung eines realen Fluids die folgende Form an:

$$\alpha_1\,\varrho\,\bar{v}_1^2/2 + \bar{p}_1 + \varrho g\,Z_1 = \alpha_2\,\varrho\,\bar{v}_2^2/2 + \bar{p}_2 + \varrho g\,Z_2 + p_{\mathrm{v}} \tag{2.5-1}$$

Wie aus den angeführten Betrachtungen folgt, besteht der Sinn dieser Gleichung darin, daß unter Berücksichtigung der über den Strömungsquerschnitt ungleichmäßigen Verteilung der Strömungscharakteristika und unter Berücksichtigung der Energieverluste durch diese Gleichung das Erhaltungsgesetz der mechanischen Energie für die Rohrströmung eines realen Fluids dargestellt wird. Da die Verluste als Einheit der volumenbezogenen Energiedichte, d. h. als Druckeinheit ausgedrückt werden, bezeichnet man sie oft auch als *Druckverluste.*

2.5.3. Druckverluste durch Reibung und örtliche Widerstände

Es ist üblich, die Energieverluste (oder Druckverluste) bei der Strömung realer Fluide in Rohren und Kanälen in Druckverluste durch Reibung und Druckverluste durch örtliche Widerstände zu unterteilen und als Summe dieser beiden Verlustarten darzustellen:

$$p_{\mathrm{v}} = p_{\mathrm{R}} + p_{\mathrm{\ddot{o}W}}$$

2.5.3.1. Druckverluste durch Reibung

Diese Verluste entstehen bei der Bewegung eines Fluids in geradlinigen Abschnitten von Rohrleitungen bei fehlender Querschnittsänderung. Sie sind nur durch die Wirkung der Reibungskraft bedingt und stellen die Arbeit dieser Kraft dar, bezogen auf die Volumeneinheit der Flüssigkeit. Bei praktischen Berechnungen werden die Reibungsdruckverluste als eine dem über die mittlere Geschwindigkeit ermittelten dynamischen Druck proportionale Größe bestimmt:

$$p_{\mathrm{R}} = \zeta_{\mathrm{R}}\,\varrho\,\bar{v}^2/2 \tag{2.5-2}$$

(ζ_{R} dimensionsloser Proportionalitätsfaktor, Widerstandsbeiwert, Druckverlustbeiwert)

Aus einfachen physikalischen Überlegungen ist verständlich, daß der Druckverlust beiwert ζ_{R} um so größer wird, je länger der Rohrabschnitt ist, für den diese Verluste bestimmt werden. Der Wert wird um so kleiner, je größer der Rohrquerschnitt ist. Mit größer werdender Länge nimmt die Arbeit der Reibungskraft tatsächlich zu, und folglich steigt auch der Widerstandsbeiwert. Es läßt sich leicht zeigen, daß die Vergrößerung des Rohrquerschnittes zu einer Verringerung der spezifischen (bezogen auf die Volumeneinheit) Kontaktfläche zwischen Rohrwand und strömendem Fluid führt, was wiederum eine Verringerung von ζ_R zur Folge hat. Somit muß der Widerstandsbeiwert bei Reibung die folgende Form haben:

$$\zeta_R = \lambda\, L/D_{gl} \tag{2.5-3}$$

(L Länge des untersuchten Rohrabschnitts; D_{gl} hydraulischer Rohrdurchmesser (eine Größe, die zur einheitlichen Bewertung der Rohrabmessung bei verschiedenen Querschnittsformen eingeführt wird; sie ergibt sich aus dem Verhältnis von vierfacher Querschnittsfläche zu ihrem Umfang: $D_{gl} = 4\, A/u$))

Für kreisförmige Rohrquerschnitte ist der hydraulische Durchmesser ganz offensichtlich gleich dem Rohrdurchmesser. Der Proportionalitätsfaktor λ wird als Reibungsbeiwert bezeichnet und wird für die beiden Bewegungsregime eines Fluids auf unterschiedliche Weise ermittelt. Für laminare Strömungen wird der Reibungsbeiwert als eine der Reynolds-Zahl indirekt proportionale Größe ausgedrückt. Für kreisförmige Rohre gilt:

$$\lambda = 64/Re \tag{2.5-4}$$

($Re = \bar{v}\, d/\gamma$)

Dieses Ergebnis ist verständlich, da mit steigender Reynolds-Zahl die relative Rolle der Reibungskraft im Vergleich zur Trägheitskraft abnimmt, was zu einer Verringerung der Reibungsverluste führen muß.

Für turbulente Strömungen sind zwei Fälle möglich, deren Existenz durch Besonderheiten der turbulenten Strömung in Rohren und Kanälen bedingt ist. Die Besonderheit besteht darin, daß bei diesem Regime nicht der gesamte Rohrquerschnitt turbulent durchströmt wird. In Wandnähe sind die absoluten Geschwindigkeitswerte sehr klein, und an der Wandoberfläche ist die Geschwindigkeit gleich Null, weshalb auch die Trägheitskraft klein ist. Die Reibungskräfte sind in dieser schmalen Zone der Strömung wegen der plötzlichen Geschwindigkeitsänderung und folglich wegen der großen Geschwindigkeitsdifferenz zwischen den benachbarten Schichten des Fluids groß. Somit existiert in Wandnähe eine sehr dünne Schicht des strömenden Fluids, in der die Reibungskräfte im Vergleich zu den Trägheitskräften groß sind und wo deshalb die Strömung laminar bleibt. Diese dünne Schicht, die sich bei turbulenter Kernströmung in Wandnähe ausbildet, wird als *laminare* oder *zähe Unterschicht* bezeichnet.

Mit größer werdender Reynolds-Zahl nimmt die Dicke der laminaren Unterschicht verständlicherweise ab, da sich die Reibungskraft im Vergleich zur Trägheitskraft vermindert und folglich auch die Abmessung der Strömungszone abnimmt, in der die Reibungskraft überwiegt. Wie halbempirische Berechnungen zeigen, kann der Zusammenhang zwischen laminarer Unterschicht und Reynolds-Zahl durch die Beziehung

$$\delta_{lam} = 68{,}4\, r\, Re^{-0{,}875} \tag{2.5-5}$$

(r Rohrradius (Radius des Rohrquerschnittes))

dargestellt werden. Ist bei turbulenter Strömung die absolute Rauhigkeit der Rohrwand kleiner als die Dicke der laminaren Unterschicht (bei geringer Rauhigkeit oder bei niedrigen Reynolds-Zahlen, wo die Dicke der laminaren Unterschicht groß ist), so spricht man vom *hydraulisch glatten Bereich*. Für diesen Fall nimmt der Reibungsbeiwert wie bei laminarer Strömung mit steigender Reynolds-Zahl ab, und zwar nach der Beziehung von *Blasius*:

$$\lambda = 0{,}316\ \mathrm{Re}^{-0{,}25} \tag{2.5-6}$$

Im umgekehrten Falle, d. h., wenn die absolute Rauhigkeit größer ist als die laminare Unterschicht und die Vorsprünge der Rauhigkeit in den turbulenten Kern der Strömung eindringen (bei ausgeprägter Rauhigkeit oder bei großen Reynolds-Zahlen, wenn die Dicke der laminaren Unterschicht klein ist), ist der Reibungsbeiwert nicht von der Reynolds-Zahl abhängig und wird eindeutig durch die relative Rauhigkeit des Rohres bestimmt, d. h. vom Verhältnis der Höhe der Vorsprünge der Rauhigkeit zum Rohrradius $k = \Delta/r$. Dabei ist λ nicht von der Geschwindigkeit abhängig, und somit sind nach Gl. (2.5-2) die Druckverluste durch Reibung proportional dem Quadrat der Geschwindigkeit (quadratisches Widerstandsgesetz). Die beschriebene Strömungsart wird als *vollständig rauhes Gebiet* bezeichnet. Zur Berechnung des Widerstandsbeiwertes werden für dieses Regime unterschiedliche Formeln verwendet, speziell die Formel von *Nikuradse:*

$$\lambda = [2\ \lg (r_0/\Delta + 1{,}74)]^{-2} \tag{2.5-7}$$

Formeln und andere Werte zur Bestimmung des Reibungsbeiwertes für verschiedene Fälle sind in Nachschlagewerken angegeben. In der in Bild 2.5-3 dargestellten Graphik sind die betrachteten Besonderheiten der Abhängigkeit des Reibungsbeiwertes von der Reynolds-Zahl und von der Rohrrauhigkeit bei verschiedenen Regimen gut zu sehen. Das Diagramm wurde nach experimentellen Werten von *Nikuradse* aufgestellt und ist nach ihm benannt. Das Diagramm hat logarithmische Koordinaten, weshalb die den Gln. (2.5-4) und (2.5-6) entsprechenden Abhängigkeiten linear verlaufen. Die Gerade *1* entspricht dem laminaren Regime und der Gl. (2.5-4), wo λ nicht von der Rohrrauhigkeit abhängt und der Reynolds-Zahl umgekehrt proportional ist. Die Gerade *2* entspricht der Strömung in einem hydraulisch glatten Rohr bei turbulenter Bewegung, wo λ ebenfalls unabhängig von der Rauhigkeit ist und mit steigender Reynolds-Zahl nach Gl. (2.5-6) abnimmt. Die Geradenschar *3* entspricht dem Fall der Strömung in einem hydraulisch rauhen Rohr. Dabei ist λ unabhängig von der Reynolds-Zahl und wird nur durch die relative Rohrrauhigkeit bestimmt; je größer letzterer Wert ist, desto höher liegt die entsprechende Gerade und desto kleiner ist

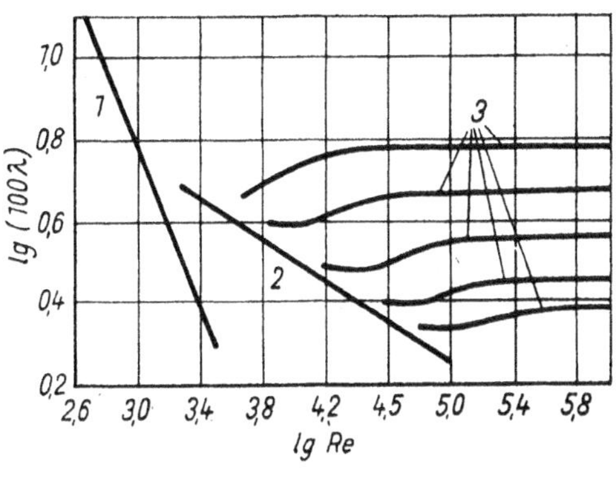

Bild 2.5-3. Nikuradse-Diagramm

die Reynolds-Zahl, bei der der Übergang zum Strömungsregime im rauhen Rohr erfolgt.
Bei der Berechnung der Druckverluste durch Reibung muß man zunächst bestimmen, um welches Strömungsregime es sich handelt, wozu man die Reynolds-Zahl ermitteln muß. Ist diese Größe kleiner als der untere kritische Wert, d. h., wenn $Re < 2300$, so liegt laminare Strömung vor, und der Reibungsbeiwert wird nach der Gl. (2.5-4) bestimmt. Bei turbulenter Strömung muß geklärt werden, ob es sich um ein hydraulisch glattes oder rauhes Rohr handelt, indem man die Dicke der laminaren Unterschicht mit der absoluten Rauhigkeit vergleicht. Danach kann nach den entsprechenden Formeln der Widerstandsbeiwert berechnet werden.

2.5.3.2. Druckverluste durch örtliche Widerstände

Druckverluste durch örtliche Widerstände entstehen, wenn sich auf dem Strömungsweg des Fluids die Abmessung oder Form des Rohrquerschnittes ändert, wenn eine Richtungsänderung vorliegt und wenn die Rohrleitung mit Einbauten für Meß- und Regelzwecke versehen ist. Diese Verluste sind durch zwei Ursachen bedingt:

1. Sie werden durch die Änderung der Größe und der Richtung der Geschwindigkeit, d. h. durch die Wirkung der Trägheitskraft hervorgerufen.
2. Bei allen Fällen örtlicher Widerstände in der Strömung sind Zonen vorhanden, wo die Geschwindigkeiten gering sind, aber der Druck in Strömungsrichtung ansteigt, was zur Änderung der Strömungsrichtung in die entgegengesetzte Richtung führt, d. h. zur Ausbildung von Wirbelgebieten, die als Zonen des Abreißens der Strömung von der Wand bezeichnet werden. In diesen Zonen wird die Energie des strömenden Fluids intensiv in Wärme umgewandelt (Bild 2.5-4).

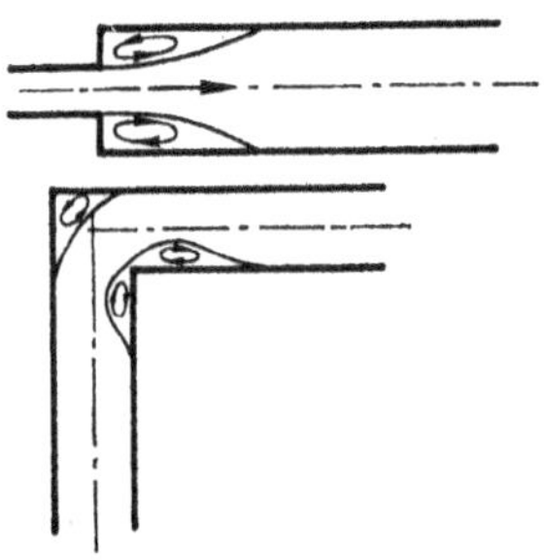

Bild 2.5-4. Arten örtlicher Widerstände

Die Größe der Druckverluste durch örtliche Widerstände wird ebenso wie die Druckverluste durch Reibung als dynamischer Druckanteil ermittelt, d. h. analog dem Ausdruck (2.5-2):

$$p_{\text{öW}} = \zeta_{\text{öW}} \, \varrho \, v^2/2 \tag{2.5-8}$$

($\zeta_{\text{öW}}$ Widerstandsbeiwert)

In diesem Ausdruck und auch im Folgenden dieses Abschnitts werden die über den Querschnitt mittleren Geschwindigkeiten eingesetzt. Deshalb wird das Zeichen für die Mittelwertbildung der Kürze halber weggelassen.
In der überwiegenden Mehrzahl der Fälle wird der Widerstandsbeiwert experimentell bestimmt und in Nachschlagewerken für die verschiedensten Fälle aufgeführt. Für

einen Fall – die plötzliche Querschnittserweiterung – können der Druckverlust und der Koeffizient $\zeta_{öw}$ näherungsweise theoretisch bestimmt werden.
In einem engen Querschnitt eines Rohres mit der Fläche A_1 sind die mittlere Geschwindigkeit v_1 und der Druck p_1. In dem weiten Querschnitt mit der Fläche A_2 sind Geschwindigkeit und Druck entsprechend v_2 und p_2. Die Druckänderung zwischen den Querschnitten *1-1* und *2-2* (Bild 2.5-5) wird durch zwei Ursachen hervorgerufen:

1. Diese Änderung steht, wie auch bei idealen Medien, mit der Geschwindigkeitsänderung in Zusammenhang. Die Geschwindigkeit ist in *2-2* kleiner als in *1-1*, und deshalb ist auch die kinetische Energie und folglich auch der Druck in *2-2* kleiner, d. h., die volumenbezogene Dichte der potentiellen Energie muß größer sein.
2. Die Änderung ist durch Energieverluste zwischen den Querschnitten *1-1* und *2-2* bedingt.

Unter Verwendung des *Impulserhaltungssatzes* bestimmen wir zunächst den Druck p_2. Wie aus der Mechanik fester Körper bekannt ist, wird dieses Gesetz wie folgt formuliert: Die Änderung der Bewegungsgröße eines Systems ist gleich dem Impuls der Resultierenden der äußeren Kräfte, die auf dieses System einwirken, d. h., $\mathrm{d}(m\boldsymbol{v}) = \boldsymbol{F}\mathrm{d}t$. Angewendet auf die Mechanik geschlossener Medien, schreibt man diesen Ausdruck besser in der Form

$$\mathrm{d}\,(m\boldsymbol{v})/\mathrm{d}t = \boldsymbol{F} \tag{2.5-9}$$

und formuliert den Impulserhaltungssatz folgendermaßen: Der resultierende Impulsstrom durch eine geschlossene Fläche der Flüssigkeitsströmung, d. h., die geometrische Summe aller Impulsströme, die durch diese Fläche führen (linker Teil der Gl. (2.5-9)), ist gleich der Resultierenden der äußeren auf diese Fläche wirkenden Kräfte.

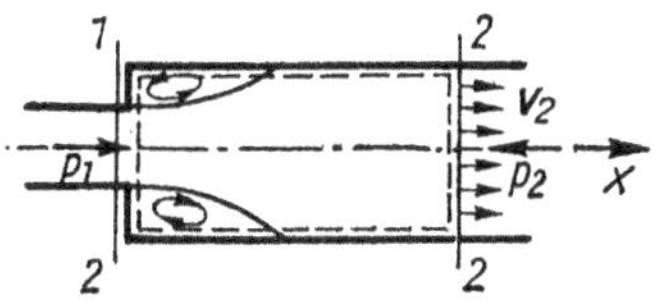

Bild 2.5-5. Ableitung der Bordschen Gleichung

Für eine im Bild 2.5-5 als punktierte Linie gekennzeichnete Kontrollfläche stellen wir den Impulserhaltungssatz in skalarer Form auf, da wir die in Gl. (2.5-9) auftretenden Vektoren in ihrer Projektion auf die x-Achse betrachten. Die Massenstromdichte im linken Querschnitt des Kontrollvolumens ist gleich $\varrho\, v_1$. Multipliziert man diese Größe mit v_1, so erhalten wir die Dichte des Impulsstromes in diesem Querschnitt $\varrho\, v_1^2$, d. h. die durch die Flächeneinheit in der Zeiteinheit durchgesetzte Bewegungsgröße (Impuls). Durch Multiplikation dieser Größe mit der Fläche A_1 erhalten wir den Impulsstrom im linken Querschnitt $\varrho\, v_1^2\, A_1$, d. h. die durch die linke Querschnittsfläche in der Zeiteinheit in das Kontrollvolumen eintretende Bewegungsgröße. Der Impulsstrom im rechten Querschnitt, d. h. der mit dem strömenden Fluid aus dem Kontrollvolumen in der Zeiteinheit austretende Impuls, ist verständlicherweise gleich $\varrho\, v_2^2\, A_2$. Somit ergibt sich der resultierende Impulsstrom durch die Oberfläche des Kontrollvolumens aus $\varrho\, v_1^2\, A_1 - \varrho\, v_2^2\, A_2$.
Gemäß (2.5-9) muß diese Größe gleich der Resultierenden der an der Oberfläche des Kontrollvolumens anliegenden äußeren Kräfte sein. Die Reibungskraft an der Rohrwand wird vernachlässigt. Dann muß als einzige Kraft die Druckkraft berücksich-

tigt werden. Diese Kraft, die an der rechten Fläche des Kontrollvolumens anliegt, ist gleich dem Produkt aus dem Druck in diesem Querschnitt und dessen Fläche $p_2 A_2$. Nimmt man an, daß der Druck auf der gesamten Fläche des linken Querschnitts konstant ist, dann ergibt sich die am linken Querschnitt anliegende Druckkraft mit $p_1 A_2$. Setzt man den resultierenden Impulsstrom gleich der Resultierenden der Druckkräfte, so erhält man

$$\varrho v_1^2 A_1 - \varrho v_2^2 A_2 = p_2 A_2 - p_1 A_2$$

Im rechten Teil dieser Gleichung ist die auf den rechten Querschnitt des Kontrollvolumens wirkende Kraft positiv, da sie gegen die Strömung gerichtet ist und folglich den Impulsstrom vermindert, d. h., sie vergrößert die im linken Teil der Gleichung stehende Differenz. Die auf den linken Querschnitt wirkende Druckkraft liegt in Strömungsrichtung und ist deshalb negativ.
Aus der letzten Gleichung läßt sich der Druck p_2 ermitteln:

$$p_2 = p_1 + \varrho v_1^2 A_1/A_2 - \varrho v_2^2$$

oder, wenn man berücksichtigt, daß $v_1 A_1/A_2 = v_2$:

$$p_2 = p_1 + \varrho v_2 (v_1 - v_2)$$

Der Druck p_2', der im Querschnitt *2-2* bei Fehlen der Verluste, d. h., wenn es sich um ein ideales Fluid handeln würde, vorhanden wäre, kann unter Verwendung der Bernoulli-Gleichung für ideale Fluide (Gl. (2.3-8)) bestimmt werden:

$$\varrho v_1^2/2 + p_1 = \varrho v_2^2/2 + p_2'$$

woraus man erhält:

$$p_2' = p_1 + \varrho (v_1^2 - v_2^2)/2$$

Die durch die plötzliche Querschnittserweiterung bedingten Energie-(Druck-)Verluste ergeben sich somit durch Subtraktion der Größe p_2 von p_2', d. h.

$$p_{\text{öw}} = p_2' - p_2 = \varrho (v_1^2 - 2 v_1 v_2 + v_2^2)/2 = \varrho (v_1 - v_2)^2/2 \qquad (2.5\text{-}10)$$

Der Ausdruck (2.5-10) stellt den Inhalt des sog. *Theorems von Bord* dar, nach dem die Druckverluste bei plötzlicher Erweiterung gleich dem dynamischen Druck der verlorengegangenen Geschwindigkeit sind. Dieses Ergebnis kann man leicht in der Standardform (2.5-8) darstellen, wenn man im rechten Teil eine der Geschwindigkeiten ausschließt, d. h., wenn man $v_2 = v_1 A_1/A_2$ oder $v_1 = v_2 A_2/A_1$ setzt. Dann erhält man:

$$p_{\text{öw}} = (1 - A_1/A_2)^2 \varrho v_1^2/2 \quad \text{oder}$$

$$p_{\text{öw}} = (A_2/A_1 - 1)^2 \varrho v_2^2/2$$

Wird der Druckverlust bei plötzlicher Erweiterung über den dynamischen Druck im engen Querschnitt berechnet, dann ist der Widerstandsbeiwert $\zeta_{\text{öw}} = (1 - A_1/A_2)^2$, berechnet man ihn jedoch über den dynamischen Druck im breiten Querschnitt, dann ist der Widerstandsbeiwert folglich $\zeta_{\text{öw}} = (A_2/A_1 - 1)^2$.
Die Widerstandsbeiwerte für andere Fälle wurden experimentell ermittelt und sind in Nachschlagewerken und Berechnungsanleitungen angegeben. Einige davon sind in Anhang 1 zusammengefaßt. In solchen Fällen, wo sich der Rohrquerschnitt ändert,

wird unbedingt vermerkt, auf welchen Querschnitt (den engen oder breiten) sich der angegebene Widerstandsbeiwert bezieht.

2.5.4. Berechnungsprinzipien für Rohrleitungen und Einrichtungen zur Evakuierung der Verbrennungsprodukte

Die strömungstechnischen Berechnungen von Rohrleitungen für die Zuführung von Luft, Gas und Kühlwasser an Industrieöfen sowie von Systemen zur Evakuierung der Verbrennungsprodukte (Abgaskanäle), die zum Abtransport des Rauchgases aus brennstoffbeheizten Öfen dienen, basieren auf der Anwendung der Bernoulli-Gleichung für die Strömung eines realen Fluids in einem Rohr oder einem Kanal (Gl. (2.5-1)). Dabei wird die erwähnte Gleichung für den Ein- und Austrittsquerschnitt der Rohrleitung oder des Kanals formuliert.

Die in der Praxis am häufigsten vorkommende Aufgabenstellung für solche Berechnungen besteht im folgenden. Es ist die Geometrie der Rohrleitung gegeben, d. h. ihre Anordnung, Konfiguration, die Längen aller Rohrabschnitte, die Flächen und die Form der Querschnitte sowie der Flüssigkeits- oder Gasdurchsatz. Im Falle von Druckleitungen wird außerdem der Druck am Austritt p_2, im Falle des Abgassystems der Druck am Eintritt p_1 gegeben. Im ersten Falle ist gefordert, den Druck am Eintritt in die Rohrleitung p_1 zu berechnen, der von der Druckpumpe oder vom Ventilator gebracht werden muß. Im zweiten Falle ist der Unterdruck am Austritt p_2 zu ermitteln, der durch den Schornstein oder durch den Rauchgasabzug geschaffen werden muß. Die Berechnung wird wie folgt durchgeführt: Aus dem Durchsatz und der Querschnittsfläche am Eintritt und am Austritt bestimmt man die Geschwindigkeiten und danach die dynamischen Drücke im Eintritts- und Austrittsquerschnitt. Aus der gegebenen Geometrie der Rohrleitung werden die Werte für den geodätischen Druck ermittelt. Bei bekannter Geschwindigkeit werden nach der bereits dargestellten Methodik die Druckverlustbeiwerte für Reibung und örtliche Widerstände berechnet und addiert. Die einzige unbekannte Größe in Gl. (2.5-1) ist dann noch der Druckabfall $\Delta p = p_1 - p_2$. Somit kann der Druck p_1 für Druckleitungen oder der Druck p_2 für die Abgasabführung bestimmt werden. Mitunter steht auch die Aufgabe, bei bekannter Geometrie der Rohrleitung und gegebenem Druck am Ein- und Austritt die Durchlaßfähigkeit der Rohrleitung, d. h. den Flüssigkeits- oder Gasdurchsatz zu ermitteln. In diesem Falle werden alle Verluste in Gl. (2.5-1) sowie die dynamischen Drücke am Ein- und Austritt über den gesuchten Durchsatz ausgedrückt, da $v = \dot{V}/A$, und man erhält eine Gleichung mit nur einer Unbekannten – dem gesuchten Durchsatz $\dot{V}$.

Bei der Berechnung von Systemen der Abgasabführung aus brennstoffbeheizten Öfen trifft man lediglich die erste Aufgabenstellung an. Das heißt, das Ziel der Berechnung besteht in der Ermittlung des erforderlichen Zuges am Austritt aus dem System, der von dem Schornstein oder von einem Saugzug geschaffen werden muß. Diese Berechnung weist einige Besonderheiten auf. Die erste besteht darin, daß die Dichte der Verbrennungsprodukte und ihre Geschwindigkeit temperaturabhängig sind und sich die Temperatur über der Länge des Abgaskanals ändert. Bei der Berechnung werden die auf Normbedingungen ($T_0 = 273{,}15$ K; $p_0 = 1{,}01$ bar $= 1{,}01 \cdot 10^5$ Pa) umgerechneten Werte für die Dichte und die Geschwindigkeit eingesetzt. Dabei nimmt man an, daß diese Werte in jedem Abschnitt des Systems konstant sind. Die Umrechnung erfolgt nach den bekannten Formeln

$\varrho = \varrho_0 T_0/T \qquad v = v_0 T/T_0$

(T mittlere Temperatur für einen gegebenen Abschnitt)

Somit kann der dynamische Druck für einen betrachteten Abschnitt des Systems wie folgt dargestellt werden:

$$p_d = \frac{\varrho_0 v_0^2}{2} \frac{T}{T_0} \tag{2.5-11}$$

Eine weitere Besonderheit bei der Berechnung des Abgaskanalsystems besteht darin, daß die Druckänderung über der Länge und die Druckverluste im Vergleich zu den absoluten Werten des Druckes sehr klein sind. In diesem Zusammenhang ist es sinnvoll, die in Druckdifferenzen geschriebene Bernoulli-Gleichung zu verwenden. Die Druckdifferenzen stellen die Differenz zwischen statischem Druck in der Strömung und dem Atmosphärendruck in gleicher Höhe dar. Zur Herleitung der Bernoulli-Gleichung in dieser Form verwenden wir Gl. (2.5-1), in der man voraussetzt, daß $\alpha_1 = \alpha_2 = 1$, da die Strömung in Abgaskanälen von Öfen immer turbulent ist und folglich das Geschwindigkeitsprofil fast gleichmäßig ist. Gemäß Gl. (2.5-3) sind die Atmosphärendrücke p_{L1} und p_{L2} in den entsprechenden Höhen Z_1 und Z_2 über die Beziehung

$$p_{L1} = p_{L2} + \varrho_L g \, (Z_2 - Z_1)$$

(ϱ_L Dichte der Umgebungsluft)

miteinander verknüpft. Subtrahiert man diese Beziehung von der Bernoulli-Gleichung (2.5-1), so erhält man nach einfachen Umformungen

$$\varrho \, v_1^2/2 + (p_1 - p_{L1}) = \varrho \, v_2^2/2 + (p_2 - p_{L2}) + (\varrho_L - \varrho) \, g \, (Z_1 - Z_2) + p_v \tag{2.5-12}$$

Der zweite Summand im linken Teil von Gl. (2.5-12) stellt die statische Druckdifferenz im ersten Querschnitt Δp_1 dar, der zweite Summand im rechten Teil ist die statische Druckdifferenz im zweiten Querschnitt Δp_2. Der dritte Summand stellt die Änderung der geodätischen Druckdifferenz zwischen den Querschnitten *1-1* und *2-2* dar:

$$\Delta p_g = (\varrho_L - \varrho) \, g \, (Z_1 - Z_2).$$

Bei $Z_1 > Z_2$, d. h., wenn die Abgase nach unten strömen, ist diese Größe positiv und wird zu den Druckverlusten addiert. Deshalb wird sie häufig als Verlust zur Überwindung des geodätischen Drucks bezeichnet. Diese Größe kann aber auch negativ sein, nämlich wenn die Abgase nach oben strömen, d. h. bei $Z_1 < Z_2$.

In der Praxis besteht das System der Abgasabführung aus mehreren miteinander verbundenen Abschnitten, von denen jeder durch seine Werte für die mittlere Temperatur, den dynamischen Druck und die statische Druckdifferenz sowie durch die Änderung der geodätischen Druckdifferenz und der Verluste durch Reibung und örtliche Widerstände charakterisiert ist. Für diesen Fall soll die Bernoulli-Gleichung (2.5-12) aufgestellt werden. Es ist zu berücksichtigen, daß die Geschwindigkeit v_1 am Eintritt in das System (Abgaskanalsystem) der Abgasabführung, d. h. im Arbeitsraum des Ofens klein ist und der dynamische Druck an dieser Stelle deshalb vernachlässigt werden kann. Weiterhin ist zu beachten, daß der statische Druck am Herd des Ofens, wo sich meist auch der Eintritt in den Abgaskanal befindet, in der Regel in der Nähe des Atmosphärendruckes gehalten wird, woraus folgt, daß die Druckdifferenz im ersten Querschnitt Δp_1 gleich Null ist. Somit wird der linke Teil in Gl. (2.5-12) Null, und die Bernoulli-Gleichung nimmt unter Berücksichtigung von Gl. (2.5-11) die folgende Form an:

$$\frac{\varrho_0 v_0^2}{2} \frac{T_2}{T_0} + \Delta p_2 + \Sigma \Delta p_g + \Sigma p_v = 0 \qquad (2.5\text{-}13)$$

($\Sigma \Delta p_g$ summare Änderung der geodätischen Druckdifferenz; Σp_V summare Druckverluste für alle Abschnitte des Systems)

Damit das Abgas aus dem Ofenraum abgeführt werden kann, muß der Wert der statischen Druckdifferenz $\Delta p_2 = p_2 - p_{L2}$ am Austritt aus dem System, also am Eintritt in den Schornstein oder in den Abgasabzug, negativ sein, d. h., in diesem Querschnitt muß ein Unterdruck $p_{u2} = -\Delta p_2$ vorhanden sein. Die Ermittlung der Größe dieses Unterdruckes ist das Ziel der Berechnung des Abgaskanalsystems. Gemäß Gl. (2.5-13) kann der Unterdruck am Austritt aus dem System nach der Beziehung

$$-\Delta p_2 = \frac{\varrho_0 v_{02}^2}{2} \frac{T_2}{T_0} + \Sigma \Delta p_g + \Sigma p_v \qquad (2.5\text{-}14)$$

berechnet werden.

2.5.5. Berechnung des Schornsteins

Zur Schaffung des erforderlichen Unterdruckes am Austritt aus dem Abgaskanalsystem von brennstoffbeheizten Industrieöfen werden am häufigsten Schornsteine verwendet. Das Wirkungsprinzip des Schornsteines wurde im Abschnitt 2.4.2. beschrieben. Wir wollen die Beziehung herleiten, nach der – ausgehend von den Parametern des Abgaskanalsystems, vom Durchsatz und den Temperaturen der Verbrennungsprodukte – die Höhe des Schornsteines ermittelt werden kann. Dazu benutzen wir die Bernoulli-Gleichung für die Strömung der Verbrennungsprodukte im Schornstein und bezeichnen den Querschnitt am Schornsteinfuß mit *2-2* und den an der Schornsteinmündung mit *3-3*:

$$\varrho\, v_{02}^2\, T_2/2\, T_0 + \Delta p_z = \varrho_0\, v_{03}^2\, T_3/2\, T_0 + \Delta p_3 + \Delta p_g + p_v \qquad (a)$$

In dieser Gleichung sind v_{02} die Geschwindigkeit (bei Normbedingungen) am Eintritt in den Schornstein, d. h. am Ausgang aus dem Abgaskanal, und v_{03} die Geschwindigkeit am Schornsteinmund; $\Delta p_3 = p_3 - p_{L3} = 0$, da der statische Druck am Schornsteinmund gleich dem Atmosphärendruck ist;

$$\Delta p_g = -(\varrho_{L0} T_0/T_L - \varrho_0 T_0/\bar{T}) g\, H$$

(ϱ_{L0} Dichte der Umgebungsluft bei Normbedingungen; $\bar{T}$ mittlere Temperatur des Abgases über der Höhe H des Schornsteines, das negative Vorzeichen beinhaltet den Fakt, daß die leichten Verbrennungsprodukte im Schornstein von unten nach oben strömen);

$$p_v \equiv p_R = \lambda H\, (\varrho_0 \bar{v}_0^2/2 \bar{d}\, T_0),$$

da im Schornstein örtliche Widerstände fehlen ($\bar{d}$ mittlerer Durchmesser des Schornsteines (gemauerte Schornsteine werden konisch ausgeführt)). Unter Berücksichtigung dieser Angaben ergibt sich aus Gl. (a):

$$\frac{\varrho_0 v_{02}^2}{2}\,\frac{T_2}{T_0} + \Delta p_2 = \frac{\varrho_0 v_{03}^2}{2}\,\frac{T_3}{T_0} - \left(\varrho_{L0}\,\frac{T_0}{T_L} - \varrho_0\,\frac{T_0}{\bar{T}}\right) g\,H + \lambda H \varrho_0 \bar{v}_0^2\,\bar{T}/2\,d\,T_0$$

woraus sich der durch den Schornstein der Höhe H geschaffene Unterdruck berechnen läßt:

$$-\Delta p_2 = \frac{\varrho_0 v_{02}^2}{2}\,\frac{T_2}{T_0} - \frac{\varrho_0 v_{03}^2}{2}\,\frac{T_3}{T_0} + \left(\varrho_{L0}\,\frac{T_0}{T_L} - \varrho_0\,\frac{T_0}{\bar{T}}\right) g H - \lambda H\,\frac{\varrho_0 \bar{v}_0^2}{2d}\,\frac{\bar{T}}{T_0} \qquad (2.5\text{-}15)$$

Der vom Schornstein erzeugte Unterdruck (Zug) muß offensichtlich dem geforderten Unterdruck am Austritt des Abgaskanals, der mit Hilfe der Gl. (2.5-14) berechnet wird, entsprechen. Setzt man die rechten Seiten der Gln. (2.5-14) und (2.5-15) gleich, so erhält man die Gleichung zur Ermittlung der Schornsteinhöhe:

$$H = \frac{\sum \Delta p_g + \sum p_v + \varrho_0 v_{03}^2\,T_3/2\,T_0}{(\varrho_{L0}\,T_0/T_L - \varrho_0\,T_0/\bar{T})\,g - \lambda\,\varrho_0\,\bar{v}_0^2\,\bar{T}/2\,T_0\,d} \qquad (2.5\text{-}16)$$

Wegen der möglichen Versottung der Abgaskanäle, Rekuperatoren und Abhitzekessel wird der Gesamtwiderstand $\sum \Delta p_g + \sum p_v$ in Gl. (2.5-16) in der Regel um 30% erhöht, wodurch die erforderliche Zugreserve gewährleistet wird. Wie aus der erhaltenen Formel ersichtlich ist, nimmt die erforderliche Schornsteinhöhe zu mit steigenden Druckverlusten im Abgaskanal und im Schornstein sowie bei steigenden Energieaufwendungen zur Strömung der Abgase nach unten, bei Erhöhung der Umgebungstemperatur und bei Verringerung der Temperatur der Verbrennungsprodukte.

2.5.6. Ausströmen von Gasen durch Öffnungen in Ofenwänden

Wie bereits dargestellt wurde, nimmt die Druckdifferenz, die sich aus dem Unterschied zwischen Ofeninnenraumdruck und dem Druck in der Umgebungsluft ergibt, mit zunehmender Entfernung vom Herd zu. Deshalb kommt es beim Vorhandensein von Undichtheiten oder Öffnungen in der Ofenhülle zum Ausströmen von im Arbeitsraum des Ofens vorhandenen Gasen. Diese Ausströmung zu berechnen bedeutet, die Geschwindigkeit und den Gasdurchsatz zu ermitteln. Da das Ausströmen bei kleiner Geschwindigkeit erfolgt, ist dabei das Gas als inkompressibles Medium zu betrachten.

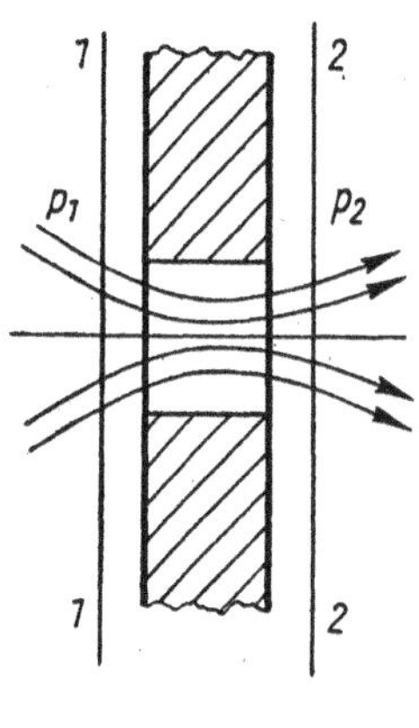

Bild 2.5-6. Ausströmen eines Gases durch eine Ofenwandöffnung

Die Querschnitte *1-1* und *2-2* sind vor dem Eintritt in die Öffnung und nach dem Austritt aus ihr angeordnet (Bild 2.5-6). Für diese Querschnitte wird die Bernoulli-Gleichung (2.5-1) aufgestellt, wobei zu berücksichtigen ist, daß sich die beiden Querschnitte auf gleicher Höhe befinden und deshalb $Z_1 = Z_2$. Es wird $v_1 = 0$ gesetzt, da die Abmessung des Ofenraumes im Vergleich zur Fläche der Öffnung sehr viel größer ist, und es wird vorausgesetzt, daß der Koriolis-Koeffizient gleich eins ist:

$$p_1 = \varrho\, v_2^2/2 + p_2 + p_{\mathrm{v}}$$

Der im rechten Teil der Gleichung auftretende Energieverlust entsteht durch einen örtlichen Widerstand, der durch die plötzliche Einschnürung der Strömung beim Eintritt in die Öffnung und durch die plötzliche Erweiterung der Strömung beim Austritt bedingt ist. Drückt man diese Größe über die allgemeine Gl. (2.5-8) aus, so findet man die Ausströmgeschwindigkeit

$$v_2 = \sqrt{1/(1 + \zeta_{\text{ö.w}})}\ \sqrt{2\,(p_1 - p_2)\,\varrho}$$

oder bezeichnet man $\sqrt{1/(1 + \zeta_{\text{öw}})} = \varphi$, worin φ als Geschwindigkeitskoeffizient bezeichnet wird, und berücksichtigt, daß gemäß Gl. (2.4-5a) bei Anordnung der Öffnung in der Höhe h über dem Herd der Überdruck $p_1 - p_2 = \Delta p = (\varrho_{\mathrm{L}} - \varrho_{\mathrm{G}})\, g\, h$, so erhält man schließlich:

$$v_2 = p\,\sqrt{2\,(\varrho_{\mathrm{L}} - \varrho_{\mathrm{G}})\, g\, h/\varrho_{\mathrm{G}}} \qquad (2.5\text{-}17)$$

Zur Ermittlung der Menge des ausströmenden Gases muß die Geschwindigkeit V_2 mit der Querschnittsfläche des austretenden Strahles A_{Str} multipliziert werden, wobei diese Fläche meist kleiner ist als die Querschnittsfläche der Öffnung A und mit ihr über die Beziehung $A_{\mathrm{Str}} = \varepsilon\, A$ verknüpft ist (ε Kontraktionskoeffizient des Strahles). Somit nimmt die Gleichung für den austretenden Volumenstrom die folgende Form an:

$$\dot{V} = \varphi\,\varepsilon\, A\,\sqrt{2\,(\varrho_{\mathrm{L}} - \varrho_{\mathrm{G}})\, g\, h/\varrho_{\mathrm{G}}} = \mu'\, A\,\sqrt{2\,(\varrho_{\mathrm{L}} - \varrho_{\mathrm{G}})\, g\, h/\varrho_{\mathrm{G}}} \qquad (2.5\text{-}18)$$

($\mu' = \varphi\varepsilon$ Durchsatzkoeffizient; wird experimentell ermittelt – für Öffnungen in dünnen Wänden gilt $\mu' = 0{,}62$, für größere Wanddicken ist $\mu' = 0{,}8$)

2.5.7. Innere Reibung in einer laminaren Strömung eines realen Fluids

Wie oben bereits erwähnt wurde, wirken bei der Strömung von realen Fluiden neben den Kräften, die in idealen Fluiden wirken (d. h. den äußeren Massenkräften, den Druck- und Trägheitskräften), auch noch Kräfte der inneren Reibung. Die Schubkraft entsteht, wenn eine relative Verschiebung (Schub) von benachbarten Fluidschichten auftritt. Im Falle der Strömung inkompressibler Medien ist dieser Schub dadurch bedingt, daß die benachbarten Schichten sich mit unterschiedlicher Geschwindigkeit bewegen, d. h. dadurch, daß in der Strömung eine ungleichmäßige Geschwindigkeitsverteilung vorliegt. Bei der Strömung kompressibler Fluide steht dieser Schub außerdem noch mit der Volumendeformation in Zusammenhang, d. h. mit der Verdichtung oder der Ausdehnung des Fluids im Resultat von Druck- oder Temperaturänderungen bzw. der gleichzeitigen Änderung dieser beiden Zustandsparameter. Im weiteren wird, wenn es nicht besonders vereinbart wird, nur der erste Fall betrachtet, d. h. die Schubkraft, die durch die ungleichmäßige Geschwindigkeitsverteilung in der Strömung eines inkompressiblen Fluids bedingt ist. Die Größe der in der Strömung entstehenden Schubkraft wird zweckmäßigerweise über die Spannung dieser Kraft ausgedrückt, d. h. durch ihre auf eine Flächeneinheit bezogene Größe. Diese Größe wird als *Schubspannung* τ bezeichnet und hat die Maßeinheit N/m^2 oder Pa.

Die Entstehung der Schubkraft in strömenden Flüssigkeiten oder Gasen ist bedingt durch die Impulsübertragung in Querrichtung, d. h. in Normalenrichtung zur Strömung des Fluids. Bei laminarer Strömungsart findet diese Übertragung im Ergebnis des thermischen Zustandes der Moleküle statt, die sich zwischen den verschiedenen Flüssigkeitsschichten, deren Geschwindigkeiten unterschiedlich sind, bewegen und den Impuls von einer Schicht zur anderen übertragen.

Es läßt sich leicht zeigen, daß die Schubspannung die resultierende Stromdichte der Längskomponente des Impulses in Querrichtung darstellt. Betrachtet man zum Beispiel, ausgehend von der Position der elementaren molekular-kinetischen Theorie der Gase, die Schubspannung, die bei der laminaren Parallelströmung eines realen inkompressiblen Fluids auftritt, so ergibt sich folgender Sachverhalt: Die Strömung des Fluids verläuft in x-Richtung, wobei sich die Strömungsgeschwindigleit in y-Richtung ändert (Bild 2.5-7). Es wird ein Kontrollvolumen in Form eines Quaders betrachtet, dessen Grundfläche A sei und dessen Höhe Λ der mittleren freien Weglänge der Moleküle entspricht. Die mittlere Geschwindigkeit der thermischen Bewegung der Moleküle wird mit $\bar{c}$ (m/s) bezeichnet, die Anzahl der Moleküle in der Volumeneinheit mit n (1 /m^3) und die Masse eines Moleküls mit m (kg). Es ist offensichtlich, daß die Massestromdichte des Gases, die in y-Richtung auf Grund der thermischen Bewegung der Moleküle übertragen wird, gleich $i\, n\, c\, m$ (kg/m^2 s) ist, wobei i eine dimensionslose Größe kleiner 1 darstellt, die angibt, welcher Anteil der Moleküle eine Geschwindigkeitskomponente der thermischen Bewegung in Richtung der y-Achse besitzt. Es ist verständlich, daß sich der Massestrom des Gases in y-Richtung durch die Fläche A aus $i\, n\, c\, m\, A$ ergibt oder unter Berücksichtigung, daß $nm = \varrho$, $i\, \varrho\, \bar{c}\, A$ (kg/s). Da eine selbständige Ansammlung des Gases im betrachteten Kontrollvolumen nicht erfolgen kann, entspricht die in den Quader durch die obere Fläche eintretende Gasmenge (Bild 2.5-7) der Menge, die den Quader durch seine untere Fläche verläßt. Dabei ist der durch die Oberseite in das Kontrollvolumen, wo die Gasgeschwindigkeit $v\,(y + \Lambda)$ ist, eingebrachte Impulsstrom $I_1 = i\, \varrho\, \bar{c}\, A\, v\,(y + \Lambda)$, und der durch die Unterseite, wo die Geschwindigkeit $v\,(y)$ vorliegt, ausgebrachte Impulsstrom $I_2 = i\, \varrho\, \bar{c}\, A\, v'(y)$. Somit ergibt sich der resultierende Impulsstrom mit $I_1 - I_2 = i\, \varrho\, \bar{c}\, A\, [v\,(y + \Lambda) - v\,(y)]$. Nach dem Impulserhaltungssatz ist diese Größe gleich der Schubkraft, die in der betrachteten Schicht auftritt und die gemäß der Definition der (tan-

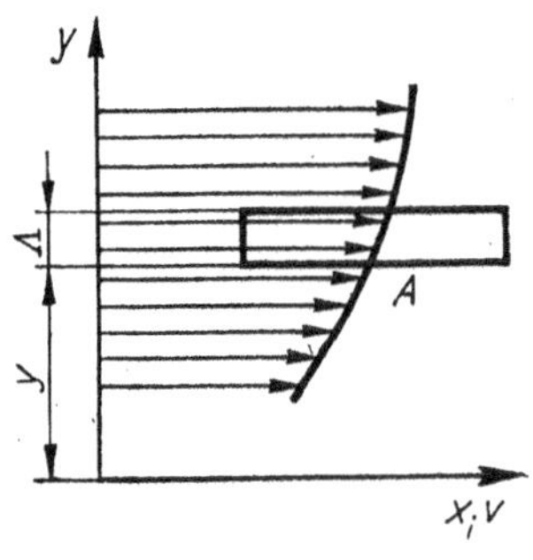

Bild 2.5-7. Ableitung der Tangentialspannung durch Reibung

gentialen) Schubspannung dem Produkt aus τA entspricht. Somit erhält man:

$$\tau = i\,\varrho\,\bar{c}\,[v\,(y + \Lambda) - v\,(y)] \tag{a}$$

d. h., die Schubspannung ist tatsächlich gleich der resultierenden Größe der Längskomponente (entspricht der x-Richtung) der Impulsstromdichte in Quer-(y-)Richtung. Zerlegt man die Größe $v\,(y + \Lambda)$ in eine Taylorreihe und beschränkt sich wegen der Kleinheit von Λ auf die ersten beiden Glieder der Reihe, so erhält man $v\,(y + \Lambda) = v\,(y) + \Lambda\,\partial v/\partial y$. Setzt man dieses Ergebnis in Formel (a) ein, so ergibt das:

$$\tau = i\,\varrho\,\bar{c}\,\Lambda \quad \partial v/\partial y \tag{b}$$

Somit ist die Schubspannung um so größer, je größer die Geschwindigkeitsdifferenz zwischen benachbarten Schichten des Fluids ist, oder genauer, je größer der Geschwindigkeitsgradient in Querrichtung ist. Den Ausdruck (b) kann man in der Form

$$\tau = \eta\,\partial v/\partial y \tag{2.5-19}$$

darstellen. Diese Beziehung wird als das *Newtonsche Schubspannungsgesetz* bezeichnet, welches die Schubspannung bestimmt, die in einem in x-Richtung strömenden Fluid durch Geschwindigkeitsänderung in y-Richtung entsteht. Die Newtonsche Formel (2.5-19) wird auch für Strömungen verwendet, die nur annähernd diese Bedingung erfüllen, d. h., wenn die Bewegung des Fluids überwiegend in der x-Richtung erfolgt und sich die Geschwindigkeit hauptsächlich in y-Richtung ändert. Im allgemeinen Fall stellt die in einem Fluid entstehende Spannung einen Tensor dar, der sowohl normale (Druck-) als auch tangentiale Komponenten enthält.

Der Proportionalitätskoeffizient η in Gl. (2.5-19) wird als *dynamische Viskosität* bezeichnet, hat die Einheit Pa s und stellt einen physikalischen Parameter des Fluids dar. Bei Gasen ist diese Größe von Temperatur und Druck abhängig, bei Tropfenflüssigkeiten nur von der Temperatur.

Das Newtonsche Schubspannungsgesetz (2.5-19) kann auch in einer anderen Form dargestellt werden, die einen wichtigen physikalischen Sinn hat. Aus der Größe $\eta\,\varrho = \nu$ (m^2/s) erhält man die *kinematische Viskosität*. Da diese Größe aus dem Verhältnis zweier physikalischer Parameter des Fluids gebildet wird, ist sie selbst ebenso ein physikalischer Parameter. Multipliziert und dividiert man den rechten Teil des Newtonschen Schubspannungsgesetzes mit der Dichte, dann kann sie unter der Voraussetzung, daß ein inkompressibles Fluid vorliegt, unter das Zeichen der Ableitung geschrieben werden. Somit erhält man:

$$\tau = \nu\,\partial\,(\varrho\,v)\,/\,\partial y \tag{2.5-20}$$

In diesem Ausdruck kann man die unter der Ableitung stehende Größe als einen auf die Volumeneinheit des strömenden Fluids bezogenen Impuls betrachten, d. h. als volumenbezogene Impulsdichte, da sie gleich dem Produkt aus Masse der Volumeneinheit (Dichte) und Geschwindigkeit ist.

Somit besagt das in der Gl. (2.5-20) ausgedrückte Newtonsche Schubspannungsgesetz, daß die Impulsstromdichte in y-Richtung (d. h. die Schubspannung τ) proportional der volumenbezogenen Impulsdichte ist. Im Abschnitt 4. wird gezeigt, daß nicht nur das die Molekularübertragung des Impulses beschreibende Gesetz (2.5-20) diese Form hat, sondern auch andere Übertragungsgesetze, zum Beispiel die Gesetze der molekularen Wärmeübertragung (Wärmeleitung) und der Stoffübertragung (Diffusion). In allen diesen Gesetzen haben die Proportionalitätskoeffizienten für die Stromdichte der entsprechenden Substanz (Impuls, Wärme, Stoffgemische) und dem Gradienten der volumenbezogenen Dichte dieser Substanz ein und dieselbe Einheit (m^2/s) und ein und denselben physikalischen Sinn: Sie charakterisieren die Intensität des entsprechenden Übertragungsprozesses und werden als *Übertragungskoeffizienten* bezeichnet. Somit ist die kinematische Zähigkeit γ ein Koeffizient der molekularen Impulsübertragung und gibt die Intensität dieses Prozesses an. Wie aus Gl. (2.5-20) hervorgeht, ist die Schubspannung (d. h. die Impulsstromdichte) tatsächlich bei ein und derselben Größe des Gradienten der volumenbezogenen Impulsdichte um so größer, je größer die kinematische Zähigkeit ist. Diese Größe ist ebenfalls von den Zustandsparametern des Fluids abhängig – von Druck und Temperatur bei Gasen und nur von der Temperatur bei Tropfenflüssigkeiten.

2.5.8. Bewegungsgleichung für reale Fluide (Navier-Stokessche Gleichung)

Wie bereits erwähnt wurde, unterscheidet sich die Bewegung realer Fluide von der idealer lediglich durch das Vorhandensein einer Schubspannung. Deshalb muß sich die Vektorgleichung, die die Bewegung eines realen Fluids beschreibt, von der Euler-Gleichung (2.3-7) nur dadurch unterscheiden, daß auf ihrer rechten Seite neben den Vektoren der massenbezogenen äußeren Massekraft *(Massekraftdichte)* und der Druckkraft auch noch der Vektor der massebezogenen Schubspannung *(Schubspannungsdichte)* auftreten muß. Für diese letzte Größe soll für den Fall der Bewegung eines inkompressiblen realen Fluids der entsprechende Ausdruck gefunden werden.

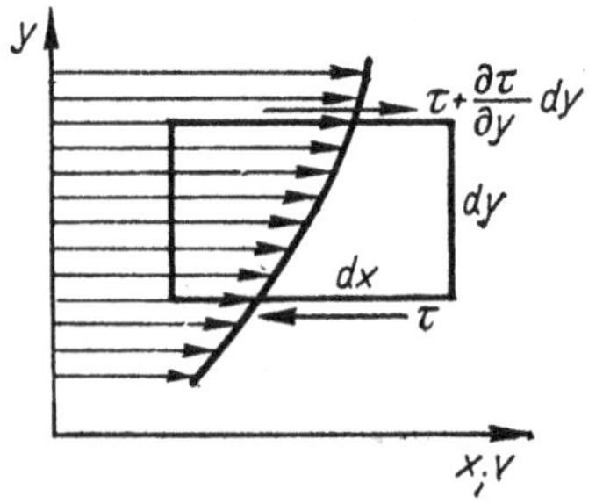

Bild 2.5-8. Ableitung der Navier-Stokesschen Gleichung

Zunächst soll der einfachste Fall betrachtet werden, für den das Newtonsche Schubspannungsgesetz (2.5-19) gültig ist, d. h. der Fall, daß sich das Fluid nur in x-Richtung bewegt und sich seine Bewegungsgeschwindigkeit nur entlang der y-Achse ändert. Wir betrachten in dieser Strömung einen Elementarquader mit den Kantenlängen dx, dy, dz (Bild 2.5-8). Die seitens der tieferliegenden »langsamen« Schichten auf die untere Quaderseite wirkende Schubspannung ist gegen die Bewegungsrichtung des Fluids gerichtet und gleich τ. An der oberen Fläche, die sich im Abstand dy von der unteren Quaderfläche befindet, ist die Schubspannung offensichtlich gleich $\tau + \mathrm{d}y\ \partial\tau/\partial y$, und ihre Richtung stimmt mit der Bewegungsrichtung des Fluids überein, da diese Spannung infolge der Einwirkung der höhergelegenen »schnellen« Schichten des Fluids entsteht. Es ist klar, daß sich die Schubkraft aus dem Produkt von Schubspannung und der entsprechenden Fläche, im betrachteten Fall der Größe px dz, ergibt. Somit erhält man die resultierende Größe der Schubkraft, die an dem betrachteten Elementenvolumen angreift, unter Berücksichtigung der Richtung der an der unteren und oberen Quaderfläche wirkenden Kräfte in der Form

$$dF_{Sch,x} = (\tau + dy\, \partial\tau/\partial y)\, dx\, dz - \tau\, dx\, dz \quad \text{oder}$$

$$dF_{Sch,x} = (\partial\tau/\partial y)\, dV$$

wobei der Index x die Richtung der Kraftwirkung bezeichnet. Es sei daran erinnert, daß im rechten Teil der Gl. (2.3-7) die massebezogene Schubkraft (Schubkraftdichte) hinzuzufügen ist. Im betrachteten einfachsten Fall ist diese Größe gleich $f_{Sch,x} = dF_{Sch,x}/dm = dF_{Sch,x}/\varrho\, dV$ oder unte Berücksichtigung der vorhergehenden Gleichung $f_{Sch,x} = (1/\varrho)\, \partial\tau/\partial y$. Setzt man in diesen Ausdruck das Newtonsche Schubspannungsgesetz (2.5-19) ein, schreibt die Größe η vor die Ableitung und berücksichtigt, daß $\eta/\varrho = \nu$, so erhält man $f_{Sch,x} = \nu\partial^2 v/\partial y^2$.
Im allgemeinen Fall, d. h., wenn der Geschwindigkeitsvektor alle drei Komponenten v_x, v_y, $v_z \neq 0$ hat und wenn jede dieser Komponenten von allen drei Koordinaten abhängig ist, wird die Projektion des Vektors der Schubkraftdichte auf die x-Achse in der Form

$$f_{Sch,x} = \nu\, (\partial^2 v_x/\partial x^2 + \partial^2 v_x/\partial y^2 + \partial^2 v_x/\partial z^2) \equiv \nu\, \nabla^2 v_x \tag{2.5-21}$$

geschrieben. Die Ausdrücke für die Projektionen dieses Vektors auf die y- und z-Achse haben entsprechend die Form:

$$f_{Sch,y} = \nu\, (\partial^2 v_y/\partial x^2 + \partial^2 v_y/\partial y^2 + \partial^2 v_y/\partial z^2) = \nu\, \nabla^2 v_y \tag{2.5-22}$$

$$f_{Sch,z} = \nu\, (\partial^2 v_z/\partial x^2 + \partial^2 v_z/\partial y^2 + \partial^2 v_z/\partial z^2) = \nu\, \nabla^2 v_z \tag{2.5-23}$$

Durch Multiplikation jeder dieser Projektionen mit dem dazugehörigen Ort und nachfolgender Addition erhält man den Vektor der massebezogenen Schubkraftdichte:

$$\boldsymbol{f}_{Sch} = \nu\, (\nabla^2 v_x \boldsymbol{i} + \nabla^2 v_y \boldsymbol{j} + \nabla^2 v_z \boldsymbol{k}) = \nu\, \nabla^2 \boldsymbol{v} \tag{2.5-24}$$

Addiert man diese Größe im rechten Teil der Euler-Gleichung (2.3-7), so erhält man die Bewegungsgleichung für reale inkompressible Medien in Vektorform:

$$\frac{d\boldsymbol{v}}{dt} = \boldsymbol{K} - \frac{1}{\varrho}\, \mathrm{grad}\, \boldsymbol{p} + \nu\, \nabla^2 \boldsymbol{v} \tag{2.5-25}$$

die als *Navier-Stokessche Gleichung* bezeichnet wird. Diese Gleichung kann auch in Form der Projektionen auf die Koordinatenachsen geschrieben werden, d. h. in Form von drei Gleichungen, in denen die Projektionen der entsprechenden Vektoren auf die x-, y- und z- Achse auftreten:

$$\left.\begin{aligned} \frac{dv_x}{dt} &= X - \frac{1}{\varrho}\frac{\partial p}{\partial x} + \nu\, \nabla^2 v_x \\ \frac{dv_y}{dt} &= Y - \frac{1}{\varrho}\frac{\partial p}{\partial y} + \nu\, \nabla^2 v_y \\ \frac{dv_z}{dt} &= Z - \frac{1}{\varrho}\frac{\partial p}{\partial z} + \nu\, \nabla^2 v_z \end{aligned}\right| \tag{2.5-26}$$

Diese Navier-Stokessche Gleichung (2.5-25) oder (2.5-26) ist nur für inkompressible reale Fluide gültig, da in ihr nur die Komponente der Schubkraft berücksichtigt ist, die durch die inhomogene Verteilung der Geschwindigkeiten in der Strömung bedingt ist.

Für den Fall der Bewegung eines kompressiblen Fluids muß in der Bewegungsgleichung, wie bereits vermerkt, auch noch die Schubkraft auftreten, die durch die Verschiebung der Schichten infolge Volumendeformation (Verdichtung oder Ausdehnung) des Fluids entsteht. Dabei nimmt die Navier-Stokessche Gleichung in Vektordarstellung folgende Form an:

$$\frac{\mathrm{d}\boldsymbol{v}}{\mathrm{d}t} = \boldsymbol{K} - \frac{1}{\varrho}\,\mathrm{grad}\,p + \nu\,\nabla^2\boldsymbol{v} + \frac{1}{3}\,\nu\,\mathrm{grad}\,\mathrm{div}\,\boldsymbol{v} \tag{2.5-27}$$

Das letzte Glied im rechten Teil der Gleichung stellt genau diese genannte massebezogene Kraft dar.

2.5.9. Aufgabenstellung für die Berechnung der Bewegung realer Fluide

Wie auch im Falle idealer Fluide besteht die Aufgabe bei der Berechnung der Strömung realer inkompressibler Fluide darin, den Geschwindigkeitsvektor oder, was dasselbe ist, seine drei Projektionen und den Druck zu bestimmen. Im allgemeinen Fall sind vier skalare Funktionen der Koordinaten und der Zeit durch die Lösung der drei Bewegungsgleichungen (2.5-26) und der Kontinuitätsgleichung für inkompressible Medien (2.2-4) zu ermitteln. Dazu müssen selbstverständlich auch die Anfangs- (für instationäre Strömung) und die Randbedingungen gegeben sein. Was die letzteren betrifft, so ist für die Geschwindigkeit ganz offensichtlich, daß an einer festen und undurchlässigen Oberfläche der Geschwindigkeitsvektor gleich Null wird. Die so formulierte Aufgabe ist außerordentlich kompliziert und hat bis heute keine allgemeingültige Lösung. Darüber hinaus ist für diese Aufgabe auch das Theorem über die Existenz und die Einzigkeit der Lösung nicht bewiesen. Für einige einfachere Einzelfälle lassen sich jedoch analytische Lösungen für diese Aufgabe finden. Hierzu können natürlich auch numerische Lösungsmethoden verwendet werden, die sich auf Rechenanlagen ausreichender Größe realisieren lassen. Wenn ein kompressibles Medium vorliegt, dann wird die Berechnung der Bewegung realer Fluide noch komplizierter. In diesem Falle müssen die Bewegungsgleichungen in der Form (2.5-27), die Kontinuitätsgleichung der Form (2.2-3) sowie die Zustandsgleichung der Gase verwendet werden, da der Druck als weitere unbekannte Funktion auftritt.
Die außerordentliche Kompliziertheit der Aufgaben der Strömung realer Fluide und die Notwendigkeit der Lösung der mit ihnen zusammenhängenden praktischen Probleme führten zur Schaffung verschiedener Näherungsmethoden der Berechnung und der Theorie. Die am weitesten verbreitete und für die Praxis bedeutsamste ist die im Abschnitt 2.6. beschriebene Theorie der Grenzschicht.

2.5.10. Stationäre, vollausgebildete laminare Strömung inkompressibler Fluide in einem Kanal (Poiseuille-Strömung)

Es soll einer der wenigen Fälle der Bewegung eines realen Fluids betrachtet werden, für die eine exakte analytische Lösung der Navier-Stokesschen Gleichung gezeigt werden kann. Es handelt sich hierbei um die stationäre laminare Strömung eines Fluids in einem von zwei unendlichen ebenen Platten gebildeten Kanal (Bild 2.5-9). Praktisch heißt das, daß die Strömung in einem Kanal erfolgt, dessen Höhe (Abmessung in y-Richtung) im Vergleich zur Breite (Abmessung in z-Richtung) sehr klein ist,

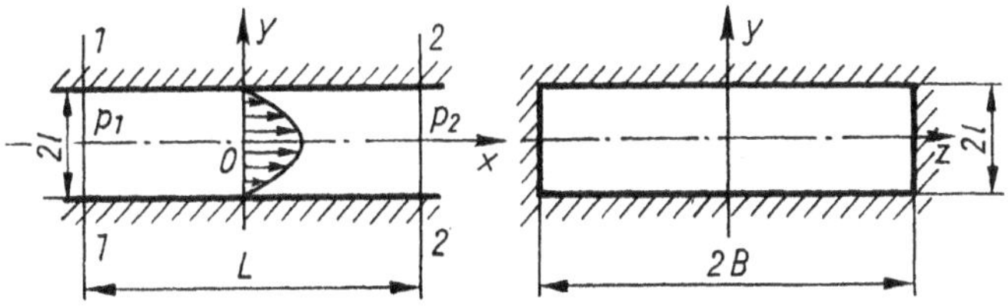

Bild 2.5-9. Poiseuille-Strömung

d. h., $2\,l \ll 2\,B$. Da eine stationäre Strömung vorliegt, ist $\partial \boldsymbol{v}/\partial t = 0$. Die Bewegung erfolgt nur in Richtung der x-Achse, d. h., $v_y = v_z = 0$.
Aus der Kontinuitätsgleichung für inkompressible Medien (2.2-4) ergibt sich $\partial v_x/\partial x = 0$, d. h., die Geschwindigkeit ändert sich nicht über die Kanallänge. Solch eine Strömung wird als voll ausgebildete oder hydrodynamisch stabilisierte Strömung bezeichnet, und sie liegt praktisch in einer genügend großen Entfernung vom Eintritt in den Kanal vor. Die Geschwindigkeit v ändert sich somit nur über die Kanalhöhe, d. h., sie ist nur eine Funktion von der y-Koordinate. Für den betrachteten Fall soll die Navier-Stokessche Gleichung (2.5-27) aufgestellt werden. Wegen $v_y = v_z = 0$ erhält man aus den Gleichungen für die y- und z-Achse $\partial p/\mathrm{d}y = 0$ und $\partial p/\partial z = 0$, wobei die Wirkung der äußeren Massekraft unberücksichtigt bleibt. Somit ändert sich der Druck nur über die Kanallänge, d. h., $p = p(x)$. Aus der Gleichung für die x-Achse ergibt sich unter Berücksichtigung der bereits vorhandenen Ergebnisse:

$$0 = -\frac{1}{\varrho}\,\frac{\mathrm{d}p}{\mathrm{d}x} + \nu\,\frac{\mathrm{d}^2 v_x}{\mathrm{d}y^2} \tag{a}$$

Die betrachtete Strömung tritt somit nur beim Vorhandensein von Druck- und Schubkräften auf. Die Trägheitskraft fehlt, da sich alle Teilchen des Fluids geradlinig und gleichmäßig bewegen. Die in y-Richtung wirkende Schwerkraft (das Fluid bewegt sich horizontal) wird wegen der geringen Kanalhöhe vernachlässigt. Multipliziert man beide Teile der Gl. (a) mit ϱ, so ergibt sich:

$$\eta\,\mathrm{d}^2 v_x/\mathrm{d}y^2 = \mathrm{d}p/\mathrm{d}x \tag{b}$$

Die im linken Teil der Gl. (b) stehende Größe ist nur von y, die im rechten Teil nur von x abhängig. Da x und y voneinander unabhängig sind, kann die Gleichheit beider Größen nur erfüllt sein, wenn beide Größen konstant sind. Bezeichnet man diese Konstante mit $-\mathrm{P}$ (da $\mathrm{d}p/\mathrm{d}x < 0$: der Druck nimmt durch die Reibungsverluste über die Kanallänge ab), so erhält man die Gleichungen:

$$\mathrm{d}p/\mathrm{d}x = -\,\mathrm{P} \tag{c}$$

$$\eta\,\mathrm{d}^2 v_x/\mathrm{d}y^2 = -\,\mathrm{P} \tag{d}$$

Aus Gl. (c) folgt, daß der Druck über der Kanallänge linear abfällt. Aus Gl. (d) kann die Geschwindigkeitsverteilung über der Kanalhöhe ermittelt werden. Zur Lösung dieser Aufgabe sind die Randbedingungen für die Geschwindigkeit anzugeben. An den Kanalwänden wird die Geschwindigkeit gleich Null, d. h., $v_x(\pm\, l) = 0$; auf der Koordinatenachse erreicht sie hingegen den Maximalwert (Bild 2.5-9), d. h. bei $y = 0$, $\mathrm{d}v_x/\mathrm{d}y = 0$. Durch Integration der Gl. (d) entsteht $\mathrm{d}v_x/\mathrm{d}y = -\mathrm{P}\,y/\eta + C_1$. Die beliebige Integrationskonstante C_1 wird aus der Randbedingung für die Achsenebene des Kanals ermittelt, was $C_1 = 0$ liefert. Somit erhält man:

$$\frac{\mathrm{d}v_x}{\mathrm{d}y} = -\,\mathrm{P}\,\frac{y}{\eta} \tag{e}$$

Nach einer weiteren Integration der Gl. (e) entsteht:

$$v_x = -\mathrm{P}\frac{y^2}{2\eta} + C_2 \tag{f}$$

Aus der Randbedingung an den Kanalwänden erhält man den Wert der Integrationskonstanten C_2. Durch Einsetzen von $y = \pm l$ und $v_x(\pm l) = 0$ erhält man $C_2 = \mathrm{P}\, l^2/2\,\eta$. Somit hat die gesuchte Lösung die Form

$$v_x = \frac{\mathrm{P}\, l^2}{2\eta}\left[1 - \left(\frac{y}{l}\right)^2\right] \tag{2.528}$$

oder, bezeichnet man die dimensionslose Koordinate $y/l = \beta$,

$$v_x = \frac{\mathrm{P}\, l^2}{2\eta}\,(1 - \beta^2) \tag{2.5-28/1}$$

Die Geschwindigkeitsverteilung im Kanalquerschnitt hat also die Form einer quadratischen Paabel mit dem Scheitelpunkt in der Achsenebene des Kanals. Es sei vermerkt, daß man für die Strömung im Rohr genau dasselbe Ergebnis erhält. Um auch den linken Teil der Gl. (2.5-28) in dimensionsloser Form darzustellen, wird in dieser Beziehung $y = 0$ gesetzt, und man erhält $v_x(0) = v_{xm} = \mathrm{P}\, l^2/2\,\eta$. Somit ergibt sich für das dimensionslose Geschwindigkeitsprofil die Form

$$\frac{v_x}{v_{xm}} = 1 - \beta^2 \tag{2.5-28/2}$$

Damit die Aufgabe vollständig bestimmt ist, muß noch der Wert der Konstanten P ermittelt werden. Dazu gibt man noch irgendeine Bedingung vor, z. B. den Durchsatz des Fluids durch den Kanalquerschnitt $\dot{V}$ (m³/s). Es sei darauf verwiesen, daß mit der Bestimmung der Größe P in Übereinstimmung mit Gl. (c) die Druckänderung über die Kanallänge ermittelt wird, d. h. die Druckverluste durch Reibung. Da sich über die Breite des Kanals (entlang der z-Achse) die Geschwindigkeit nicht ändert, ergibt sich für den Fluiddurchsatz durch die Querschnittsfläche die Form

$$\dot{V} = 2B \int_{-l}^{l} v_x(y)\,\mathrm{d}y$$

oder, da das Geschwindigkeitsprofil zur Fläche $x0z$ symmetrisch ist,

$$\dot{V} = 4B \int_{0}^{l} v_x(y)\,\mathrm{d}y$$

Setzt man für die Geschwindigkeit den Ausdruck (2.5-28) und bringt den Ausdruck unter dem Integral in eine dimensionslose Form, so erhält man:

$$\dot{V} = 2B\frac{\mathrm{P}\, l^3}{\eta}\int_{0}^{1}(1 - \beta^2)\,\mathrm{d}\beta$$

und folglich:

$$\dot{V} = \frac{4}{3}\;\frac{B\,\mathrm{P}\, l^3}{\eta} \tag{2.5-29}$$

Diese Beziehung (2.5-29) stellt einen Zusammenhang zwischen der Konstanten P und dem Durchsatz $\dot{V}$ des Fluids her und bestimmt damit die Aufgabe vollständig. Außerdem können mit dieser Gleichung die Druckverluste durch Reibung und anschließend der Reibungsbeiwert ermittelt werden. Dazu wird zunächst die mittlere Geschwindigkeit für den Querschnitt $\bar{v}_x = \dot{V}/A$ bestimmt:

$$\bar{v}_x = \frac{4BPl^3}{3\eta 4\eta Bl} = \frac{Pl^2}{3\eta} \tag{2.5-30}$$

Wegen $v_{xm} = P\,l^2/2\,\eta$ folgt $\bar{v}_x = 2\,v_{xm}/3$. Aus Gl. (2.5-31) erhält man den Zusammenhang zwischen der Konstanten P und der für den Querschnitt mittleren Geschwindigkeit $\bar{v}_x$:

$$P = 3\,\eta\,\bar{v}_x/l^2 \tag{2.5-31}$$

Es sollen nun zwei im Abstand L (Bild 2.5-9) voneinander entfernte Querschnitte des Kanals *1-1* und *2-2* betrachtet werden. Im ersten ist der Druck p_1, im zweiten p_2. Da die Summe aus dynamischem und geodätischem Druck in diesem Querschnitt gleich groß ist, folgt $p_R = p_1 - p_2 = -L\,\mathrm{d}p/\mathrm{d}x = P\,L$. Hieraus erhält man unter Berücksichtigung der Gl. (2.5-31):

$$p_R = 3\,\eta\,\bar{v}_x L/l^2 \tag{2.5-32}$$

Andererseits gilt nach der allgemeinen Formel für Druckverluste durch Reibung:

$$p_R = \lambda \frac{l}{d_{gl}} \frac{\varrho\,\bar{v}_x^2}{2}$$

Setzt man die rechten Seiten der beiden letzten Gleichungen gleich, so ergibt sich:

$$\lambda = \frac{6\,d_{gl}\eta}{\varrho\,\bar{v}_x\,l^2}$$

oder wegen $d_{gl} = 4(2B\,2l)/2\,(2B + 2l)$ und $B \gg l$, d. h.,

$d_{gl} = 4l$ oder $l = d_{gl}/4$:

$$\lambda = 96/Re \tag{2.5-33}$$

$(Re = \bar{v}\,d_{gl}/\nu)$

Die exakte Lösung der Navier-Stokesschen Gleichung liefert somit tatsächlich für den Reibungsbeiwert die Formel $\lambda = c/Re$, wie das bereits im Abschn. 2.5.3.1. dargestellt wurde.

2.6. Theorie der hydrodynamischen Grenzschicht

2.6.1. Grundbegriffe

Wie bereits erwähnt wurde, sind die Bewegungsgleichungen realer Fluide, d. h. die Navier-Stokesschen Gleichungen, derart kompliziert, daß ihre analytische Lösung in allgemeiner Form (d. h. die Ermittlung der Verteilung der drei Komponenten des Ge-

schwindigkeitsvektors und die Bestimmung des Druckes) gegenwärtig nicht angegeben werden kann.
Für diese Gleichungen existieren lediglich für einige der einfachsten Fälle exakte Lösungen. Die Erfordernisse der Ingenieurpraxis verlangen jedoch die Lösung von Aufgaben der Bewegung von zähen Medien. Diese Aufgaben haben nicht nur eine eigenständige Bedeutung, sondern spielen auch bei der Betrachtung der Prozesse des Wärme- und Stoffüberganges eine außerordentlich wichtige Rolle. Deshalb wurden verschiedene Näherungstheorien und -methoden entwickelt, die die Lösung der genannten Aufgaben ermöglichen.
Die größte Bedeutung davon hat die Grenzschichttheorie, deren Grundlagen von *Prandtl* zu Beginn unseres Jahrhunderts geschaffen wurden. Die Grenzschichttheorie und ihre Methoden erhielten bis zur Gegenwart eine sehr breite Entwicklung und Verbreitung. Sie stellt eine Basis dar, auf der sich das gesamte Gebäude der modernen Theorie der Prozesse des konvektiven Wärme- und Stoffüberganges aufbaut. Der Grenzschichttheorie liegt der phyikalische Gedanke zugrunde, daß gemäß der Newton-Formel (2.5-19) genügend große Werte der Schubspannungen und folglich auch der Schubkräfte nur dann entstehen können, wenn ausreichend große Geschwindigkeitsgradienten vorliegen. Folglich müssen die in einem realen Fluid wirkenden Schubkräfte nur dann berücksichtigt werden, wenn die Geschwindigkeitsgradienten genügend groß sind. Im anderen Falle kann das Fluid als ideal, nicht zäh, betrachtet werden. Große Geschwindigkeitsgradienten entstehen offensichtlich in folgenden zwei Fällen:

1. bei der Bewegung des Fluids in der Nähe einer festen Oberfläche, da an der Oberfläche die Haftbedingung auftritt, d. h., die Geschwindigkeit ist gleich Null;
2. in der Nähe der Kontaktzone zweier Fluidströme mit deutlich unterschiedlichen Geschwindigkeiten, z. B. beim Ausfluß eines Fluids in ein ruhendes Volumen desselben Fluids.

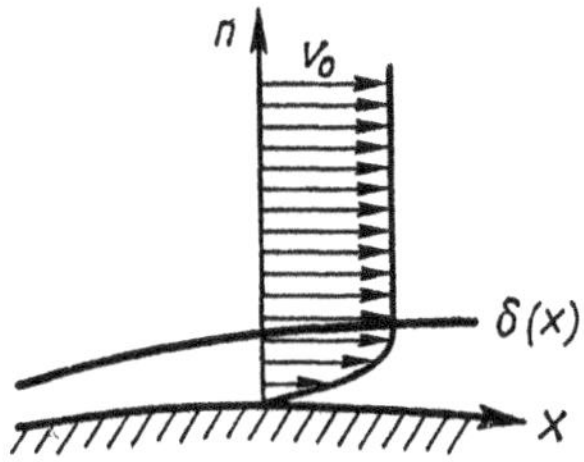

Bild 2.6-1. Wandnahe Grenzschicht

Im ersten Fall spricht man von der Ausbildung einer wandnahen Grenzschicht, im zweiten Fall von einer freien Grenzschicht. In beiden Fällen kann eine im Vergleich zu den Abmessungen der Strömung sehr dünne Zone, z. B. Oberflächennähe (Bild 2.6-1), gezeigt werden, in der der Geschwindigkeitsgradient quer zur Strömungsrichtung so groß ist, daß die Schubkräfte nicht vernachlässigt werden dürfen. Im übrigen Teil der Strömung verhält sich das Fluid hingegen ideal, da der Geschwindigkeitsgradient und folglich die Schubkräfte vernachlässigbar klein sind. Jene dünne Zone, in der der Einfluß der Schubkräfte zu berücksichtigen ist, wird als *Grenzschicht* bezeichnet. Eine solche Betrachtung der Strömung, d. h. eine Unterteilung in den Bereich der Grenzschicht und in den Bereich der Außenströmung, hat zwei wesentliche Vorteile:

1. Die Bewegung kann in der Außenströmung mit Hilfe der für ideale Fluide charakteristischen Gesetzmäßigkeiten, d. h. der Euler-Gl. (2.3-7) beschrieben werden.

2. Die Bewegungsgleichungen für zähe Fluide vereinfachen sich in der Grenzschicht wesentlich infolge der geringen Dicke dieses Bereiches.

2.6.2. Arten von Grenzschichten

In Bild 2.6-2 ist eine schematische Darstellung eines der einfachsten Fälle von Grenzschichten gezeigt – die *wandnahe Grenzschicht*, die sich bei der stationären Bewegung eines Fluids entlang einer unendlichen ebenen Oberfläche ausbildet. Die unbegrenzte Strömung mit einer gleichmäßigen Geschwindigkeitsverteilung v_0 bei $x \leqq 0$, d. h. bis Vorderkante der Wand, bewegt sich entlang der in z-Richtung unbegrenzten ebenen Platte. Die Plattenoberfläche stimmt mit der Halbfläche xyz, die den positiven x-Werten entspricht, überein. In jedem beliebigen Querschnitt der Strömung, d. h. bei $x > 0$, ist die Geschwindigkeit an der Oberfläche gleich Null, und es bildet sich folglich in Oberflächennähe eine dünne Grenzschicht aus, in deren Grenzen sich die Geschwindigkeit von Null (an der Wand) bis v_0 (an ihrer oberen Grenze) ändert. Mit größer werdender Entfernung von der Vorderkante der Platte nimmt die Dicke der Grenzschicht δ zu, da der erregende (bremsende) Einfluß der Wand immer tiefer in den Bereich der Außenströmung infolge der Impulsübertragung in Querrichtung eindringt, d. h. infolge der Wirkung der Schubkräfte. Daraus folgt, daß $\delta = \delta(x)$.
Die wandnahe Grenzschicht ist also eine dünne Fluidschicht, die sich in Nähe der Oberfläche eines festen Körpers bewegt. Über die Dicke dieser Schicht ändert sich die Geschwindigkeit von Null an der Wand bis zur ungestörten Geschwindigkeit der Außenströmung. Innerhalb dieser Schicht ist folglich ein Geschwindigkeitsgradient in Querrichtung vorhanden, und es erfolgt deshalb eine Impulsübertragung, was bedeutet, daß Kräfte der inneren Reibung (Schubkräfte) wirken. Außerhalb der Grenzschicht, d. h. in der Außenströmung (ungestörte Strömung), fehlt der Geschwindigkeitsgradient, und es treten keine Schubkräfte auf.
Die Strömung der Grenzschicht kann sowohl laminar als auch turbulent sein. In Bild

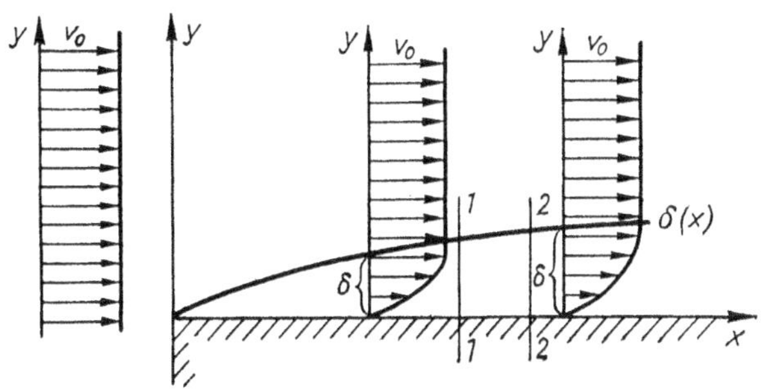

Bild 2.6-2. Laminare Grenzschicht an einer ebenen Oberfläche

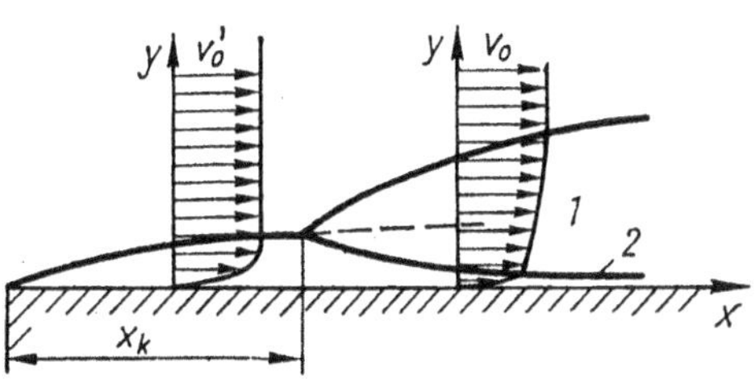

Bild 2.6-3. Schema der Ausbildung einer turbulenten Grenzschicht an einer ebenen Oberfläche

1 Turbulenzzone *2* laminare Unterschicht

2.6-3 ist das Schema der Ausbildung (Entstehung) einer turbulenten Grenzschicht an einer ebenen Körperfläche dargestellt. Wie bereits erwähnt wurde, nimmt die laminare Grenzschichtdicke $\delta(x)$ mit zunehmender Entfernung von der Plattenkante zu. Da an der äußeren Grenzschicht die Geschwindigkeit v_0 vorliegt und an der unteren die Geschwindigkeit gleich Null ist, verringert sich der Mittelwert des Geschwindigkeitsgradienten v_0/δ in Querrichtung, und folglich nimmt auch die Schubkraft ab. Andererseits bedeutet die Vergrößerung der Grenzschichtdicke, daß die in der Grenzschicht strömende Fluidmasse zunimmt und folglich die Trägheitskraft größer wird. In einem bestimmten Abstand x_{kr} von der Vorderkante der Platte ist die Trägheitskraft im Vergleich zur Schubkraft so groß, daß das laminare Regime seine Stabilität verliert und in das turbulente Bewegungsregime übergeht, d. h., es kommt zur Ausbildung einer turbulenten Grenzschicht.
Da die Intensität der turbulenten, pulsierenden Impulsübertragung in y-Richtung im Vergleich zur molekularen Übertragung sehr groß ist, steigt die turbulente Grenzschichtdicke über die Plattenlänge schneller an als die Dicke der laminaren Grenzschicht und ist bei sonst gleichen Bedingungen wesentlich größer als die laminare. Aus demselben Grund ist der Geschwindigkeitsgradient der turbulenten Strömung in Querrichtung kleiner als in der laminaren Strömung. Der turbulente Strom nimmt jedoch nicht die gesamte Dicke der turbulenten Grenzschicht ein. In Wandnähe, wo die absoluten Werte der Geschwindigkeit klein sind, der Geschwindigkeitsgradient aber groß ist, erweist sich die Trägheitskraft als klein im Vergleich zur Schubkraft, und deshalb behält das laminare Regime seine Stabilität.
Die turbulente Grenzschicht besteht somit aus zwei Bereichen: Den größten Teil der Dicke nimmt die turbulente Schicht selbst ein, und in Wandnähe bleibt eine dünne laminare Unterschicht erhalten. Das beschriebene Zweischichtenschema der turbulenten Grenzschicht ist natürlich nur ein stark vereinfachtes Modell der realen sehr komplizierten Wirklichkeit.
Der kritische Abstand x_{kr}, bei dem sich die turbulente Grenzschicht bildet, ergibt sich aus dem kritischen Wert der Reynolds-Zahl. Wie auch bei der Rohrströmung läßt sich nur ein unterer kritischer Wert dieses Kriteriums angeben, der für den betrachteten Fall eine Größenordnung von 10^5 hat.

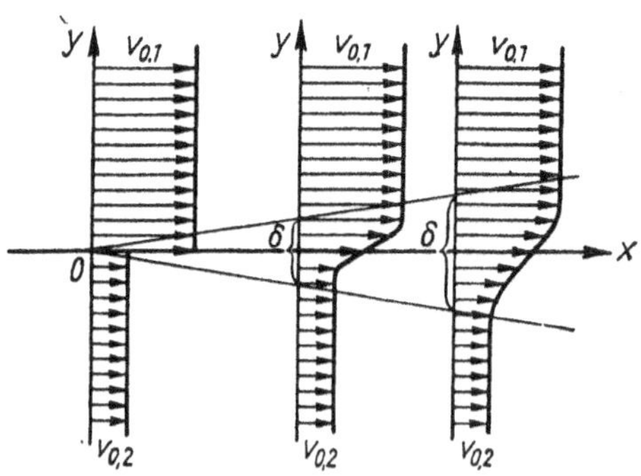

Bild 2.6-4. Freie Grenzschicht

In Bild 2.6-4 ist das Schema einer freien Grenzschicht dargestellt, die sich bei der Vermischung von zwei einseitig begrenzten homogenen Strömungen ausbildet. Diese Ströme mit den Geschwindigkeiten $v_{0,1}$ und $v_{0,2}$ bewegen sich in der positiven x-Richtung entlang einer sie trennenden unendlich dünnen Platte, die bei $x = 0$ endet. Be-

ginnend von der Geraden $x = 0$ bildet sich eine mit zunehmendem Abstand von dieser Geraden breiter werdende Schicht aus, in der sich die Geschwindigkeit von $v_{0,1}$ bis $v_{0,2}$ ändert. Diese Schicht wird als *freie Grenzschicht* bezeichnet.
In der freien wie auch in der wandnahen Grenzschicht ist ein Geschwindigkeitsgradient in Querrichtung vorhanden, und es wirkt folglich eine mit der Trägheitskraft vergleichbare Schubkraft. Im Unterschied zur wandnahen Grenzschicht, die auf der einen Seite an die Außenströmung und auf der anderen Seite an die Wand angrenzt, geht die freie Grenzschicht beiderseits in die Außenströmung über. Das führt dazu, daß die freie Grenzschicht wegen des fehlenden stabilisierenden Einflusses der Wand leicht verwirbelt und, wie die in der Praxis auftretenden Freistrahlen, fast immer turbulent ist. Das Fehlen einer festen Oberfläche führt auch dazu, daß in der freien turbulenten Grenzschicht, d. h. in turbulenten Freistrahlen, keine laminare Unterschicht vorhanden ist. Diese Grenzschicht ist also über der gesamten Dicke turbulent.

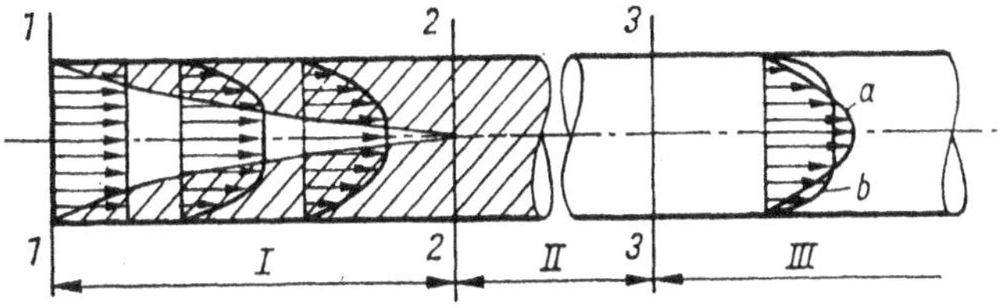

Bild 2.6-5. Strömungsschema eines Fluides in einem Rohr

a laminares Regime
b turbulentes Regime

Auch bei der Rohrströmung eines Fluids bildet sich eine Grenzschicht. Im Bild 2.6-5 ist das Schema der Rohrströmung eines Fluids gezeigt. Am Eintrittsquerschnitt des Rohres *1-1* liegt eine homogene Geschwindigkeitsverteilung vor. Da an der Rohrwand die Geschwindigkeit gleich Null ist, bildet sich eine ringförmige Grenzschicht (schraffierte Zone) in Wandnähe aus; im zentralen Teil des Querschnittes bleibt eine Schicht der ungestörten Strömung (Außenströmung) erhalten, die als *Potentialkern* bezeichnet wird und wo kein Geschwindigkeitsgradient in Querrichtung auftritt. Mit zunehmender Entfernung vom Eintrittsquerschnitt nimmt die Dicke der Grenzschicht zu und nimmt schließlich im Querschnitt *2-2* die gesamte Querschnittsfläche des Rohres ein. Der zwischen den Querschnitten *1-1* und *2-2* gelegene Abschnitt *I*, in dem eine Grenzschicht und ein Potentialkern vorliegen, wird als *Einlaufstrecke* bezeichnet. Mit zunehmender Entfernung vom Rohreintritt, im Übergangsabschnitt *II* zwischen den Querschnitten *2-2* und *3-3*, setzt sich die Veränderung des Geschwindigkeitsprofils fort. Im Querschnitt *3-3* ist diese Veränderung schließlich abgeschlossen, und es beginnt der Abschnitt *III* der hydrodynamisch stabilisierten oder voll ausgebildeten Rohrströmung. Für diese Strömung wurde im vorhergehenden Abschnitt die Aufgabe gelöst und ermittelt, daß die Geschwindigkeitsverteilung bei laminarer Strömung einen parabolischen Charakter aufweist.
Das beschriebene Schema ist sowohl für das laminare (*a*) als auch für das turbulente Bewegungsregime (*b*) im Rohr gültig. Bei turbulenter Strömung ist jedoch die Einlauflänge und auch die Länge des Übergangsabschnittes wegen des intensiveren Anwachsens der Grenzschichtdicke kurz. Dabei ist im Zusammenhang mit der intensiven Impulsübertragung in Querrichtung das Geschwindigkeitsprofil im Falle der voll ausgebildeten Rohrströmung mehr geglättet, d. h. dem homogenen Profil mehr angenähert.

2.6.3. Differentialgleichungen der laminaren Grenzschicht (Prandtl-Gleichungen)

Es sollen nun die Gleichungen für die Fluidbewegung in der Grenzschicht aufgestellt werden. Dazu wird zunächst die laminare Grenzschicht an einer ebenen Oberfläche betrachtet (Bild 2.6-2). Diese Aufgabe, d. h. die Strömung eines homogenen unbegrenzten Stromes in Oberflächennähe einer einseitig begrenzten ebenen Platte, erscheint zunächst dermaßen idealisiert, daß ein direkter Bezug zu in der Praxis vorkommenden Strömen nicht vorhanden sein kann. Das ist jedoch nicht nur der einfachste Fall des Zusammenwirkens einer Strömung mit einer Oberfläche, sondern auch der in der Wärmetechnik häufig genug auftretende Fall der Grenzschicht. Praktisch tritt diese Situation tatsächlich in Band- und Turmöfen auf, in denen das Material in Form eines kontinuierlichen Streifens in einer ruhenden Ofenatmosphäre bewegt wird, was der Bewegung eines homogenen Stromes über einer ruhenden Oberfläche völlig gleichwertig ist. Eine ähnliche Situation ist in verschiedenen Durchlauföfen, z. B. Rollenherdöfen, vorhanden, in denen Blechmaterial erwärmt wird.
Eine ungestörte Strömung bewegt sich nur in x-Richtung mit der überall gleichen Geschwindigkeit v_0. Was die Grenzschicht betrifft, so tritt in ihr auch eine Komponente des Geschwindigkeitsvektors v_y in Querrichtung auf. Davon kann man sich überzeugen, wenn man in Bild 2.6-2 einen Quader betrachtet. Die linke Seite des Quaders liegt im Querschnitt *1-1*, die rechte Seite in *2-2*. Die Abmessung des Quaders kann beliebig sein, z. B. gleich 1. Die Höhe des Quaders, also die Ausdehnung in y-Richtung, ist gleich der Grenzschichtdicke im Querschnitt *1-1*. Der Fluiddurchsatz, der durch die linke Seitenfläche in den Quader eintritt, wo sich die Geschwindigkeit von Null bis v_0 ändert, ist verständlicherweise größer als der Durchsatz, der den Quader auf der rechten Seite verläßt, wo die Geschwindigkeit von Null auf einen Wert kleiner v_0 ansteigt, da die Grenzschichtdicke in *2-2* größer ist als in *1-1*. Da es sich um ein inkomdressibles Medium handelt, folgt hieraus, daß die Differenz der beiden Fluidmengen die obere Quaderfläche verlassen muß, bei Fluidströmungen in y-Richtung. Die betrachtete Strömung wird durch ein System von 3 Differentialgleichungen beschrieben:

$$v_x \frac{\partial v_x}{\partial x} + v_y \frac{\partial v_x}{\partial y} = -\frac{1}{\varrho}\frac{\partial p}{\partial x} + \nu\left(\frac{\partial^2 v_x}{\partial x^2} + \frac{\partial^2 v_x}{\partial y^2}\right) \tag{2.6-1}$$

$$v_x \frac{\partial v_y}{\partial x} + v_y \frac{\partial v_y}{\partial y} = -\frac{1}{\varrho}\frac{\partial p}{\partial y} + \nu\left(\frac{\partial^2 v_y}{\partial x^2} + \frac{\partial^2 v_y}{\partial y^2}\right) \tag{2.6-2}$$

$$\frac{\partial v_x}{\partial x} + \frac{\partial v_y}{\partial y} = 0 \tag{2.6-3}$$

Die gesuchten Funktionen sind in diesen Gleichungen die beiden Komponenten de Geschwindigkeitsvektors v_x, v_y und der Druck p. Die Gln. (2.6-1) und (2.6-2) sind die Navier-Stokesschen Gleichungen für die Geschwindigkeitskomponenten v_x und v_y; die Gleichung (2.6-3) ist die Kontinuitätsgleichung für die betrachtete zweidimensionale Strömung. Die Wirkung von äußeren Massekräften (Gravitationskräfte) wird vernachlässigt. Die Gln. (2.6-1) bis (2.6-3) werden wie folgt für die Grenzschichtströmung entsprechend angewendet. Wegen der geringen Dicke der Grenzschicht, d. h. da $\delta \ll x$, kann logischerweise angenommen werden, daß $0(x) = 1$; $0(y) = \delta$. (Die Bezeichnung des Typs $0(x) = 1$ bedeutet: Die Größenordnung der Größe x ist gleich Eins.) Dabei ist $\delta \ll 1$. Da die Hauptrichtung der Bewegung in x-Richtung verläuft, kann weiterhin angenommen werden, daß $0(v_x) = 1$.

Zur Bewertung der Größenordnung der Geschwindigkeitskomponente in der Querrichtung wird die Kontinuitätsgleichung (2.6-3) herangezogen. Dabei geht man davon aus (und das läßt sich leicht beweisen), daß die Größenordnung der n-ten Ableitung gleich dem Verhältnis der Größenordnung der Funktion zur Größenordnung des Argumentes in der n-ten Potenz ist. Da x und v_x die Größenordnung 1 haben, gilt auch $0(\partial v_x/\partial x) = 1$, und da beide Summanden im linken Teil der Gl. (2.6-3) die gleiche Größenordnung haben müssen, damit die Summe Null ergibt, erhält man $0(\partial v_y/\partial y) = 1$. Hieraus folgt $0(v_y) = \delta$ wegen $0(y) = \delta$.

Somit erhält man eine der charakteristischen Eigenschaften der Grenzschicht: die geringe Größe der Querkomponente der Geschwindigkeit im Vergleich zur Komponente in Längsrichtung. Zur Bewertung der Größenordnung aller in die Gln. (2.6-1) und (2.6-2) eingehenden Glieder muß die Größenordnung der kinematischen Zähigkeit ν bekannt sein. Aus diesen allgemeinen Überlegungen, daß in der Grenzschicht die Trägheitskraft und die Schubkraft Größen gleicher Größenordnung sein müssen, ergibt sich $0(\nu) = \delta^2$. Der linke Teil der Gl. (2.6-1) stellt die Massendichte der Trägheitskraft dar und der zweite Summand die Massendichte der Schubkraft. Da, wie später gezeigt wird, die Größenordnung der ersten dieser Größen gleich Eins ist, muß die zweite ebenfalls diese Größenordnung haben. Der Klammerausdruck hat die Größenordnung $1/\delta^2$, folglich ist $0(\nu) = \delta^2$. Nachfolgend soll die Größenordnung der in den Gln. (2.6-1) und (2.6-2) enthaltenen Größen bestimmt werden. Dazu wird unter jedem Term dieser Gleichungen seine Größenordnung angegeben. Die Größenordnung des Druckgradienten wird zunächst nicht bewertet.

$$
\begin{array}{ccccccccccc}
v_x & \dfrac{\partial v_x}{\partial x} & + & v_y & \dfrac{\partial v_y}{\partial y} & = & -\dfrac{1}{\varrho}\dfrac{\partial p}{\partial x} & + & \nu & \Big(\dfrac{\partial^2 v_x}{\partial x^2} & + \dfrac{\partial^2 v_x}{\partial y^2}\Big) \\
\downarrow & \downarrow & & \downarrow & \downarrow & & & & \downarrow & \downarrow & \downarrow \\
1 & \dfrac{1}{1} & & \delta & \dfrac{1}{\delta} & & & & \delta^2 & \Big(\dfrac{1}{1} & \dfrac{1}{\delta^2}\Big)
\end{array}
$$

$$
\begin{array}{ccccccccccc}
v_x & \dfrac{\partial v_y}{\partial x} & + & v_y & \dfrac{\partial v_y}{\partial y} & = & -\dfrac{1}{\varrho}\dfrac{\partial p}{\partial y} & + & \nu & \Big(\dfrac{\partial^2 v_y}{\partial x^2} & + \dfrac{\partial^2 v_y}{\partial y^2}\Big) \\
\downarrow & \downarrow & & \downarrow & \downarrow & & & & \downarrow & \downarrow & \downarrow \\
1 & \dfrac{\delta}{1} & & \delta & \dfrac{\delta}{\delta} & & & & \delta^2 & \Big(\dfrac{\delta}{1} & \dfrac{\delta}{\delta^2}\Big)
\end{array}
$$

In Gl. (2.6-1) ist also $\nu \dfrac{\partial^2 v_x}{\partial x^2}$ eine vernachlässigbar kleine Größe, und in Gl. (2.6-2) haben alle bewerteten Größen eine Größenordnung nicht größer als die Größe δ.

Die erste Aussage ist ein charakteristisches Merkmal der Grenzschicht, das durch ihre geringe Dicke bedingt ist: Die Änderung aller Größen quer zur Grenzschicht ist wesentlich stärker als in x-Richtung (Längskoordinate x). Die zweite Aussage bedeutet, daß $0\left(\dfrac{\partial p}{\partial y}\right) = \delta$ (es wird angenommen, daß $0(\varrho) = 1$). Dies ist eine weitere Eigenschaft der Grenzschicht, die darin besteht, daß sich der Druck quer zur Grenzschicht fast nicht ändert, d. h., der Druck wird durch die Grenzschicht hindurch ohne Veränderungen übertragen. Die zweite Gleichung artet somit in eine Bedingung der Druckkonstanz quer zur Grenzschicht aus.

Anstelle der Gln. (2.6-1) bis (2.6-3) ergibt sich also das folgende Gleichungssystem:

$$
\left.
\begin{aligned}
& v_x \frac{\partial v_x}{\partial x} + v_y \frac{\partial v_x}{\partial y} = -\frac{1}{\varrho}\frac{\mathrm{d}p}{\mathrm{d}x} + \nu \frac{\partial^2 v_x}{\partial y^2} \\
& \frac{\partial v_x}{\partial x} + \frac{\partial v_y}{\partial y} = 0
\end{aligned}
\right\}
\qquad (2.6\text{-}4)
$$

Diese Gleichungen (2.6-4) werden als *Grenzschichtgleichungen* oder *Prandtlsche Gleichungen* bezeichnet. In diesem System sind $v_x(x,y)$ und $v_y(x,y)$ die gesuchten Funktionen. Was den Druck betrifft, so ist seine Verteilung in Richtung der x-Achse wegen seiner Konstanz quer zur Grenzschicht die gleiche wie in der ungestörten Strömung. Da außerhalb der Grenzschicht die Fluidbewegung den Bewegungsgesetzen für ideale Fluide unterliegt, kann die Druckverteilung $p(x)$ in diesem Bereich und folglich auch in der Grenzschicht über die Lösung der Euler-Gleichungen gefunden werden. Für die hier betrachtete stationäre Strömung entlang einer ebenen Oberfläche hat die Euler-Gleichung für die Außenströmung die Form

$$v_0 \frac{dv_0}{dx} = -\frac{1}{\varrho} \frac{dp}{dx}$$

woraus wegen $dv_0/dx = 0$ folgt, daß $dp/dx = 0$. In der Grenzschicht an einer ebenen Oberfläche ist folglich $dp/dx = 0$, d. h., der Druck ist in der Grenzschicht überall konstant. Für diesen Fall haben dann die Prandtl-Gleichungen die Form

$$\left.\begin{aligned} v_x \frac{\partial v_x}{\partial x} + v_y \frac{\partial v_x}{\partial y} &= \nu \frac{\partial^2 v_x}{\partial y^2} \\ \frac{\partial v_x}{\partial x} + \frac{\partial v_y}{\partial y} &= 0 \end{aligned}\right\} \tag{2.6-5}$$

Es sei vermerkt, daß das gleiche System auch für die ebene freie Grenzschicht bei laminarer Strömung gilt. Für die aufgestellten Gleichungen gelten die Randbedingungen

bei $y = 0$: $\quad v_x = 0 \quad v_y = 0$

bei $y = \delta$: $\quad v_x = v_0 \quad \partial v_x/\partial y = 0$

Zur Lösung der Gleichungen für die laminare Grenzschicht mit den angegebenen Randbedingungen sind gegenwärtig sowohl verschiedene analytische als auch numerische Methoden vorhanden. Diese Lösungen sollen hier jedoch nicht gezeigt werden, und es wird auf die spezielle Literatur verwiesen.
Zur Lösung der wichtigsten Aufgaben der Grenzschichttheorie werden im weiteren vereinfachte, sogenannte *integrale Methoden* benutzt, bei deren Verwendung jedoch auf die hergeleiteten Gleichungen zurückgegriffen werden muß. Abschließend sei darauf hingewiesen, daß die erste Gleichung des Systems (2.6-5) in einer anderen Form geschrieben werden kann, wenn man die Newton-Formel für die Schubspannung $\tau = \eta\, \partial v_x/\partial y$ verwendet:

$$v_x \frac{\partial v_x}{\partial x} + v_y \frac{\partial v_x}{\partial y} = \frac{1}{\varrho} \frac{\partial \tau}{\partial y} \tag{2.6-6}$$

2.6.4. Prandtl-Gleichungen für die turbulente Grenzschicht

Die Aufgabe besteht darin, die Gleichungen für die turbulente Grenzschicht, dargestellt für die zeitlich gemittelten Geschwindigkeiten, aufzustellen. Im folgenden wird die quasistationäre turbulente Bewegung betrachtet. Das bedeutet, daß die gemittelten Geschwindigkeiten zeitlich konstant sind. Es wird vorausgesetzt, daß die Gleichungen der laminaren Grenzschicht (2.6-5) auch für die Momentangeschwindigkeiten in der turbulenten Grenzschicht angewendet werden können. Im linken Teil der ersten Gleichung muß dabei natürlich die lokale Anleitung $\partial v_x/\partial t$ hinzugefügt werden, da die

Momentangeschwindigkeit in der turbulenten Strömung eine komplizierte pulsierende Funktion der Zeit ist. Danach werden in diese Gleichungen anstelle der Geschwindigkeitswerte v_x und v_y die Ausdrücke über die gemittelten und pulsierenden Geschwindigkeiten eingesetzt, d. h.

$$v_x = \overline{v_x} + v'_x$$

$$v_y = \overline{v_y} + v'_y$$

Anschließend wird eine zeitliche Mittelung dieser Gleichungen durchgeführt. Unter Beachtung, daß $\overline{v'_x} = 0$, $\overline{v'_y} = 0$ und $\partial\bar{v}_x/\partial t = 0$, erhält man nach einfachen Umformungen:

$$\bar{v}_x \frac{\partial \bar{v}_x}{\partial x} + \bar{v}_y \frac{\partial \bar{v}_x}{\partial y} = \nu \frac{\partial^2 \bar{v}_x}{\partial y^2} - \frac{\partial \overline{v'_x v'_y}}{\partial y} \qquad (2.6\text{-}7)$$

$$\frac{\partial \bar{v}_x}{\partial x} + \frac{\partial \bar{v}_y}{\partial y} = 0 \qquad (2.6\text{-}8)$$

Man erkennt, daß die Kontinuitätsgleichung (2.6-8) für die gemittelten Geschwindigkeiten dieselbe Form hat wie für den laninaren Fall. Die Bewegungsgleichung (2.6-7) dagegen hat sich wesentlich verändert: In ihrem rechten Teil ist ein zusätzlicher Term erschienen – die Ableitung nach y des gemittelten Produktes aus Längs- und Querpulsation der Geschwindigkeit $\overline{v'_x v'_y}$. Diese Größe hat einen tiefen physikalischen Sinn, der im weiteren erläutert wird. Die Bewegungsgleichung (2.6-7) wird in folgender Form geschrieben:

$$\bar{v}_x \frac{\partial \bar{v}_x}{\partial x} + \bar{v}_y \frac{\partial \bar{v}_x}{\partial y} = \frac{1}{\varrho} \frac{\partial}{\partial y} (\tau + \tau_t) \qquad (2.6\text{-}9)$$

Hier ist $\tau = \eta \partial\bar{v}_x/\partial t$ die durch die molekulare Impulsübertragung bedingte Schubspannung, die bereits in Gl. (2.6-6) für die laminare Grenzschicht auftrat. Neu ist die Größe, die sich aus der Gegenüberstellung der Gln. (2.6-7) und (2.6-9) wie folgt ergibt:

$$\tau_t = -\varrho \overline{v'_x v'_y} \qquad (2.6\text{-}10)$$

Wie aus Gl. (2.6-10) zu entnehmen ist, stellt diese Größe die gemittelte Impulsstromdichte dar, die auf Grund des Vorhandenseins einer Querpulsation der Geschwindigkeit v'_y in Querrichtung übertragen wird. Das Produkt $\varrho v'_y$ (kg/m²s) hat tatsächlich den Sinn einer Massestromdichte, die in y-Richtung übertragen wird. Multipliziert man diesen Term mit v'_x, dann erhält man in der Tat eine Impulsstromdichte. Die Größe τ_t, die die Einheit der Kraftspannung in Pa hat, wird als *turbulente Schubspannung* bezeichnet. Damit wird deutlich, daß in der turbulenten Strömung neben der molekularen auch noch eine turbulente Impulsübertragung vorhanden ist, bedingt durch den pulsierenden Charakter der Bewegung. Dadurch tritt in der Bewegungsgleichung eine neue Größe – die turbulente Schubspannung – auf, wobei in der turbulenten Grenzschicht $\tau_t \gg \tau$ und in der zähen Unterschicht $\tau_t \ll \tau$ gelten.

Die hydrodynamische turbulente Grenzschicht wird also durch ein nicht geschlossenes System aus zwei Gleichungen (Gln. (2.6-8) und (2.6-9)) beschrieben. Die Zahl der Unbekannten in diesem System übersteigt die Anzahl der Gleichungen. Unbekannt sind die Komponenten der gemittelten Geschwindigkeit $\bar{v}_x$ und $\bar{v}_y$ sowie die turbulente Schubspannung τ_t. Dieser Sachverhalt macht die so formulierte Aufgabenstellung der Berechnung der turbulenten Grenzschicht unlösbar.

Um das beschriebene System dennoch zu lösen, verwendet man halbempirische Turbulenztheorien, die auf der Basis einiger Hypothesen über den Mechanismus der turbulenten Übertragung den Zusammenhang zwischen den gemittelten Charakteristika der turbulenten Strömung und der turbulenten Schubspannung herstellen. Da alle erwähnten Theorien halbempirischen Charakter tragen, ist es unumgänglich, Konstanten zu verwenden, die nur im Experiment ermittelt werden können (empirische Konstanten). Gegenwärtig sind verschiedene halbempirische Turbulenztheorien bekannt. Hier soll nur die halbempirische Turbulenztheorie von *Prandtl* behandelt werden, die bei praktischen Berechnungen am häufigsten verwendet wird.

2.6.5. Halbempirische Turbulenztheorie von Prandtl

Diese Theorie basiert auf der Analogie zur molekular-kinetischen Gastheorie. So wie dort der Begriff der mittleren freien Weglänge der Moleküle verwendet wird, d. h. des Abstandes, den die Moleküle im Mittel zwischen den Zusammenstößen durchlaufen und auf dem alle Charakteristika der Moleküle (darunter auch ihr Impuls) konstant bleiben, so wird auch in der Theorie von *Prandtl* der Begriff des *Mischungsweges* eingeführt. Darunter versteht man ein Maß für die Weglänge, auf der ein Fluidballen (Wirbelballen) seine Intensität (d. h. Konstanz seines mittleren Impulses) beibehält. Nach Durchlaufen dieses Abstandes ändert der Fluidballen sprunghaft seinen Impuls, wobei er sich mit dem umgebenden Medium vermengt.

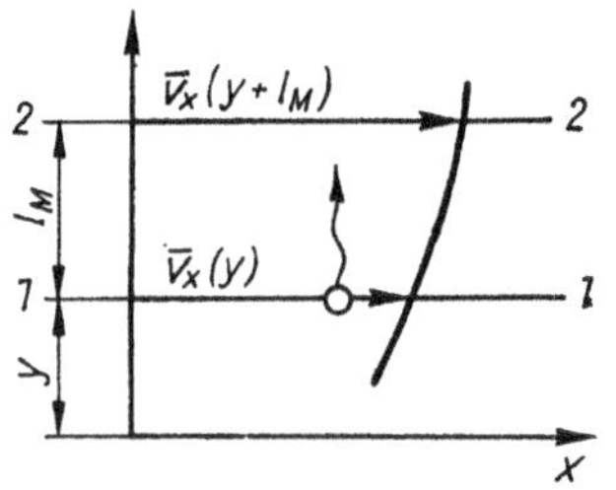

Bild 2.6-6. Halbempirische Turbulenztheorie von *Prandtl*

Nachstehend soll ein turbulenter Strom in x-Richtung betrachtet werden, der durch eine bestimmte Verteilung der gemittelten Geschwindigkeit $\bar{v}_x$ über der y-Koordinate charakterisiert ist (s. Bild 2.6-6). Die gemittelte Geschwindigkeit in der Schicht *1-1* im Abstand y von der Bezugsebene beträgt $\bar{v}_x(y)$. In der Schicht *2-2*, die sich im Abstand l_M von dieser Bezugsebene befindet, ist die gemittelte Geschwindigkeit gleich $\bar{v}_x(y + l_M)$, wobei l_M der Mischungsweg ist. Der Fluidballen des Einheitsvolumens, welches sich infolge des Vorhandenseins der Querpulsation der Geschwindigkeit aus der Schicht *1-1* in die Schicht *2-2* bewegt, behält im Abschnitt l_M seinen gemittelten Impuls $\varrho\bar{v}_x(y)$ (ϱ Masse eines einzelnen Wirbelballens; $\bar{v}_x(y)$ dessen Geschwindigkeit in der Schicht *1-1*).

Nach dem Durchlaufen des Abschnitts l_M, d. h. in der Schicht *2-2* ankommend, ändert dieser Wirbelballen sprunghaft seinen Impuls um die Größe ϱv_x und hat dann einen der gemittelten Geschwindigkeit in der Schicht *2-2* $\bar{v}_x(y + l_M)$ entsprechenden Impuls, d. h.,

$$\varrho\bar{v}_x(y) + \varrho v_x' = \varrho\bar{v}_x(y + l_M)$$

oder unter Berücksichtigung, daß $\varrho = \text{const}$:

$$\bar{v}_x(y) + v'_x = \bar{v}_x(y + l_M)$$

Daraus ergibt sich für die Längspulsation der Geschwindigkeit:

$$v'_x = \bar{v}_x(y + l_M) - \bar{v}_x(y) \tag{2.6-11}$$

Zerlegt man die Größe $\bar{v}_x(y + l_M)$ in eine Taylorreihe und beschränkt sich wegen des kleinen Wertes von l_M auf die ersten beiden Glieder, so erhält man:

$$\bar{v}_x\,(y + l_M) = \bar{v}_x(y) + l_M \frac{\partial \bar{v}_x}{\partial y}$$

Durch Einsetzen dieses Ergebnisses in Gl. (2.6-11) ergibt sich für die Längspulsation der Geschwindigkeit die Formel

$$v'_x = l_M \frac{\partial \bar{v}_x}{\partial y} \tag{2.6-12}$$

Man kann annehmen, daß die Querpulsation der Geschwindigkeit v'_y und die Längspulsation fast den gleichen absoluten Wert haben, ihre Vorzeichen sind aber verschieden. Wenn $v'_y > 0$, dann bedeutet das tatsächlich, daß sich der Wirbelballen von unten nach oben bewegt. Dabei tritt in eine gegebene Schicht das Fluid mit einem kleineren Impuls ein, was zu einer negativen Pulsation der Längsgeschwindigkeit führt. Im entgegengesetzten Falle, d. h., wenn $v'_y < 0$, tritt in die Schicht ein »schneller« Wirbelballen ein, und die Längspulsation wird positiv. Somit gilt:

$$v'_y \equiv - l_M \frac{\partial \bar{v}_x}{\partial y} \tag{2.6-13}$$

Setzt man die Ausdrücke (2.6-12) und (2.6-13) in Gl. (2.6-10) ein und führt eine Mittelung über der Zeit durch, so erhält man die bereits bekannte Formel von *Prandtl* für die turbulente Schubspannung:

$$\tau_t = \varrho\, l_M^2 \left(\frac{\partial \bar{v}_x}{\partial y}\right)^2 \tag{2.6-14}$$

Die Formel von *Prandtl* ergänzt das Gleichungssystem für die turbulente Grenzschicht, da die eine der unbekannten Größen τ_t mit Hilfe dieser Formel durch die Größe $\bar{v}_x$ ausgedrückt wird.

Bis jetzt blieb noch ungeklärt, wie der Mischungsweg bestimmt wird. Es hat sich gezeigt, daß für die wandnahe Grenzschicht die Formel von *Prandtl* gute Ergebnisse liefert, wenn $l_M = ky$ gesetzt wird. (y Abstand von der Wand auf der Normalen; k einzige empirische (d. h. im Experiment zu bestimmende) Konstante dieser Theorie.)

Die Aufgabe der Berechnung der turbulenten Grenzschicht an einer festen Oberfläche kann unter Verwendung der Gln. (2.6-8) und (2.6-9) sowie der Formel von *Prandtl* (2.6-14) gelöst werden (die Lösungen sind in der Fachliteratur angegeben). Dabei unterscheiden sich die Randbedingungen nicht von denen für die laminare Grenzschicht. Zur Berechnung der Charakteristika der turbulenten Grenzschicht (wie auch der laminaren) sollen hier jedoch die einfacheren Näherungsmethoden angewendet werden, die als integrale Methoden der Grenzschichttheorie bekannt sind. Grundlage dieser Methoden bildet die Impulsstromgleichung.

2.6.6. Berechnungen von Grenzschichten auf der Grundlage integraler Methoden

2.6.6.1. Impulsstromgleichung für die Grenzschicht

Die Charakteristika der Grenzschicht, welche das Gesetz für die Änderung der Grenzschichtdicke, die Geschwindigkeitsverteilung und die Größe der Schubspannung beinhalten, können unter Umgehung der Integration der Prandtl-Gleichungen und bei nur indirekter Verwendung dieser Gleichungen näherungsweise ermittelt werden. Über diesen Weg ist es möglich, die Impulsstromgleichung für die Grenzschicht zu lösen, die oft auch als *Karmann-Gleichung* bezeichnet wird.
Die Herleitung dieser Gleichung basiert auf dem bereits im Abschnitt 2.5.3. angewendeten Impulserhaltungsgesetz für einen Fluidstrom, das wie folgt formuliert wird: Der resultierende Impulsstrom durch eine geschlossene Fläche (Kontrollraum) des strömenden Fluids ist gleich der Resultierenden der an dieser Fläche anliegenden äußeren Kräfte.

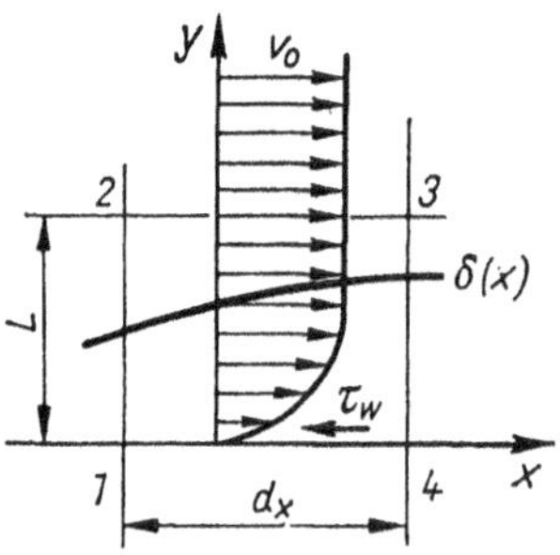

Bild 2.6-7. Herleitung der Impulsstromgleichung für die Grenzschicht

In einer stationären Strömung eines inkompressiblen Fluids in der Nähe einer ebenen Platte (Bild 2.6-7) soll eine Kontrollfläche mit den senkrecht zur x-Achse stehenden Ebenen *1-2* und *3-4*, deren Abstand zueinander dx beträgt, und der Ebene *2-3*, die parallel zur Fläche $x0z$ verläuft (z-Achse ist senkrecht zur Zeichenebene) und die von der Plattenoberfläche den Abstand L hat, der im betrachteten Querschnitt größer als die Grenzschichtdicke ist ($L > \delta$), sowie der Plattenoberfläche *1-4* selbst betrachtet werden. Die Abmessung des betrachteten Quaders in Richtung der z-Achse wird gleich 1 gesetzt. Es soll der resultierende Impulsstrom durch die Oberfläche des Quaders ermittelt werden, d. h. die algebraische Summe der Impulsströme durch alle seine Seitenflächen. Dabei werden die mit dem Fluid in den Quader eintretenden Ströme positiv und die austretenden negativ gesetzt. Zunächst wird der durch die Seitenfläche *1-2* in den Quader eintretende Impulsstrom berechnet. Durch eine Flächeneinheit dieser Seite wird in der Zeiteinheit die Masse ϱv_x (Massestromdichte) durchgesetzt und durch das Oberflächenelement dy die Masse $\varrho v_x dy$. Diese Masse mit der Geschwindigkeit v_x multipliziert ergibt den Impulsstrom durch ein Oberflächenelement $\varrho v_x^2\, dy$. Da $v_x = v_x(y)$, erhält man für den Impulsstrom I_{1-2} durch die Seitenfläche *1-2* unter Berücksichtigung der vereinbarten Vorzeichenregel

$$I_{1-2} = \int_0^L \varrho\, v_x^2\, dy$$

Auf der Strecke $\mathrm{d}x$ erhält diese Größe einen Zuwachs von

$$\mathrm{d}x \frac{d}{\mathrm{d}x} \int_0^L \varrho v_x^2 \,\mathrm{d}y$$

und der Impulsstrom durch die Seitenfläche *3-4* ergibt sich unter Beachtung, daß das Fluid durch diese Fläche austritt, zu

$$I_{3-4} = -\left(\int_0^L \varrho v_x^2 \,\mathrm{d}y + \mathrm{d}x \frac{d}{\mathrm{d}x} \int_0^L \varrho v_x^2 \,\mathrm{d}y\right)$$

Durch die Fläche *1-4* der Platte tritt kein Fluid, dagegen kann durch die Seitenfläche *2-3* eine Fluidbewegung auftreten. Da im Querschnitt *3-4* die Grenzschichtdicke größer ist als in *1-2*, ist der Massenstrom $\dot{m}_{1-2}$ des Fluids (Massestromdurchsatz), der durch die Fläche *1-2* eintritt, größer als der durch die Seite *3-4* austretende Massenstrom $\dot{m}_{3-4}$. Hieraus folgt, daß das Fluid durch die Seite *2-3* den Quader verläßt und entsprechend der vereinbarten Vorzeichenregel der Impulsstrom durch diese Fläche negativ sein muß. Diese Größe kann bestimmt werden als der Massedurchsatz des Fluids $\dot{m}_{2-3}$ durch die Seitenfläche *2-3*, multipliziert mit der Geschwindigkeit in der Ebene dieser Seitenfläche, d. h. der Geschwindigkeit der ungestörten Strömung v_0:

$$I_{2-3} = -\dot{m}_{2-3}\, v_0$$

Da ein inkompressibles Fluid vorliegt, muß die in der Zeiteinheit ein- und austretende Fluidmenge gleich groß sein, d. h.,

$$\dot{m}_{2-3} = \dot{m}_{1-2} - \dot{m}_{3-4}, \text{ aber}$$

$$\dot{m}_{1-2} = \int_0^L \varrho v_x \,\mathrm{d}y$$

$\dot{m}_{3-4}$ kann genau wie diese Größe ausgedrückt werden zuzüglich ihres Zuwachses auf der Strecke $\mathrm{d}x$, d. h.,

$$\dot{m}_{3-4} = +\,\mathrm{d}x \frac{d}{\mathrm{d}x} \int_0^L \varrho v_x \,\mathrm{d}y + \int_0^L \varrho v_x \,\mathrm{d}y$$

dann ist

$$\dot{m}_{2-3} = -\,\mathrm{d}x \frac{d}{\mathrm{d}x} \int_0^L \varrho v_x \,\mathrm{d}y$$

Somit erhält man für den Impulsstrom durch die Fläche *2-3*:

$$I_{2-3} = v_0 \,\mathrm{d}x \frac{d}{\mathrm{d}x} \int_0^L \varrho v_x \,\mathrm{d}y$$

oder unter Beachtung der Konstanz von v_0:

$$I_{2-3} = \mathrm{d}x \frac{d}{\mathrm{d}x} \int_0^L \varrho v_0 v_x \,\mathrm{d}y$$

Gemäß dem Impulssatz gilt:

$$I_{1-2} + I_{2-3} + I_{3-4} = dF_R \tag{2.6-15}$$

(F_R Schubkraft, die auf den Quader von der Plattenoberfläche *1-4* wirkt; das ist die einzige am Quader anliegende äußere Kraft, da in der Ebene *2-3* keine Reibung auftritt ($\partial v_0/\partial y = 0$) und der statische Druck über der Koordinate x konstant ist, wie bereits gezeigt wurde)

Man sieht, daß $\mathrm{d}F_R = \tau_w \,\mathrm{d}x$ (τ_w Schubspannung auf der Plattenoberfläche).
Die Ausdrücke für I_{1-2}, I_{2-3}, I_{3-4} und $\mathrm{d}F_R$ in Gl. (2.6-15) eingesetzt, erhält man:

$$\int_0^L \varrho v_x^2 \,\mathrm{d}y + \mathrm{d}x \frac{d}{\mathrm{d}x} \int_0^L \varrho v_0 v_x \,\mathrm{d}y - \int_0^L \varrho v_x^2 \,\mathrm{d}y - \mathrm{d}x \frac{d}{\mathrm{d}x} \int_0^L \varrho v_x^2 \,\mathrm{d}y = \tau_w \,\mathrm{d}x$$

Hieraus ergibt sich nach Kürzen und Zusammenfassen von gleichartigen Termen die Gleichung

$$\frac{d}{\mathrm{d}x} \int_0^L \varrho (v_0 - v_x) v_x \,\mathrm{d}y = \tau_w$$

die den Impulssatz unmittelbar ausdrückt: Die auf die Flächeneinheit der Platte bezogene Änderung, Impulsstromänderung, die entlang der Platte konvektiv übertragen wird, ist gleich der Schubspannung auf der Plattenoberfläche. Berücksichtigend, daß ein inkompressibles Fluid vorliegt ($\varrho =$ const) und daß in den Grenzen $\delta \leqq y \leqq L$ das Integral in der letzten Gleichung gleich Null ist, da innerhalb dieser Grenzen $v_x = v_0$, erhält man die *Karmann-Gleichung:*

$$\frac{d}{\mathrm{d}x} \int_0^\delta (v_0 - v_x) v_x \,\mathrm{d}y = \frac{\tau_w}{\varrho} \tag{2.6-16}$$

Wie aus der Ableitung dieser Gleichung hervorgeht, ist sie für die laminare und die turbulente Grenzschicht gleichermaßen gültig, da der Impulssatz ein allgemeingültiges Gesetz der Mechanik ist, das nicht vom Übertragungsmechanismus des Impulses abhängt.
Für die laminare Grenzschicht, wo die Schubspannung an der Wand mit Hilfe der Formel von *Newton*

$$\tau_w = \eta \left(\frac{\partial v_x}{\partial y}\right)_{y=0}$$

dargestellt werden kann, ergibt sich für den laminaren Fall die Karmann-Gleichung

$$\frac{d}{\mathrm{d}x} \int_0^\delta (v_0 - v_x) v_x \,\mathrm{d}y = \nu \left(\frac{\partial v_x}{\partial y}\right)_{y=0} \tag{2.6-17}$$

Der praktische Wert der Karmann-Gleichung besteht darin, daß sie die Entwicklung des Änderungsgesetzes der Grenzschichtdicke über der x-Achse ermöglicht. Bei Kenntnis dieses Gesetzes ist es nicht schwer, wie nachfolgend gezeigt wird, die Geschwindigkeitsverteilung und die Schubspannung an der Wand zu ermitteln.

2.6.6.2. Laminare Grenzschicht an einer festen Oberfläche

Das Ziel der Berechnung besteht darin, unter Verwendung der Impulsstromgleichung (2.6-17) die Änderung der Grenzschichtdicke über der Länge der Platte, d. h. die Funktion $\delta(x)$, die Verteilung der Geschwindigkeiten v_x und v_y in der Grenzschicht sowie die Schubspannung auf der Oberfläche $\tau(x)$ zu bestimmen. Um die Funktion $\delta(x)$ ermitteln zu können, muß die Verteilung der Geschwindigkeit v_x über die Dicke der Grenzschicht bekannt sein, da nur unter dieser Bedingung das Integral im linken Teil der Gl. (2.6-17) berechnet und die Ableitung im rechten Teil bestimmt werden kann. Es zeigt sich jedoch, daß die genaue Form des Geschwindigkeitsprofils in Querrichtung durchaus nicht unbedingt bekannt sein muß. Es ist völlig ausreichend, die Funktion $v_x(y)$ annähernd so zu beschreiben, daß sie den wesentlichen Randbedingungen für das Geschwindigkeitsprofil entspricht. Die Möglichkeit dieser Approximation unbekannter Funktionen ist einer der wesentlichen Vorteile der integralen Methoden der Grenzschichttheorie.
Zur Approximation des Querprofils der Geschwindigkeit in der Grenzschicht wird ein Polynom dritter Ordnung verwendet:

$$v_x\,(y) = a + by + cy^2 + dy^3 \tag{2.6-18}$$

wobei die Koeffizienten a, b, c und d aus den vorher bekannten Randbedingungen für die Geschwindigkeitsverteilung bestimmt werden müssen. Diese Randbedingungen sind

1. bei $y = 0$: $\quad v_x = 0$
2. bei $y = 0$: $\quad \dfrac{\partial^2 v_x}{\partial y^2} = 0$
3. bei $y = \delta$: $\quad v_x = v_0$
4. bei $y = \delta$: $\quad \dfrac{\partial v_x}{\partial y} = 0$

Die erste dieser Bedingungen ist klar und drückt die Haftbedingung an der Oberfläche aus. Die zweite Bedingung ist eine Folge der Prandtl-Gleichung für die laminare Grenzschicht (2.6-5). Da auf der Plattenoberfläche $v_x = 0$ und $v_y = 0$ sind (die Platte ist undurchlässig), erhält man aus Gl. (2.6-5) tatsächlich, daß

$$\left(\frac{\partial^2 v_x}{\partial y^2}\right)_{y=0} = 0$$

Somit werden die exakten Grenzschichtgleichungen für eine Näherungslösung mit Hilfe einer integralen Methode nur indirekt verwendet. Die dritte Bedingung bedarf keiner Erläuterung, und die vierte Randbedingung ist die Bedingung für den stetigen Übergang der variablen Geschwindigkeit v_x innerhalb der Grenzschicht in eine konstante Geschwindigkeit v_0 der ungestörten Strömung. Aus der ersten Bedingung erhält man $a = 0$, aus der zweiten folgt, daß $c = 0$. Die dritte und vierte Bedingung liefern ein Gleichsystem mit zwei Gleichungen und zwei Unbekannten b und d, dessen Lösung ergibt:

$$b = \frac{3}{2}\,v_0\,\frac{y}{\delta} \qquad\qquad d = -\frac{1}{2}\,v_0\left(\frac{y}{\delta}\right)^3$$

Diese Größen in Gl. (2.6-18) eingesetzt, ergibt die Näherungsformel für das Geschwindigkeitsprofil:

$$v_x = v_0 \left[\frac{3}{2}\frac{y}{\delta} - \frac{1}{2}\left(\frac{y}{\delta}\right)^3\right] \tag{2.6-19}$$

und in dimensionsloser Form:

$$\frac{v_x}{v_0} = \frac{3}{2}\frac{y}{\delta} - \frac{1}{2}\left(\frac{y}{\delta}\right)^3 \tag{2.6-19/1}$$

Setzt man nun den Ausdruck für v_x in die Karmann-Gleichung (2.6-17) ein und führt die Integration auf der linken Seite und die Differentiation auf der rechten aus, so erhält man die folgende Differentialgleichung für die Grenzschichtdicke:

$$\frac{39}{280} v_0 \frac{d\delta}{dx} = \frac{3}{2} \nu \frac{v_0}{\delta}$$

oder, bei Trennung der Variablen und durch entsprechendes Kürzen:

$$\delta\, d\delta = \frac{140}{13} \frac{\nu}{v_0}$$

woraus man durch Integration erhält:

$$\delta^2 = \frac{280}{13} \frac{\nu x}{v_0} + C$$

Die Integrationskonstante C wird aus der Bedingung ermittelt, daß bei $x = 0$, d. h. an der Plattenvorderkante, $\delta = 0$. Dabei wird $C = 0$. Die Änderung der Grenzschichtdicke über der Plattenlänge kann somit durch die Formel

$$\delta = 4{,}64 \sqrt{\frac{\nu x}{v_0}} \tag{2.6-20}$$

beschrieben werden bzw. in der dimensionslosen Form:

$$\frac{\delta}{x} = \frac{4{,}64}{\sqrt{\frac{v_0 x}{\nu}}}$$

Der Ausdruck $v_0 x/\nu$ verkörpert die Reynolds-Zahl Re_x, in der der Abstand von der Plattenvorderkante x die charakteristische Länge darstellt. Deshalb kann die letzte Formel auch in der Form

$$\frac{\delta}{x} = \frac{4{,}64}{Re_x^{0,5}} \tag{2.6-20/1}$$

geschrieben werden. Dieser letzte Ausdruck ist von großem Interesse, da er zeigt, daß die als Grundlage der gesamten Grenzschichttheorie dienende Bedingung $\delta \ll x$ bei sehr großen Reynolds-Zahlen erfüllt ist. Somit ist die Grenzschichttheorie eine Theorie für die Bewegung realer Fluide bei großen Werten der Reynolds-Zahl.
Es sei darauf hingewiesen, daß gerade diese Aussage den großen praktischen Wert dieser Theorie ausmacht. Die modernen technologischen Prozesse verlaufen ja tatsächlich mit hoher Intensität – bei großen Bewegungsgeschwindigkeiten der beteiligten Stoffe, also bei sehr großen Werten der Reynolds-Zahl.

Die erzielten Ergebnisse zeigen auch, daß die Grenzschichtdicke mit größer werdender kinematischer Zähigkeit des Fluids zunimmt und bei steigender Geschwindigkeit der ungestörten Strömung abnimmt. Der erste der genannten Effekte erklärt sich daraus, daß die Zunahme des Koeffizienten der molekularen Impulsübertragung eine Erhöhung der Intensität dieser Übertragung in Querrichtung bedeutet, was zu einem tieferen Eindringen des störenden (bremsenden) Einflusses der Wand in die Außenströmung und folglich zu einer Zunahme der Grenzschichtdicke führt. Der zweite Effekt ist dadurch bedingt, daß bei einer Erhöhung der Geschwindigkeit der Außenströmung die Intensität der konvektiven Impulsübertragung in Längsrichtung zunimmt. Dabei dringt die Außenströmung intensiver in die Grenzschicht ein, wodurch ihre Dicke verringert wird.
Mit Formel (2.6-20) kann die Verteilung beider Geschwindigkeitskomponenten in der Grenzschicht ermittelt werden. Durch Einsetzen dieser Formel in die Beziehung (2.6-19) kann die Verteilung der Längskomponente der Geschwindigkeit v_x (x,y) in der expliziten Form leicht bestimmt werden. Anschließend wird über die Kontinuitätsgleichung die Verteilung der Querkomponente $v_y(x,y)$ ermittelt.
Ist die Grenzschichtdicke bekannt, dann kann auch leicht der Ausdruck für die Schubspannung auf der Plattenoberfläche gefunden werden, d. h., es kann eingeschätzt werden, welchen Widerstand die feste Oberfläche bei laminarer Strömung entlang derselben ausübt. Unter Verwendung der Formel von *Newton* für die Schubspannung und des Ausdruckes (2.6-19) für die Geschwindigkeitsverteilung in Querrichtung erhält man:

$$\tau_w = \eta \left(\frac{\partial v_x}{\partial y}\right)_{y=0} = \frac{3}{2}\eta\frac{v_0}{\delta}$$

woraus sich unter Zuhilfenahme der Gl. (2.6-20) für die Grenzschichtdicke ergibt:

$$\tau_w = 0{,}323\,\frac{\varrho v_0^2}{Re_x^{0,5}} \qquad (2.6\text{-}21)$$

Hieraus ist ersichtlich, daß sich die Schubspannung auf der Plattenoberfläche über der Länge umgekehrt proportional zu $x^{0,5}$ verringert, was sich durch die Zunahme der Grenzschichtdicke erklärt. Es sei bemerkt, daß die Formel (2.6-21) die Möglichkeit bietet, die erzielte Näherungslösung mit der durch Integration der Prandtl-Gleichung (2.6-5) ermittelten exakten Lösung zu vergleichen. Man erkennt, daß beide Lösungen für τ_w die gleiche Form haben und sich nur der Zahlenwert des Faktors um 3 % unterscheidet.

2.6.6.3. Turbulente Grenzschicht an einer festen Oberfläche

Wie bei der laminaren Grenzschicht besteht die Aufgabe in der Ermittlung der Änderung der turbulenten Grenzschichtdicke, der Verteilung der gemittelten Geschwindigkeiten und der Schubspannung an der Oberfläche. Dazu wird die Impulsstromgleichung in der Form (2.6-16) angewendet. Zur Lösung dieser Aufgabe müsssen die Geschwindigkeitsverteilung über die Dicke der Grenzschicht und der Zusammenhang zwischen Schubspannung an der Oberfläche und Grenzschichtdicke bekannt sein.
Die Geschwindigkeitsverteilung über der Dicke der turbulenten Grenzschicht unterscheidet sich wesentlich vom laminaren Fall (Bild 2.6-8). Da die Intensität der turbulenten Impulsübertragung die Intensität der molekularen Übertragung wesentlich übersteigt, hat der Geschwindigkeitsgradient in der turbulenten Grenzschicht über

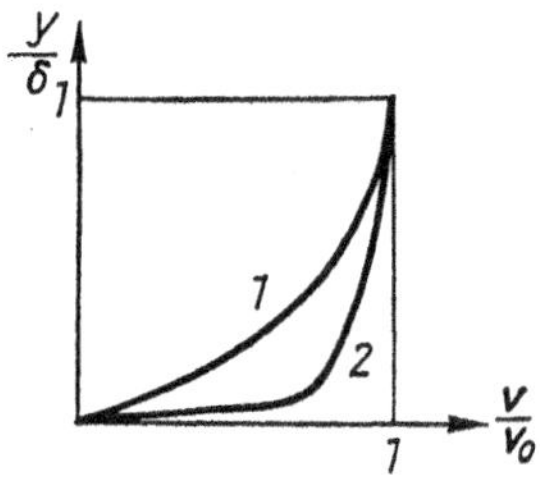

Bild 2.6-8. Geschwindigkeitsverteilung über der Dicke einer laminaren (*1*) und einer turbulenten Grenzschicht (*2*)

den größten Teil der Grenzschichtdicke einen wesentlich kleineren Wert, und in der unmittelbaren Nähe der Wand, d. h. in der laminaren Unterschicht, fällt die Geschwindigkeit sehr stark bis auf den Wert Null auf der Körperfläche ab. Zur Beschreibung dieser Verteilung findet eine empirische Formel von *Prandtl* breite Anwendung, die in einem weiten Bereich der Reynolds-Zahlen und bei unterschiedlichen Bedingungen der turbulenten Strömung gut mit experimentellen Werten übereinstimmt. Diese Formel hat folgende Form:

$$v_x = v_0 \left(\frac{y}{\delta}\right)^{1/7} \tag{2.6-22}$$

(δ Dicke der turbulenten Grenzschicht)

Zur Beschreibung des Zusammenhanges zwischen Schubspannung an der Oberfläche τ_W und Dicke der turbulenten Grenzschicht wird die bekannte universelle empirische Formel von *Blasius* angewendet:

$$\tau_w = 0{,}0228 \frac{\varrho v_0^2}{Re_\delta^{0,25}} \tag{2.6-23}$$

Re_δ ist die Reynoldszahl mit der Dicke der turbulenten Grenzschicht δ als charakteristische Abmessung:

$$Re = v_0\, \delta \,/\, \nu$$

Durch Einsetzen von (2.6-22) und (2.6-23) in die Karmann-Gleichung (2.6-16) erhält man die Differentialgleichung für die Dicke der turbulenten Grenzschicht:

$$\frac{7}{72} v_0^2 \frac{d\delta}{dx} = 0{,}0228\, v_0^2 \left(\frac{\nu}{v_0 \delta}\right)^{0,25}$$

woraus durch Trennung der Variablen und Integration

$$0{,}8\, \delta^{1,25} = 0{,}235 \left(\frac{\nu}{v_0}\right)^{0,25} x + C$$

entsteht. Nimmt man der Einfachheit halber an, daß die turbulente Grenzschicht an der Vorderkante der Platte beginnt, d. h. $\delta(0) = 0$, so ergibt sich für die Integrationskonstante $C = 0$. Somit erhält man für die Änderung der Dicke der turbulenten Grenzschicht über der Plattenlänge die Beziehung

$$\delta = 0{,}376 (\nu/v_0)^{0,2}\, x^{0,8} \tag{2.6-24}$$

und in der dimensionslosen Darstellung

$$\frac{\delta}{x} = 0{,}376 / Re_x^{0,2} \tag{2.6-24/1}$$

Beim Vergleich dieser Gleichungen mit den vorher aufgestellten Formeln für die Dicke der laminaren Grenzschicht (2.6-20, 2.6-20/1) sieht man, daß die Dicke der turbulenten Grenzschicht mit zunehmender Entfernung von der Vorderkante der Platte wesentlich schneller anwächst als die der laminaren Grenzschicht. Dieses Ergebnis war zu erwarten, da die Intensität der turbulenten Impulsübertragung die Intensität der molekularen Übertragung deutlich übersteigt.
Mit der Beziehung (2.6-24) und der Formel von *Prandtl* (2.6-22) hat man die Möglichkeit, die Verteilung der Geschwindigkeit in Längsrichtung $v_x(x,y)$ zu ermitteln und anschließend über die Kontinuitätsgleichung die Verteilung der Quergeschwindigkeit $v_y(x,y)$ zu bestimmen. Die Änderung der Schubspannung an der Oberfläche wird bestimmt, indem man den Ausdruck für die Dicke der turbulenten Grenzschicht (2.6-24) in die Formel von *Blasius* (2.6-23) einsetzt:

$$\tau_W = 0{,}0296 \, \frac{\varrho v_0^2}{Re_x^{0,2}} \qquad (2.6\text{-}25)$$

Im Falle der turbulenten Grenzschicht verringert sich somit die Schubspannung an der Oberfläche über der Plattenlänge, was ebenfalls mit der Zunahme der Grenzschichtdicke zu erklären ist. Für praktische Berechnungen, speziell für Berechnungen des Wärme- und Stoffübergangs in der turbulenten Grenzschicht, ist nicht die Kenntnis der lokalen, sich von Punkt zu Punkt ändernden Werte der Schubspannung an der Wand von Bedeutung, sondern der Mittelwert dieser Größe für die Körperoberfläche. Für die unbegrenzte ebene Platte bedeutet die Mittelung einer beliebigen Größe im Bereich der Körperoberfläche eine Mittelwertbildung über einen bestimmten Längenabschnitt. Die mittlere Schubspannung an der Plattenoberfläche über der Länge L ist dann:

$$\bar{\tau}_{WL} = \frac{1}{L} \int_0^L \tau_W^x \, dx$$

Setzt man hier für den lokalen Wert τ_W den Ausdruck (2.6-25) ein und führt die Integration durch, so wird

$$\bar{\tau}_{WL} = 0{,}037 \, \frac{\varrho v_0^2}{Re_L^{0,2}} \qquad (2.6\text{-}26)$$

$(Re_L = v_0 \, L/\nu)$

Dieses und auch andere in diesem Abschnitt erzielte Ergebnisse werden bei der Untersuchung der Prozesse des Wärme- und Stoffüberganges umfassend angewendet. Außerdem ermöglichen diese Resultate unmittelbare Berechnungen von Grenzschichten, die sich an der Materialoberfläche in Band- und Durchlauföfen bilden, sowie die näherungsweise Bewertung ihrer Charakteristika für Öfen, in denen das Material von einem inhomogenen Gasstrom umspült wird, wie z. B. Stoßöfen, Siemens-Martin-Öfen u. a.

2.6.6.4. Turbulente Freistrahlen

Die Strahlbewegung kommt in den verschiedenen Gebieten der Technik außerordentlich häufig vor. Zu den Problemen der Strahlbewegung von Flüssigkeiten und Gasen gehören die Flammenausbreitung in Ofenräumen, die Strahlerwärmung und

-abkühlung, Probleme des Durchblasens von Schmelzen mit Gasen und andere. In modernen hochintensiven Aggregaten sind die Strahlströme praktisch immer turbulent. Ein einfacherer Fall des turbulenten Strahles ist der *turbulente Freistrahl*, der sich fern von festen Oberflächen ausbreitet. Tritt der Strahl dabei in einen Raum ein, der mit einem Medium derselben physikalischen Eigenschaften wie das Fluid, von dem der Strahl gebildet wird, gefüllt ist, so bezeichnet man das als *turbulenten Strahl*.

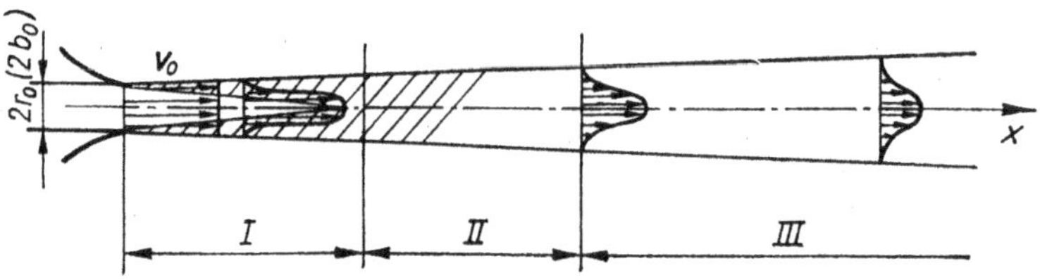

Bild 2.6-9. Turbulenter Freistrahl

In Bild 2.6-9 ist ein turbulenter Freistrahl schematisch dargestellt. Dieses Schema ist gleichermaßen für den achsensymmetrischen Strahl aus einer kreisförmigen Düse mit dem Radius r_0 und auch für den *Flachstrahl* aus einer schlitzförmigen Düse mit einer halben Breite von b_0 gültig. Beginnend am Düsenaustritt, bildet sich im Strahl eine freie turbulente Grenzschicht aus (schraffierte Zone in Bild 2.6-9), die sich mit zunehmender Entfernung von der Düse sowohl in den Bereich des ungestörten Stromes innerhalb als auch in Richtung des ruhenden Umgebungsmediums ausdehnt. Diese Ausdehnung erfolgt durch den Querimpuls (in y-Richtung), und es kommt am äußeren Rand des Strahles zu einem Ansaugen des Mediums aus der ruhenden Umgebungsatmosphäre und zu einer Einengung der Zone der ungestörten Strömung im Innern des Strahles. Diese Zone, die man als *Potentialkern* bezeichnet, verschwindet am Ende des Abschnitts I (Anfangsabschnitt des Strahles), wo die freie Grenzschicht den gesamten Querschnitt des Strahls einnimmt. Im Übergangsabschnitt II setzt sich die Umgestaltung des Querschnittsprofils der Geschwindigkeit im Strahl fort. Im Hauptabschnitt des Strahls besitzen die Querschnittsprofile der Geschwindigkeit eine wichtige Eigenschaft, die nachfolgend erläutert werden soll. Stellt man die in verschiedenen Querschnitten des Hauptabschnittes eines achsensymmetrischen turbulenten Freistrahles (Bild 2.6-10a) gemessenen Geschwindigkeitsprofile in dimensionslosen Koordinaten dar – $v/v_m = f(y/R)$ (v_m Geschwindigkeit auf der Achse im gegebenen Querschnitt; R Radius des Strahls in diesem Querschnitt) –, so liegen alle diese Profile auf ein und derselben Kurve (Bild 2.6-10b). Diese Eigenschaft bezeichnet man als *Ähnlichkeit* oder *Eigenmodellierung der Geschwindigkeitsprofile im Hauptabschnitt*. In

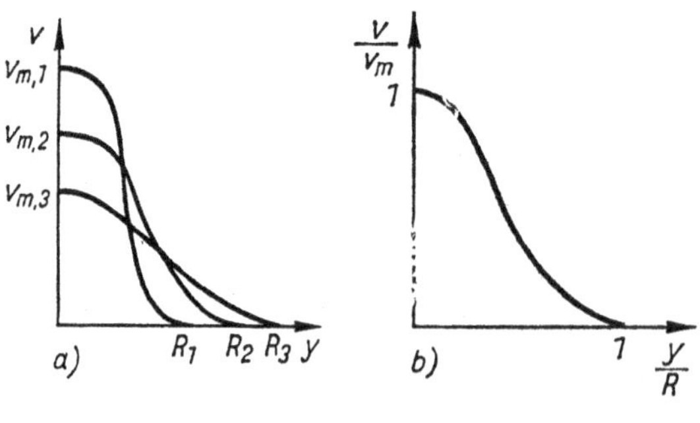

Bild 2.6-10. Geschwindigkeitsprofile im Ähnlichkeitsbereich des Strahles in natürlichen (*a*) und normierten (*b*) Koordinaten

diesem Zusammenhang wird der Hauptabschnitt auch als selbstmodellierend bezeichnet.

Dieselbe Eigenschaft haben auch die Geschwindigkeitsprofile im Hauptabschnitt von Flachstrahlen. Diese Profile werden in den Koordinaten $v/v_m = f(y/B)$ dargestellt (v_m Geschwindigkeit in der Achsenebene des Strahls; B halbe Strahlbreite). Um den Grund für die Eigenmodellierung der Geschwindigkeitsprofile im Hauptabschnitt von turbulenten Freistrahlen zu erklären, sei darauf verwiesen, daß hypothetische Strahlenquellen, die aus Öffnungen unendlich kleiner Abmessung ausströmen, über ihre gesamte Ausdehnung eigenmodellierend sind, da in diesen Strömungen keine charakteristische Abmessung auftritt. Strahlen, die aus Düsen mit endlicher Abmessung austreten, werden erst eigenmodellierend beginnend mit einem bestimmten, genügend großen Abstand von der Düse, wo der Einfluß der endlichen Abmessung auf die Ausbildung der Strömung praktisch aufhört.

Eine wichtige Eigenschaft turbulenter Freistrahlen ist die Geradlinigkeit ihrer Grenzen. Das bedeutet, daß der Radius des Querschnitts des achsensymmetrischen Strahles und die halbe Breite des Flachstrahles über die Strahllänge linear anwachsen, d. h., $R = r_0 + cx$ und $B = b_0 + cx$. Für Strahlenquellen ist diese Eigenschaft ebenfalls eine Folge des Fehlens der charakteristischen Abmessung, und für Strahlen endlicher Abmessung wurde diese Eigenschaft durch zahlreiche Experimente bestätigt.

Da die Freistrahlströmung ein Sonderfall der freien Grenzschicht ist, ändert sich der Druck quer zu diesen Strömungen nicht, und folglich ist er im gesamten Strömungsfeld des Strahles konstant und gleich dem Druck im umgebenden Medium. Somit treten in turbulenten Freistrahlen keine Druckkräfte auf. Außerdem fehlen an den Strahlgrenzen auch die Reibungskräfte. Das erklärt sich dadurch, daß an diesen Grenzen nicht nur die Geschwindigkeit Null wird, sondern auch ihre Ableitung nach der Querkoordinate. Das bedeutet, daß auf ein betrachtetes Kontrollvolumen des Strahls, welches von zwei Querschnittsflächen des Strahles und seiner Seitenfläche begrenzt wird, keinerlei äußere Kräfte wirken und nach dem Impulssatz die durch die Querschnittsflächen hindurchgehenden Impulsströme folglich gleich groß sind. Die wichtigste Eigenschaft des Freistrahls ist also die Erhaltung des Impulsstromes über die Länge des Strahls: In allen Querschnitten des Strahles liegt ein und derselbe Impulsstrom vor, der gleich dem Impulsstrom im Anfangsquerschnitt des Strahles am Austritt aus der Düse ist.

Die genannten Eigenschaften von turbulenten Freistrahlen liegen den integralen Berechnungsmethoden für diese Strömungen zugrunde. Mit Hilfe einer solchen Methode soll die Berechnung des Hauptabschnittes eines achsensymmetrischen turbulenten Freistrahles gezeigt werden. Der Strahl tritt aus einer Düse mit dem Durchmesser $2\,r_0$ und mit der Geschwindigkeit v_0 aus, die über dem Austrittsquerschnitt der Düse konstant ist. Im Ergebnis der Berechnung erhält man das Gesetz für die Geschwindigkeitsänderung auf der Strahlachse, d. h. die Funktion $v_m(x)$, die Verteilung der beiden Geschwindigkeitskomponenten im Strömungsfeld des Strahles $v_x(x,y)$ und $v_y(x,y)$, die Änderung des Durchsatzes über der Strahllänge $\dot{V}(x)$ (m³/s) und die Änderung des kinetischen Energiestromes $E_{kin}(x)$ (W). Ausgangspunkt der Berechnung ist, wie auch bei der wandnahen Grenzschicht, der durch den Impulssatz ausgedrückte integrale Zusammenhang, der darin besteht, daß der durch die Querschnittsfläche des Strahles hindurchgehende Impulsstrom über der Strahllänge konstant und folglich gleich dem anfänglichen Impulsstrom ist, d. h.,

$$I = I_0 \qquad \text{(a)}$$

Außerdem wird die Eigenschaft der Eigenmodellierung der Geschwindigkeitsprofile im Hauptabschnitt genutzt: $v/v_m = \varphi(y/R)$, oder, wenn man $y/R = \eta$ bezeichnet:

$$v/v_m = \varphi(\eta) \tag{b}$$

Es wird weiterhin berücksichtigt, daß der Radius des Strahles über seiner Länge linear anwächst, d. h.,

$$R = r_0 + cx \tag{c}$$

(c Koeffizient, der sich aus dem halben Öffnungswinkel des Strahls ergibt)

Der in Gl. (a) auftretende Impulsstrom I durch eine Querschnittsfläche des Strahls wird durch Integration der Impulsstromdichte $\varrho\, v^2$ über die Querschnittsfläche A ermittelt:

$$I = \int_A \varrho v^2 \, dA_1$$

(A_1 laufender Wert der Fläche; für kreisförmige Strahlen ist $A_1 = \pi y^2$ und folglich $dA_1 = 2\pi\, y\, dy$)

Unter Berücksichtigung der Konstanz der Dichte erhält man für I:

$$I = 2\pi\varrho \int_0^R v^2 y \, dy$$

Um den Ausdruck unter dem Integral in dimensionsloser Form darzustellen, werden die vom laufenden Radius y unabhängigen Größen v_m^2 und R^2 vor das Integral gezogen, und man erhält:

$$I = 2\pi\varrho v_m^2 R^2 \int_0^1 (v/v_m)^2 \, (y/R) \, d(y/R)$$

oder unter Beachtung, daß v/v_m immer ein und dieselbe Funktion φ von der dimensionslosen Koordinate $\eta = y/R$ ist, die sich im Strahl von 0 bis 1 ändert:

$$I = 2\pi\,\varrho v_m^2 R^2 \int_0^1 \varphi^2(\eta)\,\eta\, d\eta$$

Es sei darauf verwiesen, daß das Integral auf der rechten Seite dieses Ausdrucks eine konstante Größe darstellt, d. h. eine Zahl, da $\varphi(\eta)$ nicht von x abhängig ist und die Integrationsgrenzen ebenfalls Zahlenwerte sind. Diese mit K_1 bezeichnete Größe kann durch Approximation des dimensionslosen Geschwindigkeitsprofils $\varphi(\eta)$ mit irgendeiner geeigneten Funktion gefunden werden. Zum Beispiel wird dafür häufig das sogenannte *Schlichting-Profil* $v/v_m = \varphi(\eta) = (1 - \eta^{3/2})^2$ verwendet. Für den Impulsstrom durch einen beliebigen Querschnitt im Hauptabschnitt des Strahles erhält man somit

$$I = 2\,\pi K_1 \varrho v_m^2 R^2$$

Setzt man diesen Ausdruck gemäß Gl. (a) dem Anfangsimpulsstrom $I_0 = \varrho v_0^2 \pi r_0^2$ gleich, so erhält man nach Kürzung und unter Berücksichtigung der Gl. (c) für den Strahlradius die Formel für die Änderung der Achsengeschwindigkeit über der Strahllänge:

$$v_m = \frac{r_0\, v_0}{\sqrt{2 K_1}\,(r_0 + cx)} \tag{2.6-27}$$

Die Achsengeschwindigkeit im Hauptabschnitt des Strahls ändert sich gemäß dieser Beziehung nach einem hyperbolischen Gesetz, d. h., sie fällt umgekehrt proportional zum Abstand von der Düse. Die Gl. (2.6-27) kann auch in dimensionsloser Form dargestellt werden. Denn durch Division beider Seiten mit v_0 sowie Zähler und Nenner der rechten Seite mit r_0 erhält man

$$\frac{v_m}{v_0} = \frac{1}{\sqrt{2 K_1}\left(1 + c\,\frac{x}{r_0}\right)} \qquad (2.6\text{-}27/1)$$

Gl. (2.6-27/1) ist deshalb von Interesse, weil sie zeigt, daß die Änderung der dimensionslosen Achsengeschwindigkeit v_m/v_0 als Funktion des dimensionslosen Abstandes von der Düse für alle achsensymmetrischen Strahlen durch ein und dieselbe Kurve beschrieben wird, unabhängig von der Anfangsgeschwindigkeit v_0 und von der Düsenabmessung r_0. Diese wichtige Eigenschaft turbulenter Freistrahlen wird häufig wie folgt formuliert: Der turbulente Freistrahl ist bezüglich der Anfangs-Reynolds-Zahl selbstmodellierend. Der Sinn dieser Aussage besteht darin, daß die dimensionslosen Charakteristika des Strahls, z. B. die dimensionslosen Geschwindigkeiten, bei allen turbulenten Freistrahlen mit gleicher Geometrie (z. B. alle achsensymmetrischen Strahlen) immer im gleichen Maße von den dimensionslosen Koordinaten abhängen, unabhängig von der Größe der Anfangs-Reynolds-Zahl $Re_0 = v_0 r_0/\nu$.
Das Änderungsgesetz für die Achsengeschwindigkeit über der Strahllänge (2.6-27) erlaubt unter Verwendung der das selbstmodellierte Geschwindigkeitsprofil approximierenden Funktion $\varphi(\eta)$, in jedem Strahlpunkt die Längskomponente der Geschwindigkeit $v_x(x,y)$ zu bestimmen. Daraus kann mit Hilfe der Kontinuitätsgleichung in einfacher Weise die Geschwindigkeitsverteilung in Querrichtung ermittelt werden.
Der Durchsatz durch die Querschnittsfläche des Strahls wird nach der Beziehung

$$\dot V = \int_A v \,\mathrm{d}A_1 = 2\pi \int_0^R v y \,\mathrm{d}y \quad [\mathrm{m^3/s}]$$

bestimmt oder in dimensionsloser Form

$$\dot V = 2\pi v_m R^2 \int_0^1 \frac{v}{v_m}\,\frac{y}{R}\,\mathrm{d}\left(\frac{y}{R}\right) = 2\pi v_m R^2 \int_0^1 \varphi(\eta)\,\eta\,\mathrm{d}\eta$$

Man sieht, daß das rechts stehende Integral ebenfalls eine Zahl darstellt, die mit K_2 bezeichnet werden soll. Berücksichtigt man das und setzt weiter für v_m den Ausdruck (2.6-27) und für den Radius des Strahls das Gesetz für seine Änderung über die Länge, so erhält man nach dem Kürzen:

$$\dot V = \frac{\sqrt{2}\,K_2}{\sqrt{K_1}}\,\pi r_0 v_0 (r_0 + cx)$$

und unter Beachtung, daß $\pi r_0^2 v_0 = \dot V_0$($\dot V_0$ Durchsatz am Düsenaustritt):

$$\dot V = \frac{\sqrt{2}\,K_2}{\sqrt{K_1}}\,\dot V_0 \left(1 + c\,\frac{x}{r_0}\right) \qquad (2.6\text{-}28)$$

Der Durchsatz nimmt somit über der Strahllänge infolge des Ansaugens von Fluid aus der Umgebung linear zu.

Im weiteren soll die Änderung des kinetischen Energiestromes über die Strahllänge berechnet werden, d. h. die Energie, die in der Zeiteinheit durch eine Flächeneinheit übertragen wird. Sie ergibt sich offensichtlich aus dem halben Produkt von Massestromdichte ϱv und dem Quadrat der Geschwindigkeit, d. h., diese Größe ist gleich $\varrho v^3/2$. Integriert man diese Größe über der Querschnittsfläche des Strahles, so erhält man den kinetischen Energiestrom:

$$E_{\mathrm{Kin}} = \int_A \frac{\varrho v^3}{2} \, \mathrm{d}A_1 = \pi \varrho \int_0^R v^3 y \, \mathrm{d}y \quad [\mathrm{W}]$$

d. h. die Energie, die in der Zeiteinheit durch die gesamte Querschnittsfläche des Strahls hindurchgeht. Geht man, wie bereits gezeigt, zur dimensionslosen Form über, so ergibt sich:

$$E_{\mathrm{Kin}} = \pi \varrho v_{\mathrm{m}}^3 R^2 \int_0^1 \left(\frac{v}{v_{\mathrm{m}}}\right)^3 \frac{y}{R} \, \mathrm{d}\left(\frac{y}{R}\right) \quad \text{oder}$$

$$E_{\mathrm{Kin}} = \pi \varrho v_{\mathrm{m}}^3 R^2 \int_0^1 \varphi^3(\eta) \, \eta \, \mathrm{d}\eta$$

Das Integral auf der rechten Seite ist ebenfalls eine Konstante, die mit K_3 bezeichnet sei. Unter Verwendung der Änderungsgesetze für v_{m} und R über der Strahllänge erhält man:

$$E_{\mathrm{Kin}} = \frac{\pi K_3}{2\sqrt{2}\, K_1^{3/2}} \; \frac{r_0^3 v_0^3}{r_0 + cx}$$

oder bei Berücksichtigung, daß für den kinetischen Energiestrom am Düsenaustritt die Beziehung $E_{\mathrm{kin,0}} = \pi r_0^2 \varrho v_0^3/2$ gilt,

$$E_{\mathrm{Kin}} = \frac{\pi K_3}{\sqrt{2}\, K_1^{3/2}} \; \frac{E_{\mathrm{Kin.0}}}{1 + cx/r_0} \tag{2.6-29}$$

Diese Beziehung zeigt, daß der kinetische Energiestrom über der Länge des Hauptabschnittes eines Strahles umgekehrt proportional zum Düsenabstand abnimmt. Diese Beziehung hat große Bedeutung, da sie die Ursache für die Bewegung des Fluids im Strahl erklärt: Die Bewegung erfolgt durch einen Überschuß an kinetischer Energie, der für das Ansaugen von Umgebungsmedium in den Strahl verbraucht wird.
In Bild 2.6-11 ist die Veränderung der Hauptcharakteristika eines achsensymmetrischen turbulenten Freistrahles über seiner Länge dargestellt. In analoger Art kann die

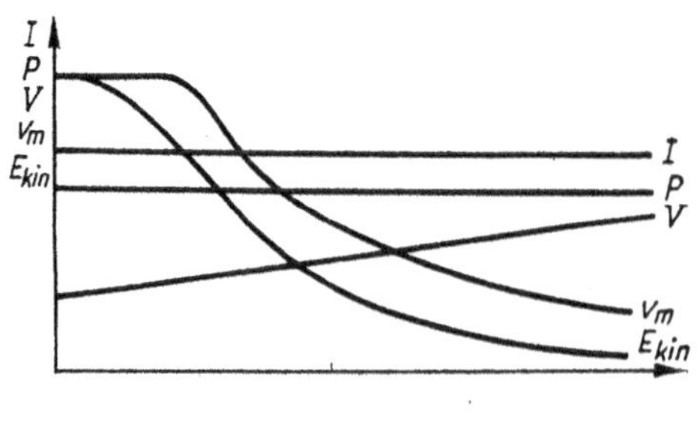

Bild 2.6-11. Änderung der Charakteristika des turbulenten Freistrahles über seiner Länge

Berechnung eines flachen turbulenten Freistrahles durchgeführt werden. Dabei läßt sich der Unterschied zur gezeigten Berechnung darauf reduzieren, daß ein Flächenelement des Strahlquerschnitts nach $dA_1 = dy$ bestimmt wird, d. h., die Abmessung in z-Richtung wird gleich Eins gesetzt. ∎

Man kann leicht zeigen, daß die Ergebnisse dieser Berechnung qualitativ analog zu denen für den achsensymmetrischen Strahl sind, nur daß der Durchsatz im Flachstrahl proportional zu $\sqrt{x}$ anwächst und die Achsengeschwindigkeit und der kinetische Energiestrom umgekehrt proportional zu $\sqrt{x}$ abnehmen, d. h., der Flachstrahl klingt langsamer ab als der achsensymmetrische Strahl. Dieser Unterschied erklärt sich aus der kleineren Berührungsfläche des Flachstrahles mit dem ruhenden Umgebungsmedium und folglich einer geringeren Intensität der Stoffansaugung aus der Umgebung.

2.7. Bewegung der Gase in Ofenräumen

2.7.1. Teilweise begrenzte Strahlen – Strahlapparate

In der Betriebspraxis der Öfen sind turbulente Freistrahlen in reiner Form kaum anzutreffen. Der Einfluß fester Oberflächen auf die Ausbreitung des Strahls kann aber in den meisten Fällen nicht vernachlässigt werden. Breitet sich ein Strahl entlang einer festen Oberfläche (oder entlang einer freien Flüssigkeitsoberfläche, z. B. Badoberfläche in Schmelzöfen) aus, so spricht man von einem *teilweise begrenzten* oder *Flächenstrahl.*

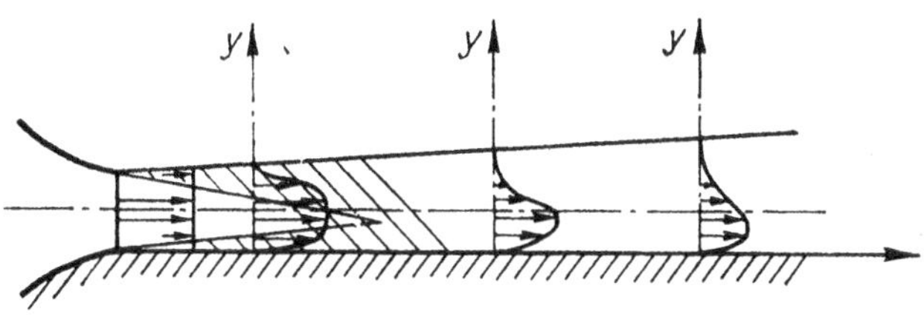

Bild 2.7-1. Teilweise begrenzter Strahl

Im Bild 2.7-1 ist ein Flachstrahl schematisch dargestellt, der aus einer Schlitzdüse austritt und sich entlang einer ebenen Wand ausbreitet. Am Düsenaustritt, wo eine homogene Verteilung der Anfangsgeschwindigkeit vorliegt, bilden sich zwei Grenzschichten aus. Eine davon, die an der oberen Strahlgrenze entsteht, ist bedingt durch das Ansaugen vom Umgebungsmedium und liegt als freie Grenzschicht vor. Die andere bildet sich aufgrund der Haftbedingung an der Oberfläche aus und stellt somit eine wandnahe Grenzschicht dar. Im Anfangsabschnitt eines solchen Strahles ist, wie auch beim Freistrahl, eine Zone der ungestörten Strömung, d. h. ein Potentialkern (nichtschraffierte Zone in Bild 2.7-1) vorhanden. Am Ende dieses Abschnitts vereinigen sich die beiden Grenzschichten. Da die Geschwindigkeit der Zunahme der freien Grenzschicht aufgrund des Ansaugens vom Umgebungsmedium größer ist als bei der wandnahen Grenzschicht, liegt das Geschwindigkeitsmaximum nicht in der geometrischen Symmetrieebene der Düse, sondern verschiebt sich in Richtung der festen Oberfläche. Somit stellt der Flachstrahl eine Kombination der beiden bereits betrachteten

Grenzschichten – der freien und der wandnahen Grenzschicht – dar. Genau wie im Freistrahl (und in jeder beliebigen Grenzschicht) ist der Druck in einem solchen Strahl überall konstant und gleich dem Druck in der Umgebung. Im Unterschied zum Freistrahl nimmt der durch die Querschnittsfläche des Strahles übertragene Impulsstrom über der Länge ab, da an der Wand eine Reibungskraft (Schubkraft) wirkt.
Der Durchsatz durch den Querschnitt des Strahles nimmt über der Länge zu, aber, wegen der eingeschränkten Ansaugung an einer Seite des Strahles, langsamer als beim Freistrahl. Der kinetische Energiestrom nimmt, wie auch beim Freistrahl, über der Länge ab (wenn auch langsamer), da für das Ansaugen von Umgebungsmedium in den Strahl kinetische Energie aufgebracht werden muß.
Zur Berechnung teilweise begrenzter Strahlen (Flachstrahlen) werden die bereits vorgestellten integralen Methoden der Grenzschichttheorie mit Erfolg genutzt. Dabei muß selbstverständlich die Wirkung der Schubkraft an der Wand berücksichtigt werden. Das Geschwindigkeitsprofil im äußeren Teil des Strahles wird bei der Ausführung solcher Berechnungen mit Beziehungen approximiert, die für Freistrahlen charakteristisch sind, und im inneren Teil des Strahles mit charakteristischen Beziehungen für die wandnahe Grenzschicht.
Ein anderer für die Praxis bedeutsamer Fall einer teilweise begrenzten Strömung liegt in Strahlapparaten vor. Es soll das Ausströmen eines turbulenten Strahls in eine zylindrische Kammer, die an beiden Stirnseiten offen ist, betrachtet werden (Bild 2.7-2)

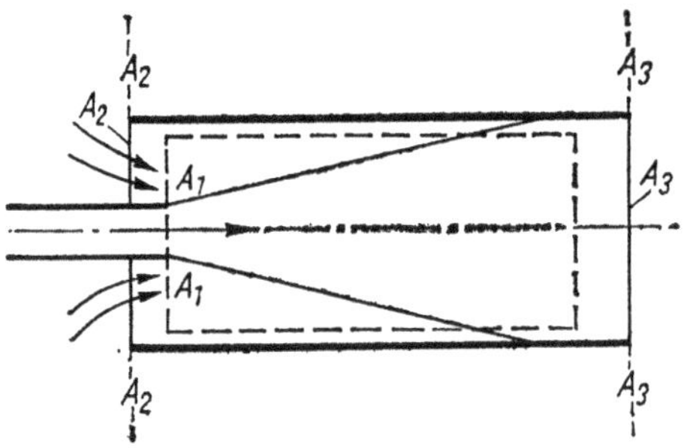

Bild 2.7-2. Schema eines Strahlapparates (Injektor)

Bis zur Berührung mit den Kammerwänden verhält sich der Strahl praktisch wie ein Freistrahl und saugt durch die Eintrittsseite der Kammer Fluid aus der Umgebung an. Durch die Begrenzung der Ansaugung wird die kinetische Energie jedoch nicht vollständig für das Mitreißen von angesaugtem Medium in der Strömung aufgebraucht und geht deshalb teilweise in potentielle Druckenergie über. Das bedeutet, daß dieser Strahl eine Gegendruckarbeit verrichten kann. Ähnliche Anlagen werden als *Strahlapparate* bezeichnet. Und zwar als *Injektoren*, wenn sie zum Eindrücken von Gas oder Flüssigkeiten in einem Raum dienen, der sich dem Querschnitt A_3 anschließt, und als *Ejektoren* (Strahlpumpen), wenn sie zur Evakuierung eines Gases oder einer Flüssigkeit aus einem Raum dienen, der sich dem Querschnitt A_2 anschließt. Ein Spezialfall des Injektors ist der Injektorbrenner, wo die kinetische Energie des Brenngasstrahles (injektierendes Medium), der aus der Fläche A_1 austritt, zum Ansaugen der für die Verbrennung erforderlichen Luft (injektiertes Medium) durch die Fläche A_2 verwendet wird. Im Ergebnis bildet sich dann im Querschnitt A_3 ein Brennstoff-Luft-Gemisch. Zur Herleitung der die Arbeit des Injektors beschreibenden Gleichung wird der Impulssatz auf ein in Bild 2.7-2 punktiert dargestelltes Kontrollvolumen angewendet.

Es seien v_1, v_2, v_3 die mittleren Geschwindigkeiten in den Querschnitten A_1, A_2 und A_3 des injektierenden Mediums und des Gemisches (m^3/s), p_2 und p_3 die statischen Drücke in den Querschnitten A_2 und A_3 (Pa), ϱ_1, ϱ_2 und ϱ_3 die Dichten der Medien (kg/m^3). Nach dem Impulssatz ist der resultierende Impulsstrom durch die Oberfläche des Kontrollvolumens gleich der Resultierenden der äußeren Kräfte, die an dieser Fläche anliegen. Für den betrachteten Fall bedeutet das:

$$\varrho_3 A_3 v_3^2 - \varrho_1 A_1 v_1^2 - \varrho_2 A_2 v_2^2 = A_3 (p_2 - p_3) \tag{a}$$

d. h. die Differenz zwischen den Impulsströmen am Austritt aus der Mischkammer und an ihrem Eintritt ist gleich der Differenz der Druckkräfte in diesen Querschnitten (gleich der Resultierenden der Druckkräfte). Die Gleichung berücksichtigt nicht die Schubkraft an der Kammerwand. Die Masseströme (Massedurchsätze) der Stoffe werden mit $\dot{m}_1$, $\dot{m}_2$, $\dot{m}_3$ (kg/s) bezeichnet:

$$\dot{m}_1 = \varrho_1 A_1 v_1$$

$$\dot{m}_2 = \varrho_2 A_2 v_2$$

$$\dot{m}_3 = \varrho_3 A_3 v_3$$

Die Fläche des Querschnitts A_3 kann über den Volumendurchsatz $\dot{V}_3$ (m^3/s) des Gemisches und seine Geschwindigkeit ausgedrückt werden:

$$A_3 = \frac{\dot{V}_3}{v_3}$$

$$A_3 = \frac{\dot{V}_1 + \dot{V}_2}{v_3}$$

($\dot{V}_1$, $\dot{V}_2$ Durchsätze des injektierenden bzw. injektierten Mediums)

Setzt man diese Ausdrücke in Gl. (a) ein und multipliziert beide Seiten mit v_3, so erhält man

$$(\dot{m}_1 + \dot{m}_2)\, v_3^2 - \dot{m}_1 v_1 v_3 - \dot{m}_2 v_2 v_3 = (\dot{V}_1 + \dot{V}_2)(p_2 - p_3)$$

Fügt man beiden Seiten die Größe $\dot{m}_1 v_1^2/2 + \dot{m}_2 v_2^2/2$ hinzu, so ergibt sich nach einfachen Umformungen die Beziehung

$$\frac{\dot{m}_1 v_1^2}{2} + \frac{\dot{m}_2 v_2^2}{2} = (\dot{m}_1 + \dot{m}_2)\frac{v_3^2}{2} + (\dot{V}_1 + \dot{V}_2)(p_3 - p_2) + \dot{m}_1 \frac{(v_1 - v_3)^2}{2} + \dot{m}_2 \frac{(v_2 - v_3)^2}{2} \tag{2.7-1}$$

die die Energiebilanz eines Injektors beschreibt. Jeder Term der Gleichung hat den Sinn und die Dimension eines Energiestromes (einer Leistung) ($J/s = W$). Im linken Teil der Gleichung steht die Summe der kinetischen Energieströme des injektierenden und injektierten Mediums, die gleich der Summe aus kinetischen Energieströmen des Gemisches ist (der Gegendruckarbeit), bezogen auf die Zeiteinheit, und Energieverluststrom durch den Aufprall der Strömungen, d. h. durch die Änderung ihrer Geschwindigkeiten im Resultat der plötzlichen Erweiterung (die letzten beiden Terme im rechten Teil). Wie aus Gl. (2.7-1) zu sehen ist, verringert sich bei sonst gleichen Bedingungen die Gegendruckarbeit bei Zunahme der kinetischen Energie des Gemisches, und umgekehrt ermöglicht die Verringerung der kinetischen Energie des Gemisches eine Steigerung der Gegendruckarbeit. Diese Erkenntnis nutzt man, indem man am Injektoraustritt einen sich verjüngenden Aufsatz (Konfusor) anbringt, der eine Vergrößerung der kinetischen Energie des Gemisches bewirkt, oder einen sich erweiternden Aufsatz (Diffusor), mit dem eine Vergrößerung der Gegendruckarbeit erreicht wird. Die Energiebilanz des Injektors kann im speziellen Fall auch für die Ermittlung der erforderlichen Austrittsgeschwindigkeit des injektierenden Mediums v_1 bei bekannten Betriebsparametern des Injektors genutzt werden. Einer der wichtigsten Parameter ist der Injektionsgrad n, der aus dem Verhältnis der Durchsätze von injektierendem zu injektiertem Medium gebildet wird, d. h.:

$$n = \frac{\dot{V}_2}{\dot{V}_1} = \frac{\dot{V}_3 - \dot{V}_1}{\dot{V}_1} = \frac{\dot{V}_3}{\dot{V}_1} - 1$$

Wenn die Querschnittsfläche A_2 im Vergleich zur Düsenaustrittsfläche A_1 sehr groß ist, dann kann die Geschwindigkeit v_2 in Gl. (2.7-1) vernachlässigt werden. Wenn dabei auch der Wert des Gegendruckes $p_3 - p_2$ klein ist, dann nimmt Gl. (2.7-1) die folgende einfache Form an:

$$\frac{\dot{m}_1 v_1^2}{2} = \frac{\dot{m}_3 v_3^2}{2} + \frac{\dot{m}_1 (v_1 - v_3)^2}{2} + \frac{\dot{m}_2 v_3^2}{2}$$

woraus man nach Kürzung $v_1 = \dfrac{\dot{m}_3 v_3}{\dot{m}_1}$ erhält, wobei

$$\dot{m}_3 = \varrho_3 \dot{V}_3, \quad \dot{m}_1 = \varrho_1 \dot{V}_1$$

Sind die Dichten des injektierenden Mediums und des Gemisches gleich groß, dann liefert die letzte Beziehung $v_1 = \dot{V}_3 v_3 / \dot{V}_1$, woraus man unter Verwendung des Injektionsgrades $v_1 = (n + 1)\, v_3$ erhält.

2.7.2. Begrenzte Strahlen

In Bild 2.7-3 ist die Fluidbewegung in einem achsensymmetrischen Strahl, der sich in einer zylindrischen Kammer ausbreitet, dargestellt sowie die Geschwindigkeitsverteilung in den Kammerquerschnitten und die Änderung des statischen Überdrucks über der Strahllänge. Infolge der Energieverluste bei einer plötzlichen Erweiterung fällt der das Ausströmen bewirkende Überdruck am Düsenaustritt sehr stark ab und geht in einen Unterdruck über. Somit wird beim begrenzten Strahl nicht nur kinetische Energie für das Ansaugen von Umgebungsmedium aufgebracht, sondern auch teilweise

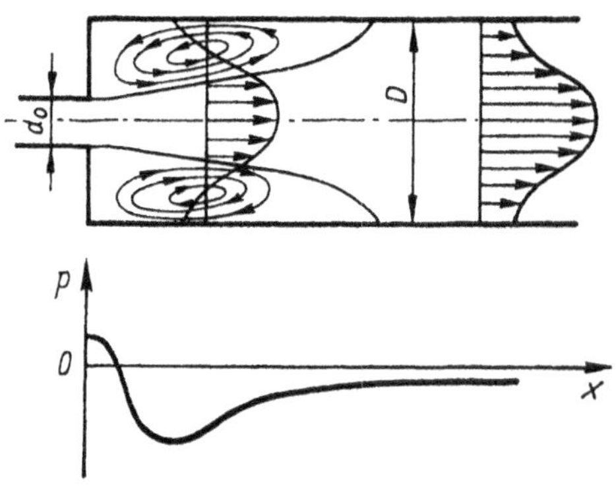

Bild 2.7-3. Strömungsschema und Druckverteilung in einem begrenzten Strahl

potentielle Druckenergie. Im weiteren erfolgt eine Zunahme des Druckes, denn infolge des starken Absinkens der Geschwindigkeit geht die kinetische Energie der Strömung in potentielle Druckenergie über. Die Bewegung im Strahl erfolgt somit in diesem Abschnitt durch die Trägheitskräfte in Richtung der Druckzunahme, d. h., der Strahl bewegt sich dank seiner Reserve an kinetischer Energie. Jedoch sind an den Strahlrändern, wo die Geschwindigkeiten gering sind, die Trägheitskräfte nicht ausreichend für die Überwindung der Druckkräfte. Im Ergebnis lenkt ein Teil der Strömung um und bewegt sich entgegen der Hauptströmungsrichtung. Genau dieser Teil wird dann im Bereich der Düse als Umgebungsmedium wieder in den Strahl angesaugt. Der direkte Strom im begrenzten Strahl ist also von einer toroidealen Zirkulationszone umgeben, in der sich die Teilchen auf geschlossenen Trajektorien bewegen.
Man sieht also, daß im Unterschied zum Freistrahl im begrenzten Strahl keine isobare Strömung vorliegt und deshalb der Impulsstrom über der Strahllänge nicht konstant bleibt. Außerdem wird bei der Bewegung eines Strahls in einer Kammer die den Grenzschichten eigene Bedingung erfüllt, daß die Querkomponente der Geschwindigkeit im Vergleich zur Längskomponente klein ist. Im Gebiet der Umkehrung der Strömung in der Zirkulationszone ist die Situation gerade umgekehrt: Die Querkomponente der Geschwindigkeit ist sehr groß. Folglich gehört der begrenzte Strahl strenggenommen nicht zu den Grenzschichtströmungen, und die behandelten Methoden der Grenzschichttheorie können nicht auf die Berechnung solcher Strömungen angewendet werden. In letzter Zeit wird im Zusammenhang mit den besseren Möglichkeiten der Rechentechnik für die Berechnung begrenzter Strahlen eine numerische Lösung der kompletten Navier-Stokesschen Gleichungen mit den gemittelten Größen (der sogenannten Reynolds-Gleichungen) unter Verwendung moderner halbempirischer Turbulenztheorien herangezogen.
Wie Experimente zeigen, kann jedoch für den Fall, daß der Kammerdurchmesser D im Vergleich zum Düsen-Durchmesser d_0 sehr groß ist (konkreter, wenn $D/d_0 \leqq 8$), der begrenzte Strahl mit für praktische Zwecke genügender Genauigkeit wie ein Freistrahl betrachtet werden und mit Hilfe der dargestellten Methoden berechnet werden.

2.8. Organisation der Gasbewegung und rationelles Druckregime in Ofenräumen

In modernen Hochleistungsöfen wird die Bewegung der Gase hauptsächlich durch die dynamische Wirkung der aus den Brennern austretenden Strahlen bestimmt. Außerdem treten durch die Verbrennung und Wärmeübertragung bedingte Temperaturunterschiede auf, die zur Entstehung zusätzlicher, sogenannter *Archimedes-Kräfte* führen. Auf den Charakter der Gasbewegung und auf die Druckverteilung im Ofen hat die Anordnung der Abgasabführung nicht soviel Einfluß wie die Anordnung der Brenneranlagen und ihre Parameter. Wie in allen Fällen der Ausbreitung begrenzter Strahlen bilden sich in dem am Brenneraustritt angrenzenden Gebiet Unterdruckzonen aus. An Stellen des Strahlaufpralls auf die Ofenausmauerung oder das Wärmgut (letzteres tritt auf bei der Strahl-Schnell-Erwärmung) entstehen hingegen Gebiete mit höherem Druck infolge des Übergangs von kinetischer Energie in potentielle Druckenergie bei Abbremsen des Strahls.

Diese genannten Ungleichmäßigkeiten in der Druckverteilung sind um so stärker ausgeprägt, je größer der Anfangsimpulsstrom des Strahls ist, d. h., je größer die Leistung der Brenneranlagen ist. Die durch die dynamische Einwirkung der Brenner bewirkte ungleichmäßige Druckverteilung überlagert sich mit den durch eine ungleichmäßige Temperaturverteilung (und folglich Dichteverteilung) entstehenden Druckunterschieden und mit dem durch das automatische Drucksteuerungssystem bedingten allgemeinen Druckniveau. Dadurch entsteht der für moderne Flammenöfen typische komplizierte Charakter der Verteilung des statischen Drucks. Diese Besonderheiten der Druckverteilung ermöglichen einerseits, die erforderliche (gewollte) Art der Gasbewegung im Ofen zu realisieren, z. B. eine Rezirkulation der Verbrennungsprodukte mit dem Ziel der Vergleichmäßigung der Temperaturen im Arbeitsraum bei gleichzeitiger Senkung des Temperaturniveaus des Prozesses. Andererseits bringen diese Besonderheiten wegen der Undichtheit des Ofenraumes Schwierigkeiten mit sich, denn durch die ungleichmäßige Druckverteilung kommt es entweder zum Ausflammen von Verbrennungsprodukten oder zum Ansaugen von Luft durch technologische Öffnungen und sonstige Undichtheiten im Ofenmauerwerk.

Die meisten Industrieöfen sind nicht hermetisch abgedichtet. Das hängt vor allem damit zusammen, daß im Ofen Öffnungen vorhanden sind, die zur Beschickung und Entnahme des Wärmgutes sowie zur Bedienung des Ofens erforderlich sind. Die Aufgabe des automatischen Drucksteuerungssystems im Ofen besteht darin, den Überdruck auf einem festgelegten Niveau zu halten bzw. ein Nulldruckniveau im Ofen einzustellen. Wie bereits gezeigt wurde, liegt über diesem Niveau ein Überdruck vor, d. h., der Ofenraumdruck ist größer als der Umgebungsdruck, und es kommt bei Vorhandensein von Öffnungen oder Undichtheiten zum Ausflammen von Verbrennungsprodukten. Das trifft nicht auf die Bereiche am Brenneraustritt zu, wo meist ein Unterdruckgebiet vorhanden ist. Unterhalb des Nulldruckniveaus liegt Unterdruck vor, und es kommt zum Ansaugen von Falschluft durch Öffnungen und zu Undichtheiten. Beide Erscheinungen, d. h. das Ansaugen von Falschluft und das Ausflammen von Verbrennungsprodukten, sind äußerst unerwünscht. Ersteres führt zur Zunahme der Oxydationsfähigkeit der Ofenraumatmosphäre und folglich zur Beschleunigung der Oxydations- und Entkohlungsprozesse bei Metallen und außerdem zu einem erhöhten Brennstoffverbrauch, da die angesaugte Kaltluft auf Arbeitstemperatur erwärmt werden muß. Das Ausflammen von Verbrennungsprodukten verschlechtert die Arbeitsbedingungen des Bedienungspersonals und führt ebenfalls zu einem höheren Brennstoffverbrauch.

Somit muß durch das automatische Drucksteuerungssystem das Nulldruckniveau auf der Höhe des Herdes eingestellt werden, wo auch die Arbeitsöffnungen des Ofens angeordnet sind. Zur Druckregelung werden meist Schieber verwendet, die in Abgaskanälen eingebaut sind und über das automatische Drucksteuerungssystem in Bewegung gesetzt werden. Beim Absenken des Schiebers verringert sich der freie Querschnitt für die Abgasabführung, und der durch den Schieber verursachte örtliche Widerstand nimmt zu. Da der Unterdruck nach dem Schieber praktisch konstant ist und durch die Höhe des Schornsteines bestimmt wird, führt die Vergrößerung des Druckabfalls am Schieber zu einem Druckanstieg im gesamten Abschnitt vor dem Schieber, also auch im Ofenraum, und es kommt zum Absinken des Nulldruckniveaus. Beim Anheben des Schiebers nimmt der Druckabfall über ihm ab, was zur Verringerung des Drucks im Ofen führt – zur Verlagerung des Nulldruckniveaus nach oben. Somit kann man durch die Lageänderung des Schiebers die durch Schwankungen der Wärmebelastung (d. h. Brennstoff- und Luftverbrauch und Abgasvolumenstromhervorgerufenen Druckänderungen im Ofen kompensieren und das Nulldruckniveau in Herdhöhe halten.

Die komplizierten Verhältnisse der Gasbewegung im Ofen und der Druckverteilung können prinzipiell berechnet werden. Die Aufgabe ist jedoch außerordentlich schwierig und erfordert den Einsatz großer Rechneranlagen. Deshalb werden gegenwärtig zur Untersuchung der Gasbewegung und der Druckverteilung in Öfen experimentelle Methoden unter Anwendung der Ähnlichkeitstheorie eingesetzt, d. h. Methoden der physikalischen Modellierung, die nachfolgend behandelt werden.

3 Grundlagen der Ähnlichkeitstheorie und Modelltechnik für Industrieöfen

3.1. Grundbegriffe der Ähnlichkeitstheorie

Der größte Teil der in der Praxis anzutreffenden Prozesse, die in Industrieofenanlagen ablaufen, sind so kompliziert, daß für sie eine analytische, wenn auch nur genäherte Lösung unmöglich ist. Sehr oft ist auch die mathematische Lösung entsprechender Aufgaben entweder mit sehr großen Schwierigkeiten verbunden oder selbst bei den gegenwärtigen Möglichkeiten der EDV nicht durchführbar. In solchen Situationen erweist sich die experimentelle Forschung oft als einzige Lösungsmöglichkeit der Aufgabe. Jedoch sind die im Ergebnis dieser Forschungsmethoden erhaltenen experimentellen Werte nur für die konkreten Bedingungen des einzelnen Experimentes gültig. Somit entstehen folgende zwei Fragen:

1. Wie müssen die experimentellen Werte bearbeitet werden, damit sie eine gewisse Allgemeingültigkeit besitzen, d. h., daß sie nicht nur für eine Einzelerscheinung oder einen Prozeß, sondern für ihre Gesamtheit gültig sind?
2. Auf welche Gesamtheit von Erscheinungen kann man die auf solche Art und Weise bearbeiteten Ergebnisse der speziellen experimentellen Forschung ausdehnen?

Mit diesen zwei Fragen ist das Problem der *Modellierung* von in Industrieöfen ablaufenden physikalischen und physikalisch-chemischen Prozessen eng verbunden. Die direkte experimentelle Untersuchung dieser Prozesse an realen Objekten, d. h. an Industrieöfen, erweist sich oft als sehr schwer bzw. unmöglich. Infolgedessen entstand die Notwendigkeit der Modellierung dieser Prozesse unter Laborbedingungen und in Laboreinrichtungen. Das *Modell* muß so ausgerüstet sein und die Prozesse in ihm müssen so ablaufen, daß die Ergebnisse ihrer experimentellen Untersuchungen auf das Objekt übertragen werden können.
Eine Antwort auf all diese Fragen soll die *Ähnlichkeitstheorie* geben, die die wissenschaftliche Grundlage für die Verallgemeinerung der experimentellen Werte und für die Modellierung der verschiedenen physikalischen und physikalisch-chemischen Prozesse darstellt. Einen großen Beitrag zur Schaffung der Ähnlichkeitstheorie für thermische Prozesse leisteten die sowjetischen Wissenschaftler *Kirpičev*, *Michejev*, *Ejgenson* und *Guchman*.
Die wichtigsten Begriffe der Ähnlichkeitstheorie sind »*Klassen von Erscheinungen*«

und »*Gruppen von Erscheinungen*«. Als Klasse physikalischer Erscheinungen (Prozesse) bezeichnet man die allgemeinste Gesamtheit von Erscheinungen, die durch einen gemeinsamen physikalischen Mechanismus, der die Grundlage dieser Erscheinung bildet, gekennzeichnet sind und deshalb durch ein und dasselbe System von Differentialgleichungen beschrieben werden kann. Eine Klasse stellt somit die breiteste Gesamtheit von Erscheinungen ein und derselben physikalischen Natur dar. Als Beispiele von Erscheinungsklassen können die Strömung der idealen Flüssigkeit und die Strömung der realen Flüssigkeit dienen. Es ist verständlich, daß in eine Klasse eine unendliche Menge einzelner Erscheinungen eingehen. Deshalb hat auch das System von Differentialgleichungen, das alle Erscheinungen dieser Klasse beschreibt, eine unendliche Menge von partiellen Lösungen. Jede von ihnen entspricht einer konkreten Erscheinung aus dieser Klasse.

Um aus einer Klasse eine bestimmte einzelne Erscheinung herauszulösen und um dafür eine partielle Lösung zu erhalten, muß man die *Eindeutigkeitsbedingungen* angeben, welche die gesamte Spezifik dieser einzelnen Erscheinung definieren. Die Eindeutigkeitsbedingungen beinhalten die geometrischen, physikalischen und chemischen Eigenschaften des Systems sowie die Grenzbedingungen.

Unter den *geometrischen Eigenschaften des Systems* versteht man die Form und die Maße der zum System gehörenden Körper. Wenn man z. B. über die Strömung der Flüssigkeit spricht, dann müssen Form und Maße des Gefäßes oder des Kanals, in dem die Bewegung vonstatten geht oder die von der Flüssigkeit umströmt werden, gegeben sein.

In die *physikalischen Eigenschaften des Systems* gehen die physikalischen Parameter der Körper ein, die das System bilden, bzw. ihre Abhängigkeiten von den Prozeßcharakteristiken oder von den Koordinaten und der Zeit, wenn sich diese Parameter ändern. Zum Beispiel müssen bei der Strömung einer Flüssigkeit ihre Dichte und Viskosität, ebenso die Fallbeschleunigung oder die Abhängigkeit der Dichte und Viskosität von der Temperatur und dem Druck angegeben werden, wenn sich diese Parameter im Laufe des Prozesses ändern.

Die *Grenzbedingungen* beinhalten die Anfangs- und Randbedingungen der Aufgabe. Die *Anfangsbedingungen* werden nur bei instationären Prozessen benötigt. Als Anfangsbedingungen gibt man die Verteilung der Größen, die theoretisch oder experimentell bestimmt werden sollen, zum Zeitpunkt $t = 0$ vor. Im Falle der instationären Flüssigkeitsströmung muß die Verteilung der Geschwindigkeit und des Druckes zu diesem Zeitpunkt vorgegeben werden.

Die *Randbedingungen* beschreiben die Wechselwirkung des Systems mit der Umwelt. So kann man zum Beispiel als Randbedingungen die Werte der zu bestimmenden Größen an den Systemgrenzen angeben. Im Falle der Strömung einer realen Flüssigkeit im Kanal bestimmt man die Verteilung der Geschwindigkeit und des Druckes am Eingang in den Kanal und am Ausgang aus ihm. Außerdem gibt man die Haftbedingungen an den festen Oberflächen, d. h. die Nullsetzung der Geschwindigkeit an den Kanalwänden an.

Somit ist eine Klasse die breiteste Gesamtheit gleicher Erscheinungen, eine *einzelne Erscheinung* ist deren kleinste Menge. Die Zwischenstellung zwischen diesen beiden Begriffen nimmt die Gruppe von Erscheinungen ein. Sie umfaßt die Gesamtheit ähnlicher physikalischer Erscheinungen.

Die Ähnlichkeitstheorie physikalischer Erscheinungen entstand durch die schrittweise Verallgemeinerung der Vorstellungen über die geometrische Ähnlichkeit. Deshalb wollen wir zum Anfang einige wichtige Begriffe der Ähnlichkeitstheorie am geo-

metrischen Beispiel erläutern. Betrachten wir in der Klasse der ebenen Flächen die sog. Rechtecke: Sie stellen Vierecke mit rechten Winkeln zwischen den Seiten dar. In dieser Klasse gibt es eine Vielzahl von Figuren, die sich durch unterschiedliche Seitenlängen unterscheiden. Wenn wir zwei Seiten a und b eines beliebigen Rechteckes mit ein und derselben Größe k_l, der sog. *Ähnlichkeitskonstante* (auch Ähnlichkeitsmaßstab genannt), multiplizieren, dann erhalten wir ein dem ersten Rechteck ähnliches Rechteck mit den Seiten $a' = k_l\, a$ und $b' = k_l\, b$. Wenn die Ähnlichkeitskonstante verschiedene Werte annimmt, erhalten wir eine Vielzahl von Figuren, die in die Klasse der Rechtecke eingehen und eine sog. Gruppe von ähnlichen Rechtecken bilden. Die Ähnlichkeitskonstante k_l verbindet nicht nur homologe Seiten (*grch.*: gleichliegend, übereinstimmend, entsprechend), sondern auch alle homologen linearen Elemente ähnlicher geometrischer Figuren oder Körper. So sind zum Beispiel die Diagonalen von ähnlichen Rechtecken m und m' ebenfalls durch die Gleichung $m' = k_l m$ verbunden. Verständlich ist auch, daß die Ähnlichkeitskonstanten nichtlinearer Elemente ähnlicher Figuren oder Körper sich von den Ähnlichkeitskonstanten linearer Elemente unterscheiden. Allerdings werden sie für alle identischen homologen Elemente gleich sein. Zum Beispiel ist die Ähnlichkeitskonstante k_A für Flächen ähnlicher Rechtecke, die durch die Beziehung $A' = k_A A$ definiert wird, verständlicherweise nicht gleich der Größe k_l. Es ist leicht zu erkennen, daß $k_A = k_l^2$ ist. Allerdings bleibt sie für alle homologen Flächenelemente gleich. Zum Beispiel sind die durch Abschnitte von Diagonalen und angrenzenden Seiten gebildeten Dreiecksflächen bei ähnlichen Rechtecken ebenso durch diese Ähnlichkeitskonstante k_A verbunden. Somit kann man, auf die geometrische Ähnlichkeit bezogen, die Ähnlichkeitskonstante als dimensionslose Größe definieren. Sie stellt das Verhältnis von identischen homologen Elementen zweier verschiedener Figuren oder Körper dar. Wenn zwei Figuren oder Körper ähnlich sind, dann sind die Ähnlichkeitskonstanten für alle homologen Elemente gleich.
Ebenso kann man den Begriff der Ähnlichkeitskonstante für physikalische Erscheinungen (Prozesse) einführen. Er wird als Verhältnis gleichartiger Größen (z. B. von Geschwindigkeiten oder Drücken) zweier physikalischer Prozesse in homologen Zeitmomenten und Punkten definiert. Wenn zwei Prozesse ähnlich sind, dann stellen die Ähnlichkeitskonstanten unveränderliche Größen dar, die unabhängig von Raum und Zeit sind.
Jedoch kann man sich von der Ähnlichkeit geometrischer Figuren auch durch eine andere Methode überzeugen. Sehen wir uns zum Beispiel die dimensionslose Größe $k_l = a/b$ an, die das Verhältnis zweier Seiten eines beliebigen Rechteckes darstellt. Es ist klar, daß die von uns als *Ähnlichkeitssimplex* bezeichnete Größe für alle ähnlichen Rechtecke gleich sein wird, d. h., für die gesamte Figurengruppe gilt

$$k_l = a/b = a'/b' = a''/b'' \text{ usw.}$$

Dieser Umstand wird gewöhnlich als $k_l = \text{idem}$ (*lat.*: ebenderselbe; identisch oder konstant, aber abhängig von Ort und Zeit) bezeichnet, d. h., daß das Ähnlichkeitssimplex für alle einander ähnlichen Figuren den gleichen Wert annimmt. Das Ähnlichkeitssimplex ist eine dimensionslose Größe, die eine Kombination der die Elemente der gegebenen Figur oder des gegebenen Körpers bestimmenden Größen darstellt. Für alle ähnlichen Figuren oder Körper hat diese Kombination ein und denselben Wert. Das Ähnlichkeitssimplex muß nicht unbedingt als ein Verhältnis von Elementen mit der gleichen Maßeinheit ausgedrückt werden. Es ist zum Beispiel klar, daß für alle ähnlichen Rechtecke das Verhältnis der Fläche zum Quadrat einer der Seiten ein und dieselbe Größe ergibt. Diese Größe

$k_A = (ab)/a^2 = b/a$

stellt ebenfalls das Ähnlichkeitssimplex dar.
Genauso kann man für ähnliche physikalische Erscheinungen dimensionslose Größen oder Ähnlichkeitssimplexe aufstellen, die für alle ähnlichen Erscheinungen gleich sind. Sie werden aus für jede einzelne Erscheinung charakteristischen Größen gebildet. Somit bezeichnet man Erscheinungen gleicher physikalischer Natur, die zu einer Klasse gehören (und folglich auch durch ein und dasselbe System von Differentialgleichungen beschrieben werden) und sich voneinander nur durch den Ähnlichkeitsmaßstab unterscheiden, als Gruppe ähnlicher physikalischer Erscheinungen. Alle Charakteristiken einer beliebigen Erscheinung kann man aus gleichen Charakteristiken beliebiger anderer ähnlicher Erscheinungen dieser Gruppe durch Multiplikationen mit der entsprechenden Ähnlichkeitskonstante erhalten.
Da die Besonderheiten jeder Einzelerscheinung, die zur Gruppe ähnlicher Erscheinungen gehört, durch die Eindeutigkeitsbedingungen ausgedrückt werden, müssen diese Bedingungen für die Erscheinungen einer Gruppe ähnlich sein, d. h. sich nur durch die Ähnlichkeitskonstante unterscheiden. Da die geometrischen Eigenschaften des Systems in die Eindeutigkeitsbedingungen eingehen, können Prozesse nur ähnlich sein, wenn sie in geometrisch ähnlichen Systemen ablaufen.

3.2. Ähnlichkeit hydrodynamischer Erscheinungen

3.2.1. Beziehungen zwischen Ähnlichkeitskonstanten für die Strömung eines realen Fluids – Kriterien der hydrodynamischen Ähnlichkeit

Die eingeführten Begriffe der Ähnlichkeitstheorie wenden wir jetzt in Aufgaben der Fluidmechanik an. In Bild 3.2-1 sind zwei Fälle der Flüssigkeitsströmung im Rohr dargestellt. Für die in Bild *a* dargestellte Strömung ist die Geschwindigkeitsverteilung bei der Entfernung x vom Rohreingang durch die Kurve $v(y)$ beschrieben. Dabei ist y der örtliche Radius, der sich in den Grenzen von 0 bis r_0 (Rohrradius) ändern kann.
Betrachten wir jetzt die Geschwindigkeitsverteilung in einem homologen Schnitt des zweiten Rohres (Bild *b*), der vom Rohreingang die Strecke $x' = k_l x$ entfernt ist. Wenn in jedem Punkt dieses Querschnittes mit dem örtlichen Radius $y' = k_l y$ die Ge-

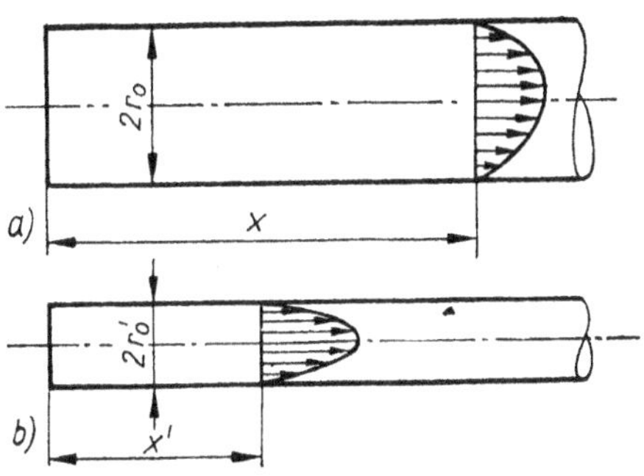

Bild 3.2-1. Ähnliche Strömung eines viskosen Fluides in einem Rohr

schwindigkeit v' durch die Beziehung $v'(y') = k_v\, v(y)$

(k_v Ähnlichkeitskonstante der Geschwindigkeit)

definiert werden kann, dann bedeutet das, daß die zweite Strömung der ersten ähnlich ist. Dabei wird die lineare Ähnlichkeitskonstante k_l durch die Beziehung der Rohrdurchmesser (oder Radien) $k_l = r'_0/r_0$ definiert. Die Ähnlichkeitskonstante der Geschwindigkeit k_v wird durch das Verhältnis charakteristischer Geschwindigkeiten, zum Beispiel der mittleren im Querschnitt, $k_v = v'_m/v_m$, ausgedrückt.

Von der Ähnlichkeit der betrachteten Strömungen kann man sich auch auf anderem Wege, durch Verwendung des Ähnlichkeitssimplexes, überzeugen. Diese Strömungen werden ähnlich sein, wenn bei gleichen Größen der dimensionslosen Entfernung vom Eingang, d. h. $X = x/r_0 = x'/r'_0$, und bei gleichem Wert der dimensionslosen Entfernung von der Achse, d. h. $Y = y/r_0 = y'/r'_0$, die dimensionslosen Geschwindigkeiten gleich sein werden, d. h. $V = v/v_m = v'/v'_m$. Somit werden diese Strömungen ähnlich sein, wenn wir bei Einhaltung der Bedingungen $X =$ idem und $Y =$ idem erhalten, daß $V =$ idem ist. Es ist verständlich, daß man eine unendliche Vielzahl solcher ähnlicher Strömungen realisieren kann, die eine Gruppe ähnlicher Erscheinungen bilden.

Eine wichtige Frage, die unmittelbare praktische Bedeutung für die Modellierung der verschiedensten Prozesse hat, ist die, ob sich alle Ähnlichkeitskonstanten als unabhängig erweisen oder ob es zwischen ihnen irgendwelche Beziehungen gibt. In der Modelltechnik ist dies eine entscheidende Frage bei der Auswahl der Ähnlichkeitskonstanten. Um dieses Problem zu lösen, ist es notwendig, zu wissen, ob man den Ähnlichkeitskonstanten beliebige, für die Modellierung bequeme Werte zuordnen kann oder ob es dabei einige Einschränkungen gibt.

Zur Beantwortung der aufgeworfenen Frage betrachten wir zwei instationäre Ströme realer Flüssigkeiten, die sich im Gravitationsfeld bewegen. Wir nehmen an, daß diese Strömungen einander ähnlich sind, und untersuchen, ob es zwischen den Ähnlichkeitskonstanten irgendwelche Beziehungen gibt. Die Bewegungsgleichung für die erste der zu betrachtenden Strömungen hat folgendes Aussehen:

$$\frac{\partial v_x}{\partial t} + v_x \frac{\partial v_x}{\partial x} = g - \frac{1}{\varrho}\,\frac{\partial p}{\partial x} + \nu\left(\frac{\partial^2 v_x}{\partial x^2} + \frac{\partial^2 v_x}{\partial y^2}\right) \tag{3.2-1}$$

Da die zweite Strömung der ersten ähnlich ist, wird sie durch eine analoge Gleichung ausgedrückt:

$$\frac{\partial v'_x}{\partial t'} + v'_x \frac{\partial v'_x}{\partial x'} = g' - \frac{1}{\varrho'}\,\frac{\partial p'}{\partial x'} + \nu'\left(\frac{\partial^2 v'_x}{\partial x'^2} + \frac{\partial^2 v'_x}{\partial y'^2}\right) \tag{3.2-2}$$

Dabei wurden die unabhängig veränderlichen Parameter und die zur zweiten Strömung gehörenden Funktionen mit Strich gekennzeichnet. Aus der Ähnlichkeit der zu betrachtenden Strömungen folgt, daß alle diese Größen den entsprechenden aus der ersten Strömung proportional sind. Die Proportionalitätsfaktoren sind dabei die Ähnlichkeitskonstanten, d. h.

$$g' = k_g\, g \qquad \varrho' = k_\varrho\, \varrho \qquad \nu' = k_\nu \nu \qquad t' = k_t\, t$$

$$x' = k_x\, x \qquad y' = k_y\, y \qquad v'_x = k_v\, v_x \qquad p' = k_p\, p'$$

Wenn man diese Ausdrücke in Gl. (3.2-2) einsetzt und berücksichtigt, daß die Ähnlichkeitskonstanten gleich bleiben und deshalb vor die Ableitungen und Differentiale geschrieben werden können, dann erhält man:

$$\frac{k_v}{k_t}\frac{\partial v_x}{\partial t}+\frac{k_v^2}{k_l}v_x\frac{\partial v_x}{\partial x}=k_g g-\frac{k_p}{k_\varrho\, k_l}\frac{1}{\varrho}\frac{\partial p}{\partial x}+\frac{k_\nu k_v}{k_l^2}\nu\left(\frac{\partial^2 v_x}{\partial x^2}+\frac{\partial^2 v_x}{\partial y^2}\right) \quad (3.2\text{-}3)$$

Beide Seiten durch k_v^2/k_l dividiert, ergeben:

$$\frac{k_l}{k_v k_t}\frac{\partial v_x}{\partial t}+v_x\frac{\partial v_x}{\partial x}=\frac{k_g\, k_l}{k_v^2}g-\frac{k_p}{k_\varrho\, k_v^2}\frac{1}{\varrho}\frac{\partial p}{\partial x}+\frac{k_\nu}{k_v\, k_l}\nu\left(\frac{\partial^2 v_x}{\partial x^2}+\frac{\partial^2 v_x}{\partial y^2}\right) \quad (3.2\text{-}4)$$

Da die zu betrachtenden Strömungen ähnlich sind, müssen sie durch gleichbedeutende Gleichungen beschrieben werden können. Daraus folgt, daß die Gln. (3.2-4) und (3.2-1) identisch sein müssen. Diese Forderung wird nur in dem Fall erfüllt, wenn die vor den Gliedern der Gl. (3.2-4) stehenden konstanten Koeffizienten gleich 1 sind, wie es schon beim zweiten Glied im linken Teil der Gl. (3.2-4) der Fall ist. Somit erhalten wir folgende Beziehungen zwischen den Ähnlichkeitskonstanten:

$$\frac{k_l}{k_v\, k_t}=1;\quad \frac{k_g\, k_l}{k_v^2}=1;\quad \frac{k_p}{k_\varrho k_v^2}=1;\quad \frac{k_\nu}{k_v\, k_l}=1 \quad (3.2\text{-}5)$$

Die Beziehungen (3.2-5) wurden ausgehend von der Bedingung gefunden, daß die betrachteten Strömungen ähnlich sind. Deshalb sind sie die notwendigen Ähnlichkeitsbedingungen für zwei Flüssigkeitsströme. Somit kann man von sieben Ähnlichkeitskonstanten (k_g, k_ϱ, k_ν, k_t, k_l, k_p und k_v) nur zwei beliebig bestimmen. Die verbleibenden fünf müssen aus den Bedingungen (3.2-5) ermittelt werden.
Die Gln. (3.2-5) kann man auch in anderer Form schreiben. Dafür drücken wir die Ähnlichkeitskonstanten als Verhältnis der entsprechenden Größen der ersten und zweiten Strömung aus. Dann setzen wir diese Beziehung in Gl (3.2-5) ein, lösen die für jede Strömung charakteristischen Größen heraus und bringen sie auf die verschiedenen Seiten der Gleichung. In die erste Beziehung von Gl. (3.2-5) setzen wir zum Beispiel $k_l = l'/l$ (l und l' sind die charakteristischen Abmessungen der ersten und zweiten Strömung), $k_v = v'_m/v_m$ (v_m und v'_m stellen entsprechend die charakteristischen Geschwindigkeiten dar) und $k_t = t'/t$ ein. Im Ergebnis erhalten wir anstatt der ersten Gl. (3.2-5)

$$(v_m t)/l = (v'_m t')/l'$$

Die erhaltene dimensionslose Größe

$$Ho = (v_m t)/l \quad (3.2\text{-}6)$$

heißt *Homochronität-Zahl.* Somit erweist sich die Gleichheit der Homochronität-Zahlen, d. h. Ho = idem, für zwei Strömungen als eine der Bedingungen für die Ähnlichkeit. Es ist leicht zu erkennen, daß in die Homochronität-Zahl zwei konstante Parameter der Aufgabe (die charakteristische Geschwindigkeit und das charakteristische Längenmaß) und ein unabhängiger veränderlicher Parameter (die Zeit) eingehen. Damit erweist sich die Homochronität-Zahl ebenfalls als veränderliche Größe und stellt eine dimensionslose Zeit dar. Der Sinn dieser Behauptung besteht darin, daß die Gleichheit der Homochronität-Zahlen, d. h. die Bedingung Ho = idem, homologe Zeitpunkte für die zwei zu vergleichenden Strömungen festlegt. Die Geschwindigkeitsverteilung in diesen zwei Strömungen wird zum Beispiel nicht in ein und demselben

Zeitpunkt $t = t'$ ähnlich sein, sondern in homologen Zeitpunkten, die durch die Bedingung $Ho =$ idem, d. h. durch die Bedingung $v_0 t/l = v_0' t'/l'$, bestimmt werden. Führen wir die gleiche Operation mit der zweiten Gl. (3.2-5) durch, dann erhalten wir $v_m^2/g\, l = (v_m')^2/g'\, l'$. Die dimensionslose Größe

$$Fr = v_m^2/g\, l \tag{3.2-7}$$

nennt man *Froude-Zahl.* Sie stellt einen konstanten Aufgabenparameter dar, da alle im Froude-Ausdruck enthaltenen Größen konstante Parameter sind. Den physikalischen Sinn dieses Kriteriums sowie die der restlichen zwei aus den Gln. (3.2-5) werden wir später erläutern. Jetzt wenden wir uns den schon bekannten noch verbliebenen Gln. (3.2-5) zu.

Aus der dritten Beziehung von Gl. (3.2-5) erhalten wir $p/\varrho\, v_m^2 = p'/\varrho'\, (v_m')^2$. Die Größe

$$Eu = p/\varrho\, v_m^2 \tag{3.2-8}$$

ist die *Euler-Zahl.* Dieses Kriterium stellt den dimensionslosen Druck, d. h. die gesuchte dimensionslose Funktion in der betrachteten Aufgabe, dar. Tatsächlich sind, wie schon früher gesagt, die Geschwindigkeit und der Druck bei den meisten Aufgaben in der Fluidmechanik die gesuchten Funktionen. In den Ausdruck der Euler-Zahl gehen zwei konstante Parameter (ϱ und v_m) und der Druck als gesuchte Funktion, die als veränderliche Größe auftritt, ein. Somit ist die Euler-Zahl ebenso eine veränderliche Größe.

Zum Schluß erhalten wir aus der letzten Beziehung von Gl. (3.2-5) $v_m\, l/\nu = v_m'\, l'/\nu'$. Diese dimensionslose Größe $Re = v_m\, l/\nu$ – *Reynolds-Zahl* – erläuterten wir bereits im zweiten Abschnitt als die wichtigste Größe in der Fluidmechanik. Es ist leicht zu sehen, daß die Reynolds-Zahl auch in der gegebenen Aufgabe einen dimensionslosen Parameter darstellt.

Die von uns durchgeführte Analyse der Ähnlichkeitsbedingungen zweier Strömungen einer realen Flüssigkeit gestattet es uns, zwei wichtige Schlußfolgerungen zu ziehen:

1. Für die Ähnlichkeit solcher Strömungen ist es notwendig, daß sie in geometrisch ähnlichen Systemen ablaufen, daß die Eindeutigkeitsbedingungen ähnlich sind und daß folgende vier Bedingungen erfüllt werden:

   $Ho =$ idem $\quad Eu =$ idem $\quad Fr =$ idem $\quad Re =$ idem

   Die erste dieser Bedingungen bestimmt nur die homologen Zeitmomente, die restlichen sind aber notwendige Ähnlichkeitsbedingungen.
2. Alle dimensionslosen Ähnlichkeitskennzahlen kann man in drei Modifikationen einteilen,
   - in dimensionslose Argumente (z. B. Homochronität-Zahl $Ho = v_m\, t/l$),
   - in dimensionslose gesuchte Funktionen (z. B. Euler-Zahl $Eu = p/\varrho\, v_m^2$),
   - in dimensionslose Parameter (z. B. Froude-Zahl $Fr = v_m^2/g\, l$ und Reynolds-Zahl $Re = v_m\, l/\nu$).

Zur Klärung der Frage, welchen physikalischen Sinn die drei erhaltenen Ähnlichkeitskennzahlen (Eu, Fr und Re) haben, betrachten wir die Strömung einer realen Flüssigkeit, die durch eine Gleichung, wie die von uns analysierte Strömung, allerdings im stationären Zustand, beschrieben wird; das bedeutet:

$$v_x \frac{\partial v_x}{\partial x} = g - \frac{1}{\varrho}\,\frac{\partial p}{\partial x} + \nu\left(\frac{\partial^2 v_x}{\partial x^2} + \frac{\partial^2 v_x}{\partial y^2}\right) \tag{3.2-9}$$

Diese Gleichung stellt einen Sonderfall der Navier-Stokesschen Gleichung (Gl. (2.5-26)) dar. Folglich drückt jedes Glied der Gleichung eine bestimmte massebezogene Kraft aus, die im Flüssigkeitsstrom wirkt. Der linke Teil dieser Gleichung stellt die massebezogene Trägheitskraft dar, das erste Glied der rechten Seite die massebezogene Gravitationskraft, das zweite die massebezogene Druckkraft und das dritte die massebezogene Viskositätskraft.

Jetzt suchen wir die Größenordnung, d. h. die Etwa-Größe jeder dieser Werte. Wir nehmen an, daß

1. die Größenordnung der Geschwindigkeit gleich ihrer charakteristischen Größe v_m ist, d. h. , $0\,(v) = v_m$,
2. die Größenordnung der Koordinaten gleich der charakteristischen Abmessung der Strömung l ist, d. h., $0(x) = l$, $0(y) = l$,
3. die Größenordnungen von g, p und ϱ direkt diesen Größen entsprechen.

Die Größenordnung der massebezogenen Trägheitskraft drückt man als $0(F_K) = v_m^2/l$ aus, die Größenordnung der massebezogenen Gravitationskraft als $0(F_G) = g$, die Größenordnung für die massebezogene Druckkraft als $0(F_p) = p/\varrho\, l$ und schließlich die Größenordnung der massebezogenen Viskositätskraft als $0(F_R) = \nu v_m/l^2$.

Vergleichen wir jetzt die von uns erhaltenen Ausdrücke für die Größenordnungen der vier in der Strömung wirkenden Kräfte mit den Ausdrücken für die Ähnlichkeitskennzahlen, dann kann man leicht erkennen, daß

$$Eu = 0(F_p)\,/\,0(F_K) \qquad Fr = 0(F_K)\,/\,0(F_G) \qquad Re = 0(F_K)\,/\,0(F_R)$$

ist. Somit erweist sich die Euler-Zahl, die ein Verhältnis von Größenordnungen der Druck- und Trägheitskräfte darstellt, als annähernde Charakteristik dieser Kräfteverhältnisse. Ebenso sind die Froude-Zahl durch das Verhältnis von Trägheits- und Gravitationskräften und die Reynolds-Zahl durch das Verhältnis von Trägheits- und Viskositätskräften gekennzeichnet.

3.2.2. Beziehungen zwischen den Ähnlichkeitskennzahlen – Grundtheorem der Ähnlichkeitstheorie

Im vorstehenden Abschnitt zeigten wir, daß im Falle der Ähnlichkeit von zwei realen Flüssigkeitsströmungen alle gleichnamigen Ähnlichkeitskennzahlen für diese Strömungen die gleichen Werte haben, d. h., sie sind untereinander gleich. Jetzt verbleibt uns zu klären, ob die Erfüllung all dieser Bedingungen notwendig ist oder ob es ausreicht, die Gleichheit von nur einigen Kennzahlen zu gewährleisten, damit sich die anderen ebenfalls als gleich erweisen und somit die betrachteten Strömungen ähnlich sind. Es ist klar, daß diese Frage eine praktische Bedeutung vom Standpunkt der Modellierung einer realen Flüssigkeitsströmung hat. Zur Lösung der dargestellten Aufgabe betrachten wir eine zweidimensionale stationäre Strömung einer realen inkompressiblen Flüssigkeit, die im Wirkungsfeld der Gravitationskraft entsteht. Der Vektor dieser massebezogenen Kraft ist entlang der x-Achse gerichtet. Diese Strömung ist durch ein System von drei Gleichungen mit drei Unbekannten beschrieben, in die zwei Navier-Stokessche-Gleichungen für die Achsen x und y sowie die Kontinuitätsgleichung eingehen:

$$\left.\begin{aligned} v_x \frac{\partial v_x}{\partial x} + v_y \frac{\partial v_x}{\partial y} &= g - \frac{1}{\varrho} \frac{\partial p}{\partial x} + \nu \left(\frac{\partial^2 v_x}{\partial x^2} + \frac{\partial^2 v_x}{\partial y^2} \right) \\ v_x \frac{\partial v_y}{\partial x} + v_y \frac{\partial v_y}{\partial y} &= - \frac{1}{\varrho} \frac{\partial p}{\partial y} + \nu \left(\frac{\partial^2 v_y}{\partial x^2} + \frac{\partial^2 v_y}{\partial y^2} \right) \\ \frac{\partial v_x}{\partial x} + \frac{\partial v_y}{\partial y} &= 0 \end{aligned} \right\} \quad (3.2\text{-}10)$$

Bei der Lösung der so formulierten Aufgabe (der natürlich noch entsprechende Randbedingungen angefügt werden) werden die drei gesuchten Größen (zwei Geschwindigkeitsvektoren $\boldsymbol{v}_x$ und $\boldsymbol{v}_y$ und der Druck $\boldsymbol{p}$) als Funktion von den zwei Argumenten x und y und von allen Aufgabenparametern definiert. Zu den Aufgabenparametern gehören die Dichte und die Viskosität der Flüssigkeit, die Fallbeschleunigung, die charakteristische Geschwindigkeit v_m, die in den Randbedingungen der Aufgabe vorgegeben ist, und die charakteristische Ausdehnung der Strömung l. Die Lösung muß also folgende Form haben:

$$\left.\begin{aligned} &\boldsymbol{v}_x(x, y, \varrho, \nu, g, v_m, l) \\ &\boldsymbol{v}_y(x, y, \varrho, \nu, g, v_m, l) \\ &p(x, y, \varrho, \nu, g, v_m, l) \end{aligned} \right\} \quad (3.2\text{-}11)$$

Somit erweist sich jede gesuchte Größe als Funktion von zwei Argumenten und fünf Parametern. Vollziehen wir jetzt die Umwandlung der dargestellten Aufgabenstellung in die dimensionslose Form. Das bedeutet, daß alle veränderlichen Größen in den Gln. (3.2-10), sowohl die Funktionen als auch die Argumente, als dimensionslose Größen dargestellt werden müssen, was wir durch Division der physikalischen Größe durch den Maßstabsfaktor erreichen. Als Bezugsgröße verwenden wir für die Geschwindigkeit ihre charakteristische Bedeutung v_m, für den Druck die Größe ϱv_m^2, die die Maßeinheit des Druckes hat, und für die Koordinaten die charakteristische Abmessung der Strömung l. Dadurch erhalten wir die dimensionslosen Komponenten der Geschwindigkeit $V_x = v_x/v_m$ und $V_y = v_y/v_m$, den dimensionslosen Druck $Eu = p/\varrho\, v_m^2$ und die dimensionslosen Koordinaten $X = x/l$ und $Y = y/l$. Um diese dimensionslosen Größen in die Gln. (3.2-10) einzufügen, setzen wir in die Gleichungen anstatt der physikalischen Größen die Produkte der dimensionslosen Größen mit den entsprechenden Maßstabsfaktoren ein. Dabei können wir die Maßstabsfaktoren als konstante Größen vor die Ableitungen und Differentiale schreiben. Im Ergebnis erhalten wir.

$$\frac{v_m^2}{l} \left(V_x \frac{\partial V_x}{\partial X} + V_y \frac{\partial V_x}{\partial Y} \right) = g - \frac{v_m^2}{l} \frac{\partial Eu}{\partial X} + \frac{\nu v_m}{l^2} \left(\frac{\partial^2 V_x}{\partial X^2} + \frac{\partial^2 V_x}{\partial Y^2} \right)$$

$$\frac{v_m^2}{l} \left(V_x \frac{\partial V_y}{\partial X} + V_y \frac{\partial V_y}{\partial Y} \right) = - \frac{v_m^2}{l} \frac{\partial Eu}{\partial Y} + \frac{\nu v_m}{l^2} \left(\frac{\partial^2 V_y}{\partial X^2} + \frac{\partial^2 V_y}{\partial Y^2} \right)$$

$$\frac{v_m}{l} \left(\frac{\partial V_x}{\partial X} + \frac{\partial V_y}{\partial Y} \right) = 0$$

Dafür, daß alle in diesen Gleichungen vorkommenden Größen dimensionslos sind, ist es notwendig, beide Seiten der ersten beiden Gleichungen durch die Größe v_m/l^2 und die dritte Gleichung durch die Größe v_m/l zu dividieren. Dann erhalten wir:

$$\left.\begin{aligned} &V_x \frac{\partial V_x}{\partial X} + V_y \frac{\partial V_x}{\partial Y} = \frac{1}{Fr} - \frac{\partial Eu}{\partial X} + \frac{1}{Re}\left(\frac{\partial^2 V_x}{\partial X^2} + \frac{\partial^2 V_x}{\partial Y^2}\right) \\ &V_x \frac{\partial V_y}{\partial X} + V_y \frac{\partial V_y}{\partial Y} = -\frac{\partial Eu}{\partial Y} + \frac{1}{Re}\left(\frac{\partial^2 V_y}{\partial X^2} + \frac{\partial^2 V_y}{\partial Y^2}\right) \\ &\frac{\partial V_x}{\partial X} + \frac{\partial V_y}{\partial Y} = 0 \end{aligned}\right\} \tag{3.2-12}$$

In diesem Gleichungssystem existieren, im Unterschied zum Ausgangssystem der Gln. (3.2-10), nur zwei dimensionslose Parameter - Re und Fr. Folglich hängt die Lösung der drei gesuchten dimensionslosen Funktionen V_x, V_y und Eu von zwei dimensionslosen Koordinaten X, Y und von den zwei dimensionslosen Parametern Re und Fr ab, d. h.

$$\left.\begin{aligned} V_x &= V_x(X, Y, Re, Fr) \\ V_y &= V_y(X, Y, Re, Fr) \\ Eu &= Eu(X, Y, Re, Fr) \end{aligned}\right\} \tag{3.2-13}$$

Aus dem erhaltenen Ergebnis läßt sich eine wichtige Schlußfolgerung ziehen: Für zwei durch gleiche Gleichungssysteme beschriebene Strömungen, die sich in geometrisch ähnlichen Systemen verbreiten und die durch die Ähnlichkeit der Eindeutigkeitsbedingungen charakterisiert sind, erweisen sich die Abhängigkeiten der dimensionslosen gesuchten Größen der Geschwindigkeiten und des Druckes (V_x, V_y und Eu) von den dimensionslosen Koordinaten X und Y als gleich. Das bedeutet, daß die Bedingungen $V_x =$ idem, $V_y =$ idem und $Eu =$ idem in homologen Punkten ($X =$ idem, $Y =$ idem) bei gleichen Größen der Reynolds- und Froude-Zahl erfüllt wird, d. h. bei Erfüllung der Bedingungen $Re =$ idem und $Fr =$ idem. Folglich sind für diese Strömungen die gleichgroßen Reynolds- und Froude-Zahlen unbedingt notwendige Bedingungen für die Ähnlichkeit der Strömungen. Dabei werden die Bedingungen $V_x =$ idem, $V_y =$ idem und $Eu =$ idem in homologen Punkten automatisch erfüllt.
Ähnlichkeitskennzahlen, die den Sinn von dimensionslosen konstanten Aufgabenparametern haben (im betrachteten Fall Re und Fr) und folglich aus Parametern, d. h. aus den Eindeutigkeitsbedingungen zusammengestellt werden, nennt man *bestimmende Kennzahlen*. Kennzahlen, die den Sinn von gesuchten dimensionslosen Größen haben (im gegebenen Fall die dimensionslosen Geschwindigkeiten V_x, V_y und der dimensionslose Druck, d. h. die Euler-Zahl), bezeichnet man als *zu ermittelnde Kennzahlen*. Die bestimmenden Kennzahlen charakterisieren in der Regel das gegenseitige Verhältnis der wichtigsten, auf die Prozeßentwicklung wirkenden Faktoren. Wie die durchgeführte Analyse zeigt, wird zum Beispiel die Reynolds-Zahl durch das Verhältnis der Trägheitskräfte zu den Viskositätskräften, die Froude-Zahl aber durch die Trägheits- und Gravitationskräfte charakterisiert. Solch eine Analyse kann man für beliebige Prozesse durchführen, für die es ein mathematisches Modell gibt. Dieses ermöglicht, die notwendigen und ausreichenden Ähnlichkeitsbedingungen für derartige Prozesse zu formulieren.
Prozesse sind ähnlich, wenn sie zu einer Klasse gehören, d. h. durch identische Gleichungen beschrieben werden, wenn sie in geometrisch ähnlichen Systemen ablaufen, die durch die Ähnlichkeit der Eindeutigkeitsbedingungen und die Gleichheit gleichlautender, aus den Eindeutigkeitsbedingungen aufgestellter Kennzahlen charakterisiert werden. Diese Formulierung drückt den Inhalt des sog. *Grundtheorems der Ähnlichkeitstheorie* aus.

Somit haben wir auf alle Fragen geantwortet, die zu Beginn dieses Abschnittes gestellt wurden. Es zeigte sich, daß man die Ergebnisse eines einzelnen Experiments auf eine Gruppe von Erscheinungen, genauer gesagt auf die Gesamtheit von ähnlichen Erscheinungen, ausweiten kann. Dabei müssen die aufgezeigten Ergebnisse in Form von Abhängigkeiten der dimensionslosen gesuchten Größen (zu ermittelnde Kennzahlen) von den dimensionslosen Argumenten und Parametern (bestimmende Kennzahlen) abgearbeitet werden.

Die Gegenüberstellung der Lösungsformen der betrachteten Aufgabe, die mit physikalischen Größen in Gl. (3.2-11) und mit dimensionslosen Größen in Gl. (3.2-13) formuliert wurden, läßt noch eine wichtige Schlußfolgerung zu: Im Ergebnis der Aufgabenumstellung auf dimensionslose Größen verringert sich merklich die Zahl der Größen, die von der gesuchten Funktion abhängen. Wenn in Gl. (3.2-11) jede der gesuchten Funktionen von zwei Argumenten und fünf Parametern abhängen, dann hängt in Gl. (3.2-13) jede der dimensionslosen gesuchten Größen von zwei dimensionslosen Argumenten und nur von zwei dimensionslosen Parametern ab. Dieser Umstand besitzt eine sehr große praktische Bedeutung, weil er die graphische bzw. tabellarische Ergebnisdarstellung der theoretischen oder experimentellen Aufgabenlösung vereinfacht.

Die mögliche Verringerung der Argumente und Parameter der Aufgabe beim Übergang zu dimensionslosen Größen bestätigt auch das sog. *π-Theorem der Ähnlichkeitstheorie*. Dieses Theorem sagt aus, daß jede beliebige Gleichung (oder Gleichungssystem), die durch N physikalische Größen verbunden ist und von denen K Größen unabhängige Einheiten besitzen, zu einer Gleichung (oder Gleichungssystem), die durch N-K dimensionslose Zahlen verbunden ist, umgeformt werden kann. In der betrachteten Aufgabe hat sich entsprechend dieses Theorems die Anzahl der Parameter um drei verringert.

3.2.3. Eigenmodellierung

Wie bereits erwähnt, wird jede der bestimmenden Kennzahlen durch die Beziehung bestimmter physikalischer Faktoren charakterisiert, die einen entscheidenden Einfluß auf die zu betrachtende Aufgabe haben. Es ist klar, wenn einer dieser Faktoren sehr groß bzw. sehr klein ist, daß die Veränderung dieser Beziehung kaum Einfluß auf den Prozeßverlauf hat. Dabei ist die entsprechende dimensionslose Kennzahl auch sehr groß bzw. sehr klein, und ihre Veränderung wirkt sich nicht auf den Prozeßverlauf aus. Diese Erscheinung bezeichnet man als *Entartungskriterium* oder *Eigenmodellierung des Prozesses* (oder der Erscheinung) im Verhältnis zur gegebenen Kennzahl. Der Sinn des letzten Begriffes besteht darin, daß bei Veränderung des Entartungskriteriums sich die dimensionslosen Charakteristiken nicht ändern, d. h., sie bleiben sich selbst ähnlich, werden durch sich selbst modelliert. Man kann eine Vielzahl von Beispielen der Eigenmodellierung der verschiedenen Ereignisse im Verhältnis zu einigen bestimmenden Kennzahlen anführen.

So waren die von uns im zweiten Abschnitt betrachteten Strömungen nicht dem Einfluß der Gravitationskraft ausgesetzt. Das bedeutet, daß in den betrachteten Fällen der Einfluß der Gravitationskraft vernachlässigbar klein ist im Verhältnis zum Einfluß anderer Kräfte, wie z. B. der Trägheits- und der Viskositätskräfte. Unter diesen Bedingungen erweist sich die Froude-Zahl, die durch das Verhältnis der Trägheits-

und der Gravitationskräfte bestimmt wird, als entartet, d. h., die Strömung erweist sich als selbstmodellierbar im Verhältnis zur Froude-Zahl.
Bei der Betrachtung der freien turbulenten Strömung bemerkten wir, daß diese Strömungen eigenmodellierbar im Verhältnis zur Reynolds-Zahl sind. Dies stellt den Fall der Entartung der Reynolds-Zahl dar. Die Trägheitskraft in turbulenten Strömungsquerschnitten ist so groß im Verhältnis zur Reibungskraft (durch das Fehlen fester Oberflächen), daß ihr durch die Reynolds-Zahl gekennzeichnetes Verhältnis nicht mehr die dimensionslosen Strömungscharakteristiken beeinflußt.
Die Eigenmodellierung der Strömung im Verhältnis zur Reynolds-Zahl beobachteten wir bei der Betrachtung der Energieverluste durch Reibung im Falle der turbulenten Flüssigkeitsströmung in Rohren oder Kanälen. Bei großen Reynolds-Zahlen, wenn die Strömung in einem rauhen Rohr vonstatten geht, hängen der *Reibungskoeffizient* λ und der *Strömungswiderstandskoeffizient* ξ_R nicht mehr von der Reynolds-Zahl ab. Dabei sind die Druckverluste durch Reibung proportional dem Quadrat der Geschwindigkeit (quadratisches Widerstandsgesetz), und entsprechend erweist sich die Euler-Zahl $Eu = \Delta p/\varrho v^2$ als konstante Größe, die nicht von der Reynolds-Zahl abhängt.
Einen analogen Fall der Eigenmodellierung der Strömung im Verhältnis zur Reynolds-Zahl findet man relativ oft in gasbeheizten Industrieöfen. Dabei ist der Druckunterschied in zwei beliebigen Punkten des Ofenraumes, z. B. am Eingang und am Ausgang der Gasströmung, proportional dem Quadrat der charakteristischen Geschwindigkeit, und folglich hängt die entsprechende Euler-Zahl nicht von der Reynolds-Zahl ab.
Zusammengefaßt kann man sagen, daß die Eigenmodellierung bedeutend die Modellierung der Prozesse, in denen sie realisiert werden, erleichtert. Die Eigenmodellierung im Verhältnis zur Reynolds-Zahl vereinfacht bedeutend die Modellierung der Ofenprozesse und wird oft in der Praxis verwendet.

3.2.4. Modellierung der Gasströmung in Industrieöfen

Bei der Modellierung der Gasströmung in Arbeitsräumen von Industrieöfen kann man sich zwei Aufgaben stellen:

1. die Erforschung der qualitativen Strömungscharakteristiken, d. h. die Richtungen der Strömungsbewegungen, ihre Verteilung in den Kanälen, die Formen und Maße der Zirkulationszonen;
2. die Erforschung der quantitativen Strömungscharakteristiken, d. h. die Geschwindigkeits- und Druckverteilung in verschiedenen Punkten des Ofenraumes.

Im ersten Fall verwendet man die sog. *hydraulische Modellierung* mit Verwendung von Wasser als *Modellierungsmittel (Testfluid)*, im zweiten *aerodynamische Modelle*, in denen Luft als Testfluid dient. Es ist klar, daß die Strömung im Modell immer der Strömung des Objektes (d. h. im zu modellierenden Ofen) ähnlich sein muß.
Betrachten wir jetzt, wie die im Grundtheorem der Ähnlichkeitstheorie formulierten Ähnlichkeitsbedingungen erfüllt werden. Die erste dieser Bedingungen, die Identität der Gleichungen, mit der die Strömung im Objekt und im Modell beschrieben wird, wird strenggenommen sowohl bei der hydraulischen als auch bei der aerodynamischen Modellierung verletzt. Das liegt daran, daß die Gleichungen, die die Gasströmung in Öfen beschreiben und die eine veränderliche Dichte besitzen, und die Gleichungen der Strömung einer inkompressiblen Flüssigkeit im Modell unterschiedlich sind. Jedoch wird dieser Umstand vernachlässigt, und man nimmt an, daß die Dichte und die Vis-

kosität der Ofengase konstant und gleich ihrer mittleren Größe ist, und verwendet diese bei Modellberechnungen. Daraus folgt, daß die Modellierung eine Näherungslösung darstellt.
Die zweite Bedingung, die geometrische Ähnlichkeit des Objektes und des Modells, wird ohne Schwierigkeiten erfüllt. Dafür wird ein Modell mit einem günstigen Maßstab und mit einer geometrisch ähnlichen inneren Ofenkontur hergestellt, die eine bequeme Arbeit mit dem Modell garantiert. Gewöhnlich wird für die Modellherstellung Plexiglas eingesetzt, das sich leicht bearbeiten läßt und eine visuelle Beobachtung gestattet. Im Falle der hydraulischen Modellierung verwendet man eine Einfärbung oder andere Mittel zur Darstellung der Strömung.
Die größten Schwierigkeiten ruft die Einhaltung der dritten Ähnlichkeitsbedingung hervor, die Ähnlichkeit der Eindeutigkeitsbedingungen. Was die Ähnlichkeit der Randbedingungen betrifft, d. h. die Bedingungen am Eingang in das Objekt und in in das Modell und am Ausgang aus ihnen sowie auch an den festen Wänden, so wird sie folgendermaßen gewährleistet: Der Eingang in das Modell und der Ausgang aus ihm wird geometrisch ähnlich zum Ein- und Ausgang des Objektes gefertigt, was die Ähnlichkeit der Geschwindigkeitsverteilung in diesen Querschnitten des Objektes und des Modells garantiert. Die Randbedingungen an den Modellwänden sind denen im Objekt immer ähnlich, weil an der festen Oberfläche die Haftbedingungen erfüllt werden; es sind die sog. *nichtsteuerbaren Randbedingungen.* Es ist praktisch nicht möglich, die ähnliche Verteilung physikalischer Parameter (Dichte und Viskosität) im Objekt und im Modell zu gewährleisten, da im Modell diese Parameter i. allg. konstant sind, sich aber im Objekt in Abhängigkeit von der Temperatur ändern.
Die Erfüllung der vierten Bedingung, d. h. die Gleichheit der bestimmenden Kennzahlen (die aus den Eindeutigkeitsbedingungen aufgestellt werden), macht gewöhnlich keine Schwierigkeit. In modernen hochproduktiven Ofenanlagen kann man den Einfluß der Gravitationskraft auf die Gasströmung vernachlässigen. Deshalb ist die bestimmende Kennzahl die Reynolds-Zahl. Dadurch reicht es aus, die Gleichheit der Reynolds-Zahl zu gewährleisten, die aus den Eintrittsgeschwindigkeiten für Objekt und Modell ermittelt werden. Jedoch wird, wie bereits erwähnt, in modernen Öfen sehr oft eine selbstmodellierende Gasströmung im Verhältnis zur Reynolds-Zahl realisiert. Die Ähnlichkeit der Strömungen im Objekt und im Modell kann auch dann erreicht werden, wenn die Reynolds-Zahl für das Modell geringer ist als für das Objekt, wenn dabei die Strömung ebenfalls selbstmodellierend ist.
Zu Beginn der Modellierung der Gasströmung im Ofen bestimmt man einen linearen Modellmaßstab. Er stellt das Verhältnis der linearen Modellmaße zu den entsprechenden Objektmaßen, d. h. $k_l = l'/l$ (l' und l sind die charakteristischen linearen Abmessungen für das Modell und das Objekt), dar. Das Modell darf nicht zu groß und nicht zu klein sein, weil sonst die Strömungsmessung erschwert wird und die Genauigkeit sinkt. Außerdem sind bei einem zu kleinen Modell die notwendigen Geschwindigkeiten des Testfluides sehr groß. Das erfordert die Verwendung von speziellen Lüfter- bzw. Pumpenanlagen und erschwert ebenfalls die Messungen und visuellen Beobachtungen.
Nach Bestimmung des linearen Modellmaßstabes, der Kenntnis des im Modell zu verwendenden Testfluides (Wasser oder Luft) und der kinematischen Viskosität des Modellmediums ν' kann man, ausgehend von der geforderten Gleichheit der Reynolds-Zahlen für das Objekt und das Modell $v_m\, l/\nu = v'_m\, l'/\nu'$ (wobei $v'_m = v_m\, l\, \nu'/l'\, \nu$), die Größe der charakteristischen Geschwindigkeit v'_m im Modell ermitteln. Gewöhnlich wird als charakteristische Geschwindigkeit im Objekt und im Modell die Geschwindigkeit am Ofeneingang, d. h. die Austrittsgeschwindigkeit aus der Brenneranlage, ver-

wendet. Dabei ist für das Objekt der Volumenstrom $\dot{V}$ (Verbrennungsprodukte von Brenngas und Luft) durch den Brenner bekannt. Verwendet man das Volumenstrom-Verhältnis, kann man leicht den notwendigen Volumenstrom des Testfluides im Modell $\dot{V}'$ finden. Dabei drücken wir die Geschwindigkeit mit Hilfe des Volumenstromes aus, wobei beachtet werden muß, daß der Brennerquerschnitt proportional dem Quadrat der linearen Abmessung ist, d. h., $v_m = \dot{V}/c\, l^2$ und $v'_m = \dot{V}'/c\,(l')^2$ (c ist der Proportionalitätsfaktor, der durch die geometrische Ähnlichkeit für das Objekt und das Modell gleich ist). Dann erhalten wir $\dot{V}' = \dot{V}\, l'\, \nu'/l\, \nu$ oder bei Berücksichtigung von $l'/l = k_l$ und $\nu'/\nu = k_\nu$:

$$\dot{V}' = \dot{V}\, k_l\, k_\nu \qquad (3.2\text{-}14)$$

In der Praxis kann man, wenn sich das Strömungsregime im Modell als selbstmodellierend im Verhältnis zur Reynolds-Zahl verhält, auch eine geringere Größe des Volumenstroms verwenden. Das Vorhandensein des selbstmodellierenden Systems kann man folgendermaßen überprüfen: Die Druckdifferenz Δp wird in zwei Modellpunkten bei verschiedenen Volumenströmen des Testfluides gemessen und die graphische Abhängigkeit der Euler-Zahl $Eu = \Delta p/\varrho\, v_m^2$ von der Reynolds-Zahl $Re = v_m l/\nu$ dargestellt. Das selbstmodellierende Regime tritt dann ein, wenn das quadratische Widerstandsgesetz realisiert wird. Dann stellt die Graphik eine Gerade dar, die parallel zur Abszisse liegt.

Nach Herstellung des Modells und Bestimmung des notwendigen Volumenstroms des Testfluids kann man zur Untersuchung des Modells schreiten. Die dabei erhaltenen Experimentalwerte, die als Abhängigkeit dimensionsloser Funktionen (zu ermittelnde Kennzahlen) von dimensionslosen Parametern (bestimmende Kennzahlen) und von dimensionslosen Koordinaten bestimmt wurden, liefern angenäherte Aussagen für das zu modellierende Objekt.

4 Wärme- und Stoffübertragung

4.1. Grundbegriffe der Wärme- und Stoffübertragung

4.1.1. Temperatur- und Konzentrationsfelder, Wärme- und Massestrom, Arten der Wärme- und Stoffübertragungsprozesse

Beim Vorhandensein eines Mediums mit einem Temperaturfeld $T\ (x, y, z, t)$ läuft in diesem Medium immer der Prozeß der *Wärmeübertragung* ab. Wie aus dem 2. Hauptsatz der Thermodynamik bekannt ist, vollzieht sich dieser Prozeß immer in Richtung der Temperaturabnahme, d. h. aus dem Gebiet mit der höheren in das Gebiet mit der niedrigeren Temperatur. Zur Charakterisierung dieses Prozesses führen wir die Vektorgröße der *Wärmestromdichte* $\dot{\boldsymbol{q}}$ ein. Die Projektion dieses Vektors auf den Normaleneinheitsvektor eines Flächenelementes stellt den Wärmestrom dar, der durch dieses Flächenelement innerhalb einer Zeiteinheit hindurchdringen kann (W/m²).
Ebenso läuft bei Existenz eines Konzentrationsfeldes in einem aus i-Komponenten bestehenden Stoffgemisches $c_i\ (x, y, z, t)$ der Prozeß der *Stoffübertragung* ab. Dieser Prozeß verläuft gleichfalls in Richtung der Konzentrationsabnahme des Gemisches und wird durch den Vektor der *Massestromdichte* $\dot{\boldsymbol{m}}$ charakterisiert. Die Projektion dieses Vektors auf den Normaleneinheitsvektor eines Flächenelementes ist gleich der Masse, die durch dieses Flächenelement in einer Zeiteinheit transportiert wird (kg/(s m²)).
Die Prozesse der Wärme- und Stoffübertragung können durch verschiedene Transportmechanismen realisiert werden. Wenn die Wärmeübertragung durch chaotische thermische Bewegungen oder durch thermische Schwingungen der Mikroteilchen (Moleküle, Atome, Ione) verwirklicht wird, dann nennt man diesen Transportmechanismus *Wärmeleitung*. Wenn die Wärmeübertragung in beweglichen Fluiden durch Auftriebsströmung infolge von Dichteunterschieden, hervorgerufen durch unterschiedliche Temperaturen, vorgeht, so nennt man den Prozeß *konvektive Wärmeübertragung*.
Bei der Stoffübertragung wirken ähnliche Transportmechanismen. Entsteht die Stoffübertragung durch thermische Bewegungen von Teilchen (Moleküle, Atome, Ionen), dann spricht man von *Molekulardiffusion*. Bei *konvektiver Stoffübertragung* wird die Übertragung durch die Bewegung der Fluide hervorgerufen. Es ist völlig klar, daß sich die Prozesse der konvektiven Wärme- und Stoffübertragung immer mit den Prozessen der Wärmeleitung und Diffusion verbinden.

Bei turbulenter Bewegung der Fluide nehmen die Prozesse der Wärme- und Stoffübertragung einen solch spezifischen Charakter an, daß man sie als eigenständigen Transportmechanismus herauslösen kann. Dieser Transport, der durch den pulsierenden Charakter der turbulenten Bewegung bedingt ist, wird durch die Querbewegung der turbulenten Ballen verwirklicht, und man bezeichnet sie als *turbulente Wärmeleitung* (Diffusion).

Außer den genannten Mechanismen der Wärme- und Stoffübertragung gibt es noch einen Transportmechanismus der Wärmeübertragung, für den es keinen analogen Prozeß der Stoffübertragung gibt: die *Wärmeübertragung durch Strahlung,* die durch die Aussendung elektromagnetischer Wellen in einem bestimmten Frequenzbereich verwirklicht wird.

In Zweiphasensystemen an der Phasengrenze ablaufende Prozesse der Wärme- und Stoffübertragung, wie zum Beispiel die Wärme- und Stoffübertragung zwischen einem Fluid und einer festen Oberfläche, werden entsprechend *Wärme-* und *Stoffübergang* genannt.

Bei dem Prozeß der Wärmeübertragung zwischen zwei Medien (flüssigen und/oder gasförmigen), die durch eine feste Trennwand getrennt sind, handelt es sich um den *Wärmedurchgang.*

In der Praxis trifft man oft Fälle an, wo die Wärme- und Stoffübertragung gleichzeitig bzw. parallel ablaufen, wie z. B. die Verdampfung eines Stoffes von einer Oberfläche bei gleichzeitiger Wärmeabgabe zu oder von dieser Oberfläche. In diesen Fällen bemerkt man einen gegenseitigen Einfluß der Prozesse der Wärme- und Stoffübertragung. So vollzieht sich z. B. bei Existenz eines Temperaturgradienten im Stoffgemisch eine Teilung der Stoffkomponenten nach der molekularen Masse (*Thermodiffusion* oder »*Ludwig-Soret-Effekt*«). Gleichzeitig entsteht bei Vorhandensein der Stoffübertragung infolge einer unterschiedlichen Wärmekapazität der Stoffgemischkomponenten ein *Diffusionswärmestrom (Dufour-Effekt).* Außerdem verändern sich an der Oberfläche bei Existenz der Stoffübertragung die Randbedingungen des Wärmeübertragungsprozesses. Da bei den in Industrieöfen anzutreffenden technologischen Bedingungen der gegenseitige Einfluß der Wärme- und Stoffübertragung meist nicht groß ist, werden wir diesen Einfluß im weiteren vernachlässigen. Öfen der chemischen Industrie bedürfen gesonderter Betrachtung.

Wenn man davon ausgeht, daß die Prozesse der konvektiven Wärme- und Stoffübertragung unabhängig voneinander ablaufen, weisen die Beschreibungen dieser Prozesse, wie später zu sehen ist, viele Analogien auf. Deshalb werden diese Prozesse im weiteren parallel betrachtet. Laufen die Prozesse der Wärme- und Stoffübertragung in einem Zweiphasenmedium ab, dann kann man sie bedingt in zwei Gruppen einteilen:

1. Prozesse des inneren Transportes,
2. Prozesse des äußeren Transportes.

Bei der Erwärmung oder Abkühlung eines festen Körpers in einem flüssigen oder gasförmigen Medium erweisen sich zum Beispiel die Prozesse der Wärmeübertragung in diesem Medium als Prozesse der *äußeren Wärmeübertragung.* Der Transport der Wärme innerhalb des Körpers stellt die *innere Wärmeübertragung* dar. In dieser Beziehung spricht man von äußeren und inneren Aufgaben der Wärme- und Stoffübertragung.

Dadurch, daß beide Aufgaben in irgendeiner Form mit der Wärmeleitung oder der Diffusion verbunden sind, wird nachfolgend etwas ausführlicher auf einige allgemeine Gesetzmäßigkeiten der genannten Prozesse eingegangen.

4.1.2. Molekulare Wärmeleitung und molekulare Diffusion

Die Prozesse der Wärme- und Stoffübertragung, die durch mikroskopische Mechanismen hervorgerufen werden, können in einem beliebigen materiellen Medium sowohl in einer Flüssigkeit oder in einem Gas als auch in festen Körpern ablaufen. Jedoch werden diese Prozesse für Fluide in der Regel von der konvektiven Übertragung überlagert. In festen dichten Körpern ist der einzige Transportmechanismus der Wärmeübertragung die Wärmeleitung und der der Stoffübertragung die Diffusion. Es muß bemerkt werden, daß der Begriff molekulare Wärmeleitung (Diffusion) nur bedingt richtig ist, da als materielle Trägersubstanz nicht nur Moleküle, sondern auch Atome, Ionen und im Falle der Wärmeleitung freie Elektronen (in Metallen) dienen können. Jedoch kann man unabhängig von der Art der Trägersubstanz, d. h. vom speziellen Transportmechanismus, für all diese Prozesse eine einheitliche Beschreibung geben.

Es kann logischerweise vorausgesetzt werden, daß der Prozeß der Wärmeübertragung durch Wärmeleitung um so intensiver abläuft, je mehr sich die örtliche Temperatur ändert, d. h. je größer der Temperaturgradient ist. Auf dieser Voraussetzung baut das *Fouriersche Erfahrungsgesetz der Wärmeleitung* auf, welches, wie Experimente zeigten, befriedigend die verschiedenen Prozesse der Wärmeleitung beschreibt:

$$\dot{\boldsymbol{q}} = -\lambda \operatorname{grad} T \quad (\mathrm{W/m^2}) \tag{4.1-1}$$

Daraus ist ersichtlich, daß der Vektor der Wärmestromdichte proportional dem Betrag des Temperaturgradienten und in Richtung des Temperaturabfalls gerichtet ist (darauf weist das negative Vorzeichen auf der rechten Seite der Gleichung hin). Der in dieser Gleichung enthaltene Proportionalitätsfaktor λ (W/(mK) heißt *Wärmeleitkoeffizient* und ist ein physikalischer Stoffparameter, der die Fähigkeit des Stoffes, Wärme zu leiten, charakterisiert und der stoff- und temperaturabhängig ist. Der Wärmeleitkoeffizient der Gase (außer Inertgase) ist außerdem druckabhängig. Die Wärmeleitkoeffizienten der verschiedenen Stoffe werden in einschlägigen Nachschlagewerken angegeben.

Führt man die Beziehung

$$a = \lambda/\varrho\, c_p$$

(ϱ Dichte in kg/m³; c_p isobare spezifische Wärmekapazität in J/(kg K))

ein und nimmt an, daß Dichte und Wärmekapazität konstante Größen sind, dann kann man das Fouriersche Erfahrungsgesetz in folgender Form schreiben:

$$\dot{\boldsymbol{q}} = -a \operatorname{grad} h \tag{4.1-1/1}$$

($h = \varrho\, c_p\, T$ (J/m³) *volumenbezogene Enthalpie*, d. h. die Wärmemenge, die in einer Volumeneinheit des Stoffes mit der Temperatur T enthalten ist)

In dieser Formulierung sagt das Fouriersche Erfahrungsgesetz der Wärmeleitung aus, daß die Wärmestromdichte proportional dem Gradienten der volumenbezogenen Enthalpie ist. Der Proportionalitätsfaktor $a = \lambda/\varrho\, c_p$ in dieser Gleichung heißt *Temperaturleitkoeffizient* und charakterisiert die Intensität der molekularen Wärmeübertragung. Wie auch andere Übertragungscharakteristiken, z. B. die kinematische Viskosität ν, besitzt der Temperaturleitkoeffizient die Einheit m²/s. Größen, die sich ähnlich der kinematischen Viskosität und der Temperaturleitfähigkeit als Übertragungscharakteristiken erweisen, nennt man oft *Übertragungskoeffizienten.* Doch wenn

die kinematische Viskosität ν den Übertragungskoeffizienten der Strömungsgröße darstellt, so erweist sich die Temperaturleitfähigkeit als Koeffizient des Wärmetransportes.
Eine Analogie zum Fourierschen Erfahrungsgesetz für den Fall der Molekulardiffusion ist das *Ficksche Gesetz*, das den Diffusionsmassestrom einer i-ten Stoffkomponente bei Vernachlässigung der Thermodiffusion ermittelt:

$$\dot{m} = -D_i \operatorname{grad} \varrho_i \qquad (4.1\text{-}1/2)$$

($_i\varrho$ in kg/m³ Partialdichte der i-ten Komponente, d. h. die Stoffmenge dieser Komponente in kg, in die einer Volumeneinheit des Gemisches enthalten ist; D_i *Diffusionskoeffizient* der i-ten Komponente)

Es sei nochmals bemerkt daß das Ficksche Gesetz vollkommen analog dem Fourierschen Erfahrungsgesetz in der Form (4.1-1/1) ist. Aus Gl. (4.1-1/2) folgt, daß die Dichte des Diffusionsmassestromes proportional dem Betrag der Partialdichte ist. Dieser Massestrom ist entgegengesetzt zum Gradienten der Partialdichte gerichtet. D_i hat die gleiche Dimension (m²/s) und den gleichen physikalischen Sinn wie der Temperaturleitkoeffizient a (oder auch die kinematische Viskosität ν), d. h., er charakterisiert die Intensität der Molekulardiffusion und ist deshalb der Koeffizient der molekularen Stoffübertragung.
Wenn die Dichte des Gemisches ϱ eine ungefähr konstante Größe darstellt (das ist möglich für binäre Systeme bei entweder kleinen Konzentrationen der Komponenten oder bei ungefährer Übereinstimmung der Molekularmassen der Komponenten des Grundstoffes) und man berücksichtigt, daß die Partialdichte ϱ_i durch die Konzentration (Masseanteil) der i-ten Komponente als $\varrho_i = \varrho\, c_i$ ausgedrückt werden kann, dann erhält man das Ficksche Gesetz in der Form

$$\dot{m} = -\varrho\, D_i \operatorname{grad} c_i \qquad (4.1\text{-}2)$$

Diese Formulierung des Fickschen Gesetzes ist analog dem Fourierschen Erfahrungsgesetz der Form (4.1-1). Der Diffusionskoeffizient D hängt von der Natur der im Gemisch vorkommenden Stoffe, von der Temperatur und vom Druck (für Gase) ab. Die geringe Abhängigkeit des Diffusionskoeffizienten von der Konzentration der Gemischskomponenten kann man i. allg. in ingenieurtechnischen Berechnungen vernachlässigen.

4.1.3. Dreifache Analogie

Jetzt, da die drei Formen des molekularen Transportes bekannt sind – die molekulare Impulsübertragung (d. h. Reibung im laminaren Strom), die molekulare Wärmeübertragung (Wärmeleitung) und die molekulare Stoffübertragung (Diffusion) –, ist es nicht schwer, die Analogie zwischen diesen Prozessen festzustellen, die eine fundamentale Bedeutung besitzt.
Für eindimensionale Prozesse der Wärmeleitung und Diffusion bei konstanter Dichte und Wärmekapazität des Mediums kann man das Newtonsche Gesetz für viskose Reibung in flächenparalleler laminarer Strömung (Gl. (2.5-19)), das Fouriersche Erfahrungsgesetz und das Ficksche Gesetz in folgenden Formen schreiben:

$$\dot{I} = \nu \frac{\partial(\varrho v_x)}{\partial y} \qquad (4.1\text{-}3)$$

$$\dot{q} = -a \frac{\partial(\varrho c_p T)}{\partial y} \tag{4.1-4}$$

$$\dot{m} = -D_i \frac{\partial \varrho_i}{\partial y} \tag{4.1-5}$$

y Koordinate, in deren Richtung die Impuls-, Wärme- und Stoffübertragung vonstatten geht)

Wie aus den Gln. (4.1-3) bis (4.1-5) zu sehen ist, ist die Stromdichte jeder der Größen, d. h. des Impulses $\boldsymbol{I}$, der Wärme $\dot{q}$ und des Stoffes $\dot{m}$, proportional dem Gradienten der Dichte entsprechend des Impulses (ϱ_v), der Wärme bzw. Enthalpie ($\varrho\, c_p\, T$) und des Stoffes (ϱ_i). Somit kann man die Gesetzmäßigkeiten aller drei Übertragungsprozesse in einer Formulierung zusammenfassen: Der Strom jeder Größe ist einem Proportionalitätsfaktor (Übertragungskoeffizienten) und einer Triebkraft proportional. Als Triebkraft tritt in jedem Fall der Gradient der Dichte der entsprechenden Größe auf. In dieser Formulierung ist das Wesen des in der Thermodynamik der irreversiblen Prozesse bekannten *Linearitätsprinzips von Onsager* ausgedrückt, das eines der allgemeinsten Prinzipien der Übertragungsprozesse ist.

Die Prozeßanalogien der molekularen Impuls-, Wärme- und Stoffübertragung führen bei ganz bestimmten Bedingungen, wie später gezeigt wird, zur Übereinstimmung der entsprechenden Differentialgleichungen und gestatten es, eine allgemeine Theorie der Übertragungsprozesse zu schaffen. Im weiteren wird gezeigt, daß auch zwischen Prozessen der turbulenten Impuls-, Wärme- und Stoffübertragung eine ausreichende Analogie existiert.

Zum Abschluß muß bemerkt werden, daß die Prozesse der Wärme- und Stoffübertragung sich nur als analog erweisen, wenn die schon erwähnten zusätzlichen Effekte der gegenseitigen Beeinflussung, d. h. die Thermodiffusion und die Diffusionswärmeübertragung, nicht vorhanden sind. Praktisch bedeutet das, daß zur Erhaltung der gezeigten Analogie die Rolle der zusätzlichen Effekte der Wärme- und Stoffübertragung nicht groß sein dürfen.

4.2. Konvektive Wärme- und Stoffübertragung

4.2.1. Erzwungene und freie Konvektion und deren Rolle in Industrieöfen – Berechnungsaufgaben der konvektiven Wärme- und Stoffübertragung

Die Prozesse der konvektiven Wärme- und Stoffübertragung verlaufen, wie bereits erwähnt, im Ergebnis einer Fluidströmung und sind immer eng mit den entsprechenden molekularen Übertragungsprozessen (Wärmeleitung und Diffusion) verbunden. In Abhängigkeit von der Ursache der Entstehung der Fluidströmung unterscheiden wir *erzwungene* und *freie* (oder natürliche) *Konvektion.* Bei der erzwungenen Konvektion ist die Fluidbewegung durch äußere Gründe im Verhältnis zum zu betrachtenden Prozeß der Wärme- und Stoffübertragung bedingt, z. B. durch das Wirken irgendeines Erregers – einer Pumpe, eines Ventilators, Kompressors o. a. Bei der freien Konvektion wird die Fluidbewegung selbst durch den Prozeß der Wärme- und Stoffübertragung hervorgerufen, genauer gesagt durch Kräfte, die im Ergebnis eines Dichtefeldes entstehen, was eng mit einem Temperaturfeld (bei Wärmeübertragung) oder Konzentrationsfeld (bei Stoffübertragung) verbunden ist.

Die Prozesse der konvektiven Wärme- und Stoffübertragung sind außerordentlich weit verbreitet in den verschiedensten Industriezweigen und besonders in der Wärmetechnik. Die konvektive Wärmeübertragung spielt die Hauptrolle bei der Erwärmung eines Materials in Niedertemperaturöfen und manchmal auch in Hochtemperaturöfen (z. B. Haubenöfen zur Erwärmung von Bunden). Durch die konvektive Stoffübertragung laufen verschiedene chemisch-thermische Werkstoffbehandlungen ab, die mit der Veränderung ihrer Zusammensetzung verbunden sind, z. B. Entkohlung, Aufkohlung, Nitrierung usw. Die konvektive Wärme- und Stoffübertragung spielt eine bedeutende Rolle in brennstoffbeheizten Hochtemperaturöfen, weil durch sie die Temperatur- und Konzentrationsverteilung im Hochtemperaturgasstrom in bedeutendem Maße bestimmt wird. Die größte Rolle spielt dabei i. allg. die erzwungene Konvektion. Trotzdem besitzt auch die freikonvektive Wärmeübertragung eine gewisse Bedeutung, z. B. bestimmt gerade sie die Wärmeübertragung der äußeren Ofenwände an die Umgebung.

Nachfolgend werden die Prozesse der Wärme- und Stoffübertragung bei der erzwungenen Konvektion, die man am meisten in der Praxis antrifft, etwas ausführlicher behandelt. Danach wird in gedrängter Form die Wärme- und Stoffübertragung für freie Konvektion erläutert. Offensichtlich ist, daß in jedem beliebigen Fall die Charakteristiken der Wärme- und Stoffübertragungsprozesse eng mit den die Fluidströmung charakterisierenden Parametern verbunden sind und durch diese beeinflußt werden.

Wenn in einem gegebenen Punkt des Stromes der Geschwindigkeitsvektor gleich $\boldsymbol{v}$, die Dichte ϱ und die Temperatur T ist, dann ist die konvektive Wärmestromdichte in diesem Punkt gleich $\dot{\boldsymbol{q}}_{\text{konv.}} = \varrho\, \boldsymbol{v}\, c_p\, T$ (W/m²). Dabei zeigt die Massestromdichte $\varrho\, \boldsymbol{v}$ (kg/(m² s)), welche Fluidmasse in einer Zeiteinheit durch eine Oberflächeneinheit hindurchströmt, wobei die spezifische Enthalpie gleich $c_p\, T$ (J/kg) ist. Gleichzeitig tritt auch im sich bewegenden Fluid eine Wärmeübertragung durch Wärmeleitung auf. Dabei wird die Wärmestromdichte in Verbindung mit dem Fourierschen Erfahrungsgesetz (Gl. (4.1-1)) als $\dot{\boldsymbol{q}}_{\text{Wärmel.}} = -\lambda \operatorname{grad} T$ ausgedrückt. Es ist offensichtlich, daß man die Summe der Wärmestromdichte in einem sich bewegenden wärmeleitenden Fluid in folgender Form schreiben kann:

$$\left.\begin{aligned} \dot{\boldsymbol{q}} &= \dot{\boldsymbol{q}}_{\text{konv.}} + \dot{\boldsymbol{q}}_{\text{Wärmel.}} \quad \text{oder} \\ \dot{\boldsymbol{q}} &= \varrho \boldsymbol{v} c_p\, T - \lambda \operatorname{grad} T \end{aligned}\right\} \qquad (4.2\text{-}1)$$

Genauso ist die Dichte des konvektiven Massestromes der i-ten Komponente gleich

$$\dot{\boldsymbol{m}}_{i,\text{konv.}} = \varrho\, \boldsymbol{v}\, c_i$$

($\varrho\, v$ Massestromdichte des Gemisches)

In jedem Kilogramm beinhaltet sie c_i Kilogramm der zu betrachtenden Komponente. Wenn man berücksichtigt, daß in Verbindung mit dem Fickschen Gesetz (Gl. (4.1-2)) die durch die Molekulardiffusion bedingte Massestromdichte der Komponente gleich $\dot{\boldsymbol{m}}_{i,\text{Diff}} = -\varrho\, D_i \operatorname{grad} c_i$ ist, dann erhalten wir als summare Massestromdichte der i-ten Komponente des Gemisches:

$$\left.\begin{aligned} \boldsymbol{m}_i &= \dot{\boldsymbol{m}}_{i,\text{konv}} + \dot{\boldsymbol{m}}_{i,\text{Diff}} \quad \text{oder} \\ \dot{\boldsymbol{m}}_i &= \varrho \boldsymbol{v} c_i - \varrho\, D_i \operatorname{grad} c_i \end{aligned}\right\} \qquad (4.2\text{-}2)$$

Im Falle der konvektiven Wärmeübertragung zwischen einem sich bewegenden Fluid und der Oberfläche des festen Körpers hängt die Wärmestromdichte sehr entscheidend von der Geschwindigkeit und der Strömungsrichtung des Fluides, weiterhin vom Strömungsregime sowie von der Oberflächentemperatur und der Fluidtemperatur, von den physikalischen Eigenschaften des Fluides (vor allem von der Wärmeleitfähigkeit λ), von der Form und den Eigenschaften der Oberfläche des festen Körpers ab. Der Prozeß der konvektiven Stoffübertragung wird durch all die genannten Faktoren bestimmt, außerdem noch durch die Konzentration (oder durch die Partialdichte) der zu übertragenden Komponente auf der Oberfläche und im Fluid.

Somit erweisen sich die Prozesse der Wärme- und Stoffübertragung als sehr schwierige Prozesse, die von einer großen Anzahl von Parametern und veränderlichen Größen abhängen. Zur Beschreibung dieser Prozesse verwendet man sehr einfache Gleichungen, das *Newtonsche Gesetz für die Wärmeübertragung*

$$\dot{q}_w = \alpha\,(T_0 - T_w) \tag{4.2-3}$$

und die entsprechende Gleichung für die Stoffübertragung

$$\dot{m}_{i,w} = \beta\,(\varrho_{i,0} - \varrho_{i,w}) \tag{4.2-4}$$

(α Wärmeübertragungskoeffizient (W/m² K); β Stoffübertragungskoeffizient (m²/s); T_0, T_w Temperatur des Fluides und der Oberfläche; $\varrho_{i,0}$, $\varrho_{i,w}$ Partialdichte der i-ten Gemischskomponente im Fluid und an der Oberfläche)

Das Newtonsche Gesetz für die Wärmeübertragung kann man auch in folgender Form schreiben:

$$\dot{q} = \alpha\,\Delta T \tag{4.2-3/1}$$

($\Delta T = T_0 - T_w$ Temperaturdifferenz)

Bei konstanter Dichte des Fluides kann man die Formel für die Stoffübertragung in folgender Form angeben:

$$\dot{m}_{i,w} = \varrho\,\beta\,(c_{i,0} - c_{i,w}) \tag{4.2-4/1}$$

($c_{i,0}$, $c_{i,w}$ entsprechende Konzentrationen der i-ten Komponenten im Fluid und an der Oberfläche)

Dadurch, daß solche schwierigen Prozesse, wie die konvektive Wärme- und Stoffübertragung, durch sehr einfache Formeln (Gln. (4.2-3) und (4.2-4)) beschrieben werden können, wird die gesamte Schwierigkeit dieser Prozesse durch die Koeffizienten der Wärmeübertragung α und der Stoffübertragung β ausgedrückt. Diese Größen hängen von allen früher genannten Faktoren ab, die die Wärme- und Stoffübertragung beeinflussen. Die Hauptschwierigkeit der Berechnung der konvektiven Wärme- und Stoffübertragungsprozesse besteht folglich in der Bestimmung der Koeffizienten. Sind diese Größen bekannt, dann kann leicht der Wärme- und Stoffstrom bestimmt werden. Dabei sind diese Größen mit der Wärme- und Massestromdichte durch die Beziehungen

$$\dot{Q}_w = \int_A \dot{q}_w \,\mathrm{d}A$$

oder, wenn $\dot{q}_w = \text{const}$

$$\dot{Q}_w = \dot{q}_w A$$

und durch

$$\dot{M}_{i,w} = \int_A \dot{m}_{i,w} \,\mathrm{d}A$$

oder, wenn $\dot{m}_{i,w} = \text{const}$, durch

$$M_{i,w} = \dot{m}_{i,w} A$$

($\dot{Q}$ Wärmestrom (W); $\dot{M}_{i,w}$ Stoffstrom (kg/s); A Körperoberfläche (m^2))

verbunden.

In praktisch bedeutenden Fällen wird die Größe der Wärme- und Stoffübertragungskoeffizienten meist mit Hilfe empirischer Formeln ermittelt. Diese Formeln erhält man aus Nachschlagewerken oder durch Bearbeitung von Experimentalwerten. Die Verwendung empirischer Formeln erklärt sich entweder aus den großen mathematischen Schwierigkeiten, die mit der Lösung der entsprechenden Aufgaben bei komplizierter Oberflächenform der Wärmeübertragung (oder der Stoffübertragung) und einer komplizierten Fluidströmung verbunden sind, oder durch ungenügende Erforschung des eigentlichen Übergangsprozesses (bei turbulenten Strömungen).

Es interessieren jedoch mehr die analytischen (wenn auch nur genäherten) Bestimmungsmethoden der genannten Größen, die es gestatten, die physikalischen Besonderheiten der entsprechenden Prozesse aufzudecken und den gegenwärtigen Zustand der Wissenschaft im betrachteten Gebiet zu charakterisieren. Diese Methoden, die nur die Lösung der einfachsten Aufgaben der Wärme- und Stoffübertragung gestatten, führen zu Resultaten, die sich prinzipiell auch für andere, noch kompliziertere Fälle als richtig erweisen.

4.2.2. Grundgleichungen der konvektiven Wärme- und Stoffübertragung

4.2.2.1. Gleichungen der konvektiven Wärme- und Stoffübertragung

Wir nehmen an, daß sich in der Nähe einer Oberfläche irgendeines Körpers mit einer beliebigen Form ein Fluid bewegt, das die Temperatur T_0 (s. a. Abschn. 6.3.) hat. Die Oberflächentemperatur des Körpers beträgt T_w. Wie bereits bekannt ist, ist die Geschwindigkeit an der Körperoberfläche immer gleich Null. Es ist klar, daß sich der Wärmetransport durch diese unendlich dünne, starre Fluidschicht nur durch molekulare Wärmeleitung vollziehen kann, d. h., diesen Transport kann man mit dem Fourierschen Gesetz (Gl. (4.1-1)) beschreiben:

$$\dot{q}_w = -\lambda \left(\frac{\partial T}{\partial n}\right)_{n=0}$$

(n Koordinate, die in Normalenrichtung zur Körperoberfläche gerichtet ist ($n = 0$ entspricht dem Punkt auf der Oberfläche); λ Wärmeleitkoeffizient des Fluides)

Auf der anderen Seite kann man in Verbindung mit dem Newtonschen Gesetz (Gl. (4.1-3)) für die konvektive Wärmeübertragung die Wärmestromdichte an der Oberfläche ausdrücken als

$$\dot{q}_w = \alpha \, \Delta T$$

Wenn man auf der Grundlage des Energieerhaltungssatzes die rechten Seiten der beiden Gleichungen gleichsetzt, dann erhält man:

$$\alpha \, \Delta T = -\lambda \, (\partial T/\partial n)_{n=0} \qquad (4.2\text{-}5)$$

die man als *Differentialgleichung der konvektiven Wärmeübertragung* bezeichnet. Diese Gleichung gestattet es, den Wärmeübertragungskoeffizienten zu finden, wenn die Temperaturverteilung in der Nähe der Körperoberfläche bekannt ist. Es ist klar, daß dabei die Größen der Temperaturdifferenz ΔT und des Wärmeleitkoeffizienten des Fluides λ vorgegeben sein müssen:

$$\alpha = \frac{\lambda}{\Delta T} \left(\frac{\partial T}{\partial n}\right)_{n=0} \tag{4.2-6}$$

Das negative Vorzeichen ist lediglich die Richtungsangabe des Wärmeflusses und wird vernachlässigt. Die gleichen Überlegungen gestatten es, ausgehend vom Fickschen Gesetz (Gl. (4.1-2)) und der Gl. (4.2-4/1) für die konvektive Stoffübertragung, die *Differentialgleichung für die konvektive Stoffübertragung* zu erhalten:

$$\beta \Delta c = -D \left(\frac{\partial c}{\partial n}\right)_{n=0} \tag{4.2-7}$$

Dabei verzichten wir künftig bei $\Delta c = c_0 - c_w$ auf den Index i zur Verkürzung der Schreibweise, obwohl es immer um den Transport einer i-ten Gemischskomponente geht. Aus Gl. (4.2-7) kann man leicht die Formel für den Stoffübertragungskoeffizienten erhalten, die analog Gl. (4.2-6) ist:

$$\beta = \frac{D}{\Delta c} \left(\frac{\partial c}{\partial n}\right)_{n=0} \tag{4.2-8}$$

Dabei kann man den Stoffübertragungskoeffizienten bestimmen, wenn die Konzentrationsverteilung der Komponenten an der Körperoberfläche bekannt ist.
Die Gln. (4.2-6) und (4.2-8) werden wir im weiteren oft bei der Erforschung der Wärme- und Stoffübertragungsprozesse verwenden.

4.2.2.2. Energiegleichung und Gleichung der konvektiven Diffusion

Es werden nachfolgend Differentialgleichungen hergeleitet, die in allgemeiner Form die Wärme-(Energiegleichung) und die Stofftransportprozesse (Gleichung der konvektiven Diffusion) in einem sich bewegenden einphasigen Fluid beschreiben. Dies bedeutet, daß man durch Lösung der genannten Gleichungen die Temperatur- und Konzentrationsverteilung im Fluidstrom erhalten kann.
In Verbindung mit der schon erwähnten Analogie der Wärme- und Stoffübertragungsprozesse sind die Herleitung dieser Gleichungen und ihre Form ebenfalls analog. Deshalb wird die Herleitung der Energiegleichung ausführlich betrachtet und danach die Herleitung für den konvektiven Stofftransportprozeß kurz wiederholt.
Betrachtet wird ein Fluidstrom mit einem beliebigen Temperaturfeld $T\ (x, y, z, t)$ und einem beliebigen Geschwindigkeitsfeld $\boldsymbol{v}\ (x, y, z, t)$. Wir nehmen an, daß

1. das Fluid inkompressibel (ϱ = const) ist, d. h. die Volumenänderungsarbeit vernachlässigt werden kann,
2. die Strömungsgeschwindigkeit nicht sehr groß ist, was uns gestattet, die Wärmefreisetzung infolge von viskoser Reibung nicht zu berücksichtigen,
3. innere Wärmequellen fehlen,
4. die thermophysikalischen Eigenschaften des Fluides konstant sind.

Ein Quader mit den Kantenlängen dx, dy und dz ($dV = dx\, dy\, dz$) wird als Elementarvolumen dV betrachtet, das mit einem starren Koordinatensystem x, y, z (Bild

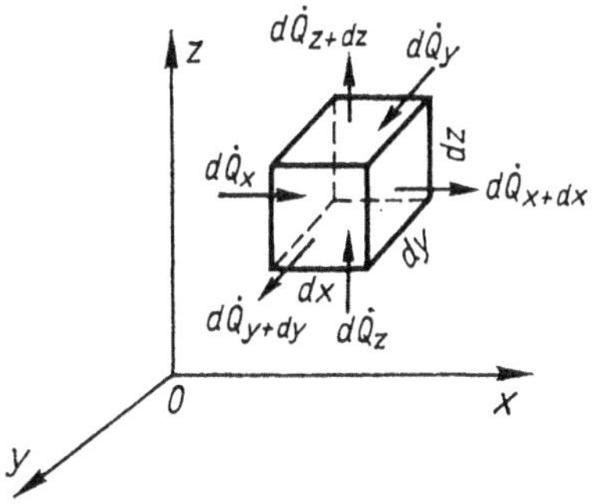

Bild 4.2-1. Herleitung der Energiegleichung

4.2-1) verbunden ist. Für dieses Elementarvolumen stellen wir die Energiebilanz auf, d. h., auf der Grundlage des Energieerhaltungssatzes setzen wir den Unterschied zwischen ein- und austretenden Wärmemengen gleich der Veränderung der Enthalpie des Fluides dieses Quaders. In Richtung der x-Achse tritt in den Quader in der Zeit $\mathrm{d}t$ die Wärmemenge $\mathrm{d}\dot{Q}_\mathrm{x} = \dot{q}_\mathrm{x}\,\mathrm{d}y\;\mathrm{d}z\;\mathrm{d}t$ ein, auf der gegenüberliegenden Seite tritt $\mathrm{d}\dot{Q}_\mathrm{x+dx} = \dot{q}_\mathrm{x+dx}\,\mathrm{d}y\;\mathrm{d}z\;\mathrm{d}t$ aus. Die Wärmestromdichte in dieser Fläche (genauer gesagt die Projektion des Vektors der Wärmestromdichte auf die x-Achse) findet man durch die Zerlegung in die Taylor-Reihe:

$$\dot{q}_\mathrm{x+dx} = \dot{q}_\mathrm{x} + \frac{\partial \dot{q}_\mathrm{x}}{\partial x}\,\mathrm{d}x$$

Der Unterschied zwischen den in den Quader ein- und austretenden Wärmeströmen in Richtung der x-Achse beträgt:

$$\mathrm{d}^2\dot{Q}_\mathrm{x} = \mathrm{d}\dot{Q}_\mathrm{x} - \mathrm{d}\dot{Q}_\mathrm{x+dx} = -\left(\frac{\partial \dot{q}_\mathrm{x}}{\partial x}\right)\mathrm{d}V\,\mathrm{d}t$$

Wenn wir diese Betrachtungen für die y- und z-Achsen wiederholen, dann erhalten wir entsprechend:

$$\mathrm{d}^2\dot{Q}_\mathrm{y} = \mathrm{d}\dot{Q}_\mathrm{y} - \mathrm{d}\dot{Q}_\mathrm{y+dy} = -\left(\frac{\partial \dot{q}_\mathrm{y}}{\partial y}\right)\mathrm{d}V\,\mathrm{d}t \quad \text{und}$$

$$\mathrm{d}^2\dot{Q}_\mathrm{z} = \mathrm{d}\dot{Q}_\mathrm{z} - \mathrm{d}\dot{Q}_\mathrm{z+dz} = -\left(\frac{\partial \dot{q}_\mathrm{z}}{\partial z}\right)\mathrm{d}V\,\mathrm{d}t$$

In den erhaltenen Gleichungen sind $\dot{q}_\mathrm{x}$, $\dot{q}_\mathrm{y}$ und $\dot{q}_\mathrm{z}$ die Projektionen des Vektors der Wärmestromdichte auf die Koordinatenachsen. Addiert man diese Gleichungen, dann findet man die resultierende Wärmemenge, die beim Wärmetransport durch dieses Volumen in der Zeit $\mathrm{d}t$ im Quader verbleibt, d. h., man findet den Unterschied zwischen den in den Quader ein- und austretenden Wärmemengen:

$$\left.\begin{aligned} \mathrm{d}^2\dot{Q} &= -\left(\partial\dot{q}_\mathrm{x}/\partial x + \partial\dot{q}_\mathrm{y}/\partial y + \partial\dot{q}_\mathrm{z}/\partial z\right)\mathrm{d}V\,\mathrm{d}t \quad \text{oder} \\ \mathrm{d}^2\dot{Q} &= -\operatorname{div}\boldsymbol{\dot{q}}\,\mathrm{d}V\,\mathrm{d}t \end{aligned}\right\} \qquad \text{(a)}$$

Auf der anderen Seite beträgt die Veränderung der Enthalpie des Fluides im Volumen $\mathrm{d}V$ in der Zeit $\mathrm{d}t$:

$$\mathrm{d}^2\dot{Q} = \varrho c_\mathrm{p}\,\mathrm{d}V\,\frac{\partial T}{\partial t} \qquad \text{(b)}$$

(c_p isobare spezifische Wärmekapazität)

Wenn man auf der Grundlage des Energieerhaltungssatzes die rechten Seiten der Gln. (a) und (b) gleichsetzt, dann erhält man nach Kürzungen:

$$\varrho c_p \frac{\partial T}{\partial t} = -\operatorname{div} \dot{\boldsymbol{q}} \tag{c}$$

Der Prozeß des Wärmetransportes durch den Quader wird durch zwei Mechanismen realisiert: durch den Transport aufgrund der molekularen Wärmeleitung und durch den rein konvektiven Transport, der durch den Wärmetransport infolge des sich bewegenden Fluides bedingt ist.

Setzt man Gl. (4.2-1) in die Gl. (c) ein, dann erhält man:

$$\varrho\, c_p\, \partial T/\partial t = -\,\varrho\, c_p \operatorname{div}(\boldsymbol{v}\, T) + \lambda \operatorname{div} \operatorname{grad} T$$

oder, wenn man beide Seiten durch $\varrho\, c_p$ teilt und die Divergenz des Produktes $\boldsymbol{v}\, T$ ausschreibt:

$$\partial T/\partial t = -\,T \operatorname{div} \boldsymbol{v} - \boldsymbol{v} \operatorname{grad} T + (\lambda/\varrho\, c_p) \nabla^2 T \tag{d}$$

wobei

$$\nabla^2 T = \frac{\partial^2 T}{\partial x^2} + \frac{\partial^2 T}{\partial y^2} + \frac{\partial^2 T}{\partial z^2}$$

Das erste Glied der rechten Seite von Gl. (d) beinhaltet die Divergenz des Geschwindigkeitsvektors, die für inkompressible Fluide gleich Null ist. Wenn man das zweite Glied der rechten Seite nach links bringt und berücksichtigt, daß $\lambda/\varrho\, c_p = a$ (a Temperaturleitfähigkeit) ist, dann erhält man:

$$\frac{\partial T}{\partial t} + \boldsymbol{v} \operatorname{grad} T = a \nabla^2 T \tag{4.2-9}$$

oder

$$\frac{\partial T}{\partial t} + v_x \frac{\partial T}{\partial x} + v_y \frac{\partial T}{\partial y} + v_z \frac{\partial T}{\partial z} = a \nabla^2 T \tag{4.2-9/1}$$

Gl. (4.2-9) stellt die *Energiegleichung* (d. h. die Wärmetransportgleichung im sich bewegenden Medium) *für ein inkompressibles Fluid* dar. In der Literatur findet man für dieses Gesetz die Bezeichnungen *Fourier-Kirchhoffsche-Gleichung* oder *Gleichung der Wärmeleitung für ein sich bewegendes Fluid.* Somit wurde die Energiegleichung auf der Grundlage des Energieerhaltungssatzes, des Masseerhaltungssatzes (in Form der Kontinuitätsgleichung) und des Fourierschen Erfahrungsgesetzes (Gl. (4.1-1)) erhalten.

Der auf der linken Seite der Energiegleichung (4.2-9) stehende Ausdruck wurde bereits früher dargestellt. Er stellt die vollständige Ableitung der Temperatur nach der Zeit dar und schließt die zeitliche Temperaturänderung im gegebenen Punkt (lokale Ableitung $\partial T/\partial t$) und die zeitliche Temperaturänderung, die durch die Bewegung dieses Punktes im veränderlichen Temperaturfeld gemeinsam mit dem sich bewegenden Fluid bedingt ist (konvektive Ableitung $\boldsymbol{v}$ grad T), ein. Diese Größe nennt man *substantielle Ableitung der Temperatur nach der Zeit* und bezeichnet sie mit $\mathrm{d}T/\mathrm{d}t$. Nach Berücksichtigung dieser Beziehung nimmt die Energiegleichung (4.2-9) folgende Form an:

$$\mathrm{d}T/\mathrm{d}t = a \nabla^2 T \tag{4.2-9/2}$$

Jedoch erweist sich die Lösung eines Großteils der Fälle durch die vielen mathematischen Schwierigkeiten als kompliziert bzw. als unmöglich. Deshalb verwendet man eine vereinfachte Form der Energiegleichung, die im weiteren behandelt wird.

Genauso wie die Energiegleichung wird die Gleichung der konvektiven Diffusion, d. h. die Gleichung des Stofftransportes der Komponenten in dem sich bewegenden Fluid hergeleitet. Dabei wird angenommen, daß das Fluid inkompressibel (ϱ = const) und der Diffusionskoeffizient konstant ist und daß man den Einfluß der Wärmeübertragung auf den Stofftransport vernachlässigen kann (genauso, wie wir vorher den Einfluß der Stoffübertragung auf den Wärmetransport vernachlässigten).
Betrachtet man den Massetransport der Komponenten durch den Quader mit einem Volumen dV in der Zeit dt, dann erhalten wir (mit Hilfe der schon erwähnten Überlegungen) einen Ausdruck für den Unterschied zwischen den Stoffmengen, die in den Quader ein- und austreten:

$$\mathrm{d}^2\dot{M} = -(\partial\dot{m}_\mathrm{x}/\partial x + \partial\dot{m}_\mathrm{y}/\partial y + \partial\dot{m}_\mathrm{z}/\partial z)\,\mathrm{d}V\,\mathrm{d}t \quad \text{oder}$$

($\dot{m}_\mathrm{x}$, $\dot{m}_\mathrm{y}$, $\dot{m}_\mathrm{z}$ Projektionen des Vektors der Massestromdichte auf die Koordinatenachsen; $\dot{M}$ Massestrom)

$$\mathrm{d}^2\dot{M} = -\operatorname{div}\dot{\boldsymbol{m}}\,\mathrm{d}V\,\mathrm{d}t$$

Auf der anderen Seite ist die Veränderung der Stoffmenge im Volumen dV in der Zeit dt gleich

$$\mathrm{d}^2\dot{M} = \varrho\,\mathrm{d}V\frac{\partial c}{\partial t}\mathrm{d}t$$

Wenn man auf der Grundlage des Masseerhaltungssatzes die rechten Seiten dieser Gleichungen gleichsetzt und berücksichtigt, daß der Stofftransport durch Molekulardiffusion und durch einen rein konvektiven Mechanismus (unter Verwendung von Gl. (4.2-2)) abläuft, dann erhält man nach den schon bekannten Umformungen:

$$\frac{\partial c}{\partial t} + \boldsymbol{v}\operatorname{grad} c = D\,\nabla^2 c \quad \text{oder} \tag{4.2-10}$$

$$\frac{\partial c}{\partial t} + v_\mathrm{x}\frac{\partial c}{\partial x} + v_\mathrm{y}\frac{\partial c}{\partial y} + v_\mathrm{z}\frac{\partial c}{\partial z} = D\,\nabla^2 c \tag{4.2-10/1}$$

Die auf der Grundlage des Fickschen Gesetzes (Gl. (4.1-2)) und des Masseerhaltungssatzes erhaltene Gleichung bezeichnet man als *Gleichung der konvektiven Diffusion.* Es ist erkennbar, daß sie eine Analogie zur Energiegleichung (Gl. (4.2-9)) darstellt. Der auf der linken Seite der Gl. (4.2-10) stehende Ausdruck stellt die substantielle Ableitung der Stoffkonzentration in der Zeit dar, deshalb kann man Gl. (4.2-10) analog Gl. (4.2-9/2) in folgender Form schreiben:

$$\mathrm{d}c/\mathrm{d}t = D\,\nabla^2 c \tag{4.2-10/2}$$

Löst man die Gleichung der konvektiven Diffusion, so kann man im Prinzip die Konzentrationsverteilung im Flüssigkeitsstrom und mit Hilfe der Gl. (4.2-8) den Stoffübertragungskoeffizienten finden. Jedoch treten bei ihrer Lösung die gleichen Schwierigkeiten wie im Falle der Energiegleichung auf, und man wird gezwungen, sich Näherungsmethoden zuzuwenden. Näherungsmethoden, die bereits zweifach erwähnt wurden, sind uns nicht neu (s. Abschn. 2.6.); es sind die Methoden der Grenzschichttheorie.

4.2.3. Konvektive Wärme- und Stoffübertragung bei erzwungener Strömung im Falle laminarer und turbulenter Grenzschichten

4.2.3.1. Temperatur- und Diffusionsgrenzschichten

Die Begriffe der Temperatur- und Diffusionsgrenzschichten sind im wesentlichen analog dem bereits bekannten Begriff der hydrodynamischen Grenzschicht. Betrachtet man einen unbegrenzten laminaren, stationären Fluidstrom, der entlang einer ebenen Oberfläche gerichtet ist (Bild 4.2-2), so ist die Temperatur bis zur vorderen

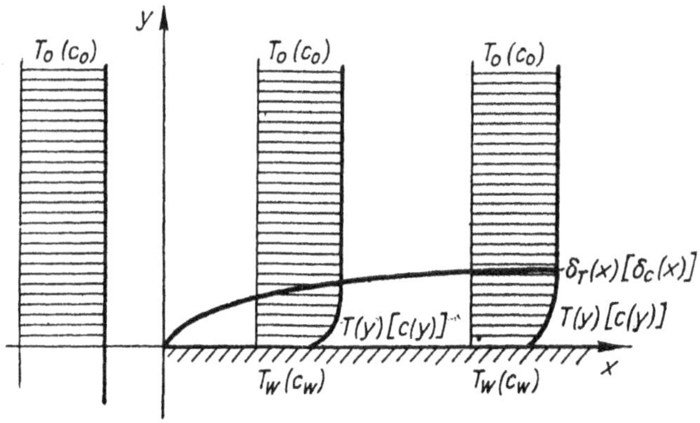

Bild 4.2-2. Temperatur- und Diffusionsgrenzschichten an einer ebenen Platte

Kante der Platte am Punkt 0 auf der Koordinate y konstant und gleich T_0 (Temperatur der ungestörten Strömung). Die Temperatur an der Plattenoberfläche ist in der Länge konstant und gleich T_W. Das Temperaturfeld erweist sich als stationär. Infolge des Wärmeübergangs zwischen den an der Plattenoberfläche gelegenen Fluidschichten und dieser Oberfläche ändert sich die Temperatur der genannten Schichten. Das Fluid an der Plattenoberfläche besitzt die gleiche Temperatur T_W wie die Plattenoberfläche (diese Bedingung ist analog den Haftbedingungen der Mechanik eines viskosen Fluides). Auf der Strecke δ_T ändert sich die Fluidtemperatur von T_W an der Oberfläche bis zur Temperatur der ungestörten Strömung T_0. Diese Strecke δ_T stellt die *Dicke der Temperaturgrenzschicht* dar. Es ist verständlich, daß bei Entfernen von der vorderen Kante der Platte die Dicke der Temperaturgrenzschicht wächst, weil der abkühlende (oder erwärmende) Einfluß der Plattenoberfläche sich durch die Wärmeleitung auf immer neue Fluidschichten ausweitet. Somit wird die Temperaturgrenzschicht dadurch charakterisiert, daß in ihren Grenzen ein Temperaturgradient existiert und folglich ein Wärmetransport in Querrichtung der Strömung (in Richtung der y-Achse) durch molekulare Wärmeleitung (bei laminarer Strömung) vonstatten geht. Außerhalb der Temperaturgrenzschicht ($y \geqq \delta_T$) gibt es keinen Wärmetransport in Querrichtung. Die Dicke der Temperaturgrenzschicht hängt von der Längskoordinate x ab, die Dicke wächst beim Entfernen von der vorderen Plattenkante.
Eine analoge Bedeutung besitzt der Begriff der *Diffusionsgrenzschicht* (Bild 4.2-2, Klammerausdrücke). Innerhalb dieser Schicht δ_c gibt es eine Konzentrationsänderung des Stoffes von c_W (an der Oberfläche) bis c_0 (an der äußeren Grenze der Grenzschicht). Die Dicke der Diffusionsgrenzschicht wächst mit Länge der Platte durch den Stoffübergang mit der Oberfläche. In den Grenzen der Diffusionsgrenzschicht existiert ein

Konzentrationsgradient, und folglich geht ein quergerichteter Stofftransport durch Molekulardiffusion vonstatten. Außerhalb der Diffusionsgrenzschicht (in der ungestörten Strömung) ist die Konzentration c_0 konstant, und deshalb existiert auch kein Stofftransport.

Es muß bemerkt werden, daß all diese Betrachtungen in gleicher Weise gültig sind, egal ob die Temperatur der ungestörten Strömung T_0 (Konzentration c_0) größer ist als die Temperatur T_W (Konzentration c_W) an der Oberfläche (wie dies in Bild 4.2-2 gezeigt wird) oder kleiner. Dieser Umstand bestimmt nur die Richtung des Wärme-(Stoff-)Stromes.

Die Begriffe der Temperatur- und Diffusionsgrenzschichten betrachten wir einfachheits- und übersichtlichkeitshalber nur für den Fall einer ebenen Oberfläche. Diese Begriffe sind jedoch auch für beliebige andere Oberflächenformen anwendbar.

Ein großes Interesse stellen die Beziehungen zwischen den hydrodynamischen (δ) Temperatur- (δ_T) und Diffusionsgrenzschichten (δ_c) bei laminarer Flüssigkeitsströmung dar. Es erscheint offensichtlich, daß die Dicke der Grenzschichten durch die Intensität des Übergangsprozesses bestimmt werden muß, weil selbst die Entstehung der Grenzschicht durch den molekularen Übergang der entsprechenden Substanz (Strömungs-, Wärme- und Stoffmengen) in Querrichtung des Stromes bedingt ist. Es ist bereits bekannt, daß die Intensitätscharakteristiken der entsprechenden Übergangsprozesse die Übergangskoeffizienten sind, d. h. die kinematische Viskosität ν (Impulsübertragung), die Temperaturleitfähigkeit a (Wärmeübertragung) und der Diffusionskoeffizient D (Stoffübertragung). Folglich muß der Quotient der Dicken der hydrodynamischen und thermischen Grenzschichten von der Beziehung zwischen den entsprechenden Übergangskoeffizienten abhängen, d. h. von der kinematischen Viskosität ν und von der Temperaturleitfähigkeit a. Die dieser Beziehung der Koeffizienten gleichende dimensionslose Größe trägt die Bezeichnung *Prandtl-Zahl:*

$$Pr = \nu/a \tag{4.2-11}$$

Je größer die Prandtl-Zahl ist, desto intensiver verläuft der quergerichtete Transport des Impulses im Verhältnis zur quergerichteten Wärmeübertragung, und folglich ist die Dicke der hydrodynamischen Grenzschicht größer als die der Temperaturgrenzschicht. Die Prandtl-Zahl, die aus physikalischen Parametern des Mediums besteht, stellt selbst einen physikalischen Parameter des gegebenen Fluides dar (in Verbindung damit bezeichnet man die nach Gl. (4.2-11) definierte Größe als das physikalische Prandtl-Kriterium). Im Falle einer tropfbaren Flüssigkeit hängt die Prandtl-Zahl beachtlich von der Temperatur ab, die für Gase ist jedoch temperatur- und druckunabhängig.

Ebenso muß der Quotient der Dicken der hydrodynamischen und Diffusionsgrenzschichten von der Beziehung der kinematischen Viskosität ν und des Diffusionskoeffizienten D abhängen. Die entsprechende dimensionslose Größe wird *Schmidt-Zahl* genannt:

$$Sc = \nu/D \tag{4.2-12}$$

Je größer die Schmidt-Zahl ist, um so größer ist die Dicke der hydrodynamischen Grenzschicht im Verhältnis zur Dicke der Diffusionsgrenzschicht. Die Schmidt-Zahl erweist sich ebenfalls als physikalischer Parameter für das gegebene Gemisch.

Bei der quantitativen Betrachtung der Temperatur- und Diffusionsgrenzschichten kann man sich von der Richtigkeit der hier angeführten Überlegungen überzeugen.

4.2.3.2. Gleichungen der Temperatur- und Diffusionsgrenzschichten

Die Bedeutung der Begriffe der Temperatur- und Diffusionsgrenzschichten (wie auch der hydrodynamischen Grenzschicht) besteht darin, daß diese Begriffe es gestatten, die Ausgangsgleichungen, d. h. die Energiegleichung und die Gleichung der konvektiven Diffusion, zu vereinfachen und folglich zu lösen. Als Beispiel dafür dienen die Temperatur- und Diffusionsgrenzschichten, die an einer ebenen Oberfläche gebildet werden (Bild 4.2-2). Die Ausgangsenergiegleichung, die den in Bild 4.2-2 dargestellten Fall beschreibt, d. h. ein stationäres zweidimensionales Temperaturfeld in einem sich bewegenden inkompressiblen Fluid, erhält man als Sonderfall aus der Energiegleichung (4.2-9) bei $\partial T/\partial t = 0$ und $\partial T/\partial z = 0$ (die Platte ist in Richtung der z-Achse unendlich lang, und es gibt entlang dieser Achse keinerlei Veränderungen). Sie besitzt folgende Form:

$$v_x \frac{\partial T}{\partial x} + v_y \frac{\partial T}{\partial y} = a\left(\frac{\partial^2 T}{\partial x^2} + \frac{\partial^2 T}{\partial y^2}\right) \tag{4.2-13}$$

Es ist offensichtlich, daß sich in Verbindung mit der geringen Dicke der Temperaturgrenzschicht alle Größen (wie auch in der hydrodynamischen Grenzschicht) in der Grenzschichtdicke bedeutend schneller verändern als in der Länge, d. h. $\partial^2 T/\partial x^2 \ll \partial^2 T/\partial y^2$. Deshalb kann man die erste dieser Größen im Verhältnis zur zweiten in der Gl. (4.2-13) vernachlässigen. Somit erhalten wir anstatt der Gl. (4.2-13) die einfachere *Energiegleichung für die laminare Grenzschicht*, die unter der Bezeichnung *Pohlhausen-Gleichung* bekannt ist:

$$v_x \frac{\partial T}{\partial x} + v_y \frac{\partial T}{\partial y} = a \frac{\partial^2 T}{\partial y^2} \tag{4.2-14}$$

Wenn man berücksichtigt, daß in Verbindung mit dem Fourierschen Erfahrungsgesetz (Gl. (4.1-1)) die quergerichtete Wärmestromdichte im zu betrachtenden Fall als $\dot{q}_y = -\lambda\, \partial T/\partial y$ ausgedrückt werden kann, dann kann Gl. (4.2-14) in folgender Form geschrieben werden, wobei $a = \lambda/\varrho\, c_p$:

$$v_x \frac{\partial T}{\partial x} + v_y \frac{\partial T}{\partial y} = -\frac{1}{\varrho c_p} \frac{\partial \dot{q}_y}{\partial y} \tag{4.2-14/1}$$

Löst man Gl. (4.2-14) bei vorher bekannter Geschwindigkeitsverteilung in der Grenzschicht und bei klaren Randbedingungen, die darin bestehen, daß an der Oberfläche ($y = 0$) $T = T_W$ und an der äußeren Grenze der Grenzschicht ($y = \delta_T$) $T = T_0$ gilt, dann kann man die Temperaturverteilung in der Grenzschicht bestimmen und folglich die Wärmestromdichte an der Oberfläche finden, d. h., der Wärmeübergang kann berechnet werden. Genauso kann man aus der Gleichung der konvektiven Diffusion (Gl. (4.2-10)), die im zu betrachtenden stationären zweidimensionalen Fall die Form

$$v_x \frac{\partial c}{\partial x} + v_y \frac{\partial c}{\partial y} = D\left(\frac{\partial^2 c}{\partial x^2} + \frac{\partial^2 c}{\partial y^2}\right) \tag{4.2-15}$$

hat, die entsprechende Gleichung für die Grenzschicht erhalten:

$$v_x \frac{\partial c}{\partial x} + v_y \frac{\partial c}{\partial y} = D \frac{\partial^2 c}{\partial y^2} \tag{4.2-16}$$

Unter Berücksichtigung des Fickschen Gesetzes (Gl. (4.1-2)) kann die Gleichung der konvektiven Diffusion für eine Grenzschicht (Gl. (4.2-16)) in folgender Form dargestellt werden:

$$v_x \frac{\partial c}{\partial x} + v_y \frac{\partial c}{\partial y} = -\frac{1}{\varrho} \frac{\partial \dot{m}_y}{\partial y} \tag{4.2-16/1}$$

Die Randbedingungen für Gl. (4.2-16) werden folgendermaßen angegeben:

bei $y = 0$: $c = c_W$; bei $y = \delta_c$: $c = c_0$

Wird Gl. (4.2-16) mit diesen Randbedingungen gelöst, dann kann man die Konzentrationsverteilung des Stoffes in der Grenzschicht finden und folglich den Prozeß der Stoffübertragung berechnen. Die Lösungsmethoden solcher Aufgaben, sowohl die analytischen als auch die numerischen, sind bekannt und in der Fachliteratur zu finden. Zur mathematischen Beschreibung der Wärme- und Stoffübertragungsprozesse in einer laminaren Grenzschicht werden jedoch nicht die Gln. (4.2-14) und (4.2-16) gelöst, sondern noch einfachere Näherungsmethoden der Grenzschichttheorie verwendet, die später behandelt werden. Es muß bemerkt werden, daß die Anwendung der genannten Methoden ohne Verwendung der Temperatur- (Gl. (4.2-14)) und Diffusionsgrenzschichten (Gl. (4.2-16)) unmöglich ist.

Im weiteren werden die Gleichungen der Temperatur- und Diffusionsgrenzschichten für den Fall der turbulenten Fluidströmung entlang einer ebenen Oberfläche abgeleitet. Bekanntlich erweisen sich bei turbulenter Strömung die Geschwindigkeitskomponenten, die Temperatur und die Stoffkonzentration als komplizierte pulsierende Funktionen von der Zeit. Man kann sie als Summe gemittelter zeitlicher und pulsierender Werte der entsprechenden Größen darstellen:

$$v_x = \bar{v}_x + v'_x \qquad T = \bar{T} + T'$$

$$v_y = \bar{v}_y + v'_y \qquad c = \bar{c} + c'$$

Auf den linken Seiten dieser Ausdrücke stehen die aktuellen, d. h. die augenblicklichen Werte der entsprechenden Größen, auf den rechten Seiten die mittleren Werte über der Zeit (mit Querstrich versehen) und die mittleren pulsierenden Werte. Im weiteren werden nur *quasistationäre turbulente Strömungen*, d. h., wenn sich die mittleren Werte über der Zeit nicht ändern, betrachtet. In diesem Fall sind die mittleren Werte der pulsierenden Größen gleich Null:

$$\bar{v}'_x = \bar{v}'_y = \bar{T}' = \bar{c}' = 0$$

Um aus Gl. (4.2-14) und (4.2-16) die Energie- und Diffusionsgleichungen zu erhalten, die auf die turbulente Strömung bezogen sind und die mittleren Werte beinhalten, geht man folgendermaßen vor: Angenommen wird, daß diese Gleichungen, wenn auf der linken Seite die entsprechende lokale Ableitung (d. h. $\partial T/\partial t$ und $\partial c/\partial t$) vorkommt, für die aktuellen Werte der turbulenten Strömungscharakteristiken anwendbar sind. Danach werden anstatt der aktuellen Werte aller in diese Gleichungen eingehenden Größen die jeweiligen Ausdrücke der mittleren und pulsierenden Werte eingesetzt und eine Mittelung dieser Gleichungen nach der Zeit durchgeführt. Im Ergebnis dessen und unter Berücksichtigung, daß die lokalen Ableitungen von gemittelten Werten gleich Null (quasistationäre Strömung) und außerdem die gemittelten pulsierenden Werte gleich Null sind, erhält man für eine turbulente Grenzschicht nach einfachen Umformungen die Energiegleichung:

$$\bar{v}_x \frac{\partial \bar{T}}{\partial x} + \bar{v}_y \frac{\partial \bar{T}}{\partial y} = -\frac{1}{\varrho c_p} \frac{\partial}{\partial y} \left(\dot{q}_y + \varrho c_p \overline{v'_y T'}\right) \tag{4.2-17}$$

und die Gleichung der konvektiven Diffusion:

$$\bar{v}_x \frac{\partial \bar{c}}{\partial x} + \bar{v}_y \frac{\partial \bar{c}}{\partial y} = -\frac{1}{\varrho} \frac{\partial}{\partial y} \left(\dot{m}_y + \varrho \overline{v'_y c'} \right) \tag{4.2-18}$$

($\dot{q}_y$, $\dot{m}_y$ Wärme- und Massestromdichte, die durch den molekularen Wärme- und Stofftransport hervorgerufen werden, also die schon bekannten Größen $\dot{q}_y = -\lambda\, \partial \bar{T}/\partial y$ und $\dot{m}_y = -\varrho\, D\, \partial \bar{c}/\partial y$)

Der Vergleich der Gln. (4.2-17) und (4.2-18) mit den entsprechenden Gleichungen für die laminare Grenzschicht (Gln. (4.2-14/1) und (4.2-16/1)) zeigt, daß es ungeachtet der Ähnlichkeit dieser Gleichungen zwischen ihnen auch erhebliche Unterschiede gibt: Auf den rechten Seiten der Gln. (4.2-17) und (4.2-18) treten die neuen Größen $\varrho\, c_p\, \overline{v'_y T'}$ und $\varrho\, \overline{v'_y c'}$ auf. Dieser Fakt spiegelt den prinzipiellen Unterschied zwischen der turbulenten und laminaren Strömung wider: Im Falle einer turbulenten Strömung tritt neben dem molekularen (Wärme- und Stoffübergang) auch der molare turbulente Übergang auf, der durch die pulsierende Querströmung der Turbulenzballen bedingt ist. Tatsächlich besitzt die Größe $\varrho\, c_p\, \overline{v'_y T'}$ die Einheit der Wärmestromdichte und stellt dem physikalischen Sinn nach die rechtwinklig zur Strömung gerichtete Wärmemenge dar, die durch eine Oberflächeneinheit in einer Zeiteinheit übertragen wird. Dabei wird dieser Prozeß im Ergebnis des turbulenten Strömungscharakters verwirklicht, d. h. durch das Vorhandensein der quergerichteten Geschwindigkeit v'_y. Nennen wir diese Größe *turbulente Wärmestromdichte* $\dot{q}_{yT}$:

$$\dot{q}_{yT} = \varrho c_p \overline{v'_y T'} \tag{4.2-19}$$

Ebenso stellt die Größe $\varrho\, \overline{v'_y c'}$ die *turbulente Massestromdichte* dar, die durch den molekularen Stoffübergang in rechtwinkliger Richtung zur Strömung hervorgerufen wurde:

$$\dot{m}_{yT} = \varrho\, \overline{v'_y c'} \tag{4.2-20}$$

Unter Berücksichtigung dieser Beziehungen nehmen die *Energie-* und *Diffusionsgleichungen für die turbulente Grenzschicht* folgende Form an:

$$\bar{v}_x \frac{\partial \bar{T}}{\partial x} + \bar{v}_y \frac{\partial \bar{T}}{\partial y} = -\frac{1}{\varrho c_p} \frac{\partial}{\partial y} (\dot{q}_y + \dot{q}_{yT}) \tag{4.2-21}$$

$$\bar{v}_x \frac{\partial \bar{c}}{\partial x} + \bar{v}_y \frac{\partial \bar{c}}{\partial y} = -\frac{1}{\varrho} \frac{\partial}{\partial y} (\dot{m}_y + \dot{m}_{yT}) \tag{4.2-22}$$

Dadurch, daß der turbulente molare Transport bedeutend intensiver vonstatten geht als der molare, gilt in der turbulenten Zone der turbulenten Grenzschicht $\dot{q}_{yT} \gg \dot{q}_y$ und $\dot{m}_{yT} \gg \dot{m}_y$. Die quergerichtete Wärme- und Stoffübertragung in einer viskosen (laminaren) Unterschicht wird hauptsächlich durch molekulare Mechanismen verwirklicht; deshalb gilt in einer viskosen Unterschicht $\dot{q}_{yT} \ll \dot{q}_y$ und $\dot{m}_{yT} \ll \dot{m}_y$.
Durch das Auftreten von zusätzlichen Unbekannten in Form der turbulenten Wärme- und Massestromdichten $\dot{q}_{yT}$ und $\dot{m}_{yT}$ in den Energie- (Gl. (4.2-21)) und Diffusionsgleichungen (Gl. (4.2-22)) werden diese Wärme- und Diffusionsaufgaben unlösbar, weil in jeder dieser Gleichungen zwei unbekannte Funktionen auftreten: die mittlere Temperatur $\bar{T}$ und die turbulente Wärmestromdichte $\dot{q}_{yT}$ in der Energiegleichung sowie die mittlere Konzentration $\bar{c}$ und die turbulente Massestromdichte $\dot{m}_{yT}$ in der Diffusionsgleichung. Dadurch sind zur Lösung jeder dieser Aufgaben noch zusätzliche Be-

ziehungen notwendig, die mit Hilfe der halbempirischen Turbulenztheorie von *Prandtl* erhalten werden.
Stoffwerte für Luft und Verbrennungsprodukte sind in den Anhängen 2 und 3 enthalten.

4.2.3.3. Halbempirische Turbulenztheorie von Prandtl für die Wärme- und Stoffübertragung

Bezogen auf die Prozesse der turbulenten Wärme- und Stoffübertragung besteht die Aufgabe der *halbempirischen Theorie* darin, eine Beziehung zwischen den Größen der turbulenten Wärme- und Massestromdichte und den entsprechenden gemittelten Charakteristiken zu finden. Dies bedeutet, daß unbedingt eine Verbindung zwischen der turbulenten Wärmestromdichte $\dot{q}_{y\mathrm{T}}$ und der mittleren Temperatur $\bar{T}$ sowie zwischen der turbulenten Massestromdichte $\dot{m}_{y\mathrm{T}}$ und der mittleren Konzentration $\bar{c}$ gefunden werden muß. Zunächst wird diese Theorie, bezogen auf die turbulente Wärmeübertragung, schematisch betrachtet. Es wird angenommen, daß es in einer turbulenten Strömung eine Entfernung l_T gibt, die man *Mischungsweg* für die Wärmeübertragung nennt (vom Sinn her ist sie analog der mittleren freien Weglänge der Moleküle der kinematischen Gastheorie) und im Verlaufe dessen die Enthalpie des Turbulenzballens im mittleren konstant erhalten wird. Wenn es diese Strecke durchlaufen ist, verändert der Turbulenzballen sprunghaft (pulsierend) seine Enthalpie, indem er sich mit dem umgebenden Fluid vermischt.
In einer entlang der x-Achse gerichteten planparallelen turbulenten Strömung gibt es eine gewisse Verteilung der mittleren Temperatur entlang der y-Achse $\bar{T}(y)$, die in Bild 4.2-3 als Kurve dargestellt wurde. In einer Ebene *1-1*, die durch die Strecke y von der Bezugsfläche entfernt ist, beträgt die mittlere Temperatur $\bar{T}(y)$. Aus dieser Ebene tritt ein Turbulenzballen des Fluides mit einem Einheitsvolumen heraus, der die Dichte ϱ und die Enthalpie $\varrho\, c_\mathrm{p}\, \bar{T}(y)$ besitzt und sich in positive Richtung der y-Achse durch quergerichtete Geschwindigkeitsschwankungen bewegt. In Übereinstimmung mit der getroffenen Annahme wird dieser Ballen seine mittlere Enthalpie $\varrho\, c_\mathrm{p}\, \bar{T}(y)$ innerhalb des Mischungsweges l_T konstant halten. Wenn dieser Weg durchlaufen ist, ändert er sprunghaft seine Enthalpie um die Größe $\varrho\, c_\mathrm{p}\, T'$, die der Temperaturänderung entspricht. Im Ergebnis dessen wird der Ballen eine Enthalpie besitzen, die der mittleren Temperatur der Ebene 2-2 entspricht, d. h. $\varrho\, c_\mathrm{p}\, \bar{T}(y + l_\mathrm{T})$. Somit erhält man:

$$\varrho\, c_\mathrm{p}\, T(y + l_\mathrm{T}) = \varrho\, c_\mathrm{p}\, \bar{T}(y) + \varrho\, c_\mathrm{p}\, T'$$

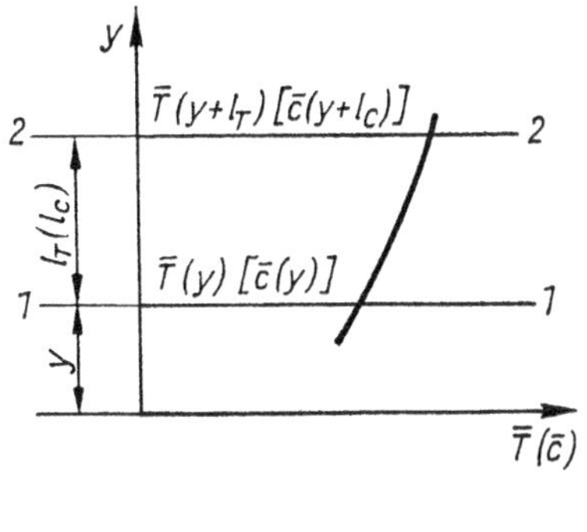

Bild 4.2-3. Halbempirische Turbulenztheorie von *Prandtl* für den Wärme- und Impulsübergang

oder, wenn beide Seiten dieser Gleichung durch die konstanten Größen der Dichte und Wärmekapazität dividiert werden:

$$\bar{T}(y + l_{\mathrm{T}}) = \bar{T}(y) + T'$$

wobei $T' = \bar{T}(y + l_{\mathrm{T}}) - \bar{T}(y)$. Nimmt man an, daß der Mischungsweg für die Wärmeübertragung l_{T} einen kleinen Wert darstellt, dann kann man die Funktion $\bar{T}(y + l_{\mathrm{T}})$ in die Taylor-Reihe zerlegen und die Zerlegung auf die ersten beiden Glieder (durch das kleine l_{T}) begrenzen:

$$\bar{T}(y + l_{\mathrm{T}}) = \bar{T}(y) + l_{\mathrm{T}}\ \partial\bar{T}/\partial y$$

Wird die letzte Gleichung in die vorhergehende eingesetzt, erhält man den Ausdruck für die Temperaturänderung:

$$T' = l_{\mathrm{T}} \frac{\partial T}{\partial y} \tag{a}$$

Bei der Betrachtung der halbempirischen Theorie von *Prandtl* für den turbulenten Übergang einer Strömungsmenge erhielten wir einen analogen Ausdruck für die quergerichtete Geschwindigkeit:

$$v_{\mathrm{y}}' = -\,l_{\mathrm{v}} \frac{\partial \bar{v}}{\partial y} \tag{b}$$

(l_{v} Mischungsweg für den Impulsübergang; diese Größe unterscheidet sich vom Mischungsweg für die Wärmeübertragung l_{T}, worüber später noch ausführlicher gesprochen wird)

Setzt man beide o. g. Ausdrücke in Gl. (4.2-19) ein, dann erhält man die *Prandtl-Formel für die turbulente Wärmestromdichte:*

$$\dot{q}_{\mathrm{yT}} = -\,\varrho c_{\mathrm{p}} l_{\mathrm{v}} l_{\mathrm{T}} \frac{\partial \bar{v}}{\partial y}\ \frac{\partial \bar{T}}{\partial y} \tag{4.2-23}$$

Analoge Betrachtungen gestatten es, die entsprechende Formel für die turbulente Massestromdichte zu erhalten. Betrachtet man den Stoffübergang durch einen einzelnen Turbulenzballen des Fluides (Bild 4.2-3, Bezeichnungen in eckigen Klammern) und nimmt an, daß sich innerhalb des Mischungsweges für den Stoffübergang l_{c} die Stoffmenge, die in diesem Ballen $\varrho\,\bar{c}(y)$ enthalten ist, konstant bleibt, dann ergibt sich für die Konzentrationsänderung folgender Ausdruck:

$$c' = l_{\mathrm{c}} \frac{\partial \bar{c}}{\partial y} \tag{c}$$

Die Ausdrücke (b) und (c) in Gl. (4.2-20) eingesetzt, ergeben die *Prandtl-Formel für die turbulente Massestromdichte:*

$$\dot{m}_{\mathrm{yT}} = -\,\varrho\, l_{\mathrm{v}} l_{\mathrm{c}} \frac{\partial \bar{v}}{\partial y}\ \frac{\partial \bar{c}}{\partial y} \tag{4.2-24}$$

Im weiteren wird die Frage der gegenseitigen Beziehungen zwischen den Größen des Mischungsweges für den Impulsübergang l_{v}, für den Wärme- und Stoffübergang l_{T} und l_{c} untersucht. Man kann leicht zeigen, daß die Prandtl-Formel für die turbulente tangentiale Schubspannung (Gl. (2.6-14)), d. h. für die turbulente Impulsstromdichte, in derselben Form wie die Newton-Formel für die Reibung in einer laminaren Strömung dargestellt werden kann:

$$\tau_T = \varrho \nu_T \frac{\partial \bar{v}}{\partial y}$$

$\left(\nu_T \text{ kinematische turbulente Viskosität; } \nu_T = l_v^2 \frac{\partial \bar{v}}{\partial y}\right)$

Auf analogem Wege erhält man die entsprechenden Formeln für die turbulente Wärme- und Stoffübertragung.
Vergleicht man den Ausdruck des Fourierschen Erfahrungsgesetzes für die Wärmeleitung in der laminaren Strömung

$$\dot{q}_y = -\varrho c_p a \frac{\partial T}{\partial y}$$

mit der Prandtl-Formel (Gl. (4.2-23)) für die turbulente Wärmeleitung, dann ist ersichtlich, daß sie in einer Form analog obenstehender Gleichung geschrieben werden kann:

$$\dot{q}_{yT} = -\varrho c_p a_T \frac{\partial \bar{T}}{\partial y} \tag{4.2-25}$$

(a_T turbulente Temperaturleitfähigkeit)

$$a_T = l_v l_T \frac{\partial \bar{v}}{\partial y} \tag{4.2-26}$$

Ebenso erhält man beim Vergleich des Fickschen Gesetzes für die Stoffübertragung in einer laminaren Strömung $\dot{m}_y = -\varrho D \, \partial \bar{c}/\partial y$ mit der Prandtl-Formel (Gl. (4.2-24)) für den turbulenten Stofftransport, daß

$$\dot{m}_{yT} = -\varrho D_T \frac{\partial \bar{c}}{\partial y} \tag{4.2-27}$$

(D_T turbulenter Diffusionskoeffizient)

$$D_T = l_v l_c \frac{\partial \bar{v}}{\partial y} \tag{4.2-28}$$

Man hat somit Ausdrücke für die drei turbulenten Übergangskoeffizienten, d. h. für Größen, die die Intensität der Prozesse des turbulenten Impulstransportes (ν_T), Wärmetransportes (a_T) und des turbulenten Stofftransportes (D_T) charakterisieren. Es ist klar, daß diese Größen die gleiche Einheit wie die entsprechenden Koeffizienten des molekularen Übergangs haben (m^2/s). Jedoch gibt es zwischen beiden Größengruppen wesentliche prinzipielle Unterschiede. Erweisen sich die Koeffizienten des molekularen Übergangs (ν, a und D) als physikalische Stoffparameter, d. h., sie werden durch die physikalische Natur der Fluide definiert, dann sind die Koeffizienten des turbulenten Übergangs (ν_T, a_T und D_T), wie das in den Gln. (4.2-26) und (4.2-28) sichtbar ist, Strömungsparameter, die von der Verteilung der gemittelten Geschwindigkeit im Strom, vom Mischungsweg, aber nicht von der Natur des Stoffes abhängen.
Genauso wie im Falle der molekularen Übergangsprozesse können Größen eingeführt werden, die die Verhältnisse der Intensitäten der entsprechenden turbulenten Übergangsprozesse charakterisieren (d. h. die turbulenten Übergangskoeffizienten):

$$Pr_T = \nu_T/a_T; \qquad Sc_T = \nu_T/D_T$$

(Pr_T turbulente Prandtl-Zahl; Sc_T turbulente Schmidt-Zahl)

Wenn man in diese Ausdrücke die Gln. (4.2-26) und (4.2-28) für die entsprechenden Übergangskoeffizienten einsetzt, dann erhält man:

$$Pr_T = \frac{l_v}{l_T} \qquad (4.2\text{-}29) \qquad\qquad Sc_T = \frac{l_v}{l_c} \qquad (4.2\text{-}30)$$

Daraus wird verständlich, daß die turbulenten Prandtl- und Schmidt-Zahlen, im Unterschied zu den entsprechenden molekularen Charakteristiken, Strömungsparameter darstellen.

Experimentelle Untersuchungen zeigen, daß Wärme und Stoff in einer turbulenten Strömung mit größerer Intensität transportiert werden als der Impuls, d. h. $a_T > \nu_T$ und $D_T > \nu_T$ ($Pr_T < 1$; $Sc_T < 1$). Was die turbulenten Wärme- und Stoffübergangsprozesse betrifft, so zeigt sich, daß die Intensität dieser Prozesse gleich ist, d. h. $a_T = D_T$ und $Pr_T = Sc_T$. Dieses Ergebnis ist völlig natürlich, weil der turbulente Wärme- und Stoffübergang auf dem gleichen Mechanismus beruht.

Aus diesen Ergebnissen folgt bei Berücksichtigung der Gln. (4.2-29) und (4.2-30), daß die Mischungswege für den Wärme- und Stoffübergang gleich $l_T = l_c$, aber $l_T > l_v$ sind. Außerdem zeigen Experimente, daß das Verhältnis der Intensitäten des turbulenten Impuls- und Wärme-(Stoff-)Transportes, d. h. die turbulente Prandtl-Zahl (Schmidt-Zahl), sich praktisch als konstante Größe und unabhängig von Besonderheiten der turbulenten Strömung erweist und

$$Pr_T = \frac{l_v}{l_T} \approx 0{,}75 \qquad (4.2\text{-}31)$$

beträgt. Ist also die empirische Konstante bekannt, die den Mischungsweg für den Impulsübergang l_v mit der Koordinate verbindet, dann gibt es keine Notwendigkeit, die entsprechende Konstante zur Bestimmung des Mischungsweges für den Wärme-(Stoff-)Übergang zu suchen; es genügt, die Gl. (4.2-31) zu verwenden. So kann man die Prozesse des Wärme- und Stoffübergangs in einer turbulenten Grenzschicht durch Lösung der Energie- (Gl. (4.2-21)) und der Diffusionsgleichung (Gl. (4.2-22)) unter Berücksichtigung der Prandtl-Formeln für den turbulenten Wärme- und Stoffstrom (Gln. (4.2-23) und (4.2-24)) und mit den entsprechenden Randbedingungen, die sich nicht von den Randbedingungen für die laminare Strömung unterscheiden, lösen.

Für die analytische Erforschung dieser Prozesse nutzt man noch einfachere Näherungsmethoden, in denen die hier erhaltenen Ergebnisse verwendet werden.

4.2.3.4. Gleichungen des Wärme- und Stoffstromes für eine Grenzschicht (nach Kružilin)

Wie bereits erwähnt wurde, ist es nicht unbedingt erforderlich, für die Berechnungen der Prozesse der konvektiven Wärme- und Stoffübertragung sowohl bei laminarer als auch bei turbulenter Strömung für die *Grenzschicht* die Energie- und Diffusionsgleichungen zu lösen. Dafür verwendet man einfachere Näherungsmethoden, wie es die integralen Methoden der *Grenzschichttheorie* sind. Der Grundgedanke dieser Methoden besteht darin, daß man mit Hilfe einer näherungsweisen Beschreibung der Temperatur- oder Konzentrationsverteilung in der Dicke der Grenzschicht und bei Verwendung einiger einfacher Integralbeziehungen, die die Energie- oder Masseerhaltungssätze ausdrücken, die Dicke der entsprechenden Grenzschicht (*Temperatur-* oder *Diffusionsgrenzschicht*) ermittelt. Wenn diese Größe bekannt ist, können die Wärme- und Stoffübertragungskoeffizienten ohne Schwierigkeiten ermittelt werden.

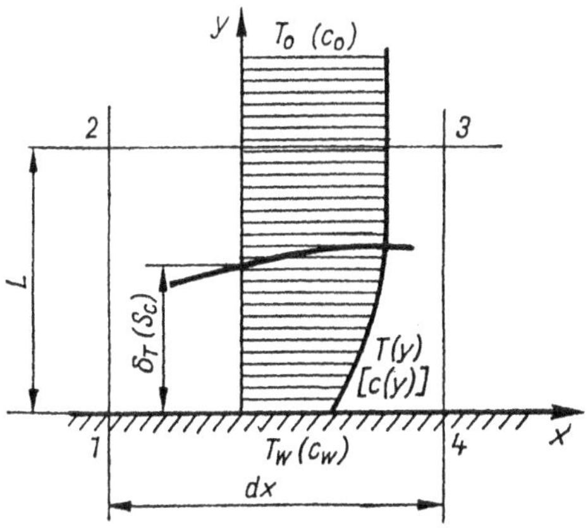

Bild 4.2-4. Herleitung der Wärme- und Stoffstromgleichungen für eine Grenzschicht

Die Wärme- und Stoffstromgleichungen für eine Grenzschicht, die nachfolgend hergeleitet werden, sind solche Integralbeziehungen, die es gestatten, bei bekannter Temperatur- oder Konzentrationsverteilung die *Schichtdicke der Temperatur- und Diffusionsgrenzschicht* zu finden. Zunächst erhält man die Wärmestromgleichung für die Grenzschicht, indem man die Energiebilanz für ein aus der Grenzschicht herausgelöstes Volumenelement betrachtet. Dieses Volumenelement ist begrenzt durch die Flächen *1-2* und *3-4* (Bild 4.2-4), die senkrecht auf der x-Achse stehen und durch die Strecke dx voneinander entfernt sind, und weiterhin durch die Plattenoberfläche *1-4* und einer ihr parallel gelegenen Fläche *2-3*, die von der Plattenoberfläche den Abstand der Strecke L aufweist. Dabei gilt $L > \delta_T$, d. h., die Fläche *2-3* liegt außerhalb der Temperaturgrenzschicht. In Richtung der z-Achse, die senkrecht zur Bildfläche (Bild 4.2-4) liegt, nehmen wir an, daß die Länge des von uns herausgelösten Quaders gleich Eins ist (die Länge der Platte und der Strömung ist unbegrenzt). Es wird eine stationäre Fluidströmung in positiver Richtung der x-Achse und bei einem stationären Temperaturfeld betrachtet. Das Fluid ist inkompressibel (ϱ = const), und die thermophysikalischen Parameter sind konstant.

Auf der Grundlage des *Energieerhaltungssatzes* erhält man, daß bei stationärer Wärmeübertragung die Summe der durch die Grenzflächen des Quaders gehenden Wärmeströme gleich Null ist:

$$\dot{Q}_{1-2} + \dot{Q}_{3-4} + \dot{Q}_{2-3} + \dot{Q}_{1-4} = 0 \tag{a}$$

($\dot{Q}_{1-2}, \dot{Q}_{3-4}, \dot{Q}_{2-3}, \dot{Q}_{1-4}$ Wärmeströme, die durch die Flächen *1-2*, *3-4*, *2-3* und *1-4* gehen; die in den Quader eintretenden Wärmeströme nimmt man als positiv, die austretenden als negativ an)

Durch das Element dy der Fläche *1-2* wird je Zeiteinheit dem Quader eine Wärmemenge zugeführt, die gleich $\varrho\, v\, c_p\, T\, dy$ ist. Da $T = T(y)$ und $v = v(y)$ sind, kann man den durch die Fläche *1-2* zugeführten Wärmestrom als

$$\dot{Q}_{1-2} = \int_0^L \varrho c_p v\, T\, dy \tag{b}$$

darstellen. Beim Durchlaufen der Strecke dx zwischen den Flächen *1-2* und *3-4* verändert sich der Wärmestrom um die Größe

$$dx \frac{d}{dx} \int_0^L \varrho c_p v\, T\, dy$$

Deshalb kann der durch die Fläche *3-4* gehende Wärmestrom als

$$\dot{Q}_{3-4} = -\left(\int_0^L \varrho c_p v T \, dy - dx \frac{d}{dx} \int_0^L \varrho c_p v T \, dy\right) \tag{c}$$

ausgedrückt werden. Das Minuszeichen gibt an, daß durch die Fläche *3-4* die Wärme gemeinsam mit dem sich bewegenden Fluid aus dem Quader austritt.

Da die Temperatur des Fluides in der Fläche *2-3* der Temperatur der ungestörten Strömung T_0 gleicht, kann man folglich den Wärmestrom durch diese Fläche wie folgt berechnen:

$$\dot{Q}_{2-3} = -\dot{m}_{2-3} c_p T_0$$

($\dot{m}_{2-3}$ Massestrom des Fluides, der durch die Fläche *2-3* austritt)

Die letzte Größe kann man leicht finden, indem die durch die Flächen *1-2* und *3-4* strömenden Fluidmengen betrachtet werden. Tatsächlich beträgt der Massestrom durch die Fläche

$$\dot{m}_{1-2} = \int_0^L \varrho v \, dy$$

Dieser Strom verändert sich auf der Strecke dx um den Wert

$$dx \frac{d}{dx} \int_0^L \varrho v \, dy$$

d. h., der Massestrom der Flüssigkeit durch die Fläche *3-4* ist gleich

$$\dot{m}_{3-4} = \int_0^L \varrho v \, dy - dx \frac{d}{dx} \int_0^L \varrho v \, dy$$

Die Differenz zwischen den Strömen $\dot{m}_{1-2}$ und $\dot{m}_{3-4}$ stellt den Massestrom durch die Fläche *2-3* dar, da das Fluid inkompressibel ist:

$$\dot{m}_{2-3} = -dx \frac{d}{dx} \int_0^L \varrho v \, dy$$

Somit kann der Wärmestrom durch die Fläche *2-3* folgendermaßen ausgedrückt werden:

$$\dot{Q}_{2-3} = c_p T_0 \, dx \frac{d}{dx} \int_0^L \varrho v \, dy$$

unter Berücksichtigung, daß $T_0 = \text{const}$ und $c_p = \text{const}$, ist

$$\dot{Q}_{2-3} = dx \frac{d}{dx} \int_0^L \varrho c_p T_0 v \, dy \tag{d}$$

Den durch die Fläche *1-4* durchgehenden Wärmestrom, d. h. der an die Platte (oder von der Platte) abgegebene, kann man folgendermaßen ermitteln:

$$\dot{Q}_{1-4} = \dot{q}_W \, dx \qquad (e)$$

($\dot{q}_W$ Wärmestromdichte an der Oberfläche)

Wenn man die Gleichungen (b), (c), (d) und (e) in die Energiebilanzgleichung (a) einsetzt, erhält man:

$$dx \frac{d}{dx} \int_0^L \varrho c_p v T_0 \, dy - dx \frac{d}{dx} \int_0^L \varrho c_p v T \, dy + \dot{q}_W \, dx = 0$$

oder, wenn man die Integrale vereint, beide Seiten der Gleichung durch ϱc_p (ihre Konstanz berücksichtigend) und dx dividiert, und wenn man das letzte Glied der linken Seite auf die rechte Seite bringt:

$$\frac{d}{dx} \int_0^L v (T_0 - T) \, dy = -\frac{\dot{q}_W}{\varrho c_p}$$

Dadurch, daß bei $y \geqq \delta_T$ die Temperatur konstant und gleich der Temperatur der ungestörten Strömung T_0 ist, d. h. die unter dem Integral stehende Temperaturdifferenz strebt bei $y \geqq \delta_T$ gegen Null, kann man die obere Integrationsgrenze durch δ_T ersetzen, und endgültig erhält man die Gleichung

$$\frac{d}{dx} \int_0^{\delta_T} v (T_0 - T) \, dy = -\frac{\dot{q}_W}{\varrho c_p} \qquad (4.2\text{-}32)$$

die sich als *Gleichung des Wärmestromes für eine Grenzschicht* erweist. Der Sinn dieser Gleichung ist klar: Die Veränderung des in der Grenzschicht durch Konvektion weitergeleiteten Wärmestroms ist durch den Wärmetransport, d. h. durch die Wärmeübertragung der Körperoberfläche, bedingt.

Die Gleichung des Wärmestromes in der Form (4.2-32) gilt sowohl für die laminare als auch für die turbulente Grenzschicht, da wir in der Herleitung dieser Gleichung nirgends den quergerichteten Wärmetransport zur Bedingung machten. Im Falle eines turbulenten Regimes gehen alle für die Gl. (4.3-32) notwendigen Größen als gemittelte Werte über der Zeit ein. Berücksichtigt man, daß im Falle einer laminaren Strömung in der Grenzschicht die Wärmestromdichte an der Oberfläche durch das Fourier-Erfahrungsgesetz (4.1-1) als

$$\dot{q}_W = -\lambda \left(\frac{\partial T}{\partial y}\right)_{y=0}$$

ausgedrückt werden kann, dann kann man Gl. (4.2-32) in einer Form darstellen, die nur für eine laminare Grenzschicht gilt:

$$\frac{d}{dx} \int_0^{\delta_T} v (T_0 - T) \, dy = a \left(\frac{\partial T}{\partial y}\right)_{y=0} \qquad (4.2\text{-}32/1)$$

Völlig analog kann man die Gleichung des Stoffstromes für eine Grenzschicht im Falle

konstanter Dichte der Flüssigkeit herleiten. Deshalb wird die oben angeführte Herleitung, auf die Diffusionsgrenzschicht bezogen, nur kurz dargestellt (Bild 4.2-4, Bezeichnungen in Klammern).
Der Masseerhaltungssatz der i-ten Gemischskomponente für den herausgelösten Quader ergibt:

$$\dot{m}_{1-2,i} + \dot{m}_{3-4,i} + \dot{m}_{2-3,i} + \dot{m}_{1-4,i} = 0 \tag{f}$$

($\dot{m}_{1-2,i}$; $\dot{m}_{3-4,i}$; $\dot{m}_{2-3,i}$; $\dot{m}_{1-4,i}$ Masseströme, die durch die entsprechenden Quader-Grenzen hindurchgehen und folgendermaßen ausgedrückt werden:

$$\dot{m}_{1-2,i} = \int_0^L \varrho v c \, dy$$

$$\dot{m}_{3-4,i} = -\left(\int_0^L \varrho v c \, dy + dx \frac{d}{dx} \int_0^L \varrho v c \, dy\right)$$

$$\dot{m}_{2-3,i} = dx \frac{d}{dx} \int_0^L \varrho v c_0 \, dy$$

$$\dot{m}_{1-4,i} = \dot{m}_{W,i} \, dx$$

($\dot{m}_{W,i}$ Massestromdichte der Komponente i an der Plattenoberfläche; c Konzentration der Komponente i)

Wenn man diese Gleichungen in die Ausgangsgleichung der Massebilanz (Gl. (f)) einsetzt, erhält man nach einfachen Umformungen:

$$\frac{d}{dx} \int_0^{\delta_c} v\,(c_0 - c)\, dy = -\frac{\dot{m}_{W,i}}{\varrho} \tag{4.2-33}$$

Gl. (4.2-33) ist analog der Gl. (4.2-32) und wird als *Gleichung des Stoffstromes für eine Grenzschicht* bezeichnet. Der Sinn dieser Gleichung ist ebenso offensichtlich. Sie zeigt, daß die Veränderung des durch Konvektion in der Grenzschicht weitergeleiteten Massestromes durch die Stoffübertragung mit der Körperoberfläche (d. h. durch Stoffübertragung) bedingt ist.
Die Gleichung des Stoffstromes für eine *Grenzschicht* in der Form (4.2-33) gilt sowohl für laminare als auch für turbulente Strömung. Im letzten Fall sind alle in Gl. (4.2-33) eingehenden Größen gemittelte Werte über der Zeit. Da bei laminarer Strömung der quergerichtete Stoffübergang durch die molekulare Diffusion bedingt ist, kann man die Massestromdichte an der Oberfläche mit Hilfe des *Fickschen Gesetzes* (Gl. (4.1-2)) ausdrücken:

$$\dot{m}_{W,i} = -\varrho D \left(\frac{\partial c}{\partial y}\right)_{y=0}$$

Diesen Ausdruck in Gl. (4.2-33) eingesetzt, ergibt die Gleichung des Massestromes für eine laminare Grenzschicht:

$$\frac{d}{dx} \int_0^{\delta_c} v\,(c_0 - c)\, dy = D \left(\frac{\partial c}{\partial y}\right)_{y=0} \tag{4.2-33/1}$$

Diese Gleichungen ermöglichen es, wenn man eine genäherte Temperatur- und Konzentrationsverteilung in Querrichtung zur Grenzschicht voraussetzen kann, die *Schichtdicke der Temperatur-* oder *Diffusionsgrenzschicht* zu ermitteln. Dadurch ergibt sich auch die Möglichkeit, die Wärme- und Stoffübertragungskoeffizienten zu berechnen. Das wird nachfolgend am Beispiel einer laminaren Grenzschicht an einer ebenen Platte dargestellt.

4.2.3.5. Berechnung der Wärme- und Stoffübertragung für eine laminare Grenzschicht bei erzwungener Strömung

Zunächst wird die Wärmeübertragung in einer laminaren Grenzschicht an einer ebenen Platte betrachtet. Ziel ist es, eine Beziehung zwischen Wärmeübertragungskoeffizient α und den Hauptparametern des Prozesses zu finden. Zur Lösung der Aufgabe muß zuerst die Dicke der Temperaturgrenzschicht δ_T mit Gl. (4.2-32/1) ermittelt werden. Das ist möglich, wenn die Geschwindigkeits- und Temperaturverteilung $v(y)$ und $T(y)$ in der Dicke der Temperaturgrenzschicht bekannt sind.
Was die Geschwindigkeitsverteilung betrifft, so wird sie wie bei der Darstellung der hydrodynamischen laminaren Grenzschicht an einer ebenen Platte (s. Abschn. 2.6.) annähernd mit einem Polynom dritter Ordnung beschrieben. Wenn man die Koeffizienten dieses Polynoms aus den Randbedingungen ermittelt, dann erhält man folgende Geschwindigkeitsverteilung über die Dicke der hydrodynamischen Grenzschicht:

$$v(y) = v_0 \left[\frac{3}{2}\,\frac{y}{\delta} - \frac{1}{2}\left(\frac{y}{\delta}\right)^3\right]$$

oder in dimensionsloser Form (normiert):

$$\frac{v}{v_0} = \frac{3}{2}\,\frac{y}{\delta} - \frac{1}{2}\left(\frac{y}{\delta}\right)^3 \qquad (4.2\text{-}33/2)$$

(δ Dicke der hydrodynamischen Grenzschicht, die aus der Lösung der hydrodynamischen Aufgabe bekannt ist; v_0 Geschwindigkeit außerhalb der hydrodynamischen Grenzschicht)

Wenn die Dicke der Temperaturgrenzschicht δ_T die Dicke der hydrodynamischen Grenzschicht nicht überschreitet, d. h., $\delta_T/\delta \leqq 1$, dann können die entsprechenden Werte der Gl. (4.2-32/1) verwendet werden, weil die Integration im linken Teil dieser Gleichung innerhalb der Temperaturgrenzschicht durchgeführt wird. Bevor man zur Bestimmung der Temperaturverteilung über die Dicke der Temperaturgrenzschicht übergeht, führt man zur Vereinfachung dieser Aufgabe eine neue Veränderliche ein – die »*Übertemperatur*« ϑ ($\vartheta = T - T_W$). Dann ist an der Plattenoberfläche (d. h. bei $y = 0$) $\vartheta(0) = 0$. Entsprechend ist an der Grenze der Temperaturgrenzschicht (d. h. bei $y = \delta_T$) $\vartheta(\vartheta_T) = \vartheta_0 = T_0 - T_W \equiv \Delta T$ (Temperaturpotential). Weiterhin gilt, daß sich die Form der Wärmestromgleichung für diese neue Veränderliche nicht verändert: Die mit der Übertemperatur geschriebene Gleichung ergibt:

$$\frac{\mathrm{d}}{\mathrm{d}x}\int_0^{\delta_T} v\,(\vartheta_0 - \vartheta)\,\mathrm{d}y = a\left(\frac{\partial\vartheta}{\partial y}\right)_{y=0} \qquad (4.2\text{-}34)$$

Die Verteilung der Übertemperatur ϑ über die Dicke der Temperaturgrenzschicht wird nach der gleichen, oben beschriebenen Methode für die hydrodynamische Grenzschicht ermittelt. Man geht also davon aus, daß die Verteilung annähernd mit einem Polynom dritter Ordnung beschrieben werden kann:

$$\vartheta = \mathrm{a} + \mathrm{b}y + \mathrm{c}y^2 + \mathrm{d}y^3 \tag{a}$$

Dabei müssen die konstanten Koeffizienten a, b, c und d aus den Randbedingungen für die Übertemperatur gefunden werden. Es gelten folgende Randbedingungen:

1. bei $y = 0$ $\qquad \vartheta = 0$
2. bei $y = 0$ $\qquad \partial^2\vartheta/\partial y^2 = 0$
3. bei $y = \delta_T$ $\qquad \vartheta = \vartheta_0$
4. bei $y = \delta_T$ $\qquad \partial\vartheta/\partial y = 0$

Die erste und dritte dieser Randbedingungen sind offensichtlich. Die zweite Randbedingung folgt aus der Energiegleichung für eine Grenzschicht (Gl. (4.2-14)). Da an der Plattenoberfläche, d. h. bei $y = 0$, $v = 0$ (Haftbedingung) und $\vartheta = 0$ (Bedingung der Stoffundurchlässigkeit der Plattenoberfläche[1])) sind, ist folglich $\partial^2 T/\partial y^2 = 0$, oder, was dasselbe ist, $\partial^2\vartheta/\partial y^2 = 0$. Die vierte Randbedingung stellt die Bedingung des stetigen Übergangs von der innerhalb der Grenzschicht sich ändernden Temperatur zur konstanten Temperatur der ungestörten Strömung dar.
Bei Verwendung der vier angeführten Randbedingungen erhält man aus Gl. (a) die Größen der vier konstanten Koeffizienten (sie haben das gleiche Aussehen wie für das Geschwindigkeitsprofil durch die Identität der Randbedingungen für die Geschwindigkeit und für die Übertemperatur):

$$\mathrm{a} = 0 \qquad \mathrm{b} = (3/2)\,\vartheta_0/\delta_T \qquad \mathrm{c} = 0 \qquad \mathrm{d} = -(1/2)\,\vartheta_0/\delta_T^3$$

Somit wird das »*Übertemperaturprofil*« folgendermaßen beschrieben:

$$\vartheta = \vartheta_0 \left[\frac{3}{2}\,\frac{y}{\delta_T} - \frac{1}{2}\left(\frac{y}{\delta_T}\right)^3\right] \tag{4.2-35}$$

oder in dimensionsloser Form (normiert):

$$\frac{\vartheta}{\vartheta_0} = \frac{3}{2}\,\frac{y}{\delta_T} - \frac{1}{2}\left(\frac{y}{\delta_T}\right)^3 \tag{4.2-35/1}$$

Nun kann das Integral auf der linken Seite der Wärmestromgleichung (4.2-34) gelöst werden:

$$\int_0^{\delta_T} v\,(\vartheta_0 - \vartheta)\,\mathrm{d}y = v_0\,\vartheta_0\,\delta \int_0^{\delta_T/\delta} \frac{v}{v_0}\left(1 - \frac{\vartheta}{\vartheta_0}\right)\mathrm{d}\left(\frac{y}{\delta}\right)$$

Dabei können die Größen v_0, ϑ_0 und δ (Dicke der hydrodynamischen Grenzschicht) vor das Integral geschrieben werden, da sie nicht von y abhängen. Wenn man in diesen Ausdruck die Gln. (4.2-19/1) und (4.2-35/1) für die dimensionslose Geschwin-

[1]) Es muß bemerkt werden, daß die quergerichtete Geschwindigkeitskomponente an der Plattenoberfläche strenggenommen nur bei Fehlen eines Stoffübergangs an der Oberfläche gleich Null ist. Bei Vorhandensein von Stoffübergang gehen die Stoffteilchen von der Oberfläche in das Fluid über (oder vom Fluid an die Oberfläche), d. h., $v_y(0) \neq 0$. Somit sind die hier angeführten Darlegungen nur bei Fehlen des Stoffübergangs oder bei sehr geringer Intensität dessen gültig.

digkeit und die dimensionslose Übertemperatur einsetzt, ergibt sich:

$$\int_0^{\delta_T} v\,(\vartheta_0 - \vartheta)\,dy = v_0\,\vartheta_0\,\delta\left[\frac{3}{20}\left(\frac{\delta_T}{\delta}\right)^2 - \frac{3}{280}\left(\frac{\delta_T}{\delta}\right)^4\right]$$

wobei das zweite Glied in der eckigen Klammer im Verhältnis zum ersten durch die vorausgesetzte Annahme $\delta_T/\delta \leq 1$ vernachlässigt werden kann. Wenn man $\delta_T/\delta = \gamma$ bezeichnet, erhält man:

$$\int_0^{\delta_T} v\,(\vartheta_0 - \vartheta)\,dy = \frac{3}{20}\,v_0\,\vartheta_0\,\delta\,\gamma^2 \tag{b}$$

Die auf der rechten Seite der Wärmestromgleichung (4.2-34) stehende Größe wird leicht gefunden, wenn man die Verteilung der Übertemperatur (Gl. (4.2-35)) kennt:

$$a(\partial\vartheta/\partial y)_{y=0} = 3\,a\,\vartheta_0/2\,\delta_T = 3\,a\,\vartheta_0/2\,\delta\,\gamma \tag{c}$$

Die erhaltenen Ergebnisse der Gln. (b) und (c) in die Wärmestromgleichung (4.2-34) eingesetzt, ergibt nach Kürzungen:

$$0{,}1\,v_0\,\delta\,\gamma\,d(\delta\,\gamma^2)/dx = a$$

Wenn man diesen Ausdruck unter Berücksichtigung, daß δ und γ Funktionen der Richtung x sind (δ als bekannte und γ als unbekannte Funktion), differenziert, dann erhält man die Gleichung:

$$0{,}1\,v_0\,(2\gamma^2\,d\gamma/dx + \delta\gamma^3\,d\delta/dx) = a$$

Die erhaltenen Ergebnisse setzt man bei der Lösung der hydrodynamischen Aufgabe (s. Abschn. 2.6.) ein:

$$\delta\,d\delta/dx = 140\,\nu/13\,v_0 \quad \text{und} \quad \delta^2 = 280\,\nu x/13\,v_0$$

Man erhält eine Differentialgleichung, in der sich das Verhältnis der Dicken der thermischen und hydrodynamischen Grenzschichten γ als unbekannte Größe erweist:

$$\frac{4}{3}\,x\,\frac{d(\gamma^3)}{dx} + \gamma^3 = \frac{13}{14}\,\frac{1}{Pr} \tag{d}$$

Die Lösung dieser Gleichung ist einfach. An der vorderen Plattenkante, d. h. bei $x = 0$, ist das erste Glied auf der linken Seite der Gleichung ebenfalls gleich Null. $d(\gamma^3)/dx$ kann Null sein (wenn am Plattenanfang ein nichterwärmtes Stück vorhanden ist) oder es kann einen endlichen Wert annehmen (da bei $x = 0$ sowohl die hydrodynamische als auch die Temperaturgrenzschicht beginnen). Dadurch erhält man

$$\gamma^3 = 13/(14\,Pr) \quad \text{oder} \quad \gamma = 1/\left(1{,}026\,\sqrt[3]{Pr}\right)$$

Unter Berücksichtigung der Genauigkeit der Näherungslösung kann man annehmen, daß

$$\delta_T/\delta = \gamma \approx Pr^{-1/3} \tag{4.2-36}$$

Das hier erhaltene Ergebnis unterstützt die bereits geäußerte Annahme, daß das Ver-

hältnis der Dicken der thermischen und hydrodynamischen Grenzschichten durch den Wert der *Prandtl-Zahl* bestimmt wird.
Die Lösung von Gl. (4.2-36) ermöglicht die Klärung, für welche Fälle die durchgeführte Analyse Gültigkeit besitzt. Alle angeführten Lösungen sind unter der Bedingung $\delta_T/\delta \leqq 1$ richtig. Das bedeutet in Verbindung mit Gl. (4.2-36), daß $Pr \leqq 1$. Diese Bedingung entspricht einer *Newtonschen Flüssigkeit* (nichtleitende), für welche folglich diese und die später angeführten Ergebnisse Gültigkeit besitzen. Für Gase liegt die Prandtl-Zahl im Bereich $0{,}6 \leqq Pr \leqq 1$, d. h., die Bedingung $\gamma \leqq 1$ wird nicht erfüllt. Da für Gase sogar bei minimalen *Prandtl-Zahlen* der Fehler, der mit der Verletzung der genannten Bedingung verbunden ist, klein ist, kann man die erhaltenen Schlußfolgerungen ebenfalls als gültig betrachten.
Diese Schlußfolgerungen sind jedoch für die Wärmeübertragung bei der Strömung geschmolzener Metalle nicht gültig, die durch die hohe elektrische Leitfähigkeit einen sehr hohen Wärmeleitkoeffizienten (und folglich auch eine sehr hohe Temperaturleitfähigkeit) besitzen. Für geschmolzene Metalle gilt $Pr \ll 1$.
Dadurch, daß die Veränderung der Dicke der hydrodynamischen Grenzschicht über die Länge der Platte aus der Lösung der hydrodynamischen Aufgabe bekannt ist (s. Gl. (2.6-20)), kann mit Gl. (4.2-36) die Gleichung für die Dicke der Temperaturgrenzschicht gefunden werden:

$$\delta_T = 4{,}64\, x\, Re_x^{-0{,}5}\, Pr^{-1/3} \tag{4.2-37}$$

(Re_x Reynolds-Zahl, in der als charakteristisches Längenmaß die momentane Entfernung von der vorderen Plattenkante ist, $Re_x = v_0\, x/\nu$)

Mit dem erhaltenen Ergebnis kann die Abhängigkeit der *Dicke der Temperaturgrenzschicht* von den verschiedenen Veränderlichen und Parametern des Prozesses analysiert werden:

1. Sie wächst, wie auch die Dicke der hydrodynamischen Grenzschicht, entlang der Oberfläche proportional $x^{0,5}$, was durch das Eindringen in die ungestörte Strömung in Bewegungsrichtung infolge der quergerichteten Wärmeübertragung und des Wandeinflusses begründet ist.
2. Die Dicke der Temperaturgrenzschicht wird um so größer, je größer die Temperaturleitfähigkeit ist ($\delta_T \sim a^{1/3}$), weil die Erhöhung von a die Erhöhung der Intensität der quergerichteten Wärmeübertragung durch molekulare Wärmeleitung bedeutet.
3. Die Dicke der Temperaturgrenzschicht verringert sich bei Erhöhung der Geschwindigkeit der ungestörten Strömung v_0 ($\delta_T \sim v_0^{-0,5}$), was durch die Intensivierung der konvektiven längsgerichteten Wärmeübertragung begründet ist, die zu einer intensiveren Eindringung der ungestörten Strömung in die Grenzschicht führt.

Wenn die Dicke der Temperaturgrenzschicht bekannt ist, kann leicht der Wärmeübertragungskoeffizient ermittelt werden. Nach Gl. (4.2-6), die auf der Grundlage der Differentialgleichung der konvektiven Wärmeübertragung (Gl. (4.2-5)) erhalten wurde, ergibt sich:

$$\alpha = \frac{\lambda}{\Delta T}\left(\frac{\partial T}{\partial y}\right)_{y=0} \tag{4.2-6/1}$$

wobei der Temperaturgradient an der Plattenoberfläche bereits aus Gl. (c) bekannt ist:

$$\left(\frac{\partial T}{\partial y}\right)_{y=0} = \left(\frac{\partial \vartheta}{\partial y}\right)_{y=0} = \frac{3}{2}\,\frac{\vartheta_0}{\delta_T} = \frac{3}{2}\,\frac{\Delta T}{\delta_T}$$

Setzt man diesen Ausdruck in Gl. (4.2-6/1) ein, dann erhält man:

$$\alpha = \frac{3}{2}\,\frac{\lambda}{\delta_T} \tag{4.2-38}$$

Folglich ist der Wärmeübertragungskoeffizient umgekehrt proportional der Dicke der Temperaturgrenzschicht. Je größer diese Schichtdicke ist, desto größer ist der Wärmeübertragungswiderstand durch die Grenzschicht und um so kleiner der Wärmeübertragungskoeffizient.

Wenn man in Gl. (4.2-38) die erhaltene Lösung für die Dicke der Temperaturgrenzschicht (Gl. (4.2-37)) einsetzt, dann erhält man eine Beziehung, die zeigt, wie sich der Wärmeübertragungskoeffizient in Plattenlänge ändert:

$$\alpha = 0{,}332\,\frac{\lambda}{x}\,Re_x^{0,5}\,Pr^{1/3} \tag{4.2-39}$$

Somit verringert sich der Wärmeübertragungskoeffizient in Plattenlänge umgekehrt proportional zu $x^{0,5}$.

$$\alpha = C/\sqrt{x} \tag{4.2-39/1}$$

Im Koeffizienten C sind alle in Gl. (4.2-39) vorkommenden konstanten Größen eingeschlossen. Solch eine Veränderung der Wärmeübertragungskoeffizienten in der Plattenlänge erklärt sich dadurch, daß sich bei Entfernung von der vorderen Plattenkante die Dicke der Temperaturgrenzschicht vergrößert, die Übertemperatur (Temperaturpotential) über die Dicke der Grenzschicht ($\Delta T = T_0 - T_W$) aber gleich bleibt. Deshalb verringert sich bei Entfernung von der vorderen Plattenkante der quergerichtete Temperaturgradient in der Grenzschicht und folglich auch an der Plattenoberfläche, was in Beziehung mit Gl. (4.2-6/1) zur Verringerung des Wärmeübertragungskoeffizienten führt. Aus Gl. (4.2-39) folgt weiterhin, daß sich der Wärmeübertragungskoeffizient bei Vergrößerung der Geschwindigkeit der ungestörten Strömung ($\alpha \sim v_0^{0,5}$) vergrößert. Das ist verständlich, weil sich dabei die Dicke der Temperaturgrenzschicht verringert.

Gl. (4.2-39) kann in dimensionsloser Form dargestellt werden, wenn man beide Seiten mit x multipliziert und durch λ dividiert: Man erhält auf der linken Seite der Gleichung die dimensionslose Größe $Nu = \alpha x/\lambda$. Diese Größe wird *Nusselt-Zahl* genannt; sie stellt den dimensionslosen Wärmeübertragungskoeffizienten dar. Somit besitzt die Gleichung für den Wärmeübertragungskoeffizienten in dimensionsloser Form folgendes Aussehen:

$$Nu = 0{,}332\,Re_x^{0,5}\,Pr^{1/3} \tag{4.2-40}$$

Auf analoge Weise kann mit Hilfe der Stoffübertragungsgleichung für eine Grenzschicht (Gl. (4.2-33/1)) der Prozeß der Stoffübertragung bei laminarer Fluidströmung entlang einer ebenen Oberfläche berechnet werden. Dabei muß man aber voraussetzen, daß die Intensität der Stoffübertragung so groß ist, daß die Querkomponente der Geschwindigkeit an der Oberfläche gleich Null ist ($v_y(0) \approx 0$). Im entgegengesetzten Fall wird die Randbedingung $(\partial^2 c/\partial y^2)_{y=0}$ nicht erfüllt und die Lösung der Aufgabe wesentlich erschwert. Man setzt voraus, daß die Dicke der Diffusionsgrenzschicht die Dicke der hydrodynamischen Grenzschicht nicht überschreitet. Dann erhält man:

$$\frac{\delta_c}{\delta} = \frac{1}{\sqrt[3]{Sc}} \tag{4.2-41}$$

was der bereits geäußerten Vermutung einer Abhängigkeit der Dicken der Diffusions- und hydrodynamischen Grenzschichten von der *Schmidt-Zahl (Sc)* entspricht.
Wenn man die Gl. (2.6-20) für die Dicke der hydrodynamischen Grenzschicht in Gl. (4.2-41) einsetzt, dann erhält man die Abhängigkeit der Veränderung der Dicke der Diffusionsgrenzschicht von der Länge der Platte:

$$\delta_c = 4{,}64\, x\, Re_x^{-0{,}5}\, Sc^{-1/3} \tag{4.2-42}$$

Verwendet man Gl. (4.2-8), die man aus der Diffusionsgleichung der konvektiven Stoffübertragung (Gl. (4.2-7)) erhielt, dann nimmt die betrachtete Aufgabe folgende Form an:

$$\beta = \frac{D}{\Delta c} \left(\frac{\partial c}{\partial y}\right)_{y=0} \tag{4.2-8/1}$$

So findet man die Beziehung zwischen Stoffübertragungskoeffizienten und der Dicke der Diffusionsgrenzschicht:

$$\beta = \frac{3}{2} \frac{D}{\delta_c} \tag{4.2-43}$$

Der Stoffübertragungskoeffizient ist also ebenfalls umgekehrt proportional der Dicke der Diffusionsgrenzschicht, was durch das Anwachsen des Widerstandes zur quergerichteten Stoffübertragung durch Vergrößerung der Grenzschichtdicke bedingt ist. Mit Gln. (4.2-42) und (4.2-43) kann die Veränderung der Stoffübertragungskoeffizienten über die Plattenlänge ermittelt werden:

$$\beta = 0{,}332 \frac{D}{x} \sqrt{Re_x}\, \sqrt[3]{Sc} \tag{4.2-44}$$

Die Abnahme von β beim Entfernen von der vorderen Plattenkante ist, wie im Falle der Wärmeübertragung, durch das Anwachsen der Dicke der Diffusionsgrenzschicht bedingt. Dividiert man beide Seiten der Gl. (4.2-44) durch D und multipliziert mit x, erhält man auf der linken Seite der Gleichung die dimensionslose Größe $\beta x/D = Sh$. Dieses Kriterium wird *Sherwood-Zahl* genannt, die analog der *Nusselt-Zahl* ist und den dimensionslosen Stoffübertragungskoeffizienten darstellt. Im Ergebnis dessen nimmt Gl. (4.2-44) folgende Form an:

$$Sh = 0{,}332\, Re_x^{0{,}5}\, Sc^{1/3} \tag{4.2-45}$$

wobei sich alle Größen als dimensionslos erweisen. Es sei bemerkt, daß die hier angeführten Ergebnisse für den Prozeß der Stoffübertragung vollständig analog dem Prozeß der Wärmeübertragung sind. Das ist völlig natürlich, wenn man die Analogie zwischen den Prozessen der Wärme- und Stoffübertragung bei laminarer Strömung berücksichtigt. Es muß jedoch unterstrichen werden, daß man solch eine völlige Gleichheit der Ergebnisse nur dann erhält, wenn man den gegenseitigen Einfluß der Prozesse der Wärme- und Stoffübertragung und weiterhin den Einfluß der Stoffübertragung auf die Randbedingungen der entsprechenden Aufgaben vernachlässigt. Im entgegengesetzten Fall trägt die aufgezeigte Analogie nur Näherungscharakter.
Der prinzipielle Charakter der erhaltenen Ergebnisse ist nicht nur für einzelne Aufgaben (für die gegebene Oberflächenform und für das gegebene Strömungsbild des Fluids), sondern allgemeingültig von Bedeutung. In allen Fällen wird die konvektive Wärmeübertragung bei erzwungener Strömung durch die Kennzahlfunktion $Nu =$

Nu (Re, Pr), die konvektive Stoffübertragung aber durch die Funktion $Sh = Sh$ (Re, Sc) beschrieben. Genau eine solche Beziehung besitzen die vielen empirischen Gleichungen, die man für praktische Berechnungen der Prozesse der Wärme- und Stoffübertragung verwendet. Mehr noch, die Reynolds-Zahlen gehen in allen Fällen der erzwungenen Konvektion bei laminarer Strömung (beim Fehlen eines Abreißens der Strömung von der Wand) in die Gleichungen der Wärme- und Stoffübertragung mit der Potenz 0,5 ein. Das wurde auch mit dem mit Hilfe der vereinfachten analytischen Methode gelösten Sonderfall bewiesen.

Vom praktischen Standpunkt aus erweist sich die bemerkte Identität der Berechnungsformeln für die Wärme- und Stoffübertragung als sehr wertvoll. Das gilt besonders deshalb, da die Untersuchungen der Wärmeübertragungsprozesse viel früher begannen als die Untersuchungen der Stoffübertragungsprozesse. Deshalb kann man in den verschiedensten Nachschlagewerken eine Vielzahl theoretischer und empirischer Gleichungen finden, die eine Vielzahl der in der Technik anzutreffenden Fälle der konvektiven Wärmeübertragung erfassen. Die Prozesse der Stoffübertragung sind jedoch noch ungenügend erforscht. Jedoch gestattet der analoge Charakter der Endergebnisse für die Prozesse der Wärme- und Stoffübertragung, die für die Wärmeübertragung erhaltenen Beziehungen für die Berechnungen (auf alle Fälle näherungsweise) der Stoffübertragungsprozesse zu verwenden.

Die erhaltenen Gln. (4.2-39), (4.2-40), (4.2-41) und (4.2-45) geben die lokalen Werte der Wärme- und Stoffübertragungskoeffizienten an, die sich von Ort zu Ort über die Plattenlänge verändern. In praktischen Berechnungen ist es jedoch einfacher, anstelle der lokalen mit den mittleren Werten dieser Größen zu rechnen. Wenn α_m und β_m die entsprechenden (über die Fläche A) *mittleren Werte der Wärme- und Stoffübertragungskoeffizienten* sind, dann kann man die summaren Wärme- bzw. Stoffströme an der Oberfläche nach elementaren Gleichungen berechnen:

$$\dot{Q} = \alpha_m \Delta T A \quad \text{(W)} \quad \text{und} \quad \dot{m}_i = \beta_m \varrho (c_0, c_w) A \quad \text{(kg/s)}$$

Es ist ersichtlich, daß in unserem Fall bei einer in Richtung z unbegrenzten Platte der mittlere Oberflächenwert einer beliebigen Größe durch ihre Mittlung über die Strecke L bestimmt wird, z. B.

$$\alpha_m = \frac{1}{L} \int_0^L \alpha(x)\, dx$$

Wenn man hier anstelle $\alpha(x)$ den Ausdruck dieser Größe aus Gl. (4.2-39/1) einsetzt und integriert, erhält man:

$$\alpha_m = 2\, c/\sqrt{L} = 2\, \alpha(L)$$

d. h., die mittlere Größe des Wärmeübertragungskoeffizienten über die Strecke L (ebenfalls für den Stoffübertragungskoeffizienten) ist gleich seinem zweifachen lokalen Wert am Ende dieser Strecke. Somit haben die Kennzahlfunktionen (d. h. in dimensionsloser Form) für die mittleren Wärme- und Stoffübertragungskoeffizienten im Falle ebener Oberflächen folgende Form:

$$Nu_m = 0{,}664\, Re_L^{0,5}\, Pr^{1/3} \qquad Sh_m = 0{,}664\, Re_L^{0,5}\, Sc^{1/3}$$

$$(Nu_m = \alpha_m\, L/\lambda;\; Sh_m = \beta_m\, L/D;\; Re_L = v_0\, L/\nu)$$

Wenn die in diesen (und früher erhaltenen) Gleichungen eingehenden physikalischen Parameter von der Temperatur oder von der Konzentration abhängen, so kann man diesen Fakt näherungsweise berücksichtigen, indem man die mittleren Werte dieser Parameter über die Dicke der Grenzschicht benutzt (sowohl für die Temperatur als auch für die Konzentration):

$$T_m = (T_0 + T_W)/2 \qquad c_m = (c_0 + c_W)/2$$

4.2.3.6. Berechnung der Wärme- und Stoffübertragung für eine turbulente Grenzschicht bei erzwungener Strömung

Bei Betrachtung der Wärme- und Stoffübertragungsprozesse, die in einer *turbulenten Grenzschicht* ablaufen, wird ein zweischichtiges Modell der Strömung verwendet. Dabei besteht die turbulente Grenzschicht aus zwei Zonen, aus der eigentlichen turbulenten Zone und der viskosen (oder laminaren) Grenzschicht, die an der Körperoberfläche anliegt. Es wird angenommen, daß die Wärme- und Stoffübertragungsprozesse in der turbulenten Zone nur durch turbulente Mechanismen (durch turbulente Wärmeleitung und Diffusion), in der laminaren Grenzschicht aber durch molekulare Mechanismen (molekulare Wärmeleitung und Diffusion) vonstatten gehen.
Die physikalischen Besonderheiten der Übertragungsprozesse in der turbulenten Grenzschicht, d. h. die besonders hohe Intensität der quergerichteten Wärme- und Stoffübertragung in der turbulenten Zone und die entsprechend niedrige in der laminaren Grenzschicht, führen zu einer Besonderheit, die sich vom laminaren Fall der Verteilung der Werte der Temperatur und Konzentration in der Dicke der Grenzschicht (Bild 4.2-5) unterscheiden. Dank der ausgleichenden Wirkung des intensiven (pulsierenden) Transportes verändern sich die Temperatur und Konzentration in der Dicke der turbulenten Zone relativ langsam. Im Bereich der laminaren Grenzschicht entsteht jedoch eine sehr große Veränderung der Temperatur bzw. Konzentration bis zu ihrem Wert an der Oberfläche.

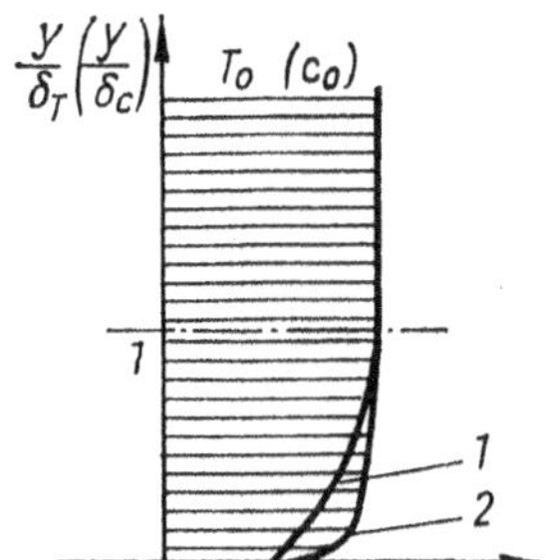

Bild 4.2-5. Verteilung der Temperatur und Konzentration in einer laminaren (*1*) und einer turbulenten Grenzschicht (*2*)

Man kann diese Prozesse mit Hilfe der Wärmestrom- bzw. Stoffstromgleichungen (Gln. (4.2-32) und (4.2-33)) analysieren. Bessere Ergebnisse kann man jedoch auf einfacherem Weg erhalten, wenn man die sog. *hydrodynamische Theorie der Wärme- und Stoffübertragung* verwendet. Diese beruht auf der Analogie zwischen den Prozessen der turbulenten Impuls- und Wärme- (oder Stoff-)Übertragung (von *Reynolds* entdeckt).

Mathematisch drückt sich diese Analogie in dem gleichen Aufbau der Differentialgleichungen für die Strömung (Gl. (2.6-5)), der Energie (Gl. (4.2-14)) und der Diffusion (Gl. (4.2-16)) sowie für die Struktur der Gleichung für die turbulente Reibungsschubspannung (Gl. (2.6-14)), für die turbulenten Wärme- (Gl. (4.2-23)) und Stoffströme (Gl. (4.2-24)), die man auf der Grundlage der *halbempirischen Turbulenztheorie von Prandtl* erhielt, aus.

Für die Betrachtung der Wärme- und Stoffübertragungsprozesse in der turbulenten Zone wird die *Reynolds-Analogie* genutzt. Für die laminare Grenzschicht wird wegen ihrer geringen Schichtdicke angenommen, daß sich Geschwindigkeit, Temperatur und Konzentration über die Dicke dieser Zone linear verändern. Zunächst wird der Prozeß der Wärmeübertragung der turbulenten Grenzschicht beurteilt. Innerhalb der laminaren Grenzschicht lösen wir eine Oberfläche heraus, die parallel zur Körperoberfläche liegt. Der Prozeß der molekularen Impulsübertragung durch diese Oberfläche wird durch die *Newtonsche Gleichung für viskose Reibung* beschrieben:

$$\dot{\tau} = \eta \, \mathrm{d}v/\mathrm{d}y$$

Der Prozeß der molekularen Wärmeleitung durch die herausgelöste Oberfläche verläuft nach dem *Fourierschen Gesetz:*

$$\dot{q} = -\lambda \, \mathrm{d}T/\mathrm{d}y$$

In Verbindung mit der Annahme über den linearen Charakter der Geschwindigkeits- und Temperaturänderung (in den Grenzen dieser Zone) sind die Reibungsschubspannung $\dot{\tau}$ und die Wärmestromdichte $\dot{q}$ konstant (über die Dicke der laminaren Grenzschicht). Wenn man die zweite dieser Gleichungen durch die erste dividiert, erhält man nach Umformungen:

$$\mathrm{d}T = \frac{\eta}{\lambda} \frac{\dot{q}}{\dot{\tau}} \mathrm{d}v$$

Dabei kann man das Minuszeichen vernachlässigen, da die Vorzeichenänderung der Temperatur $\mathrm{d}T$ und der Geschwindigkeit $\mathrm{d}v$ nicht voneinander abhängen. Durch die Konstanz der Wärmestromdichte und der Reibungsschubspannung über die Dicke der Grenzschicht ist ihr Verhältnis auch gleich dem Verhältnis ihrer Größen an der Plattenoberfläche: $\dot{q}/\dot{\tau} = \dot{q}_\mathrm{W}/\dot{\tau}_\mathrm{W}$. Wird das Verhältnis der dynamischen Viskosität und des Wärmeleitkoeffizienten durch die Prandtl-Zahl $\eta/\lambda = Pr/c_\mathrm{p}$ ausgedrückt, erhält man:

$$\mathrm{d}T = \frac{Pr}{c_\mathrm{p}} \frac{\dot{q}_\mathrm{W}}{\dot{\tau}_\mathrm{W}} \mathrm{d}v$$

Wenn man diesen Ausdruck über die Dicke der laminaren Unterschicht integriert, findet man die Temperaturdifferenz des Fluids über die Dicke

$$T_\mathrm{Gr} - T_\mathrm{W} = \frac{Pr}{c_\mathrm{p}} \frac{\dot{q}_\mathrm{W}}{\dot{\tau}_\mathrm{W}} v_\mathrm{Gr} \qquad \text{(a)}$$

(T_Gr, v_Gr entsprechende Werte der Temperaturen und der Geschwindigkeit an der Grenze zwischen laminarer Unterschicht und turbulenter Zone der Grenzschicht)

Im weiteren betrachtet man eine der Körperoberfläche parallele Fläche, die innerhalb der turbulenten Zone der Grenzschicht liegt. Die Impulsübertragung durch diese Fläche wird durch die Prandtl-Formel (Gl. (2.6-14)) für die turbulente Reibungsschubspannung beschrieben[1]):

$$\tau_t = \varrho l_v^2 (\partial v/\partial y)^2$$

Die Wärmeübertragung durch die herausgelöste Oberfläche wird durch die früher erhaltene Gl. (4.2-23) für die turbulente Wärmestromdichte beschrieben:

$$\dot{q}_t = -\varrho c_p l_v l_t \frac{\partial v}{\partial y} \frac{\partial T}{\partial y}$$

Wenn man die zweite Gleichung durch die erste dividiert und die Veränderlichen trennt, erhält man nach einigen Kürzungen:

$$\mathrm{d}T = \frac{l_v}{c_p l_t} \frac{\dot{q}_t}{\tau_t} \mathrm{d}v$$

wobei man das Minuszeichen (wie bereits an anderer Stelle) unberücksichtigt lassen kann.

Auf der Grundlage der Reynolds-Analogie kann man annehmen, daß sich die turbulente Impulsstromdichte (d. h. turbulente Reibungsschubspannung) τ_t und die turbulente Wärmestromdichte $\dot{q}_t$ in der Dicke der turbulenten Zone der Grenzschicht auf gleiche Weise verändern, so daß ihr Verhältnis auf der gesamten Länge dieser Zone bis zur Grenze zwischen ihr und der laminaren Grenzschicht gleich bleibt. Da im Bereich der Unterschicht das Verhältnis dieser Größen ebenfalls konstant ist, erhält man:

$$\dot{q}_t/\tau_t = \dot{q}_W/\tau_W$$

Außerdem ist, wie schon früher gezeigt, das Verhältnis des Mischungsweges für die Impulsübertragung und für die Wärmeübertragung eine konstante Größe, die den Sinn der turbulenten Prandtl-Zahl hat: $l_v/l_t = Pr_t$. Daher erhält man:

$$\mathrm{d}T = \frac{Pr_t}{c_p} \frac{\dot{q}_W}{\tau_W} \mathrm{d}v$$

Integriert man diese Gleichung über der Dicke der turbulenten Zone der Grenzschicht, dann findet man die Temperaturdifferenz über diese Dicke:

$$T_0 - T_{Gr} = \frac{Pr_t}{c_p} \frac{\dot{q}_W}{\tau_W} (v_0 - v_{Gr}) \tag{b}$$

Addiert man die Gleichungen (a) und (b), so erhält man eine Beziehung für die Temperaturdifferenz über die gesamte Dicke der turbulenten Grenzschicht:

$$T_0 - T_{Gr} = \frac{\dot{q}_W v_0 Pr}{\tau_W c_p} \left[\frac{Pr_t}{Pr} + \frac{v_{Gr}}{v_0}\left(1 - \frac{Pr_t}{Pr}\right)\right]$$

Da die Temperaturdifferenz eine vorgegebene Größe ist, drückt diese Beziehung im wesentlichen die Verbindung zwischen der Wärmestromdichte $\dot{q}_W$ und der Reibungsschubspannung τ_W an der Oberfläche aus, die man auf der Grundlage der Reynolds-Analogie erhält:

$$\dot{q}_W = \frac{\tau_W c_p \Delta T}{v_0 Pr} \frac{1}{\dfrac{Pr_t}{Pr} + \dfrac{v_{Gr}}{v_0}\left(1 - \dfrac{Pr_t}{Pr}\right)}$$

[1]) Hier und weiterhin werden die Mittlungszeichen zur Vereinfachung weggelassen.

Somit ist die Intensität der Wärmeübertragung an der Körperoberfläche proportional dem Reibungswiderstand, der an der Oberfläche gegenüber der Flüssigkeitsströmung auftritt. Dieses Ergebnis stellt das eigentliche Kernstück der hydrodynamischen Theorie der Wärmeübertragung dar. Wenn man in der letzten Gleichung die Wärmestromdichte an der Oberfläche durch die Temperaturdifferenz und die Wärmeübertragungskoeffizienten in Übereinstimmung mit der Newton-Gleichung ausdrückt ($\dot{q}_W = \alpha \Delta T$), und wenn man beide Seiten dieser Gleichung durch ΔT dividiert, dann erhält man endgültig die Gleichung für den Wärmeübertragungskoeffizienten für die turbulente Grenzschicht:

$$\alpha = \frac{\tau_W c_p}{v_0 Pr} \frac{1}{\frac{Pr_t}{Pr} + \frac{v_{Gr}}{v_0}\left(1 - \frac{Pr_t}{Pr}\right)} \tag{4.2-46}$$

Die entsprechende Gleichung für den Stoffübertragungskoeffizienten, die man auf der Grundlage völlig analoger Betrachtungen erhalten kann, hat dann folgende Form:

$$\beta = \frac{\tau_W}{\varrho v_0 Sc} \frac{1}{\frac{Sc_t}{Sc} + \frac{v_{Gr}}{v_0}\left(1 - \frac{Sc_t}{Sc}\right)} \tag{4.2-47}$$

(Sc_t turbulente Schmidt-Zahl, die (wie schon früher gezeigt) gleich der turbulenten Prandtl-Zahl ist: $Sc_t = Pr_t = 0{,}75$)

Wie aus der Logik folgt, sind die Gleichungen der hydrodynamischen Theorie der Wärme- und Stoffübertragung (Gln. (4.2-46) und (4.2-47)) für die turbulente Grenzschicht gültig, die sich an einer Oberfläche beliebiger Form bildet. Den speziellen Ausdruck für die Wärme- und Stoffübertragungskoeffizienten bei verschiedenen Körperformen erhält man durch Einsetzen der entsprechenden Ausdrücke für die Reibungsschubspannung an der Körperoberfläche in die Gln. (4.2-46) und (4.2-47). Die letzten Ausdrücke findet man mit Hilfe hydrodynamischer Experimente oder durch die Lösung entsprechender hydrodynamischer Aufgaben. Es muß bemerkt werden, daß die Gln. (4.2-46) und (4.2-47) kompliziert sind, um so mehr, da für ihre Verwendung vorher immer der Wert der Geschwindigkeit an der Grenze zwischen laminarer Grenzschicht und turbulenter Zone ermittelt werden muß. Die Gleichung der Wärmeübertragung (Gl. (4.2-46)) vereinfacht sich jedoch merklich für Gase, bei denen die Prandtl-Zahl gleich oder ähnlich der turbulenten Prandtl-Zahl (0,75) ist. In diesem Falle erhält man aus Gl. (4.2-46) bei $Pr = Pr_t$:

$$\alpha = \frac{\tau_W c_p}{v_0 Pr} \tag{4.2-48}$$

Die Gleichung der Stoffübertragung (Gl. (4.2-47)) vereinfacht sich ebenfalls für Gemische, bei denen die Schmidt-Zahl nahe der turbulenten, d. h. nahe 0,75 ist. Bei $Sc = Sc_t$ erhält man aus Gl. (4.2-47):

$$\beta = \frac{\tau_W}{\varrho v_0 Sc} \tag{4.2-49}$$

Bei Betrachtung der hydrodynamischen Grenzschicht an einer ebenen Fläche (Abschn. 2.6.) fand man Ausdrücke für die lokale, sich auf der Plattenlänge von Punkt zu Punkt ändernde und für die auf einer bestimmten Länge L mittlere Reibungsschubspannung an der Oberfläche. Diese Ausdrücke haben folgendes Aussehen:

$$\tau_W = 0{,}0296\, \varrho v_0^2\, Re_x^{-0,2}; \quad \bar{\tau}_W = 0{,}037\, \varrho v_0^2\, Re_L^{-0,2}$$

Wenn man diese Ergebnisse in Gl. (4.2-48) einsetzt, erhält man im Falle turbulenter Strömung entlang einer ebenen Oberfläche die Gleichung für den lokalen Wert des Wärmeübertragungskoeffizienten:

$$\alpha = 0{,}0296\, Re_x^{0,8}\, \lambda/x \qquad (4.2\text{-}50)$$

und für den mittleren Wert über der Länge L:

$$\bar{\alpha} = 0{,}037\, Re_L^{0,8}\, \lambda/L \qquad (4.2\text{-}51)$$

Wenn man diese Gleichungen mit dem linearen Längenmaß (die erste Gleichung mit x, die zweite mit L) multipliziert und durch λ dividiert, dann erhält man eine entsprechende Beziehung in dimensionsloser Form:

$$Nu = 0{,}0296\, Re_x^{0,8} \qquad (4.2\text{-}50/1)$$

$$\overline{Nu} = 0{,}037\, Re_L^{0,8} \qquad (4.2\text{-}51/1)$$

Es ist offensichtlich, daß die Gleichungen der Stoffübertragung für eine turbulente Grenzschicht an einer ebenen Platte ein analoges Aussehen haben:

1. für den lokalen Stoffübertragungskoeffizienten

$$\beta = 0{,}0296\, Re_x^{0,8}\, \frac{D}{x} \qquad (4.2\text{-}52)$$

2. für den mittleren Wert dieser Größe in der Länge L

$$\bar{\beta} = 0{,}037\, Re_L^{0,3}\, \frac{D}{L} \qquad (4.2\text{-}53)$$

3. in dimensionsloser Form

$$Sh = 0{,}0296\, Re_x^{0,8} \quad \text{und} \qquad (4.2\text{-}52/1)$$

$$\overline{Sh} = 0{,}037\, Re_L^{0,8} \qquad (4.2\text{-}53/1)$$

Es muß daran erinnert werden, daß die angeführten Gleichungen der Wärmeübertragung nur für Gase gültig sind und die Gleichungen der Stoffübertragung nur für Gemische, die durch eine Schmidt-Zahl nahe dem Wert 0,75 charakterisiert werden.
Aus Gln. (4.2-50) und 4.2-52) ist erkennbar, daß sich die lokalen Wärme- und Stoffübertragungskoeffizienten in der Plattenlänge umgekehrt proportional $x^{0,2}$ verringern. Dies erklärt sich (analog dem Fall der laminaren Grenzschicht) durch das Anwachsen der Grenzschichtdicke und folglich durch das Anwachsen des Wärmeübertragungswiderstandes und des Widerstandes zur Stoffübertragung. Dadurch, daß sich bei Erhöhung der Geschwindigkeit v_0 die Dicke der turbulenten Grenzschicht verringert, ist es ganz natürlich, daß die Wärme- und Stoffübertragungskoeffizienten bei Zunahme der Geschwindigkeit anwachsen.
Die durch näherungsweise halbempirische Analyse erhaltenen Gleichungen beschreiben unter Berücksichtigung der früher genannten Bedingungen die Prozesse der Wärme- und Stoffübertragung für die turbulente Strömung gut. Diese Gleichungen kommen den empirischen Gleichungen sehr nahe, die man für andere Bedingungen erhielt. So hat zum Beispiel die empirische Gleichung der Wärmeübertragung für Medien, bei denen sich die Prandtl-Zahl wesentlich von Eins unterscheidet (für Newtonsche Flüssigkeiten), das Aussehen

$$\overline{Nu} = 0{,}037\, Re_L^{0,8}\, Pr^{0,43} (Pr/Pr_W)^{0,25}$$

wobei alle thermophysikalischen Parameter bei Fluidtemperatur außerhalb der Grenzschicht T_0 und Pr_W bei Oberflächentemperatur ermittelt werden. Der Faktor $(Pr/Pr_W)^{0,25}$ berücksichtigt in dieser Gleichung die Abhängigkeit der thermophysikalischen Parameter von der Temperatur.

Im allgemeinen haben bei turbulenter und auch bei laminarer Strömung die Gleichungen für die Wärmeübertragung bei erzwungener Strömung die Form $Nu = Nu(Re, Pr)$ und für die Stoffübertragung $Sh = Sh(Re, Sc)$. Diese Gleichungen für die verschiedensten Fälle der Fluidströmung und für die verschiedenen Oberflächenformen sind in Nachschlagewerken angeführt. Es muß bemerkt werden, daß sich bei der turbulenten nichtablösenden Strömung, wie mehrfach durch experimentelle Untersuchungen bewiesen, bei den praktisch bedeutsamen Fällen, insbesondere bei der Strömung in Rohren, die Nusselt-Zahl (oder Sherwood-Zahl) $Nu \sim Re^{0,8}$ erweist. Das stimmt mit den Ergebnissen überein, die man für eine ebene Platte durch halbempirische Analyse, die auf der hydrodynamischen Theorie der Wärme- und Stoffübertragung beruht, erhielt.

Die erhaltenen Ergebnisse für die Wärme- und Stoffübertragung bei erzwungener Strömung entlang einer ebenen Oberfläche haben unmittelbare praktische Bedeutung für eine Reihe von Fällen der Erwärmung, Abkühlung und der chemisch-thermischen Behandlung von Metallen. Zum Beispiel werden sie für Berechnungen solcher Prozesse in Durchlauf- und Turmöfen verwendet. Diese Resultate haben auch allgemeine und prinzipielle Bedeutung. Insbesondere in allen Fällen der erzwungenen Konvektion nehmen die Wärme- und Stoffübertragungskoeffizienten bei Erhöhung der Strömungsgeschwindigkeit und bei Verringerung der Grenzschichtdicke zu. Auf der Grundlage dieser Ergebnisse kann man z. B. behaupten, daß bei Strömungserwärmung oder -abkühlung der Wärmeübertragungskoeffizient den größten Wert im Bereich des Auftreffens der Flamme auf die Oberfläche, wo die Dicke der Grenzschicht (*a*) klein ist, haben wird (Bild 4.2-6). Beim Entfernen von diesem Bereich wird sich die Dicke der Grenzschicht erhöhen, und folglich wird der Wärmeübertragungskoeffizient (*b*) kleiner.

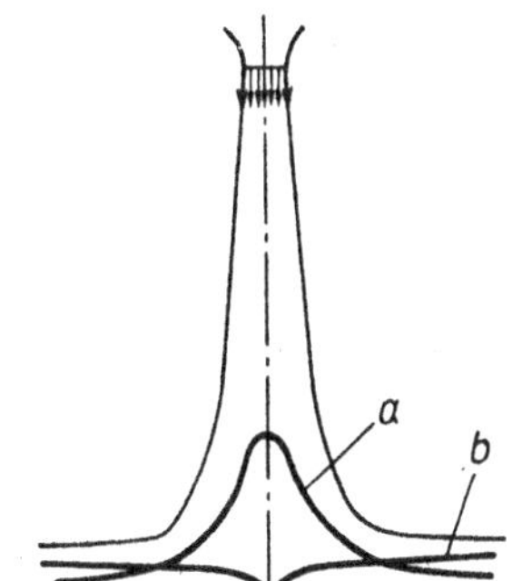

Bild 4.2-6. Verteilung des Wärmeübertragungskoeffizienten bei Anströmungserwärmung (-abkühlung)

Abschließend soll noch auf einen sehr wichtigen Umstand hingewiesen werden. Der Fakt, daß die Wärmeübertragung bei erzwungener Strömung durch die Werte der Reynolds- und Prandtl-Zahlen, die Stoffübertragung aber durch die Reynolds- und Schmidt-Zahlen bestimmt wird, ist durchaus nicht zufällig, sondern widerspiegelt das physikalische Wesen dieser Prozesse. Tatsächlich müssen die Reynolds- und Schmidt-Zahlen, die das Verhältnis der Intensitäten der Impuls- und Wärme-(Stoff-)Übertragung charakterisieren, unvermeidlich auf die Prozesse der konvektiven Wärme- und Stoffübertragung einwirken. Auf der anderen Seite erweist sich die Reynolds-Zahl, wie bereits im Abschnitt 2. erwähnt, als wichtigste Kenngröße der Fluidströmung unter den Bedingungen der erzwungenen Konvektion. Es ist offensichtlich, daß der Prozeß der erzwungenen Fluidströmung durch das Zusammenwirken der Trägheits- und Reibungskräfte bestimmt wird. Die Reynolds-Zahl wird eben durch das Verhältnis dieser zwei Kräfte charakterisiert. Da die Prozesse der konvektiven Wärme- und Stoffübertragung nur bei Fluidströmung vonstatten gehen und durch die Eigenschaften dieser Strömung bestimmt werden, müssen folglich die Wärme- und Stoffübertragungskoeffizienten bei erzwungener Strömung wesentlich von der Reynolds-Zahl abhängen.

4.2.4. Konvektive Wärme- und Stoffübertragung bei freier Strömung

Bisher wurden die Prozesse der konvektiven Wärme- und Stoffübertragung, die unter den Bedingungen einer erzwungenen Strömung ablaufen, untersucht. Das bedeutet, daß die Strömung als vorgegebene vom eigentlichen Prozeß der Wärme- und Stoffübertragung unabhängige Größe betrachtet wurde. Die freie oder natürliche Konvektion von Wärme oder Stoff ist ebenfalls durch eine Fluidströmung bedingt. Die Fluidströmung wird jedoch durch das Ablaufen von Prozessen der Wärme- und Stoffübertragung bedingt und aufrechterhalten. Es handelt sich darum, daß beliebige Wärme- und Stoffübertragungsprozesse nur bei Vorhandensein eines instationären Temperatur- oder Konzentrationsfeldes im Fluid ablaufen können, und dies führt zur Entstehung eines instationären Dichtefeldes des Fluides. Wenn sich dieses Fluid in einem Gravitationsfeld befindet, dann zieht das Vorhandensein eines instationären Dichtefeldes die Entstehung einer instationären Verteilung der Gravitationskräfte nach sich, d. h., es entstehen resultierende Auftriebskräfte, die das Fluid in Bewegung versetzen.

Aus dem Gesagten geht hervor, daß unter Schwerebedingungen die Prozesse der Wärme- und Stoffübertragung nicht in einem unbeweglichen Fluid ablaufen können. Auch beim Fehlen der erzwungenen Strömung werden diese Prozesse immer durch eine frei konvektive Strömung des Fluides begleitet. Es muß bemerkt werden, daß in der modernen Technik und insbesondere in modernen Industrieöfen die konvektiven Übertragungsprozesse praktisch immer unter den Bedingungen der erzwungenen Strömung und nur in wenigen Fällen durch freie Konvektion verwirklicht werden. Deshalb wird hier die freie Konvektion nicht so ausführlich betrachtet wie die erzwungene.

Allgemein kann gesagt werden, daß man für die analytische Untersuchung der Wärme- und Stoffübertragungsprozesse unter den Bedingungen der freien Strömung dieselben Näherungsmethoden der Grenzschichttheorie wie bei der Untersuchung der erzwungenen Konvektion verwendet. Den Begriff der Grenzschicht kann man auch für die freie Flüssigkeitsströmung einführen. In Bild 4.2-7 ist als Beispiel das Schema einer Grenzschicht gezeigt, die sich bei frei konvektiver Fluidströmung in der Nähe einer erwärmten, vertikalen ebenen Oberfläche bildete. Die Besonderheit einer solchen Grenzschicht besteht darin, daß die Geschwindigkeit an ihrer äußeren Grenze gleich Null ist. Da aber die Geschwindigkeit an der Oberfläche ebenfalls gleich Null ist, gibt es folglich innerhalb der Grenzschicht einen maximalen Wert der Geschwindigkeit. Was die Temperatur- (und Konzentrations-)Verteilung betrifft, so unterscheidet sie sich nicht prinzipiell von der bei erzwungener Strömung: An der Oberfläche ist die

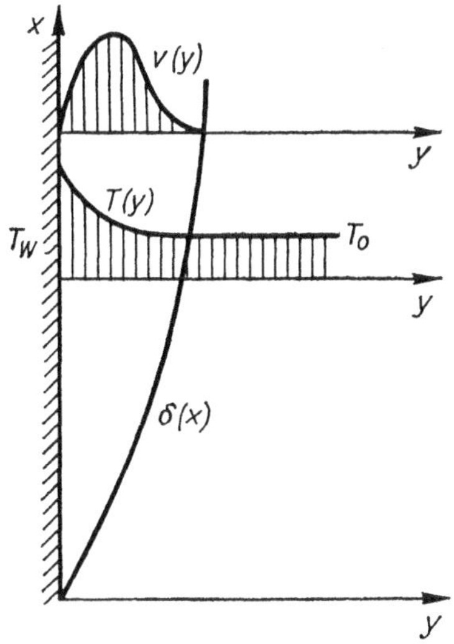

Bild 4.2-7. Grenzschicht bei natürlicher Konvektion

Temperatur gleich T_W und außerhalb der Grenzschicht T_0. Man könnte folglich bei Verwendung der Impulsstrom- (unter Berücksichtigung der Auftriebskräfte) und der Wärmestromgleichung (oder des Stoffstromes) die Dicke der Grenzschicht und den Wärmeübertragungs- (oder Stoffübertragungs-)Koeffizienten berechnen. Aus den bereits genannten Gründen werden diese Berechnungen hier nicht durchgeführt (sie sind in entsprechender Fachliteratur zu finden). Es werden nachfolgend nur qualitative Betrachtungen der Wärme- und Stoffübertragungsprozesse der freien Strömung behandelt. Diese zeigen, welche Form die Beziehung haben muß, die die freie Wärme- und Stoffkonvektion beschreibt.

Im Ergebnis der Untersuchungen der Wärme- und Stoffübertragung unter den Bedingungen der erzwungenen Strömung wurde klar, daß sich in diesem Falle die dimensionslosen Wärme- und Stoffübertragungskoeffizienten, d. h. die Nusselt- und Sherwood-Zahlen, als Funktionen der Reynolds-Zahl (die das Verhältnis der Trägheits- und Reibungskräfte kennzeichnen) und der Prandtl- bzw. Schmidt-Zahlen erweisen, da sie das Verhältnis der Intensitäten der molekularen Impuls- und Wärme- (bzw. Stoff-)Übertragungsprozesse charakterisieren. Es ist offensichtlich, daß auch unter den Bedingungen der freien Konvektion die Abhängigkeit der Nusselt- und Sherwood-Zahlen von den Prandtl- und Schmidt-Zahlen erhalten bleiben muß, weil die molekulare Impuls- und Wärme- (oder Stoff-)Übertragung auch in diesem Falle die wichtigsten Prozesse sind, die im Endeffekt die Intensität der Wärme- und Stoffübertragung bestimmen. Was die Reynolds-Zahl betrifft, so kann sie im Falle der freien Konvektion die Strömung des Fluides nicht charakterisieren, weil neben den Trägheits- und Reibungskräften in diesem Falle die Auftriebskräfte eine außerordentlich wichtige Rolle spielen.

Es ist notwendig, die Form der dimensionslosen Größe zu bestimmen, die die Fluidströmung unter den Bedingungen der freien Konvektion haben muß. Diese Größe muß einerseits das Verhältnis der Auftriebs- und Trägheitskräfte und andererseits die Reibungskräfte charakterisieren. Es wird ein Elementarvolumen dV eines Fluides betrachtet, dessen Dichte bekannt ist und die um die Größe $\Delta\varrho$ kleiner ist als die Dichte des umgebenden Fluides. Dieser Dichteunterschied kann bei der Wärmeübertragung dadurch bedingt sein, daß die Fluidtemperatur im Elementarvolumen höher ist als die Temperatur des umgebenden Fluides; bei der Stoffübertragung durch einen erhöhten Anteil der leichten Komponenten oder durch einen niedrigeren Anteil der schweren Komponenten. In jedem Fall wirkt auf dieses Elementarvolumen eine Auftriebskraft, die in Übereinstimmung mit dem *Archimedes-Gesetz* durch die Beziehung

$$\mathrm{d}F_{\mathrm{A}} = \Delta\varrho\, g\, \mathrm{d}V \tag{a}$$

bestimmt wird. Es ist ersichtlich, daß es im allgemeinen Fall der Wärme- oder Stoffübertragung bei freier Konvektion eine Dichteverteilung gibt, die durch das Vorhandensein einer Temperatur- oder Konzentrationsverteilung bedingt ist. Für den Dichteunterschied in Gl. (a) wirken einige charakteristische und aus den Aufgabenbedingungen bekannte Größen der Fluiddichte, z. B. die Fluiddichte außerhalb der Grenzschicht ϱ_0 und an der Oberfläche ϱ_{W}, d. h., $\Delta\varrho = \varrho_0 - \varrho_{\mathrm{W}}$. Dabei ist die nach Gl. (a) ermittelte Kraft eine genäherte Auftriebskraft. Somit wird die volumenbezogene Auftriebskraft folgendermaßen ausgedrückt:

$$f_{\mathrm{A}} = \mathrm{d}F_{\mathrm{A}}/\mathrm{d}V \approx \Delta\varrho\, g \tag{b}$$

Wie aus den *Navier-Stokeschen-Gleichungen* folgt, wird die volumenbezogene Trägheitskraft für eine eindimensionale stationäre Fluidströmung ausgedrückt als

$$f_{\mathrm{Tr}} = \mathrm{d}F_{\mathrm{Tr}}/\mathrm{d}V = \varrho\, v\, \frac{\partial v}{\partial x}$$

Wenn man für die Geschwindigkeit ihre charakteristische Größe v_0, für die Dichte ihre charakteristische Größe ϱ_0 und für die Koordinate die charakteristische Länge der Strömung l_0 festlegt, erhält man für die volumenbezogene Trägheitskraft näherungsweise:

$$f_{\mathrm{Tr}} \approx \varrho_0\, v_0^2/l_0 \tag{c}$$

Die volumenbezogene Reibungskraft wird für die Grenzschicht wie folgt ausgedrückt:

$$f_{\mathrm{R}} = \eta\, \partial^2 v/\partial y^2 = \varrho\, \nu\, \partial^2 v/\partial y^2$$

Wenn man wie oben die Geschwindigkeit v_0, die Dichte ϱ_0 und die Koordinate l_0 annimmt, dann erhält man die volumenbezogene Reibungskraft als

$$f_{\mathrm{R}} \approx \varrho_0\, \nu\, v_0/l_0^2 \tag{d}$$

Durch diese genäherten Gleichungen sind die Größen der volumenbezogenen Auftriebs-, Trägheits- und Reibungskräfte charakterisiert. Die gesuchte Größe, die das Verhältnis dieser Kräfte darstellt, wird unter Berücksichtigung der Forderung der Dimensionslosigkeit folgendermaßen ausgedrückt:

$$Ar = f_{\mathrm{A}}\, f_{\mathrm{Tr}}/f_{\mathrm{R}}^2$$

Wenn man hier anstelle der volumenbezogenen Dichten der entsprechenden Kräfte die Strömungsparameter der genäherten Gln. (b) bis (d) einsetzt, dann erhält man nach Kürzungen:

$$Ar = \frac{g\, l_0^3}{\nu^2}\, \frac{\Delta\varrho}{\varrho_0} \tag{4.2-54}$$

Diese dimensionslose Größe trägt die Bezeichnung *Archimedes-Zahl* und bestimmt die Fluidströmung unter den Bedingungen der freien Konvektion. Sie charakterisiert das Verhältnis der Auftriebs- und Trägheitskräfte zu den Reibungskräften.
Für die frei konvektive Wärmeübertragung, wenn die Veränderung der Fluiddichte durch die thermische Ausdehnung bedingt ist, nimmt die Archimedes-Zahl eine spezielle Form an, die man folgendermaßen erhalten kann. Die thermische Ausdehnung des Fluides wird durch den *Volumen-Temperatur-Koeffizient (Volumenausdehnungskoeffizient)* β ($m^3/(m^3\,K)$) charakterisiert:

$$\beta = \frac{1}{v}\,\frac{\partial v}{\partial T}$$

(v spezifisches Volumen des Fluides, das umgekehrt proportional zur Dichte des Fluides ist; $v = 1/\varrho$ (m^3/kg))

Der Volumen-Temperatur-Koeffizient stellt die relative Veränderung des spezifischen Volumens bei Veränderung der Temperatur um 1 K dar. Wenn man diese Größe durch die Dichte des Fluides ϱ ausdrückt, dann erhält man:

$$\beta = -\frac{1}{\varrho}\,\frac{\partial \varrho}{\partial T}$$

Für ingenieurtechnische Berechnungen kann man annehmen, daß dieser Koeffizient bei Veränderung der Fluidtemperatur zwischen zwei charakteristischen Werten konstant bleibt (z. B. zwischen den Temperaturen außerhalb der Grenzschicht T_0 und an der Körperoberfläche T_W). Dann erhält man:

$$\beta = -\frac{1}{\varrho_0}\,\frac{\varrho_W - \varrho_0}{T_W - T_0}$$

(ϱ_0 Dichte des Fluides bei der Temperatur T_0; ϱ_W Dichte des Fluides bei der Temperatur T_W)

Hieraus erhält man:

$$\varrho_W = \varrho_0 (1 - \beta \Delta T)$$

wobei $\Delta T = T_W - T_0$ oder

$$\Delta\varrho \equiv \varrho_0 - \varrho_W = \varrho_0 \beta \Delta T \tag{4.2-55}$$

Wenn man Gl. (4.2-55) in Gl. (4.2-54) in die Archimedes-Zahl einsetzt, erhält man eine neue dimensionslose Größe:

$$Gr = g\,\beta\,\Delta T\, l_0^3/\nu^2 \tag{4.2-56}$$

Diese Größe wird als *Grashof-Zahl* bezeichnet, die die Fluidströmung bei der frei konvektiven Wärmeübertragung darstellt. Damit wurde erklärt, daß bei freier Konvektion die Gleichung für die Bestimmung der Größe des Wärmeübertragungskoeffizienten (d. h. der Nusselt-Zahl) eine Funktion der Grashof- und Prandtl-Zahlen darstellt:

$$Nu = Nu\,(Gr, Pr) \tag{4.2-57}$$

und die Gleichung für die Bestimmung des Stoffübertragungskoeffizienten (d. h. der Sherwood-Zahl) entsprechend eine Funktion von den Archimedes- und Schmidt-Zahlen:

$$Sh = Sh\,(Ar, Sc) \tag{4.2-58}$$

Dabei verwendet man für die Archimedes-Zahl die charakteristischen Dichtedifferenzen der Partialdichten der Komponenten an der Oberfläche und außerhalb der Grenzschicht.
Die entsprechenden Gleichungen für verschiedene Fälle der Wärmeübertragung bei freier Konvektion werden in Nachschlagewerken angeführt. Es muß jedoch bemerkt werden, daß gegenwärtig keine exakten Gleichungen zur Berechnung der Stoffübertragung unter den Bedingungen der freien Strömung existieren. Deshalb kann man bei Verwendung der Analogie der konvektiven Wärme- und Stoffübertragungsprozesse die Gleichungen für den Wärmetransport für Überschlagsrechnungen der Stoffübertragung verwenden.

4.2.5. Anwendung der Ähnlichkeitstheorie zur Untersuchung der konvektiven Wärme- und Stoffübertragungsprozesse

Nachfolgend wird mit Hilfe der Ähnlichkeitstheorie der Wärmeübertragungsprozeß für den stationären Zustand bei erzwungener Fluidströmung an einer festen Oberfläche beliebiger Form behandelt. Es wird davon ausgegangen, daß die dynamische Aufgabe (Bestimmung der Geschwindigkeits- und Druckverteilung der Strömung) bereits vorher gelöst wurde. Dabei wird die dynamische Aufgabe unabhängig von der thermischen behandelt, was bedeutet, daß ein Fluid konstanter Viskosität (d. h. unabhängig von der Temperatur) vorausgesetzt wird. Die Wärmefreisetzung durch Reibung wird als vernachlässigbar klein und alle thermophysikalischen Parameter des Fluides als konstant betrachtet (nicht von der Temperatur abhängig).
Wie im Abschnitt 3. gezeigt wurde, gestattet die Ähnlichkeitstheorie durch Analyse eines den Prozeß beschreibenden Gleichungssystems, eine dimensionslose Form der Ergebnisdarstellung zur Aufgabenlösung (theoretisch oder empirisch) zu finden und die Ähnlichkeitsbedingungen der Prozesse zu formulieren. Auf dieser Grundlage wird die konvektive Wärmeübertragung bei erzwungener Strömung betrachtet. Im Ergebnis der Lösung dieser Aufgabe muß die Temperaturverteilung im Flüssigkeitsstrom $T\,(x, y, z)$ und der Wert des Wärmeübertragungskoeffizienten α, der sich i. allg. entlang der Oberfläche verändert (d. h. $\alpha = \alpha\,(x, y, z)$), gefunden werden. Die Koordinaten beziehen sich dabei auf die Körperoberfläche. Gegeben sind die Werte der Temperatur an der Oberfläche T_W und in dem von der Oberfläche entfernt strömenden Fluid T_0 sowie die thermophysikalischen Parameter des Fluides, d. h. der Wärmeleitkoeffizient λ und die Temperaturleitfähigkeit a. Durch die Lösung der dynamischen Aufgabe sind die Komponenten des Geschwindigkeitsvektors v_x, v_y, v_z ebenfalls bekannte Funktionen der Koordinaten. In Übereinstimmung mit den angenommenen Vereinfachungen ist die mathematische Formulierung der Energiegleichung durch

$$v_x \frac{\partial T}{\partial x} + v_y \frac{\partial T}{\partial y} + v_z \frac{\partial T}{\partial z} = a\,\nabla^2 T \qquad \text{(a)}$$

die Gleichung der Wärmeübertragung durch

$$-\lambda\,(\partial T/\partial n)_{n=0} = \alpha\,(T_0 - T_W) \qquad \text{(b)}$$

und die Randbedingungen durch

$$\left.\begin{aligned} T(0) &= T_W \\ T(\infty) &= T_0 \end{aligned}\right\} \qquad \text{(c)}$$

beschrieben. Es muß bemerkt werden, daß die zweite der Randbedingungen in Gl. (c) nicht nur bei unendlicher Entfernung von der Oberfläche, sondern auch an der Grenze der Temperaturgrenzschicht δ_T vorgegeben werden kann.

Wie aus der angeführten mathematischen Aufgabenformulierung folgt, ist für eine Oberfläche mit der charakteristischen Abmessung l_0 bei vorgegebenem Strömungscharakter des Fluides (d. h. bei vorgegebenen Komponenten des Geschwindigkeitsvektors v_x, v_y, v_z) die Fluidtemperatur als Funktion folgender unabhängiger Veränderlicher und Parameter zu ermitteln:

$$T = T\,(x, y, z, v_x, v_y, v_z, l_0, T_0, T_W, a, \lambda)$$

Von genau diesen Parametern hängt auch der Wärmeübertragungskoeffizient ab, jedoch werden in diesem Fall die Koordinaten an der Oberfläche festgelegt:

$$\alpha = \alpha\,(x, y, z, v_x, v_y, v_z, l_0, T_0, T_W, a, \lambda)$$

Weiterhin wird auch hier die Übertemperatur ϑ eingeführt:

$$\vartheta = T - T_W$$

Dann nimmt die mathematische Formulierung folgende Form an:

$$v_x \frac{\partial \vartheta}{\partial x} + v_y \frac{\partial \vartheta}{\partial y} + v_z \frac{\partial \vartheta}{\partial z} = a\,\nabla^2 \vartheta \tag{d}$$

$$-\lambda\,(\partial\vartheta/\partial n)_{n=0} = \alpha\vartheta_0 \tag{e}$$

$$\left.\begin{aligned} \vartheta(0) &= 0 \\ \vartheta(\infty) &= \vartheta_0 \end{aligned}\right\} \tag{f}$$

wobei $\vartheta_0 = T_0 - T_W$. Zur Darstellung dieser Beziehungen in dimensionsloser Form verwendet man Größen, die in die Eindeutigkeitsbedingungen eingehen: für die Länge die charakteristische Abmessung l_0, für die Geschwindigkeit ihren Wert in bestimmter Entfernung von der Oberfläche (außerhalb der hydrodynamischen Grenzschicht) v_0 und für die Temperatur die Übertemperatur $\vartheta_0 = T_0 - T_W$. Dabei werden die dimensionslosen Veränderlichen folgendermaßen ausgedrückt:

$$V_x = \frac{v_x}{v_0} \qquad V_y = \frac{v_y}{v_0} \qquad V_z = \frac{v_z}{v_0} \qquad N = \frac{n}{l_0}$$

$$X = \frac{x}{l_0} \qquad Y = \frac{y}{l_0} \qquad Z = \frac{z}{l_0} \qquad \Theta = \frac{\vartheta}{\vartheta_0}$$

Wenn man die Veränderlichen durch entsprechende Größen und obige Ähnlichkeitskonstanten ausdrückt und in die Gln. (d) und (e) sowie in die Randbedingungen (f) einsetzt, dann erhält man nach Kürzungen:

$$\frac{v_0\,l_0}{a}\left(V_x \frac{\partial \Theta}{\partial X} + V_y \frac{\partial \Theta}{\partial Y} + V_z \frac{\partial \Theta}{\partial Z}\right) = \nabla^2 \Theta \tag{4.2-59}$$

$$-\left(\frac{\partial \Theta}{\partial N}\right)_{N=0} = \frac{\alpha\,l_0}{\lambda} \tag{4.2-60}$$

$$\left.\begin{aligned} \Theta(0) &= 0 \\ \Theta(\infty) &= 1 \end{aligned}\right\} \tag{4.2-61}$$

Die dimensionslose Größe in diesen Gleichungen $v_0 l_0/a = Pe$ trägt die Bezeichnung *Peclet-Zahl*. Es ist zu erkennen, daß die Peclet-Zahl das Produkt von Reynolds- und Prandtl-Zahlen ist:

$$Pe = \frac{v_0 l_0}{\nu} \frac{\nu}{a} = Re\, Pr$$

Die dimensionslose Größe in der Gleichung der Wärmeübertragung $\alpha l_0/\lambda = Nu$ ist die bekannte Nusselt-Zahl. Somit besitzt die Lösung der dimensionslosen mathematischen Aufgabe folgende Form:

$$\Theta = \Theta\,(X, Y, Z, Re, Pr) \tag{4.2-62}$$

$$Nu = Nu\,(X, Y, Z, Re, Pr) \tag{4.2-63}$$

weil die Verteilung der Geschwindigkeiten in ähnlichen Strömungen durch den Wert der Reynolds-Zahl bestimmt wird (Abschn. 2.6.). Bestimmt man den mittleren Wärmeübertragungskoeffizienten über eine Oberfläche, werden die dimensionslosen Koordinaten X, Y, Z aus Gl. (4.2-63) eliminiert, und sie lautet dann:

$$Nu = Nu\,(Re, Pr)$$

Genau in dieser Form erhielt man im Abschnitt 4.2.3. die genäherte analytische Lösung der konvektiven Wärmeübertragung. Eine solche Form haben auch die empirischen Gleichungen für die konvektive Wärmeübertragung, die man durch Auswertung der experimentellen Werte erhält.

Es muß noch bemerkt werden, daß eine Ähnlichkeit der Prozesse der konvektiven Wärmeübertragung für geometrisch ähnliche Systeme bei Erfüllung der Bedingungen $Re =$ idem und $Pr =$ idem vorliegt. Unter Ähnlichkeit der Prozesse der konvektiven Wärmeübertragung versteht man dabei die Gleichheit der Werte der dimensionslosen Übertemperatur Θ in homologen Punkten der Fluidströmung und der Werte des dimensionslosen Wärmeübertragungskoeffizienten Nu in holomogen Punkten der Oberfläche. Auf analoge Art und Weise kann man mit Hilfe der Ähnlichkeitstheorie die Prozesse der konvektiven Stoffübertragung bei der Strömung eines inkompressiblen Fluides in der Nähe einer festen Oberfläche betrachten. Im Ergebnis solch einer Analyse kann man leicht zeigen, daß die Ähnlichkeit dieser Prozesse für geometrisch ähnliche Systeme bei Erfüllung der Bedingungen $Re =$ idem und $Sc =$ idem verwirklicht wird. Auch müssen die Gleichungen für den dimensionslosen Stoffübertragungskoeffizienten (Sherwood-Zahl Sh) die Form $Sh = Sh\,(Re, Sc)$ besitzen, d. h. solch eine Form, wie man sie im Ergebnis analytischer Untersuchungen dieser Prozesse erhielt (Abschn. 4.2.3.).

4.3. Wärmeübertragung durch Wärmeleitung in festen Körpern

4.3.1. Grundlagen der Theorie der Wärmeleitung

Gegenstand dieser Abschnitte ist die Wärmeübertragung, d. h. die Prozesse des Wärmetransportes innerhalb fester Körper, die sich in Wechselwirkung mit der Umgebung befinden. Der Stofftransport in festen Körpern wird nicht behandelt, obwohl

sich das mathematische Modell der Diffusionstheorie in festen Körpern nicht vom Modell der Wärmeleittheorie unterscheidet.
Die Wärmeleittheorie, die die Prozesse der inneren Wärmeübertragung in Körpern untersucht, ist eine phänomenologische Theorie. Sie betrachtet nicht den detaillierten Mechanismus der Wärmetransportprozesse, sondern stützt sich auf die Beschreibung dieses Prozesses auf der Basis des Fourierschen Erfahrungsgesetzes (Gl. (4.1-1)).
Die Wärmeübertragung kann in festen Körpern so ablaufen, daß die Temperatur und auch der durch den Temperaturgradienten bedingte Wärmestrom an jedem Ort des Körpers über der Zeit konstant bleibt. In diesem Fall ist die Temperatur nur eine Funktion der Ortskoordinaten $T = T(x, y, z)$. Ein solches *Temperaturfeld* und den entsprechenden Wärmeleitprozeß nennt man *stationär*. Wenn diese Temperatur von den Koordinaten und von der Zeit abhängt ($T = T(x, y, z, t)$), dann handelt es sich um ein *instationäres Temperaturfeld* und um einen instationären Wärmeleitprozeß.
Der Wärmeleitkoeffizient λ ist i. allg. temperaturabhängig. Jedoch führt die Berücksichtigung dieser Abhängigkeit, wie später noch gezeigt wird, zu nichtlinearen Differentialgleichungen der Wärmeleitung, die in den meisten Fällen keine exakten Lösungen besitzen. Deshalb betrachtet man (außer in speziell vereinbarten Fällen) den Wärmeleitkoeffizienten als konstante Größe. Man benutzt also die lineare Wärmeleittheorie. Das bedeutet, daß in jedem konkreten Fall ein mittlerer Wert von λ für das gegebene Temperaturintervall verwendet werden muß. Dadurch, daß entsprechend dem Fourierschen Gesetz der Wert und die Richtung des Vektors der Wärmestromdichte durch die Temperaturverteilung im Volumen des Körpers bestimmt wird, besteht die Hauptaufgabe der Wärmeleittheorie in der Bestimmung des Temperaturfeldes im Körper, d. h. im Ermitteln der Funktion $T(x, y, z, t)$.

4.3.2. Differentialgleichung der Wärmeleitung

Alle Differentialgleichungen der Übertragungsprozesse und somit auch die Wärmeleitgleichung werden auf der Grundlage von zwei Gesetzen hergeleitet, dem phänomenologischen Gesetz, welches den entsprechenden Übertragungsprozeß beschreibt, und dem Erhaltungssatz (für Impuls, Energie, Masse). Beim Wärmeleitprozeß ist das phänomenologische Gesetz der Fouriersche Erfahrungssatz (Gl. (4.1-1)), und als Erhaltungssatz gilt das Gesetz der Energieerhaltung.
Die Wärmeleitgleichung kann man bei Fehlen von inneren Wärmequellen im Körpervolumen und bei konstantem (d. h. temperaturunabhängigen) Wärmeleitkoeffizient als Sonderfall der Energiegleichung (Gl. (4.3-9)) erhalten. Da für einen festen Körper die konvektive Ableitung der Temperatur nach der Zeit gleich Null ist, geht die substantielle Ableitung in eine lokale über, und man erhält anstelle Gl. (4.2-9):

$$\partial T/\partial t = a \nabla^2 T \tag{4.3-1}$$

(a Temperaturleitfähigkeit, die für die Wärmeübertragung wirksam wird)

Gl. (4.3-1) stellt die einfachste Form der Wärmeleitgleichung dar. Wenn im Körpervolumen innere Wärmequellen vorhanden sind, die durch die volumenbezogene Leistung $\dot{q}_V$ (W/m³) charakterisiert werden (d. h. durch die Wärmemenge, die in einer Volumeneinheit in einer Zeiteinheit frei wird), und wenn der Wärmeleitkoeffizient von der Temperatur abhängt, dann nimmt die Wärmeleitgleichung folgende Form an:

$$\partial T/\partial t = \operatorname{div}(\lambda \operatorname{grad} T)/\varrho c + \dot{q}_V/\varrho c \tag{4.3-2}$$

Gl. (4.3-2) ist die allgemeinste Form der Wärmeleitgleichung für isotrope Körper. Die Rolle einer inneren Wärmequelle kann z. B. der Wärmestrom spielen, der im Körpervolumen bei Durchgang von elektrischem Strom freigesetzt wird.

Gl. (4.3-1) gestattet, den Sinn der Größe a in instationären Wärmeleitaufgaben zu präzisieren. Je größer a ist, um so schneller verläuft die Veränderung des Temperaturfeldes im Körper und um so schneller verläuft der Temperaturausgleich. Somit charakterisiert die Temperaturleitfähigkeit die thermischen Trägheitseigenschaften des Materials, was auch dadurch verständlich ist, daß diese Größe umgekehrt proportional dem Produkt ϱc ist, d. h. der volumenbezogenen Wärmekapazität des Materials ($a = \lambda/(\varrho c)$).

In zylindrischen Koordinaten x, r, φ nimmt Gl. (4.3-1) folgende Form an:

$$\frac{\partial T}{\partial t} = a\left(\frac{\partial^2 T}{\partial x^2} + \frac{\partial^2 T}{\partial r^2} + \frac{1}{r}\,\frac{\partial T}{\partial r} + \frac{1}{r^2}\,\frac{\partial^2 T}{\partial \varphi^2}\right) \tag{4.3-1/1}$$

Wenn sich die Temperatur in der Winkelkoordinate φ nicht ändert ($\partial T/\partial \varphi = 0$), d. h., wenn die Aufgabe achsensymmetrisch ist, dann vereinfacht sich Gl. (4.3-1/1) in

$$\frac{\partial T}{\partial t} = a\left(\frac{\partial^2 T}{\partial x^2} + \frac{\partial^2 T}{\partial r^2} + \frac{1}{r}\,\frac{\partial T}{\partial r}\right) \tag{4.3-1/2}$$

Vom mathematischen Standpunkt aus gesehen stellt die Wärmeleitgleichung (4.3-1/2) eine lineare Differentialgleichung mit partiellen Ableitungen zweiter Ordnung parabolischen Typs dar.

Um die Hauptaufgabe der Wärmeleittheorie zu lösen, d. h. die Temperaturverteilung im Körper und ihre Veränderung in der Zeit $T\,(x, y, z, t)$ zu finden, ist es notwendig, vorher die konkrete Form der Wärmeleitgleichung für den gegebenen Fall zu wissen (linear oder nichtlinear; homogen, inhomogen; eindimensional, zwei- oder dreidimensional). Im Falle einer nichtlinearen Gleichung ist es notwendig, ebenfalls die konkrete Form der Abhängigkeit $\lambda(T)$ und im Falle einer inhomogenen Gleichung die Funktion der Wärmequellenverteilung $\dot{q}_V\,(x, y, z, t)$ zu kennen. Jedoch wird die Gleichung der Wärmeleitung dabei eine unendliche Menge von Lösungen haben. Um aus dieser Lösungsmenge eine einzelne Lösung herauszuheben, die einer einzelnen Erscheinung der gegebenen Klasse entspricht, ist es notwendig, Eindeutigkeitsbedingungen vorzugeben. In die Eindeutigkeitsbedingungen gehen ein:

- geometrische Bedingungen, die Form und Abmessungen des Körpers bestimmen,
- physikalische Parameter des Materials, d. h. λ, ϱ, c,
- Anfangsbedingungen, d. h. die Temperaturverteilung im Körpervolumen zu einer bestimmten Zeit $t = 0$, die wir als Berechnungsbeginn annehmen,
- Randbedingungen, die die wärmeseitige Wechselwirkung der Umgebung mit der Körperoberfläche charakterisieren.

Anfangs- und Randbedingungen faßt man unter dem Begriff *Grenzbedingungen* zusammen. Die Randbedingungen kann man auf drei verschiedene Arten vorgeben.[1])

[1]) Außer den hier betrachteten drei Formen der Randbedingungen kann man in der Literatur noch eine vierte finden – die Randbedingung vierter Art. Sie wird verwirklicht, wenn die zu betrachtende Körperoberfläche einen idealen Kontakt mit einem anderen festen Körper hat. Diesen Fall kann man jedoch als einen zusammengesetzten Wärmeleitungsprozeß im festen Körper betrachten, der aus zwei (oder mehr) Schichten besteht, d. h., es ist ein Sonderfall der linearen Aufgabe der Wärmeleitung, wenn λ eine in bestimmten Intervallen konstante Funktion der Koordinaten ist.

Randbedingungen erster Art *(erste Grenzaufgabe).* In diesem Fall wird die Temperaturverteilung an der gesamten Körperoberfläche und ihre Veränderung über der Zeit vorgegeben, d. h., man gibt die Funktion

$$T_W = T_W (x, y, z, t) \tag{4.3-3}$$

vor. Im Sonderfall kann diese Temperatur über der Zeit konstant und auf der gesamten Körperoberfläche unveränderlich sein.

Randbedingungen zweiter Art *(zweite Grenzaufgabe).* Es wird die Verteilung der Wärmestromdichte auf der gesamten Körperoberfläche und ihre zeitliche Veränderung vorgegeben. Unter Berücksichtigung des Fourierschen Erfahrungsgesetzes (Gl. (4.1-1)) kann man diese Randbedingungen folgendermaßen schreiben:

$$-\lambda\,(\partial T/\partial n)_W = \dot{q}_W\,(x, y, z, t) \tag{4.3-4}$$

(n Koordinate, die in Normalenrichtung zur Körperoberfläche gerichtet ist)

Somit bedeutet die Angabe mit Randbedingungen zweiter Art, daß der Temperaturgradient an der Körperoberfläche festgelegt wird. Im Sonderfall kann die Wärmestromdichte an der Oberfläche über der Zeit konstant und außerdem an der gesamten Körperoberfläche unveränderlich sein.

Randbedingungen dritter Art *(gemischte Grenzaufgabe).* In diesem Fall gibt man die Temperatur der Umgebung oder einer äußeren Wärmequelle bzw. Wärmesenke T_0 und das Wärmeübertragungsgesetz zwischen Umgebung und Körperoberfläche an. Wie noch gezeigt wird, sind die Randbedingungen dritter Art die allgemeinsten und in der Praxis am häufigsten anzutreffenden Fälle. Im wesentlichen wird dabei eine gewisse Verbindung zwischen bekannter Umgebungstemperatur und unbekannter Temperatur der Körperoberfläche und Temperaturgradienten an der Körperoberfläche hergestellt. Wenn z. B. die äußere Wärmeübertragung zwischen der Umgebung mit der Temperatur T_0 und der Körperoberfläche mit der Temperatur T_W durch konvektive Wärmeübertragung verwirklicht wird, dann ist die Wärmestromdichte des zum Körper fließenden Wärmestromes (oder abgeführten) mit Hilfe des Newtonschen Gesetzes (Gl. (4.2-3)) als Größe beschrieben, die proportional der Temperaturdifferenz zwischen Umgebung und Körperoberfläche ist, d. h., $\dot{q}_W = \alpha\,(T_0 - T_W)$.
Auf der anderen Seite kann man die Wärmestromdichte an der Körperoberfläche auf der Grundlage des Fourierschen Erfahrungsgesetzes (Gl. (4.1-1)) ausdrücken:

$$\dot{q}_W = -\lambda\,(\partial T/\partial n)_W$$

(λ Wärmeleitkoeffizient des Stoffes)

Wenn man auf der Grundlage des Energieerhaltungssatzes die rechten Seiten dieser Ausdrücke gleichsetzt, erhält man die mathematische Formulierung der Randbedingungen dritter Art für den Fall der konvektiven Wärmeübertragung an der Körperoberfläche:

$$\alpha\,(T_0 - T_W) = -\lambda\,(\partial T/\partial n)_W \tag{4.3-5}$$

Somit kann man die Randbedingungen dritter Art in einer Gleichung formulieren, in der die Werte des Wärmeübertragungskoeffizienten α, der Umgebungstemperatur T_0 und des Wärmeleitkoeffizienten des Stoffes λ bekannt sind. Unbekannte Funktionen der Zeit und der Koordinaten an der Körperoberfläche sind dann die Temperatur und ihr Gradient. Es muß bemerkt werden, daß der Wärmeübertragungskoeffizient α und die Temperatur T_0 Veränderliche sein können, jedoch müssen es unbedingt vorgegebene Funktionen der Zeit und der Koordinaten sein.

Wenn die Wärmeübertragung zwischen Körperoberfläche und Umgebung durch Strahlung einer äußeren Wärmequelle (Wärmesenke) verwirklicht wird, dann ist die Aufgabe der Wärmeleitung mit Randbedingungen dritter Art erheblich komplizierter. In diesem Fall ist die Wärmestromdichte an der Körperoberfläche, wie später gezeigt wird, proportional der Differenz der vierten Potenz der Temperatur zwischen Umgebungs- und Oberflächentemperatur (nicht der ersten Potenz, wie in Gl. (4.3-5)). Dies ist eine Schlußfolgerung aus dem *Stefan-Boltzmann-Gesetz.* Somit steht dabei die unbekannte Temperatur der Körperoberfläche in der Gleichung der Randbedingungen in vierter Potenz, d. h., die Aufgabe ist nichtlinear.

Später werden näherungsweise Lösungsmethoden für instationäre Aufgaben der Wärmeleitung mit nichtlinearen Randbedingungen gezeigt. Dadurch, daß diese Aufgaben i. allg. keine eindeutigen analytischen Lösungen besitzen, werden in diesem Abschnitt nur Aufgaben betrachtet, bei denen eine konvektive Wärmeübertragung an der Oberfläche vorliegt, d. h., wenn Gl. (4.3-5) gültig ist.

4.3.3. Stationäre Wärmeleitung

Wenn die Temperatur in jedem Punkt des Körpers über der Zeit unveränderlich ist und wenn keine inneren Wärmequellen existieren, dann kann man die Gleichung der Wärmeleitung infolgedessen, daß $\partial T/\partial t = 0$, wie folgt ausdrücken:

$$\nabla^2 T = 0 \tag{4.3-6}$$

Gl. (4.3-6) ist in der theoretischen Physik unter der Bezeichnung *Laplacesche Gleichung* bekannt und stellt die allgemeine Gleichung der Feldtheorien (Temperatur-, elektrische, hydrodynamische u. a. Felder) dar. Wenn der Wärmeleitkoeffizient eine Funktion der Temperatur ist, dann besitzt die Gleichung des stationären Temperaturfeldes die Form

$$\operatorname{div}\,(\lambda \operatorname{grad} T) = 0 \tag{4.3-7}$$

Nachfolgend werden einige Aufgaben der stationären Wärmeleitung ohne innere Wärmequellen für zwei Körper einfacher Form betrachtet: einer unendlichen Platte endlicher Dicke und eines unendlichen Hohlzylinders. Es muß bemerkt werden, daß man für die Aufgaben der stationären Wärmeleitung nur die Randbedingungen angeben muß.

4.3.3.1. Stationäres Temperaturfeld einer unendlichen Platte ohne innere Wärmequellen

Für eine Platte, die sich in Richtung der y- und z-Achsen unendlich ausdehnt, in Richtung der x-Achse aber eine endliche Dicke δ besitzt (dies bedeutet, daß Höhe und Breite im Verhältnis zur Dicke der Platte sehr groß sind), nimmt Gl. (4.3-6) die Form

$$\frac{d^2T}{dx^2} = 0 \tag{4.3-8}$$

an, weil $\partial^2 T/\partial z^2 = \partial^2 T/\partial y^2 = 0$ ist. Wenn man diese Gleichung einmal integriert, erhält man $\partial T/\partial x = c_1$, wobei c_1 eine beliebige Integrationskonstante darstellt. Aus dem erhaltenen Ausdruck folgt, daß die Wärmestromdichte eine konstante Größe in der Plattendicke ist (weil $\dot{q} = -\lambda\, \mathrm{d}T/\mathrm{d}x$). Dieses Ergebnis ist völlig natürlich und folgt unmittelbar aus dem Energieerhaltungssatz für den zu betrachtenden Fall. Zur Beibehaltung des stationären Zustandes ist es notwendig, daß die Wärmemengen, die in einer Zeiteinheit durch eine Oberflächeneinheit parallel zur Fläche $y0z$ hindurchgehen, gleich sind, weil sich im entgegengesetzten Fall die Temperatur der Platte im Laufe der Zeit verändern würde.
Wenn man Gl. (4.3-8) ein zweites Mal integriert, erhält man:

$$T(x) = c_1 x + c_2 \tag{4.3-9}$$

(c_2 beliebige Konstante)

Aus Gl. (4.3-9) folgt, daß sich die Temperaturverteilung in der Dicke der Platte als linear erweist. Dieses Ergebnis erhält man jedoch nur unter der Bedingung, daß der Wärmeleitkoeffizient konstant ist. Tatsächlich ergibt sich aus der Konstanz der Wärmestromdichte über der Dicke, daß $\lambda\, \mathrm{d}T/\mathrm{d}x = \text{const}$. Dadurch ist klar, daß der lineare Charakter der Temperaturverteilung, d. h. das von uns erhaltene Ergebnis $\mathrm{d}T/\mathrm{d}x = \text{const}$, nur bei der Bedingung $\lambda = \text{const}$ gilt. Im entgegengesetzten Fall verläuft die Temperaturverteilung in der Dicke nicht linear (punktierte Linien in Bild 4.3-1). Die Werte der Integrationskonstanten c_1 und c_2 müssen aus den Randbedingungen ermittelt werden.

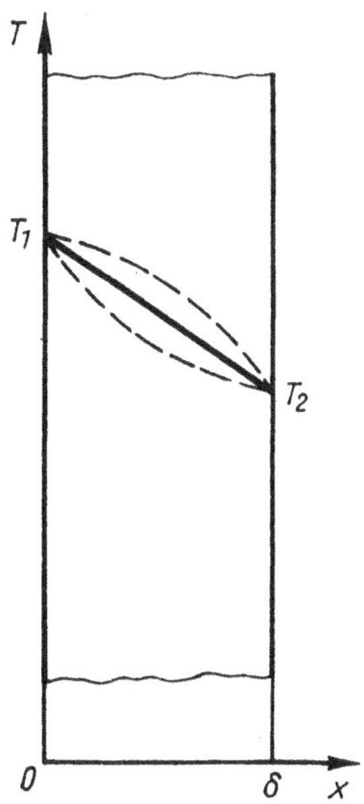

Bild 4.3-1. Stationäres Temperaturfeld in einer ebenen Wand bei Randbedingungen erster Art

Randbedingungen erster Art. In dem zu betrachtenden Fall bestehen die Randbedingungen erster Art darin, daß die Temperaturen T_1 und T_2 an der Plattenoberfläche vorgegeben werden (Bild 4.3-1), d. h., $T(0) = T_1$ und $T(\delta) = T_2$. Die erste dieser Bedingungen ergibt $c_2 = T_1$ und die zweite $c_1 = (T_2 - T_1)/\delta = -(T_1 - T_2)/\delta$. Somit besitzt die gesuchte Temperaturverteilung in der Plattendicke die Form

$$T(x) = T_1 - \frac{T_1 - T_2}{\delta} x \qquad (4.3\text{-}10)$$

Ist die Temperaturverteilung bekannt, kann die durch die Platte gehende Wärmestromdichte ermittelt werden. Aus $\dot{q} = -\lambda \, \mathrm{d}T/\mathrm{d}x$ erhält man bei Verwendung von Gl. (4.3-10):

$$\dot{q} = (\lambda/\delta)(T_1 - T_2) \qquad (4.3\text{-}11)$$

Wenn man Gl. (4.3-11) in der Form $\dot{q} = (T_1 - T_2)/(\delta/\lambda)$ schreibt, kann man feststellen, daß sie in Form und Sinn analog dem Ohmschen Gesetz der elektrischen Leitung ist. Dabei ist die Temperaturdifferenz analog der Potentialdifferenz an den Leiterenden, die Wärmestromdichte analog dem durch den Leiter fließenden Strom und die Größe δ/λ analog dem ohmschen Widerstand des Leiters. In Verbindung damit nennt man das Verhältnis δ/λ *Wärmeleitwiderstand:*

$$R_1 = \delta/\lambda \qquad (4.2\text{-}12)$$

Randbedingungen zweiter Art. Dabei wird die Wärmestromdichte an den Plattenoberflächen (bei $x = 0$ und $x = \delta$) und bei beliebigen x angegeben, da $\dot{q} = \text{const.}$ Dadurch, daß $\dot{q} = -\lambda \, \mathrm{d}T/\mathrm{d}x$ ist, bedeutet die Vorgabe des Wertes $\dot{q}$ die Angabe des Anstieges der Temperaturverteilung (Bild 4.3-1), d. h. der Größe $\mathrm{d}T/\mathrm{d}x$. Für die erste Integrationskonstante in Gl. (4.3-9) ergibt sich dabei $c_1 = -\dot{q}/\lambda$. Für die Bestimmung der Konstante c_2 verbleiben keine Bedingungen mehr, d. h., sie kann jeden beliebigen Wert annehmen. Dies bedeutet, daß bei den Randbedingungen zweiter Art keine einzelne Aufgabenlösung der stationären Wärmeleitung existiert. Einem vorgegebenen Wert der Wärmestromdichte entspricht eine unendliche Anzahl von Geraden mit der Steigung $-\dot{q}/\lambda$. Damit nur eine einzige Lösung existiert und die Ermittlung der zweiten Konstante c_2 aus Gl. (4.3-9) möglich wird, ist es notwendig, eine zusätzliche Bedingung anzugeben, z. B. die Temperatur an einer der Plattenoberflächen oder die Temperatur der Umgebung und den Wärmeübertragungskoeffizient von einer beliebigen Seite.

Randbedingungen dritter Art – Wärmedurchgang durch eine ebene Wand. In diesem Fall werden die Temperaturen der Umgebung und die Wärmeübertragungskoeffizienten für beide Seiten der Platte angegeben. (Es wird der Fall betrachtet, bei dem die Wärmeübertragung zwischen Plattenoberfläche und Umgebung konvektiv verwirklicht wird.) In Bild 4.3-2 ist die Temperaturverteilung über der Dicke der Platte und in der Umgebung, d. h. des Fluides, auf beiden Seiten der Platte dargestellt. Aus früheren Betrachtungen ist klar, daß die Temperaturverteilung in der Plattendicke einen linearen Charakter besitzt, jedoch sind die Werte der Oberflächentemperaturen T_1 und T_2 nicht vorgegeben. In dem Fluid geht an beiden Plattenseiten eine stetige Veränderung der Temperatur von ihrem Wert an der Oberfläche (T_1 und T_2) bis zur konstanten Temperatur der ungestörten Strömung ($T_{0,1}$ und $T_{0,2}$), die laut Aufgabenbedingung bekannt ist, vonstatten. Diese Veränderung im Fluid auf beiden Plattenseiten verläuft innerhalb der Dicke der Temperaturgrenzschicht ($\delta_{T,1}$ oder $\delta_{T,2}$). Laut Aufgabenbedingung sind die Wärmeübertragungskoeffizienten α_1 und α_2 vorgegeben. Der zu betrachtende Wärmeübertragungsprozeß von einem Fluid zu einem anderen durch eine feste Wand trägt die Bezeichnung *Wärmedurch-*

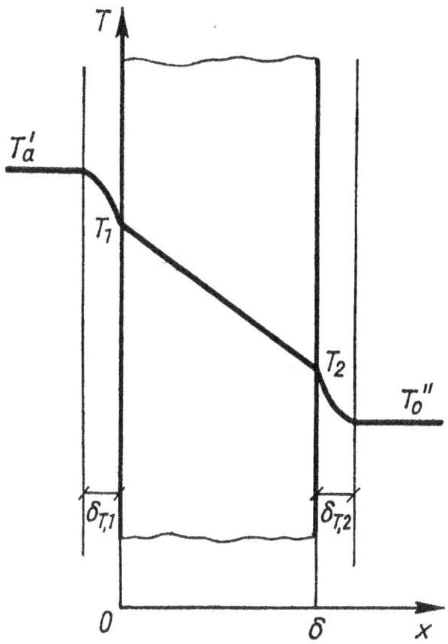

Bild 4.3-2. Stationäres Temperaturfeld in einer ebenen Wand bei Randbedingungen dritter Art ($T_a' \triangleq T_{0,1}$; $T_0'' \triangleq T_{0,2}$)

gang. Dieser Vorgang gliedert sich in folgende Teilprozesse auf:

- in die konvektive Wärmeübertragung von der Umgebung zur linken Plattenoberfläche,
- in die Wärmeübertragung durch Wärmeleitung in der Wand und
- in die konvektive Wärmeübertragung von der rechten Plattenoberfläche zur Umgebung.

Schreibt man die Ausdrücke für die Wärmestromdichte für jeden der genannten Prozesse nieder, folgt:

$$\dot{q}_1 = \alpha_1 (T_{0,1} - T_1); \qquad \dot{q}_2 = \frac{\lambda}{\delta} (T_1 - T_2)$$

$$\dot{q}_3 = \alpha_2 (T_2 - T_{0,2})$$

Ist der Prozeß stationär, so sind all diese drei Größen untereinander gleich, d. h., $\dot{q}_1 = \dot{q}_2 = \dot{q}_3 = \dot{q}$. Wenn man diesen Umstand berücksichtigt, kann man die entsprechenden Temperaturdifferenzen durch die Wärmestromdichte $\dot{q}$ ausdrücken:

$$T_{0,1} - T_1 = (1/\alpha_1)\,\dot{q}; \qquad T_1 - T_2 = (\delta/\lambda)\,\dot{q}$$

$$T_2 - T_{0,2} = (1/\alpha_2)\,\dot{q}$$

Addiert man diese drei Gleichungen, dann erhält man nach Kürzungen:

$$T_{0,1} - T_{0,2} = \dot{q}\,(1/\alpha_1 + \delta/\lambda + 1/\alpha_2)$$

Hieraus ergibt sich:

$$\dot{q} = \frac{1}{1/\alpha_1 + \delta/\lambda + 1/\alpha_2} (T_{0,1} - T_{0,2}) \tag{4.3-13}$$

Somit ist auch im Falle des Wärmedurchgangs die Wärmestromdichte proportional der Temperaturdifferenz der Umgebung, die durch eine Wand geteilt wird. Der Proportionalitätsfaktor in Gl. (4.3-13) trägt die Bezeichnung *Wärmedurchgangskoeffizient:*

$$K = \frac{1}{1/\alpha_1 + \delta/\lambda + 1/\alpha_2} \tag{4.3-14}$$

Der reziproke Wert des Wärmedurchgangskoeffizienten stellt den *Wärmedurchgangswiderstand* dar:

$$\frac{1}{K} = \frac{1}{\alpha_1} + \frac{\delta}{\lambda} + \frac{1}{\alpha_2} \tag{4.3-14/1}$$

Da δ/λ der Wärmeleitwiderstand ist (Gl. (4.3-12)), ist es logisch, daß der Kehrwert des Wärmeübertragungskoeffizienten einen *Wärmeübertragungswiderstand* darstellt:

$$R_A = 1/\alpha \tag{4.3-15}$$

Man kann leicht zeigen, daß im Falle einer vielschichtigen Wand, die aus n Schichten mit der Dicke δ_i und dem Wärmeleitkoeffizienten λ_i besteht, die Gleichung für den Wärmedurchgangskoeffizienten die gleiche Form hat wie Gl. (4.3-14). Allerdings muß anstelle des Wärmeleitwiderstandes die Summe der Wärmeleitwiderstände aller Schichten stehen:

$$K = 1 \bigg/ \left(1/\alpha_1 + \sum_{i=1}^{n} \delta_i/\lambda_i + 1/\alpha_2\right) \tag{4.3-14/2}$$

Somit wird in jedem beliebigen Fall des Wärmedurchgangs die Wärmestromdichte durch folgende Gleichung bestimmt:

$$\dot{q} = K(T_{0,1} - T_{0,2}) \tag{4.3-16}$$

Mit Gl. (4.3-16) kann die Wärmestromdichte ermittelt werden, die durch die Platte bei Randbedingungen dritter Art hindurchgeht. Dadurch kann man auch die anderen unbekannten Größen finden und bei Verwendung einer beliebigen Gleichung für die Wärmestromdichte die Temperaturverteilung über die Plattendicke ermitteln.

Die betrachteten Aufgaben der stationären Wärmeleitung für eine unendliche ebene Wand haben unmittelbare praktische Bedeutung. Die Wände von Industrieöfen kann man in vielen Fällen als unendliche ebene Wand betrachten, und da kontinuierliche Öfen im stationären Wärmeregime arbeiten, kann man in solchen Öfen die Wärmeverluste durch die Wände nach den erhaltenen Gleichungen berechnen.

4.3.3.2. Stationäres Temperaturfeld einer zylindrischen Wand ohne innere Wärmequellen

Für eine zylindrische Wand, die sich in Richtung der x-Achse unendlich ausdehnt, nimmt Gl. (4.3-6) im achsensymmetrischen Fall (d. h. bei unveränderlichen Bedingungen an den Oberflächen der Wand) folgende Form an:

$$\frac{d^2T}{dr^2} + \frac{1}{r}\,\frac{dT}{dr} = 0 \tag{4.3-17}$$

Durch Substitution $dT/dr = u$ erhält man eine Gleichung mit den Veränderlichen $du/dr + u/r = 0$, die sich leicht integrieren läßt:

$$\ln u + \ln r = \ln c_1$$

Nach Potenzierung erhält man hieraus $u\, r = c_1$, oder, wenn man zur Veränderlichen T übergeht, ergibt sich nach Trennung der Veränderlichen die Gleichung $\mathrm{d}T = c_1\, \mathrm{d}r/r$. Nach Integration erhält man die gesuchte Lösung:

$$T(r) = c_1 \ln r + c_2 \tag{4.3-18}$$

Es ist zu erkennen, daß die Wärmestromdichte über der Dicke der zylindrischen Wand nicht konstant ist. Es gilt:

$$\dot{q} = -\lambda\, \mathrm{d}T/\mathrm{d}r = -\lambda\, c_1/r$$

d. h., die Wärmestromdichte verringert sich mit Entfernung von der Achse umgekehrt proportional zum Radius. Das ist ganz natürlich, da die Fläche, durch die der Wärmestrom geht, proportional zum Radius wächst, obwohl der Wärmestrom $\dot{Q} = \dot{q}\, A$ konstant bleibt. Die Konstanten c_1 und c_2 in Gl. (4.3-18) kann man aus den Randbedingungen ermitteln.

Randbedingungen erster Art. Es werden die Temperatur der inneren Wandoberfläche T_1 und die Temperatur der äußeren Oberfläche T_2 angegeben (Bild 4.3-3), d. h., $T(r_1) = T_1$; $T(r_2) = T_2$. Wenn man diese Randbedingung bei der Lösung von Gl. (4.3-18) anwendet, dann erhält man:

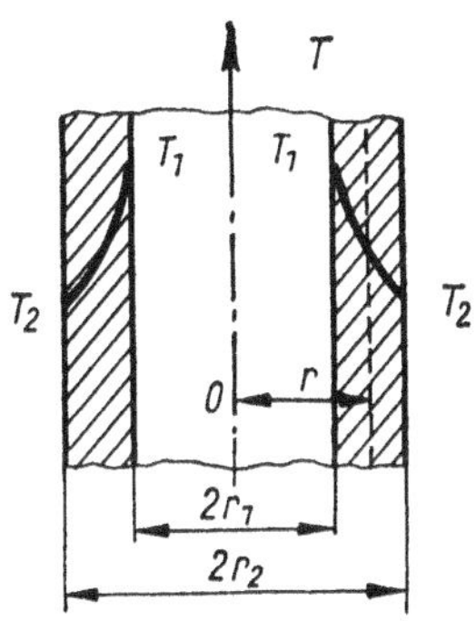

Bild 4.3-3. Stationäres Temperaturfeld in einer zylindrischen Wand bei Randbedingungen erster Art

$$T_1 = c_1 \ln r_1 + c_2; \qquad T_2 = c_1 \ln r_2 + c_2$$

Daraus folgt:

$$c_1 = (T_1 - T_2)/\ln (r_1/r_2)$$

$$c_2 = T_1 - (T_1 - T_2) \ln r_1/\ln (r_1/r_2)$$

Somit besitzt die gesuchte Temperaturverteilung die Form

$$T(r) = T_1 - (T_1 - T_2) \ln (r/r_1)/\ln (r_2/r_1) \tag{4.3-19}$$

d. h., die Temperatur ändert sich in der Wanddicke nach einer logarithmischen Kurve. Bei Verwendung der Temperaturverteilung nach Gl. (4.3-19) kann man leicht die Wärmestromdichte finden, die durch eine beliebige zylindrische Oberfläche innerhalb der Begrenzung mit dem momentanen Radius r fließt:

$$\dot{q} = -\lambda\, \mathrm{d}T/\mathrm{d}r = \lambda\, (T_1 - T_2)/r \ln (r_2/r_1)$$

Man bestimmt den konstanten Wärmestrom, der durch ein Rohr der Länge L fließt, als

$$\dot{Q} = 2\,\pi\, r\, L\, \dot{q} = 2\,\pi\, \lambda\, L\, (T_1 - T_2)/\ln\,(r_2/r_1) \quad \text{(W)} \tag{4.3-20}$$

Den durch eine zylindrische Begrenzung je Längeneinheit hindurchgehenden Wärmestrom nennt man *lineare Wärmestromdichte:*

$$\dot{q}_L = 2\,\pi\,\lambda\,(T_1 - T_2)/\ln\,(r_2/r_1) = \pi\,(T_1 - T_2)/R_{L,i} \quad \text{(W/m)} \tag{4.3-20/1}$$

$R_{L,i} = (1/2\,\lambda)\ln\,(r_2/r_1)$ Wärmeleitwiderstand der zylindrischen Begrenzung)

Randbedingungen zweiter Art. In diesem Falle hat die Aufgabe wie bei der ebenen Platte keine einzelne Lösung.

Randbedingungen dritter Art. Bei einem Wärmedurchgang durch eine zylindrische Begrenzung sind die Umgebungstemperaturen innerhalb des Rohres $T_{0,1}$ und außerhalb $T_{0,2}$, weiterhin die Koeffizienten der konvektiven Wärmeübertragung zur inneren

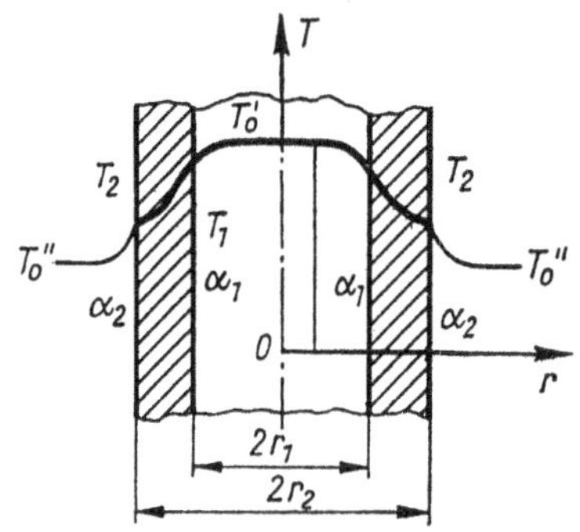

Bild 4.3-4. Stationäres Temperaturfeld in einer zylindrischen Wand bei Randbedingungen dritter Art ($T_0' \triangleq T_{0,1}$; $T_0'' \triangleq T_{0,2}$)

Rohroberfläche α_1 und von der äußeren α_2 zur Umgebung gegeben (Bild 4.3-4). Die Gleichungen für die lineare Wärmestromdichte, die der inneren Begrenzungsoberfläche zugeführt, die durch die Begrenzung hindurchgeht, und die von ihrer äußeren Oberfläche abgegeben wird, lauten:

$$\dot{q}_{1,1} = \alpha_1\,(T_{0,1} - T_1)\,2\,\pi\, r_1; \qquad \dot{q}_{1,2} = 2\,\pi\,\lambda\,(T_1 - T_2)/\ln\,(r_2/r_1)$$

$$\dot{q}_{1,3} = \alpha_2\,(T_2 - T_{0,2})\,2\,\pi\, r_2$$

Es ist klar, daß bei stationärem Betrieb diese drei Größen gleich sein müssen ($\dot{q}_{1,1} = \dot{q}_{1,2} = \dot{q}_{1,3} = \dot{q}_L$). Die Temperaturen an den Begrenzungsoberflächen T_1 und T_2 sind dabei unbekannt. Dies berücksichtigend, kann man die Temperaturdifferenzen ermitteln:

$$T_{0,1} - T_1 = \dot{q}_L/2\,\pi\, r\,\alpha_1; \qquad T_1 - T_2 = \ln\,\dot{q}_L(r_2/r_1)/2\,\pi\,\lambda$$

$$T_2 - T_{0,2} = \dot{q}_L/2\,\pi\, r_2\,\alpha_2$$

Wenn man diese Ausdrücke addiert, ergibt sich:

$$T_{0,1} - T_{0,2} = \frac{\dot{q}_L}{\pi}\left[\frac{1}{2\, r_1\,\alpha_1} + (1/2\,\lambda)\ln\,(r_2/r_1) + \frac{1}{2\, r_2\,\alpha_2}\right]$$

Damit hat der Ausdruck für die lineare Wärmestromdichte die Form

$$\dot{q}_L = \frac{1}{\dfrac{1}{2 r_1 \alpha_1} + (1/2\,\lambda) \ln (r_2/r_1) + \dfrac{1}{2 r_2 \alpha_2}} \pi (T_{0,1} - T_{0,2}) \tag{4.3-21}$$

oder

$$\dot{q}_L = K_L \pi (T_{0,1} - T_{0,2}) \tag{4.3-21/1}$$

wobei

$$K_L = \frac{1}{\dfrac{1}{2 r_1 \alpha_1} + (1/2\,\lambda) \ln (r_2/r_1) + \dfrac{1}{2 r_2 \alpha_1}} \tag{4.3-22}$$

linearer Wärmedurchgangskoeffizient und

$$R_{L,A} = 1/2\, r\, \alpha$$

äußerer Wärmeübertragungswiderstand genannt werden. Wenn man nach Gl. (4.3-21/1) die lineare Wärmestromdichte bestimmt und dabei die Umgebungstemperatur kennt, läßt sich leicht die Temperaturverteilung in der Dicke der zylindrischen Begrenzung bei diesen Randbedingungen finden. Beim Wärmedurchgang durch eine vielschichtige zylindrische Begrenzung wird die lineare Wärmestromdichte ebenfalls nach Gl. (4.3-21/1) ermittelt, und im Ausdruck für den Wärmeleitwiderstand summiert man die Wärmeübertragungswiderstände der Schichten:

$$K_L = \frac{1}{\dfrac{1}{2 r_1 \alpha_2} + \sum\limits_{i=1}^{n} (1/2\,\lambda_i) \ln (r_{i+1}/r_i) + \dfrac{1}{2 r_2 \alpha_2}} \tag{4.3-23}$$

Die Besonderheit des Wärmedurchgangs durch eine zylindrische (oder eine beliebig anders gekrümmte) Begrenzung besteht darin, daß es einen Wert des äußeren Durchmessers der Begrenzung gibt, der dem Minimum des linearen Gesamtwärmewiderstandes entspricht, und einen bei konstanter Temperaturdifferenz $T_{0,1} - T_{0,2}$, der dem Maximum der linearen Wärmestromdichte entspricht.

Betrachtet man den Einfluß des äußeren Durchmessers einer homogenen zylindrischen Begrenzung auf ihren Gesamtwärmedurchgangswiderstand, so ist dieser reziprok zum Wärmeleitwiderstand und wird in Übereinstimmung mit Gl. (4.3-22) ausgedrückt als

$$R_{L,\Sigma} = \frac{1}{d_1 \alpha_1} + (1/2\,\lambda) \ln (d_2/d_1) + \frac{1}{d_2 \alpha_2} \tag{4.3-24}$$

Wenn der innere Durchmesser d_1 konstant bleibt und sich der äußere Durchmesser d_2 erhöht, dann wächst der Wärmeleitwiderstand $R_{L,i} = (1/2\,\lambda) \ln (d_2/d_1)$, und der äußere Wärmeübertragungswiderstand $R_{L,a} = 1/d_2\, \alpha_2$ nimmt ab (Bild 4.3-5). Im Ergebnis dessen erweist sich der Gesamtdurchgangswiderstand bei einem bestimmten Wert d_2, dem *kritischen Durchmesser* d_{kr}, als minimal, und der lineare Wärmeleitkoeffizient (und folglich die lineare Wärmestromdichte) erweist sich als maximal. Um den kritischen Durchmesser zu finden, differenziert man die Summe der letzten zwei Glieder im rechten Teil der Gl. (4.3-24) nach d_2 und setzt die Ableitung gleich Null:

$$1/2\,\lambda \cdot d_{kr} - 1/\alpha_2\, d_{kr}^2 = 0$$

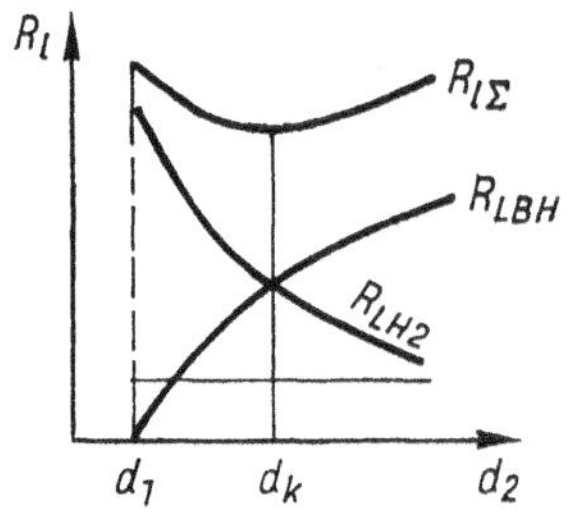

Bild 4.3-5. Abhängigkeit der Wärmeleitwiderstände vom äußeren Rohrdurchmesser ($R_{\mathrm{LBH}} \triangleq R_{\mathrm{L,i}}$; $R_{\mathrm{LH2}} \triangleq R_{\mathrm{L,a}}$; $d_{\mathrm{k}} \triangleq d_{\mathrm{kr}}$)

Hieraus erhält man:

$$d_{\mathrm{kr}} = 2\,\lambda/\alpha_2 \tag{4.3-25}$$

Bei $d_2 < d_{\mathrm{kr}}$ führt eine Vergrößerung von d_2 zu einer Verringerung des Gesamtwärmedurchgangswiderstandes und folglich zur Vergrößerung des Wärmestromes, d. h. zur Vergrößerung der Wärmeverluste durch die äußere Begrenzung, was durch den vorherrschenden Einfluß der Vergrößerung der äußeren Begrenzungsoberfläche erklärt wird. Bei $d_2 > d_{\mathrm{kr}}$ wächst mit steigendem d_2 der Gesamtwärmedurchgangswiderstand durch den dominierenden Einfluß des Wärmeleitwiderstandes. Dabei steigt der Gesamtwärmedurchgangswiderstand an, und die Wärmeverluste durch die äußere Begrenzung nehmen ab.

Die Abhängigkeiten der Wärmeverluste durch eine zylindrische Begrenzung vom äußeren Durchmesser und vom Vorhandensein des kritischen Durchmessers (Extremwert) müssen bei der Materialauswahl für die Wärmedämmung von Rohrleitungen, Röhrenöfen und wassergekühlten Ofenelementen berücksichtigt werden. Wenn für das ausgewählte Material der nach Gl. (4.3-25) ermittelte kritische Durchmesser den äußeren Durchmesser der ungedämmten Rohrleitung überschreitet, dann verliert die Anwendung solch eines Materials jeden Sinn, weil in diesem Fall das Anbringen einer Wärmedämmung nicht zur Verringerung, sondern zum Anwachsen der Wärmeverluste durch die Rohrleitungswand führt. Eine effektive Wärmedämmung wird durch solches Material garantiert, bei dem $d_{\mathrm{kr}} < d_2$ ist, wobei d_2 den äußeren Durchmesser der ungedämmten Rohrleitung darstellt.

4.3.4. Instationäre Wärmeleitung

Die Betrachtung der instationären Wärmeleitprozesse wird auf einfache Aufgaben beschränkt. Ausführlichere Erläuterungen kann man der Spezialliteratur entnehmen (z. B. der Monographie von *Lykov*). Es werden Lösungen für Körper einfacher geometrischer Form, z. B. einer unendlichen Platte endlicher Dicke, behandelt. Prinzipiell gesehen lassen sich jedoch diese Ergebnisse auch auf Körper mit beliebigen anderen geometrischen Konfigurationen anwenden.

Weiterhin werden nur symmetrische Aufgaben der instationären Wärmeleitung betrachtet, d. h. solche Aufgaben, bei denen die Randbedingungen auf beiden Plattenoberflächen gleich sind. Deshalb wird der Koordinatenanfang in die Achsenebene der Platte gelegt, und deren Dicke wird mit $2\,\delta$ angenommen. In allen Fällen wird als Anfangsbedingung eine gleichmäßige Temperaturverteilung über der Plattendicke für den Zeitpunkt $t = 0$ angenommen.

Bei der Untersuchung der instationären Wärmeleitung werden anfangs die Aufgaben mit Randbedingungen dritter Art betrachtet, weil sie den in der Praxis am häufigsten anzutreffenden Fall beschreiben. In der Ofenpraxis sind meist die Temperatur des Wärmeträgers oder der äußeren Wärmequelle und weiterhin das Gesetz der Wärmeübertragung zwischen Fluid oder Quelle und der Oberfläche des zu erwärmenden (oder abzukühlenden) Materials bekannt. Wie später gezeigt wird, kann man auf der anderen Seite die Lösung der Randbedingungen erster Art als Sonderfall aus der Lösung der Randbedingungen dritter Art erhalten. Was die Aufgaben mit den Randbedingungen zweiter Art betrifft, so kann man ihre Lösung, wie später gezeigt wird, mit den Aufgaben bei Randbedingungen erster Art zusammenfassen.

Bei der Erwärmung und Abkühlung einer Platte, deren Maße in Richtung der y- und z-Achsen unbegrenzt und deren Dicke in der x-Achse endlich sind, verändert sich die Temperatur nur über die Dicke, weil $\partial T/\partial y = \partial T/\partial z = 0$; die Gleichung lautet dann:

$$\partial T/\partial t = a\, \partial^2 T/\partial x^2 \qquad (4.3\text{-}26)$$

4.3.4.1. Lösungsmethoden der instationären Wärmeleitung

Es gibt verschiedene Lösungsmethoden für die Gleichungen der Wärmeleitung, d. h. für die Bestimmung der Funktion $T(x, t)$. Bei den analytischen Methoden sind die *Fourier-Methode* der Trennung von Veränderlichen, unterschiedliche Operatorenmethoden, die verschiedene Integralumformungen verwenden als auch unterschiedliche Differenzenmethoden, die die numerische Lösung der Gleichungen bei Verwendung von Rechentechnik gestatten, verbreitet. Außerdem lassen sich diese Gleichungen durch Verwendung der mathematischen Analogie zwischen Wärmeleitprozessen und anderen physikalischen Prozessen, die durch in der Form übereinstimmende Differentialgleichungen beschrieben werden, lösen. Diese Lösungen erhält man mit Hilfe verschiedener Analogrechner.

Von den aufgezeigten analytischen Methoden wird die Methode der Trennung von Veränderlichen aufgrund ihrer Einfachheit und ihrer universellen Anwendbarkeit benutzt. In Übereinstimmung mit dieser Methode wird die Lösung der Gl. (4.3-26) als Produkt zweier Funktionen $T(x, t) = F(x)\, P(t)$ gesucht. Dabei hängt F nur von der Raumkoordinate x und P nur von der Zeit t ab. Wenn man diesen Ausdruck in Gl. (4.3-26) einsetzt und die Veränderlichen trennt, erhält man:

$$(1/a\, P)\, \mathrm{d}P/\mathrm{d}t = (1/F)\, \mathrm{d}^2F/\mathrm{d}x^2$$

Auf der linken Seite dieser Gleichung steht ein Ausdruck, der nur von der Zeit t, auf der rechten Seite einer, der nur von der Koordinate x abhängt. Es ist bekannt, daß zwei Funktionen von zwei verschiedenen und einander unabhängigen Argumenten bei beliebigen Werten dieser nur in dem Fall gleich sein können, wenn sie konstant sind. Bezeichnen wir diese konstante Größe als K^2. Dann erhält man anstelle einer Differentialgleichung mit partiellen Ableitungen (Gl. (4.3-26)) zwei gewöhnliche Differentialgleichungen zur Bestimmung der Funktionen $F(x)$ und $P(t)$:

$$(1/P)\quad \mathrm{d}P/\mathrm{d}t = -\, a\, \mathrm{K}^2; \qquad \mathrm{d}^2F/\mathrm{d}x^2 + \mathrm{K}^2 F = 0$$

Die Lösungen dieser Gleichungen lassen sich sehr einfach erhalten:

$$P(t) =.-\, c_1 \exp(-a\, \mathrm{K}^2\, t); \qquad F(x) = c_2 \cos(\mathrm{K}\, x) + c_3 \sin(\mathrm{K}\, x)$$

(c_1, c_2, c_3 beliebige Konstanten)

Somit erhält man:

$$T(x, t) = c_1 \exp(-a K^2 t) \quad [c_2 \cos(K x) + c_3 \sin(K x)] \tag{4.3-27}$$

oder, wenn $c_1 c_2 = C$ und $c_1 c_3 = D$:

$$T(x, t) = \exp(-a K^2 t) \; [C \cos(K x) + D \sin(K x)] \tag{4.3-28}$$

In solch einer Form muß folglich die Lösung der Gl. (4.3-26) gesucht werden. Der Begriff »*Lösung suchen*« zeigt die Notwendigkeit zur Bestimmung der beliebigen Konstanten C, D und K aus den Grenzbedingungen (Anfangs- und Randbedingungen). Eine dieser Konstanten, und zwar D, läßt sich sofort aus folgenden einfachen Überlegungen heraus bestimmen: Da man symmetrische Aufgaben voraussetzte, muß die Temperaturverteilung über der Plattendicke in jedem beliebigen Zeitmoment gegenüber der Fläche $y0z$ symmetrisch sein (Bild 4.3-6). Dies bedeutet, daß der gesuchte

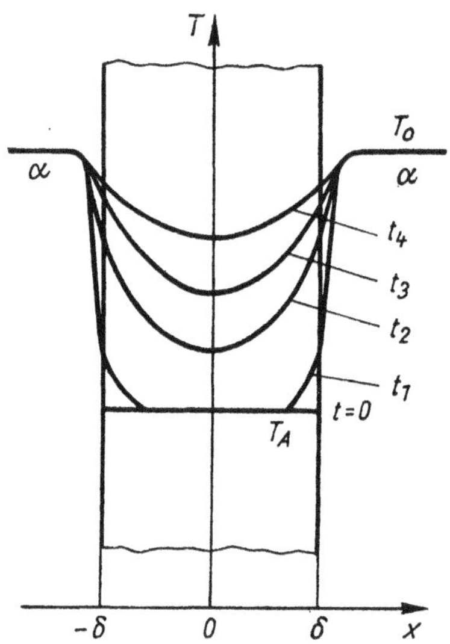

Bild 4.3-6. Erwärmung einer ebenen Platte bei Randbedingungen dritter Art

Wert der Funktion $T(x, t)$ eine gerade Funktion der Koordinate x sein muß. Jedoch ist die in die Gl. (4.3-28) eingehende Funktion sin (K x) ungerade, folglich ist für jede beliebige symmetrische Aufgabe $D = 0$. Somit wird die Lösung der Gl. (4.3-26) in folgender Form ermittelt:

$$T(x, t) = C \exp(-a K^2 t) \cos(K x) \tag{4.3-29}$$

Die beliebigen, in diesen Ausdruck eingehenden Konstanten K und C ermittelt man aus den Rand- und Anfangsbedingungen der Aufgabe.

4.3.4.2. Randbedingungen dritter Art (bei konstanter Temperatur der Umgebung)

Wir haben eine unendliche ebene Platte der Dicke $2\,\delta$, die sich aufgrund der konvektiven Wärmeübertragung von der Umgebung (T_0 = const) an ihre Oberfläche (Bild 4.3-6) erwärmt (oder abkühlt). Zum Zeitpunkt $t = 0$ ist die Plattentemperatur in ihrer Dicke konstant und gleich T_A. Der Erwärmungsprozeß der Platte verläuft so, daß die Temperatur in beliebigen Punkten zunimmt und zur Umgebungstemperatur T_0 strebt. Dabei gleicht sich die Temperaturverteilung über den Querschnitt aus, wie es in Bild 4.3-6 gezeigt wird. Zur Bestimmung der Abhängigkeit der Temperatur von der Koordinate x und von der Zeit t, d. h. der Funktion $T(x, t)$, verwendet man die Gleichung der Wärmeleitung (Gl. (4.3-20)), für die als Grenzbedingung die Anfangsbedingung $T(x, 0) = T_A$ und in Übereinstimmung mit Gl. (4.3-5) die Randbedingung

$$\pm \alpha [T_0 - T(\pm \delta, t)] = -\lambda \left(\frac{\partial T}{\partial x}\right)_{x=\pm\delta} \tag{4.3-30}$$

gelten. Das Pluszeichen vor dem linken Teil der Gleichung entspricht der Bedingung auf der linken Plattenoberfläche ($x = -\delta$), wenn die Richtung des Wärmestromes mit der positiven Richtung der x-Achse zusammenfällt. Das Minuszeichen entspricht der Bedingung auf der rechten Oberflächenseite ($x = +\delta$), wenn der Wärmestrom in negative Richtung der x-Achse gerichtet ist.

Es wird die *Temperaturdifferenz* ϑ eingeführt, die folgendermaßen ausgedrückt wird:

$$\vartheta(x, t) = T_0 - T(x, t)$$

Für diese neue Veränderliche besitzt die mathematische Formulierung der Aufgabe die Form

$$\partial\vartheta/\partial t = a\, \partial^2\vartheta/\partial x^2 \tag{4.3-31}$$

$$\vartheta(x, 0) = T_0 - T_A = \vartheta_A \tag{4.3-32}$$

$$\pm \alpha\, \vartheta(\pm \delta, t) = \lambda \left(\frac{\partial\vartheta}{\partial x}\right)_{x=\pm\delta} \tag{4.3-33}$$

Das Vorzeichen auf der rechten Seite der Gleichung der Randbedingung veränderte sich, da $\partial\vartheta/\partial x = -\partial T/\partial x$. Da Gl. (4.3-31) für die Temperaturdifferenz ϑ dieselbe Form wie Gl. (4.3-26) besitzt, wird die Lösung in der Form der Gl. (4.3-28) gefunden:

$$\vartheta(x, t) = \mathrm{C} \exp(-a\, \mathrm{K}^2 t) \cos(\mathrm{K}\, x) \tag{4.3-34}$$

wobei die Konstanten C und K aus den Grenzbedingungen der Gln. (4.3-32) und (4.3-33) ermittelt werden. Anfangs werden die Randbedingungen (4.3-33) für die linke Plattenoberfläche $x = -\delta$ eingesetzt. Wenn man nun die Lösung von Gl. (4.3-34) in Gl. (4.3-33) einsetzt:

$$\alpha\, \mathrm{C} \exp(-a\, \mathrm{K}^2 t) \cos(\mathrm{K}\, \delta) = \lambda\, \mathrm{C}\, \mathrm{K} \exp(a\, \mathrm{K}^2 t) \sin(\mathrm{K}\, \delta)$$

erhält man hieraus nach Kürzungen:

$$\mathrm{ctg}(\mathrm{K}\, \delta) = \mathrm{K}\, \lambda/\alpha$$

oder, wenn man Zähler und Nenner der rechten Seite mit δ multipliziert:

$$\mathrm{ctg}(\mathrm{K}\, \delta) = \mathrm{K}\, \delta/(\alpha\, \delta/\lambda) \tag{4.3-35}$$

Somit liegt eine Gleichung vor, aus der man eine der zu ermittelnden Konstanten, und zwar K, finden kann. Jedoch ist es einfacher, aus dieser Gleichung nicht diese Größe selbst zu finden, sondern ihr Produkt mit der halben Plattendicke, die man mit $\mu = \mathrm{K}\, \delta$ bezeichnet und *charakteristische Größe* nennt. Den dimensionslosen Ausdruck $\alpha\, \delta/\lambda$ im Nenner des rechten Teils der Gl. (4.3-35) bezeichnet man mit $\mathrm{Bi} = \alpha\, \delta/\lambda$ und nennt ihn *Biot-Zahl.* Der physikalische Sinn dieser Größe wird später betrachtet, jetzt wird nur vermerkt, daß die Biot-Zahl eine konstante Größe ist und die wichtigsten Parameter einschließt: den Wärmeübertragungskoeffizienten, die charakteristische geometrische Abmessung des Körpers und den Wärmeleitkoeffizienten des Körpermaterials.

Somit hat die Gleichung, die zur Bestimmung einer der Konstanten (der charakteristischen Größe μ) dient und die auch *charakteristische Gleichung* genannt wird, unter Berücksichtigung der eingeführten Bezeichnungen folgende Form:

$$\operatorname{ctg} \mu = \mu/\mathrm{Bi} \tag{4.3-35/1}$$

Diese Gleichung ist transzendent, und deshalb erfordert sie eine graphische oder numerische Lösung für die Ermittlung der charakteristischen Zahl μ. Bezeichnet man die linke Seite der Gl. (4.3-35/1) mit $f_1(\mu)$, die rechte mit $f_2(\mu)$ und stellt diese graphisch dar, so erhält man Bild 4.3-7. Die erste Funktion ist eine Kotangensfunktion, die eine periodische Funktion des Arguments μ mit der Periode π darstellt, die zweite ist eine Gerade mit der Steigung 1/Bi. Aus den Abszissenwerten der Schnittpunkte dieser Graphen erhält man die Lösung der charakteristischen Gleichung.

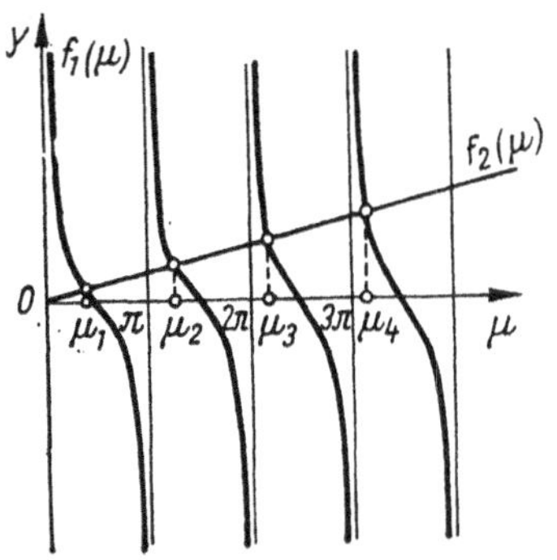

Bild 4.3-7. Graphische Lösung der charakteristischen Gleichung

Wie aus Bild 4.3-7 sichtbar ist, besitzt Gl. (4.3-35/1) eine unendliche Zahl solcher Lösungen, d. h., es gibt eine unendliche Menge von Werten der charakteristischen Zahl μ_n (oder Konstanten K_n), die der Gl. (4.3-31) und der Randbedingung (4.3-33) genügen. Dies bedeutet, daß es eine unendliche Zahl partieller Lösungen der Gl. (4.3-31) mit den Randbedingungen (4.3-33) gibt, deren Summe in Verbindung mit der Linearität der Gl. (4.3-31) ihre gemeinsame Lösung ist:

$$\vartheta(x, t) = \sum_{n=1}^{\infty} C_n \exp\left(-\mu_n^2 a\, t/\delta^2\right) \cos\left(\mu_n x/\delta\right) \tag{4.3-36}$$

Es muß bemerkt werden, daß in dieser Lösung die charakteristischen Größen μ_n schon als Lösung der charakteristischen Gl. (4.3-35/1) bekannt sind, wobei jede von ihnen nur durch die Größe der Biot-Zahlen bestimmt wird:

$$\mu_n = \mu_n(\mathrm{Bi})$$

Weiterhin muß bemerkt werden, daß die unter dem Exponenten stehende dimensionslose Zahl $a\, t/\delta^2$ eine veränderliche Größe ist, weil in ihr eine der unabhängigen Veränderlichen t vorkommt. Diese dimensionslose Zahl stellt vom Wesen her die dimensionslose Zeit dar, die man *Fourier-Zahl* nennt und mit $Fo = a\,t/\delta^2$ bezeichnet. Somit kann man Gl. (4.3-36) in der Form

$$\vartheta = \sum_{n=1}^{\infty} C_n \exp\left(-\mu_n^2 Fo\right) \cos(\mu_n X) \tag{4.3-36/1}$$

($X = x/\delta$ dimensionslose Koordinate)

schreiben. In der Lösung (4.3-36) oder (4.3-36/1) verbleiben als Unbekannte lediglich alle Werte der Konstante C_n. Dadurch, daß diese Lösung nicht nur der Randbedingung, sondern auch der Anfangsbedingung (4.3-32) entsprechen muß, wird C_n aus der Anfangsbedingung ermittelt. Dafür setzt man in Gl. (4.3-36/1) $Fo = 0$ ein (d. h., $t = 0$) und erhält den Ausdruck

$$\vartheta_n = \sum_{n=1}^{\infty} C_n \cos(\mu_n X) \tag{4.3-37}$$

der die Zerlegung der Größe ϑ_n in eine Reihe mit vorgegebenen, in Gl. (4.3-35/1) ermittelten Werten μ_n darstellt. Bei Verwendung dieser Gleichung kann man zeigen, daß $\cos(\mu_n X)$ und $\cos(\mu_m X)$ (μ_m ist eine beliebige charakteristische Zahl, die aus der unendlichen Anzahl von μ_n herausgegriffen wurde) orthogonale Funktionen sind, d. h. bei beliebigen $n \neq m$ gilt:

$$\int_{-\delta}^{+\delta} \cos(\mu_n X) \cos(\mu_m X)\, dx = 0$$

Nur bei $n = m$ besitzt dieses Integral eine endliche Größe. Dieser Umstand ermöglicht die Ermittlung der Werte von C_n. Dafür multipliziert man beide Seiten der Gl. (4.3-37) mit $\cos(\mu_m X)$ und integriert nach X in den Grenzen der Plattendicke. Durch die Veränderung der Reihenfolge der Summierung und Integration (beide Operationen sind linear) erhält man den Ausdruck

$$\vartheta_A \int_{-\delta}^{+\delta} \cos(\mu_m X)\, dx = \sum_{n=1}^{\infty} C_n \int_{-\delta}^{+\delta} \cos(\mu_m X) \cos(\mu_n X)\, dx$$

Auf der rechten Seite der Gleichung sind alle Integrale gleich Null außer einem Fall, dem Fall $n = m$. Infolgedessen läßt sich der letzte Ausdruck wie folgt schreiben:

$$\vartheta_A \int_{-\delta}^{+\delta} \cos(\mu_n X)\, dx = C_n \int_{-\delta}^{+\delta} \cos^2(\mu_n X)\, dx$$

Hieraus kann man leicht C_n ermitteln. Wenn man sich daran erinnert, daß $X = x/\delta$, dann erhält man:

$$\int_{-\delta}^{+\delta} \cos(\mu_n X)\, dx = 2 \int_{0}^{+\delta} \cos(\mu_n X)\, dx = (2\delta/\mu_n) \sin \mu_n$$

$$\int_{-\delta}^{+\delta} \cos^2(\mu_n X)\, dx = \int_{0}^{+\delta} 2 \cos^2(\mu_n X)\, dx = (\delta/\mu_n)(\mu_n + \sin \mu_n \cos \mu_n)$$

und daraus

$$C_n = 2\, \vartheta_A \sin \mu_n / (\mu_n + \sin \mu_n \cos \mu_n) \tag{4.3-38}$$

Die Lösung (4.3-36/1) nimmt folgende endgültige Form an:

$$\vartheta = \vartheta_A \sum_{n=1}^{\infty} [2 \sin \mu_n/(\mu_n + \sin \mu_n \cos \mu_n)] \cos(\mu_n X) \exp(-\mu_n^2 Fo) \quad (4.3\text{-}39)$$

Damit ist die Aufgabe gelöst, d. h., man kann den Wert der Temperaturdifferenz finden. Das bedeutet, daß auch die Temperatur T und die Temperaturen in jedem beliebigen Punkt der Platte zu einem beliebigen Zeitpunkt bestimmt werden können. Es sei bemerkt, daß in Gl. (4.3-39) die unabhängigen Veränderlichen in dimensionsloser Form vorkommen, d. h. für die Koordinate die dimensionslose Größe $X = x/\delta$ und für die Zeit die Fourier-Zahl $Fo = a\,t/\delta^2$. In Verbindung damit ist es logisch, auch die gesuchte Funktion, d. h. die Temperaturdifferenz ϑ, in dimensionsloser Form darzustellen. Dafür ist es ausreichend, beide Seiten der Gl. (4.3-39) durch die aus den Aufgabenbedingungen bekannte anfängliche Temperaturdifferenz ϑ_A zu dividieren. Im Ergebnis erhält man die Lösung in dimensionsloser Form:

$$\Theta = \sum_{n=1}^{\infty} [2 \sin \mu_n/(\mu_n + \sin \mu_n \cos \mu_n)] \cos(\mu_n X) \exp(-\mu_n^2 Fo) \quad (4.3\text{-}40)$$

$\Theta = (T_0 - T)/(T_0 - T_A)$ wird *normierte (dimensionslose) Temperaturdifferenz* genannt. Gl. (4.3-40) bedeutet, daß die dimensionslose Temperaturdifferenz Θ eine Funktion der Biot-Zahl (weil $\mu_n = \mu_n$ (Bi)), der Fourier-Zahl (d. h. der dimensionslosen Zeit) und der dimensionslosen Koordinate ist:

$$\Theta = \Theta\,(\text{Bi}, Fo, X) \quad (4.3\text{-}41)$$

(Bi Aufgabenparameter; Fo, X dimensionslose unabhängige Veränderliche)

Der sich auf die Fourier-Zahl beziehende Begriff »*dimensionslose Zeit*« bedeutet, daß für Platten unterschiedlicher Dicke und mit unterschiedlichen Temperaturleitfähigkeiten (jedoch bei gleichen Biot-Zahlen) die in den Koordinaten ΘX gezeichneten Temperaturkurven bei gleichen Fourier-Zahlen übereinstimmen werden, d. h. nicht in ein und denselben, sondern in homologen Zeitmomenten, die aus den Gleichheitsbedingungen der Fourier-Zahlen definiert werden. Somit ist eine konkrete Lösungsform der Gl. (4.3-40) für die unbegrenzte ebene Platte erhalten worden. Jedoch kann man prinzipiell gesehen in dieser Form, d. h. in Form der Gl. (4.3-41), auch Lösungen für Körper beliebiger anderer geometrischer Formen erhalten. Dabei ändert sich nur der Sinn, der in den Begriff »*charakteristische Körperabmessung*« gelegt wurde. Wenn z. B. im Falle einer ebenen Platte und für eine symmetrische Aufgabe die Rolle der charakteristischen Körperabmessung die halbe Dicke der Platte übernimmt, so ist für einen Zylinder oder eine Kugel dies der Radius R. Dabei besitzen die Biot- und Fourier-Zahlen entsprechend folgende Form:

$$\text{Bi} = \alpha\,R/\lambda; \qquad Fo = a\,t/R^2$$

Wenn man eine analytische Lösung nicht sucht, kann man trotzdem die prinzipielle Lösungsform (4.3-41) der instationären Aufgabe der Wärmeleitung bei Randbedingungen dritter Art durch Analyse der Gleichung und Randbedingungen mit Methoden der Ähnlichkeitstheorie finden.

Der Fakt, daß man die Lösung in der Form (4.3-41) erhielt, d. h. in der Form einer Abhängigkeit von einem Parameter und zwei unabhängigen Veränderlichen, bietet die Möglichkeit, eine große Anzahl der Lösungen in graphischer Form darzustellen. Es wäre unmöglich, die Abhängigkeit der Temperatur von sechs Parametern und zwei unabhängigen Veränderlichen graphisch darzustellen:

$$T = T\,(T_0, T_A, \alpha, \lambda, a, \delta, x, t)$$

Die nach den analytischen Lösungen der instationären Wärmeleitaufgaben konstruierten Graphiken, die die Berechnungen erheblich vereinfachen, werden in Nachschlagewerken als Abhängigkeit der normierten Temperaturdifferenz (Ordinatenachse) von der Fourier-Zahl (Abszissenachse) angeführt. Für jede Kurve aus der in solch einer Graphik dargestellten Kurvenschar ist die Biot-Zahl Parameter. Die Graphiken wurden für drei geometrische Formen einzeln gezeichnet: für die unendliche Platte, für den unendlichen Zylinder und die Kugel sowie weiterhin für zwei Werte der dimensionslosen Koordinate $X = 0$ (Kern der Platte, des Zylinders, der Kugel) und $X = 1$ (Oberfläche der Platte, des Zylinders und der Kugel). Die Graphiken für die Platte und den Zylinder sind in den Anlagen angeführt.

Bevor zur Diskussion der erhaltenen Lösung (4.3-40) übergegangen wird, soll der physikalische Sinn des wichtigsten Parameters in den Aufgaben der instationären Wärmeleitung betrachtet werden – der Biot-Zahl. Dafür stellt man die Biot-Zahl in der Form $\mathrm{Bi} = \alpha/(\lambda/\delta)$ dar. Im Zähler dieses Ausdruckes steht der Wert des Wärmeübertragungskoeffizienten α, der die Intensität der äußeren Wärmeübertragung charakterisiert, d. h. der Wärmeübertragung von der Umgebung zur Körperoberfläche (oder umgekehrt). Im Nenner steht das Verhältnis des Wärmeleitkoeffizienten zur charakteristischen Körperabmessung. Diese Größe charakterisiert, wie es z. B. auch Gl. (4.3-11) unterstreicht, die Intensität der inneren Wärmeübertragung zwischen Körperoberfläche und den inneren Schichten. Somit stellt die Biot-Zahl ein Verhältnis von Parametern dar, die die Intensität der äußeren und inneren Wärmeübertragung charakterisieren.

Auf der anderen Seite kann der Ausdruck für die Biot-Zahl in der Form $\mathrm{Bi} = (\delta/\lambda)/(1/\alpha)$ dargestellt werden. Aus dieser Gleichung folgt, daß in Übereinstimmung mit Gln. (4.3-12) und (4.3-15) die Biot-Zahl ein Verhältnis des inneren Wärmeleitwiderstandes zum äußeren darstellt. Beide Formulierungen gestatten es, darauf zu schließen, daß der Charakter der Temperaturverteilung im Volumen des zu erwärmenden (oder abzukühlenden) Körpers durch die Größe der Biot-Zahl bestimmt wird. Je größer ihr Wert ist, desto größer ist die Intensität der äußeren Wärmeübertragung im Vergleich zur Intensität der inneren oder desto größer ist der innere Wärmeleitwiderstand im Verhältnis zum äußeren. In Verbindung mit großen Werten der Biot-Zahl muß eine entsprechende Temperaturverteilung im Körpervolumen vorhanden sein. Und umgekehrt, je kleiner die Biot-Zahl ist, desto gleichmäßiger ist die Temperatur im Körpervolumen im Verlaufe der gesamten Erwärmungsperiode (oder der Abkühlung) verteilt, weil der zur Oberfläche zugeführte Wärmestrom in diesem Fall sehr intensiv an die inneren Körperschichten abgegeben wird.

Um die Richtigkeit der Schlußfolgerung über den Einfluß der Biot-Zahl auf den Erwärmungs- oder Abkühlungsprozeß bei Randbedingungen dritter Art zu beweisen, ist es notwendig, die für den Fall einer ebenen Platte erhaltene Lösung zu analysieren, d. h. zu diskutieren, wohin diese Lösung bei sehr kleinen Werten der Biot-Zahl ($\mathrm{Bi} \to 0$) und bei sehr großen Werten ($\mathrm{Bi} \to \infty$) führt.

4.3.4.3. Erwärmung (Abkühlung) von wärmetechnisch dünnen Körpern

Dabei strebt der Anstieg der Gerade $1/\mathrm{Bi}$ für $\mathrm{Bi} \to 0$ auf der rechten Seite der charakteristischen Gleichung (4.3-35/1) gegen unendlich, und folglich fällt die in Bild 4.3-7 dargestellte Gerade mit der Ordinatenachse zusammen. Deshalb nehmen die Lösungen der charakteristischen Gleichung, d. h. der charakteristischen Größe μ, folgende Reihe von Werten an: $0; \pi; 2\pi; 3\pi; \ldots (n-1)\pi; \ldots$ Aus Gl. (4.3-38) ist zu sehen, daß bei solchen Werten der charakteristischen Größe μ alle Koeffizienten C_n, außer des ersten, gegen Null streben. Für den ersten Koeffizienten ergibt sich ein undefinierter Ausdruck der Art Null durch Null, den es zu klären gilt.

Den in der Lösung (4.3-39) unter dem Summenzeichen und vor den Funktionen der Koordinaten und der Zeit stehenden Koeffizienten bezeichnet man mit D_n:

$$D_n = 2 \sin \mu_n/(\mu_n + \sin \mu_n \cos \mu_n) \tag{4.3-42}$$

Diese Größe ist offensichtlich proportional zum Koeffizienten C_n. Bei $\mu_1 = 0$ erhält man mit Hilfe der Grenzwertbildung die undefinierte Größe D_1:

$$\lim_{\mu_1 \to 0} D_1 = \lim_{\mu_1 \to 0} \frac{2 \sin \mu_1}{\mu_1 + \sin \mu_1 \cos \mu_1} = \lim_{\mu_1 \to 0} \frac{2\,\mu_1}{\mu_1 + \mu_1 1} = 1$$

In Verbindung damit ergibt sich für die Lösung des zu betrachtenden Falls:

$$\Theta = \cos(\mu_1 X) \exp(-\mu_1^2\, Fo) \tag{4.3-43}$$

Jetzt verbleibt noch, die konkrete Abhängigkeit zwischen der ersten charakteristischen Größe μ_1 und der Biot-Zahl zu ermitteln. Da bei kleinen μ_1-Werten $\sin \mu_1 \approx \mu_1$ und $\operatorname{tg} \mu_1 \approx \mu_1$ ist, nimmt die charakteristische Gl. (4.3-35/1) die Form $1/\mu_1 = \mu_1/\mathrm{Bi}$ an. Hieraus erhält man $\mu_1 = \sqrt{\mathrm{Bi}}$, und die Lösung (4.3-43) lautet jetzt:

$$\Theta = \cos(\sqrt{\mathrm{Bi}} X) \exp(-\mathrm{Bi}\, Fo)$$

bzw. insofern $\lim [\cos(\sqrt{\mathrm{Bi}} X)] = 1$ (weil $0 \leq X \leq 1$), erhält man endgültig:

$$\Theta = \exp.(-\mathrm{Bi},\, Fo) \tag{4.3-44}$$

Somit liegt für den Fall $\mathrm{Bi} \to 0$ eine gleichmäßige Temperaturverteilung im Körpervolumen im Laufe der gesamten Erwärmungszeit (oder Abkühlung) vor, weil Θ in der Lösung (4.3-44) nicht von X abhängt. Außerdem steigt (oder fällt) die Temperatur an allen Punkten des Körpers in der Zeit exponential. Körper, die die Bedingung einer kleinen Biot-Zahl (praktisch $\mathrm{Bi} \leq 0{,}25$) erfüllen und die sich folglich annähernd gleichmäßig im gesamten Volumen erwärmen (oder abkühlen), nennt man *wärmetechnisch dünne Körper*. In diesem Falle ist beim Erwärmungsprozeß (oder Abkühlung) des Körpers der äußere Wärmeübergang die limitierende Größe.

4.3.4.4. Randbedingungen erster Art

Ein unendlich großer Wert der Biot-Zahl ($\mathrm{Bi} \to \infty$) bedeutet, daß die Intensität des äußeren Wärmeübergangs im Vergleich zum inneren unendlich groß ist. Für einen Körper endlicher Abmessung, d. h. für eine Platte endlicher Dicke, und bei endlicher Größe des Wärmeleitkoeffizienten bedeutet der Fall $\mathrm{Bi} \to \infty$ gleichzeitig $\alpha \to \infty$. Letzteres führt dazu, daß die Oberflächentemperatur des Körpers momentan die Umgebungstemperatur, die in den Aufgabenbedingungen vorgegeben und konstant ist, annimmt. In Übereinstimmung mit der Newtonschen Gleichung (Gl. (4.2-3)) wird der Temperaturunterschied zwischen Umgebung und Körperoberfläche als $T_0 - T_W = \dot{q}/\alpha$ ausgedrückt. Daraus folgt, daß bei $\alpha \to \infty$, $T_0 - T_W \to 0$, weil die Wärmestromdichte eine endliche Größe ist. Folglich ist bei Bi $\to \infty$ (praktisch bei Bi $\geqq 100$) die Intensität des äußeren Wärmeübergangs so groß, d. h. der äußere Wärmeübertragungswiderstand so klein, daß die Körperoberfläche sofort die Umgebungstemperatur annimmt. Im Ergebnis dessen erweist sich die Oberflächentemperatur des Körpers schon als vorgegebene Größe, d. h., man erhält eine Aufgabe mit Randbedingungen erster Art. Dies bedeutet im zu betrachtenden Fall, daß im Zeitpunkt $t = 0$ die Oberflächentemperatur der Platte sofort den vorgegebenen Wert T_W erreicht und im weiteren konstant bleibt (Bild 4.3-8).

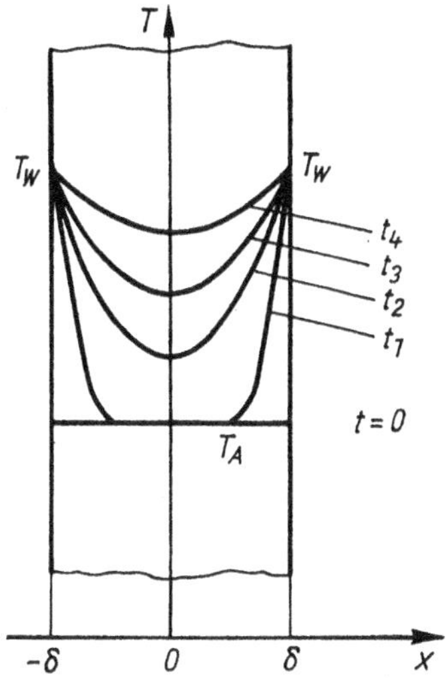

Bild 4.3-8. Erwärmung einer ebenen Platte bei Randbedingungen erster Art

Die mathematische Formulierung dieser Aufgabe sieht folgendermaßen aus:

$$\partial\vartheta/\partial t = a\, \partial^2 \vartheta/\partial x^2$$

$$\vartheta(x, 0) = \vartheta_A$$

$$\vartheta\, (\pm\delta, t) = 0$$

Dabei beträgt die Temperaturdifferenz $\vartheta = T_W - T$ und $\vartheta_A = T_W - T_A$. Die Lösung dieser Aufgabe kann man als Sonderfall der Aufgabenlösung mit Randbedingungen dritter Art (Gl. (4.3-40)) bei Bi $\to \infty$ erhalten. Mit diesem Ziel werden die charakteristischen Größen μ ermittelt. Die charakteristische Gleichung (4.3-35/1) nimmt bei Bi $\to \infty$ die Form ctg $\mu_n = 0$ an, d. h., die Gerade in Bild 4.3-7 fällt mit der Abszissenachse zusammen. Hieraus erhält man:

$$\mu_n = \frac{\pi}{2}\,;\ \frac{3}{2}\pi\,;\ \frac{5}{2}\pi\,;\ldots;\left(\frac{2n-1}{2}\right)\pi\,;\ldots \tag{4.3-45}$$

Bei ungeraden n gilt $\sin\mu_n = +1$, bei geraden n dagegen $\sin\mu_n = -1$, d. h., $\sin\mu_n = (-1)^{n+1}$. In Verbindung damit, daß $\cos\mu_n = 0$; $D_n = 2\,(-1)^{n+1}/\mu_n$, nimmt die gesuchte Lösung folgende Form an:

$$\Theta = \sum_{n=1}^{\infty} \frac{2(-1)^{n+1}}{\mu_n} \cos(\mu_n X) \exp(-\mu_n^2 Fo) \tag{4.3-46}$$

wobei $\Theta = (T_W - T)/(T_W - T_A)$ und μ_n entsprechend aus Gl. (4.3-45) ermittelt werden. Somit wird bei Randbedingungen erster Art die normierte Temperaturdifferenz Θ als Funktion der Fourier-Zahl und der dimensionslosen Koordinate ermittelt:

$$\Theta = \Theta\,(Fo, X) \tag{4.3-47}$$

In diesem Fall ist die Biot-Zahl kein Aufgabenparameter mehr, und der innere Wärmeleitvorgang limitiert den Erwärmungsprozeß (oder die Abkühlung) des Körpers. Entsprechende Graphiken, die die Abhängigkeit von Gl. (4.3-47) widerspiegeln, sind für die Grundkörper (Platte, Zylinder und Kugel) in Nachschlagewerken angegeben. Die Randbedingungen erster Art werden in der Praxis bei sehr großer Intensität der äußeren Wärmeübertragung verwirklicht. Zum Beispiel hat beim Abschrecken (Härten) von Erzeugnissen in Flüssigkeiten, deren Siedetemperatur unter der Erwärmungstemperatur des Erzeugnisses vor dem Abschrecken liegt, der Wärmeübertragungskoeffizient von der Werkstoffoberfläche zur siedenden Flüssigkeit die Größenordnung von 10^3 bis 10^4 W/(m^2 K). Unter diesen Bedingungen erhält man sehr große Biot-Zahlen, was praktisch zur sofortigen Angleichung der Werkstoffoberflächen- und Flüssigkeitstemperaturen führt. Dabei bleibt die Oberflächentemperatur konstant und gleich der Siedetemperatur der Flüssigkeit.

4.3.4.5. Randbedingungen zweiter Art (bei konstanter Wärmestromdichte an der Oberfläche)

Diese Randbedingungen treten in der Praxis relativ selten auf, weshalb die entsprechende Aufgabe nicht so ausführlich wie die vorhergehenden betrachtet wird. Einer der wenigen Fälle, in denen die Randbedingungen zweiter Art mit konstanter Wärmestromdichte an der Oberfläche realisiert werden, ist die Anfangsperiode der Erwärmung in Hochtemperaturöfen. Da in diesem Fall eine Wärmeübertragung durch Strahlung vorliegt, ist die Wärmestromdichte an der Oberfläche des zu erwärmenden Körpers proportional der Differenz der Temperaturen der Strahlungsquelle und der Körperoberfläche in vierter Potenz:

$$\dot{q}_W \sim (T_0^4 - T_W^4)$$

Im Laufe der Anfangsperiode (nach Einsatz des kalten Materials in den Ofen) ist jedoch ihre Oberflächentemperatur T_W im Verhältnis zur Ofentemperatur T_0 so klein, daß man sie vernachlässigen kann, dies um so mehr, da die vierten Potenzen dieser Temperaturen zu berücksichtigen sind. Somit erhält man annähernd $\dot{q}_W \sim T_0^4$. Wenn die Ofentemperatur T_0 konstant ist, dann trifft auf die Oberfläche des zu erwärmenden Körpers in der entsprechenden Zeit ein annähernd konstanter Wärmestrom auf. Wenn für eine unendliche ebene Platte der Dicke $2\,\delta$, deren Temperatur zum Zeitpunkt $t = 0$ über der Dicke konstant und gleich T_A ist, die genannten Bedingungen zutreffen, dann erhält man an beiden Plattenoberflächen eine gleiche und im weiteren eine konstante Wärmestromdichte $\dot{q}_W$ (Bild 4.3-9). Die mathematische Formulierung der Aufgabe hat dann folgende Form:

$$\partial T/\partial t = a\, \partial^2 T/\partial x^2 \tag{4.3-48}$$

$$T(x,0) = T_A \tag{4.3-48/1}$$

$$-\lambda(\partial T/\partial x)_{x=\pm\delta} = \mp\, \dot{q}_W \tag{4.3-48/2}$$

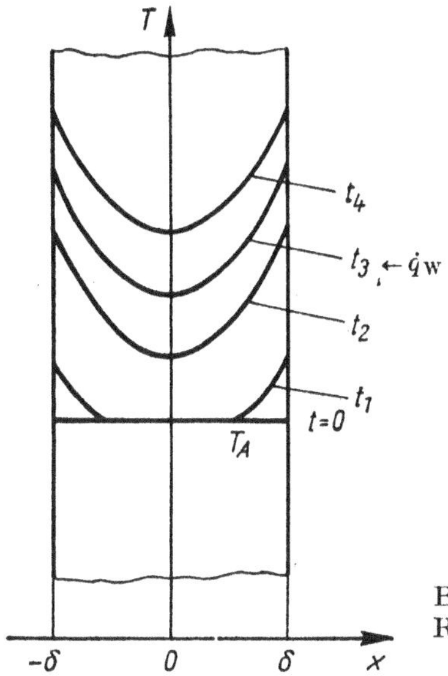

Bild 4.3-9. Erwärmung einer ebenen Platte bei Randbedingungen zweiter Art

Das obere Vorzeichen (—) auf der rechten Seite der Randbedingung (4.3-48/2) bezieht sich auf die rechte Oberflächenseite der Platte, wo der Wärmestrom in die negative Richtung der x-Achse gerichtet ist. Das untere Vorzeichen (+) bezieht sich auf die linke Plattenoberfläche, wo der Wärmestrom positiv gerichtet ist (siehe Bild 4.3-9).
Der zu betrachtende Fall der Erwärmung eines Körpers durch einen konstanten Wärmestrom unterscheidet sich erheblich von den bisherigen Fällen. Man kann sagen, daß bei Randbedingungen erster und dritter Art das Temperaturfeld im Laufe der Zeit zu einem Ausgleich strebt, d. h., die Temperatur in einem beliebigen Punkt des Körpers strebt entweder zur Umgebungstemperatur T_0 (bei Randbedingungen dritter Art) oder zur Oberflächentemperatur T_W (bei Randbedingungen erster Art). Bei der Erwärmung durch einen konstanten Wärmestrom wächst die Temperatur in jedem beliebigen Punkt des Körpers im Laufe der Zeit unbegrenzt.
Zur Lösung dieser Aufgabe führt man eine neue Veränderliche ein – die Wärmestromdichte $\dot{q}(x, t)$ –, die mit der Temperatur durch das Fourier-Gesetz $\dot{q}(x, t) = -\lambda\, \partial T(x, t)/\partial x$ verbunden ist. Differenziert man beide Seiten der Gl. (4.3-48) nach x, so ergibt sich:

$$(\partial/\partial x)\,(\partial T/\partial t) = a\, \partial^3 T/\partial x^3$$

oder, wenn man die Differenzierungsfolge ändert:

$$(\partial/\partial t)\,(\partial T/\partial x) = a\, \partial^3 T/\partial x^3$$

Wenn man anstelle $\partial T/\partial x$ den Ausdruck mit der neuen Veränderlichen $\partial T/\partial x = -\dot{q}/\lambda$ einsetzt, dann erhält man nach Kürzungen:

$$\partial \dot{q}/\partial t = a\, \partial^2 \dot{q}/\partial x^2 \tag{4.3-49}$$

Dieser Ausdruck drückt eine gewöhnliche Wärmeleitgleichung nach Gl. (4.3-26) aus, in der jedoch als gesuchte Größe schon nicht mehr die Temperatur $T(x, t)$, sondern die Wärmestromdichte $\dot{q}(x, t)$ auftritt. Die formulierten Randbedingungen für diese

Gleichung lauten:

$$\dot{q}(x, 0) = 0 \qquad (4.3\text{-}49/1)$$

$$\dot{q}(\pm\delta, t) = \mp\dot{q}_{\mathrm{W}} \qquad (4.3\text{-}49/2)$$

Somit erhält man für die neue Veränderliche $\dot{q}(x, t)$ die Aufgabe der Wärmeleitung mit den Randbedingungen erster Art. Tatsächlich werden als Randbedingung in Gl. (4.3-49/2) die Werte der gesuchten Funktion auf der Plattenoberfläche vorgegeben. Diese Aufgabe unterscheidet sich von der früher betrachteten nur dadurch, daß sie unsymmetrisch ist. Deshalb sind an den Plattenoberflächen die Werte der gesuchten Funktion gleich, aber mit entgegengesetztem Vorzeichen. Aus diesem Grund muß man in diesem Fall, im Gegensatz zu Gl. (4.3-28), die Lösung in folgender Form suchen:

$$\dot{q}(x, t) = \mathrm{C} \exp(-\mathrm{K}^2 a\, t) \sin(\mathrm{K}\, x)$$

Dieser Umstand verändert jedoch nicht die prinzipiellen Lösungsmethoden der Aufgabe, weshalb die mathematischen Einzelheiten zur Definition der Funktion $\dot{q}(x, t)$ nicht näher behandelt werden. Wenn man diese Funktion kennt, ist es nicht schwer, die Temperaturverteilung über der Plattendicke und ihre zeitliche Veränderung $T(x, t)$ zu ermitteln. Bei Verwendung des Fourier-Gesetzes erhält man:

$$T(x, t) = -\frac{1}{\lambda}\int \dot{q}(x, t)\,\mathrm{d}x + \varphi(t) + \mathrm{C} \qquad (4.3\text{-}50)$$

($\varphi(t)$ beliebige Funktion der Zeit, die in Gl. (4.3-50) deshalb verwendet wird, weil die Funktion von zwei Veränderlichen $\dot{q}$ nur nach x integriert wird; C beliebige Integrationskonstante)

Integriert man Gl. (4.3-50) und ermittelt $\varphi(t)$ und C aus den Randbedingungen der Aufgabe (4.3-49/1) und (4.3-49/2), erhält man die gesuchte Funktion:

$$\vartheta = (\dot{q}_{\mathrm{W}}\delta/2\lambda)\left\{2\,Fo + X^2 - \frac{1}{3} + \sum_{n=1}^{\infty} [2(-1)^{n+1}/\mu_n^2] \cos(\mu_n X) \exp(-\mu_n^2\, Fo)\right\} \qquad (4.3\text{-}51)$$

$$\vartheta(x, t) = T(x, t) - T_{\mathrm{A}}$$

Wenn man beide Teile der Gl. (4.3-51) durch die konstante Größe $\dot{q}_{\mathrm{W}}\delta/2\,\lambda$ dividiert, die die Einheit der Temperatur besitzt, dann ergibt sich:

$$\Theta = 2\,Fo + X^2 - \frac{1}{3} + \sum_{n=1}^{\infty} [2(-1)^{n+1}/\mu_n^2] \cos(\mu_n X) \exp(-\mu_n^2\, Fo) \qquad (4.3\text{-}51/1)$$

Dabei wird die dimensionslose Temperaturdifferenz Θ als

$$\Theta = (T - T_{\mathrm{A}})\, 2\,\lambda/\dot{q}_{\mathrm{W}}\delta$$

ausgedrückt. Somit ist die dimensionslose Temperaturdifferenz auch bei den Randbedingungen zweiter Art eine Funktion der Fourier-Zahl und der dimensionslosen Koordinate $\Theta = \Theta\,(Fo, X)$.

4.3.4.6. Reguläres Regime der Erwärmung

Die physikalische Natur der instationären Wärmeleitprozesse ist so, daß im Falle einer konstanten Wärmeeinwirkung auf die Körperoberfläche (T_0 = const oder T_{W} = const oder $\dot{q}_{\mathrm{W}}$ = const) nach Ablauf einer bestimmten Zeit von Prozeßbeginn an eine gewisse, im weiteren beibehaltene Regelmäßigkeit in der Temperaturverteilung im Körpervolumen und in der Temperaturveränderung über der Zeit in jedem Körperpunkt auftritt. Dabei hängt der Wärmeleitprozeß nicht mehr von den Anfangsbedingungen ab, d. h., es tritt das sog. *reguläre Wärmeregime* ein.

Diese Eigenschaft der betrachteten Prozesse muß sich natürlich in den erhaltenen Lösungen (4.3-40), (4.3-46) und (4.3-51) widerspiegeln, die vom Standpunkt ihrer Strukturveränderung über der Zeit diskutiert werden. Dabei hat das reguläre Wärmeregime bei den Randbedingungen dritter und erster Art viele Gemeinsamkeiten, d. h. wenn das Temperaturfeld zum Ausgleich strebt. Ein erheblicher Unterschied zu diesen zwei Fällen tritt für das reguläre Wärmeregime bei den Randbedingungen zweiter Art auf. Deshalb werden wir diese Fälle einzeln betrachten: zunächst den allgemeinsten Fall, das reguläre Wärmeregime bei Randbedingungen dritter Art sowie als Sonderfall bei Randbedingungen erster Art und danach das reguläre Wärmeregime bei Randbedingungen zweiter Art.

Reguläres Erwärmungsregime bei Randbedingungen dritter und erster Art.
Bei Randbedingungen dritter Art hat die erhaltene Lösung für eine ebene Platte die Form von Gl. (4.3-40). Dadurch, daß jede folgende charakteristische Größe μ größer als die vorhergehende ist, $\mu_{k+1} > \mu_k$ (Bild 4.3-7), und weil μ_n^2 im negativen Exponentenausdruck steht, konvergiert die Reihe auf der rechten Seite von Gl. (4.3-40) schnell. Da die dimensionslose Zeit (d. h. die Fourier-Zahl) ebenfalls im negativen Exponentenausdruck steht, ist klar, daß diese Reihe um so schneller konvergiert, desto größer der Wert von Fo ist, d. h. um so mehr Zeit seit Prozeßbeginn an verging. Praktisch entspricht schon bei $Fo = 0{,}3$ die Summe der Reihe ihrem ersten Glied, und die Lösung der Gl. (4.3-40) nimmt die Form

$$\Theta = [2 \sin \mu_1/(\mu_1 + \sin \mu_1 \cos \mu_1)] \cos (\mu_1 X) \exp (-\mu_1^2 Fo) \tag{4.3-52}$$

an, wobei μ_1 durch die Größe der Biot-Zahl ermittelt wird, d. h., $\mu_1 = \mu_1$ (Bi). Wie bereits früher gezeigt wurde, wächst bei Veränderung der Biot-Zahl von Null bis Unendlich μ_1 von Null bis $\pi/2$, d. h., $0 \leqq \mu_1 \leqq \pi/2$. Somit tritt bei $Fo \geqq 0{,}3$ das reguläre Erwärmungsregime ein, das dadurch charakterisiert wird, daß sich die Temperatur in einem beliebigen Punkt des Körpers nach einem einfachen Exponentialgesetz verändert, die Temperaturverteilung im Körpervolumen und ihre zeitliche Veränderung aber nicht mehr von den Anfangsbedingungen abhängen. Erinnert man sich daran, daß $Fo = a\, t/\delta^2$ und $D_1 = 2 \sin \mu_1/ (\mu_1 + \sin \mu_1 \cos \mu_1)$, dann beträgt der Logarithmus von Gl. (4.3-52):

$$\ln \Theta = \ln [D_1 \cos (\mu_1 X)] - \mu_1^2 a\, t/\delta^2 \tag{4.3-53}$$

d. h., während des regulären Erwärmungsregimes ändert sich der Logarithmus der normierten Temperaturdifferenz in einem beliebigen Punkt des Körpers linear mit der Zeit. Die konstante Geschwindigkeit dieser Veränderung bezeichnet man mit m:

$$\mathrm{m} = \mu_1^2 a/\delta^2 \tag{4.3-54}$$

Außerdem erhält man bei Differentiation von Gl. (4.3-53) nach der Zeit:

$$\partial (\ln \Theta)/\partial t = (1/\Theta)\, (\partial\Theta/\partial t) = -\,\mathrm{m} \tag{4.3-55}$$

Damit stellt die Größe m die zeitliche Veränderung des Logarithmus der Temperatur oder die normierte Geschwindigkeit der Temperaturänderung mit der Einheit 1/s dar.

Diese Größe wird *Erwärmungs-* (oder *Abkühl-)Geschwindigkeit* genannt. Sie ist für alle Körperpunkte konstant und ändert sich nicht über der Zeit. Eine konkrete Abhängigkeit von Gl. (4.3-54) wurde für den Fall einer unendlichen ebenen Platte erhalten, jedoch hängt auch für alle anderen Fälle die Erwärmungs- (oder Abkühl-)Geschwindigkeit des Körpers von der ersten charakteristischen Größe μ, von der Temperaturleitfähigkeit, von der Form und der charakteristischen Abmessung des Körpers ab. Da die charakteristische Größe μ bei Randbedingungen dritter Art nur eine Funktion der Biot-Zahl ist, hängt folglich auch die Aufheiz-(Abkühl-)Geschwindigkeit des Körpers von der Biot-Zahl ab: $\mathrm{m} = \mathrm{m}\,(\mathrm{Bi})$. Es ist verständlich, daß die spezielle Form dieser Abhängigkeit durch die geometrische Form des Körpers bestimmt wird. Weiterhin ist offensichtlich, daß m mit Anwachsen der Biot-Zahl zunimmt. Mathematisch folgt dies aus der Tatsache, daß mit Anwachsen der Biot-Zahl auch μ_1 wächst (siehe Bild 4.3-7) und, wie aus Gl. (4.3-54) folgt, $\mathrm{m} \sim \mu_1^2$ ist. Physikalisch ist dies ebenfalls verständlich, weil ein Anwachsen der Biot-Zahl das Anwachsen der Intensität der äußeren Wärmeübertragung bedeutet. Und dies muß zur Erhöhung der Aufheiz- (oder Abkühl-)Geschwindigkeit des Körpers führen.

Somit kann man zu den früher aufgeführten Eigenschaften des regulären Erwärmungsregimes bei Randbedingungen dritter Art noch eine hinzufügen: Die Aufheiz- (oder Abkühl-)Geschwindigkeit ist in diesem Fall eine Funktion von der Biot-Zahl.

Die Randbedingungen erster Art stellen den Grenzfall der Randbedingungen dritter Art bei $\mathrm{Bi} \to \infty$ dar, und die Lösung besitzt in diesem Fall die Form der Gl. (4.3-46). Hier gilt ebenfalls $\mu_{k+1} > \mu_k$, und deshalb konvergiert die Reihe schnell, und zwar um so schneller, je größer die Fourier-Zahl ist. Weil bei $Fo \geqq 0{,}3$ die Summe der Reihe praktisch gleich ihrem ersten Glied ist, tritt ein reguläres Erwärmungsregime ein, und die Lösung nimmt die Form

$$\Theta = (2/\mu_1)\cos(\mu_1 X)\exp(-\mu_1^2\, Fo)$$

an. Da $\mu_1 = \pi/2$, ergibt sich:

$$\Theta = (4/\pi)\cos(\pi X/2)\exp(-\pi^2\, Fo/4) \qquad (4.3\text{-}56)$$

Wenn man Gl. (4.3-56) logarithmiert, erhält man:

$$\ln\Theta = \ln[(4/\pi)\cos(\pi X/2)] = -\pi^2\, a\, t/4\,\delta^2 \qquad (4.3\text{-}57)$$

d. h., die Temperatur ändert sich in jedem Punkt des Körpers nach einer Exponentialfunktion, und der Logarithmus der Temperatur ist linear. Diese konstante Geschwindigkeit der Veränderung des Logarithmus der Temperatur oder die normierte Geschwindigkeit der Temperaturänderung, die mit m_∞ bezeichnet wird (weil dabei $\mathrm{Bi} \to \infty$), sowie auch die früher durch Differenzierung nach der Zeit erhaltene Lösung (Gl. (4.3-57))

$$\partial(\ln\Theta)/\partial t = (1/\Theta)\,\partial\Theta/\partial t = -\,\mathrm{m}_\infty$$

wird für den Fall einer ebenen Platte folgendermaßen ausgedrückt:

$$\mathrm{m}_\infty = \pi^2\, a/4\,\delta^2 \qquad (4.3\text{-}58)$$

Man nennt diese Größe *Aufheiz-(Abkühl-)Geschwindigkeit* bei Randbedingungen erster Art. Somit ist in diesem Fall die Aufheiz-(Abkühl-)Geschwindigkeit proportional der Temperaturleitfähigkeit. Der Proportionalitätsfaktor wird durch die geometrische Form und die Maße des Körpers bestimmt, und man nennt ihn *Formkoeffizient k:*

$$\mathrm{m}_\infty = k\, a \qquad (4.3\text{-}59)$$

Der Formkoeffizient hat bei den verschiedenen geometrischen Formen folgendes Aussehen:

1. im Falle einer ebenen Platte (wie in Gl. (4.3-58) sichtbar)

   $k = \pi^2/4\ \delta^2$

2. für eine Kugel mit Radius R

   $k = 1/(\pi/R)^2$

3. für einen Quader mit den Kantenlängen l_1, l_2, l_3

   $k = 1/[(\pi/l_1)^2 + (\pi/l_2)^2 + (\pi/l_3)^2]$

4. für einen Zylinder mit dem Radius R und der Länge l

   $k = 1/[(2{,}405/R)^2 + (\pi/l)^2]$

Somit unterscheidet sich das reguläre Erwärmungsregime bei Randbedingungen erster Art (Bi $\to \infty$, praktisch Bi $\geqq 100$) prinzipiell vom vorhergehenden Fall nur dadurch, daß die Aufheiz- (Abkühl-)Geschwindigkeit nicht von der Biot-Zahl abhängt, sondern durch die Form, die Körpermaße und ihre Temperaturleitfähigkeit bestimmt wird. Das ist ganz natürlich, weil in diesem Fall die Aufgabe eine nahezu rein innere ist, d. h., die Erwärmung (Abkühlung) des Körpers wird nur durch die innere Wärmeleitung limitiert.

Die betrachtete Eigenschaft, die zum Ausgleich der instationären Wärmeleitprozesse führt und bei Erreichen eines bestimmten Zustandes bei $Fo \geqq 0{,}3$ ein reguläres Erwärmungsregime erreicht, ist für die Berechnung dieser Prozesse als auch für die experimentelle Bestimmung von verschiedenen thermophysikalischen Parametern sehr wertvoll. Die Berechnungen nach den Gleichungen des regulären Erwärmungsregimes (4.3-52) und (4.3-56) sind unvergleichlich einfacher als die Berechnungen nach den vollständigen Gln. (4.3-40) und (4.3-46).

Auf der anderen Seite ist die Aufheiz-(Abkühl-)Geschwindigkeit eine Größe, die sich sehr einfach experimentell bestimmen läßt: Es genügt dafür, die Temperaturänderungskurve in einem beliebigen Punkt des Körpers aufzunehmen, sie in den Koordinaten ln Θ und t darzustellen und den Tangens der Steigung der entsprechenden Geraden zur Zeitachse zu finden. Wenn man diese Aufheiz-(Abkühl-)Geschwindigkeit bei Randbedingungen erster Art kennt, kann man mit Hilfe von Gleichungen des Typs (4.3-59) leicht die Temperaturleitfähigkeit bestimmen. Wenn die Aufheiz-(Abkühl-)Geschwindigkeit bei Randbedingungen dritter Art und die Temperaturleitfähigkeit bekannt sind, kann man mit Hilfe von Gleichungen des Typs (4.3-54) die Biot-Zahl finden. Das bedeutet, man kann auch den Wärmeleitkoeffizienten λ (bei bekanntem Wärmeübertragungskoeffizienten α) oder den Wärmeübertragungskoeffizienten (bei bekanntem Wärmeleitkoeffizienten) finden, da Bi $= \alpha\ \delta/\lambda$.

Reguläres Erwärmungsregime bei Randbedingungen zweiter Art. Für Randbedingungen zweiter Art bei $\dot{q}_W =$ const besitzt die erhaltene Lösung die Form nach Gl. (4.3-51/1). Dadurch, daß die Reihe in diesem Ausdruck schnell konvergiert und daß bei $Fo \geqq 0{,}3$ ihre Summe praktisch Null ist, besitzt die Lösung für das reguläre Erwärmungsregime bei diesen Randbedingungen eine besonders einfache Form:

$$\Theta = 2Fo + X^2 - \frac{1}{3} \qquad (4.3\text{-}60)$$

Gl. (4.3-60) bedeutet, daß sich die Temperatur in einem beliebigen Punkt des Körpers über die gesamte Zeit linear ändert, die Temperaturverteilung über den Querschnitt im Verlauf des regulären Erwärmungsregimes sich aber nicht ändert und die Form einer quadratischen Parabel hat (siehe Bild 4.3-9).

4.3.4.7. Anwendung der Ähnlichkeitstheorie zur Untersuchung von Aufgaben der instationären Wärmeleitung

Mit den Methoden der Ähnlichkeitstheorie wird versucht, die prinzipielle Lösungsform für die instationären Wärmeleitprozesse in dimensionsloser Form zu finden und die Ähnlichkeitsbedingungen festzulegen. Dafür wird ein instationäres Temperaturfeld in einem festen Körper mit beliebiger Form ohne innere Wärmequellen bei Randbedingungen dritter Art beurteilt. Der Wärmeübertragungsprozeß wird durch eine Differentialgleichung der Wärmeleitung (Gl. (4.3-1)) beschrieben (dabei nehmen wir an, daß $\lambda = \text{const}$):

$$\partial T/\partial t = a \, \nabla^2 T \tag{a}$$

Dafür, daß diese Gleichung eine einzelne Lösung besitzt, müssen Eindeutigkeitsbedingungen vorgegeben werden, wie Form und Maße des Körpers und Grenzbedingungen:

$$\left.\begin{aligned} &T(x, y, z, 0) = T_A && \text{(Anfangsbedingung)} \\ &-\lambda(\partial T/\partial n)_W = \alpha\,(T_0 - T_W) && \text{(Randbedingung)} \end{aligned}\right\} \tag{b}$$

(n Koordinate, die in normaler Richtung auf der Körperoberfläche verläuft; Index W für die Größe, die an der Oberfläche auftritt)

Außerdem gehen in die Eindeutigkeitsbedingungen alle Aufgabenparameter ein, d. h. alle konstanten Größen, die in Gl. (a) und in den Grenzbedingungen (b) vorkommen: thermophysikalische Parameter des Körpers a und λ, Wärmeübertragungskoeffizient α, Anfangstemperatur des Körpers T_A und Umgebungstemperatur T_0. Somit muß die Lösung der gestellten Aufgabe, d. h. die Abhängigkeit der Temperatur von allen Argumenten und Parametern, für Körper ein und derselben geometrischen Form, die man durch ein charakteristisches Maß l_0 kennzeichnen kann, folgende Form besitzen:

$$T = T\,(x, y, z, t, l_0, a, \lambda, \alpha, T_A, T_0)$$

Zur Vereinfachung der folgenden Operationen wird die Temperaturdifferenz ϑ eingeführt, die folgendermaßen definiert ist: $\vartheta = T_0 - T$. Dann nimmt die mathematische Formulierung der Aufgabe (a) und (b) folgende Form an:

$$\partial\vartheta/\partial t = a \, \nabla^2 \vartheta \tag{c}$$

$$\left.\begin{aligned} &\vartheta\,(x, y, z, 0) = T_0 - T_A = \vartheta_A \\ &\lambda\,(\partial\vartheta/\partial n)_W = \alpha\,\vartheta_W \end{aligned}\right\} \tag{d}$$

wobei $\vartheta_W = T_0 - T_W$. Durch eine Maßstabsänderung zur Überführung der Gl. (c) und der Grenzbedingungen (d) in dimensionslose Form wird ein Anpassungsmaßstab mit folgenden Größen verwendet: Maßstab der Temperaturdifferenz durch den Anfangswert dieser Größe ϑ_A und linearer Maßstab durch das charakteristische Maß des Körpers l_0. Dadurch, daß in der zu betrachtenden Aufgabe der charakteristische Wert der Zeit fehlt (die Zeit ändert sich von 0 bis ∞), wird als Maßstab die Größe

$t_0 = l_0^2\ a$ verwendet, die die Einheit der Zeit besitzt. Somit haben die dimensionslosen Veränderlichen folgende Form:

$$X = x/l_0; \qquad Y = y/l_0; \qquad Z = z/l_0; \qquad N = n/l_0$$
$$T = t/t_0 = a\,t/l_0^2 = Fo; \qquad \Theta = \vartheta/\vartheta_A$$

Wie man sieht, stellt die erhaltene dimensionslose Zeit die Fourier-Zahl dar, die in dieser Eigenschaft auch in den analytischen Aufgabenlösungen der instationären Wärmeleitung auftrat. Wenn man jetzt die Veränderlichen durch ihre dimensionslosen Größen und den Anpassungsmaßstab (Ähnlichkeitskonstante) ausdrückt,

$$x = l_0 X; \qquad y = l_0 Y; \qquad z = l_0 Z; \qquad n = l_0 N$$

$$t = \frac{l_0^2}{a} Fo; \qquad \vartheta = \vartheta_A\,\Theta$$

und wenn man diese Ausdrücke in Gl. (c) und in die Grenzbedingungen (d) einsetzt, erhält man:

$$(a\,\vartheta_A/l_0^2)\;\partial\Theta/\partial Fo = (a\,\vartheta_A/l_0^2)\;\nabla^2\,\Theta$$

$$\vartheta_A\,\Theta(X, Y, Z, 0) = \vartheta_A$$

$$(\lambda\,\vartheta_A/l_0)\;(\vartheta\Theta/\partial N)_W = \alpha\,\vartheta_A\,\Theta_W$$

und nach Kürzungen:

$$\partial\Theta/\partial Fo = \nabla^2\,\Theta \tag{4.3-61}$$

$$\left.\begin{aligned} &\Theta\,(X, Y, Z, 0) = 1\\ &(\partial\Theta/\partial N)_W = \mathrm{Bi}\,\Theta_W \end{aligned}\right\} \tag{4.3-62}$$

wobei $\mathrm{Bi} = \alpha\,l_0/\lambda$ die bereits bekannte Biot-Zahl ist. Gl. (4.3-61) und Grenzbedingungen (4.3-62) ergeben die mathematische Aufgabenformulierung in dimensionsloser Form. In Übereinstimmung mit dieser Formulierung muß die Aufgabenlösung (die analytische und die experimentelle) in dimensionsloser Form eine Abhängigkeit der dimensionslosen Temperaturdifferenz Θ, die auch Temperatur-Kriterium oder normierte Temperaturdifferenz genannt wird (zu bestimmendes Kriterium), von den dimensionslosen (normierten) unabhängigen Veränderlichen X, Y, Z, Fo und vom dimensionslosen Parameter Bi (bestimmende Größe) darstellen:

$$\Theta = \Theta\,(X, Y, Z, Fo, \mathrm{Bi})$$

Diese Form hat auch die analytische Aufgabenlösung der instationären Wärmeleitung bei Randbedingungen dritter Art. Somit sind die instationären Wärmeleitprozesse bei diesen Randbedingungen ähnlich, wenn sie in geometrisch ähnlichen Körpern und bei gleichen Biot-Zahlen ablaufen. Das bedeutet, daß die Werte der dimensionslosen Temperatur für alle solche Körper in homologen Punkten mit gleichen Werten der dimensionslosen Koordinaten X, Y, Z in homologen Zeitpunkten, die durch den gleichen Wert der dimensionslosen Zeit (d. h. der Fourier-Zahl) bestimmt werden, gleich sein werden.

4.4. Strahlungswärmeübertragung

Die *Strahlungswärmeübertragung* spielt in modernen wärmetechnischen Aggregaten eine außerordentlich wichtige Rolle. In Industrieöfen beträgt ihr Anteil 60 bis 100% der gesamten übertragenen Wärme. Eine rationelle Gestaltung der Strahlungswärmeübertragung ist nicht nur eine notwendige Bedingung einer intensiven und ökonomischen Ofenfahrweise, sondern bestimmt oft auch die Qualität der hergestellten Produkte.

4.4.1. Grundbegriffe

Alle Körper, die eine vom absoluten Nullpunkt unterschiedliche Temperatur besitzen, strahlen im Ergebnis von Quantenübergängen der Atome und Moleküle von einem stabilen Zustand mit größerer Energie zu einem stabilen Zustand mit geringerer Energie Die dabei emittierten Quanten (oder Photonen) besitzen die Energie

$$E = h\,f \tag{4.4-1}$$

(h Plancksches Wirkungsquantum; f Schwingungsfrequenz der abgestrahlten elektromagnetischen Welle)

Die elektromagnetische Welle breitet sich mit Lichtgeschwindigkeit ($c = 3 \,.\, 10^8$ m/s) aus und wird neben der Strahlungsfrequenz f noch durch die Wellenlänge λ charakterisiert, die durch folgende Beziehung verknüpft sind:

$$\lambda\,f = c \tag{4.4-2}$$

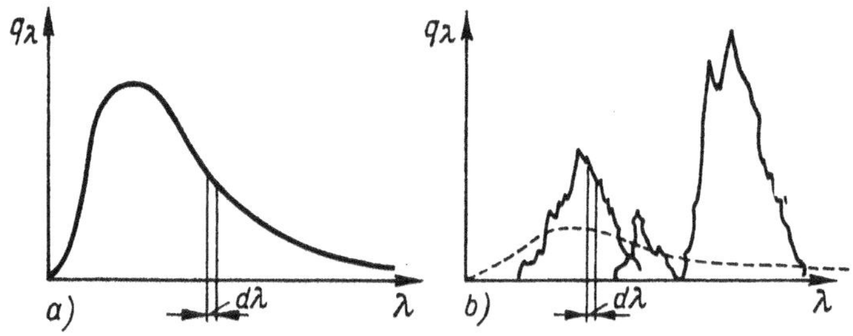

Bild 4.4-1. Spektrale Verteilung der Energiestrahlung eines festen Körpers (*a*) und eines Gases (*b*)

Die Verteilung der abgestrahlten Energie nach den Wellenlängen hängt von der Temperatur und vom physikalischen Aufbau des Körpers ab. Das Strahlungsspektrum fester Körper ist kontinuierlich (Bild 4.4-1 a), das der Gase ist diskret und wird durch eine Auswahl von Strahlungsbanden und -linien charakterisiert (Bild 4.4-1 b). Die Mehrheit der festen Körper absorbiert und strahlt die Energie durch eine dünne Oberflächenschicht ab. Dies gibt uns das Recht, die Strahlungseigenschaften der geometrischen Oberfläche des Körpers zuzuschreiben. Gase und halbdurchlässige Materialien (z. B. Glas) sind Volumenstrahler.
In Abhängigkeit von der Wellenlänge gibt es verschiedene Arten elektromagnetischer Strahlung (Röntgen-, ultraviolette, sichtbare, infrarote Strahlung usw.). Die Wärme-

strahlung nimmt einen Wellenlängenbereich von 0,4 bis 800 μm ein und beinhaltet die sichtbare (0,4 bis 0,8 μm) und die infrarote (0,8 bis 800 μm) Strahlung.

Die Strahlung eines Körpers im Wellenlängenbereich von 0 bis ∞ ist die *Gesamtstrahlung*, während die Strahlung eines Körpers, die auf einen unendlich kleinen Wellenlängenbereich bezogen ist (Bild 4.4-1a), *spektrale* oder *monochromatische Strahlung* genannt wird. Die Energiemenge, die vom Körper in einer Zeiteinheit freigesetzt wird, bezeichnet man als *Strahlungsstrom* $\dot{Q}$ (W). Die *Gesamtstrahlungsdichte* ist die Größe des Gesamtstrahlungsstromes, die auf eine Flächeneinheit der abstrahlenden Oberfläche bezogen ist:

$$\dot{q} = \frac{d\dot{Q}}{dA} \quad (\text{W/m}^2) \tag{4.4-3}$$

Die *spektrale Strahlungsdichte* wird bestimmt durch

$$\dot{q}_\lambda = \frac{d^2\dot{Q}}{d\lambda\, dA} \quad (\text{W/m}^3) \tag{4.4-4}$$

Als *Strahlungsintensität (Helligkeit)* bezeichnet man die Größe des Strahlungsstromes im Raumwinkel, bezogen auf die Projektion der abstrahlenden Oberfläche auf eine zur Strahlungsrichtung rechtwinklige Fläche:

$$I = \frac{d^2\dot{Q}}{dA_p\, d\omega} = \frac{d^2\dot{Q}}{dA \cos\Theta\, d\omega} \quad (\text{W/(m}^2\,\text{ster)}) \tag{4.4-5}$$

Die Strahlung ist *isotrop (diffus)*, wenn die Strahlungsintensität in alle Richtungen gleich ist, d. h., I = const. Für praktische Berechnungen der Strahlungswärmeübertragung und für die optische Pyrometrie ist es wichtig, den Zusammenhang zwischen Helligkeit und Strahlungsdichte der *Halbraumstrahlung* (innerhalb des Raumwinkels $\omega = 2\pi$) zu kennen.

Die Dichte des Wärmestroms, den das Flächenelement dA innerhalb des Raumwinkelelementes $d\omega$ unter dem Winkel Θ gegenüber dem Normalenvektor isotrop abstrahlt (Bild 4.4-2), beträgt:

$$d\dot{q}_\Theta = \frac{d^2\dot{Q}}{dA} = I \cos\Theta\, d\omega \tag{4.4-6}$$

und innerhalb des Raumwinkels $\omega = 2\pi$ (Halbraumstrahlung):

$$\dot{q} = I \int_{2\pi} \cos\Theta\, d\omega \tag{4.4-7}$$

Aus der Stereometrie ist bekannt, daß das Raumwinkelelement durch $d\omega = dA'/r^2$ oder $d\omega = \sin\Theta\, d\Theta\, d\psi$ ausgedrückt werden kann, wobei ψ den Azimut der betrachteten Richtung (s. Bild 4.4-2) darstellt (im polaren Koordinatensystem). Damit kann man Gl. (4.4-7) in folgender Form darstellen:

$$\dot{q} = I \int_0^{2\pi} d\psi \int_0^{\pi/2} \sin\Theta \cos\Theta\, d\Theta = \pi I \quad \text{d. h.,} \tag{4.4-8}$$

$$I = \dot{q}/\pi \tag{4.4-9}$$

Gl. (4.4-9) stellt die Verbindung zwischen der Intensität (Helligkeit) und der Strahlungsdichte der Halbraumstrahlung des isotrop abstrahlenden Körpers her.

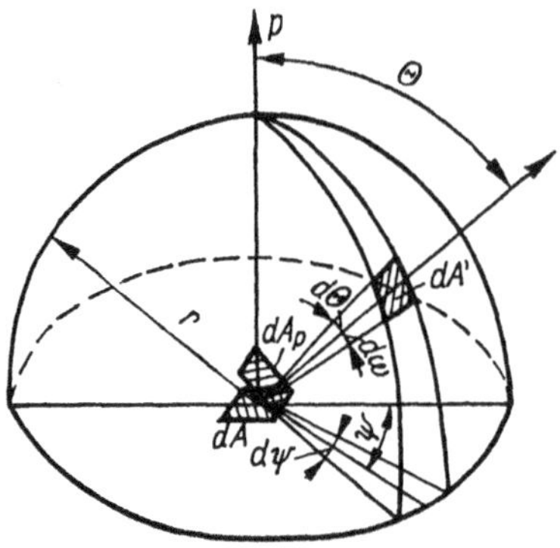

Bild 4.4-2. Herleitung der Beziehung von Strahlungsintensität und Strahlungsdichte im Halbraum

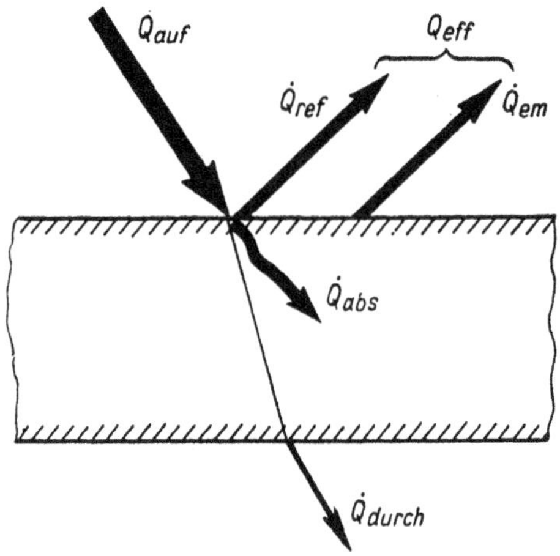

Bild 4.4-3. Verteilung der Strahlungsströme, die auf einen teildurchlässigen Körper auftreffen

Der auf die Körperoberfläche auftreffende Strahlungsstrom ($\dot{Q}_{auf}$) wird zum Teil reflektiert ($\dot{Q}_{ref}$), teilweise absorbiert ($\dot{Q}_{abs}$), und der Rest geht durch den Körper hindurch ($\dot{Q}_{durch}$) (Bild 4.4-3). Gemäß dem Energieerhaltungssatz gilt:

$$\dot{Q}_{abs} + \dot{Q}_{ref} + \dot{Q}_{durch} = \dot{Q}_{auf} \qquad (4.4\text{-}10)$$

Dividiert man die rechte und linke Seite der Gleichung durch $\dot{Q}_{auf}$, so erhält man:

$$\alpha + \varrho + \tau = 1 \qquad (4.4\text{-}11)$$

($\alpha = \dot{Q}_{abs}/\dot{Q}_{auf}$ Absorptionsgrad; $\varrho = \dot{Q}_{ref}/\dot{Q}_{auf}$ Reflexionsgrad; $\tau = \dot{Q}_{durch}/\dot{Q}_{auf}$ Transmissionsgrad)

Einen Körper, bei dem $\varrho = \tau = 0$ und $\alpha = 1$ gilt, nennt man *schwarzen Körper* oder *schwarzen Strahler.* Er absorbiert vollständig die auf ihn fallende Strahlung. Schwarze Strahler existieren in der Natur nicht. Als Modell eines schwarzen Strahlers kann eine Öffnung in einem Hohlkörper dienen, bei dem die Ausmaße des Hohlkörpers viel größer als die der Öffnung sind. Wenn man solch einen Hohlkörper gleichmäßig erwärmt, so entspricht die aus der Öffnung heraustretende Strahlung der des schwarzen Strahlers. Sehr nahe der Strahlung eines schwarzen Körpers kommt die Strahlung, die durch eine Ofentür heraustritt, deren Maße viel kleiner als die des Ofenraumes sind. In der Pyrometrie benutzt man als Modell eines schwarzen Körpers häufig einen erwärmten Hohlzylinder, dessen Länge 7- bis 10mal größer als der Durchmesser ist. Ein Körper, bei dem $\alpha = \tau = 0$ und $\varrho = 1$, bezeichnet man entweder als *weißen Strahler* (im Falle isotroper Reflexion) oder *idealen Spiegel* (im Falle gerichteter Reflexion). Bei $\alpha = \varrho = 0$ und $\tau = 1$ spricht man von einem *strahlungsdurchlässigen* oder *diathermanen Medium.* Als *strahlungsdurchlässig* für Wärmestrahlung kann man elementare Gase (Luft, N_2, H_2, Ar, He u. a.) betrachten.

4.4.2. Strahlungsgesetze des schwarzen Körpers

Der schwarze Körper ist ein idealer Strahler, der bei gegebener Temperatur den maximal möglichen Energiestrom abgibt, dessen Verteilung im Spektrum eindeutig von der Temperatur des Strahlers abhängt. Die Spektralverteilung der hemisphärischen Strahlungsdichte des schwarzen Strahlers wird durch das *Plancksche Gesetz* bestimmt:

$$\dot{q}_{s\lambda} = c_1 \lambda^{-5} \left[\exp\left(\frac{c_2}{\lambda T}\right) - 1\right]^{-1} \quad (\mathrm{W/m^3}) \tag{4.4-12}$$

(c_1, c_2 Konstanten)

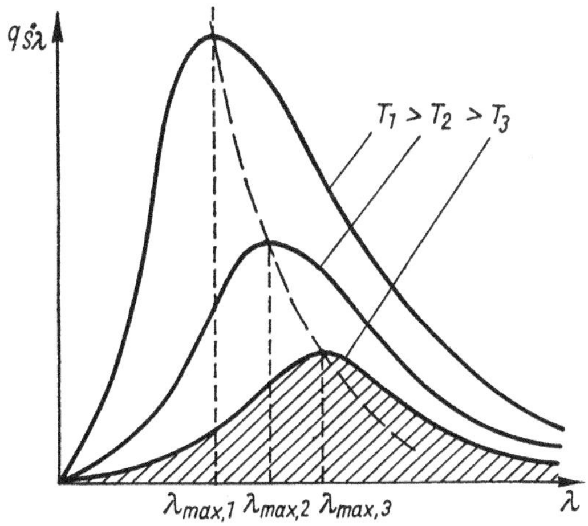

Bild 4.4-4. Abhängigkeit der Strahlungsdichte des schwarzen Körpers von der Wellenlänge und der Temperatur

In Bild 4.4-4 ist die Spektralverteilung der Strahlungsdichte eines schwarzen Körpers bei verschiedenen Temperaturen dargestellt. Wie daraus ersichtlich wird, verschiebt sich mit Ansteigen der Temperatur des schwarzen Strahlers das Maximum der ausgestrahlten Energie zu kürzeren Wellenlängen. Die durch die Maxima der Isothermen hindurchgehende gestrichelte Linie entspricht dem *Wienschen Verschiebungsgesetz:*

$$\lambda_{\max} T = 2897{,}8 \ \mu\mathrm{m\,K} \tag{4.4-13}$$

Man kann sich leicht davon überzeugen, daß bei einer Temperatur des schwarzen Strahlers von 2000 K das Maximum der abgestrahlten Energie einer Wellenlänge von $\lambda \approx 1{,}5$ µm entspricht, d. h., es befindet sich im infraroten Bereich des Spektrums. Für ingenieurtechnische Berechnungen ist die hemisphärische Gesamtstrahlungsdichte des schwarzen Strahlers eine wichtige Größe; gemäß dem *Stefan-Boltzmann-Gesetz* gilt:

$$\dot{q}_S = \int_0^\infty \dot{q}_{S\lambda}\, d\lambda = \sigma\, T^4 \quad (W/m^2) \tag{4.4-14}$$

($\sigma = 5{,}67 \cdot 10^{-8}$ W/(m² K⁴) Stefan-Boltzmann-Konstante; T Temperatur des schwarzen Strahlers in K)

In praktischen Berechnungen wird eine andere Schreibweise des Stefan-Boltzmann-Gesetzes verwendet:

$$\dot{q}_S = C_S \left(\frac{T}{100}\right)^4 \quad (W/m^2) \tag{4.4-14/1}$$

($C_S = 5{,}67$ W/(m² K⁴) Strahlungskoeffizient des schwarzen Strahlers)

Der Größe der hemisphärischen Gesamtstrahlungsdichte des schwarzen Körpers, die durch das Stefan-Boltzmann-Gesetz bestimmt wird, entspricht die Fläche unter der Kurve der spektralen Verteilung der Strahlungsenergie, wie sie durch das Plancksche Gesetz ermittelt wird (schraffiertes Gebiet in Bild 4.4-4).

4.4.3. Strahlung realer Körper

Die Strahlung realer Körper unterscheidet sich sowohl in der Größe als auch in der spektralen Verteilung von der des idealen Strahlers – des schwarzen Körpers. Bei gleicher Temperatur verschiebt sich das Maximum der spektralen Strahlungsdichte, von nichtoxydiertem (optisch glattem) Metall (Kurve *2* in Bild 4.4-5*a*) gegenüber dem eines schwarzen Strahlers (Kurve *1*) in Richtung des kurzwelligen Bereichs des Spektrums. Bei Dielektrika, zu denen Keramik, Feuerfestmaterialien, Zunder u. a. gehören, verschiebt sich das Maximum der spektralen Strahlungsdichte in Richtung des langwelligen Bereichs des Spektrums (Kurve *3*).

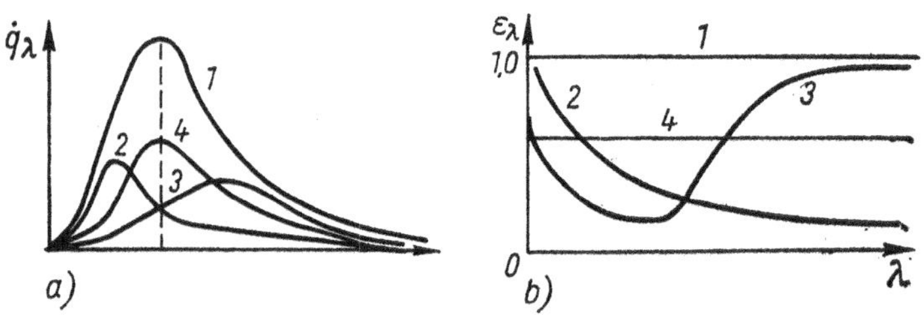

Bild 4.4-5. Spektrale Verteilung der Strahlungsenergie (*a*) und des Emissionsgrades (*b*) verschiedener Körper

1 schwarzer Strahler *2* Metall *3* Dielektrika *4* grauer Körper

Wie bereits erwähnt, ist das Strahlungsspektrum der Gase nicht durchgehend, sondern stellt eine Gesamtheit einzelner Strahlungsbanden dar (Bild 4.4-1*b*).

Für die Charakterisierung der Strahlung nichtschwarzer Strahler wurde der Begriff *Emissionsgrad* eingeführt, der angibt, in welchem Maße bei gleichen Bedingungen die Strahlung realer Körper geringer ist als die Strahlung schwarzer Körper. Der ***spektrale Emissionsgrad*** ε_λ stellt das Verhältnis der spektralen Strahlungsdichten des betrachteten Körpers $\dot{q}_\lambda$ und des schwarzen Körpers $\dot{q}_{S\lambda}$ bei gleichen Wellenlängen und Temperaturen dar, d. h.,

$$\varepsilon_\lambda = \dot{q}_\lambda / \dot{q}_{S\lambda} \tag{4.4-15}$$

Die Veränderung des spektralen Emissionsgrades verschiedener Körper ist in Bild 4.4-5*b* dargestellt. Der *Gesamtemissionsgrad* ε_{ges} ist das Verhältnis der Gesamtstrahlungsdichten des betrachteten Körpers $\dot{q}$ und des schwarzen Körpers $\dot{q}_S$, die sich auf ein und derselben Temperatur befinden, d. h.,

$$\varepsilon_{ges} = \dot{q}/\dot{q}_S \tag{4.4-16}$$

Die Einführung der Größe des Gesamtemissionsgrades[1] (im weiteren wird er nur noch Emissionsgrad genannt) gestattet es, die Strahlungsdichte der emittierten Strahlung eines beliebigen Körpers leicht zu ermitteln:

$$\dot{q}_{em} = \varepsilon\,\dot{q}_S = \varepsilon\sigma\,T^4 = \varepsilon\,C_S\left(\frac{T}{100}\right)^4 \tag{4.4-17}$$

Einen Zusammenhang zwischen der Strahlung eines realen und der Strahlung eines schwarzen Körpers stellt das *Kirchhoffsche Gesetz* her, das aus dem 2. Hauptsatz der Thermodynamik folgt. Betrachten wir jetzt ein System zweier paralleler unbegrenzter Oberflächen (Bild 4.4-6), wobei eine von ihnen schwarz ist. Die Oberflächen befinden sich im thermodynamischen Gleichgewicht, d. h., die Oberflächentemperaturen sind gleich. In diesem Fall sind die abgegebenen Strahlungsströme des schwarzen Strahlers und des zweiten (realen) Körpers untereinander gleich.

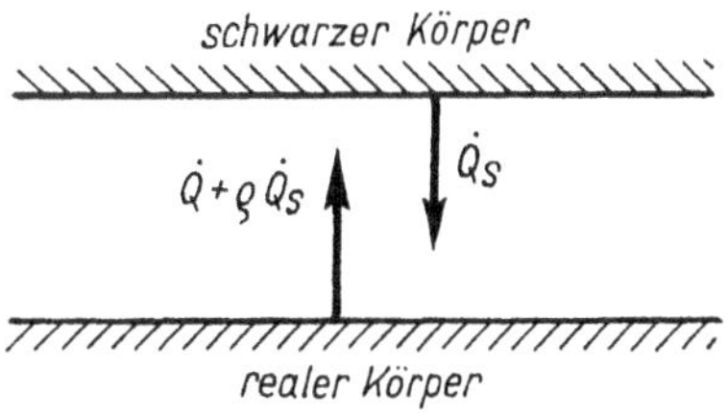

Bild 4.4-6. Herleitung des Kirchhoffschen Gesetzes

Wenn man berücksichtigt, daß die Strahlung des schwarzen Körpers teilweise von der Oberfläche des realen Körpers reflektiert wird, kann man

$$\dot{Q}_S = \dot{Q} + \varrho\dot{Q}_S \quad \text{oder}$$

$$\dot{Q}_S = \frac{\dot{Q}}{1-\varrho}$$

schreiben. Da für nichtdurchlässige Oberflächen $\tau = 0$ und $1 - \varrho = \alpha$ gilt, ergibt sich:

$$\dot{Q}_S = \frac{\dot{Q}}{\alpha} \quad \text{oder} \quad \dot{q}_S = \frac{\dot{q}}{\alpha} \tag{4.4-18}$$

d. h., das Verhältnis der Gesamtstrahlungsdichte eines beliebigen Körpers zu seinem Absorptionsgrad ist eine konstante Größe und gleich der Gesamtstrahlungsdichte des

[1]) Gesamtemissionsgrade einiger Werkstoffe sind in Anhang 12 enthalten.

schwarzen Strahlers bei gleicher Temperatur. Bei Gegenüberstellung der Gln. (4.4-16) und (4.4-18) ist zu sehen, daß

$$\varepsilon = \alpha \tag{4.9-19}$$

d. h., im thermodynamischen Gleichgewicht ist der Emissionsgrad eines beliebigen Körpers gleich seinem Absorptionsgrad. Gl. (4.4-19) stellt eine Schlußfolgerung aus dem Kirchhoffschen Gesetz dar. Jedoch trifft man den Zustand des thermodynamischen Gleichgewichts äußerst selten in Industrieöfen an. Eine gewisse Annäherung an Gleichgewichtsbedingungen treten in Warmhalteöfen sowie in Ausgleichszonen von Erwärmungsöfen u. a. auf. In der Mehrheit der Fälle wird die Schlußfolgerung aus dem Kirchhoffschen Gesetz (Gl. (4.4-19)) nicht erfüllt, d. h., der Emissionsgrad ist nicht gleich dem Absorptionsgrad.

Die Größe des Emissionsgrades wird i. allg. experimentell bestimmt, obwohl auch für einige Stoffe (optisch glatte Metalle, einige Gase usw.) die analytische Bestimmung von ε_λ und ε_{ges} möglich ist. Die Größe des Absorptionsgrades ist entsprechend Gl. (4.4-11) eine Funktion des auf den Körper auftreffenden Wärmestrahlungsstromes, der von der Temperatur, vom Emissionsgrad und von der Geometrie aller an der Wärmeübertragung beteiligten Elemente abhängt. Wenn die auftreffende Strahlung schwarz ist (d. h., die spektrale Zusammensetzung der auftreffenden Strahlung ist bekannt), führt eine Veränderung der Temperatur des schwarzen Strahlers zu einer Veränderung des Absorptionsgrades des Körpers (Bild 4.4-7).

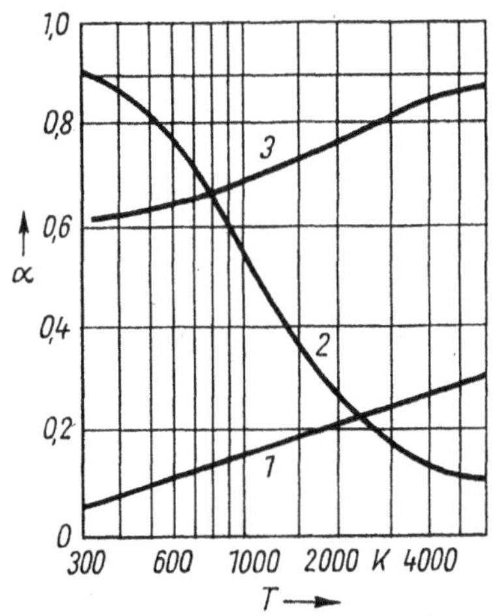

Bild 4.4-7. Abhängigkeit des Gesamtabsorptionsgrades verschiedener Stoffe von der Temperatur eines schwarzen Strahlers
1 Aluminium *2* Schamotte *3* Graphit

Zur Vereinfachung der Berechnungen der Strahlungswärmeübertragung in realen Systemen wird als Näherung für die Beschreibung der Strahlung realer Körper der Begriff des *grauen Körpers* (oder *grauen Strahlers*) eingeführt. Grau nennt man einen Körper, dessen spektrale Strahlungsdichte bei allen Temperaturen und Wellenlängen um ein und denselben Faktor kleiner ist als die spektrale Strahlungsdichte des schwarzen Strahlers gleicher Temperatur (Bild 4.4-5*a*, Kurve 4). Entsprechend der Definition für graue Körper (Bild 4.4-5*b*) gilt:

$$\dot{q}_\lambda / \dot{q}_{S\lambda} = \varepsilon_\lambda = \text{const} \tag{4.4-20}$$

Bei Berücksichtigung der Gln. (4.4-14), (4.4-16) und (4.4-20) erhält man für graue Strahler:

$$\varepsilon = \frac{\dot{q}}{\dot{q}_S} = \frac{\int\limits_0^\infty \varepsilon_\lambda \dot{q}_{S\lambda}\, d\lambda}{\int\limits_0^\infty \dot{q}_{S\lambda}\, d\lambda} = \frac{\varepsilon_\lambda \int\limits_0^\infty \dot{q}_{S\lambda}\, d\lambda}{\int\limits_0^\infty \dot{q}_{S\lambda}\, d\lambda} = \varepsilon_\lambda = \text{const} \tag{4.4-21}$$

Für einen Graustrahler ist in allen Fällen der Absorptionsgrad gleich dem Emissionsgrad, d. h., $\varepsilon = \alpha = \text{const}$, und bei Verwendung der »grauen« Näherung in den Berechnungen der Strahlungswärmeübertragung wird anstatt von α die Größe ε verwendet.

Die Strahlung realer Körper ist meist nicht isotrop. Für nichtoxydierte Metalle wird die Bedingung der Konstanz der Strahlungsintensität nur bei Abweichung von der Normalen bis zu Winkeln von $\Theta < 50°$ erfüllt. Bei großen Winkeln vergrößert sich die Strahlungsintensität im Vergleich zur Strahlungsintensität in Normalenrichtung (Bild 4.4-8*a*). Für Dielektrika (Mauerwerk, stark oxydierte Metalloberflächen) ist eine umgekehrte Abhängigkeit charakteristisch (Bild 4.4-8*b*). Die Vergrößerung der Oberflächenrauhigkeit gleicht die räumliche Verteilung ihrer Strahlung bedeutend der diffusen Strahlung an. So kann man die Strahlung eines rauhen Mauerwerkes mit einer Genauigkeit von 5 bis 10% als isotrop annehmen.

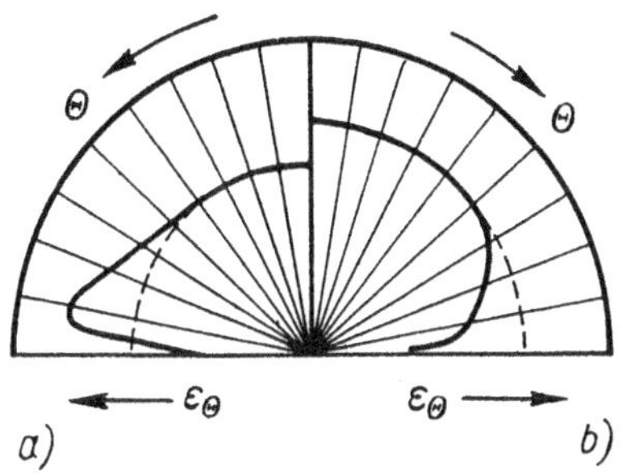

Bild 4.4-8. Räumliche Verteilung der Strahlung von Metallen (*a*) und Dielektrika (*b*)

Die Berücksichtigung der Nichterfüllung des Kirchhoffschen Gesetzes und der Anisotropie der Körperstrahlung ist bei den Berechnungen der Strahlungswärmeübertragung mit bedeutenden mathematischen Schwierigkeiten verbunden. Deshalb nehmen wir im weiteren an, daß alle an der Strahlungswärmeübertragung beteiligten Körper graue, isotrop strahlende und reflektierende Körper sind. Im Unterschied zum schwarzen Strahler wird die Oberfläche eines grauen Strahlers nicht nur emittierte Strahlung abgeben (die durch Gl. (4.4-17) bestimmt wird), sondern auch einen Teil der auf die Oberfläche auftreffenden Energie reflektieren (Bild 4.4-3). Die Summe der emittierten Strahlung des Körpers $\dot{Q}_{em}$ und der reflektierten Strahlung $\dot{Q}_{ref}$ trägt die Bezeichnung *effektive Strahlung*, deren Größe sich folgendermaßen ergibt:

$$\dot{Q}_{eff} = \dot{Q}_{em} + \dot{Q}_{ref} = \dot{Q}_{em} + \varrho\, \dot{Q}_{auf} \tag{4.4-22}$$

Für praktische Berechnungen ist die Größe des *resultierenden Strahlungsstromes* wichtig. Sie wird als Differenz der auftreffenden und effektiven Wärmestrahlung ermittelt, d. h.,

$$\dot{Q}_{res} = \dot{Q}_{auf} - \dot{Q}_{eff} \quad \text{oder} \tag{4.4-23}$$

$$\dot{Q}_{res} = \dot{Q}_{abs} - \dot{Q}_{em} \tag{4.4-24}$$

4.4.4. Einstrahlzahlen

Die Strahlungsgesetze des schwarzen Körpers und ihre Modifikation für Graustrahler gestatten es, die hemisphärische Gesamtstrahlungsdichte zu ermitteln, die vom Körper innerhalb des Raumwinkels 2 π Steradiant abgegeben wird. Bei Berechnungen der Strahlungswärmeübertragung in einem System mehrerer Körper muß man wissen, welcher Teil der von einem Körper abgegebenen Strahlung auf die Oberfläche eines anderen Körpers des Systems auftrifft. Dazu dienen die *Einstrahlzahlen.*

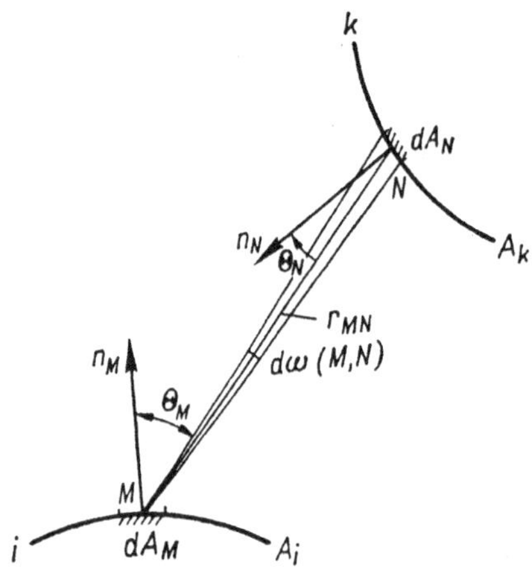

Bild 4.4-9. Herleitung der Einstrahlzahl

Nachfolgend wird die Strahlungswärmeübertragung zwischen zwei isothermen, isotrop abstrahlenden und reflektierenden Körpern i und k, die im Raum beliebig zueinander angeordnet sind und die die Oberflächen A_i und A_k (Bild 4.4-9) besitzen, untersucht. Dazu betrachten wir zunächst die Elementarflächen dA_M und dA_N in der Umgebung der Punkte M und N, die zu i und k gehören. Die Größe des Strahlungsstromes, der die Elementarfläche dA_M verläßt und auf die Elementarfläche dA_N auftrifft, ist nach Gl. (4.4-6):

$$d^2\dot{Q}(dA_M, dA_N) = I_{eff}(M) \cos \Theta_M \, d\omega(M, N) \, dA_M \tag{4.4-25}$$

Für isotrop strahlende und reflektierende Körper gilt entsprechend Gl. (4.4-9);

$$I_{eff}(M) = \frac{\dot{q}_{eff}(M)}{\pi} \tag{4.4-26}$$

Weil man die Größe des Raumwinkels $d\omega$ (M, N) (Bild 4.4-9) als

$$d\omega(M, N) = \frac{dA_N \cos \Theta_N}{r_{MN}^2} \tag{4.4-27}$$

($dA_N \cos \Theta_N$ Projektion der Elementarfläche dA_N auf die Halbkugelfläche mit dem Radius r_{MN})

ausdrücken kann, kann man unter Berücksichtigung der Gln. (4.4-26) und (4.4-27) die Gl. (4.4-25) in folgender Form darstellen:

$$d^2\dot{Q}(dA_M, dA_N) = \dot{q}_{eff}(M)\, dA_M \frac{\cos\Theta_M \cos\Theta_N}{\pi r^2_{MN}}\, dA_N$$

$$= d\dot{Q}_{eff}(dA_M) \frac{\cos\Theta_M \cos\Theta_N}{\pi r^2_{MN}}\, dA_N \qquad (4.4\text{-}28)$$

Das Verhältnis des von dA_M auf dA_N auftreffenden Strahlungsstromes $d^2\dot{Q}(dA_M, dA_N)$ zum effektiven Strahlungsfluß, der von der Elementarfläche dA_M in die Hemisphäre abgegeben wird, nennt man *elementare Einstrahlzahl* (in deutschsprachiger Fachliteratur wurden bisher die Begriffe elementare, lokale und mittlere Einstrahlzahl nicht unterschieden und allgemein als Einstrahlzahl bezeichnet):

$$d\varphi_{dA,M-dA,N} = \frac{d^2\dot{Q}(dA_M, dA_N)}{d\dot{Q}_{eff}(dA_M)} = \frac{\cos\Theta_M \cos\Theta_N}{\pi r^2_{MN}}\, dA_N \qquad (4.4\text{-}29)$$

Das Verhältnis des von dA_M auf die gesamte Oberfläche A_k auftreffenden Strahlungsstromes zum effektiven Strahlungsstrom, der von der Elementarfläche dA_M in die Hemisphäre abgegeben wird, ist die *lokale Einstrahlzahl:*

$$\varphi_{dA,M-A,k} = \int_{A_k} d\varphi_{dA,M-dA,N} = \int_{A_k} \frac{\cos\Theta_M \cos\Theta_N}{\pi r^2_{MN}}\, dA_N \qquad (4.4\text{-}30)$$

Schließlich ist das Verhältnis des von A_i auf A_k auftreffenden Strahlungsstromes $\dot{Q}\,(A_i, A_k)$ zum effektiven Strahlungsstrom, der durch die gesamte Oberfläche A_i an die Hemisphäre abgegeben wird, die *mittlere Einstrahlzahl:*

$$\varphi_{A,i-A,k} = \varphi_{ik} = \frac{1}{A_i}\int_{A_i} \varphi_{dA,M-A,k}\, dA_M = \frac{1}{A_i}\int_{A_i}\int_{A_k} \frac{\cos\Theta_M \cos\Theta_N}{\pi r^2_{MN}}\, dA_M\, dA_N \qquad (4.4\text{-}31)$$

Bei der Integration über A_i wird vorausgesetzt, daß die effektive Strahlungsdichte $\dot{q}_{eff}$ über der Fläche A_i homogen ist.
Einstrahlzahlen sind geometrische Charakteristiken von Wärmeübertragungssystemen. Sie besitzen eine Reihe von Eigenschaften, deren wichtigste sind:

1. *Reziprozität*

$$\varphi_{ik} A_i = \varphi_{ki} A_k \qquad (4.4\text{-}32)$$

Von der Richtigkeit der Gl. (4.4-32) kann man sich leicht überzeugen, wenn man Gl. (4.4-30) umformt:

$$\varphi_{ik} A_i = A_i \frac{1}{A_i}\int_{A_i}\int_{A_k} \frac{\cos\Theta_M \cos\Theta_N}{\pi r^2_{MN}}\, dA_M\, dA_N$$

$$= \int_{A_i}\int_{A_k} \frac{\cos\Theta_M \cos\Theta_N}{\pi r^2_{MN}}\, dA_M\, dA_N = A_{ik} \qquad (4.4\text{-}33)$$

Die Größe $A_{ik} = \varphi_{ik} A_i$ trägt die Bezeichnung *resultierende Strahlungsoberfläche* (auch *Strahlungsaustauschfläche*) und ist bezüglich ihrer Indizes eine Invariante, d. h., $A_{ik} = A_{ki}$, was Gl. (4.4-32) entspricht.

2. *Geschlossenheit*

$$\sum_{k=1}^{n} \varphi_{ik} = 1 \qquad (4.4\text{-}34)$$

Diese Eigenschaft ist eine Schlußfolgerung aus dem Energieerhaltungssatz und besteht darin, daß in einem geschlossenen System die Summe der Einstrahlzahlen von irgendeiner Oberfläche auf alle n Flächen (die eigene eingeschlossen) gleich 1 ist.

3. *Selbsteinstrahlung*

$$\left.\begin{array}{ll} \varphi_{ii} = 0 & \text{für ebene oder konvexe Flächen} \\ \varphi_{ii} > 0 & \text{für konkave Flächen} \end{array}\right\} \qquad (4.4\text{-}35)$$

Die Eigenschaft besteht darin, daß ebene oder konvexe Körper nicht auf sich selbst strahlen können.

4. *Additivität*

$$\varphi_{ik} = \varphi_{ik,1} + \varphi_{ik,2} + \dots + \varphi_{ik,n} \qquad (4.4\text{-}36)$$

Sie drückt aus, daß alle Einstrahlzahlen $\varphi_{ik,1}, \varphi_{ik,2}, \dots, \varphi_{ik,n}$ voneinander unabhängig sind und auf normalem arithmetischem Weg summiert werden können, wenn die Oberfläche k aus n Zonen besteht, d. h., $A_k = A_1 + A_2 + \dots + A_n$.

Die Ermittlung der Einstrahlzahlen ist eine der schwierigsten Aufgaben der Theorie der Strahlungswärmeübertragung. Sie werden i. allg. durch vierfache Integration der Gl. (4.4-30) entweder mit statistischen Methoden oder experimentell durch Methoden der Wärme- oder Lichtmodellierung bestimmt. Für eine Reihe einfachster Fälle, die für Industrieöfen charakteristisch sind, kann man unter Ausnutzung der o. g. Eigenschaften leicht die mittleren Einstrahlzahlen ermitteln.
Für ein System, das aus zwei parallelen unbegrenzten Platten besteht (Bild 4.4-10*a*) und damit den Ofenräumen moderner Durchlauf-, Hubherdöfen mit scheitrechter Decke u. a. ähnelt, ist offensichtlich, daß laut Eigenschaft der Selbsteinstrahlung gilt:

$$\varphi_{11} = \varphi_{22} = 0 \qquad (4.4\text{-}37)$$

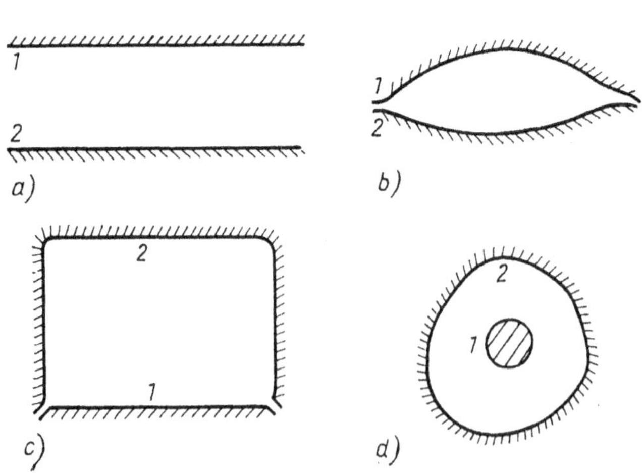

Bild 4.4-10. Schemata von Wärmeübertragungssystemen

Dann gilt laut Eigenschaft der Geschlossenheit:

$\varphi_{11} + \varphi_{12} = 1$

oder unter Berücksichtigung der Gl. (4.4-37):

$$\varphi_{12} = \varphi_{21} = 1 \tag{4.4-38}$$

Die für Widerstandsöfen (Bild 4.4-10*a* bis *c*) und Sektionsöfen (Bild 4.4-10*d*) charakteristischen Schemata sind vom Standpunkt der Strahlungsgeometrie aus analoge Fälle. In beiden Fällen gilt nach der Eigenschaft der Selbsteinstrahlung:

$\varphi_{11} = 0$

und nach der Eigenschaft der Geschlossenheit:

$\varphi_{12} = 1$

Nach der Eigenschaft der Reziprozität kann man jetzt schreiben:

$$\left.\begin{aligned} &\varphi_{12} A_1 = \varphi_{21} A_2 \quad \text{oder} \\ &\varphi_{21} = \varphi_{12} \frac{A_1}{A_2} = \frac{A_1}{A_2} \end{aligned}\right\} \tag{4.4-39}$$

Unter Berücksichtigung der Geschlossenheit von Oberfläche *2* kann man schreiben:

$\varphi_{21} + \varphi_{22} = 1$

Daraus ergibt sich:

$$\varphi_{22} = 1 - \varphi_{21} = 1 - \frac{A_1}{A_2}, \tag{4.4-40}$$

4.4.5. Berechnung der Strahlungswärmeübertragung in einem System grauer Körper und diathermaner Medien

In der Technik trifft man oft Berechnungsaufgaben der Strahlungswärmeübertragung zwischen festen Oberflächen an, die durch ein diathermanes (strahlungsdurchlässiges) Medium getrennt sind. Wie bereits genannt, gehören zu solchen Medien elementare Gase, Luft und Vakuum. Gewöhnlich wird das reale System (z. B. der Arbeitsraum eines Muffelofens, s. Bild 4.4-11) bei Berechnungen der Strahlungswärmeübertragung

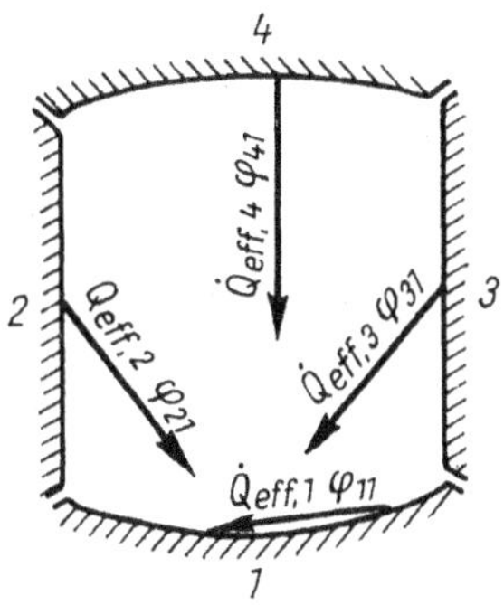

Bild 4.4-11. Schema der Strahlungswärmeübertragung im Arbeitsraum mit diathermanem Medium

als geschlossenes System behandelt, das in beliebig große, aber endliche Anzahl von Zonen unterteilt wird, in deren Grenzen die Temperatur und der Emissionsgrad unveränderlich sind. In Abhängigkeit davon, welche Größen bei der Berechnung der Strahlungswärmeübertragung ermittelt werden müssen, unterscheidet man einige Aufgabenstellungen der Strahlungswärmeübertragung.

Bei der *fundamentalen Aufgabenstellung* sind für alle geometrischen Zonen die Temperaturen und Emissionsgrade gegeben, und es müssen für jede Zone die Strahlungsdichten (der resultierenden oder auftreffenden Strahlung) ermittelt werden. Bei der *gemischten Aufgabenstellung* sind für n_1 Zonen die Temperaturen bekannt, und es müssen die Strahlungsdichten bestimmt werden; bei $n_2 = n - n_1$ Zonen müssen die Temperaturen bei vorgegebenen resultierenden Strahlungsdichten gefunden werden. Die Emissionsgrade aller Zonen werden als gegeben angenommen.

Von der Oberfläche einer jeden Zone wird ein effektiver hemisphärischer Strahlungsstrom in das System abgegeben, der proportional zur jeweiligen Einstrahlzahl aufgeteilt auf die Zonen des Systems auftrifft. So gelangt z. B. auf die Oberfläche der Zone *1* (Bild 4.4-11):

effektive Strahlung der Zone *1*	$\dot{Q}_{\mathrm{eff},1}$	φ_{11}
effektive Strahlung der Zone *2*	$\dot{Q}_{\mathrm{eff},2}$	φ_{21}
effektive Strahlung der Zone *3*	$\dot{Q}_{\mathrm{eff},3}$	φ_{31}
effektive Strahlung der Zone 4	$\dot{Q}_{\mathrm{eff},4}$	φ_{41}

das heißt,

$$\dot{Q}_{\mathrm{auf},1} = \dot{Q}_{\mathrm{eff},1}\,\varphi_{11} + \dot{Q}_{\mathrm{eff},2}\,\varphi_{21} + \dot{Q}_{\mathrm{eff},3}\,\varphi_{31} + \dot{Q}_{\mathrm{eff},4}\,\varphi_{41}$$

Wenn ein System aus n geometrischen Zonen besteht, dann gelangt im allgemeinen Fall der Strahlungsstrom

$$\dot{Q}_{\mathrm{auf},i} = \sum_{k=1}^{n} \dot{Q}_{\mathrm{eff},k}\,\varphi_{ki} \tag{4.4-41}$$

$(k = 1, 2, \ldots, n)$

auf die i-te Zone. In diesem Ausdruck sind die auftreffende und effektive Strahlung unbekannt. Unter Verwendung der Gl. (4.4-22) kann man die Größe des effektiven Strahlungsstromes der i-ten Zone in folgender Form darstellen:

$$\dot{Q}_{\mathrm{eff},i} = \dot{Q}_{\mathrm{em},i} + \varrho_i\,\dot{Q}_{\mathrm{auf},i} = \dot{Q}_{\mathrm{em},i} + \varrho_i \sum_{k=1}^{n} \dot{Q}_{\mathrm{eff},k}\,\varphi_{ki} \tag{4.4-42}$$

$(k = 1, 2, \ldots, n)$

Bei der fundamentalen Aufgabenstellung ist die Größe $\dot{Q}_{\mathrm{em},i} = \varepsilon_i\,\sigma\,T_1^4\,A_i$ bekannt, und Gl. (4.4-42) beinhaltet n unbekannte Größen $\dot{Q}_{\mathrm{eff}}$. Wenn man i die Größen von 1, 2, ..., n zuordnet, erhält man ein System aus n Gleichungen mit n unbekannten $\dot{Q}_{\mathrm{eff}}$:

$$\dot{Q}_{\mathrm{eff},i} - \varrho_i \sum \dot{Q}_{\mathrm{eff},k}\,\varphi_{ki} = \dot{Q}_{\mathrm{em},i} \tag{4.4-43}$$

Hat man per Hand oder mit Hilfe der EDV die Größen der effektiven Strahlungsströme ermittelt, dann kann man mit Gln. (4.4-22) bis (4.4-24) die Ströme der absorbierten, reflektierten oder resultierenden Strahlung für eine beliebige Zone finden. Gesucht werden soll z. B. der Zusammenhang zwischen den Strömen der effektiven und resultierenden Strahlung; Gl. (4.4-22) wird dabei in der Form

$$\dot{Q}_{\mathrm{eff},i} = \dot{Q}_{\mathrm{em},i} + \varrho_i\,\dot{Q}_{\mathrm{auf},i}$$

dargestellt, woraus man nach Umformung

$$\dot{Q}_{\text{auf},i} = \frac{1}{\varrho_i} (\dot{Q}_{\text{eff},i} - \dot{Q}_{\text{em},i})$$

erhält. Wenn man den erhaltenen Ausdruck in Gl. (4.4-23) einsetzt und dabei berücksichtigt, daß für strahlungsdurchlässige Körper $\varrho_i = 1 - \alpha_i$ gilt, dann erhält man:

$$\dot{Q}_{\text{res},i} = \frac{1}{\varrho_i} (\dot{Q}_{\text{eff},i} - \dot{Q}_{\text{em},i}) - \dot{Q}_{\text{eff},i} = \frac{\alpha_i}{1 - \alpha_i} \dot{Q}_{\text{eff},i} - \frac{1}{1 - \alpha_i} \dot{Q}_{\text{em},i}$$

Da für graue Körper $\varepsilon = \alpha$ und $\dot{Q}_{\text{em},i} = \varepsilon \dot{Q}_{S,i}$ gilt, kann die letzte Beziehung wie folgt dargestellt werden:

$$\dot{Q}_{\text{res},i} = \frac{\varepsilon_i}{1 - \varepsilon_i} (\dot{Q}_{\text{eff},i} - \dot{Q}_{S,i}) \quad \text{oder} \tag{4.4-44}$$

$$\dot{Q}_{\text{eff},i} = \frac{1 - \varepsilon_i}{\varepsilon_i} \dot{Q}_{\text{res},i} + \dot{Q}_{S,i} \tag{4.4-45}$$

($\dot{Q}_{S,i} = \sigma T_i^4 A_i$ Strahlungsstrom des schwarzen Körpers mit der Oberfläche A_i und der Temperatur T_i)

Hat man $\dot{Q}_{\text{eff},i}$ durch Gl. (4.4-43) bestimmt, dann kann man mit Gl. (4.4-44) den resultierenden Strahlungsstrom der i-ten Zone des Systems ohne Schwierigkeit finden.
Bei der gemischten Aufgabenstellung verwendet man zur Bestimmung des effektiven Strahlungsstromes der n_1 Zonen mit bekannter Temperatur Gl. (4.4-43), wobei $1 \geqq i \geqq n_1$. Für die zweite Gruppe von Oberflächen $n_2 = n - n_1$, deren resultierende Strahlungsströme gegeben sind, findet man die effektiven Strahlungsströme durch Lösung eines Gleichungssystems vom Typ (4.4-23), das in folgender Form dargestellt wird:

$$\dot{Q}_{\text{eff},i} = \sum_{k=1}^{n} \dot{Q}_{\text{eff},k} \varphi_{ki} - \dot{Q}_{\text{res},i} \tag{4.4-46}$$

$(n_1 + 1 \leqq i \leqq n)$

Dabei ist $\Sigma_{k=1}^{n} \dot{Q}_{\text{eff},k} \varphi_{ki} = \dot{Q}_{\text{auf},i}$ der auf die Zone i auftreffende Strahlungsstrom. Nachdem der effektive Strahlungsstrom ermittelt ist, findet man schließlich mit Hilfe von Gl. (4.4-45) die Temperatur der Zone. In endgültiger Form ergibt sich somit für die Lösung einer gemischten Aufgabe der Strahlungswärmeübertragung in einem System mit einem diathermanen Medium folgendes Gleichungssystem:

$$\left.\begin{aligned} &\dot{Q}_{\text{eff},i} = \varepsilon_i \sigma T_i^4 A_i + (1 - \varepsilon_i) \sum_{k=1}^{n} \dot{Q}_{\text{eff},k} \varphi_{ki} \\ &(1 \leqq i \leqq n_1) \\ &\dot{Q}_{\text{eff},i} = -\dot{Q}_{\text{res},i} + \sum_{k=1}^{n} \dot{Q}_{\text{eff},k} \varphi_{ki} \\ &(n_1 + 1 \leqq i \leqq n) \end{aligned}\right\} \tag{4.4-47}$$

Danach kann man die resultierenden Strahlungsströme

$$\dot{Q}_{\text{res},i} = \frac{\varepsilon_i}{1 - \varepsilon_i} (\dot{Q}_{\text{eff},i} - \sigma T_i^4 A_i) \tag{4.4-44/1}$$

$(1 \leqq i \leqq n_1)$

und die Temperaturen ermitteln:

$$T_i^4 = \frac{1}{\sigma A_i}\left(\dot{Q}_{\text{eff},i} - \frac{1-\varepsilon_i}{\varepsilon_i}\dot{Q}_{\text{res},i}\right) \quad (4.4\text{-}45/1)$$

$(n_l + 1 \leq i \leq n)$

Die hier abgeleitete Berechnungsmethode der Strahlungswärmeübertragung erhielt die Bezeichnung *Zonenmethode.* Sie findet für Berechnungen der Wärmeübertragung durch Strahlung in Industrieöfen und Dampferzeugern eine breite Anwendung. Die erhaltenen Gleichungssysteme kann man leicht per Hand oder bei großer Zonenzahl mit Hilfe der EDV unter Verwendung von Standardprogrammen lösen.

4.4.6. Anwendung der Zonenmethode zur Berechnung der Strahlungswärmeübertragung in Industrieöfen

Die Berechnung der Strahlungswärmeübertragung erfolgt unter Aufteilung des Ofenraumes in n Zonen bei der fundamentalen Aufgabenstellung nach Gln. (4.4-43) und (4.4-44) sowie bei der gemischten Aufgabenstellung nach Gln. (4.4-47), (4.4-44/1) und (4.4-45/1). Bei einer geringen Zonenzahl vereinfacht sich die Aufgabe bedeutend. Die Zoneneinteilung soll so erfolgen, daß

- die Temperatur T,
- die Emissionsgrade ε und
- die Strahlungsdichten $\dot{q}_{\text{eff}}$

innerhalb der Zonen nicht ortsabhängig sind. Das läßt sich praktisch nur näherungsweise bestimmen.

4.4.6.1. Strahlungswärmeübertragung im System zweier grauer Körper mit diathermanem Medium

Betrachten wir jetzt die Strahlungswärmeübertragung im geschlossenen System zweier grauer Körper mit diathermanem Medium bei fundamentaler Aufgabenstellung (Bild 4.4-10*b*). Gegeben sind die Temperaturen der isothermen Zonen T_1 und T_2, ihre Strahlungscharakteristiken $\varepsilon_1 = \alpha_1$ und $\varepsilon_2 = \alpha_2$ und die Flächen A_1 und A_2. Gesucht werden die resultierenden Strahlungsströme $\dot{Q}_{\text{res},1}$ und $\dot{Q}_{\text{res},2}$. Für den Fall einer stationären Wärmeübertragung gilt im geschlossenen System:

$$\dot{Q}_{\text{res},1} + \dot{Q}_{\text{res},2} = 0 \quad \text{(a)}$$

d. h., die arithmetische Summe der resultierenden Strahlungsströme ist gleich Null. Laut Gl. (4.4-23) kann man auch schreiben:

$$\dot{Q}_{\text{res},1} = \dot{Q}_{\text{auf},1} - \dot{Q}_{\text{eff},1}$$

oder bei Berücksichtigung von $\dot{Q}_{\text{auf},1} = \dot{Q}_{\text{eff},1}\,\varphi_{11} + \dot{Q}_{\text{eff},2}\,\varphi_{21}$:

$$\dot{Q}_{\text{res},1} = -\dot{Q}_{\text{eff},1}(1 - \varphi_{11}) + \dot{Q}_{\text{eff},2}\,\varphi_{21} \quad \text{(b)}$$

Da für Einstrahlzahlen laut Eigenschaft der Geschlossenheit (Gl. (4.4-34)) $\varphi_{12} = 1 - \varphi_{11}$ gilt, kann man Gl. (b) in folgender Form darstellen:

$$\dot{Q}_{\text{res},1} = \dot{Q}_{\text{eff},2}\,\varphi_{21} - \dot{Q}_{\text{eff},1}\,\varphi_{12} \quad \text{(c)}$$

Bei Verwendung von Gl. (4.4-45) kann Gl. (c) auch wie folgt geschrieben werden:

$$\dot{Q}_{res,1} = \left[\frac{1-\varepsilon_2}{\varepsilon_2}\dot{Q}_{res,2} + \dot{Q}_{S,2}\right]\varphi_{21} - \left[\frac{1-\varepsilon_1}{\varepsilon_1}\dot{Q}_{res,1} + \dot{Q}_{S,1}\right]\varphi_{12} \tag{d}$$

Wenn man berücksichtigt, daß

$$\dot{Q}_{S,1} = \sigma T_1^4 A_1 \qquad \dot{Q}_{S,2} = \sigma T_2^4 A_2 \qquad \frac{1-\varepsilon}{\varepsilon} = \varepsilon^{-1} - 1$$

und nach Gl. (a) $\dot{Q}_{res,2} = -\dot{Q}_{res,1}$, dann ist nach Gl. (d):

$$\dot{Q}_{res,1} = \frac{\sigma T_2^4 A_2 \varphi_{21} - \sigma T_1^4 A_1 \varphi_{12}}{(\varepsilon_1^{-1} - 1)\varphi_{12} + (\varepsilon_2^{-1} - 1)\varphi_{21} + 1} \tag{e}$$

Entsprechend der Eigenschaft der Reziprozität der Einstrahlzahlen (Gl. (4.4-32)) gilt $A_2\,\varphi_{21} = A_1\,\varphi_{12}$. Damit erhält man endgültig:

$$\dot{Q}_{res,1} = \frac{\sigma (T_2^4 - T_1^4) A_1 \varphi_{12}}{(\varepsilon_1^{-1} - 1)\varphi_{12} + (\varepsilon_2^{-1} - 1)\varphi_{21} + 1} \quad \text{oder} \tag{4.4-48}$$

$$\dot{q}_{res,1} = \frac{\dot{Q}_{res,1}}{A_1} = \sigma \varepsilon_{1-2} (T_2^4 - T_1^4)\varphi_{12} \tag{4.4-48/1}$$

Dabei wird die Größe

$$\varepsilon_{1-2} = \frac{1}{(\varepsilon_1^{-1} - 1)\varphi_{12} + (\varepsilon_2^{-1} - 1)\varphi_{21} + 1}$$

resultierendes Emissionsverhältnis genannt und ist eine optisch-geometrische Charakteristik des Systems, die den Grad der Abweichung des Systems vom schwarzen Strahler charakterisiert.

Für die restlichen in Bild 4.4-10 dargestellten Fälle kann man unter Berücksichtigung der Gln. (4.4-38) und (4.4-39) schreiben:

1. für das System nach Bild 4.4-10*a*:

$$\varepsilon_{1-2} = \frac{1}{\varepsilon_1^{-1} + \varepsilon_2^{-1} - 1} \tag{4.4-49}$$

2. für die Systeme nach den Bildern 4.4-10*c* und *d*:

$$\varepsilon_{1-2} = \frac{1}{\varepsilon_1^{-1} + (\varepsilon_2^{-1} - 1)\dfrac{A_1}{A_2}} \tag{4.4-49/1}$$

Die letzte Gleichung wird bei ingenieurtechnischen Berechnungen von Widerstandsöfen verwendet.

4.4.6.2. Strahlungswärmeübertragung bei Vorhandensein von Abschirmungen

Betrachten wir jetzt die Strahlungswärmeübertragung im System zweier unendlicher Platten, zwischen denen sich ein strahlungsundurchlässiger Schirm (*3*) befindet. Dieser Schirm soll wärmetechnisch dünn sein ($s/\lambda \to 0$). Es wird angenommen, daß $\varepsilon_1 = \varepsilon_2 = \varepsilon_3 = \varepsilon$ und $T_2 > T_1$. Bei Fehlen des Schirmes ergibt sich unter Berücksichtigung von Gl. (4.4-49) entsprechend Gl. (4.4-48/1):

$$\dot{q}_{res,1} = \frac{\sigma}{\varepsilon_1^{-1} + \varepsilon_2^{-1} - 1}(T_2^4 - T_1^4) = \frac{\sigma}{2\varepsilon^{-1} - 1}(T_2^4 - T_1^4) \tag{4.4-50}$$

Wenn man die Strahlungswärmeübertragung zwischen Platte (*2*) und Schirm (*3*) betrachtet, kann man analog dazu schreiben:

$$\dot{q}_{\text{res},3} = \frac{\sigma}{2\varepsilon^{-1} - 1}(T_2^4 - T_3^4) \tag{a}$$

und zwischen Schirm und Platte (1):

$$\dot{q}_{\text{res},1(3)} = \frac{\sigma}{2\varepsilon^{-1} - 1}(T_3^4 - T_1^4) \tag{b}$$

Da die Temperatur des Schirmes unbekannt ist, findet man sie, indem die Gln. (a) und (b) gleichgesetzt werden. Man kann sich leicht überzeugen, daß

$$T_3^4 = 0{,}5\,(T_1^4 + T_2^4)$$

Setzt man den erhaltenen Ausdruck in Gl. (b) ein, dann findet man die Größe der resultierenden Strahlungsdichte im System zweier unendlicher Platten mit dazwischen befindlichem Schirm:

$$\dot{q}_{\text{res},1(3)} = 0{,}5\frac{\sigma}{2\varepsilon^{-1} - 1}(T_2^4 - T_1^4) = 0{,}5\,\dot{q}_{\text{res},1} \tag{c}$$

d. h., das Aufstellen eines Schirmes senkt den Wärmestrom auf die Hälfte. Beim Aufstellen von n Schirmen verringert sich der Wärmestrom auf den $(n + 1)$ten Teil, d. h.:

$$\dot{q}_{\text{res},1(3)} = \frac{\sigma}{(n+1)(2\varepsilon^{-1} - 1)}(T_2^4 - T_1^4) \tag{4.4-51}$$

In der Praxis werden Strahlungsschutzschilder zum Schutz vor der Strahlung aus Ofenöffnungen aufgestellt, die zur Wärmedämmung von Hochtemperaturöfen u. ä. verwendet werden.

4.4.6.3. Strahlung aus Öffnungen

Eine Ofenöffnung (Bild 4.4-12*a*) kann man als ein aus drei Zonen bestehendes System darstellen, wobei die Zonen *1* und *3* schwarze Strahler ($\alpha_1 = \alpha_3 = 1$) mit den Temperaturen $T_1 = T_{\text{Ofen}}$ und $T_3 = T_U$ sind, das Mauerwerk *2* ist adiabat ($\dot{Q}_{\text{res},2} = 0$). Es ergibt sich eine gemischte Aufgabenstellung, wobei als gesuchte Größe der resultierende Strahlungsstrom durch Zone *3* (äußere Öffnungsoberfläche) auftritt. Gleichungssystem (4.4-47) nimmt unter den genannten Bedingungen die Form

$$\left.\begin{aligned} \dot{Q}_{\text{eff},1} &= \dot{Q}_{S,1} \\ \dot{Q}_{\text{eff},2} &= \dot{Q}_{\text{eff},1}\,\varphi_{12} + \dot{Q}_{\text{eff},2}\,\varphi_{22} + \dot{Q}_{\text{eff},3}\,\varphi_{32} \\ \dot{Q}_{\text{eff},3} &= \dot{Q}_{S,3} \end{aligned}\right\} \tag{a}$$

an, woraus man leicht erhalten kann, daß

$$\dot{Q}_{\text{eff},2}(1 - \varphi_{22}) = \dot{Q}_{S,1}\,\varphi_{12} + \dot{Q}_{S,3}\,\varphi_{32} \tag{b}$$

Da entsprechend der Eigenschaft der Geschlossenheit von Einstrahlzahlen $\varphi_{21} + \varphi_{22} + \varphi_{23} = 1$ und wegen der Symmetrie des betrachteten Systems $\varphi_{21} = \varphi_{23}$ gilt, ist $1 - \varphi_{22} = 2\,\varphi_{23}$. Gl. (b) kann man damit wie folgt darstellen:

$$\dot{Q}_{\text{eff},2} = \dot{Q}_{S,1}\frac{\varphi_{12}}{2\varphi_{23}} + \dot{Q}_{S,3}\frac{\varphi_{32}}{2\varphi_{23}} \tag{c}$$

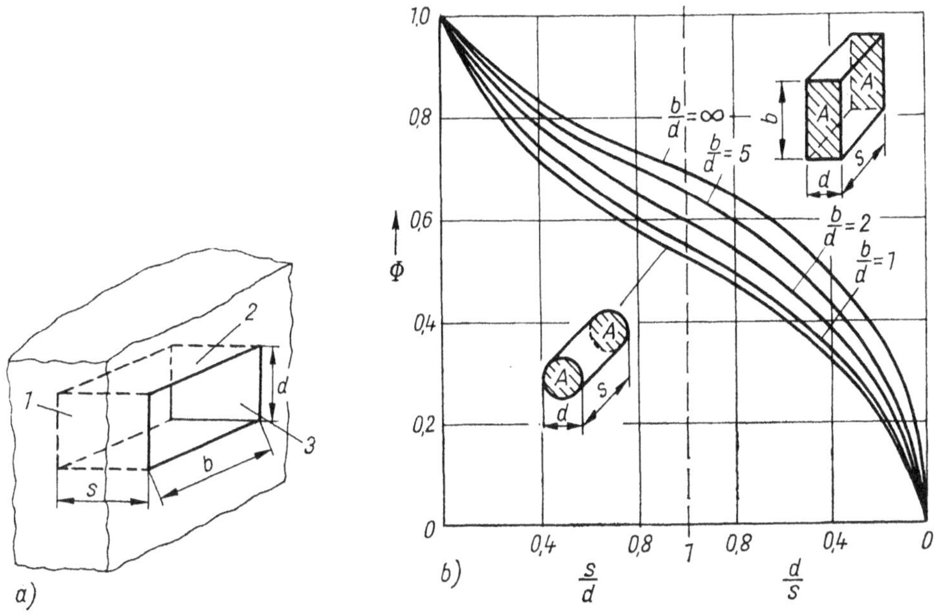

Bild 4.4-12. Schema einer Ofenöffnung (*a*) und Abhängigkeit des Abblendfaktors von den Maßen der Öffnung (*b*)

Bei Verwendung von Gl. (4.4-46) beträgt die gesuchte Größe:

$$\dot{Q}_{\text{res},3} = \sum_{k=1}^{n=3} \dot{Q}_{\text{eff,k}}\, \varphi_{\text{k},3} - \dot{Q}_{\text{eff},3}$$

oder, wenn man die Ausdrücke (a) und (c) berücksichtigt:

$$\dot{Q}_{\text{res},3} = \dot{Q}_{\text{S},1}\, \varphi_{13} + \dot{Q}_{\text{S},1} \frac{\varphi_{12}}{2\,\varphi_{23}}\, \varphi_{23} + \dot{Q}_{\text{S},3} \frac{\varphi_{32}}{2\,\varphi_{23}}\, \varphi_{23} - \dot{Q}_{\text{S},3}$$

$$= \dot{Q}_{\text{S},1} \left(\frac{2\,\varphi_{13} + \varphi_{12}}{2}\right) - \dot{Q}_{\text{S},3} \left(\frac{2 - \varphi_{32}}{2}\right) \qquad \text{(d)}$$

Da für das betrachtete System $\varphi_{12} = 1 - \varphi_{13}$ und $\varphi_{32} = 1 - \varphi_{31}$ gilt, ergibt sich:

$$\frac{2\,\varphi_{13} + \varphi_{12}}{2} = \frac{2\,\varphi_{13} + 1 - \varphi_{13}}{2} = \frac{1 + \varphi_{13}}{2} \quad \text{und}$$

$$\frac{2 - \varphi_{32}}{2} = \frac{2 - 1 + \varphi_{13}}{2} = \frac{1 + \varphi_{13}}{2}$$

Berücksichtigt man weiterhin, daß $A_1 = A_3$, dann ergibt sich aus Gl. (d):

$$\dot{Q}_{\text{res}\,3} = \sigma\,(T_1^4 - T_3^4)\, A_1 \frac{1 + \varphi_{13}}{2} = \sigma\,(T_1^4 - T_3^4)\, A_1\, \Phi \qquad (4.4\text{-}52)$$

Für im Verhältnis zur Wanddicke große Öffnungen kann der Abblendfaktor nach der sich aus Gl. (4.4-52) ergebenden Beziehung

$$\Phi = \frac{1 + \varphi_{13}}{2}$$

berechnet werden (linker oberer Bereich im Bild 4.4-12*b*). Mit zunehmendem Verhältnis von Wanddicke zu Öffnungsgröße wird jedoch das Ergebnis immer unbefriedigender. Das liegt daran, daß dann eine der im Abschnitt 4.4.6.1. genannten Voraussetzungen für die Anwendung der Zonenmethode, nämlich die Homogenität der Strahlungsdichten innerhalb jeder Zone, immer stärker verletzt wird. Das Ergebnis wird realistischer, wenn Zone *2* in mehrere Zonen aufgeteilt wird. Bild 4.4-12*b* zeigt das Ergebnis solcher Berechnungen.

4.4.6.4. Wärmeübertragung durch Strahlung in Öfen mit Strahlheizrohren

Ein Ofenraum mit Strahlheizrohren, wie er oft für die thermische und chemisch-thermische Behandlung von Metallen verwendet wird, kann in Form eines Schemas (Bild 4.4-13*a*) dargestellt werden. Gewöhnlich nimmt man an, daß die Ofenmauerung adiabat ist ($\dot{Q}_{res,2} = 0$) und die Temperaturen sowie die Emissionsgrade der Strahlheizrohre (Zone *1*) und des zu erwärmenden Metalls (Zone *3*) vorgegeben sind. Es wird die gemischte Aufgabenstellung der Strahlungswärmeübertragung verwendet, ähnlich der in Abschnitt 4.4.6.3. betrachteten Aufgabe. Jedoch sind die Oberflächen der Zonen *1* und *3* nicht schwarz.

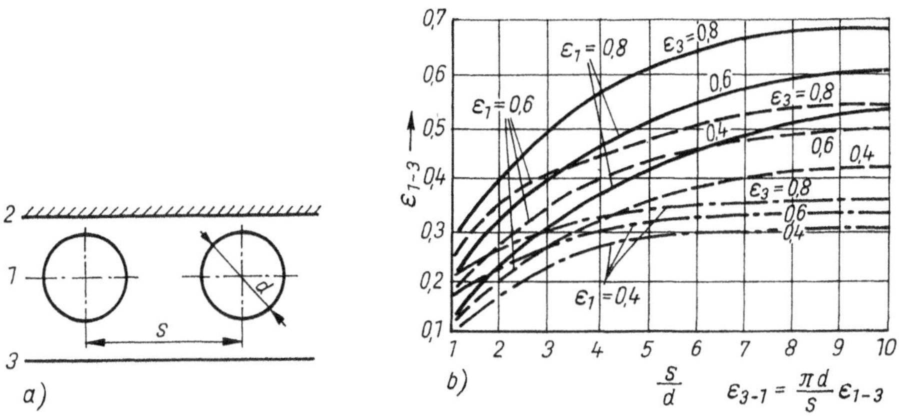

Bild 4.4-13. Berechnung der Wärmeübertragung durch Strahlung in Öfen mit Strahlheizrohren

Das Gleichungssystem (4.4-47) besitzt für diesen Fall folgende Form:

$$\left.\begin{aligned}
\dot{Q}_{eff,1} &= \dot{Q}_{em,1} + (1 - \varepsilon_1)\,(\dot{Q}_{eff,1}\,\varphi_{11} + \dot{Q}_{eff,2}\,\varphi_{21} + \dot{Q}_{eff,3}\,\varphi_{31})\\
\dot{Q}_{eff,2} &= \dot{Q}_{eff,1}\,\varphi_{12} + \dot{Q}_{eff,2}\,\varphi_{22} + \dot{Q}_{eff,3}\,\varphi_{32}\\
\dot{Q}_{eff,3} &= \dot{Q}_{em,3} + (1 - \varepsilon_3)\,(\dot{Q}_{eff,1}\,\varphi_{13} + \dot{Q}_{eff,2}\,\varphi_{23} + \dot{Q}_{eff,3}\,\varphi_{33})
\end{aligned}\right\} \qquad \text{(a)}$$

Wenn man berücksichtigt, daß laut Eigenschaft der Selbsteinstrahlung (Gl. (4.4-35)) $\varphi_{22} = \varphi_{33} = 0$ ist, kann Gl. (a) in folgender Form dargestellt werden:

$$\left.\begin{aligned}
\dot{Q}_{eff,1}\,[1 - (1 - \varepsilon_1)\,\varphi_{11}] \quad - \dot{Q}_{eff,2}\,(1 - \varepsilon_1)\,\varphi_{21} \quad - \dot{Q}_{eff,3}\,(1 - \varepsilon_1)\,\varphi_{31} &= \dot{Q}_{em,1}\\
- \dot{Q}_{eff,1}\,\varphi_{12} \quad + \dot{Q}_{eff,2} \quad - \dot{Q}_{eff,3}\,\varphi_{32} &= 0\\
- \dot{Q}_{eff,1}\,(1 - \varepsilon_3)\,\varphi_{13} \quad - \dot{Q}_{eff,2}\,(1 - \varepsilon_3)\,\varphi_{23} \quad + \dot{Q}_{eff,3} &= \dot{Q}_{em,3}
\end{aligned}\right\} \qquad \text{(b)}$$

Die Lösung des Gleichungssystems (b) für $\dot{Q}_{\mathrm{eff},1}$ lautet:

$$\dot{Q}_{\mathrm{eff},1} = \frac{\begin{vmatrix} Q_{\mathrm{em},1} & -(1-\varepsilon_1)\,\varphi_{21} & -(1-\varepsilon_1)\,\varphi_{31} \\ 0 & 1 & -\varphi_{32} \\ Q_{\mathrm{em},3} & -(1-\varepsilon_3)\,\varphi_{23} & 1 \end{vmatrix}}{\begin{vmatrix} 1-(1-\varepsilon_1)\,\varphi_{11} & -(1-\varepsilon_1)\,\varphi_{21} & -(1-\varepsilon_1)\,\varphi_{31} \\ -\varphi_{12} & 1 & -\varphi_{32} \\ -(1-\varepsilon_3)\,\varphi_{13} & -(1-\varepsilon^3_{x})\,\varphi_{23} & 1 \end{vmatrix}} \qquad \text{(c)}$$

Setzt man diesen gefundenen Wert von $\dot{Q}_{\mathrm{eff},1}$ in Gl. (4.4-44/1) ein, dann erhält man den endgültigen Ausdruck:

$$\dot{Q}_{\mathrm{res},1} = \varepsilon_{1-3}\,\sigma\,(T_1^4 - T_3^4)\,A_1 \quad \text{oder} \qquad (4.4\text{-}53)$$

$$\dot{q}_{\mathrm{res},1} = \frac{\dot{Q}_{\mathrm{res},1}}{A_1} = \varepsilon_{1-3}\,\sigma\,(T_1^4 - T_3^4) \qquad (4.4\text{-}53/1)$$

Das resultierende Emissionsverhältnis des Systems $\varepsilon_{1-3} = \mathrm{f}\,(\varepsilon_1, \varepsilon_3, s/d)$ ist in Bild 4.4-13*b* dargestellt. Die Größe des relativen Rohrabstandes s/d bestimmt die Besonderheiten der Geometrie des Systems, d. h. die Werte der Einstrahlzahlen.

4.4.7. Strahlungswärmeübertragung im System grauer Körper mit nichtdiathermanem Medium

Ein das System füllendes, nichtstrahlungsdurchlässiges Medium nimmt aktiv an den Prozessen der Strahlungswärmeübertragung teil. Durch Absorption, Streuung und Emission von Energie im Volumen werden die Strahlungsströme verändert, die sich durch solch ein Medium ausbreiten.

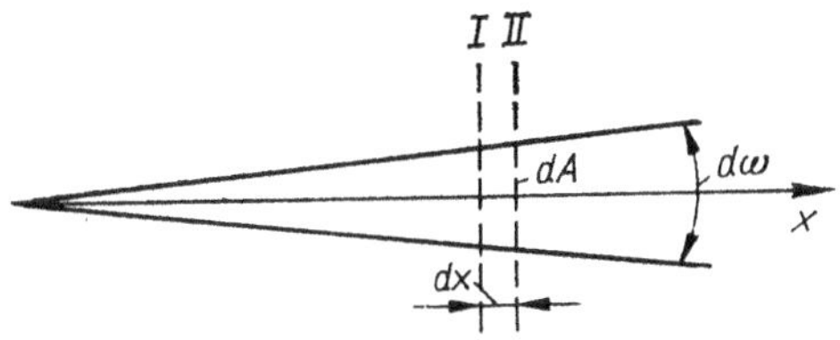

Bild 4.4-14. Herleitung der Gleichung des Strahlungsenergietransportes

Betrachten wir die Veränderung des Strahlungsstromes, der sich in einem absorbierenden, streuenden und strahlenden Medium innerhalb des Raumwinkels $\mathrm{d}\omega$ (Bild 4.4-14) ausbreitet. Die Schnitte *I* und *II* sind durch einen genügend kleinen Abstand $\mathrm{d}x$ voneinander getrennt, damit man die Flächen $\mathrm{d}A$ in beiden Schnitten als gleich annehmen kann. Die Größe des Strahlungsstromes in den Grenzen des Raumwinkels beträgt im

1. Schnitt *I:*

$$\dot{Q}_{\mathrm{I}} = I\,\mathrm{d}\omega\,\mathrm{d}A$$

2. Schnitt *II:*

$$\dot{Q}_{\mathrm{II}} = (I + \mathrm{d}I)\,\mathrm{d}\omega\,\mathrm{d}A$$

Die Veränderung der Strahlungsintensität I ist sowohl durch die Absorption und Streuung der Energie bedingt:

$$d\dot{Q}_{\text{Schwä}} = k\, I\, d\omega\, dA\, dx$$

als auch durch die emittierte Strahlung des Volumenelementes:

$$d\dot{Q}_{\text{em}} = \frac{1}{4\pi} \tilde{q}_{\text{em}}\, d\omega\, dA\, dx$$

($k = \varkappa + \beta$ Schwächungskoeffizient (m^{-1}); $\varkappa$ Absorptionskoeffizient (m^{-1}); β Streukoeffizient (m^{-1}); $\tilde{q}_{\text{em}}$ Strahlungsdichte der Volumenstrahlung (W/m^3))

Entsprechend dem Energieerhaltungssatz gilt:

$$\dot{Q}_{\text{II}} = \dot{Q}_{\text{I}} - d\dot{Q}_{\text{Schwä}} + d\dot{Q}_{\text{em}} \quad \text{oder}$$

$$(I + dI)\, d\omega\, dA = I\, d\omega\, dA - kI\, d\omega\, dA\, dx + \frac{\tilde{q}_{\text{em}}}{4\pi}\, d\omega\, dA\, dx$$

Linke und rechte Seite dieser Gleichung durch $d\omega\, dA\, dx$ dividiert, ergibt:

$$\frac{dI}{dx} = -kI + \frac{\tilde{q}_{\text{em}}}{4\pi} \tag{4.4-54}$$

Gl. (4.4-54) wird *Strahlungs-Energietransportgleichung* genannt; sie charakterisiert die Veränderung der Strahlungsintensität im absorbierenden, strahlenden und streuenden Medium.

Wirkt ein Medium nur abschwächend ($\dot{Q}_{\text{em}} = 0$), nimmt Gl. (4.4-54) folgende Form an:

$$\frac{dI}{I} = -k\, dx \tag{4.4-55}$$

Diese Formulierung drückt den Inhalt des *Bouguerschen Gesetzes* aus. Wenn die auf das Volumen eines abschwächenden Mediums auftreffende Strahlung die Intensität I_0 besitzt, kann die Veränderung der Strahlungsintensität im Volumen längs der Strecke x aus Gl. (4.4-55) erhalten werden:

$$I = I_0 \exp\left(-\int_0^s k\, dx\right) \tag{4.4-55/1}$$

Für rein absorbierendes Medium ($\beta = 0$; $k = \varkappa$) kann man bei Annahme eines konstanten Absorptionskoeffizienten $\varkappa$ im gesamten Volumen Gl. (4.4-55/1) in folgender Form darstellen:

$$I = I_0 \exp(-\varkappa s) \tag{4.3-56}$$

I_0 stellt die auf die Oberflächenschicht auftreffende Strahlung dar. Die in einer Schicht der Dicke s absorbierte Energie beträgt $I_0 - I$; dann ist der Absorptionsgrad der Schicht (des Volumens):

$$a = \frac{I_0 - I}{I_0} = 1 - \exp(-\varkappa s) \tag{4.4-57}$$

Das absorbierende und strahlende Medium, das den Arbeitsraum von Industrieöfen, Dampferzeugern und anderen wärmetechnischen Aggregaten ausfüllt, besteht meist aus gasförmigen Verbrennungsprodukten, in denen Teilchen von Ruß, Asche, Kohle u. ä. enthalten sein können. Die Strahlungseigenschaften solch eines Mediums unterscheiden sich entscheidend von den Strahlungseigenschaften fester Körper. Die Strahlung (Absorption) eines Gasmoleküls ist mit der Veränderung seines Elektronen-, Schwingungs- oder Rotations-Energieniveaus verbunden: Den Elektronenübergängen entspricht der Spektralbereich von 0,4 bis 0,7 μm (sichtbare Strahlung), dem Rotationsspektrum innerhalb des gegebenen Schwingungszustandes der Spektralbereich von 8 bis 800 μm. Dem Rotations- und Schwingungsspektrum entspricht der Spektralbereich von 1,5 bis 20 μm, auf den der Hauptanteil der in Industrieöfen durch Strahlung übertragenen Energie entfällt. Die Gesamtheit der durch Rotation und Schwingung hervorgerufenen Spektrallinien bildet Schwingungs- und Rotationsbanden, die charakteristisch für die Strahlung der nichtelementaren Gase sind.

Tabelle 4.4-1. Hauptabsorptionsbanden von CO_2 *und* H_2O

Nr.	CO_2			H_2O		
	λ_1	λ_2	$\Delta\lambda$	λ_1	λ_2	$\Delta\lambda$
	in μm					
1	2,65	2,8	0,15	2,3	3,4	1,1
2	4,15	4,45	0,3	4,4	8,5	4,1
3	13	17	4,0	12	30	18

Die Hauptbanden der Emission (der Absorption) von CO_2 und H_2O, die die Grundkomponenten der Verbrennungsprodukte sind, werden in Tabelle 4.4-1 dargestellt. Somit ist die Strahlung der Verbrennungsprodukte selektiv, bandenförmig. Zur Vereinfachung der Berechnung nimmt man die Gasstrahlung als grau an, wobei die Fläche unter der Verteilungskurve der Strahlungsdichte des »grauen« Gases (punktierte Linie in Bild 4.4-1*b*) gleich der Summe der Flächen der Strahlungsbänder des realen Gases ist. In diesem Fall wird die emittierte Strahlungsdichte der »grauen« Strahlung von CO_2 und H_2O durch folgende Formeln beschrieben:

$$\dot{q}_{CO_2} = 3{,}5(p_{CO_2}\, s)^{0{,}33}\left(\frac{T}{100}\right)^{3{,}5} \tag{4.4-58}$$

$$\dot{q}_{H_2O} = 3{,}5\, p_{H_2O}^{0{,}8}\, s^{0{,}6}\left(\frac{T}{100}\right)^{3} \tag{4.4-59}$$

(p_{CO_2}, p_{H_2O} Partialdruck von CO_2 und H_2O (10^5 Pa); s gleichwertige Schichtdicke (m))

Der Absorptionsgrad eines Gasvolumens wird mit Hilfe des *Gesetzes von Bouguer-Beer* ermittelt, das eine Analogie zum Bouguerschen Gesetz (Gl. (4.4-57)) ist:

$$\alpha = 1 - e^{-k'\mu s} \tag{4.4-60}$$

(μ Konzentration des absorbierenden Mediums (für Gase ist es äquivalent dem Partialdruck))

Die *gleichwertige Schichtdicke s*, die gleich dem Radius eines halbkugelförmigen Gasvolumens ist, dessen auf ein Flächenelement im Zentrum der Halbkugel fallende Strahlungsdichte genauso groß ist wie die eines Gasvolumens mit einer realen Form, wird nach der *Formel von Nevski* bestimmt:

$$s = m\frac{4V}{A} \tag{4.4-61}$$

(V Volumen des Gasmediums (m^3); A Oberfläche des gegebenen Volumens (m^2); m Koeffizient, der den Einfluß der optischen Dicke berücksichtigt (für Industrieöfen $m = 0{,}9$))

Wenn das Gasvolumen aus einem Gemisch mehrerer Gase (oder von Gas und Ruß) besteht, dann lautet das Gesetz von *Bouguer-Beer:*

$$\alpha = \varepsilon = 1 - \exp\left(-\sum_{i=1}^{n} k'_i p_i s\right) \tag{4.4-60/1}$$

(p_i Partialdruck des i-ten Gases)

Den Schwächungskoeffizienten $k'_{CO_2+H_2O}$ eines Gemisches aus CO_2 und H_2O kann man nach der *Gleichung von Gurvič und Mitor* bestimmen mit:

$$k'_{CO_2+H_2O} = \frac{0{,}8 + 1{,}6\,p_{H_2O}}{\sqrt{(p_{CO_2} + p_{H_2O})\,s}}\,(1 - 0{,}38 \cdot 10^{-3}\,T) \tag{4.4-62}$$

(p_{CO_2}, p_{H_2O} Partialdrücke von CO_2 und H_2O (10^5 Pa))

Für Rußteilchen gilt die *Formel von Blok:*

$$k'_{Ruß} = \mu_0\,(0{,}23 - 94{,}4/T) \tag{4.4-63}$$

(μ_0 Konzentration der Rußteilchen (g/m^3))

Praktische Berechnungen des Emissionsgrades (des Absorptionsgrades) eines von Verbrennungsprodukten erfüllten Volumens werden i. allg. unter Verwendung der Diagramme von *Timofeev* und *Karasina* (Bilder 4.4-15 bis 4.4-17) durchgeführt. Da im infraroten Spektralbereich nichtelementare Gase strahlen, beträgt der Emissionsgrad der Verbrennungsprodukte nach Gl. (4.4-60/1):

$$\varepsilon_G = 1 - \exp\left[-(k'_{CO_2} p_{CO_2}\, s + k'_{H_2O}\, p_{H_2O}\, s)\right] \quad \text{oder}$$

$$\varepsilon_G = 1 - \exp\left[-k'_{CO_2} p_{CO_2}\, s\right] \exp\left[-k'_{H_2O}\, p_{H_2O}\, s\right] \tag{4.4-64}$$

Berücksichtigt man, daß $\exp\left[-k'_{CO_2}\, p_{CO_2}\, s\right] = 1 - \varepsilon_{CO_2}$ und $\exp\left[-k'_{H_2O}\, p_{H_2O}\, s\right] = 1 - \varepsilon_{H_2O}$, dann wird nach Gl. (4.4-64):

$$\varepsilon_G = 1 - (1 - \varepsilon_{CO_2})(1 - \varepsilon_{H_2O}) = \varepsilon_{CO_2} + \varepsilon_{H_2O} - \varepsilon_{CO_2}\varepsilon_{H_2O} \quad \text{oder}$$

$$\varepsilon_G = \varepsilon_{CO_2} + \beta\,\varepsilon'_{H_2O} - \Delta\varepsilon \tag{4.4-65}$$

(ε_{CO_2}, ε_{H_2O} Emissionsgrade von CO_2 und H_2O (s. Bilder 4.4-15 und 4.4-16); β Berichtigungsfaktor, der die Nichtunterordnung von H_2O unter das Gesetz von *Bouguer-Beer* (Gl. (4.4-60)) berücksichtigt und den man graphisch in Bild 4.4-17 findet; $\Delta\varepsilon$ Berichtigungsfaktor, der die gegenseitige Absorption der Strahlungen von CO_2 und H_2O im Volumen berücksichtigt (da die Größe dieses Faktors meist nicht groß ist, wird sie in praktischen Berechnungen i. allg. vernachlässigt))

In einer Reihe von Fällen ist in den Verbrennungsprodukten eine beachtliche Menge SO_2 (in Öfen der Buntmetallurgie) und CO (in Öfen mit schwachoxydierender Atmosphäre) enthalten, deren Strahlung unbedingt berücksichtigt werden muß. Dazu dienen die in den Bildern 4.4-18 und 4.4-19 dargestellten Diagramme. Gl. (4.4-65) nimmt dann folgende Form an:

$$\varepsilon_G = \varepsilon_{CO_2} + \beta\,\varepsilon'_{H_2O} + \varepsilon_{SO_2} + \varepsilon_{CO} \tag{4.4-65/1}$$

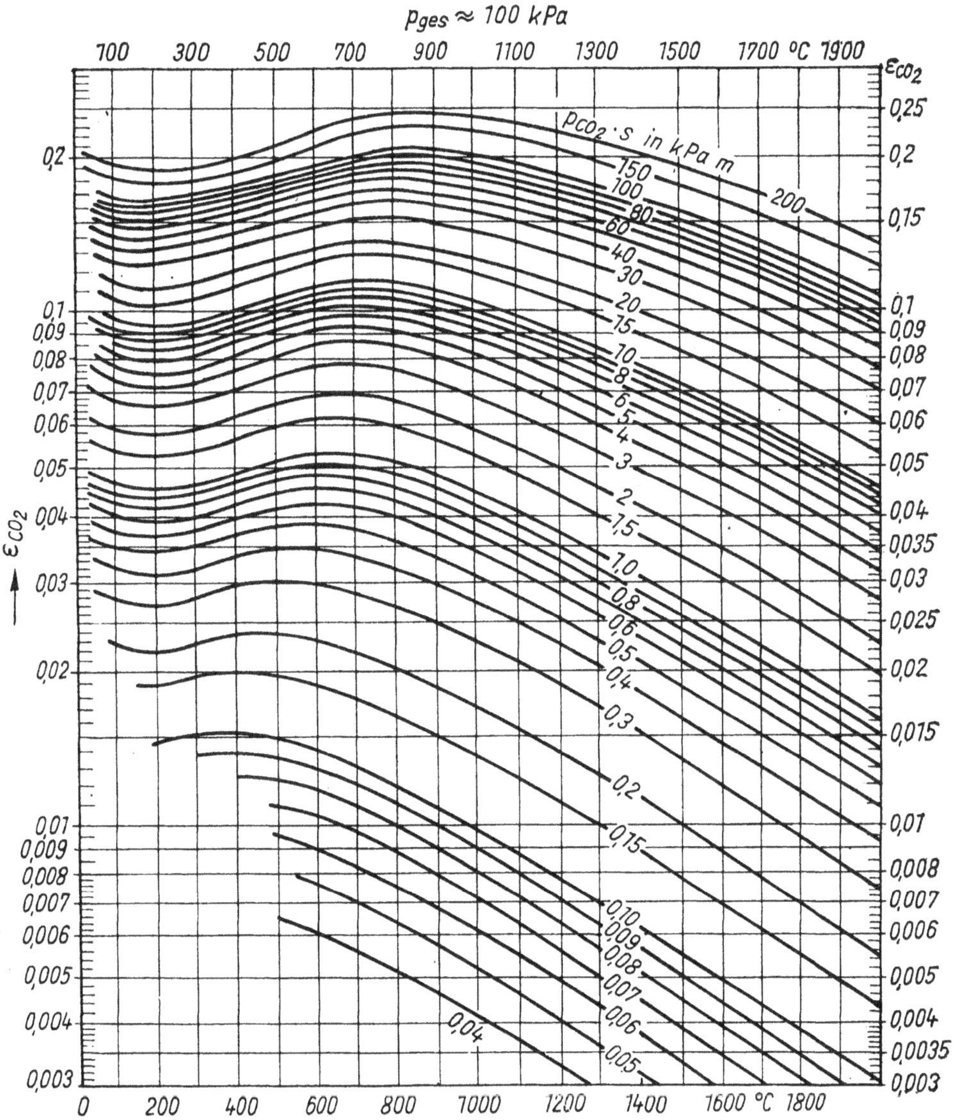

Bild 4.4-15. Gesamtemissionsgrad von CO_2

Bei Überschlagsrechnungen des Emissionsgrades einer rußhaltigen Flamme kann man annehmen, daß der Emissionsgrad der Erdgasflamme um den Faktor 1,5 und der der Ölflamme um 2,5 größer ist als der Emissionsgrad der gasförmigen Verbrennungsprodukte, die man nach Gl. (4.4-65) und (4.4-65/1) ermitteln kann.

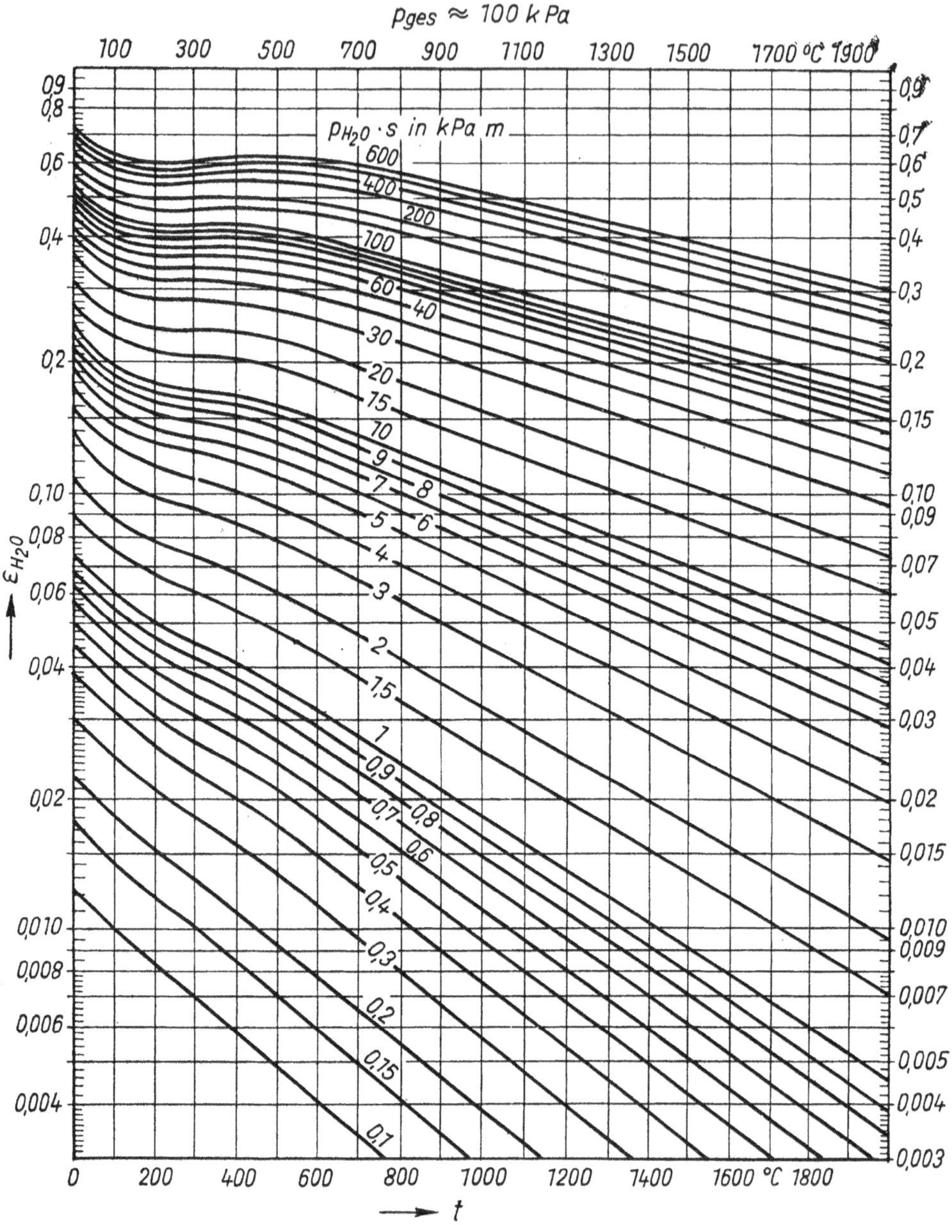

Bild 4.4-16. Gesamtemissionsgrad von H_2O

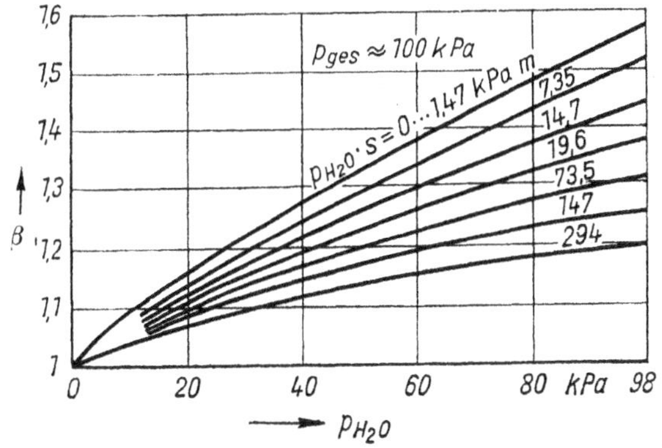

Bild 4.4-17. Korrekturfaktor zur Berechnung des Gesamtemissionsgrades von HO_2

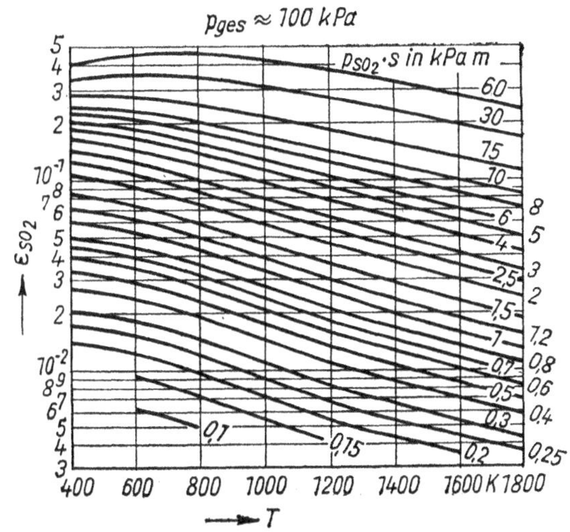

Bild 4.4-18. Gesamtemissionsgrad von SO_2

4.4.8. Allgemeine Einstrahlzahlen

Das Vorhandensein eines absorbierenden und strahlenden Mediums im System kann die Größe des Strahlungsstromes, der von einem zum System gehörenden Körper emittiert wird und auf die Oberfläche eines anderen solchen Körpers auftrifft, wesentlich verändern. Betrachten wir die Strahlungswärmeübertragung zwischen zwei isothermen, isotrop strahlenden und reflektierenden Körpern i und k, die beliebig im Raum angeordnet sind und die die Oberflächen A_i und A_k besitzen (Bild 4.4-9). Es wird im Unterschied zu den früher betrachteten Fällen angenommen, daß sich zwischen ihnen ein absorbierendes Medium mit dem Schwächungskoeffizienten k_Σ befindet, der im gesamten Volumen konstant ist. In der Umgebung der Punkte M und N werden die Elementarflächen dA_M und dA_N herausgelöst, die entsprechend zu i und k gehören.

Die Größe des Strahlungsstromes, der die Elementarfläche dA_M verläßt, auf der Strecke von dA_M nach dA_N abgeschwächt wird und auf die Elementarfläche dA_N auftrifft, beträgt entsprechend Gl. (4.4-6) unter Hinzuziehung von Gl. (4.4-56):

$$d^2\dot{Q}(dA_M, k_\Sigma, dA_N) = I_{eff}(M) \cos \Theta_M \, d\omega(M, N) \, dA_M \, e^{-k_\Sigma r_{MN}} \qquad (4.4\text{-}66)$$

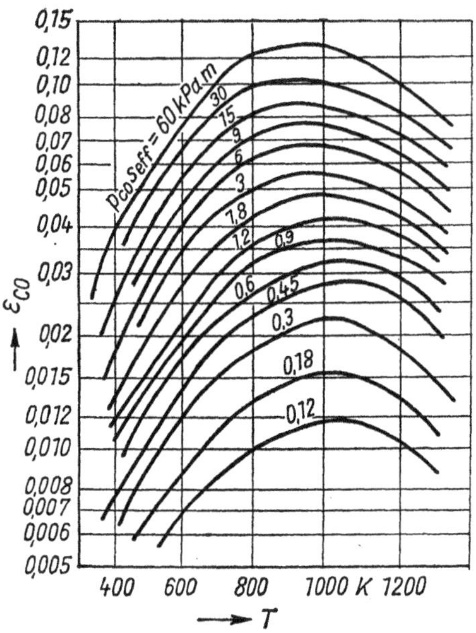

Bild 4.4-19. Gesamtemissionsgrad von CO

Bei Berücksichtigung der Gln. (4.4-26) und (4.4-27) kann man Gl. (4.4-66) darstellen als

$$d^2\dot{Q}(dA_M, k_\Sigma, dA_N) = d\dot{Q}_{eff}(dA_M)\, e^{-k_\Sigma r_{MN}} \frac{\cos\Theta_M \cos\Theta_N}{\pi r_{MN}^2}\, dA_N \tag{4.4-67}$$

Das Verhältnis des Strahlungsstromes $d^2\dot{Q}(dA_M, k_\Sigma, dA_N)$, der unter Berücksichtigung der Strahlungsabschwächung im Medium von dA_M nach dA_N gelangt, zum effektiven Strahlungsstrom $d\dot{Q}_{eff}(dA_M)$, der durch die Elementarfläche dA_M in den Halbraum abgegeben wird, nennt man *elementare allgemeine Einstrahlzahl* (in deutschsprachiger Fachliteratur wurden bisher die Begriffe elementare, lokale und mittlere allgemeine Einstrahlzahl nicht unterschieden und gemeinsam als allgemeine Einstrahlzahl bezeichnet):

$$d\psi_{dA,M-dA,N} = \frac{d^2\dot{Q}(dA_M, k_\Sigma, dA_N)}{d\dot{Q}_{eff}(dA_M)} = e^{-k_\Sigma r_{MN}} \frac{\cos\Theta_M \cos\Theta_N}{\pi r_{MN}^2}\, dA_N$$

$$= e^{-k_\Sigma r_{MN}}\, d\varphi_{dA,M-dA,N} \tag{4.4-68}$$

Das Verhältnis des Strahlungsstromes $d\dot{Q}\,(dA_M, k_\Sigma, A_K)$, der unter Berücksichtigung der Strahlungsabschwächung im Medium von dA_M nach A_K gelangt, zum effektiven Strahlungsstrom $d\dot{Q}_{eff}\,(dA_M)$, der durch die Elementarfläche dA_M in den Halbraum freigesetzt wird, heißt *lokale allgemeine Einstrahlzahl:*

$$\psi_{dA,M-A,K} = \frac{d\dot{Q}(dA_M, k_\Sigma, A_K)}{d\dot{Q}_{eff}(dA_M)} = \int_{A_K} d\psi_{dA,M-dA,N}$$

$$= \int_{A_K} e^{-k_\Sigma r_{MN}} \frac{\cos\Theta_M \cos\Theta_N}{\pi r_{MN}^2}\, dA_N \tag{4.4-68/1}$$

Schließlich ist die *mittlere allgemeine Einstrahlzahl* das Verhältnis des Strahlungsstromes $\mathrm{d}\dot{Q}\,(A_\mathrm{i}, k_\Sigma, A_\mathrm{K})$, der unter Berücksichtigung der Strahlungsabschwächung im Medium von A_i nach A_K gelangt, zum effektiven Strahlungsstrom $Q_\mathrm{eff}\,(A_\mathrm{i})$, der durch die gesamte Oberfläche A_i in den Halbraum freigesetzt wird:

$$\psi_{\mathrm{A,i-A,K}} = \psi_{\mathrm{ik}} = \frac{\mathrm{d}\dot{Q}(A_\mathrm{i}, k_\Sigma, A_\mathrm{K})}{\dot{Q}_\mathrm{eff}(A_\mathrm{i})} = \frac{1}{A_\mathrm{i}} \int\limits_{A_\mathrm{i}} \psi_{\mathrm{dA,M-A,K}}\,\mathrm{d}A_\mathrm{M} = \frac{1}{A_\mathrm{i}} \int\limits_{A_\mathrm{i}} \int\limits_{A_\mathrm{K}} \mathrm{e}^{-k_\Sigma r_\mathrm{MN}} \times$$

$$\times \frac{\cos\Theta_\mathrm{M}\cos\Theta_\mathrm{N}}{\pi\, r_\mathrm{MN}^2}\,\mathrm{d}A_\mathrm{M}\,\mathrm{d}A_\mathrm{N} = \mathrm{e}^{-k_\Sigma S}\,\frac{1}{A_\mathrm{i}} \int\limits_{A_\mathrm{i}} \int\limits_{A_\mathrm{K}} \frac{\cos\Theta_\mathrm{M}\cos\Theta_\mathrm{N}}{\pi\, r_\mathrm{MN}^2} \times$$

$$\times\,\mathrm{d}A_\mathrm{M}\,\mathrm{d}A_\mathrm{N} = \mathrm{e}^{-k_\Sigma S}\,\varphi_\mathrm{ik} \qquad (4.4\text{-}69)$$

($\mathrm{e}^{-k_\Sigma S}$ Transparenz des Mediums)

Wie auch bei den Einstrahlzahlen gelten für die allgemeinen Einstrahlzahlen die Eigenschaft der

1. *Reziprozität:*

$$\psi_\mathrm{ik}\,A_\mathrm{i} = \psi_\mathrm{ki}\,A_\mathrm{K} \qquad (4.4\text{-}70)$$

2. *Selbsteinstrahlung:*

$$\left.\begin{array}{ll} \psi_\mathrm{ii} = 0 & \text{für ebene und konvexe Flächen} \\ \psi_\mathrm{ii} > 0 & \text{für konkave Flächen} \end{array}\right\} \qquad (4.4\text{-}71)$$

3. *Additivität:*

$$\psi_\mathrm{ik} = \psi_\mathrm{ik,1} + \psi_\mathrm{ik,2} + \dots + \psi_\mathrm{ik,n} \qquad (4.4\text{-}72)$$

Bei Berechnungen der Strahlungswärmeübertragung in Systemen mit absorbierendem und strahlendem Medium kann man annehmen, daß die Volumenzonen ankommende Strahlungsströme an ihrer äußeren Oberfläche aufnehmen, welcher daher der Absorptionsgrad $\alpha_\mathrm{j} = 1 - \mathrm{e}^{-\varkappa_\mathrm{j} r_\mathrm{j}}$ zugeschrieben wird, d. h., man rechnet anstelle von Volumenzonen mit deren Oberfläche A_j, die den Emissionsgrad $\varepsilon_\mathrm{j} = \alpha_\mathrm{j}$ hat und die den Strahlungsstrom $\dot{Q}_\mathrm{em,j} = \varepsilon_\mathrm{j}\,\sigma\,T_\mathrm{j}^4\,A_\mathrm{j}$ (W) emittiert. Die Eigenschaft der *Geschlossenheit*, eine Folgerung aus dem Energieerhaltungssatz, muß die Transparenz der Volumenzonen $\tau_\mathrm{j} = 1 - \alpha_\mathrm{j}$ berücksichtigen und lautet daher für allgemeine Einstrahlzahlen:

$$\sum_{k=1}^{n} \psi_\mathrm{ik} + \sum_{k=n+1}^{m+n} \alpha_\mathrm{k}\,\psi_\mathrm{ik} = 1 \qquad (4.4\text{-}73)$$

(n Anzahl der Flächenzonen; m Anzahl der Volumenzonen)

Im folgenden sollen als Beispiel für ein System, das den Querschnitt eines brennstoffbeheizten Industrieofens (Bild 4.4-20) darstellt und das aus einer wärmeaufnehmenden Oberfläche (Zone *1*) sowie der Ofenwand (Zone *2*) besteht und durch ein isotropes absorbierendes und strahlendes Medium (Zone *3*) ausgefüllt wird, die allgemeinen Einstrahlzahlen hergeleitet werden. Bei der Herleitung ist zu berücksichtigen, daß $\mathrm{e}^{-\varkappa_3 s} = 1 - \alpha_3$ (Gl. (4.4-57)), $\varphi_{11} = 0$ (lt. Eigenschaft der Selbsteinstrahlung), $\varphi_{12} = 1$, $\varphi_{21} = A_1/A_2$ (lt. Gl. (4.4-39)) und $\varphi_{22} = 1 - (A_1/A_2)$ (nach Gl. (4.4-40)). Dann

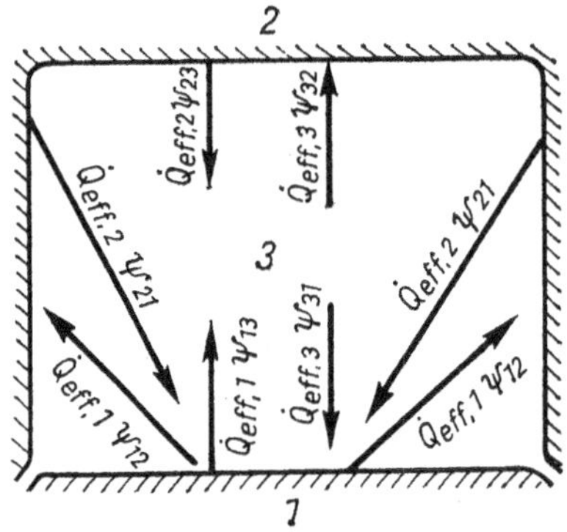

Bild 4.4-20. Berechnung der Strahlungswärmeübertragung in brennstoffbeheizten Industrieöfen

ist:

$\psi_{11} = 0;$

$\psi_{12} = e^{-\varkappa s}\,\varphi_{12} = (1 - \alpha_3)\,1 = 1 - \alpha_3;$

$\psi_{13} = 1,$ weil die gesamte Strahlung, die die Oberfläche der 1. Zone verläßt, in die Volumenzone 3 einfällt;

$$\psi_{21} = e^{-\varkappa s}\,\varphi_{21} = (1 - \alpha_3)\,\frac{A_1}{A_2};$$

$$\psi_{22} = e^{-\varkappa s}\,\varphi_{22} = (1 - \alpha_3)\left(1 - \frac{A_1}{A_2}\right);$$

$\psi_{23} = 1,$ weil die gesamte, die Oberfläche der 2. Zone verlassende Strahlung ebenfalls in die Volumenzone 3 einfällt;

$$\psi_{31} = \frac{A_1}{A_3} = \frac{A_1}{A_1 + A_2};$$

$$\psi_{32} = \frac{A_2}{A_3} = \frac{A_2}{A_1 + A_2};$$

$\psi_{33} = 0,$ weil die äußere Oberfläche der 3. Zone konvex ist.

4.4.9. Berechnung der Strahlungswärmeübertragung im System grauer Körper mit absorbierendem Medium

Zu den Systemen des zu betrachtenden Typs gehören Arbeitsräume von brennstoffbeheizten Industrieöfen und Dampferzeugern, Rekuperatoren, Regeneratoren u. ä. Bei den Berechnungen der Strahlungswärmeübertragung wird das wärmeübertragende System in der Form einer endlichen Anzahl von Flächen- (n) und Volumenzonen (m) dargestellt, in deren Grenzen die Temperatur, der Emissionsgrad und die effektive Strahlungsdichte als konstant angenommen werden. So stellt zum Beispiel die schematische Zeichnung des Querschnitts eines brennstoffbeheizten Industrieofens (Bild 4.4-20) ein System mit absorbierendem Medium dar, das zwei Flächenzonen *1* und *2* ($n = 2$) und eine Volumenzone *3* ($m = 1$) beinhaltet. Von der Oberfläche einer jeden Zone geht ein effektiver hemisphärischer Strahlungsstrom $\dot{Q}_{eff}$ in das System, wobei ein Teil dieses Stromes, der durch entsprechende allgemeine Ein strahlzahlen bestimmt wird, auf die anderen geometrischen Zonen fällt. Wenn ein System aus n Flächen und m Volumenzonen besteht, dann fällt auf die i-te Zone der Strahlungsstrom:

$$\dot{Q}_{\mathrm{auf,i}} = \sum_{k=1}^{n+m} \dot{Q}_{\mathrm{eff,k}}\, \psi_{\mathrm{ki}} \tag{4.4-74}$$

Gl. (4.4-74) ist analog zur Gl. (4.4-41) für ein System mit diathermanem Medium, nur stehen hier anstelle der Einstrahlzahlen φ_{ki} die allgemeinen Einstrahlzahlen ψ_{ki}. Bei Verwendung von Gl. (4.4-22) kann man den effektiven Strahlungsstrom der i-ten Zone in folgender Form darstellen:

$$\dot{Q}_{\mathrm{eff,i}} = \dot{Q}_{\mathrm{em,i}} + \varrho_{\mathrm{i}}\, \dot{Q}_{\mathrm{auf,i}} = \dot{Q}_{\mathrm{em,i}} + \varrho_{\mathrm{i}} \sum_{k=1}^{n+m} \dot{Q}_{\mathrm{eff,k}}\, \psi_{\mathrm{ki}} \tag{4.4-75}$$

$(k = 1, 2, \ldots, n + m)$

Wenn man i die Werte $1, 2, \ldots, n + m$ zuordnet, dann erhält man ein System aus $n + m$ Gleichungen mit $n + m$ unbekannten $\dot{Q}_{\mathrm{eff}}$:

$$\dot{Q}_{\mathrm{eff,i}} - \varrho_{\mathrm{i}} \sum_{k=1}^{n+m} \dot{Q}_{\mathrm{eff,k}}\, \psi_{\mathrm{k,i}} = \dot{Q}_{\mathrm{em,i}} \tag{4.4-76}$$

$(i, k = 1, 2, \ldots, n + m)$

Nach Ermittlung der Werte von $\dot{Q}_{\mathrm{eff}}$ sind nach Gl. (4.4-44) leicht die Größen von $\dot{Q}_{\mathrm{res}}$ ermittelbar. In ingenieurtechnischen Berechnungen wird i. allg. die Streuung der Strahlung durch ein Medium vernachlässigt, so daß für Volumenzonen $\dot{Q}_{\mathrm{eff}} = \dot{Q}_{\mathrm{em}}$ gilt.

Im Falle einer gemischten Aufgabenstellung, d. h., wenn für n_1 Flächenzonen und für m_1 Volumenzonen die Temperaturen sowie für n_2 Flächenzonen und für m_2 Volumenzonen die resultierenden Strahlungsströme vorgegeben sind, dann hat das zu (4.4-47) analoge Gleichungssystem im System mit absorbierendem und strahlendem Medium die Form

$$\left.\begin{aligned}
&\dot{Q}_{\mathrm{eff,i}} = \dot{Q}_{\mathrm{em,i}} + (1 - \varepsilon_{\mathrm{i}}) \sum_{k=1}^{n+m} \dot{Q}_{\mathrm{eff,k}}\, \psi_{\mathrm{ki}} \\
&(1 \leqq i \leqq n_1) \\
&\dot{Q}_{\mathrm{eff,i}} = \dot{Q}_{\mathrm{em,i}} \\
&(n + 1 \leqq i \leqq n + m_1) \\
&\dot{Q}_{\mathrm{eff,i}} = \dot{Q}_{\mathrm{res,i}} + \sum_{k=1}^{n+m} \dot{Q}_{\mathrm{eff,k}}\, \psi_{\mathrm{ki}} \\
&(n_1 + 1 \leqq i \leqq n \text{ und } n + m_1 + 1 \leqq i \leqq n + m)
\end{aligned}\right\} \tag{4.4-77}$$

Die gesuchten Größen der resultierenden Strahlungsströme (für die Zonen n_1) und der Temperatur (für die Zonen n_2) der Flächenzonen lassen sich nach Gln. (4.4-44/1) und (4.4-45/1) berechnen.

Für Volumenzonen ist es zweckmäßig, die Gl. (4.4-23) in folgender Form zu verwenden:

$$\dot{Q}_{\mathrm{res,i}} = \sum_{k=1}^{n+m} \dot{Q}_{\mathrm{eff,k}}\, \psi_{\mathrm{ki}} - \dot{Q}_{\mathrm{em,i}} \tag{4.4-78}$$

$(n + 1 \leqq i \leqq n + m_1)$

$$T_i^4 = \frac{1}{\sigma \varepsilon_i A_i} \left(\sum_{k=1}^{n+m} \dot{Q}_{\mathrm{eff,k}} \psi_{\mathrm{ki}} - \dot{Q}_{\mathrm{res,i}} \right) \tag{4.4-79}$$

$(n + m_1 + 1 \leqq i \leqq m + n)$

4.4.10. Berechnung der Strahlungswärmeübertragung in brennstoffbeheizten Industrieöfen

Die Berechnung der Strahlungswärmeübertragung in brennstoffbeheizten Öfen stellt infolge der ungleichmäßigen Temperaturen im Gasvolumen, der Verbrennungsvorgänge und anderer Einflüsse eine sehr schwierige Aufgabe dar. Für ingenieurtechnische Berechnungen wird der Arbeitsraum des brennstoffbeheizten Industrieofens häufig durch ein sehr vereinfachtes Modell dargestellt (Bild 4.4-20), bestehend aus einer wärmeaufnehmenden Fläche (*1*), einer adiabaten Auskleidung (*2*) und einem isothermen Abgasvolumen (*3*), wobei innerhalb jeder Zone die Temperaturen und Strahlungseigenschaften sowie die effektiven Strahlungsdichten als konstant angenommen werden. Die Annahme einer adiabaten Auskleidung ist in gewissem Maße begründet, da die Wärmeverluste durch die Ofenwandungen in brennstoffbeheizten Industrieöfen i. allg. 8 bis 10 % der gesamten Wärmeleistung des Ofens nicht überschreiten, was ungefähr durch den Wärmestrom gedeckt wird, der die strömenden Abgasprodukte durch Konvektion an die Auskleidung überträgt. Dies wird jedoch bei der zu betrachtenden Aufgabenstellung nicht berücksichtigt.
Bezüglich der Strahlungswärmeübertragung ergibt sich eine gemischte Aufgabenstellung, bei der für die Zonen *1* und *3* die Temperaturen vorgegeben sind, für die Zone *2* aber die Größe des resultierenden Strahlungsstromes $\dot{Q}_{\mathrm{res,2}} = 0$ ist. Ziel der Berechnung ist die Ermittlung der resultierenden Strahlungsdichte der wärmeaufnehmenden Oberfläche $\dot{q}_{\mathrm{res,1}}$ (Wärmeaufnahme des Metalls) und der Wandtemperatur T_2. Für den zu betrachtenden Fall nimmt das Gleichungssystem (4.4-77) folgende Form an:

$$\left.\begin{aligned} \dot{Q}_{\mathrm{eff,1}} &= \dot{Q}_{\mathrm{em,1}} + (1 - \varepsilon_1)(\dot{Q}_{\mathrm{eff,1}} \psi_{11} + \dot{Q}_{\mathrm{eff,2}} \psi_{21} + \dot{Q}_{\mathrm{eff,3}} \psi_{31}) \\ \dot{Q}_{\mathrm{eff,2}} &= \dot{Q}_{\mathrm{eff,1}} \psi_{12} + \dot{Q}_{\mathrm{eff,2}} \psi_{22} + \dot{Q}_{\mathrm{eff,3}} \psi_{32} \\ \dot{Q}_{\mathrm{eff,3}} &= \dot{Q}_{\mathrm{em,3}} \end{aligned}\right\} \tag{a}$$

Bei Darstellung der Wärmeströme als $\dot{Q}_i = \dot{q}_i A_i$ und unter Berücksichtigung der Eigenschaft der Reziprozität der allgemeinen Einstrahlzahlen $A_i \psi_{ik} = A_k \psi_{ki}$ sowie mit $\psi_{11} = 0$,
$\psi_{13} = \psi_{23} = 1$ kann das Gleichungssystem (a) als

$$\left.\begin{aligned} \dot{q}_{\mathrm{eff,1}} &= \dot{q}_{\mathrm{em,1}} + (1 - \varepsilon_1)(\dot{q}_{\mathrm{eff,2}} \psi_{12} + \dot{q}_{\mathrm{eff,3}}) \\ \dot{q}_{\mathrm{eff,2}} &= \dot{q}_{\mathrm{eff,1}} \psi_{21} + \dot{q}_{\mathrm{eff,2}} \psi_{22} + \dot{q}_{\mathrm{eff,3}} \\ \dot{q}_{\mathrm{eff,3}} &= \dot{q}_{\mathrm{em,3}} \quad \text{oder} \\ \dot{q}_{\mathrm{eff,1}} - (1 - \varepsilon_1) \psi_{12} \dot{q}_{\mathrm{eff,2}} &= \dot{q}_{\mathrm{em,1}} + (1 - \varepsilon_1) \dot{q}_{\mathrm{em,3}} \\ -\psi_{21} \dot{q}_{\mathrm{eff,1}} + (1 - \psi_{22}) \dot{q}_{\mathrm{eff,2}} &= \dot{q}_{\mathrm{em,3}} \end{aligned}\right\} \tag{b}$$

geschrieben werden. Wenn man das Gleichungssystem (b) durch Determinanten löst, erhält man:

$$\dot{q}_{\mathrm{eff,1}} = \frac{\begin{vmatrix} q_{\mathrm{em,1}} + (1 - \varepsilon_1) q_{\mathrm{em,3}} & -(1 - \varepsilon_1) \psi_{12} \\ q_{\mathrm{em,3}} & 1 - \psi_{22} \end{vmatrix}}{\begin{vmatrix} 1 & -(1 - \varepsilon_1) \psi_{12} \\ -\psi_{21} & 1 - \psi_{22} \end{vmatrix}} \tag{c}$$

Die nach einfachen Umformungen aus Gl. (c) erhaltene Größe $\dot{q}_{eff,1}$ in Gl. (4.4-44/1) eingesetzt, ergibt:

$$\dot{q}_{res,1} = \varepsilon_{3-1}\,\sigma\,(T_3^4 - T_1^4) \tag{4.4-80}$$

Darin ist

$$\varepsilon_{3-1} = \varepsilon_1\,\varepsilon_3\,\frac{1 + \varphi_{21}\,(1 - \varepsilon_3)}{\varphi_{21}\,(1 - \varepsilon_3)\,[\varepsilon_1 + \varepsilon_3\,(1 - \varepsilon_1)] + \varepsilon_3} \tag{4.4-81}$$

das resultierende Emissionsverhältnis des betrachteten Systems. Gl. (4.4-80) wird *Timofeev-Gleichung* genannt und oft bei der ingenieurtechnischen Berechnung der Strahlungswärmeübertragung im Arbeitsraum von Industrieöfen verwendet. Jedoch muß der Näherungscharakter der Formel berücksichtigt werden, der aus den Annahmen bei der Formulierung der Aufgabenstellung herrührt.

4.4.11. Strahlungswärmeübertragung zwischen Gas und einer umgebenden Hülle

Wie aus den vorhergehenden Abschnitten folgt, ist die Gasstrahlung (insbesondere der Abgase) nicht grau, d. h., ihr Gesamtemissionsgrad und -absorptionsgrad sind nur bei Gleichheit der Temperaturen des Gases T_G und der umhüllenden Wandung T_W gleich (thermodynamisches Gleichgewicht). Bei der Strahlungswärmeübertragung zwischen einem nicht grauen Gas und einer grauen Hülle wird die Größe des resultierenden Strahlungsstromes bestimmt durch

$$\dot{Q}_{res} = \varepsilon_{G-W}\,\sigma\,[\varepsilon_G(T_G)\,T_G^4 - \alpha_G(T_G, T_W)\,T_W^4]\,A \tag{4.4-82}$$

($\varepsilon_{G-W} = (1 + \varepsilon_W)/2$ resultierendes Emissionsverhältnis des Systems; $\varepsilon_G(T_G)$ Emissionsgrad des Gases bei der Temperatur T_G; $\alpha_G(T_G, T_W)$ Absorptionsgrad des Gases bei der Temperatur T_G im Verhältnis zur Strahlung der Hülle mit der Temperatur T_W; A Oberfläche der Hülle)

Das Auftreten des Absorptionsgrades ist dadurch bedingt, daß im Unterschied zum Emissionsgrad der Gesamtabsorptionsgrad sowohl von der Gastemperatur als auch von der spektralen Zusammensetzung der auf das Gas auftreffenden Strahlung abhängt, die im Falle einer grauen Hülle durch deren Temperatur T_W bestimmt wird.
Nach *Timofejev* kann man für Verbrennungsprodukte in ingenieurtechnischen Berechnungen annehmen, daß

$$\alpha_G(T_G, T_W) = \varepsilon_G(T_G)\left(\frac{T_G}{T_W}\right)^4 \tag{4.4-83}$$

Bei der Strahlungswärmeübertragung zwischen einem grauen Gas und einer grauen Hülle wird die Berechnung des resultierenden Strahlungsstromes nach der *Formel von Nußelt* durchgeführt:

$$\dot{Q}_{res} = \frac{\sigma\,(T_G^4 - T_W^4)\,A}{\varepsilon_G^{-1} + \varepsilon_W^{-1} - 1} \tag{4.4-82/1}$$

Gln. (4.4-83) und (4.4-82/1) verwendet man z. B. für die Berechnung der Strahlungswärmeübertragung zwischen den Rohren eines Rekuperators (einer Regeneratorgitterung) und dem hindurchströmenden Gas.

4.4.12. Begriff der Gesamtwärmeübertragung

Im Arbeitsraum von brennstoffbeheizten Industrieöfen wird die Wärme nicht nur durch Strahlung, sondern auch durch Konvektion an das zu erwärmende Erzeugnis übertragen, wobei in Abhängigkeit vom Temperaturniveau und der Aerodynamik des Arbeitsraumes der Anteil der Konvektion 30 bis 40% erreichen kann. In ingenieurtechnischen Berechnungen nimmt man an, daß der Strahlungs- und konvektive Wärmeübergang aufeinander keinen Einfluß ausüben und sich ihre Wirkungen summieren. Der Einfachheit halber werden die Berechnungsformeln beider Arten der Wärmeübertragung in die gleiche Form gebracht. Zum Beispiel wird bei Verwendung der Formeln der Strahlungswärmeübertragung die Berechnung nach Gl. (4.4-80) durchgeführt, jedoch wird die Größe des summaren resultierenden Emissionsgrades wie folgt ermittelt:

$$\varepsilon_{\text{res},\Sigma} = \varepsilon_{\text{res}} \left(1 + \frac{\varepsilon_K}{\varepsilon_{\text{res}}}\right) \tag{4.4-84}$$

(ε_{res} resultierendes Emissionsverhältnis des zu betrachtenden Systems, das nach Gl. (4.4-81) bestimmt wird; ε_K Hilfsgröße, die die Wärmeübertragung durch Konvektion berücksichtigt)

ε_K wird nach folgender Formel ermittelt:

$$\varepsilon_K = \frac{\alpha (t_G - t_M)}{\sigma (T_G^4 - T_M^4)} \tag{4.4-85}$$

(t_G, T_G Gastemperatur (°C bzw. K); t_M, T_M Metalltemperatur (°C bzw. K))

Bei Verwendung der Formeln der konvektiven Wärmeübertragung ermittelt man die Wärmestromdichte als

$$\dot{q} = \alpha_\Sigma (t_G - t_M) \tag{4.4-86}$$

$\alpha_\Sigma = \alpha_K + \alpha_{\text{Str}}$ Gesamtwärmeübertragungskoeffizient (W/(m² K)); α_K Wärmeübertragungskoeffizient durch Konvektion (W/(m² K)), Berechnung s. Abschnitt 4.2. (bei näherungsweisen Berechnungen der Wärmeübertragung in Industrieöfen üblichen Typs kann man $\alpha_K = 10$ bis 15, in sog. *Schnellerwärmungsöfen* 30 bis 50 W/(m² K) annehmen); α_{Str} Wärmeübergangskoeffizient durch Strahlung)

α_{Str} ergibt sich aus

$$\alpha_{\text{Str}} = \frac{\dot{q}_{\text{res}}}{t_G - t_M} \quad (\text{W}/(\text{m}^2\,\text{K})) \tag{4.4-87}$$

Die Größe der resultierenden Strahlungsdichte kann nach Gln. (4.4-44), (4.4-46), (4.4-78), (4.4-80), (4.4-82) und (4.4-82/1) ermittelt werden. Wird Gl. (4.4-80) verwendet, dann kann Gl. (4.4-87) für den Arbeitsraum von brennstoffbeheizten Industrieöfen in folgender Form geschrieben werden:

$$\alpha_{\text{Str}} = \varepsilon_{G-M}\, \sigma \frac{T_G^4 - T_M^4}{t_G - t_M} \tag{4.4-87/1}$$

Die Anwendung der Formeln der konvektiven Wärmeübertragung ist bequemer für Berechnungen, weil in ihnen die Temperaturen in der ersten Potenz vorkommen. Die Genauigkeit der Berechnungen der Wärmestromdichte nach Gl. (4.4-80) unter Verwendung von Gln. (4.4-84) und (4.4-85) sowie nach Gl. (4.4-86) bei Verwendung von Gln. (4.4-87) und (4.4-87/1) ist gleich.

5 Wärmeentbindung

5.1. Brennstoff und seine Verbrennung

5.1.1. Allgemeine Charakterisierung der Brennstoffe

Brennbare Stoffe, die als Wärmequelle dienen, werden als *Brennstoffe* bezeichnet. Bevor brennbare Stoffe als Brennstoffe eingesetzt werden, muß festgestellt werden, ob sie einer Reihe von Forderungen genügen:

1. Es sind große Vorräte vorhanden, die für die Gewinnung zugänglich sind.
2. Die Verbrennungsprodukte können leicht aus der Verbrennungszone abtransportiert werden und sind für die Umwelt unschädlich.
3. Sie sind leicht zündbar und enthalten wenig unbrennbare Bestandteile (speziell Wasser und Asche).
4. Der Verbrennungsprozeß ist leicht steuerbar.

Nach ihrer Entstehung werden Brennstoffe in natürliche und künstliche Brennstoffe unterteilt. Nach dem Aggregatzustand unterscheidet man feste (stückige, staubförmige), flüssige und gasförmige Brennstoffe. Der Aggregatzustand eines Brennstoffes bestimmt seine Lagerung, seinen Transport und seine Zündung. In Tabelle 5.1-1 ist die allgemeine Klassifikation der Brennstoffe angegeben.

5.1.1.1. Brennstoffzusammensetzung

In Industrieöfen werden Brennstoffe in aufbereitetem Zustand eingesetzt. Entnimmt man von diesem festen oder flüssigen Brennstoff eine Probe und untersucht diese im Labor auf chemische Elementarzusammensetzung, so erhält man:

$$\mathrm{C} + \mathrm{H} + \mathrm{O} + \mathrm{N} + \mathrm{S} + A + W = 100\,\% \qquad (5.1\text{-}1)$$

In Gl. (5.1-1) ist der Gehalt jedes Elementes in Masseprozent ausgedrückt. Die genannten Elemente sind kein mechanisches Gemisch, sondern liegen im Brennstoff als komplizierte chemische Verbindungen vor. Die in der Technik angewendeten Methoden der chemischen Analyse fester und flüssiger Brennstoffe erlauben jedoch nicht, die konkrete Form dieser Verbindungen zu ermitteln.

Tabelle 5.1-1. Allgemeine Klassifikation der Brennstoffe

Aggregatzustand	Natürlicher Brennstoff	Künstlicher Brennstoff
fest	Holz, Torf, Braunkohle, Steinkohle, Anthrazit, Schiefer	Steinkohlenkoks, Schwelkoks, Holzkohle, Thermoanthrazit, Briketts, Kohlenstaub
flüssig	Erdöl	Benzin, Kerosin, Ligroin, Diesel, Heizöl u. a.
gasförmig	Erdgas	Koksofengas, Hochofengas, Generatorgase u. a.

Brennbare organische Elemente des Brennstoffes sind:

1. Kohlenstoff C,
2. Wasserstoff H und
3. flüchtiger Schwefel S_{fl}.

Außer den brennbaren Bestandteilen enthält der Brennstoff auch nichtbrennbare organische Elemente – Sauerstoff O und Stickstoff N –, die in die *Brennstoffzusammensetzung* in Form komplizierter hochmolekularer Verbindungen eingehen, sowie nichtbrennbare mineralische Beimengungen, die nach der Verbrennung des Brennstoffes die Asche A bilden.
Der gesamte im Brennstoff enthaltene Schwefel wird in zwei Gruppen unterteilt, den brennbaren (flüchtigen) und den nichtbrennbaren (mineralischen) Schwefel:

$$S_{ges} = S_{fl} + S_{min}$$

Der mineralische Schwefel ist in den Aschebestandteilen enthalten. Der flüchtige Schwefel kann nochmals in zwei Arten unterschieden werden, in den organischen Schwefel und in den Schwefelkies, der in einer Bindung mit Eisen vorliegt:

$$S_{fl} = S_{or} + S_{K}$$

Im Brennstoff ist der Schwefel eine unerwünschte Beimengung, da er die Qualität des technologischen Produktes verschlechtert, die Umwelt belastet und schädlich auf die Konstruktionselemente der Öfen wirkt.
Die Feuchtigkeit im Brennstoff W ist ein Ballastanteil, der den thermischen Effekt der Verbrennung wesentlich verringert. Sie verringert den Anteil brennbarer Elemente in der Masse- oder Volumeneinheit des Brennstoffes und verbraucht bei ihrer Verdampfung während des Verbrennungsprozesses einen Teil der freiwerdenden Wärme. Die Feuchtigkeit in festen Brennstoffen unterteilt man in äußere (Oberflächenwasser, Haftfeuchtigkeit) und hygroskopische Feuchtigkeit. Bei trockener Lagerung verliert ein Brennstoff die äußere Feuchtigkeit und wird als lufttrocken bezeichnet. Die verbleibende hygroskopische Feuchtigkeit kann aus Brennstoffproben labormäßig entfernt werden. Die mineralischen Bestandteile und die Feuchtigkeit ein und desselben Brennstoffes können in verschiedenen Gebieten seiner Lagerstätte und bei verschiedenen Gewinnungsverfahren unterschiedlich sein und können sich durch den Transport und die Lagerung verändern. Deshalb werden für die vergleichende Bewertung der Brennstoffe die Begriffe der trockenen, brennbaren und organischen Masse einge-

führt, deren Bestandteile mit denselben Symbolen wie oben, aber mit den entsprechenden Indizes »tr«, »br« und »or« versehen, bezeichnet werden. Beispielsweise kann nach Entfernung der Feuchtigkeit aus einer Brennstoffprobe im Labor durch chemische Analyse die Zusammensetzung der trockenen Brennstoffmasse ermittelt werden, die durch folgende Formel dargestellt wird:

$$C_{tr} + H_{tr} + S_{fl,tr} + O_{tr} + N_{tr} + A_{tr} = 100\ \% \qquad (5.1\text{-}2)$$

Die Angaben der trockenen Zusammensetzung werden zur Bestimmung der Verunreinigung des Brennstoffes mit Asche verwendet.
Schließt man aus der trockenen Masse die Asche aus, so erhält man die Zusammensetzung der brennbaren Masse des Brennstoffes (wasser- und aschefrei):

$$C_{br} + H_{br} + S_{fl,br} + O_{br} + N_{br} = 100\ \% \qquad (5.1\text{-}3)$$

Nach der Struktur der brennbaren Anteile wird die wahre chemische Zusammensetzung eines Brennstoffes dieser oder jener Lagerstätte bestimmt, da hier der Einfluß der meteoriologischen Faktoren sowie der Gewinnungsverfahren ausgeschlossen ist. Durch die brennbaren Anteile wird auch die Brennbarkeit des Brennstoffes bewertet. Am vollständigsten kann man die Qualität eines Brennstoffes und die Dauer seiner geologischen Entstehung über die organische Masse unter Ausschluß des Schwefels bewerten:

$$C_{or} + H_{or} + O_{or} + N_{or} = 100\ \% \qquad (5.1\text{-}4)$$

Bei der Bestimmung der Zusammensetzung der Masseanteile des Brennstoffes aus Angaben der Zusammensetzung einer anderen Art werden Umrechnungsformeln verwendet. Die Idee der Aufstellung dieser Formeln ist elementar. Sie soll am Beispiel des Ausdrucks für den brennbaren Masseanteil durch die *feuchte Masse* (auch *Arbeitsmasse* genannt) verdeutlicht werden. Die Gl. (5.1-1) kann danach in der Form

$$C + H + O + N + S_{fl} = 100 - (A + W) \qquad (5.1\text{-}5)$$

geschrieben werden. Der linke Teil enthält jetzt die Zusammensetzung des brennbaren Anteils des Brennstoffes. Stellt man Gl. (5.1-5) und (5.1-3) gegenüber, so erhält man:

$$\frac{C}{100 - (W + A)} = \frac{C_{br}}{100} \quad \text{oder} \quad C_{br} = \frac{100}{100 - (A + W)} \ (\%)$$

usw. Tabelle 5.1-2 enthält Umrechnungskoeffizienten der Brennstoffzusammensetzung aus einer Masse in eine andere.
Bei der Erwärmung fester Brennstoffe unter Luftabschluß zerfallen diese in zwei Bestandteile: in flüchtige Bestandteile und einen festen Rest – Koks und Asche. Nach der Menge der flüchtigen Bestandteile, die bei der Erwärmung aus dem Brennstoff austreten, wird die Brennstoffqualität beurteilt. Bei jungen und minderwertigen Brennstoffen ist der Austritt flüchtiger Bestandteile größer. Zu den flüchtigen Bestandteilen gehören der Stickstoff in Form komplizierter Verbindungen mit anderen Elementen, der flüchtige Schwefel und Wasserstoff sowohl in reiner Form als auch in Verbindungen mit Kohlenstoff in Form verschiedener Kohlenwasserstoffe. Nach der Entfernung der flüchtigen Bestandteile aus dem Brennstoff bildet sich ein Koksrückstand, in dem ein Teil des Kohlenstoffs und die Asche enthalten ist. Die Asche ist der nichtbrennbare mineralische Teil des Brennstoffes, der aus Al_2O_3, CaO, SiO_2, Fe_2O_3 u. a. besteht. Sie bildet sich nach der Verbrennung des Brennstoffes als feinstückige Masse oder in verschmolzenen Stücken *(Schlacke)* aus.

Tabelle 5.1-2. Umrechnungskoeffizienten für die Verbrennungsrechnung

Gegebene Masseangabe	Brennstoffmasse, auf die umgerechnet wird: organische Masse	brennbare Masse	trockene Masse	feuchte Masse (Arbeitsmasse)
organische Masse	1	$\frac{100-S_{br}}{100}$	$\frac{100-(S_{tr}+A_{tr})}{100}$	$\frac{100-(S+A+W)}{100}$
brennbare Masse	$\frac{100}{100-S_{br}}$	1	$\frac{100-A_{tr}}{100}$	$\frac{100-(A+W)}{100}$
trockene Masse	$\frac{100}{100-(S_{tr}+A_{tr})}$	$\frac{100}{100-A_{tr}}$	1	$\frac{100-W}{100}$
feuchte Masse (Arbeitsmasse)	$\frac{100}{100-(S+A+W)}$	$\frac{100}{100-(A+W)}$	$\frac{100}{100-W}$	1

Die technische Analyse fester und flüssiger Brennstoffe beinhaltet die Bestimmung der Feuchtigkeit, des Aschegehaltes und der flüchtigen Bestandteile. Die Möglichkeiten der chemischen Analyse gasförmiger Brennstoffe erlauben die Bestimmung der Art der Verbindungen, die die Elemente dieses Brennstoffes eingehen. Diese Analyse beruht jedoch auf der Erwärmung einer Gasprobe, wodurch die im Ausgangsgas enthaltene Feuchtigkeit entfernt und die Zusammensetzung des trockenen Gases bestimmt wird:

$$CH_{4,tr} + H_{2,tr} + H_2S_{tr} + N_{2,tr} + O_{2,tr} + \sum C_mH_{n,tr} = 100\ \% \qquad (5.1\text{-}6)$$

Die Feuchtigkeit des Brennstoffes wird meist als Feuchtegehalt in Gramm je m^3 trockenen Gases (g/m^3) angegeben.

Im Erdgas ist das Methan (18 bis 98% des Gasvolumens) der wichtigste brennbare Bestandteil, als inerte Anteile treten Kohlendioxid (von 0,1 bis 2,0%), Stickstoff (von 1,0 bis 65%) und die Feuchte auf. In künstlichen Gasen sind als brennbare Bestandteile Wasserstoff, Kohlenmonoxid, Methan und ungesättigte Kohlenwasserstoffe enthalten. In der Regel sind die künstlichen Gase stark mit inerten Ballastgasen beladen: Stickstoff, Kohlendioxid, Wasserdampf.

5.1.1.2. Verbrennungswärme

Die Wärmemenge, die bei der *vollständigen Verbrennung* von 1 kg festen oder flüssigen Brennstoffes oder 1 m^3 gasförmigen Brennstoffes frei wird, bezeichnet man als *Verbrennungswärme* (Verbrennungsenthalpie) des Brennstoffes oder als *Brennwert* des Brennstoffes (früher Heizwert), gemessen in J/kg oder J/m^3.

Bei der Verbrennung des Ausgangsbrennstoffes wird die in ihm enthaltene Feuchtigkeit bis zum Siedepunkt erwärmt und verdampft, wobei ein Teil der bei der Verbrennung frei werdenden Wärme verbraucht wird. Auch das Wasser, das sich im Verlaufe der Oxydationsreaktion aller Wasserstoff enthaltenden Brennstoffkomponenten bildet, geht in Dampf über:

$$2\,H + 0{,}5\,O_2 = H_2O \qquad (5.1\text{-}7)$$

Die bei der vollständigen Verbrennung frei werdende Wärmemenge ist offensichtlich davon abhängig, in welchem Aggregatzustand die in den Verbrennungsprodukten enthaltene Feuchtigkeit die Verbrennungszone verläßt. Die Wärmemenge, die bei vollständiger Verbrennung einer Brennstoffeinheit bei der Bedingung frei wird, daß der sich in der Verbrennungszone bildende Wasserdampf kondensiert und eine Temperatur von 273 K besitzt, bezeichnet man als Brennwert (Verbrennungswärme) des Brennstoffes. Der Brennwert ist für einen Brennstoff mit einer bestimmten chemischen Zusammensetzung ein physikalisch-chemischer Parameter.

Bei den in Industrieöfen vorliegenden hohen Temperaturen kondensiert der Wasserdampf nicht innerhalb der Verbrennungszone und wird zusammen mit anderen gasförmigen Verbrennungsprodukten aus dem Ofen in die Atmosphäre abgeführt.

Die Wärmemenge, die bei vollständiger Verbrennung einer Brennstoffeinheit bei der Bedingung frei wird, daß die bei der Verbrennung verdampfende Feuchtigkeit in den Verbrennungsprodukten als Dampf vorliegt, der auf 293 K bezogen ist, wird als *Heizwert* (früher unterer Heizwert) bezeichnet. Der Heizwert ist ein technischer Parameter eines Brennstoffes mit gegebener Zusammensetzung.

Der Zusammenhang zwischen Brennwert und Heizwert eines Brennstoffes wird ausgedrückt durch

$$H_0 - H_u = m_{H_2O}\, r_0 \tag{5.1-8}$$

(m_{H_2O} Masse der Feuchtigkeit, die in einer Brennstoffeinheit enthalten ist, und der sich durch Oxydation des im Brennstoff enthaltenen Wasserstoffes bildenden Feuchtigkeit (kg); r_0 Wärmemenge, die zur Erwärmung von 1 kg Wasser von 273 auf 373 K erforderlich ist, plus Umwandlungsenthalpie abzüglich der bei der Abkühlung des Dampfes von 373 auf 293 K frei werdenden Wärmemenge (wird gleich 2,51 MJ/kg Feuchtigkeit gesetzt))

Nach Gl. (5.1-7) ist die Masse der Feuchtigkeit, die bei der Verbrennung von flüssigem oder festem Brennstoff entsteht, gleich 9 $(H/100)$; dann ist

$$m_{H_2O} = \frac{9H + W}{100} \tag{5.1-9}$$

Nach Gl. (5.1-8) beträgt der Heizwert (MJ/kg) des Brennstoffes

$$H_u = H_0 - 0{,}0251\,(9\,H + W) \tag{5.1-10}$$

Am genauesten kann der Heizwert experimentell bestimmt werden, indem eine Brennstoffprobe in einem *Kalorimeter* verbrannt und die gesuchte Größe aus der Wärmebilanz des Kalorimeters berechnet wird.

Die analytische Berechnung des Heizwertes fester und flüssiger Brennstoffe ist dadurch erschwert, daß nicht bekannt ist, in Form welcher chemischen Verbindungen die brennbaren Elemente in die Zusammensetzung dieser Brennstoffe eingehen. In der Praxis wird für die Berechnung des Heizwertes fester oder flüssiger Brennstoffe aus der bekannten Elementarzusammensetzung die *halbempirische Formel von Mendelejew* verwendet:

$$H_u = 0{,}339\ \mathrm{C} + 1{,}03\ \mathrm{H} - 0{,}109\,(0 - \mathrm{S_{fl}}) - 0{,}0252\,(9\,H + W)\ (\mathrm{MJ/kg}) \tag{5.1-11}$$

Der Heizwert gasförmiger Brennstoffe kann durch Addition der *Wärmetönungen (Reaktionsenthalpien)* der einzelnen Oxydationsreaktionen (s. Tabelle 5.1-3) der brennbaren Komponenten eines Brennstoffes berechnet werden:

$$H_u = 0{,}01\,(\Delta H_{CH_4} CH_4 + \Delta H_{C_2H_6} C_2H_6 + \Delta H_{C_3H_8} C_3H_8 + \dots) \quad (\mathrm{J/m^3}) \tag{5.1-12}$$

(ΔH_{CH_4}, $\Delta H_{C_2H_6}$ usw. Wärmetönungen der Oxydationsreaktionen (in J/m³ der entsprechenden grennbaren Komponente); CH_4, C_2H_6 usw. Gehalt der brennbaren Komponenten im trockenen absförmigen Brennstoff (Vol.-%))

Tabelle 5.1-3. Wärmetönung von Verbrennungsreaktionen (nach TGL 21126)

	Molmasse kg/kmol	Molvolumen $m^3_{\text{i.N.}}$k/mol	$H_o(Q_s)$ MJ/kg	$H_u(Q_i)$ MJ/kg	$H_o(Q_s)$ MJ/m³	$H_u(Q_i)$ MJ/m³
C(Koks) + O_2 = CO_2	12,011	—	33,788	33,788	—	—
C(Koks) + $1/2O_2$ = CO	12,011	—	10,258	10,258	—	—
C(β-Graphit) + O_2 = CO_2	12,011	—	32,783	32,783	—	—
C(β-Graphit) + $1/2O_2$ = CO	12,011	—	9,211	9,211	—	—
CO + $1/2O_2$ = CO_2	28,010	22,40	10,090	10,090	12,644	12,644
$H_2 + 1/2O_2 = H_2O$	2,016	22,42	141,807	119,952	12,770	10,802
$CH_4 + 2O_2 = CO_2 + 2H_2O$	16,043	22,36	55,517	50,032	39,816	35,881
$C_2H_4 + 3O_2 = 2CO_2 + 2H_2O$	28,054	22,25	50,284	47,185	63,430	59,453
$C_2H_6 + \frac{7}{2}O_2 = 2CO_2 + 3H_2O$	30,070	22,18	51,874	47,478	70,338	64,393
$C_3H_6 + \frac{9}{2}O_2 = 3CO_2 + 3H_2O$	42,081	21,72	48,902	45,804	94,789	88,718
$H_2S + \frac{3}{2}O_2 = SO_2 + H_2O$	34,080	22,14	16,496	15,198	25,372	23,404

Der Heizwert eines Brennstoffes ist der wichtigste wärmetechnische Parameter, nach dem der Wert eines Brennstoffes beurteilt wird.

5.1.1.3. Einheitsbrennstoff

Der Heizwert verschiedener Brennstoffarten schwankt in breiten Grenzen. Für Heizöl zum Beispiel beträgt er >40 MJ/kg und für Gichtgas ≈4 MJ/m³. Zur vergleichenden Bewertung der verschiedenen Brennstoffarten sowie zur Zusammenstellung technischer Abrechnungen über die Brennstoffverbräuche verschiedener Aggregate und Betriebe und zur Planung der Arbeit dieser Betriebe muß ein bestimmter Vergleichsmaßstab vorhanden sein. Als solcher Maßstab wird ein *Einheitsbrennstoff* (SKE) angenommen, dessen Heizwert 29,3 MJ/kg beträgt. Zur Darstellung des zu bewertenden festen oder flüssigen Brennstoffes durch den Einheitsbrennstoff wird die Größe des *kalorischen Äquivalents* verwendet:

$$\ddot{A}_\text{k} = \frac{H_\text{u}}{29{,}3} \left(\frac{\text{kg SKE}}{\text{kg B}}\right)$$

Das kalorische Äquivalent gibt an, wieviel Kilogramm Einheitsbrennstoff verbrannt werden muß, um die gleiche Wärmemenge wie bei der Verbrennung von 1 kg Brennstoff zu erhalten. Zum Vergleich gasförmiger Brennstoffe wird der *Koeffizient der Wärmedichte* herangezogen:

$$\ddot{A}_\text{W} = \frac{H_\text{u}}{29{,}3} \left(\frac{\text{kg SKE}}{\text{m}^3\,\text{B}}\right)$$

(H_u Heizwert des Brenngases (MJ/m³))

Mit Hilfe des Koeffizienten der Wärmedichte wird ebenfalls die Wirtschaftlichkeit der

Lagerung und des Transportes aller Brennstoffarten bewertet. Zum Beispiel hat Torf nicht nur ein geringes kalorisches Äquivalent, sondern infolge seiner geringen volumenbezogenen Masse auch einen niedrigen Koeffizienten der Wärmedichte, was seine Nichttransportfähigkeit begründet. Für eine gute Kohle ist $Ä_k$ 2mal größer als für guten Torf; $Ä_W$ ist sogar 6- bis 7mal größer. Folglich ist zur Erzielung ein und derselben Wärmemenge das Volumen des zu transportierenden Torfs fast 7mal größer als das Volumen der zu transportierenden Kohle. In diesem Zusammenhang gehören Torf, minderwertige Kohlen und einige andere Brennstoffarten zur Kategorie der *ortsgebundenen Brennstoffe*. Unabhängig von der Größe der Ressourcen ist der Transport solcher Brennstoffe in große Entfernungen von ihrer Förderstätte nicht sinnvoll.

5.1.2. Brennstoffe, die in Industrieöfen eingesetzt werden

5.1.2.1. Feste natürliche Brennstoffe

In der modernen Wärmetechnik werden *feste natürliche Brennstoffe* nur beschränkt eingesetzt. Die Mehrzahl der brennstoffbeheizten Industrieöfen haben Gas-, Heizöl- oder gemischte Gas-Öl-Feuerungen. Nur wenige Öfen werden mit Kohlenstaub beheizt. Da Erdöl und Erdgas aber wichtige Rohstoffe der chemischen Industrie sind, soll ihr Anteil in der Brennstoffbilanz allgemein und in der metallurgischen Industrie speziell verringert werden. In diesem Zusammenhang steigt die Rolle der festen Brennstoffe. Dabei werden sie hauptsächlich als Rohstoffe für die Produktion künstlicher Energieträger (Gase) verwendet, die dann zur Beheizung der Öfen eingesetzt werden. Von den festen natürlichen Brennstoffen werden in der Metallurgie nur die mineralischen *Kohlen* verwendet. Auf dem Territorium der UdSSR kommt die Steinkohle am häufigsten vor (80 %), während es in der DDR die Braunkohle ist. In Abhängigkeit vom Austritt flüchtiger Stoffe und von der Backfähigkeit werden in der UdSSR zehn Kohlensorten unterschieden:

D	Flammkohle,	K1	Kokskohle 1,
G	Gaskohle,	K2	Kokskohle 2,
GS	fette Gaskohle,	OS	abgemagerte Backkohle,
S	Fettkohle,	SS	schwach backende Kohle,
KS	fette Kokskohle,	T	Magerkohle.

In der DDR ist eine andere Klassifikation (TGL 14474) gültig (siehe z. B. in: *Kovaczek* u. a.: Tabellenbuch für die Gastechnik).

Die Mehrzahl der Steinkohlen sind backfähig. Zu den nichtbackenden Steinkohlen gehören die Flammkohle und die Magerkohle (mit einem Anteil von flüchtigen Stoffen über 45 % und unter 15 %). Der Ballastanteil, d. h. der Gehalt an Asche und Feuchtigkeit, schwankt bei Steinkohlen zwischen 12 und 20 % (A = 8 bis 10 %; W = 4 bis 10 %), und der Heizwert beträgt entsprechend 23 bis 30 MJ/kg.

Anthrazit unterscheidet sich von den Steinkohlen dadurch, daß bei reiner Verbrennung keine Kohlenwasserstoffe entstehen. Deshalb brennt er mit kurzer Flamme und ohne Rauchbildung. Der Gehalt brennbarer flüchtiger Bestandteile im Anthrazit beträgt etwa 7 %. Anthrazite sind sehr hart und schwer zündbar. Sie enthalten 12 bis 25 % äußere Ballaststoffe (A = 7 bis 20 %; W = 5 bis 7 %). Der Heizwert liegt zwischen 25 und 30 MJ/kg. Von den *künstlichen festen Brennstoffen* werden in der Metallurgie Koks und Thermoanthrazit eingesetzt.

5.1.2.2. Feste künstliche Brennstoffe

Koks. Metallurgischer Koks hat die Form großer mechanisch fester Stücke, die weitgehend abriebfest sind. Er ist der teuerste aller in der Metallurgie eingesetzten Brennstoffe. Koks wird in Hochöfen und in anderen Schachtschmelzöfen verwendet. Mehr als 1/3 der geförderten Steinkohle wird der *Verkokung* zugeführt. Beim Verkokungsprozeß wird die auf 3 mm Stückgröße gemahlene und angefeuchtete Kohle unter Luftabschluß auf Temperaturen von 1100 bis 1300 K im Verlaufe von 15 bis 16 h erhitzt. Bis zu einer Temperatur von 473 K unterliegt die Kohle einem Trocknungsprozeß, bei 473 K beginnt der Austritt von Gasen (CH_4, C_mH_n, CO_2, N_2), die hauptsächlich aus Kohlenwasserstoffen bestehen. Bei 623 bis 673 K erweicht ein Teil der Kohle (die bituminösen Stoffe) und löst in sich die nichtschmelzenden Elemente. Die sich bildende bewegliche plastische Masse fließt zwischen die verbleibenden festen Körner und verbäckt (sintert) diese. Bei der Erwärmung bis 773 K findet ein starkes Aufblähen der plastischen Masse statt, das von starkem Gasaustritt und der Bildung von festem Halbkoks begleitet wird. Bei weiterer Erwärmung werden erneut beträchtliche Gasmengen frei – überwiegend Wasserstoff und Methan. Der feste Rückstand verdichtet sich, unterliegt einer Schwindung und verwandelt sich in einen schwammförmigen Sinter (Agglomeratkuchen), der als Koks bezeichnet wird. Zur Kokserzeugung werden verschiedene Steinkohlensorten verwendet, aus denen die Kokscharge zusammengestellt wird. Der beste Ausgangsstoff für die Kokserzeugung ist die Kohle der Marke K1. Wegen der großen Vorräte an dieser Kohle wird sie in Gemischen mit den Sorten KS, S und OS sowie mit D, G und T eingesetzt.

Mittlere Zusammensetzung des Kokses:

96,5% C_{br},	1,3% O_{br},	12,6 bis 15% A_{br}
0,3% H_{br},	0,6% $S_{fl,br}$,	3,2% W.
1,3% N_{br},		

Sein Heizwert beträgt $H_u = 27{,}5$ MJ/kg und seine Druckfestigkeit 19,62 MPa (200 atm). Der erzeugte Koks enthält bis zu 95% Großkoks mit Stückabmessungen über 22 mm, 2 bis 3% Koksnüsse mit 10 bis 25 mm Abmessung und 3 bis 5% Kleinkoks mit Abmessungen von 0 bis 10 mm. Koksnüsse werden in Öfen der Buntmetallurgie und in Gasgeneratoren eingesetzt, Kleinkoks in Kesselhäusern metallurgischer Betriebe. Die überwiegende Masse des Großkokses kommt im Hochofenprozeß und in den Gießereien zum Einsatz. Der Hochofenkoks hat eine Porosität von 45 bis 55%, der Gießereikoks ist dichter, seine Porosität übersteigt 45% nicht. Der Koksaustrag beträgt 75 bis 82% von der eingesetzten Masse. Im Laufe der Verkokung bilden sich die Nebenprodukte

Koksgas	14 bis 18%,	schwefelhaltiges Benzol	0,6 bis 1,0%,
Steinkohlenteer	2,5 bis 4%,	Teerabwasser	2,6 bis 2,8%.
Ammoniak	0,25 bis 0,35%,		

Diese Nebenprodukte werden in der chemischen Industrie weiterverarbeitet. Der Austrag flüchtiger Bestandteile aus normal verkoktem Koks übersteigt 1,4 bis 1,9% nicht. Nach diesem Wert wird die Güte des Verkokungsprozesses beurteilt.

Der *Koksofen* besteht aus drei Hauptteilen (Bild 5.1-1): den Kokskammern (*1*), den vertikalen Heizzügen (*2*), die zur Verbrennung des Brennstoffes dienen, und den Regeneratoren (*3*) zur Nutzung der Abgaswärme. Die beheizten Kanäle sind von den Kokskammern durch Wände aus feuerfestem Material getrennt. Die Kokskammern

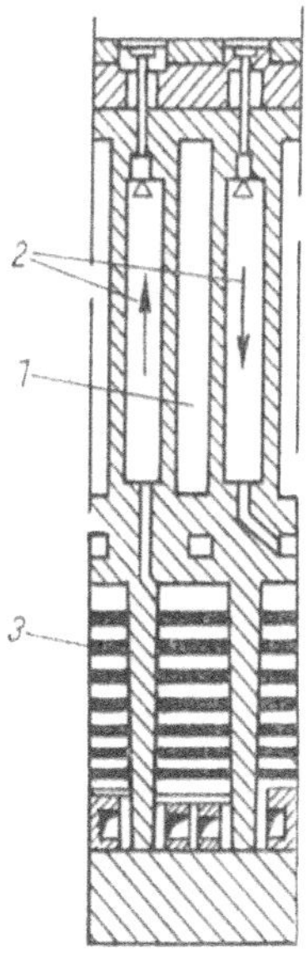

Bild 5.1-1. Schema eines Koksofens

sind rechteckige Kanäle von etwa (13×4,5×0,4) m Abmessung. Die Stirnseiten der Kammern sind mit schwenkbaren Türen aus Metall abgedeckt. Die eingesetzte Kohle wird durch Luken, die im Kammergewölbe angebracht sind, den Kammern zugeführt. Die Ausbildung der plastischen Schicht beginnt an den Innenwänden zu den Heizzügen und setzt sich zur Mitte der Kokskammer hin fort.

Die beim Verkokungsprozeß entstehenden Gase und Dämpfe sammeln sich im freien Raum über der Kohleschicht in der Kammer und gelangen von da in die Gassammelleitung. Die Innenflächen der Kokskammern moderner Koksöfen sind mit Silikasteinen zugestellt. Die Beheizung erfolgt mit gasförmigem Brennstoff so, daß etwa alle 30 min die Strömungsrichtung der Verbrennungsprodukte in den Heizzügen geändert wird. Die Verbrennungsluft wird in den Luftgeneratoren (*3*) vorgewärmt, die sich unter den Kokskammern befinden. Aus den Regeneratoren wird die erwärmte Luft in den unteren Teil der vertikalen Heizzüge geleitet.

Die Verbrennungsprodukte werden aus dem oberen Teil der Heizzüge abgeleitet und dem oberen Teil der Regeneratoren zugeführt, wo das Gittermauerwerk aufgeheizt wird. Nach dem Durchströmen des Regeneratorgitters werden die Verbrennungsprodukte im unteren Teil des Generators in den Abgaskanal zum Schornstein abgeleitet. Die Luftregeneratoren sind in Batterien unterteilt. Wenn in den ungeradzahligen Batterien die Luft vorgewärmt wird, erfolgt in den geradzahligen das Aufheizen des Gittermauerwerks durch die Abgase. Danach wird durch Umschalten der Klappen die Richtung der Luft- und Abgasströme geändert. Die Luft tritt in die geradzahligen Regeneratoren ein, das Abgas in die ungeradzahligen. Wird zur Beheizung der Koksöfen niedrigkalorisches Gichtgas oder Generatorgas verwendet, so erfolgt vor dessen Verbrennung ebenfalls eine Vorwärmung in speziellen Gasgeneratoren. Die Temperatur der aufgeheizten Wände der Kokskammern wird im Bereich von 1600 bis 1700 K gehalten.

Nach Abschluß des Verkokungsprozesses bildet sich in der Kammer ein mechanisch fester, poröser Sinter, der sog. »*Kuchen*«. Mit Hilfe einer Entnahmemaschine, die durch eine der Türen in die Kammer eingeführt wird, wird der Kuchen durch eine andere Tür in eine Anlage zum Löschen des Kokses – den Löschwagen – ausgetragen und gelangt anschließend zum Brechen und zum Sieben nach Fraktionen. 70 bis 80 Koksöfen werden jeweils zu Batterien zusammengeschaltet und haben ein gemeinsames System der Gaszuführung, der Abführung der Verkokungsprodukte, der Zufuhr und Eingabe der zu verkokenden Kohle usw. Die Koksbatterie ist ein kontinuierlich arbeitendes Aggregat, ungeachtet dessen, daß jeder Koksofen einzeln periodisch arbeitet.

Thermoanthrazit. Von *Miroshnienko* und *Bulgakov* wurde eine besondere thermische Behandlung des Anthrazites vorgeschlagen, wodurch es gelang, einige Anthrazitsorten als Brennstoff für metallurgische Öfen zu verwenden. In Kupolöfen löste der Thermoanthrazit nicht nur den Koks ab, sondern weist auch im Vergleich zum Koks bessere Ergebnisse auf – einen geringeren Brennstoffverbrauch, eine höhere Temperatur des Gußeisens u. a. Die vorherige thermische Behandlung des Anthrazits wird in Schachtöfen mittels Durchblasens von Wasserdampf durchgeführt. Im Prozeß der Wärmebehandlung verringert sich der Feuchtegehalt im Anthrazit etwa von 3,5 auf 0,2 %, der Wasserstoffgehalt von 1,2 bis 1,4 % auf 0,2 bis 0,4 %, der Gehalt an Sauerstoff und Stickstoff von 1,6 bis 2,9 % auf 1,0 bis 1,6 % und der Schwefelgehalt von 1,5 bis 2,0 % auf 0,9 bis 1,0 %.
Für Thermoanthrazit ist eine große Porosität und gleichzeitig eine hohe Festigkeit im Vergleich zum Anthrazit kennzeichnend.

5.1.2.3. Flüssige Brennstoffe

Von den flüssigen Brennstoffarten wird in Industrieöfen hauptsächlich *Heizöl* eingesetzt. Seine hohe Verbrennungswärme und gute wärmetechnische Qualität machen das Heizöl zu einem wertvollen Brennstoff. Das Heizöl ist ein Rückstand der fraktionierten Destillation des Erdöls, in deren Verlauf aus dem Roh-Erdöl vorher Benzin, Legroin, Kerosin und Gasöl gewonnen wird. Der Aschegehalt des Heizöls ist sehr gering, der Ballast wird durch die Herstellungs-, Lagerungs- und Transportbedingungen bestimmt. Der Feuchtegehalt schwankt zwischen 1 und 3 %; der Heizwert beträgt $H_u = 38$ bis 42 MJ/kg.
Zusammensetzung des Heizöls (etwa):

85 % C,	1 % O,	0,2 % A,
10 % N,	1 % S,	2 % W.

Die physikalischen Eigenschaften, wie Zähigkeit, Flamm- und Erstarrungstemperatur, sind bestimmend für die Qualität des Heizöls. Die *Flammtemperatur* ist die Temperatur, bei der Heizöldämpfe im Gemisch mit Luft bei Annäherung einer Flamme entflammen. Diese Temperatur liegt wesentlich unter der *Zündtemperatur*, bei der das Heizöl selbständig, ohne Einwirkung einer Fremdflamme, zündet. Eine sehr wichtige Kennzahl für die Qualität des Heizöls ist der *Stockpunkt*. Bei dieser Temperatur geht das Heizöl in den festen Zustand über. Der Stockpunkt ist vom Paraffingehalt im Heizöl abhängig.
Heizöl ist etwas leichter als Wasser ($\varrho_{HE} = 890$ bis 998 kg/m³), und infolgedessen kann das ihm zugemischte Wasser bei der Lagerung in einem Tank zurückgehalten und abgezogen werden.
Hinsichtlich des Schwefelgehaltes werden die Heizöle in niedrig schweflige ($S_n =$

Tabelle 5.1-4. Parameter von Heizöl

Parameter	Heizölmarke				
	niedrigschweflig		hochschweflig		
	M-40	M-100	M-40	M-100	M-200
Bezugsviskosität					
bei 353 K nicht größer	8	15,5	8	15,5	—
bei 373 K nicht größer	—	—	—	—	6,5...9,5
Flammtemperatur (K)	363	383	363	383	413
Stockpunkt (K)	283	300	283	300	310

0,5 %) und hochschweflige (S_n = 2 %) unterteilt. Gegenwärtig sind drei Heizölmarken verbreitet: M-40, M-100 und M-200 (GOST 10586-63 sieht sechs Ölmarken vor, in der DDR gilt TGL 3667 - Flüssige Brennstoffe; Heizöle). Die Ziffern in der Markenbezeichnung entsprechen dem maximalen Wert der Bezugsviskosität (Englergrad; Kurzz. °E) des Heizöls bei 333 K. Zur Aufrechterhaltung einer mittleren Viskosität von 2° E (die bei der Verbrennung einer beliebigen Heizölsorte am Eintritt in den Brenner empfohlen wird) muß die Temperatur der Marke M-40 365 K und die der Marke M-200 426 K betragen. Die Parameter der Heizöle sind in Tabelle 5.1-4 angegeben. Je höher die Heizölmarke ist, desto niedriger ist der Heizwert des Heizöls. Mit ansteigender Heizölmarke nimmt der Paraffingehalt und somit auch die Viskosität, die Flammtemperatur und der Stockpunkt zu. Eine hohe Viskosität und ein hoher Stockpunkt erschweren jedoch den Heizöltransport in Rohrleitungen und die Zerstäubung bei der Verbrennung. Deshalb muß das Heizöl bei höheren Markennummern stärker erwärmt werden. Bei der Festlegung der Vorwärmtemperatur ist zu beachten, daß bei Temperaturen nahe der Flammtemperatur die Brandgefahr sehr groß ist!

Heizöl wird meist auf Temperaturen von 340 bis 390 K vorgewärmt. Zunächst wird es in Zisternen, Heizölbehältern oder Erdöltanks zum Umpumpen in die Rohrleitungen erwärmt. Dazu sind in diesen Behältern Rohrschlangen eingebaut, die mit Dampf oder Heißwasser mit Temperaturen bis zu 420 K erwärmt werden. Erdöltanks und Heizölbehälter müssen unbedingt mit der Atmosphäre in Verbindung stehen. Freileitungen für Heizöl werden erwärmt oder gemeinsam mit Dampfleitungen verlegt. Vor der Zuführung zu den Brennern wird das Heizöl zusätzlich in Wärmeübertragern erwärmt. Die Erwärmung des Heizöls erhöht nicht nur seine Fließfähigkeit, sondern ermöglicht auch eine bessere Wasserabscheidung. Aus Heizöltanks muß das Heizöl immer aus den oberen Schichten entnommen werden, da diese am wenigsten Wasser enthalten.

Für die einwandfreie Verbrennung des Heizöls ist es wichtig, daß der Druck in den Rohrleitungen konstant gehalten wird. Deshalb sind in die Heizölleitung Selbstschlußventile eingebaut.

5.1.2.4. Gasförmige Brennstoffe

Gasförmige Brennstoffe sind gegenwärtig die wichtigste organische Brennstoffart, die zur Beheizung von Industrieöfen genutzt wird. Zu den Vorzügen dieses Brennstoffes gehören:

1. einfache Steuerung des Verbrennungsprozesses,
2. günstige Transportmöglichkeit der Gase,
3. Möglichkeit der Herstellung von Gasgemischen mit unterschiedlichen Heizwerten,
4. völliges Fehlen von Schwefel und seinen Verbindungen.

Nachteile gasförmiger Brennstoffe sind seine geringe Dichte und somit die Notwendigkeit des Transportes großer Volumina sowie die Explosionsgefahr, was spezielle Maßnahmen des Explosions- und Brandschutzes an den Öfen erfordert.

Die technischen Forderungen an das Gas sind standardisiert. Durch geschlossene Gasversorgungs-Verbundsysteme kann den Betrieben Gas bereitgestellt werden, das aus einem Gemisch unterschiedlicher Gase besteht. Deshalb muß in den Betrieben eine ständige Kontrolle der eingesetzten Gase (Zusammensetzung, Heizwert, Vorhandensein von Beimengungen) vorgenommen werden. Dies ist zur Gewährleistung einer rechtzeitigen Korrektur der Verbrennungsführung des Brennstoffes bei einer spürbaren Veränderung seiner Parameter erforderlich.

Natürliche gasförmige Brennstoffe. Der wertvollste gasförmige Brennstoff ist das Erdgas, das i. allg. hauptsächlich aus Kohlenwasserstoffen (von 18 bis 98%) besteht. Als inerte Beimengungen sind in ihm Kohlendioxid (0,1 bis 2,0%), Stickstoff (1 bis 65%) und Feuchtigkeit enthalten. Der Heizwert von Erdgas schwankt zwischen etwa 7 und 35,6 MJ/m^3. Man unterscheidet Erdgas vulkanischen Ursprungs, das bis zu 98% aus Methan besteht, und Begleitgase von Erdöllagerstätten, in deren Zusammensetzung neben Methan auch Äthan und andere schwere Kohlenwasserstoffe eingehen. In Tabelle 5.1-5 ist die chemische Zusammensetzung von trockenem Erdgas verschiedener Lagerstätten angegeben.

Kunstgase. In der Metallurgie werden häufig auch künstliche Brenngase eingesetzt, die entweder als Begleitprodukte in der Produktion anfallen, wie Koksofen-, Gicht-,

Tabelle 5.1-5. Zusammensetzung von trockenem Erdgas

Lagerstätte	CH_4	C_2H_6	C_3H_8	C_4H_{10}	C_5H_{12} und höher	CO_2	N_2 und seltene Metalle	H_2
UdSSR								
Gase vulkanischen Ursprungs								
Astrachan	98,2	0,3	0,08	—	—	0,5	0,92	—
Orenburg	82,1	3,69	1,5	1,4	2,2	0,5	7,5	—
Saratow	83,5	4,3	1,9	1,0	0,5	0,2	8,6	—
Tjumen	99,0	0,27	0,02	—	—	0,65	0,06	—
Begleitgas								
Bavlinsk	35,5	21,8	19,0	8,5	4,8	0,1	11,0	—
Šigulewskij	43,2	14,5	19,0	7,9	4,9	0,5	10,0	—
Andischan	64,9	16,5	9,2	3,0	2,0	0,2	4,2	—
DDR								
Mühlhausen	51,7	5,8	—	—	—	1,2	40,2	
Salzwedel	34,6	0,4	—	—	—	0,3	64,7	

Kupolofengas usw., oder im Ergebnis der thermischen Behandlung fester Brennstoffe in Gasgeneratoren – als Generatorgas – zur Verfügung stehen. Im Zusammenhang mit der Kürzung des Anteils von Erdgas in der Brennstoffbilanz kommt der Verwendung künstlicher Gase in der Industrie künftig noch größere Bedeutung zu.

Koksofengas ist ein Nebenprodukt der Kokserzeugung. Das aus den Koksöfen austretende Rohgas enthält neben den brennbaren Komponenten je Kubikmeter

Asche	0,11 bis 0,13 kg,	Naphthalin	0,006 bis 0,01 kg
Benzol u. a. Kohlenwasserstoffe	0,03 bis 0,04 kg	Schwefelwasserstoff	0,018 bis 0,025 kg,
Ammoniak	0,01 bis 0,012 kg,	Spuren von Zyanverbindungen.	

Zur Entfernung dieser für die chemische Industrie wertvollen Ausgangsstoffe wird das Koksofengas in der chemischen Abteilung der Kokerei gereinigt. Außer den genannten Beimengungen wird auch ein Teil des Wasserstoffs aus dem Gas entfernt. Dadurch erhöht sich im verbleibenden Gas der prozentuale Anteil der hochwertigen Kohlenwasserstoffe (CH_4, C_mH_n) und entsprechend auch die Wertigkeit des Koksofengases als Brennstoff.

Das gereinigte Koksofengas wird als *Rücklaufgas* bezeichnet. Seine Zusammensetzung ist von der verkokten Kohle abhängig und schwankt in folgenden Grenzen:

H_2	46 bis 61 %,	CO	4,2 bis 8,5 %,	O_2	0,3 bis 1,7 %,
CH_4	21 bis 28 %,	CO_2	2,2 bis 3,1 %,	N_2	3,7 bis 14 %.
C_mH_n	1,4 bis 3,0 %,				

Der Wasserdampfgehalt beträgt bis zu 55 g/m³ bei einer Temperatur von 313 K und der Heizwert des trockenen Gases 16 bis 18 MJ/m³.

Gichtgas ist ein Nebenprodukt des Hochofenprozesses. Durch das Zusammenwirken der gasförmigen Verbrennungsprodukte des Kokses, die sich aus der Blaszone des Hochofens zur Gicht bewegen, und dem sich nach unten bewegenden Möller mit den Koksstücken erfolgt eine Reduktion des Kohlendioxids zu Kohlenmonoxid. Dabei werden die Verbrennungsprodukte mit brennbaren Komponenten angereichert. Außer Kohlenmonoxid gehen in das Gichtgas auch noch Wasserstoff, Methan und andere Kohlenwasserstoffe über.

Die Gichtgaszusammensetzung ist von den Hauptparametern des Hochofenprozesses, wie

- Temperatur des Windes,
- Grad der Anreicherung des Windes mit Sauerstoff,
- Möllerzusammensetzung,
- Zusammensetzung und Koksverbrauch,
- Grad der Zumischung von Erdgas in den Wind,
- Druck in der Gicht,

abhängig. Das Gichtgas setzt sich annähernd wie folgt zusammen:

CO	29 bis 30 %,	H_2	1,5 bis 2,5 %,	N_2	56 bis 58 %.
C_2H_4	0,1 bis 0,4 %,	CO_2	10 bis 12 %,		

Der Heizwert des Gichtgases beträgt 3,7 bis 4,0 MJ/m³, und es enthält am Austritt aus dem Hochofen 20 bis 70 g/m³ Staub. Das macht eine Gasreinigung erforderlich, wodurch der Staubgehalt im Gas bis auf 0,01 g/m³ abgesenkt wird. Gichtgas spielt, ungeachtet des niedrigen Heizwertes, in metallurgischen Betrieben eine bedeutende Rolle, da im Hochofenprozeß sehr große Gasvolumina anfallen. Durch Mischung des Gichtgases mit Koksofen- oder Erdgas wird der erforderliche Heizwert des Mischgases gewährleistet, um den Forderungen der vielzähligen Verbraucher eines metallurgischen Kombinates gerecht zu werden.

Generatorgase können durch Vergasung überall dort hergestellt werden, wo feste Brennstoffe beliebiger Sorte vorhanden sind. Bei der Vergasung findet eine Umwandlung des festen Brennstoffes in brennbares Gas unter Einwirkung von Sauerstoff statt. Dabei kann reiner Sauerstoff, Luftsauerstoff oder der im Wasserdampf oder Kohlendioxid enthaltene Sauerstoff verwendet werden. Im Unterschied zum Verkokungsprozeß, wo nur ein geringer Teil der brennbaren Masse in Gas übergeht und der feste kohlenstoffhaltige Rückstand (Koks oder Halbkoks) das Hauptprodukt darstellt, wird bei der Vergasung der gesamte brennbare Anteil des festen Brennstoffes zu Gas oder Dämpfen ohne Rückstände (außer den Verlusten) überführt.

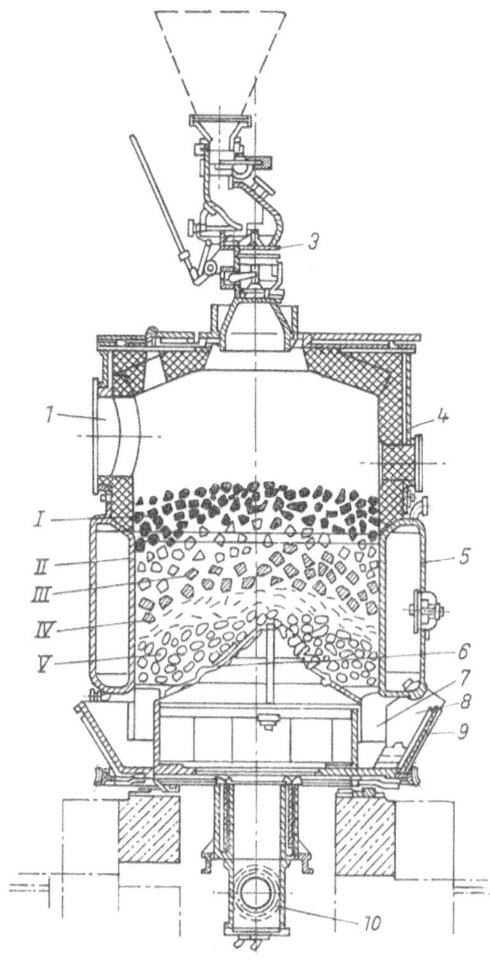

Bild 5.1-2. Gasgenerator

Der Vergasungsprozeß wird in Gasgeneratoren durchgeführt (Bild 5.1-2). Der Gasgenerator besteht aus einem Metallgehäuse (*4*), das mit feuerfesten Steinen zugestellt ist. Der untere Teil des Schachtes (*7*) wird als Schloßplatte bezeichnet. Sie steht mit dem Wasserdampfmantel (*5*) in Verbindung und wird in die metallische Drehschüssel (*9*) versenkt, die während des Betriebes des Generators mit Wasser gefüllt ist, wodurch eine Wassertasse zur Abdichtung des Innenraumes des Gasgenerators von der Umgebungsluft gebildet wird. An der Schüssel ist der Feuerungsrost (*6*) befestigt, mit dessen Hilfe der in den Generator eintretende Wind über den Querschnitt des Gasgenerators gleichmäßig verteilt wird.

Der Brennstoff wird dem Gasgenerator von oben über eine Beschickungseinrichtung (*3*) zugeführt. Die sich bei der Vergasung bildende Asche und Schlacke wird beim Drehen der Schüssel durch ein Schlackenmesser (*8*) automatisch entfernt. Während sich der Brennstoff im Gasgenerator kontinuierlich nach unten bewegt, werden oben ständig neue Brennstoffportionen zugeführt. Das entstehende Generatorgas sammelt sich im Raum über der Brennstoffschicht und verläßt durch die Rohrabführung (*1*) den Generator. Die Öffnung (*2*) dient zur Beobachtung des Prozesses sowie zur Vergleichmäßigung der Brennstoffschicht.

Nach dem Charakter der im Gasgenerator ablaufenden Prozesse unterscheidet man fünf Zonen:

1. Vortrocknung des Brennstoffes, } *Brennstoffvorbereitung*
2. Trockendestillation (Entgasen), }
3. Reduktion, }
4. Oxydationszone, } Vergasung
5. Schlackenzone }

Zone **5** spielt bei der Arbeit des Gasgenerators eine wichtige Rolle. Einerseits schützt die abgearbeitete Schlacke den Feuerungsrost vor der Einwirkung der hohen Temperaturen der Oxydationszone, und andererseits wird der durch die Rohrleitung (*10*) eintretende Wind bei der Filtration durch die Schlackenschicht vorgewärmt und tritt mit einer bestimmten Vorwärmtemperatur in die Oxydationszone ein. Dadurch wird der Vergasungsprozeß intensiviert. In der Oxydationszone tritt der Sauerstoff des Windes beim Kontakt mit dem glühenden Koks an dessen Oberfläche mit dem Kohlenstoff in Reaktion:

$$C + O_2 = CO_2 + 400{,}130\ \mathrm{MJ/kmol}$$

$$2\,CO + O_2 = 2\,CO_2 + 247{,}212\ \mathrm{MJ/kmol}$$

Somit sind in der Oxydationszone gleichzeitig CO_2 und CO vorhanden, wobei die Menge an CO_2 meist größer ist. Beim Ablauf dieser Reaktionen wird eine große Wärmemenge frei. Am Ausgang aus der Oxydationszone fällt der Anteil an freiem Sauerstoff in der Gasphase auf Null. Im Ergebnis laufen in der Reduktionszone Reaktionen der Reduktion von Kohlendioxid aus der Oxydationszone und von Wasserdampf aus der Zone der Brennstoffvorbereitung ab. Die Reduktion erfolgt durch den Kohlenstoff des Kokses nach den Gleichungen

$$CO_2 + C = 2\,CO - 162{,}918\ \mathrm{MJ/kmol}$$

$$H_2O + C = CO + H_2 - 119{,}196\ \mathrm{MJ/kmol}$$

$$2\,H_2O + C = CO_2 + 2\,H_2 - 75{,}474\ \mathrm{MJ/kmol}$$

Bei der weiteren Bewegung der Gase nach oben wird die Reduktion von CO_2 und H_2O intensiv fortgesetzt, und am Ende der Reduktionszone wird die Menge von CO_2 und H_2O gering. Nach der Vergasungszone sind im Generatorgas die wichtigsten brennbaren Komponenten CO und H_2, eine beachtliche Menge Stickstoff aus dem Wind sowie eine geringe Menge Wasserdampf und Kohlendioxid enthalten. Die Gase haben eine hohe Temperatur; Sauerstoff ist in ihnen nicht enthalten. Deshalb werden die in der Zone der trockenen Destillation vorhandenen Brennstoffstücke ohne Einwirkung eines Oxydationsmittels erwärmt, d. h., es erfolgt eine Verkokung. Die dabei frei werdenden flüchtigen Gase vermischen sich mit dem Generatorgas. In der Trocknungszone erfolgt eine Trocknung der frischen Brennstoffpositionen mit Hilfe des Generatorgases, wobei eine weitere Wasserdampfmenge in die Zusammensetzung des Generatorgases eingeht. Die Temperatur ändert sich über der Schichthöhe und erreicht in der Oxydationszone ihren Maximalwert.

Der Generatorprozeß stellt somit eine Kombination von Verkokungsprozeß und dem eigentlichen Vergasungsprozeß dar. Je größer der Austritt von flüchtigen Bestandteilen des Brennstoffes und je größer sein Heizwert ist, desto größer ist der Heizwert des Generatorgases. Dies muß bei der Bewertung eines Brennstoffes als Ausgangsstoff für den Gasgenerator beachtet werden. Der niedrigste Heizwert tritt bei Generatorgas aus Anthrazit auf, einem Brennstoff mit sehr geringem Austritt von flüchtigen Bestandteilen.

In Abhängigkeit vom verwendeten Vergasungsmittel unterscheidet man folgende Generatorgase:

1. *Luftgas:* bei der Verwendung von reiner Luft als Vergasungsmittel;
2. *Wassergas:* bei wechselnder Zuführung von Luft- und Wasserdampf in den Gasgenerator;
3. *Mischgas* und *Sauerstoff-Wasser-Gas.*

Luftgas besteht zu einem Drittel aus Kohlenmonoxid und zwei Dritteln aus Stickstoff, woraus sich sein niedriger Heizwert ableitet. Es hat als selbständiger Brennstoff wenig Wert. Wassergas ist aus der Zahl der Generatorgase das wertvollste Produkt; es besteht aus

CO	37 bis 38%,	CO_2	6 bis 6,5%,	O_2	0,3 bis 0,5%,
H_2	48 bis 50%,	CH_4	0,4 bis 0,6%,	N_2	5,5 bis 6,5%.

Dieses Gas wird hauptsächlich als Ausgangsstoff in der chemischen Industrie verwendet. Zur Verwendung als Brennstoff ist es i. allg. zu teuer.

Der wichtigste Brennstoff aus der Zahl der Generatorgase ist das Mischgas. Dieses Gas entsteht bei Verwendung von Luft mit einer geringen Menge Wasserdampf als Vergasungsmittel im Gasgenerator. Der Wasserdampfanteil senkt den Stickstoffgehalt im Generatorgas, da der zur Vergasung erforderliche Sauerstoff z. T. aus dem Wasserdampf kommt. Die mittlere Zusammensetzung von Mischgas aus stückigem Brennstoff verschiedener Sorten ist in Tabelle 5.1-6 zusammengestellt. In metallurgischen Betrieben wird meist Mischgas verwendet, das aus Koks-, Gicht- und Generatorgas besteht.

Gegenwärtig werden neue Verfahren und Apparate zur Herstellung von *Kunstgasen* entwickelt, die eine Erhöhung des Volumens der Gaserzeugung ermöglichen und die Rohstoffbasis der Gaserzeugung erweitern. Dazu werden Untersuchungen zur Reali-

Tabelle 5.1-6. Zusammensetzung von Mischgas

	Gaszusammensetzung (Vol.-%)								Heizwert des Gases
	CO_2	H_2O	C_nH_m	CO	H_2	CH_4	N_2	O_2	MJ/m^3
Anthrazit	5,5	0,2	—	27,5	13,5	0,5	52,6	0,2	5,17
Steinkohle, Marke G	5,0	0,1	0,3	26,5	13,5	2,5	51,9	0,2	5,92
Tscheljabinsker Braunkohle	5,6	0,2	0,3	30,0	13,0	2,0	48,1	0,2	6,23
Stück-Torf	8,5	0,1	0,4	27,5	14,0	2,5	46,8	0,2	6,16

sierung der Vergasung von Rohbraun- und Steinkohle (grobstückige und Kohlenstaub) in Schüttschichten unter Druck, in Wirbelschichten und in Flugstaubwolken durchgeführt.

5.1.3. Grundlagen der Verbrennungstheorie

5.1.3.1. Allgemeine Charakterisierung des Verbrennungsprozesses

Jede schnell ablaufende Reaktion, die unter Freisetzung von Wärme und Licht verläuft, wird als *Verbrennung* bezeichnet. In der Wärmetechnik versteht man unter Verbrennung den Prozeß des Zusammenwirkens eines Brennstoffes mit Sauerstoff. Als Sauerstoffträger wird Luft, mit Sauerstoff angereicherte Luft oder reiner Sauerstoff verwendet. Eine Erhöhung der Sauerstoffkonzentration in der Luft beschleunigt den Verbrennungsprozeß und erhöht die Temperatur in der Zone der Verbrennung. Wegen der hohen Kosten für Sauerstoff wird jedoch in der Regel zur Verbrennung von Brennstoffen Luft verwendet.

In brennstoffbeheizten Öfen findet die Verbrennung in einer Flamme statt. Die Flamme ist ein aus mehreren Komponenten unterschiedlicher physikalischer Eigenschaften bestehender Strahl (Brennstoff, Luft, Verbrennungsprodukte), in dessen Grenzen die Verbrennung abläuft. Die Verbrennungsreaktionen selbst laufen in einem schmalen Streifen innerhalb der Flamme ab, die als *Brennfläche* (auch *Flammenfront*) bezeichnet wird. Diese teilt die Flamme in eine innere und eine äußere Zone. In der inneren Zone wird der Brennstoff und das Oxydationsmittel oder nur der Brennstoff zugeführt, und dorthin diffundiert auch aus der Flammenfront ein Teil der hochtemperierten Verbrennungsprodukte. In der äußeren Zone befinden sich die Verbrennungsprodukte bzw. Verbrennungsprodukte und Oxydationsmittel.

Die Verbrennung ist ein komplizierter physikalisch-chemischer Prozeß, bei dem neben der chemischen Reaktion gleichzeitig eine Reihe physikalischer Vorgänge ablaufen, wie

1. die Vermischung von Brennstoff und Luft unter Bildung eines Brennstoff-Luft-Gemisches,
2. die Erwärmung dieses Gemisches durch die Wärmeübertragung von den Verbrennungsprodukten,
3. der Abtransport der Verbrennungsprodukte aus der Reaktionszone.

Diese Vorgänge sind die Hauptbestandteile der Verbrennung und bestimmen somit ihre Besonderheiten und ihre Geschwindigkeit. Den größten Einfluß auf den Verbrennungsprozeß hat der langsamste Vorgang – die Vermischung von Brennstoff und Luft. Die Durchmischung des Brennstoffes mit dem Oxydationsmittel erfolgt durch *molekulare* und *turbulente Diffusion.* Werden beispielsweise Gas und Luft als getrennte, parallele laminare Ströme der inneren Flammenzone zugeführt, so erfolgt die Bildung des Brennstoff-Luft-Gemisches nur durch molekulare Diffusion. Die Mischungsintensität wird hierbei durch die mittlere Geschwindigkeit der thermischen Bewegung der Gasmoleküle und ihrer freien Weglänge bestimmt. In Industrieöfen liegen meist turbulente Strömungen vor, und die Durchmischung findet durch turbulente Diffusion statt, bei der nicht einzelne Moleküle, sondern Turbulenzballen, die Milliarden von Molekülen des betreffenden Gases beinhalten, übertragen werden. Dabei ist die Intensität der Gemischbildung von der Größe der Geschwindigkeitspulsation, vom *Mischungsweg* l_M und anderen Turbulenzcharakteristika abhängig.

Der Mischungsweg ist um einige Größenordnungen größer als die freie Weglänge der Moleküle, und folglich ist die Geschwindigkeit der Gemischbildung bei turbulenter Diffusion wesentlich höher als bei molekularer. Die Verbrennungsreaktion läuft aber nur dann ab, wenn der Abstand zwischen Brennstoff- und Luftmolekülen <5 bis 6 freier Weglängen ist. Der Turbulenzmaßstab übersteigt diese Größe. Deshalb entsteht bei turbulenter Bewegung die vollständige Bildung des Brennstoff-Luft-Gemisches mit Hilfe der molekularen Diffusion. Dabei tragen die turbulenten Pulsationen zur Intensivierung der molekularen Diffusion bei, da an den Kontaktstellen der Brennstoff- und Luftturbulenzballen eine hohe Molekülkonzentration der reagierenden Stoffe erzielt wird. Somit ergänzen bei der Gemischbildung beide Diffusionsmechanismen einander, wobei aber die turbulente Diffusion den entscheidenden Einfluß hat.

Bei der Verbrennung fester oder flüssiger Brennstoffe weist die Gemischbildung einige Besonderheiten auf, die später betrachtet werden sollen. Dabei treten auch hier molekulare und turbulente Diffusion gemeinsam auf, wobei die letztere ebenfalls den entscheidenden Einfluß auf die Gemischbildung hat. Zur Regulierung des Prozesses der Gemischbildung werden spezielle, als *Brenner* bezeichnete Geräte verwendet, deren Hauptaufgabe in der Gewährleistung eines bestimmten Durchmischungsregimes von Brennstoff und Luft besteht. Bei der Verbrennung flüssiger Brennstoffe wird in den Brenner zusätzlich ein Zerstäuber eingebaut, der den Brennstoff vor seiner Durchmischung mit Luft in feine Tropfen zerstäubt.

Die Bildung des Brennstoff-Luft-Gemisches kann sowohl außerhalb als auch unmittelbar in der Flamme vor sich gehen. Im ersten Fall wird der inneren Zone das im Brenner vorbereitete Brennstoff-Luft-Gemisch zugeführt. Im zweiten Fall erfolgt die Zufuhr von Gas und Luft getrennt, und erst in der Flamme erfolgt ihre Durchmischung (Bild 5.1-3). Es sind auch Zwischenregime möglich, wo der Verbrennungszone ein teilweise durchmischtes Brennstoff-Luft-Gemisch zugeführt wird.

Die Verbrennung bei vorheriger Gemischbildung wird als *kinetische Verbrennung* bezeichnet. Erfolgt die Verbrennung gleichzeitig mit der Gemischbildung, so spricht man von *Diffusionsverbrennung.* Diese Begriffe deuten darauf hin, daß bei vorheriger Gemischbildung die Verbrennungsgeschwindigkeit durch die Kinetik der Reaktion bestimmt wird und bei der Verbrennung ohne vorherige Durchmischung durch die Geschwindigkeit der Diffusionsprozesse.

Neuere Untersuchungen zeigen jedoch, daß der Begriff »kinetische Verbrennung« nicht dem tatsächlichen Charakter der Verbrennung eines vorher durchmischten Gemisches entspricht. Die Geschwindigkeit dieses Prozesses wird in der Regel nicht nur

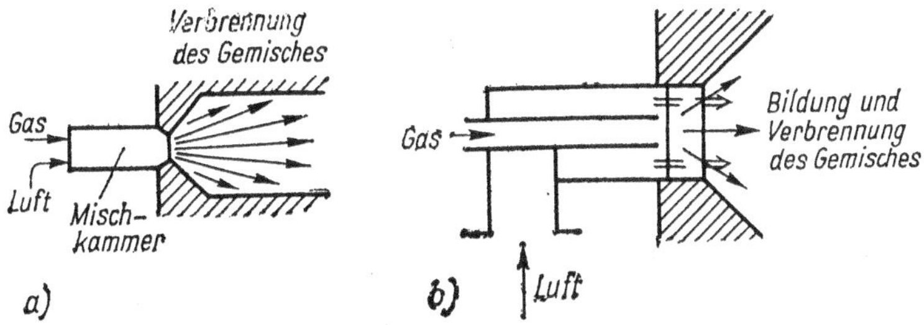

Bild 5.1-3. Verbrennungsschema
a) mit Vormischung *b*) mit getrennter Luft- und Gaszuführung

durch die Geschwindigkeit der chemischen Reaktion bestimmt, sondern auch durch die Geschwindigkeit der molekularen Diffusion. In diesem Zusammenhang sollte also der Begriff »kinetische Verbrennung« als traditionelle Bezeichnung für die Verbrennung eines vorher durchmischten Brennstoff-Luft-Gemisches verstanden werden.
In Abhängigkeit vom Aggregatzustand des Brennstoffes unterscheidet man die Verbrennung von Gasen (homogene Verbrennung) und die Verbrennung von festen und flüssigen Brennstoffen (heterogene Verbrennung). Bei der *homogenen Verbrennung* läuft der Prozeß gleichzeitig im gesamten Volumen des genügend erwärmten Brennstoff-Luft-Gemisches ab. Bei *heterogener Verbrennung* verläuft dieser Prozeß an der Phasengrenze, z. B. an der Oberfläche eines Kohleteilchens. Die heterogene Verbrennung schließt einige Elemente der homogenen ein. Bei der Erwärmung eines Kohleteilchens treten vor seiner Entzündung flüchtige Bestandteile aus, die sich an der Oberfläche des Teilchens mit Sauerstoff vermischen und ein Gemisch bilden, das homogen verbrennt. Ein Öltropfen verdampft bei der Erwärmung, die sich bildenden Dämpfe vermischen sich mit dem Oxydationsmittel, und die Verbrennung läuft ebenfalls homogen ab. Die Gesetzmäßigkeiten der homogenen Verbrennung sind somit in unterschiedlichem Maße für die Verbrennung aller Brennstoffarten zutreffend.
In diesem Zusammenhang werden die Grundlagen der Verbrennungstheorie am Beispiel der Verbrennung eines vorher durchmischten Gasgemisches dargestellt.

5.1.3.2. Kinetik der Verbrennungsreaktionen

Thermischer Reaktionsmechanismus. Gemäß der *molekular-kinetischen Gastheorie* entsteht eine chemische Reaktion im Ergebnis von aktiven Molekülzusammenstößen der reagierenden Stoffe. Die Geschwindigkeit der chemischen Reaktionen wird durch die Anzahl der aktiven Zusammenstöße in der Zeiteinheit bestimmt. Bei den aktiven Zusammenstößen ist die Summe der kinetischen Energien der zusammenstoßenden Moleküle gleich oder größer als die *Aktivierungsenergie* der betreffenden Reaktion. Da die Energie der Moleküle durch die Temperatur des Gasgemisches charakterisiert wird, sind ähnliche Zusammenstöße nur dann möglich, wenn das Gemisch auf eine bestimmte Temperatur vorgewärmt ist, d. h., wenn es thermisch aktiviert wird. Nach der thermischen Aktivierung tritt aus der Gesamtzahl der aufeinandertreffenden Moleküle nur ein geringer Teil in die Reaktion ein. Je mehr die Aktivierungsenergie die mittlere Energie der Moleküle bei gegebener Temperatur übersteigt ($3/2\ RT$ für einatomige Gase; $5/2\ RT$ für zweiatomige), um so weniger Moleküle besitzen den erforderlichen Überschuß an kinetischer Energie, um an der Reaktion teilnehmen zu können. Die

Zahl der aktiven Moleküle nimmt mit steigender Gemischtemperatur zu. Beispielsweise beträgt bei einer Aktivierungsenergie von 85 kJ/kmol der Anteil von Molekülen, die in Reaktion treten können, bei einer Temperatur von 1273 K 0,0045 und steigt bis zu einer Temperatur von 2273 K auf 0,67 an.

Die Abhängigkeit der *Reaktionsgeschwindigkeit* von der Temperatur wird über die *Geschwindigkeitskonstante* der Reaktion ausgedrückt und durch die *Arrhenius-Gleichung* beschrieben:

$$K = K_0 e^{-\frac{E}{RT}} \tag{5.1-13}$$

(k Geschwindigkeitskonstante der Reaktion ($1/(m^3\,s)$); K_0 Koeffizient, zahlenmäßig gleich der Gesamtzahl der Molekülzusammenstöße in einer Volumen- und Zeiteinheit bei einer Konzentration der reagierenden Stoffe von 1 kmol/m³; R universelle Gaskonstante (8,314 kJ/(kmol)); T Reaktionstemperatur (K); E Aktivierungsenergie (kJ/kmol); $e^{-(E/RT)}$ Anteil der Zusammenstöße aktiver Moleküle an der Gesamtzahl der Zusammenstöße)

Die Geschwindigkeitskonstante der Reaktion drückt die Häufigkeit oder die Anzahl aktiver Zusammenstöße in der Zeiteinheit (1 s) in einer Volumeneinheit (1 m³) bei einer Konzentration der reagierenden Stoffe von 1 kmol/m³ für eine bestimmte Temperatur des Reaktionsgemisches aus. Die Geschwindigkeit einer bimolekularen Reaktion wird bestimmt durch die Beziehung

$$v = K a b = K_0 e^{-\frac{E}{RT}} a b \tag{5.1-14}$$

(a, b Konzentrationen der Moleküle der reagierenden Stoffe im Gemisch, ausgedrückt in Raumanteilen; $K_0\,a\,b$ Gesamtzahl der Zusammenstöße in der Zeiteinheit in der Volumeneinheit bei der Konzentration der Moleküle des Gemisches von (a, b); E Aktivierungsenergie der bimolekularen Reaktion)

Wie aus Gl. (5.1-14) zu sehen ist, ergibt sich die Geschwindigkeit einer chemischen Reaktion aus der Anzahl der aktiven Zusammenstöße in der Zeiteinheit in einer Volumeneinheit bei gegebener Konzentration der reagierenden Stoffe. Sie nimmt mit steigender Temperatur exponential zu.

Der hier beschriebene Mechanismus der Entstehung und des Ablaufs chemischer Reaktionen in Gasgemischen wird als *thermischer Reaktionsmechanismus* bezeichnet. Damit wird hervorgehoben, daß eine Reaktion beim Zusammenstoß aktiver Moleküle im Prozeß der thermischen chaotischen Bewegung zustande kommt und aufrechterhalten wird. Die entscheidende Rolle spielt dabei die vorherige Erwärmung des Gemisches – seine *thermische Aktivierung*.

Mechanismus der Kettenreaktion. Es gibt chemische Reaktionen, die ohne spürbare vorherige Erwärmung ablaufen. Diese Reaktionen entwickeln sich plötzlich, laufen isotherm bei niedrigen Temperaturen ab und sind durch recht hohe Geschwindigkeiten gekennzeichnet. Es sind auch Erscheinungen einer stark beschleunigenden Wirkung von sehr kleinen Mengen der Reaktionsprodukte auf den Reaktionsablauf bekannt. Bei diesen Reaktionen gehen die Ausgangsstoffe nicht sofort in das Endprodukt über, sondern über die Bildung von sehr aktiven Zwischenprodukten, die dann relativ leicht in Reaktion treten. Im Ergebnis liegt das Endprodukt der Reaktion vor, und gleichzeitig bildet sich eine bestimmte Menge von aktiven Zwischenprodukten, die wieder in Reaktion treten können, wodurch der bereits durchlaufene Umwandlungszyklus erneut beginnt. Die Wiederholung des Zyklus setzt sich fort, solange die

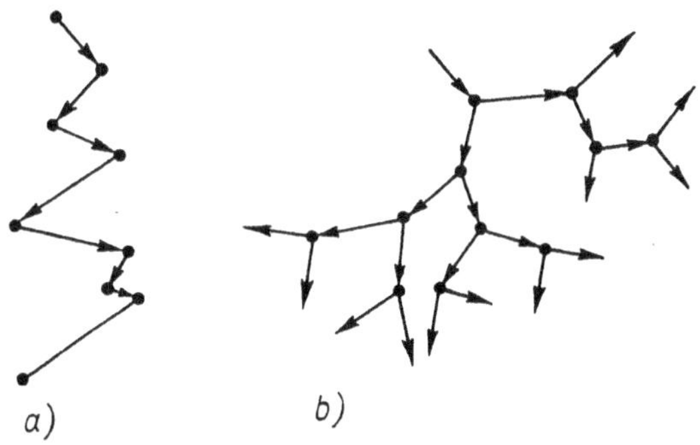

Bild 5.1-4. Schema einer Kettenreaktion

a) einfache Kette *b*) erweiterte Kette

Neuschaffung aktiver Zwischenprodukte nicht abgebrochen wird. Reaktionen, bei denen eine ständige Wiederholung bestimmter Umwandlungszyklen auftritt, werden als *Kettenreaktionen* bezeichnet.

Wenn während der Kettenreaktion nach Abschluß eines Zyklus ein aktives Teilchen entsteht (und ein aktives Teilchen verbraucht wird), so wird diese Reaktion als *Reaktion mit unverzweigter Kette* bezeichnet. Das Schema einer solchen Reaktion ist in Bild 5.1-4a dargestellt; die Vorgänge des chemischen Reagierens sind darin als Knotenpunkte gekennzeichnet. Die Reaktion setzt sich so lange fort, bis das nächste Teilchen mit einem inerten Molekül oder der Wand zusammenstößt. Im Ergebnis eines solchen Zusammenstoßes verbraucht das aktive Teilchen seinen Energieüberschuß und hört auf, aktiv zu sein. Da kein neues aktives Teilchen gebildet wird, bricht die Reaktion ab; es tritt eine Unterbrechung der Kette auf. Bei konstanter Konzentration der reagierenden Stoffe bleibt die Geschwindigkeit der Reaktion mit unverzweigter Kette vom Beginn der Reaktion bis zur Unterbrechung der Kette konstant.

Es gibt Kettenreaktionen, bei denen jeder Zyklus oder jede Elementarreaktion mehr als ein aktives Teilchen bereitstellt (Bild 5.1-4*b*). In diesem Falle nimmt die Anzahl der aktiven Teilchen mit der Zeit kontinuierlich und spontan zu, und damit steigt auch die Reaktionsgeschwindigkeit an. Der Prozeß wird selbstbeschleunigt, ähnlich wie bei Lawinen. Solche Reaktionen werden als *verzweigte Kettenreaktionen* bezeichnet. Für die Entwicklung dieser Reaktionen ist eine bestimmte Konzentration aktiver Teilchen erforderlich. Die Zeit, die bis zum Erreichen der Anfangskonzentration vergeht, wird als *Induktionsperiode* bezeichnet. Während der Induktionsperiode ist die verzweigte Kettenreaktion nicht spürbar, danach steigt ihre Geschwindigkeit spontan auf sehr hohe, aber endliche Werte an. Anschließend verringert sich die Geschwindigkeit wieder, wenn die reagierenden Stoffe verbraucht sind. In verzweigten Kettenreaktionen treten ebenfalls Abbrüche auf. Ein Abbruch an einer Stelle der Kette wird jedoch in diesem Falle durch die Bildung aktiver Teilchen an einer anderen Stelle kompensiert.

Besondere Verdienste um die Schaffung und Ausarbeitung der *Theorie der Kettenreaktionen* haben sich *Semjonov* u. Mitarb. erworben. Diese Theorie basiert auf der Analyse des Mechanismus von Entstehung und Abbau (Vergehen) aktiver Teilchen.

Gemäß Gl. (5.1-14) werden im Verlaufe der chemischen Reaktionen in der Zeiteinheit g aktive Teilchen verbraucht. Anstelle der bei der Reaktion verbrauchten Teilchen entstehen neue aktive Teilchen. Die resultierende Anzahl aktiver Teilchen wird durch das Zusammenwirken folgender Prozesse bestimmt:

1. durch die Bildung aktiver Teilchen infolge von Zusammenstößen zwischen inerten Teilchen,

2. durch die Vernichtung aktiver Teilchen durch Energieabgabe bei Zusammenstößen mit inerten Teilchen oder mit der Wand,
3. durch das Verschwinden aktiver Teilchen, die in Reaktion treten,
4. durch die Schaffung aktiver Teilchen im Ergebnis einer chemischen Reaktion.

Ist keine chemische Reaktion vorhanden, so ist die Konzentration der aktiven Teilchen nur von der thermischen Bewegung abhängig und ihre Anzahl im Mittel zeitunabhängig. Bei Vorhandensein einer chemischen Reaktion liefert jeder Teilschritt Teilchen, deren Energie gleich $Q + E$ ist. Dabei ist E die Aktivierungsenergie und Q der *thermische Effekt der Reaktion*. Die Teilchen können von sich aus, als künftige Reaktionsprodukte, nicht wieder in Reaktion treten. Bei ihrem Zusammenstoß mit Molekülen der Ausgangsstoffe können sie aber einen Teil ihrer Energie übertragen, der so groß ist, daß ein Molekül des Ausgangsstoffes in ein aktives Teilchen überführt werden kann. Damit werden beim Vorhandensein einer chemischen Reaktion die aktiven Teilchen sowohl durch die thermische Bewegung als auch im Ergebnis des chemischen Reagierens bereitgestellt. Dabei ist der Anteil jedes dieser Prozesse an der Entwicklung der Reaktion von ihrem Charakter abhängig.

Die Reaktion mit unverzweigter Kette, wo bei jedem Teilvorgang nur ein aktives Teilchen gebildet wird, kann nur unter der Bedingung normal ablaufen, daß im Ergebnis der thermischen Bewegung ständig neue aktive Teilchen gebildet werden. Bei der Reaktion mit verzweigter Kette nimmt die Konzentration der aktiven Teilchen im Gemisch zu. Es genügt eine kleine Menge aktiver Teilchen, damit sich die Reaktion selbständig entwickelt. Werden zu einer bestimmten Zeit nach Beginn der Reaktion alle aktiven Teilchen vernichtet, so bricht die Reaktion mit unverzweigter Kette ab, die Reaktion mit verzweigter Kette läuft hingegen normal weiter. Der thermische und der Kettenmechanismus sind eng miteinander verbunden. Ein und dieselbe Reaktion kann unter den einen Bedingungen als Kettenreaktion und unter anderen Bedingungen als rein thermische Reaktion ablaufen. Findet z. B. im Verlaufe einer durch thermische Aktivierung begonnenen Reaktion eine Erwärmung des Systems statt, so wird nicht nur der thermische Mechanismus der Reaktion intensiviert, sondern es wird gleichzeitig die Kettenreaktion beschleunigt, da bei steigender Temperatur die Zahl der aktiven Teilchen im System zunimmt. Es ist auch eine solche Erscheinung möglich, daß eine bei niederen Temperaturen als Kettenreaktion beginnende Umsetzung durch Erwärmung des Systems den Prozeß der thermischen Aktivierung intensiviert und aus einer reinen Kettenreaktion in eine rein thermische Umsetzung übergeht. In Bild 5.1-5 ist die Änderung der *Reaktionsgeschwindigkeit* der Verbrennung über der Zeit graphisch dargestellt. Im Abschnitt t_i findet keine Reaktion statt. Danach erreicht die Reaktionsgeschwindigkeit sprungartig einen sehr hohen, aber endlichen Wert und fällt anschließend mit Verringerung der Konzentration des Brennstoff-Luft-Gemisches ziemlich steil ab. Der schroffe Übergang der langsamen, kaum bemerk-

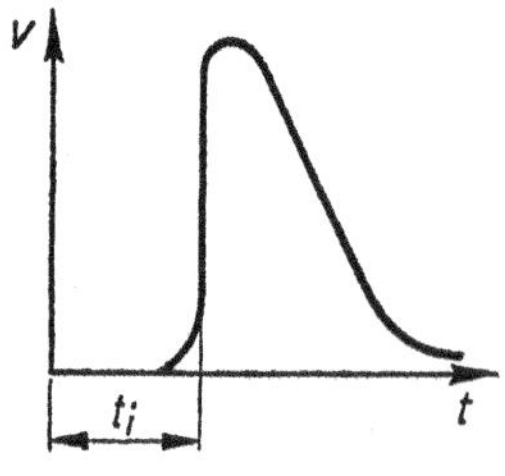

Bild 5.1-5. Änderung der Reaktionsgeschwindigkeit über der Zeit

baren Reaktion in ein sehr schnelles Reagieren ist ein charakteristisches Kennzeichen aller Verbrennungsreaktionen, unabhängig von ihrem Entstehungsmechanismus. Im weiteren wird die Geschwindigkeit der *Verbrennungsreaktionen n-ter* Ordnung durch die bekannte Gleichung

$$v = K_0 \, C^n e^{-\frac{E}{RT}} \tag{5.1-15}$$

(C Brennstoffkonzentration im brennbaren Gemisch)

dargestellt. Die Maßeinheit von v ist von der Wahl der Einheiten von C und K_0 abhängig. Wird die Konzentration in Anteilen von Eins angegeben und ist $K_0 = 1/(\mathrm{m}^3\, C)$, so ist $v = 1/(\mathrm{m}^3\, C)$. Bei Verbrennungsberechnungen wird die Konzentration meist in kmol Brennstoff / kmol Gemisch und $K_0 = \mathrm{kmol}/(\mathrm{m}^3\, C)$ angegeben, und es ergibt sich dann für v die Maßeinheit $\mathrm{kmol}/(\mathrm{m}^3\, C)$.

5.1.3.3. Entstehung der Flamme

Damit eine Verbrennung beginnen kann, müssen bestimmte Anfangsbedingungen – das Zünden des Gemisches – geschaffen werden. Sind die erforderlichen Bedingungen vorhanden, dann erfolgt die *Zündung* von selbst. Dabei erhöht sich die Geschwindigkeit der anfangs langsamen Reaktion sehr stark, und es kommt zu einem sehr heftigen Reagieren, wobei eine *Flamme* entsteht. Ein brennbares Gemisch kann auf zweierlei Arten gezündet werden.

1. *Selbstzündung:* Das gesamte Gemisch wird bis auf eine Temperatur erwärmt, bei der es sich selbständig, ohne äußeren Eingriff, entzündet, wobei die Verbrennung gleichzeitig im gesamten Volumen vor sich geht.
2. *Fremdzündung:* Ein kaltes Gemisch wird in einem beliebigen Punkt des Volumens durch eine hochtemperierte Fremdquelle (meist ist das ein Funke, ein erhitzter Körper, eine Zündflamme u. a.) gezündet.

Die weitere Ausbreitung der Flamme im Gas erfolgt selbständig, ohne Eingriffe von außen, wobei das Gasvolumen nicht plötzlich von der Verbrennungszone eingenommen wird. Die Verbrennungszone breitet sich darin mit einer endlichen Geschwindigkeit aus. Bei beiden Zündungsarten ist eine anfängliche Erwärmung des Gemisches erforderlich, trotzdem unterscheiden sich die Mechanismen dieser Prozesse voneinander.

Selbstzündung. Wird ein beliebiges Volumen eines brennbaren Gemisches allmählich erwärmt, so werden mit zunehmender Erwärmung die exothermen Reaktionen in diesem Volumen aktiviert, und die Wärmeentbindung nimmt zu. Bei der Erwärmung des Gemisches auf eine bestimmte Temperatur ändert sich die Reaktionsgeschwindigkeit von einem kaum spürbaren auf einen sehr hohen, aber endlichen Wert, wobei eine Flamme entsteht. Dieser Vorgang wird als *Selbstzündung* bezeichnet. Die Temperatur, bei der die Zündung erfolgt, nennt man *Zündtemperatur.* Sie ist die wichtigste Anfangsbedingung für die Selbstzündung. Zu ihrer Ermittlung sollen einige Annahmen getroffen werden.

Ein bestimmtes Volumen eines brennbaren Gemisches V sei in einem Gefäß eingeschlossen, dessen Wände auf einer konstanten Temperatur T_W gehalten werden. Es sei vorausgesetzt, daß bei der Erwärmung die Temperatur in diesem Volumen an allen

Orten gleich T ist und der Temperaturgradient in der dünnen Grenzschicht an der Wand vorliegt. Bei Fehlen des Temperaturgradienten im Volumen des chemisch reagierenden homogenen Gasgemisches tritt auch kein Konzentrationsgradient im Gemisch auf. Mit Hilfe dieser Annahmen können die Wärme- und Stoffübertragungsprozesse bei der Erwärmung eines Gemisches und sein Zusammenwirken mit dem umgebenden Medium durch zwei Gleichungen beschrieben werden: durch die Gleichung für die Wärmeentbindung im Verlaufe der chemischen Reaktion und durch die Gleichung für den Wärmeübergang vom reagierenden Gemisch an die Gefäßwände. Die Wärmeentbindung im Gasvolumen V in der Zeiteinheit wird beschrieben durch die Formel

$$\dot{Q}_{\mathrm{v}} = Q\, v\, V \quad (\mathrm{kW})$$

(Q Wärmetönung der Verbrennungsreaktion (kJ/kmol); v Reaktionsgeschwindigkeit gemäß Gl. (5.1-15) (kmol/(m^3 s)); V Volumen des brennbaren Gemisches (m^3))

Setzt man die Gleichung für die Geschwindigkeit ein, so erhält man:

$$\dot{Q}_{\mathrm{v}} = Q K_0 C^{\mathrm{n}} V \mathrm{e}^{-\frac{E}{RT}} \tag{5.1-16}$$

Diese Wärmemenge wird teilweise zur Erwärmung des Gases verbraucht und teilweise in die Umgebung abgeführt. Letzterer Anteil kann nach der *Newton-Richmann-Gleichung* bestimmt werden:

$$\dot{Q}_{\mathrm{W}} = \alpha A\, (T - T_{\mathrm{W}}) \tag{5.1-17}$$

($\dot{Q}_{\mathrm{W}}$ Wärmestrom vom Gasvolumenstrom an die Wände in der Zeiteinheit (kW); A Gesamtfläche der Wände (m^2))

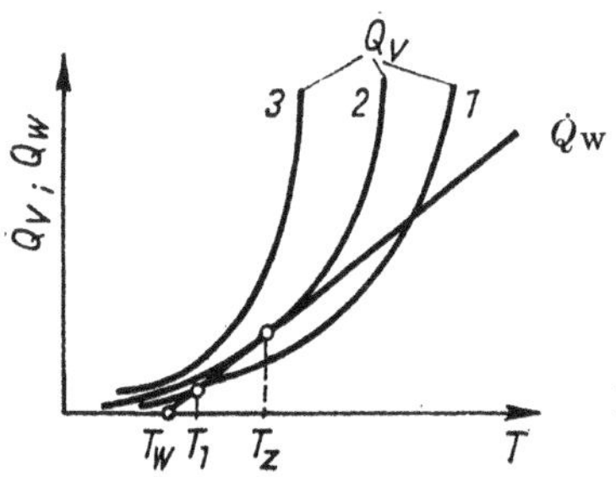

Bild 5.1-6. Bestimmung der Zündtemperatur

In Bild 5.1-6 ist die graphische Lösung der Gln. (5.1-16) und (5.1-17), bezogen auf die Temperatur, angegeben. Die Exponentenschar $\dot{Q}_{\mathrm{v}}$ charakterisiert die Abhängigkeit der Wärmeentbindung im Verlaufe der Reaktion von der Temperatur des Gasvolumens für drei verschiedene Drücke eines Gemisches mit konstanter Ausgangszusammensetzung. Die Gerade stellt die Abhängigkeit von $\dot{Q}_{\mathrm{W}}$ von der Temperatur des Gasvolumens bei konstanter Temperatur der Gefäßwände T_{W} dar.

Verläuft die Reaktion nach Kurve *1*, so erwärmt sich das Gemisch auf die Temperatur T_1, da bis zu diesem Moment die Wärmeentbindung die Wärmeabfuhr an die Umgebung übersteigt. Bei der Temperatur T_1 tritt ein thermisches Gleichgewicht ein. Ist die Konzentration des brennbaren Gemisches konstant, dann ist das thermische Gleichgewicht bei der Temperatur T_1 stabil, und es kann bei der gewählten Wandtemperatur keine Zündung erfolgen. Die langsame Reaktion dauert so lange an, bis das gesamte Brennbare verbraucht ist.

Verläuft die Reaktion nach Kurve *3*, so überwiegt die Wärmeentbindung immer die Wärmeabfuhr. Die Temperatur des Gemisches steigt ständig, und die Reaktionsgeschwindigkeit nimmt ausgesprochen hohe Werte an, was einer Explosion ähnlich ist. Es existiert offenbar eine bestimmte Bedingung, die den Übergang von einem begrenzten zu einem unbegrenzten Anwachsen der Reaktionsgeschwindigkeit charakterisiert.

Diese Bedingung wird für Kurve *2* realisiert. Hier erfolgt zunächst ebenfalls ein Anstieg der Gastemperatur auf T_z. Von diesem Moment an befindet sich das System im thermischen Gleichgewicht. Während im ersten Fall ein stabiles thermisches Gleichgewicht vorliegt, ist das Gleichgewicht bei der Temperatur T_z jedoch deutlich instabil, und eine geringfügige Erhöhung der Wandtemperatur führt zum Überwiegen der Wärmeentbindung gegenüber der Wärmeabfuhr, was eine Eigenerwärmung des Systems und die Zündung des gesamten Gasvolumens zur Folge hat.

Die Bedingung für die Selbstzündung wird also graphisch durch die Berührung der Kurven für die Wärmeentbindung und der Geraden für die Wärmeabgabe im Punkt T_z ausgedrückt. Im Berührungspunkt sind die Geschwindigkeiten der Wärmeentbindung und der Wärmeabgabe sowie die Ableitungen dieser Größen nach der Temperatur gleich groß. Der Abszissenwert dieses Berührungspunktes stellt die *Zündtemperatur* dar. Somit ist die Temperatur der Selbstzündung (oder der Zündung) T_z die Temperatur des brennbaren Gemisches, bei der die Wärmeentbindung im Verlaufe der Reaktion gleich der Wärmeabgabe an die Umgebung ist:

$$\dot{Q}_{\mathrm{V}} = \dot{Q}_{\mathrm{W}} \tag{5.1-18}$$

und die Geschwindigkeiten der Änderung dieser Größen bei Veränderung der Gemischtemperatur ebenfalls gleich groß sind:

$$\frac{\partial \dot{Q}_{\mathrm{V}}}{\partial T} = \frac{\partial \dot{Q}_{\mathrm{W}}}{\partial T} \tag{5.1-19}$$

Nur die Gesamtheit der beiden genannten Kennzeichen bestimmt die *Zündtemperatur* eindeutig. T_z unterscheidet sich zahlenmäßig nur sehr wenig von T_{W}:

$$T_z - T_{\mathrm{W}} \approx \frac{\mathrm{R}\, T_{\mathrm{W}}^2}{E} \tag{5.1-20}$$

Zum Beispiel bei $E = 200$ kJ/kmol und $T_{\mathrm{W}} = 1273$ K beträgt $T_z - T_{\mathrm{W}} = 35$ K. Dieser Zusammenhang wird speziell zur experimentellen Bestimmung der Zündtemperatur verwendet. Das zu untersuchende Gemisch wird in einem Behälter durch die Wand erwärmt, wobei die Wandtemperatur in dem Moment gemessen wird, wo die langsame Reaktion in eine Explosion übergeht. Die Zündtemperatur ist kein physikalisch-chemischer Kennwert eines brennbaren Gemisches bestimmter Zusammensetzung, da sie von einer Reihe von Faktoren, wie Abmessung und Form des Behälters, Außenwandtemperatur, Intensität der Kühlung usw., abhängig ist. Es existieren bestimmte Bereiche dieser Parameter, bei denen eine Zündung möglich bzw. nicht möglich ist. Die Grenzen dieser Bereiche werden als *Zündgrenzen* bezeichnet und durch die unter Berücksichtigung von Gl. (5.1-20) aus den Gln. (5.1-18) und (5.1-19) gewonnene Beziehung

$$V\, Q\, K_0\, C^n\, e^{-\frac{E}{\mathrm{R}\, T_{\mathrm{W}}}} = \alpha\, A\, \frac{\mathrm{R}\, T_{\mathrm{W}}^2}{E} \tag{5.1-21}$$

beschrieben. Für jeden der in Gl. (5.1-21) eingehenden Parameter existieren maximale und minimale Werte, bei denen unter den gegebenen Bedingungen eine Zündung möglich ist, d. h., es gibt eine *obere* und eine *untere Zündgrenze.*

Fremdzündung. In Öfen wird die Zündung des Gas-Luft-Gemisches in der Regel durch eine *Fremdzündung* vorgenommen. Dabei wird das kalte brennbare Gemisch auf einem kleinen Abschnitt erwärmt und durch eine beliebige Wärmequelle, eine *Zündhilfe*, zur Zündung gebracht. Als Zündhilfe verwendet man einen erhitzten Körper, eine Zündflamme oder einen elektrischen Funken. Aus der Sicht des Entstehungsmechanismus der Verbrennung unterscheidet sich die Fremdzündung nicht von der Selbstzündung. Auch hier erfolgt im Moment der Zündung ein schroffer Übergang der kaum spürbaren chemischen Reaktion in ein heftiges Reagieren. Dieser Übergang bleibt jedoch auf ein geringes Volumen des brennbaren Gemisches beschränkt, in dem die zur Zündung erforderlichen Bedingungen geschaffen wurden. Im weiteren breitet sich die Flamme mit einer begrenzten Geschwindigkeit aus. Am weitesten verbreitet ist die Zündung durch einen erhitzten Körper. Das können sowohl Festkörper (wie Stab oder Kugel) als auch eine erhitzte keramische Wand eines Kanals, in dem der Brenner eingebaut ist, sein. Außerdem werden zur Zündung Zündflammen oder durch elektrische Entladung ionisiertes Gas verwendet.

Den Zündmechanismus eines ruhenden Gas-Luft-Gemisches durch einen erhitzten Körper zeigt Bild 5.1-7. Wird in ein inertes Gas eine Zündhilfe mit der Temperatur T_1 eingebracht, so stellt sich in dem Gasvolumen eine bestimmte Temperaturverteilung, dargestellt durch die Kurve T_1A_1, ein. Bringt man diese Zündhilfe mit der Temperatur T_1 in ein brennbares Gemisch, dann ergibt sich in diesem Gasvolumen eine andere Temperaturverteilung (punktierte Linie T_1A_1'). Die höhere Temperatur des brennbaren Gemisches im Vergleich zur Temperatur des inerten Gases erklärt sich durch die Wärmeentbindung infolge der chemischen Reaktion. Die Intensität der Wärmeentbindung ist von der Temperatur des Gases im gegebenen Punkt abhängig. Je näher das Gas der Zündhilfe ist, desto näher liegt die Gastemperatur bei der Oberflächentemperatur der Zündquelle. Man kann die Temperatur der Zündhilfe T so wählen, daß die Wärmeentbindung im Verlaufe der chemischen Reaktion groß genug ist, damit in der Nähe dieser Zündhilfe die Temperatur $T_2 - T$ (Bild 5.1-7*b*) gehalten werden kann. Wird die Oberflächentemperatur der Zündquelle danach weiter erhöht, dann steigt die Temperatur im Gas mit zunehmendem Abstand von der Zündquelle progressiv an, bis die Zündung erfolgt (Kurve T_3A_3' in Bild 5.1-7*b*).

Die Temperatur T_2 ist ein kritischer Wert und wird als *Zündtemperatur* bezeichnet. Dem Sinn nach entspricht sie der Temperatur der Selbstzündung, hat aber einen anderen Wert. Die Zündbedingung wird in der Form

$$\left(\frac{\mathrm{d}T}{\mathrm{d}R}\right)_{\mathrm{W}} = 0$$

formuliert, wobei der Index W bezeichnet, daß sich der Temperaturgradient auf die Oberfläche der Zündquelle bezieht und entlang der Normalen zu dieser Oberfläche bestimmt wird. Hieraus folgt, daß die Zündquelle selbst an der Erwärmung des Gemisches nur bis zur Temperatur T_2 beteiligt ist. Die weitere Erwärmung und Zündung des Gemisches wird durch die Bedingungen im brennbaren Gemisch geregelt.

In Bild 5.1-8 sind typische Bilder der Verteilung von T und C im brennbaren Gemisch in der Nähe einer Zündquelle bis zur Zündung dargestellt. Aus dem Bild folgt, daß bei Verwendung einer Zündquelle mit geringer Wärmeleistung eine Zündung nicht mög-

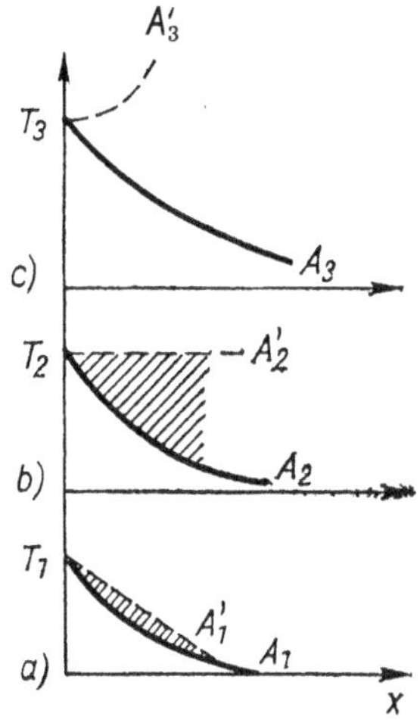

Bild 5.1-7. Zündung durch Glühkörper

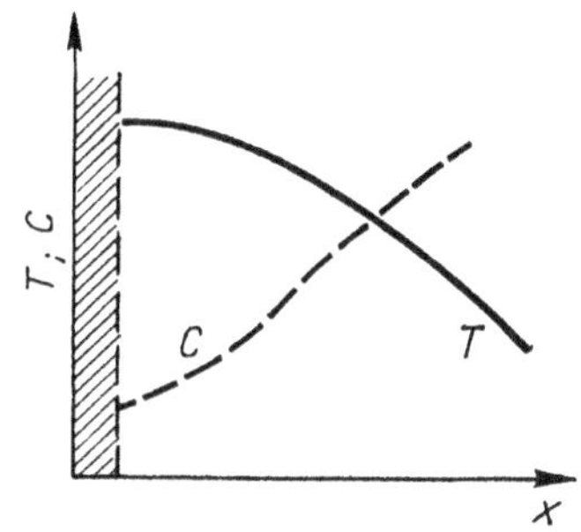

Bild 5.1-8. Änderung der Temperatur und der Brennstoffkonzentration in der Nähe der Glühkörperoberfläche

lich ist. Die Temperatur und folglich auch die Reaktionsgeschwindigkeit steigen in der Nähe der Oberfläche der Zündquelle tatsächlich stark an. Infolgedessen verringert sich während der Erwärmungsphase in dieser Zone die Konzentration des Brennbaren im Gemisch wesentlich. Wird die Erwärmung über eine lange Zeit durchgeführt (d. h. mit einer schwachen Zündquelle), so kann die Konzentration unter den Wert der unteren Zündgrenze abfallen, und eine Zündung findet nicht statt. Die Zündquelle muß also eine genügende Leistungsfähigkeit aufweisen, damit die Erwärmungszeit auf ein Minimum beschränkt bleibt, und das Material der Zündquelle darf auf die Verbrennungsreaktion keine katalytische Wirkung ausüben, da sonst an der Oberfläche der Zündquelle die Verbrennungsreaktion sehr intensiv verläuft. Dies führt zu einem schnellen Absinken der Konzentration des Brennbaren in der Nähe der Zündquelle. Im Ergebnis erwärmt sich deren Oberfläche spürbar, aber die Zündbedingungen des Gemisches werden ungünstiger. Sind die Zusammensetzung des brennbaren Gemisches (C_0), seine Anfangstemperatur T_0 und die Oberflächentemperatur der Zündquelle T_W bekannt, so kann die charakteristische Abmessung der Zündquelle nach folgender Formel bestimmt werden:

$$l = \sqrt{\frac{\lambda\,(T_W - T_0)^2 E}{2 H_u K_0 C_0^n \, e^{-\frac{E}{R T_W}} \, R \, T_W^2}}$$

(λ Wärmeleitfähigkeit des brennbaren Gemisches (W/(m K))

Aus dieser Beziehung folgt, daß bei gegebener Temperatur der Zündquelle ihre Abmessung um so größer sein muß, je geringer der Heizwert des Brennstoffes und je niedriger die Anfangstemperatur des Gemisches ist. Deshalb läßt sich ein vorgewärmtes Gemisch immer leichter zünden als ein kaltes.

Bei der Zündung eines strömenden Gemisches ist der Temperaturgradient in der thermischen Grenzschicht an der Zündquellenoberfläche lokalisiert. Entsprechend liegt auch dort die Zone der chemischen Reaktion. Unter der Annahme, daß das Gas in der thermischen Grenzschicht ruht, wurde von *Chitrin* das Problem der Zündung eines strömenden Gemisches gelöst, wobei er davon ausging, daß die Rolle der Zündquelle auf die Aufrechterhaltung eines thermischen Gleichgewichtes in der Grenzschicht zurückgeführt wird, d. h., daß die während der chemischen Reaktion frei werdende Wärmemenge gleich der Wärmemenge ist, die durch konvektiven Wärmeübergang von der Zündquelle an den auflaufenden Gasstrom übertragen wird:

$$\left(\frac{Nu}{l}\right)^2 (T_W - T_0)^2 = \frac{2Q}{\lambda} \frac{R T_W^2}{E} K_0 C^n e^{-\frac{E}{R T_W}} \tag{5.1-22}$$

($Nu = Nu(Re)$ Nusseltzahl; Q thermischer Effekt der Verbrennungsreaktion (J/mol); C laufende Konzentration von Brennbarem im Gemisch)

Hieraus erhält man die charakteristische Abmessung der Zündquelle:

$$l = \sqrt{\frac{Nu^2 (T_W - T_0)^2 \lambda E}{2 Q K_0 C^n e^{-\frac{E}{R T_W}} R T_W^2}} \tag{5.1-23}$$

Daraus ist ersichtlich, daß bei der Zündung eines strömenden Gas-Luft-Gemisches die Abmessung der Zündquelle, außer von den oben genannten Parametern, auch von der Art der Umspülung ihrer Oberfläche abhängig ist. Je größer die Geschwindigkeit der ungestörten Strömung bezüglich der Zündquellenoberfläche ist, desto leistungsfähiger muß die Zündquelle selbst sein, damit die Zündung des Gases gewährleistet ist. Dies läßt sich vor allem dadurch erklären, daß mit steigender Geschwindigkeit das Volumen kalten Gases zunimmt, das in der Zeiteinheit an der Oberfläche der Zündquelle vorbeiströmt. Wie schon bei der Selbstzündung existiert eine Reihe von Parameterkombinationen, bei denen eine Zündung möglich ist, deren Bereich durch die *Zündgrenzen* festgelegt ist. Unter Verwendung einer genügend leistungsfähigen Zündquelle kann jedes beliebige brennbare Gemisch gezündet werden. Liegt dieses Gemisch aber hinsichtlich seiner chemischen Zusammensetzung außerhalb der Zündgrenzen, so erlischt die Flamme nach Abschaltung der Zündquelle. Der Charakter der Abhängigkeit der Konzentrationsgrenzen für die Zündung von der Strömungsgeschwindigkeit bei verschiedenen Durchmessern der Zündquelle ist in Bild 5.1-9 dargestellt.

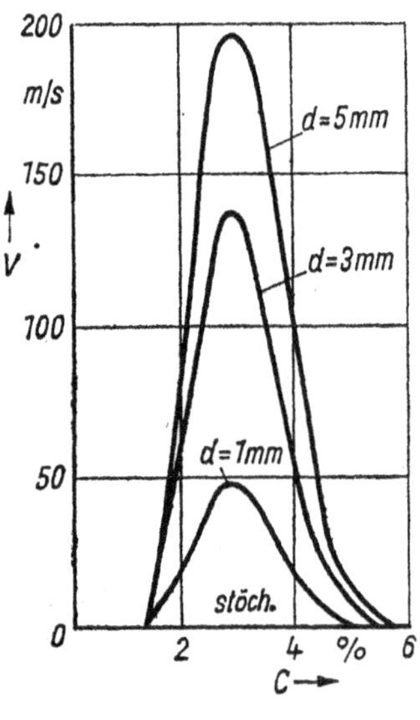

Bild 5.1-9. Zündgrenzen in Abhängigkeit von der Strömungsgeschwindigkeit und des Glühkörperdurchmessers

Mit zunehmender Geschwindigkeit der ungestörten Strömung werden die Konzentrationsgrenzen für eine mögliche Zündung immer enger. Bei einem gegebenen Durchmesser der Zündquelle existiert eine maximale Strömungsgeschwindigkeit, bei der nur ein Gemisch mit genau definierter Zusammensetzung (etwas reicher als das stöchiometrische Gemisch) gezündet werden kann. Deshalb ist es erforderlich, die Zündung bei Zufuhr von Brennstoff und Luft im angegebenen Verhältnis und bei möglichst geringer Ausströmgeschwindigkeit vorzunehmen.

5.1.3.4. Flammenausbreitung

Die Verbrennung des brennbaren Gemisches findet in einer Flammenfront statt, wo die physikalisch-chemische Umwandlung des brennbaren Gemisches unter Bildung der Verbrennungsprodukte vor sich geht. Vor der *Flammenfront* befindet sich das frische brennbare Gemisch mit der Temperatur T_0 und der Dichte ϱ_0, hinter der Flammenfront befinden sich die Verbrennungsprodukte mit der Temperatur $T_{\mathrm{VP}} > T_0$ und der Dichte $\varrho_{\mathrm{VP}} < \varrho_0$. Über ihrer Länge besteht die Flammenfront aus zwei Zonen. Die größere Zone nimmt etwa 90% der Länge der Flammenfront ein und liegt an der Seite des frischen Gemisches. In ihr erwärmt sich das Gemisch von T_0 bis zur Zündtemperatur – das ist die *Vorwärmzone.* Die kleinere Zone ist die *Zone der chemischen Reaktion.* Hierher gelangt das auf die Zündtemperatur vorgewärmte Gemisch, wobei sich die Temperatur in dieser Zone nur unwesentlich bis zur endgültigen *Verbrennungstemperatur* ändert. Hier verbrennt praktisch das gesamte brennbare Gemisch.

Das Schema einer Flammenfront in einem ruhenden Medium oder einer laminaren Strömung und die Änderung der wichtigsten Parameter der Verbrennung über ihre Länge ist in Bild 5.1-10 dargestellt. Mit zunehmender Erwärmung bis zur Zündtemperatur verbrennen immer neue Schichten des frischen Gemisches, die an der Reaktionszone anliegen. Visuell wird dies als Ausbreitung der Flamme aufgenommen.

Der Mechanismus der *Flammenausbreitung* ist von der Art der Wärmeübertragung aus der Reaktionszone abhängig. Man unterscheidet drei Mechanismen der Flammenausbreitung:

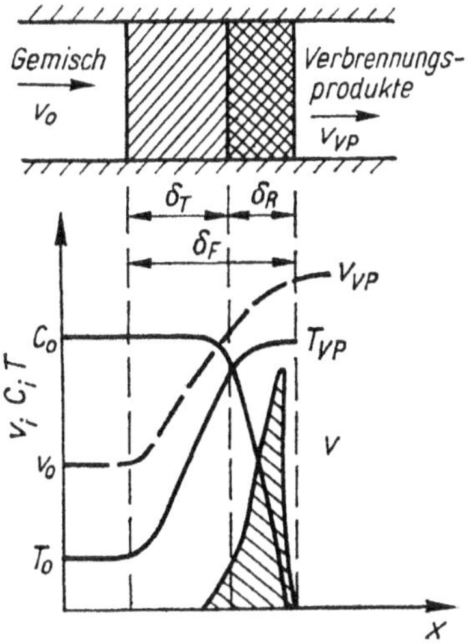

Bild 5.1-10. Änderung der Verbrennungsparameter über die Reaktionszone

1. normale Ausbreitung,
2. turbulente Ausbreitung und
3. Flammenausbreitung bei Detonation.

Die normale Flammenausbreitung in reiner Form tritt bei der Verbrennung eines ruhenden Brennstoff-Luft-Gemisches oder bei laminarer Strömung dieses Gemisches auf. Die Wärme wird hier durch Wärmeleitung aus der Reaktionszone übertragen. Da die Wärmeleitfähigkeit von Gasen relativ gering ist, ist auch die Ausbreitungsgeschwindigkeit der Flamme gering. Sie wird meist als *normale Ausbreitungsgeschwindigkeit der Flamme* Λ ($\triangleq$ *Flammengeschwindigkeit* Λ) bezeichnet und hängt von den physikalisch-chemischen Eigenschaften des brennbaren Gemisches ab. Eine turbulente Flammenausbreitung liegt bei turbulenten Strömungen vor. Die Wärmeübertragung erfolgt hierbei sowohl durch Wärmeleitung (molekulare Übertragung) als auch durch turbulente Pulsation (Übertragung in Turbulenzballen). Je intensiver die turbulente Pulsation ist, desto stärker ist der Einfluß des rein turbulenten Ausbreitungsmechanismus der Flamme. Damit ist die Geschwindigkeit der turbulenten Flammenausbreitung vor allem von der Dynamik der Strömung abhängig und in wesentlich geringerem Maße von den physikalisch-chemischen Eigenschaften des Brennstoff-Luft-Gemisches.

Bei einer Detonation ist die Ausbreitungsgeschwindigkeit der Flamme von der Gemischzusammensetzung unabhängig und gleich der Ausbreitungsgeschwindigkeit der Druckwelle. Im Ergebnis der Flammenausbreitung erfolgt eine Verschiebung der Front. In Abhängigkeit von den Besonderheiten der Verschiebung der Flammenfront werden drei Verbrennungsregime unterschieden.

1. *Normale Verbrennung:* Dabei verschiebt sich die Front gleichmäßig mit einer für die gegebenen Bedingungen konstanten Geschwindigkeit, die in ihrem absoluten Wert nicht groß ist. Ein Druckabfall an der Flammenfront tritt nicht auf.
2. *Pulsationsverbrennung:* Hier verschiebt sich die Front mit einer sowohl nach Größe als auch nach der Richtung veränderlichen Geschwindigkeit. Der Druck pulsiert mit der Geschwindigkeit.
3. *Detonationsverbrennung (Explosion):* Hierbei bewegt sich die Flammenfront mit konstanter Geschwindigkeit in der Größenordnung von 1000 m/s. Die Verschiebung ist von einem Druckabfall an der Flammenfront in der Größenordnung von Hunderten von Atmosphären begleitet.

In der Praxis kommen alle drei Verbrennungsregime vor. Von besonderem Interesse ist jedoch die normale Verbrennung, da sie die Grundlage für alle Arten der Verbrennung der in Industrieöfen eingesetzten Brennstoffe bildet. Eine Ausnahme ist die Verbrennung von Gas in Brennkammern, die nach dem Prinzip des pulsierenden Gegendruckes arbeiten. In diesem Falle liegt eine pulsierende Verbrennung vor.

Bei normaler Verbrennung eines ruhenden Gemisches tritt die Flammenfront als dichte Schicht auf. Die Dicke der Front beträgt nur Bruchteile eines Millimeters und ist von den physikalisch-chemischen Eigenschaften des brennbaren Gemisches abhängig. Für eine gegebene Zusammensetzung ändert sich diese Dicke bei Veränderung der Form der Flammenfront nicht.

Mechanismus der normalen Flammenausbreitung. Er ist dem Zündmechanismus ähnlich, d. h., die zur Vorwärmung des Gemisches erforderliche Wärme wird, wie bei der Zündung, durch Wärmeleitung übertragen. In beiden Fällen sind zwei Zonen vor-

handen, in denen die chemische Reaktion bei fast konstanter Temperatur abläuft bzw. die Erwärmung des frischen Gemisches von der Anfangstemperatur T_0 auf eine Temperatur nahe T_z erfolgt. Hierbei ist jedoch die chemische Reaktion die Quelle der an der Flammenfront freigesetzten Wärme, während bei der Zündung die Zündquelle diese Rolle übernimmt und die durch die chemische Reaktion freigesetzte Wärme nur eine untergeordnete Rolle spielt.
Die Flammenausbreitung wird über die *Flammengeschwindigkeit* Λ charakterisiert. Das ist die Geschwindigkeit, mit der ein Element der Flammenfront in Normalrichtung gegen das brennfähige Gasgemisch fortschreitet. Das Problem der normalen Flammenausbreitung wurde von *Seldovič* und *Frank-Kamenezki* gelöst und eine Formel für die Flammengeschwindigkeit abgeleitet:

$$\Lambda = \frac{\sqrt{2\lambda Q\, v(C, T_{\mathrm{VP}})\, \dfrac{R T_{\mathrm{VP}}^2}{E}}}{\varrho_0 c_{\mathrm{p}} (T_z - T_0)} \tag{5.1-24}$$

Die Geschwindigkeit Λ ist eine physikalisch-chemische Konstante, auf deren Wert neben den Eigenschaften des brennbaren Gemisches die Zusammensetzung desselben und die Temperaturführung an der Flammenfront großen Einfluß haben.
Gl. (5.1-24) kann bis jetzt jedoch nicht genutzt werden, da die Konstanten K_0 der meisten Reaktionen nicht bekannt sind. In erster Näherung kann Λ mit Hilfe der halbempirischen Formel von *Frank-Kamenezki* ermittelt werden:

$$\Lambda = \sqrt{\Phi \frac{a}{t}} \tag{5.1-25}$$

(a Temperaturleitfähigkeit des brennbaren Gemisches (m^2/s); t Zeit des vollständigen Ausbrandes einer Gemischeinheit (s); Φ dimensionsloser empirischer Koeffizient (< 1))

Unter Berücksichtigung der Konstanz der Dicke der Flammenfront folgt aus dem Masseerhaltungssatz:

$$\varrho_0 \Lambda = \varrho_{\mathrm{VP}} v_{\mathrm{VP}}$$

Hieraus erhält man den Zusammenhang zwischen der Flammengeschwindigkeit und der Geschwindigkeit der die Flammenfront verlassenden Verbrennungsprodukte:

$$v_{\mathrm{VP}} = \Lambda \frac{\varrho_0}{\varrho_{\mathrm{VP}}}$$

Das heißt, die Geschwindigkeit der Verbrennungsprodukte bezüglich der Flammenfront ist um sovielmal größer als die Flammengeschwindigkeit, um wievielmal die Dichte des brennbaren Gemisches größer ist als die Dichte der Verbrennungsprodukte.
Als gasdynamische Charakteristik des Verbrennungsprozesses dient die *Fortpflanzungsgeschwindigkeit der Flammenfront.* Das ist eine integrale Größe, die zahlenmäßig gleich dem Abstand ist, um den sich die gesamte Flammenfront entlang ihrer Bewegungsachse in der Zeiteinheit verschiebt. Die Fortpflanzungsgeschwindigkeit wird mit v_F bezeichnet. Der Vektor dieser Geschwindigkeit fällt i. allg. nicht mit dem Vektor der Flammengeschwindigkeit zusammen.
Der Zusammenhang zwischen Flammengeschwindigkeit und -fortpflanzungsgeschwindigkeit soll am Beispiel der Flammenausbreitung in einem vertikal angeordneten Rohr erläutert werden, das mit einem ruhenden brennbaren Gemisch gefüllt ist (Bild 5.1-11).

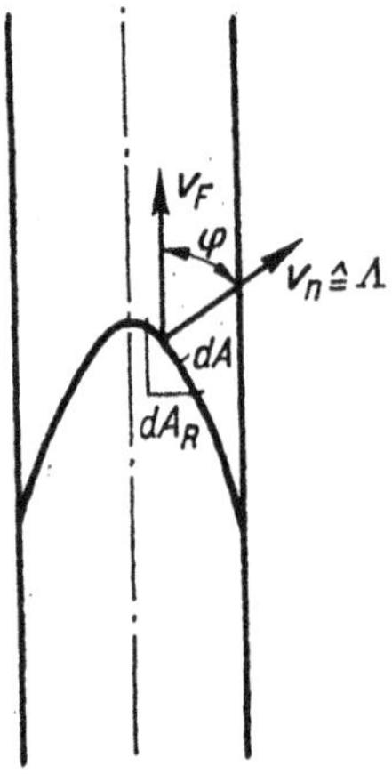

Bild 5.1-11. Ableitung des Kosinusgesetzes

Die vertikale Anordnung des Rohres ermöglicht es, den Einfluß der Auftriebskraft auf die Konfiguration der Flammenfront auszuschalten. Die Flammenfront bildet sich im Rohr als konusförmige Oberfläche aus, deren Spitze auf der Rohrachse liegt. Dies ist dadurch begründet, daß auf der Achse des Rohres das Gemisch die höchste Temperatur hat, da sich hier die Kühlwirkung der Rohrwand am wenigsten auswirkt. Deshalb ist gemäß Gl. (5.1-24) die Flammengeschwindigkeit auf der Rohrachse am größten. Jedes Element der Front bewegt sich im brennbaren Gemisch in Normalenrichtung zu seiner Oberfläche mit der Geschwindigkeit Λ. Insgesamt bewegt sich die Flammenfront entlang der Rohrachse mit der Geschwindigkeit v_F. Das auf der Frontfläche dA in der Zeiteinheit verbrennende Gemischvolumen beträgt:

$$dV = \Lambda \, dA$$

Dieses Volumen läßt sich auch durch die Flammenfortpflanzungsgeschwindigkeit und das Flächenelement des Rohrquerschnittes darstellen:

$$dV = v_F \, dA_R$$

Setzt man die rechten Seiten beider Gleichungen gleich, so ergibt sich:

$$v_F = \Lambda \frac{dA}{dA_R} \qquad (5.1\text{-}26)$$

Da dA_R die Projektion von dA auf die Querschnittsfläche des Rohres ist und folglich immer kleiner als letztere ist, so folgt aus Gl. (5.1-26), daß die Fortpflanzungsgeschwindigkeit der Flammenfront immer größer ist als die Flammengeschwindigkeit. Aus Bild 5.1-11 ist ersichtlich, daß

$$dA = \frac{dA_R}{\cos\varphi}$$

Durch Einsetzen in Gl. (5.1-26) erhält man:

$$v_F = \frac{\Lambda}{\cos\varphi} \qquad (5.1\text{-}27)$$

Die Fortpflanzungsgeschwindigkeit der Flammenfront wächst umgekehrt proportional zum $\cos\varphi$. Dieses Gesetz wurde von *Michelson* aufgestellt und wird als *Kosinus-*

gesetz bezeichnet. Es ist eines der Grundgesetze der Verbrennungstheorie und gibt an, wie sich bei konstanter Flammengeschwindigkeit die in der Zeiteinheit in der Front verbrennende Brennstoffmenge ändert. Bei Vergrößerung des Winkels φ wird die Abmessung dA des Elementes der Front, das auf ein Element des Rohrquerschnittes dA_R entfällt, größer. Mit steigendem dA nimmt das auf diesem Element in der Zeiteinheit verbrennende Gemischvolumen zu. Dieses zunehmende Volumen muß durch das Element des Rohrquerschnittes dA_R durchgesetzt werden. Wegen der Konstanz von dA_R kann dies nur durch eine entsprechende Erhöhung von v_F erreicht werden. Somit muß bei in der Zeiteinheit größer werdendem verbrennendem Gemischvolumen die Oberfläche der Flammenfront zunehmen, und die Flammenfortpflanzungsgeschwindigkeit muß ansteigen. Dabei bleibt die Masse des in der Zeiteinheit an einer Flächeneinheit der Front verbrennenden Gemisches konstant und ist gleich $\varrho_0 \Lambda$. Je größer die Fortpflanzungsgeschwindigkeit der Flammenfront ist, desto weiter ist die Flamme ausgedehnt.

Es muß nochmals betont werden, daß die Verschiebung der Flammenfront und die Flammenausbreitung Prozesse unterschiedlicher physikalischer Natur sind. Ersterer ist mit der Bewegung eines dichten Mediums verbunden, letzterer mit dem physikalisch-chemischen Prozeß der Verbrennung. In diesem Zusammenhang darf die Abhängigkeit zwischen v_F und Λ nicht mit den Regeln der Vektoralgebra dargestellt werden, wie Gl. (5.1-27) anschaulich zeigt.

Grenzen der Flammenausbreitung. Eine Flamme kann sich nicht in jedem beliebigen brennbaren Gemisch ausbreiten. In Bild 5.1-12 sind die Abhängigkeiten der Flammengeschwindigkeiten von der Zusammensetzung des Gas-Luft-Gemisches für verschiedene Gase angegeben. Aus dem Bild geht hervor, daß diese Abhängigkeit für alle Gase den gleichen Charakter aufweist und die Kurve ein Maximum besitzt. Die maximale Flammengeschwindigkeit entspricht einem Gemisch mit einem deutlich höheren Gehalt an Brennbarem, als nach der stöchiometrischen Gleichung erforderlich ist. So liegt für ein Gemisch aus Luft und Kohlenmonoxid die maximale Flammengeschwindigkeit bei einem CO-Gehalt von 43 %, die stöchiometrische Zusammensetzung des Gemisches entspricht jedoch einer CO-Konzentration von 29,5 %.

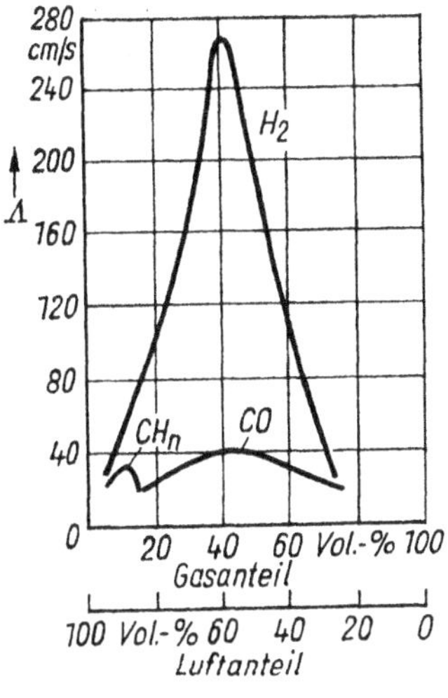

Bild 5.1-12. Änderung der Flammengeschwindigkeit in Abhängigkeit der Gemischzusammensetzung

Die maximale Flammengeschwindigkeit ist von der Brennstoffart abhängig. Für ein Wasserstoff-Luft-Gemisch ist sie etwa 6mal größer als für ein Methan-Luft-Gemisch. Λ ist außerdem abhängig von der Menge an Ballaststoffen im brennbaren Gemisch. Zum Beispiel führt der Austausch von Luft im Methan-Luft-Gemisch mit Sauerstoff zu einer Erhöhung des Maximalwertes von Λ von 0,37 auf 3,25 m/s. Bei einem bestimmten Abmagerungsgrad des Gemisches hört die Verbrennung auf. Als Ballast kann neben Luft auch Brennbares auftreten, wenn es im Gemisch als überschüssige Menge vorhanden ist. Die die Flammenausbreitung durch Verdünnung des brennbaren Gemisches mit Luft einschränkende Grenze wird als *untere Konzentrationsgrenze* bezeichnet. Die Grenze, die die Flammenausbreitung durch einen Überschuß an Brennbarem begrenzt, bezeichnet man als *obere Konzentrationsgrenze*. Beispielsweise brennt ein Gemisch aus Erdgas der Saratower Lagerstätte und Luft bei einem Gasgehalt von 5,5 bis 14,8 %. Die Flammenausbreitung in Gemischen, die hinsichtlich ihrer Zusammensetzung der oberen oder unteren Konzentrationsgrenze entsprechen, erfolgt mit gleicher Geschwindigkeit von etwa 0,20 m/s. Die obere und untere Konzentrationsgrenze der Flammenausbreitung stimmen mit den entsprechenden Konzentrationsgrenzen für die Zündung überein.
Die Ballaststoffe weisen nicht immer einen negativen Einfluß auf die Flammenausbreitung auf. Beispielsweise führt ein geringer Zusatz von Wasser oder Wasserdampf in ein Gemisch aus Kohlenstoff und Luft bzw. Sauerstoff zur Intensivierung des Verbrennungsprozesses. In diesem Fall treten die Wassermoleküle als aktive Teilchen auf. Sie beschleunigen die Kettenreaktion des Zusammenwirkens von Kohlenstoff und Sauerstoff.

5.1.4. Verbrennungsvorgang

Als charakteristische Größe der Effektivität der Verbrennung eines Brennstoffs dient die Größe der Wärmebelastung der Verbrennungszone, angegeben als Verhältnis der in der Zeiteinheit in der Verbrennungszone frei werdenden Wärmemenge zum Volumen dieser Zone. Die Ausströmgeschwindigkeit des Gases aus den Brennern ist in der Regel nicht größer als 30 bis 50 m/s. Unter diesen Bedingungen schwankt die Wärmebelastung bei der Verbrennung verschiedener Gase im Intervall von 0,6 bis 2 MW/m³. Bezeichnet man mit $L_{\min}$ den für die Verbrennung einer Brennstoffeinheit theoretisch erforderlichen *Luftbedarf*, der sich aus den Reaktionsgleichungen der Verbrennung ermitteln läßt, und mit L den tatsächlichen Luftverbrauch, so erhält man mit

$$\lambda = \frac{L}{L_{\min}}$$

das *Luftverhältnis*. Dieser Koeffizient ist der wichtigste Parameter zur Regelung des Verbrennungsprozesses. Bei beliebiger Art der Verbrennung des Brennstoffs kann durch die Änderung des Luftdurchsatzes, d. h. durch Änderung des Luftverhältnisses λ, die Verbrennungstemperatur, die Menge und die chemische Zusammensetzung der Verbrennungsprodukte sowie die Stabilität des Verbrennungsprozesses geregelt werden.

5.1.4.1. Verbrennung von Gas

Laminare Flamme. In Industrieöfen erfolgt die Verbrennung in der Regel in turbulenten Flammen. Die *laminare Flamme* dient jedoch bei einem beliebigen Verbren-

nungsregime als Modell der turbulenten Flamme, das eine klare Darstellung des qualitativen Bildes der Flammenausbreitung, des Abhebe- und Rückschlagmechanismus der Flamme und anderer mit der Verbrennung in einer Gasströmung verbundenen Erscheinungen ermöglicht. In diesem Zusammenhang ist es sinnvoll, den Verbrennungsmechanismus von Gas und den Prozeß der Flammenformierung am Beispiel einer laminaren Flamme zu zeigen.
Zunächst soll die Verbrennung in einem freien Luftraum bei Vormischung von Gas und Luft betrachtet werden. Bringt man am Brennermund eine Zündquelle ein, dann erfolgt die Zündung des brennbaren Gemisches. Die Flamme beginnt sich mit der Geschwindigkeit Λ entgegen der Strömungsrichtung des Strahles und seiner Achse im frischen Gemisch auszubreiten. Dabei bildet sich in einem bestimmten Abstand vom Brennermund in den Orten über dem Umfang des Strahls, wo die Gemischgeschwindigkeit größenmäßig gleich Λ, aber ihr entgegengerichtet ist, ein stabiler Flammenring aus (Bild 5.1-13). Der Durchmesser dieses Ringes ist etwas kleiner als der Durchmesser der Austrittsöffnung des Brenners. Der Ring fungiert als natürliche Zündquelle für das aus dem Brenner austretende Gemisch. Man bezeichnet ihn deshalb als *Zündring.* Außerhalb des Zündringes kühlt sich das brennbare Gemisch infolge Wärmeableitung durch die metallischen Brennerwände und durch Zumischung kalter Umgebungsluft sehr stark ab. Dies führt zu einer Verringerung der Flammengeschwindigkeit Λ, und ungeachtet der geringen Gemischgeschwindigkeit an den Brennerwänden dringt die Flamme nicht bis hierher vor.

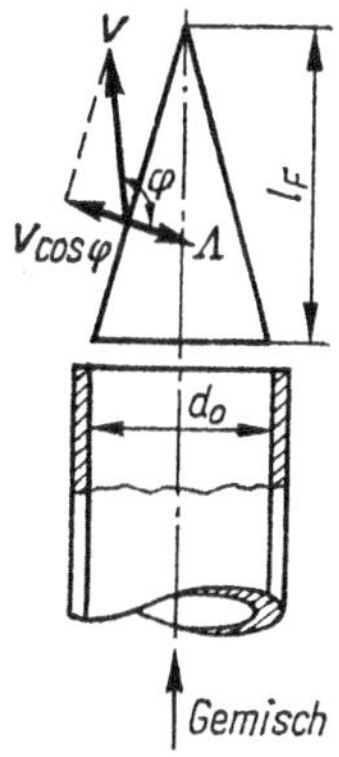

Bild 5.1-13. Schema einer laminaren Vormischflamme

Im Prozeß ihrer Ausbreitung vom Zündring bis zum Zentrum des Strahls gehört die Flamme gleichzeitig dem strömenden Gemisch an und erreicht die Achse des Strahls in einem bestimmten Abstand vom Brennermund, wobei sie eine sehr dünne *Flammenfront* in Form einer konischen Oberfläche von hellblauer Farbe bildet. Dabei wandelt sich der Gasstrahl in eine Flamme um. Die Flammenfront trennt die innere von der äußeren Flammenzone. Die *Flammenlänge* wird als Abstand zwischen Brennermund und Spitze (Kegelhöhe oder Primärflammenlänge) des von der Flammenfront gebildeten Konus bestimmt. In diesem auf der Flammenachse gelegenen Punkt ist die Gasgeschwindigkeit größenmäßig gleich der Flammengeschwindigkeit und dieser entgegengerichtet.
Nimmt man an, daß der Radius des Zündringes etwa gleich dem Radius der Austrittsöffnung des Brenners ist, dann ist die Zeit der Ausbreitung der Flamme von der Strahl-

grenze bis zu seiner Achse

$$t = \frac{r}{\Lambda} \tag{5.1-28}$$

r Radius der Austrittsöffnung des Brenners (m))

In der Zeit t verschiebt sich die Flamme längs der Achse um den Abstand der Flammenlänge (Kegelhöhe oder Primärflammenlänge):

$$l = v_m t$$

(v_m mittlere Querschnittsgeschwindigkeit des Gases innerhalb der Flamme (m/s))

Durch Einsetzen von t aus Gl. (5.1-28) erhält man unter Beachtung, daß v_m direkt proportional der mittleren Geschwindigkeit des brennbaren Gemisches am Brenneraustritt v_0 ist,

$$l_{Fl} \sim \frac{v_0 r}{\Lambda} \tag{5.1-29}$$

Die Flammenlänge ist also abhängig von der Zusammensetzung und der Anfangstemperatur des Gemisches, von der mittleren Ausströmgeschwindigkeit und vom Durchmesser des Brennermundes. Bei Erhöhung der Ausströmgeschwindigkeit nimmt die Flammenlänge zu, bei Erhöhung der Anfangstemperatur des Gemisches nimmt sie ab.

Bei stabiler Verbrennung ruht die Flammenfront im Raum. Es soll nun der Mechanismus der Formierung einer stabilen Front betrachtet werden. Die resultierende Bewegungsgeschwindigkeit eines Elementes der Flammenfront entlang der Normalen zu ihrer Oberfläche (Bild 5.1-13) beträgt

$$v = \Lambda - v_{n,i} \tag{5.1-30}$$

($v_{n,i} = v_{Gem} \cos \varphi_i$ Projektion des Geschwindigkeitvektors des Gemisches im i-ten Punkt auf die Normale zum Element der Flammenfront in diesem Punkt (m/s) (Normalkomponente der Gemischgeschwindigkeit); φ_i der vom Vektor der Flammengeschwindigkeit und vom Geschwindigkeitsvektor des Gemisches im i-ten Punkt eingeschlossene Winkel)

Die Gasströmung verlangsamt die Flammenausbreitung, und bei einem bestimmten Verhältnis von Λ / v_{Gem} befindet sich das Element der Flammenfront in der Strömung im dynamischen Gleichgewicht und wird als ruhend wahrgenommen. Das Gleichgewicht des Flammenfrontelementes wird ausgedrückt durch

$$\Lambda = v_{Gem} \cos \varphi_i \tag{5.1-31}$$

Hieraus kann nun die Orientierung des bezüglich der Strömung ruhenden Elementes der Flammenfront bestimmt werden:

$$\cos \varphi_i = \frac{\Lambda}{v_{Gem}} \tag{5.1-32}$$

Bei der Verbrennung in einer laminaren Strömung stellt die Flammenfront eine einheitliche Oberfläche dar, deren Gleichung aus den folgenden Überlegungen abgeleitet werden kann. Am Zündring, wo die Strömungsgeschwindigkeit minimal ist, ist das Element der Flammenfront am meisten in Richtung des frischen Gemisches verschoben. Die Gleichgewichtsbedingung für dieses Element wird durch

$$0 = v_F - v_{Gem} = \Lambda - v_{min} \tag{a}$$

dargestellt. Die Gleichgewichtsbedingung für ein beliebiges Element der Flammenront, wo die Normale zu ihm im Winkel φ_i zur Strömungsrichtung steht, wird durch

$$0 = \frac{\Lambda}{\cos \varphi_i} - v_{Gem} \tag{b}$$

ausgedrückt. Setzt man die rechten Seiten der Gln. (a) und (b) gleich, so ergibt sich:

$$\frac{\Lambda}{\cos \varphi_i} - v_{Gem} = \Lambda - v_{min} \tag{5.1-33}$$

Hieraus folgt, daß in den Punkten, wo die Strömungsgeschwindigkeit zunimmt, sich die Flammenfront so krümmt (verbiegt), daß der Winkel φ_i kleiner wird.

Wie aus der Gleichgewichtsbedingung folgt, kann die Flammenfront im Raum bei einer Veränderung der Gemischgeschwindigkeit in weiten Grenzen unbeweglich bleiben. Mit einem bestimmten Wert von v_0 erfolgt jedoch ein Abheben der Flamme. Dies findet in dem Moment statt, wenn die Gleichgewichtsbedingung für den Zündring $\Lambda = v_{min}$ gestört ist. Mit steigendem v_0 nimmt die Menge an brennbarem Gemisch zu, welches durch die Oberflächeneinheit des Zündringes durchgesetzt wird, und führt zu einer Absenkung der Temperatur des Ringes sowie zu einer Verringerung der Flammengeschwindigkeit in ihm. Dies führt neben der zunehmenden Ausströmgeschwindigkeit des Gases zur Störung des dynamischen Gleichgewichts des Zündringes und zum Abheben der Flamme. Die größte Strömungsgeschwindigkeit, bei der eine stabile Verbrennung gerade noch möglich ist, wird als *obere Geschwindigkeitsgrenze für die Flammenstabilität* bezeichnet. Die obere Grenze kann durch die Erhöhung der Wärmeleistung des Zündringes, z. B. durch Anordnung eines erhitzten Metallringes, erweitert werden.

Eine zu starke Verringerung der Ausströmgeschwindigkeit des Gemisches ist nicht zulässig, da sich sonst die Flamme in den Brenner zurückzieht, was zur Havarie führt. Diese Erscheinung wird als *Rückschlagen der Flamme* bezeichnet. Das Rückschlagen erfolgt immer am Umfang der Flamme, entlang der Brennerwände, da hier in der Regel die niedrigste Gasgeschwindigkeit vorliegt. Die niedrigste Ausströmgeschwindigkeit, bei der noch kein Flammenrückschlag auftritt, wird als *untere Geschwindigkeitsgrenze* für die Flammenstabilität bezeichnet. Um die Flammenstabilität an der unteren Grenze zu erhöhen, muß entweder die Gasgeschwindigkeit an den Brennerwänden erhöht oder die Flammengeschwindigkeit in dieser Zone abgesenkt werden. Ersteres läßt sich durch einen Aufsatz am Brenneraustritt realisieren, wodurch eine Zunahme der Gemischgeschwindigkeit an den Brennerwänden erreicht wird. Die zweite Möglichkeit wird durch die Anwendung einer erzwungenen Kühlung des Brennermundes erreicht.

Wird dem Brenner ein brennbares Gemisch mit Luftmangel ($\lambda < 1$) zugeführt, dann verbrennt im blauen Konus nur ein Teil des Brennstoffs. Der restliche Brennstoff tritt zusammen mit den Verbrennungsprodukten durch die Flammenfront hindurch, wobei er sich stark erwärmt, sich mit Umgebungsluft vermischt und verbrennt. Dabei bildet sich in der Nähe des blauen Konus eine zweite Flammenfront mit ebenfalls konischer Form. Wird dem Brenner ein Gemisch mit Luftüberschuß ($\lambda > 1$) zugeführt, dann verbrennt der gesamte Brennstoff innerhalb des blauen Konus.

Bei der *Diffusionsverbrennung* wird vom Brenner ein laminarer Brennstoffstrahl freigesetzt, der sich in der Grenzschicht mit Luft vermengt und ein brennbares Gemisch bildet. Die Vermischung von Brennstoff und Luft erfolgt durch molekulare Diffusion und durch Konvektion. Bringt man an den Umfang des Strahls eine Zündquelle und

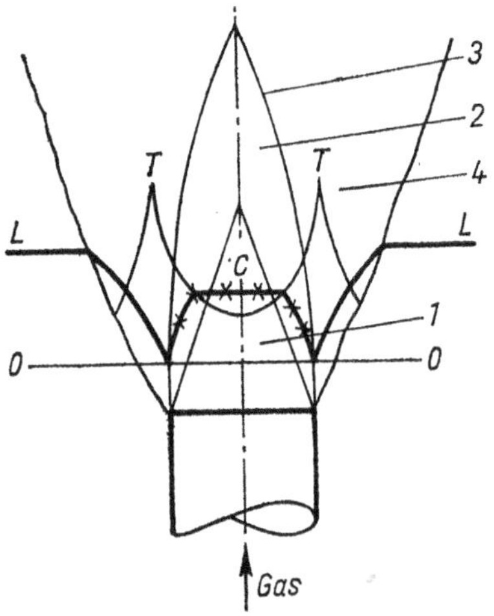

Bild 5.1-14. Schema einer laminaren Diffusionsflamme

zündet das brennbare Gemisch, so entsteht, wie auch bei der Verbrennung mit Vormischung, am Umfang des Strahls ein Zündgürtel, und es formiert sich eine Flammenfront konischer Form. Dabei wird der Strahl in eine Flamme umgewandelt (Bild 5.1-14). Innerhalb der Flamme befindet sich der Kern *1*, der lediglich aus Brennstoff besteht. Dieses Gebiet der Flamme ist immer dunkel. In der Zone *2* werden dem Brennstoff Verbrennungsprodukte zugemischt, deren Konzentration in Richtung zur Flammenfront *3* zunimmt. Die Flammenfront beginnt unmittelbar an der Austrittsöffnung des Brenners und begrenzt die Abmessung der Flamme. Außerhalb der Flamme liegt die Zone *4*, die sich in Richtung der Flammenentwicklung ausdehnt und die aus einer Mischung von Verbrennungsprodukten und Luft besteht. Da sich der Zündgürtel an der Grenze zwischen Strahl und Umgebungsmedium befindet, d. h. in einer Zone mit sehr geringen Geschwindigkeiten, ist seine Stabilität wesentlich größer als bei der Verbrennung mit Vormischung. Trotzdem ist in diesem Fall ein Abreißen der Flamme möglich. Das Rückschlagen der Flamme ist jedoch ausgeschlossen, da dem Brenner reines Gas und kein brennbares Gemisch zugeführt wird.

In der stabilen *Diffusionsflamme* formiert sich die Flammenfront in den Orten, wo die Volumenströme von Brenngas und Sauerstoff der stöchiometrischen Zusammensetzung des brennbaren Gemisches entsprechen. Diese Feststellung soll am Beispiel des entgegengesetzten Falles bewiesen werden. Es soll angenommen werden, daß sich die Front in den Orten bildet, wo das Brenngas im Überschuß vorliegt, d. h., $\lambda < 1$. In diesem Fall tritt ein Teil des Brenngases durch die Front hindurch in das Umgebungsmedium, vermengt sich dort mit Sauerstoff und verbrennt. Dabei wird die Sauerstoffzufuhr an der Flammenfront weiter verringert. Unter diesen Bedingungen kann also die Flammenfront nicht stabil vorliegen. Auf analoge Weise läßt sich zeigen, daß die Flammenfront auch dort nicht stabil sein kann, wo Sauerstoff im Überschuß ($\lambda > 1$) vorliegt.

Die Konzentration des brennbaren Gemisches ist in der Flammenfront sehr klein (nahe Null). Ein großer Teil ihres Volumens besteht aus hochtemperierten Verbrennungsprodukten. Dieses Verhältnis von Brennbarem und Verbrennungsprodukten liefert die besten Bedingungen für eine Verbrennung.

Die Änderung der Temperatur und der Konzentration der Verbrennungskomponenten über den Querschnitt einer Diffusionsflamme ist in Bild 5.1-14 dargestellt. Die

Konzentration des Brenngases (C) ändert sich von einem maximalen Wert in Zone *1* bis auf Null an der äußeren Grenze der Flammenfront. Die Konzentration der Luft (L) sinkt von einem maximalen Wert in der äußeren Zone der Flamme auf Null in der Flammenfront. Die maximale Konzentration der Verbrennungsprodukte liegt in der Flammenfront vor. Von hier diffundieren die Verbrennungsprodukte ins Innere der Flamme und nach außen, wo ihre Konzentration auf Null sinkt. Analog zur Änderung der Konzentration der Verbrennungsprodukte ändert sich die Temperatur in der Flamme. Die Zeit zur Formierung der Flamme entspricht der Diffusionszeit der Luft vom Umfang des Strahls bis zur Strahlachse:

$$t = \frac{r^2}{2D} \qquad (5.1\text{-}34)$$

r Brennerradius (m); D Koeffizient der molekularen Diffusion von Luft (m^2/s))

Hieraus ergibt sich die Flammenlänge zu

$$l_{Fl} \sim v_0\, t \sim \frac{r^2 v_0}{2D} \qquad (5.1\text{-}35)$$

Berücksichtigt man, daß der Gasdurchsatz je Sekunde im Brenner $\dot{V} = v_0 \pi r^2$ (m^3/s) oder $\dot{V} \sim v_0 r^2$ beträgt, so erhält man aus Gl. (5.1-35):

$$l_{Fl} \sim \frac{\dot{V}}{D}$$

Somit wird die Flammenlänge einer laminaren Diffusionsflamme nur vom Gasdurchsatz und dem Koeffizienten der molekularen Diffusion bestimmt und ist vom Durchmesser des Brennermundes unabhängig.

Turbulente Flamme. Bei Veränderung der Ausströmgeschwindigkeit des Gases ändert sich der Charakter der laminaren Flamme (Bild 5.1-15). Mit steigender Geschwindigkeit nimmt die Flammenlänge zu und erreicht ein bestimmtes Maximum. Gleichzeitig verringert sich die Stabilität der laminaren Strömung, die Regelmäßigkeit der Flammenkonturen und die Stabilität der Flammenspitze gehen verloren: Die Flamme beginnt turbulent zu werden. Wenn die Turbulenzzone näher an den Flammenkern herankommt, verringert sich seine Höhe etwas und bleibt danach konstant. Beim

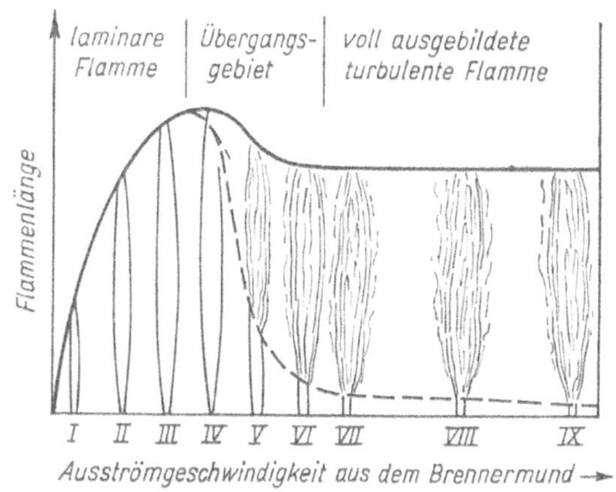

Bild 5.1-15. Änderung des Flammencharakters in Abhängigkeit von der Ausströmgeschwindigkeit

Erreichen einer bestimmten kritischen Reynoldszahl wird die gesamte Flamme turbulent, und die Front reißt von der Brenneröffnung ab. Die Verbrennung wird von einem charakteristischen Lärm begleitet. Bei weiterer Erhöhung der Reynoldszahl reißt die Flamme ab, und die Verbrennung hört auf.

Die Verbrennung in einer turbulenten Flamme ist bei beliebiger Art der Zündung des Gases instabil, wenn die Zündung in einem Raum mit kalter Luft erfolgt. Der intensive Wärmeübergang an das Umgebungsmedium bei turbulenter Strömung entzieht dem Zündgürtel viel Wärme, wodurch sein thermisches Potential abgesenkt wird. Um eine Stabilisierung der Flamme zu erreichen, muß der Zündgürtel verstärkt werden. Häufig wird dies durch die Anbringung eines keramischen Tunnels (Brennerstein, Brennerkopf) am Brennermund erreicht. Außerdem wird stets dafür gesorgt, daß die Zündung in einem Raum mit heißen Verbrennungsprodukten erfolgt.

In turbulenten Strömungen ist eine turbulente Flammenausbreitung vorhanden. Auch hier tritt eine Flammenfront auf. Das ist der Bereich, in dem die Verbrennung des Gemisches stattfindet und außerhalb dessen sich die Verbrennungsprodukte befinden. Im Vergleich zur Verbrennung in einer laminaren Strömung ist die Flammenfront in der turbulenten Strömung wesentlich breiter, ihre Grenzen sind weniger deutlich zu erkennen, und sie sind nicht gerade (Bild 5.1-16). Die Geschwindigkeit der turbulenten Flammenausbreitung v_t ist größer als Λ und hängt von der Größe der turbulenten *Pulsation* ab.

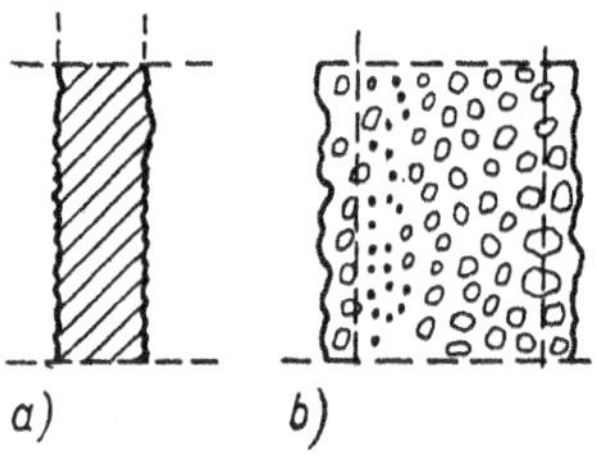

Bild 5.1-16. Schema einer turbulenten Flammenfront
a) mit geringem Turbulenzgrad
b) mit ausgeprägtem Turbulenzgrad

Bei geringen Pulsationen *(Turbulenzgrad)*, wenn die Weglänge der Turbulenzverschiebung kleiner als die Dicke der Flammenfront ist, stellt die Front ein einheitliches Ganzes dar. Die Erhöhung der Ausbreitungsgeschwindigkeit der Flamme erklärt sich in diesem Falle durch die Überlagerung des molekularen Wärmetransportes mit einer durch die turbulente Pulsation bedingten Komponente. Danach kann analog zu Gl. (5.1-25) geschrieben werden:

$$v_t \sim \sqrt{\frac{a + a_t}{t}} \tag{5.1-36}$$

(a Temperaturleitfähigkeit, die die molekulare Wärmeleitung charakterisiert (m²/s); a_t turbulente Temperaturleitfähigkeit, proportional der turbulenten kinematischen Viskosität ($a_t = \nu_t / Pr_t \sim l_u v'$) (m²/s); t Zeit des Ablaufes der chemischen Reaktion (s))

Bei ausgeprägter Turbulenz ist $a_t \gg a$ und folglich

$$v_t \sim \sqrt{\frac{a_t}{t}} \tag{5.1-37}$$

Da die turbulente kinematische Viskosität mit steigender Reynoldszahl zunimmt, ergibt sich schließlich:

$$v_t \sim \sqrt{Re/t} \tag{5.1-38}$$

Die Geschwindigkeit der turbulenten Flammenausbreitung hängt bei geringem Turbulenzgrad von den physikalisch-chemischen Eigenschaften des brennbaren Gemisches und von der Hydrodynamik der Strömung ab und ist für ein gegebenes Gemisch nicht konstant wie Λ. Bei hohem Turbulenzgrad, wenn der Weg der Pulsation größer als die Dicke der Flammenfront ist, werden die heißen Elementarvolumina des Gemisches durch turbulente Pulsationen aus der Flammenfront in die anliegenden Strömungszonen, darunter auch in das frische Gemisch transportiert. Die Elementarvolumina des frischen Gemisches wiederum können durch dieselben Pulsationen unter Umgehung der Vorwärmzone unmittelbar in die Zone der chemischen Reaktion gelangen. Deshalb ist die Flammenfront stark entwickelt, und ihre Oberfläche setzt sich aus der Summe der Oberflächen der Turbulenzballen zusammen. Die Flammengeschwindigkeit ist in diesem Fall nicht von der Ausbrandzeit des brennbaren Gemisches abhängig, sondern wird vollständig durch die Intensität der turbulenten Durchmischung, d. h. durch die Größe des turbulenten Mischungsweges l_u und der Pulsationskomponente der Geschwindigkeit, bestimmt. Zur Bestimmung der Größenordnung der turbulenten Flammengeschwindigkeit bei hohem Turbulenzgrad kann die Gl. (5.1-37) verwendet werden, in der t die Zeit der Flammenausbreitung über einen Abstand darstellt, der gleich der Länge des turbulenten Mischungsweges ist und über die Beziehung

$$t = \frac{l_u}{v'}$$

ausgedrückt wird. Dann ist

$$v_t \sim \sqrt{\frac{a_t}{l_u/v'}} \sim \sqrt{\frac{v'\, l_u}{l_u/v'}} \sim v'$$

Da die Pulsationskomponente der Geschwindigkeit bei turbulenter Strömung proportional der Reynoldszahl ist, erhält man schließlich:

$$v_t \sim Re \tag{5.1-39}$$

Bei hohem Turbulenzgrad ist die turbulente Flammengeschwindigkeit nur von den aerodynamischen Charakteristika der Strömung abhängig und nicht von den physikalisch-chemischen Eigenschaften des Brennstoff-Luft-Gemisches. Bei der Zündung eines vorgemischten Volumenstromes vermengt sich der durch den Brenner in einen mit heißen Verbrennungsprodukten angefüllten Raum eintretende turbulente Strahl im Bereich der Grenzschicht mit diesen Verbrennungsprodukten. Dabei nimmt die Temperatur des Gemisches in der Grenzschicht zu, und seine Konzentration sinkt. Die Zündung erfolgt im äußeren Teil der Grenzschicht an einer konischen Oberfläche. Von den heißen Schichten wird durch turbulente Wärmeleitung Wärme in die Tiefe des Strahls übertragen. Dabei erwärmen sich immer neue Schichten des frischen Gemisches. Durch die Einwirkung der turbulenten Pulsation verzerrt sich die Flammenfront, zerfällt in einzelne Herde und verändert sich ständig, behält aber dabei ihre konische Form.

Die Struktur einer turbulenten Vormischflamme und die Änderung der Hauptparameter über ihrer Breite sind in Bild 5.1-17 dargestellt. In der Zone *1* befindet sich das frische brennbare Gemisch. In der turbulenten Flamme ist, wie auch in der laminaren, ein wesentlicher Teil des Volumens nicht unmittelbar am Verbrennungsprozeß beteiligt. Die Länge der Kernzone entspricht dem Abstand von der Brennermündung

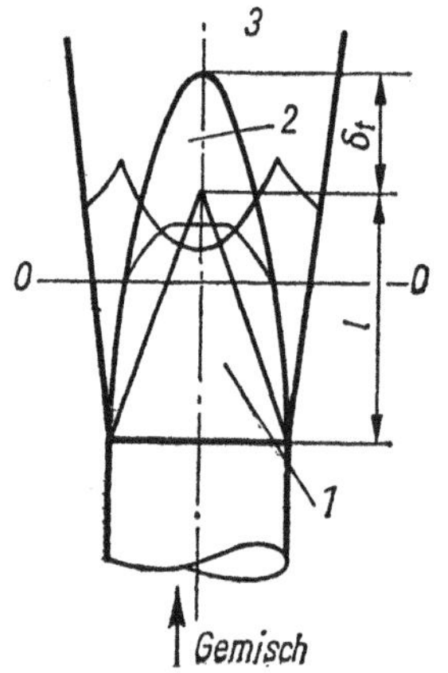

Bild 5.1-17. Schema einer turbulenten Vormischflamme

bis zu dem Punkt auf der Flammenachse, wo die Verbrennungszone erstmals die Achse erreicht. Die Länge der Kernzone kann analog der Länge der laminaren Vormischflamme bestimmt werden. Dazu muß nur in Gl. (5.1-29) anstelle von Λ die Größe v_t gesetzt werden:

$$l \sim \frac{v_0 r}{v_t} \tag{5.1-40}$$

Bei gegebenem Brennerdurchmesser führt eine Erhöhung der Ausströmgeschwindigkeit des Gemisches zu keiner wesentlichen Änderung der Länge der Kernzone, da gemäß Gl. (5.1-39) proportional zum Ansteigen von v_0 der Wert von v_t zunimmt.
Die Dicke δ_t der Flammenfront *2* wird mit steigendem Brennerdurchmesser größer. In der Flammenfront verbrennen etwa 90% des brennbaren Gemisches. Der restliche Teil verbrennt in der Ausbrandzone *3*. Die Länge dieser Zone ist abhängig vom erforderlichen Ausbrandgrad. Insgesamt ist die Länge der turbulenten Flamme in bezug auf die Ausströmgeschwindigkeit des Gases selbstmodellierend. Dies läßt sich damit erklären, daß die Intensität der Verbrennung in dieser Flamme vor allem vom Charakter und von der Intensität der turbulenten Pulsationen bestimmt wird, die selbst von der Ausströmgeschwindigkeit des Gases aus dem Brenner abhängig sind.
In der Praxis wird in turbulenten Flammen meist eine Diffusionsverbrennung realisiert. Die Struktur einer in einem unendlichen, mit Oxydationsmittel angefüllten Raum brennenden Diffusionsflamme ist in Bild 5.1-18 dargestellt. Aus der Umgebung diffundiert Luft in die Flammenfront *3* und aus dem Kern *1* des Strahls Gas. Die Konzentrationen von Gas und Luft fallen in der Flammenfront auf Null ab, und die Konzentration der Verbrennungsprodukte nimmt einen Maximalwert an. Wie schon für die laminare Flamme kann gezeigt werden, daß das Verhältnis der Masseströme von Brenngas und Oxydationsmittel in der Front der stöchiometrischen Zusammensetzung entspricht.
Die Zündung erfolgt bei der Diffusionsverbrennung analog der Verbrennung mit Vormischung. Die Länge der Diffusionsflamme ist um so größer, je höher der Heizwert des Gases liegt, da zur Verbrennung einer Brennstoffeinheit eine um so größere Sauerstoffmenge in die Front eintreten muß. Wie auch bei der Verbrennung mit Vormischung verbrennt in der Flammenfront nicht der gesamte Brennstoff. Ein Teil wird in Form einer Vielzahl von Turbulenzballen in die Ausbrandzone getragen. Hier läuft

der Verbrennungsprozeß relativ langsam ab, wodurch die Größe dieser Zone begründet ist.

Zur überschlagsmäßigen Berechnung der Länge einer turbulenten Diffusionsflamme ist die empirische Formel von *Levčenko* und *Kitaev* zu empfehlen:

$$l_{Fl}/d_0 = 20\,K \left(\frac{v_0^2}{g\,d_0}\right)^{0,17} \qquad (5.1\text{-}41)$$

(K von der Gasart abhängiger Koeffizient (für Erdgas $K = 1{,}5$; für Generatorgas $K = 0{,}6$; für Koksofengas $K = 1{,}0$); v_0 Gasgeschwindigkeit am Brennermund (m/s); d_0 Durchmesser der Austrittsöffnung des Brenners (m); g Fallbeschleunigung (m/s²))

Flammenstabilisierung und Intensivierung der Verbrennung. Für die Praxis haben die Fragen der Flammenstabilisierung und der Intensivierung des Verbrennungsprozesses eine besondere Bedeutung. Die Flammenstabilität ist abhängig vom Verhältnis der in die Zündzone (Zündgürtel oder Zündring) eingebrachten Wärme und der in dieser Zone zur Zündung des brennbaren Gemisches aufgewendeten Wärme. Der Wärmeübergang von der Zündzone zum Gemischstrom, der durch diese Zone hindurchgeht, kann in erster Näherung als Wärmeübergang zwischen Zündquelle und Gemischstrom betrachtet und mit Hilfe der Gl. (5.1-22) beschrieben werden. Unter Berücksichtigung von Gl. (5.1-24) folgt:

$$Nu_{kr} = \frac{\Lambda\, l}{a} \qquad (5.1\text{-}42)$$

(l charakteristische Abmessung der Zündzone (m); a Temperaturleitfähigkeit (m²/s))

Gl. (5.1-42) definiert die *untere Geschwindigkeitsgrenze* für eine stabile Verbrennung. Die Nusselt-Zahl kann in erster Näherung nach der halbempirischen Abhängigkeit

$$Nu_{kr} = A_1\, Re^{0,5}$$

(A_1 empirische Konstante)

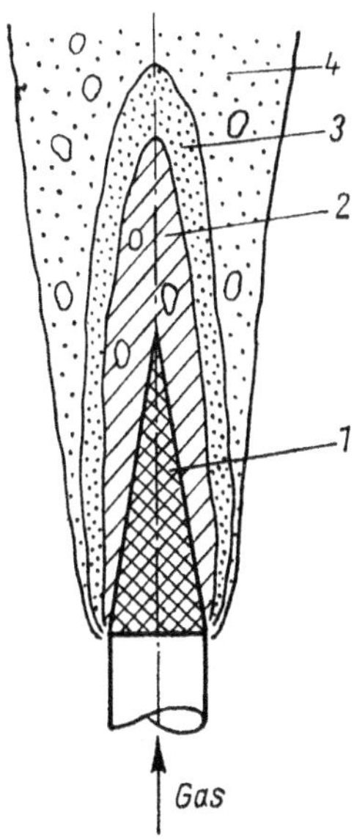

Bild 5.1-18. Schema einer turbulenten Diffusionsflamme

berechnet werden. Folglich erhält man:

$$Re_{kr} = A_2 \left(\frac{\Lambda\, l}{a}\right)^2$$

oder, da die kinematische Zähigkeit zahlenmäßig fast gleich der Temperaturleitfähigkeit ist,

$$v_{0,\min} = A_3 \frac{\Lambda^2 l}{a} \tag{5.1-43}$$

Diese Gleichung stellt den Zusammenhang zwischen der unteren Geschwindigkeitsgrenze für die Flammenstabilität, der Zusammensetzung und der Temperatur des brennbaren Gemisches sowie den Abmessungen der Zündzone dar. Aus ihr folgt, daß der Maximalwert dieser Geschwindigkeit bei der Verbrennung eines vorgemischten Volumenstromes mit einem Überschuß an Brennbarem ($\lambda < 1$) auftritt, da bei sonst gleichen Bedingungen dieser Zusammensetzung der größte Wert von Λ entspricht. Bei Veränderung der Gemischzusammensetzung bis zu solchen Zusammensetzungen, die der unteren oder oberen Konzentrationsgrenze für die Flammenausbreitung entsprechen, verringert sich v_0 von seinem Maximalwert bis nahe Null.
Die obere Geschwindigkeitsgrenze für die Flammenstabilität $v_{0,\max}$ wird empirisch ermittelt, da sie vor allem vom Turbulenzcharakter der Flamme abhängig ist. Der größte Wert von $v_{0,\max}$ tritt bei Diffusionsverbrennung auf. Mit steigendem Luftverhältnis nimmt $v_{0,\max}$ ab, da hierbei der Wärmeverbrauch in der Zündzone zunimmt. Die Abhängigkeit der Flammenstabilität von der Gemischzusammensetzung ist in Bild 5.1-19 dargestellt. Kurve *1* stellt die untere und Kurve *2* die obere Stabilitätsgrenze dar. Es ist ersichtlich, daß die Gewährleistung der Flammenstabilität bei der Verbrennung eines stöchiometrischen Gemisches und einem Gemisch mit Luftüberschuß am schwersten ist. Deshalb wird dem Gas meist 40 bis 70% des theoretisch erforderlichen Luftbedarfs zugemischt.

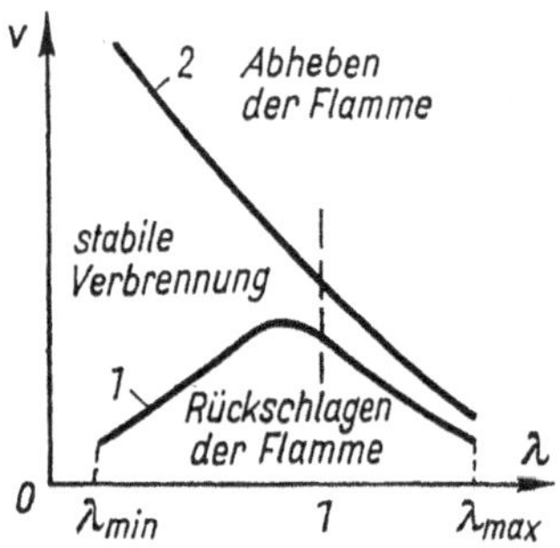

Bild 5.1-19. Flammenstabilität in Abhängigkeit der Gemischzusammensetzung

Häufig führt man eine künstliche Stabilisierung der Flamme durch Vergrößerung der Oberfläche der Zündzone durch. Dazu wird am Brennermund ein Stabilisator angebracht (z. B. ein schlecht umströmter Körper), der den mittleren Teil des Austrittsquerschnitts überdeckt. In der Gasströmung bildet sich hinter dem Stabilisator eine Wirbelzone mit hochtemperierten Abgasen aus, die als zusätzlicher Zündgürtel wirkt. Dem gleichen Zweck dient ein Leitapparat am Brennermund *(Impeller)*, der eine Verdrallung der Strömung bewirkt. Auf der Flammenachse bildet sich dann ein Unterdruck, und die heißen Verbrennungsprodukte gelangen dadurch in dieses Gebiet, wobei sie von innen in die Flammenwurzel gelangen. Die Zündung erfolgt hier sowohl an der Peripherie des Brenners als auch an der Innenseite der Flamme. Am häufigsten wird jedoch ein Brennerstein als Stabilisator verwendet. In einer Reihe von Fällen, z. B. bei Injektorbrennern, ist der Stein fester Bestandteil des Brenners. Neben seiner Eigenschaft als Flammenstabilisator wirkt der Brennerstein außerdem als zusätzliche Mischkammer.

Im Brennerstein, dessen Durchmesser größer als der des Brennermundes ist, bilden die heißen Verbrennungsprodukte Wirbelzonen, die im Bereich der Strahlwurzel liegen und das Gemisch vorwärmen. Der Brennerstein selbst heizt sich sehr stark auf und überträgt durch Strahlung Wärme an das brennbare Gemisch. Für Steine mit runder Brenneröffnung werden folgende Abmessungsverhältnisse empfohlen:

$$d_{\text{Brennerstein}} = 2{,}4 \text{ bis } 3{,}0\ d_{\text{Brennermund}}$$

$$l_{\text{Brennerstein}} = 2{,}4 \text{ bis } 2{,}7\ d_{\text{Brennerstein}}$$

Eine Intensivierung der Verbrennung bedeutet eine Zunahme der in der Zeiteinheit verbrannten Gemischmasse. Dies ist entweder durch eine Erhöhung der Flammengeschwindigkeit oder durch Vergrößerung der Flammenfront möglich. Am weitesten verbreitet ist die Intensivierung der Verbrennung durch Erhöhung der Flammengeschwindigkeit, die durch eine Vorwärmung des brennbaren Gemisches durch die Regelung seiner chemischen Zusammensetzung erreicht wird. Bei der Verbrennung von Gas mit geringem Heizwert werden sowohl das Gas als auch die Luft vorgewärmt, während bei der Verbrennung von Gas mit hohem Heizwert nur die Luft vorgewärmt wird. Da bei der Verbrennung dieser Gase der Luftbedarf etwa um eine Größenordnung den Gasverbrauch übersteigt, wird die Temperatur des brennbaren Gemisches in erster Linie durch die Lufttemperatur bestimmt. Eine Vorwärmung von Gasen mit hohem Heizwert ist deshalb nicht sinnvoll, weil dies zu einer thermischen Zerlegung der im Gas enthaltenen schweren Kohlenwasserstoffe führen kann. Der dabei entstehende Ruß läßt sich schlecht verbrennen, und es entsteht die Gefahr des unvollständigen Ausbrandes des Brennstoffs. Bei der Regelung der chemischen Zusammensetzung des brennbaren Gemisches versucht man im Verlaufe der Intensivierung der Verbrennung die Gemischzusammensetzung dem stöchiometrischen Verhältnis anzunähern und nach Möglichkeit die Luft mit Sauerstoff anzureichern. Dadurch wird eine Verringerung des Volumens der Verbrennungsprodukte erreicht, das bei der Verbrennung einer Brennstoffeinheit entsteht, und folglich steigt die Flammentemperatur an. Gleichzeitig mit der Senkung des Luftverbrauches muß die Gemischbildung verbessert werden. Dies erreicht man durch eine Erhöhung des Turbulenzgrades der Flamme. Eine hohe Turbulenz ist jedoch nicht im gesamten Flammenvolumen, sondern nur im Flammenkern und in der Ausbrandzone sinnvoll. Im Bereich des Zündgürtels an der Flammenwurzel ist eine hohe Turbulenz nicht günstig, da sie zu einer Zunahme der Wärmeableitung aus dieser Zone und folglich zu einer Verringerung der Flammenstabilität führt.

Zur Beschleunigung der Gemischbildung wird die Flamme mitunter der Einwirkung niederfrequenter Pulsationen akustischer Schwingungen ausgesetzt. Bei Anlegung von Pulsationen bis zu einer Frequenz von 200 Hz nimmt die Temperatur in der Flamme stark zu, die Flammenfront wird spürbar deformiert, und die Reaktionsgeschwindigkeit der Verbrennung steigt an. Legt man an eine Diffusionsflamme akustische Schwingungen mit einer Frequenz bis zu 21 kHz an, so kann die Vermischung in ihr aufgrund des Ansteigens des Koeffizienten der turbulenten Diffusions wesent-

lich verbessert werden. Die Flammentemperatur steigt um einige Hundert Kelvin an, und die Wärmeabgabe erhöht sich auf das 2- bis 3fache.
Jede beliebige Intensivierung des Verbrennungsprozesses eines Brennstoffs, die mit einer Temperaturzunahme der Verbrennungsprodukte verbunden ist, wird durch eine Temperaturgrenze von 2000 bis 2300 K begrenzt. Oberhalb dieser Grenze wirkt sich die Reversibilität der Verbrennungsreaktionen stark aus. In den Fällen, wo die Verbrennungsprodukte bei höheren Temperaturen vorliegen müssen und dabei die Dissoziation von H_2O und CO_2 verhindert werden soll, werden Elektro-Gas-Brenner verwendet. An die Flamme, welche ein schwach ionisiertes Gas darstellt, wird ein elektrisches Feld hoher Spannung angelegt. In der Flamme wird im Ergebnis des Stromdurchflusses eine bestimmte Wärmemenge frei. Durch Änderung der zugeführten elektrischen Leistung kann unabhängig vom Luftverhältnis die Temperatur der Verbrennungsprodukte geregelt werden, wodurch man eine oxydierende, neutrale oder reduzierende Gasatmosphäre mit Temperaturen von 1800 bis 4000 K schaffen kann.

Eine Intensivierung des Verbrennungsvorganges wird außerdem durch die Vergrößerung der Flammenfront erreicht. Da die Verbrennung in einer relativ dünnen Schicht der Flamme und in der Ausbrandzone abläuft und der Hauptteil des Flammenvolumens praktisch inert ist, ist es zweckmäßig, den Gemischstrom in kleine Strahlen aufzuteilen, wodurch sich die Gesamtfläche der Flammenfront vergrößert. Man kann auch die Brenneraustrittsöffnung so verändern, daß die spezifische Oberfläche des aus dem Brenner austretenden Strahls maximal vergrößert wird. Die erste Art ist in »flammenlosen« Mikroflammenbrennern, die zweite bei Schlitzbrennern realisiert.

5.1.4.2. Verbrennung von Heizöl

Heizölzerstäubung. In Industrieöfen wird das Heizöl in zerstäubtem Zustand eingesetzt. Die Zerstäubung läuft in zwei Stadien ab. Die Tropfenabmessung nach der Primärzerstäubung hängt von der Konstruktion und der Arbeitsweise des Brenners ab. Die zweite Zerkleinerung erfolgt während der Strömungsbewegung der Tropfen im Resultat der hydrodynamischen Wechselwirkung mit dem Umgebungsmedium. Ein sich mit der Relativgeschwindigkeit v_{rel} bewegender Tropfen erfährt den Druck p_1, der durch die Kraft des Stirnwiderstandes hervorgerufen wird. Unter der Wirkung dieses Druckes zerplatzt der Tropfen und wird somit zerkleinert. Die Stirnwiderstandskraft des Tropfens ist

$$f = \zeta A \frac{\varrho v_{rel}^2}{2}$$

(ζ Widerstandsbeiwert; A mittlerer Tropfenquerschnitt (m²); ϱ Dichte des Heizöls (kg/m³); v_{rel} Relativgeschwindigkeit des Tropfens (m/s))

Der Druck p_1 ergibt sich aus dem Verhältnis der Kraft zur halben Tropfenoberfläche:

$$p_1 = \frac{\varrho v_{rel}^2}{4}$$

Die Kraft der Oberflächenspannung, die im Tropfen den Druck

$$p_2 = \frac{2\sigma}{r_0}$$

(σ Oberflächenspannung N/m); r_0 Radius eines Primärtropfens (m))

erzeugt, wirkt der Zerstörung des Tropfens entgegen. Die sekundäre Zerkleinerung des Tropfens erfolgt, wenn $p_1 > p_2$.
Eine stabile Tropfenabmessung tritt dann auf, wenn die beiden Drücke gleich groß sind. Hieraus läßt sich die Tropfenabmessung ermitteln:

$$r = \frac{8\,\sigma}{\zeta\,\varrho\,v_{\mathrm{rel}}^2} \qquad (5.1\text{-}44)$$

Die Feinheit der Zerstäubung ist somit von der Größe der Oberflächenspannung, der Heizöldichte und der Relativgeschwindigkeit des Tropfens zum Umgebungsmedium abhängig. Nach Angaben des VTI beträgt der Koeffizient der Oberflächenspannung von Heizöl bei einer Temperatur von 80 bis 90 °C 0,03 N/m, der Wert des Stirnwiderstandsbeiwertes für Ausströmregime industrieller Brenner kann mit 0,2 angenommen werden. Durch Einsetzen dieser Werte in Gl. (5.1-44) erhält man:

$$r = \frac{1{,}2}{\varrho\,v_{\mathrm{rel}}^2}$$

In jüngster Zeit wird zur Verbesserung der Zerkleinerungsqualität des Heizöls an die Strömung der Primärtropfen ein akustisches Feld angelegt. Dadurch wird der Wert von p_1 künstlich erhöht, was zur Bildung feiner Tropfen führt.

Verbrennung eines Heizöltropfens. Die Besonderheit der Verbrennung eines Heizöltropfens besteht darin, daß zunächst eine *Verdampfung* des Tropfens erfolgt und danach der Heizöldampf in Mischung mit dem Oxydationsmittel nach den Gesetzen der homogenen Verbrennung reagiert.
Der Verbrennungsprozeß eines sich mit der Geschwindigkeit des Umgebungsmediums bewegenden Heizöltropfens kann wie folgt dargestellt werden. Der Tropfen ist von einer mit Heizöldämpfen gesättigten Atmosphäre umgeben. In einem bestimmten Abstand vom Tropfen befindet sich als sphärische Oberfläche mit dem Durchmesser d_G die Flammenfront mit einer sehr geringen Dicke. Die Verbrennungsgeschwindigkeit wird durch den langsamsten der ablaufenden Prozesse – die Verdampfung des Tropfens – begrenzt. Zwischen Tropfen und Flammenfront befindet sich ein Gemisch aus Brennstoffdämpfen und Verbrennungsprodukten. Auf der anderen Seite der Flammenfront liegt ein Gemisch aus Verbrennungsprodukten und Oxydationsmittel vor. Aus der äußeren Zone diffundiert Sauerstoff in die Flammenfront, aus der inneren Zone das Brennbare. Hier vermengen sie sich und treten unter Freisetzung von Wärme miteinander in Reaktion. Aus der Front diffundieren in beide Richtungen die heißen Verbrennungsprodukte. Durch sie wird ein Teil der Wärme übertragen. Außerdem findet eine Wärmeübertragung durch Wärmeleitung und Strahlung statt. Die in die Zone zwischen Flammenfront und Tropfen gelangende Wärme wird zur Erwärmung der Dämpfe sowie zur Erwärmung und Verdampfung des Heizöls im Tropfen verbraucht. Mit fortschreitender Verdampfung nehmen die Abmessungen des Tropfens ab, und entsprechend verringern sich auch die Abmessungen der Flammenfront, die mit der vollständigen Verdampfung des Tropfens verschwindet.
Da die Verbrennungsgeschwindigkeit durch die Verdampfungsgeschwindigkeit bestimmt wird, kann die Ausbrandzeit eines Tropfens über die Energiebilanz für die Verdampfung eines Tropfens ermittelt werden:

$$\dot{q}\,A\,\mathrm{d}t = \varrho\,[c_{\mathrm{m}}\,(T_{\mathrm{S}} - T_0) + r_{\mathrm{H}}]\,\mathrm{d}V \qquad (5.1\text{-}45)$$

($\dot{q}$ summare Wärmestromdichte an den Tropfen (W/m²); A Tropfenoberfläche zur Zeit dt (m²); t Zeit zur vollständigen Verdampfung des Tropfens (s); c_m mittlere Wärmekapazität von Heizöl (J/kg K); T_S Siedetemperatur von Heizöl (K); T_0 Anfangstemperatur des Heizöls (K); r_H Verdampfungswärme von Heizöl (J/kg); d$V = A$ dr (Volumenverminderung des Tropfens in der Zeit dt (m³), $0 < r < r_0$ (r und r_0 laufender und Anfangsradius des Tropfens))

Aus Gl. (5.1-45) ergibt sich die Zeit zur vollständigen Verdampfung des Tropfens:

$$t = -\int_{r_0}^{0} \frac{\varrho\,[c_m\,(T_S - T_0) + r_H]}{\dot{q}}\,dr \tag{5.1-46}$$

Ist der Tropfen genügend klein, so ist die Gasschicht zwischen Flammenfront und Tropfen klein, und es kann die Strahlungsfähigkeit dieser Schicht vernachlässigt werden, indem man annimmt, daß die gesamte Wärme durch Konvektion an den Tropfen übertragen wird. In diesem Fall wird die Wärmestromdichte an den Tropfen mit Hilfe der *Newton-Richmannschen Gleichung* ermittelt:

$$\dot{q} = \alpha\,(T_U - T_S) \tag{5.1-47}$$

(T_U Temperatur des den Tropfen umgebenden Mediums (K))

Der Wärmeübergangskoeffizient α ist vom Strömungscharakter des Mediums abhängig und wird bekanntlich experimentell bestimmt: $Nu = \mathrm{f}\,(Re)$. Für Tropfen, die sich mit der Geschwindigkeit des umgebenden Mediums bewegen, kann die Nusselt-Zahl mit 2 angenommen werden; dann erhält man:

$$\alpha = \frac{2\,\lambda}{d} = \frac{\lambda}{r} \tag{5.1-48}$$

Setzt man Gln. (5.1-48) und (5.1-47) in Gl. (5.1-46), so ergibt sich:

$$t = -\int_{r_0}^{0} \frac{\varrho\,[c_m\,(T_S - T_0) + r_H]\,r}{\lambda\,(T_U - T_S)}\,dr = \frac{\varrho\,[c_m\,(T_S - T_0) + r_H]}{2\,\lambda\,(T_U - T_S)}\,r_0^2 \tag{5.1-49}$$

Für größere Tropfen nimmt der Abstand von der Tropfenoberfläche zur Flammenfront zu. Damit wird auch die Dicke der heißen Gase größer, und folglich wächst die Rolle des Strahlungswärmeüberganges. Für den Grenzfall, wenn $\dot{q}_{Str} \gg \dot{q}_K$ gilt:

$$t = \frac{\varrho\,[c_m\,(T_S - T_0) + r_H]\,r_0}{\dot{q}_{Str}} \tag{5.1-50}$$

Nach Gl. (5.1-49) ist die Ausbrandzeit eines Tropfens im Prozeß der konvektiven Erwärmung in der Trägerströmung des Gases proportional dem Quadrat des Anfangsradius des Tropfens.

Bei der Strahlungswärmeübertragung zwischen Flammenfront und Heizöltropfen hängt die Ausbrandzeit linear von der Anfangsabmessung des Tropfens ab. In der Praxis gilt $t \sim r^n$, wobei $1 \leq n \leq 2$ ist. Deshalb muß zur Intensivierung des Verbrennungsprozesses von Heizöl eine möglichst feine Zerstäubung des Heizöls durchgeführt werden.

In Industrieöfen verbrennt das Heizöl in einer Flamme. Die zur Verbrennung erforderliche Luft wird in Abhängigkeit von der Art der Zerstäubung des Brennstoffes entweder durch den Ölbrenner oder durch einen Luftkasten der Brennermündung zugeführt. Hier ergreift der Luftstrahl den zerstäubten Brennstoff und bildet einen

Zweiphasenstrahl, der bei der Strahlausbreitung im Ofenraum aus der Umgebung die heißen Verbrennungsprodukte ansaugt. Die Öltropfen werden aufgrund der Wärmeübertragung von den Verbrennungsprodukten und den heißen Oberflächen im Arbeitsraum des Ofens erwärmt und verdampfen. Am intensivsten verläuft die Verdampfung im Anfangsbereich des Strahls und besonders in der Grenzschicht. Die Brennstoffdämpfe vermengen sich mit Luft und bilden ein brennbares Gemisch, welches bei Erwärmung bis zur Zündtemperatur zu brennen beginnt. Der Verbrennungsprozeß flüssiger Brennstoffe kann somit in folgende Etappen unterteilt werden:

1. Zerstäubung des flüssigen Brennstoffs;
2. Verdampfung desselben und Bildung eines brennbaren Gemisches;
3. Zündung und Verbrennung des Gemisches.

Die Konfigurationen der Ölflamme und der Temperatur- und Konzentrationsfelder in ihr sind genauso wie bei der turbulenten Diffusionsflamme bei der Verbrennung von Gas. Die Zündung beginnt an der Wurzel über den Umfang, und danach breitet sich die Flamme zur Mitte hin aus. Die Flammenfront unterteilt das Flammenvolumen in den inneren und den äußeren Bereich. Im inneren Bereich erfolgt die Erwärmung und Verdampfung des Brennstofftropfens. Läuft die Verbrennung bei einer geringen Sauerstoffkonzentration ab, dann werden die im Heizöl enthaltenen Kohlenwasserstoffe im Temperaturbereich von 550 bis 750 K unter Bildung von hochmolekularen Verbindungen, Ruß und freiem Kohlenstoff unsymmetrisch aufgespalten. Bei Vorhandensein von Sauerstoff im inneren Bereich oxydieren die dampfförmigen Kohlenwasserstoffe im Temperaturbereich von 500 bis 550 K. Die Kohlenstoffoxydation erfolgt unter Freisetzung von Wärme, und die Dampftemperatur nimmt zu. Das Eindringen des Sauerstoffs in die Kohlenstoffmoleküle bewirkt eine symmetrische Aufspaltung und verhindert die Bildung hochmolekularer Verbindungen, Ruß und Kohlenstoff. Bei Vermischung mit einem Oxydationsmittel verbrennen die Brennstoffdämpfe in der Flammenfront. Nicht verdampfte Öltropfen, hochmolekulare Kohlenwasserstoffe, Ruß und elementarer Kohlenstoff (Ölkoks) verbrennen in dieser Zone kaum und gelangen in die Ausbrandzone. Die Ausdehnung dieser Zone ist von der zum Ausbrand der genannten Teilchen erforderlichen Zeit abhängig. Durch das Vorhandensein von heißen *Feststoffteilchen* ist das Leuchten der Ölflammen bedingt.
Die Verbrennung von Heizöl wird so organisiert, daß der Ablauf der Oxydationsprozesse maximal gefördert und die Spaltungsprozesse unterbunden werden. Zu diesem Zweck wird die gesamte Verbrennungsluft der Flammenwurzel zugeführt. Das Vorhandensein einer großer Menge Sauerstoffs im inneren Bereich der Flamme erleichtert einerseits den Ablauf der Oxydationsprozesse, und andererseits wird die Temperatur in dieser Zeit abgesenkt und dadurch die Entstehung von hochmolekularen Verbindungen verhindert. Dabei muß eine gute Durchmischung des zerstäubten Brennstoffs mit der Luft, besonders auch in der Ausbrandzone, gewährleistet werden. Die Intensivierung der Verbrennung von Heizöl wird außerdem durch eine Vorwärmung von Luft und Öl erreicht, wodurch die Vergasung des Heizöls beschleunigt wird. Die Vorwärmtemperatur des Heizöls darf jedoch 550 K nicht übersteigen, da sich sonst im Ölbrenner Ruß und Ölkoks, die durch die Spaltung des Heizöls entstehen, absetzen können und der normale Betrieb des Brenners gestört wird. Zur vollständigen Verbrennung muß die Temperatur am Ende der Flamme mindestens 1300 bis 1350 K betragen. Die Verbrennung von Heizöl muß in einem genügend großen Raum stattfinden, da sich bei Berührung der Flamme mit den relativ kalten Ofenwänden die Flammentemperatur so stark verringern kann, daß die in ihr vorhandenen Ruß- und

Ölkoksteilchen sowie die hochmolekularen Kohlenwasserstoffe zu brennen aufhören, wodurch der chemische Ausbrand nicht vollendet werden kann.

5.1.4.3. Verbrennung fester Brennstoffe

Bringt man ein Brennstoffteilchen, z. B. ein Teilchen Steinkohle, in die Verbrennungszone, so bleibt das Teilchen zunächst einige Zeit dunkel. In dieser Periode erfolgt die Trocknung des Teilchens, und es schließt sich seine Zerlegung unter Freisetzung der flüchtigen Bestandteile an.

Bei einer genügend hohen Temperatur wird das Teilchen von einer hell leuchtenden Flamme umhüllt: Es erfolgt die Zündung der flüchtigen Bestandteile. Das Teilchen selbst bleibt dabei dunkel, und seine Temperatur im Kern übersteigt 800 bis 900 K nicht. Die Verbrennung verläuft in diesem Stadium genauso wie bei einem Öltropfen. Ist das Teilchen so weit durchwärmt, daß der überwiegende Teil der in ihm eingeschlossenen flüchtigen Bestandteile ausgetreten ist, dann verschwindet die Flamme allmählich. Der Abschluß des Austritts der flüchtigen Bestandteile kennzeichnet das Ende der *Vorbereitungsperiode* des festen Brennstoffs zur Verbrennung. Die Dauer dieser Periode liegt unterhalb 10% der Gesamtzeit der Verbrennung eines Kohleteilchens. Die zweite Periode wird als *Verbrennungsperiode des Koksrückstandes* bezeichnet. Sie ist durch eine schnelle Erwärmung der Masse auf Temperaturen von 1400 bis 1500 K gekennzeichnet. Die Temperatur bleibt bis zum Ende des Prozesses aufgrund der Wärmefreisetzung im Reaktionsverlauf konstant. In dieser Periode findet eine flammenlose Verbrennung statt. Sie nimmt etwa 90% der Gesamtzeit der Verbrennung des Brennstoffs ein. Der Verbrauch der brennbaren Masse in beiden Perioden hängt mit von ihrer Natur her unterschiedlichen Prozessen zusammen. In der Vorbereitungsperiode benötigt der Prozeß für sein Fortschreiten eine Wärmezufuhr von außen; er kann nicht selbständig ablaufen. In der Periode der Verbrennung des Koksrückstandes wird der Prozeß von der Geschwindigkeit der Sauerstoffzufuhr an den brennenden Koks bestimmt. In dieser Periode läuft die Verbrennung, nachdem sie einmal begonnen hat, bis zum Ende selbständig ab.

Die Zündung der flüchtigen Bestandteile ist nicht immer der Beginn der Verbrennung des Koksrückstandes, da zwischen den Reaktionseigenschaften des Kokses und den Zündbedingungen der flüchtigen Bestandteile keinerlei Zusammenhang besteht. Damit eine stabile Verbrennung des Kokses einsetzt, ist es erforderlich, daß die Temperatur der Umgebungsatmosphäre einen solchen Wert annimmt, bei dem eine ähnliche Erscheinung wie bei der Zündung eines Gasgemisches auftritt. Bei niedrigeren Temperaturen reagiert das Koksteilchen langsam – es läuft ein Oxydations- und kein Verbrennungsprozeß ab. Ist die erforderliche Temperatur in der Umgebungsatmosphäre erreicht, dann übersteigt die Wärmezufuhr im Verlaufe der Oxydationsreaktion die Wärmeableitung, und das Teilchen erwärmt sich ohne weitere Temperaturerhöhung der Umgebung und wird hell leuchtend. Von diesem Moment an beginnt das Teilchen stabil und vergleichsweise schnell zu verbrennen. Diese Erscheinung, die der Form nach der Selbstzündung von Gasen ähnlich ist, wird als *Zündung des festen Brennstoffs* bezeichnet, obwohl sie nicht vom Auftreten einer Flamme begleitet wird. Die Temperatur, bei der diese Art von Zündung eintritt, heißt *Zündtemperatur des festen Brennstoffs*.

Nach der Zündung des Koksrückstandes laufen zwei Oxydationsreaktionen des Kohlenstoffs ab:

$C + O_2 \rightarrow CO_2$

$2\,C + O_2 \rightarrow 2\,CO$

wobei gleichzeitig die beiden Oxide CO_2 und CO entstehen. Mit steigender Temperatur nimmt die CO-Konzentration in den Verbrennungsprodukten schnell zu. Außerdem wird noch eine andere heterogene Reaktion bemerkbar:

$CO_2 + C \rightarrow 2\,CO$

Schließlich tritt im gesamten Temperaturintervall der Koksverbrennung die Verbrennungsreaktion des Kohlenmonoxids auf:

$2\,CO + O_2 \rightarrow 2\,CO_2$

Beim Verbrennungsprozeß des *Koksrückstandes* laufen die genannten Reaktionen gleichzeitig ab, und auch die Freisetzung der verbleibenden flüchtigen Bestandteile und ihre Verbrennung wird fortgesetzt. Die Geschwindigkeit dieser komplizierten Prozesse wird durch das langsamste Stadium – die Verbrennung des festen Kohlenstoffs – bestimmt. Es wurde festgestellt, daß die Verbrennungsgeschwindigkeit von Kohlenstoff mit Ansteigen der Temperatur bis zu 2100 K nach dem *Gesetz von Arrhenius* zunimmt, danach bis zu einer Temperatur von 2600 K abfällt und anschließend wieder ansteigt, allerdings weniger intensiv. Dieses Verhalten des Kohlenstoffs erklärt sich durch die Umgestaltung seiner Struktur, die mit der Bildung eines weniger reaktionsfreudigen Stoffs verbunden ist.

Die Reaktion des Kohlenstoffs mit Sauerstoff tritt nicht nur an der Teilchenoberfläche, sondern auch in den Poren des Koksrückstandes auf, wohin der Sauerstoff durch Diffusion vordringt. Mit zunehmender Temperatur verlagert sich die Verbrennungsreaktion in steigendem Maße auf die Oberfläche des Teilchens. Durch die Verbrennungsreaktion des Kohlenmonoxids wird die Verbrennungsreaktion des Kohlenstoffs stark abgesenkt. Die Verbrennungsreaktion des Kohlenmonoxids läuft an der Oberfläche des Koksrückstandes ab. Dabei wird ein Teil des Sauerstoffs verbraucht. Den gleichen Einfluß auf die Verbrennung des Kokses hat die Verbrennung der restlichen flüchtigen Bestandteile. Die Freisetzungsgeschwindigkeit der flüchtigen Anteile ist von der Teilchenabmessung abhängig. Sehr kleine Teilchen durchwärmen sich schneller, und der Austritt der flüchtigen Bestandteile wird bei ihnen in der Vorbereitungsperiode abgeschlossen. Es wurde festgestellt, daß die Durchwärmungsdauer eines Teilchens bis zur Zündung der flüchtigen Bestandteile dem Wert d/T^4 porportional ist, wobei d der Teilchendurchmesser ist. Hieraus ist ersichtlich, daß diese Zeit hauptsächlich durch die Strahlungswärmeübertragung bestimmt wird. Die Verbrennungszeit der flüchtigen Anteile ist proportional d^2 und wird durch die Sauerstoffdiffusion begrenzt.

Zur Erhöhung der Verbrennungsgeschwindigkeit von festen Brennstoffen ist somit in erster Linie eine Zerkleinerung des Brennstoffs erforderlich. Dadurch wird die Kontaktfläche des Kohlenstoffs vergrößert, und der Austritt und die Verbrennung der flüchtigen Bestandteile werden beschleunigt.

Bei der Verbrennung fester Brennstoffe in einer Flamme ist die Menge des an ein Teilchen zuzuführenden Sauerstoffs von der Lage der Flammenfront abhängig, in der die flüchtigen Bestandteile und das Kohlenmonoxid verbrennen. Diese Front befindet sich in der Nähe der Teilchenoberfläche in Form einer helleuchtenden Hülle. Wenn sich das Teilchen in der Strömung mit einer Relativgeschwindigkeit von 0,3 bis

0,4 m/s bewegt, dann erfolgt eine Verschiebung der Flammenfront in ihren hinteren Teil, und bei weiterer Erhöhung der Relativgeschwindigkeit kann die Flammenfront überhaupt von dem Teilchen abreißen. Unter realen Bedingungen ist die Relativgeschwindigkeit der Teilchen in der Strömung praktisch gleich Null. Bei diesen Bedingungen wird der Diffusionsprozeß des Sauerstoffs an die Brennstoffoberfläche durch die Längspulsationen der Geschwindigkeit, die 5 bis 30% in bezug auf die mittlere Strömungsgeschwindigkeit betragen, beschleunigt. Die Intensität der Verbrennung hängt zum großen Teil von der Lage und vom Temperaturniveau der Zündzone ab. Je näher die Zündzone an der Flammenwurzel liegt und je höher die Temperatur in dieser Zone ist, desto größer ist der summare Ausbrandgrad des Brennstoffs. Die Länge einer *Kohlenstaubflamme* nimmt ab

1. mit kleiner werdender Anfangsabmessung der Teilchen,
2. bei abnehmender Anfangsgeschwindigkeit der Zweiphasenströmung,
3. bei Erhöhung der Porosität des Brennstoffs,
4. bei zunehmender Sauerstoffkonzentration und
5. bei Zunahme des Luftverhältnisses.

Ein vollständiger Ausbrand von festen Brennstoffen ist nur bei einem Luftverhältnis $\lambda > 1$ möglich. Bei $\lambda = 1$ wird die theoretisch erforderliche Flammenlänge zur Vollendung des Verbrennungsprozesses unendlich groß.

5.1.5. Verbrennungsrechnung

Im Ergebnis der Berechnung werden der Luftbedarf oder der Bedarf an mit Sauerstoff angereicherter Luft, die Menge und die Zusammensetzung der Verbrennungsprodukte sowie ihre physikalischen Parameter, der Heizwert des Brennstoffs sowie die Verbrennungstemperatur ermittelt.

Die Verbrennungsrechnung basiert auf der Aufstellung von Stoff- und Wärmebilanzen des Verbrennungsprozesses. Ausgangswerte dabei sind:

1. Art des Brennstoffs und seine chemische Zusammensetzung,
2. Konstruktion der Verbrennungseinrichtung und das Luftverhältnis,
3. Brennstoff- und Lufttemperatur.

Wird in einem Ofen Mischgas eingesetzt, dann verwendet man als Ausgangswerte die chemische Zusammensetzung der Einzelgase und den Heizwert, den das Mischgas besitzen soll. In diesem Fall beginnt die Verbrennungsrechnung mit der Bestimmung der Zusammensetzung des Mischgases. Dazu wird der Heizwert der Einzelgase berechnet. Ein Mischgas soll aus zwei Einzelgasen mit den Heizwerten $H_{u,1}$ und $H_{u,2}$ bestehen. Bezeichnet man den Anteil des ersten Gases im Gemisch mit X, so ist der Anteil des zweiten $1 - X$. Dann ergibt sich der Heizwert des Mischgases $H_{u,M}$ zu

$$H_{u,M} = X\, H_{u,1} + (1 - X)\, H_{u,2}$$

Hieraus erhält man:

$$X = \frac{H_{u,M} - H_{u,2}}{H_{u,1} - H_{u,2}}$$

Bei bekanntem X kann die Zusammensetzung des Mischgases berechnet werden:

$$CO_{2,M} = X\, CO_2' + (1 - X)\, CO_2''$$

$$H_2O_M = X\, H_2O' + (1 - X)\, H_2O''$$

usw.

(CO_2', H_2O' Gehalt der Bestandteile im ersten Gas (Vol.-%); CO_2'', H_2O'' Gehalt der Bestandteile im zweiten Gas (Vol.-%))

Die Summe ergibt 100 % des Mischgases. Die weiteren Berechnungen werden mit der Zusammensetzung des Mischgases nach der allgemein bekannten Methode durchgeführt.

Bei allen Verbrennungsrechnungen wird die chemische Zusammensetzung der *feuchten Masse* des Brennstoffs zugrunde gelegt, und die Volumina der gasförmigen Komponenten sowie die Dichte der Verbrennungsprodukte beziehen sich auf den Normzustand $p_0 = 101{,}3$ kPa (1,013 bar) und $T_0 = 273$ K.

Wie bereits erwähnt, wird die Zusammensetzung gasförmiger Brennstoffe als prozentualer Gehalt der Komponenten in der trockenen Masse angegeben. Die Feuchte ist meist als Wassermasse je Volumeneinheit des trockenen Gases W (g/m³) gegeben. Die Umrechnung der trockenen Masse in die feuchte Masse erfolgt nach der Formel

$$X_f = X_{tr} \frac{100}{100 + 0{,}1244\, W}$$

(X_{tr} Gehalt einer Komponente im trockenen Gas (%); $0{,}1244\, W$ Gehalt an Wasserdampf in einem gasförmigen Brennstoff mit der Feuchte W (%))

Stoffbilanz des Verbrennungsprozesses. Sie wird zur Ermittlung des Luftbedarfes, der Menge und Zusammensetzung der Verbrennungsprodukte sowie ihrer physikalischen Parameter aufgestellt. Der Saerstoffbedarf und die Menge der entstehenden Verbrennungsprodukte werden aus den stöchiometrischen Verbrennungsgleichungen ermittelt, die jeweils für ein Mol der brennbaren Komponente dargestellt sind (s. Tabelle 5.1-7). Bezieht man diese Gleichungen auf eine bestimmte Masse des Brennstoffs (bei der Verbrennungsrechnung für flüssige und feste Brennstoffe) und drückt die Menge der gasförmigen Stoffe durch Division ihrer Masse mit der Dichte in Volumeneinheiten aus, so erhält man die erforderliche Sauerstoffmenge und den Austrag an Verbrennungsprodukten. Die Berechnung wird meist auf 100 kg flüssigen oder festen Brennstoffs bezogen. Da 1 mol eines beliebigen Gases unter Normbedingungen ein Volumen von 22,4 m³ einnimmt, erhält man bei der Verbrennungsrechnung für gasförmige Brennstoffe den Sauerstoffbedarf und die Menge der Verbrennungsprodukte unmittelbar aus den stöchiometrischen Gleichungen in m³. Die Berechnung wird meist auf 100 m³ Gas durchgeführt.

Wird als Sauerstoffquelle Luft verwendet, dann läßt sich der Luftbedarf wie folgt ermitteln. Der Sauerstoffgehalt in trockener Luft beträgt 23,2 Masse-% oder 21 Vol.-%; der Rest ist Stickstoff. Folglich ist die Masse des Stickstoffs um 76,8/23,2 = 3,31mal größer als die des Sauerstoffs, und das Stickstoffvolumen ist 79/21 = 3,76mal größer als das des Sauerstoffs. Somit kann über die Bestimmung des Sauerstoffs aus den stöchiometrischen Gleichungen der theoretisch erforderliche Luftbedarf L_{min} sehr leicht ermittelt werden. Wird zur Verbrennung mit Sauerstoff angereicherte Luft verwen-

Tabelle 5.1-7a. Verbrennungsrechnung für Heizöl HE-D (Elementaranalyse vom VEB Petrolchemisches Kombinat Schwedt – Mittelwerte) bei λ = 1,0 (bezogen auf 100 kg Brennstoff)

Brennstoff					Verbrennungsgleichung	Verbrennungsmittel			
Brennstoffbestandteile	Anteil Masse- %	Masse kg	Relative Molmasse kg/mol	Anzahl der Mole kmol		O_2-Bedarf kmol	Mit Luft eingebrachter Stickstoff kmol	Luftbedarf kmol	 m³
a	b	c	d	e	f	g	h[1])	i[2])	
C	85,3	85,3	12,011	7,1	$C+O_2 = CO_2$	7,1	26,71	33,81	757,3
H	11,4	11,4	2,016	5,7	$H + {}^1/{}_2O_2 = H_2O$	2,85	10,72	13,57	304,0
S	2,6	2,6	32,064	0,08	$S+O_2 = SO_2$	0,08	0,30	0,38	8,5
N	0,34	0,34	28,014	0,012	—	—			
O	Spuren	Spuren	—	—	—	—			
A	0,03	0,03	—	—	—	—			
H_2O	0,28	0,28	18,015	0,016	—	—			
Σ	100	100				10,03	37,73	47,76	1069,8

[1]) *Spalte h:* $N_2 = O_2 \cdot 3{,}76$

[2]) *Spalte i:* $L = \frac{O_2}{21} \cdot 100 = 4{,}76 \cdot O_2$

[3]) *Spalte j:* 1 kmol = 22,26 m³ } bei Normalbedingungen

[4]) *Spalte k:* 1 kmol = 22,00 m³ }

Tabelle 5.1-7b. Verbrennungsrechnung für HE-D bei λ = 1,2 (bezogen auf 100 kg Brennstoff)

Brennstoff					Verbrennungsgleichung	Verbrennungsmittel			
Brennstoffbestandteile	Anteil Masse- %	Masse kg	Relative Molmasse kg/kmol	Anzahl der Mole kmol		O_2 kmol	N_2 kmol	Luft kmol	 m³
a	b	c	d	e	f	g	h[1])	i[2])	
C	85,3	85,3	12,011	7,1	$C + 1{,}2O_2 = CO_2 + 0{,}2O_2$	8,52	32,04	40,56	908,54
H_2	11,4	11,4	2,016	5,7	$H_2 + 0{,}6O_2 = H_2O + 0{,}1O_2$	3,42	12,86	16,28	364,67
S	2,6	2,6	32,064	0,08	$S + 1{,}2O_2 = SO_2 + 0{,}2O_2$	0,096	0,36	0,46	10,30
N_2	0,34	0,34	28,014	0,012	—	—	—	—	
O_2	Spuren	Spuren	—	—	—	—	—	—	
A	0,03	0,03	—	—	—	—	—	—	
H_2O	0,28	0,28	18,015	0,016	—	—	—	—	
Σ	100	100				12,036	45,26	57,30	1283,51

Fußnoten s. Tabelle 5.1-7a

Verbrennungsprodukte							
CO_2		H_2O		SO_2		N_2	
kmol	m³	kmol	m³	kmol	m³	kmol	m³
j[3])		k[4])		l[5])		m[6])	
7,1	158,046	—		—		26,71	598,304
—		5,7	125,40	—		10,72	240,128
—		—		0,08	1,7512	0,30	6,72
—				—		0,012	0,2688
—				—		—	
—				—		—	
—		0,016	0,352	—		—	
7,1	158,046	5,716	125,752	0,08	1,7512	37,742	845,4208

L_{min} = 10,7 m³/kg Öl[7])

Abgaszusammensetzung

CO_2: 1,58 m³/kg Öl
H_2O: 1,26 m³/kg Öl
N_2: 8,45 m³/kg Öl
SO_2: 0,02 m³/kg Öl

Summe der feuchten Abgase
V_f = 11,31 m³/kg Öl[7])

Summe der trockenen Abgase
V_{tr} = 10,05 m³/kg Öl[7])

%	CO_2	H_2O	N_2	SO_2
feucht	13,97	11,14	74,71	0,18
trocken	15,72	—	84,08	0,20

[5]) *Spalte l:* 1 kmol = 21,89 m³ } bei Normalbedingungen
[6]) *Spalte m:* 1 kmol = 22,40 m³ }
[7]) Wertangaben gerundet

Verbrennungsprodukte									
CO_2		H_2O		SO_2		N_2		O_2	
kmol	m³	kmol	m³	kmol	m³	kmol	m³	kmol	m³
j[3])		k[4])		l[5])		m[6])		n[7])	
7,1	158,046	—		—		32,04	717,696	1,42	31,808
—		5,7	125,40	—		12,86	288,064	0,57	12,768
—		—		0,08	1,7512	0,36	8,064	0,016	0,3584
—		—		—		0,012	0,2688	—	
—		—		—		—		—	
—		—		—		—		—	
—		0,016	0,352	—		—		—	
7,1	158,046	5,716	125,752	0,08	1,7512	45,272	1014,0928	2,006	44,9344

L = 12,84 m³/kg Öl[7])
CO_2: 1,58 m³/kg Öl
H_2O: 1,26 m³/kg Öl
N_2: 10,14 m³/kg Öl
SO_2: 0,02 m³/kg Öl
O_2: 0,45 m³/kg Öl

V_f = 13,45 m³/kg Öl[7])

V_{tr} = 12,19 m³/kg Öl[7])

%	CO_2	H_2O	O_2	SO_2	N_2
feucht	11,75	9,37	3,34	0,15	75,39
trocken	12,96	—	3,69	0,16	83,19

det, so kann der theoretische Bedarf nach der Formel

$$L_{\min} = \frac{V_{O_2}}{O_2}$$

(O_2 Sauerstoffgehalt in der Verbrennungsluft in Raumanteilen; V_{O_2} Sauerstoffverbrauch aus den stöchiometrischen Gleichungen (m³))

ermittelt werden. In der Praxis entspricht der Verbrauch an Oxydationsmitteln in der Regel nicht dem theoretisch erforderlichen, was durch bestimmte Gegebenheiten der Brenneranlagen oder durch Besonderheiten des technologischen Prozesses im Ofen bedingt ist.
Der tatsächliche Luftbedarf ergibt sich nach der Formel

$$L = \lambda L_{\min}$$

(λ Luftverhältnis)

Bei der Verwendung eines Verbrennungsmittels mit mehr als 21 Vol.-% O_2 wird der tatsächliche Bedarf an Verbrennungsmittel analog nach der Beziehung

$$L = \lambda_0 L_{\min,0}$$

($\lambda_0 = L/L_{\min,0}$ Koeffizient der Sauerstoffanreicherung)

ermittelt.
Bei der Berechnung der Menge und der Zusammensetzung der Verbrennungsprodukte ist zu berücksichtigen, daß neben Kohlendioxid und Wasserdampf auch die nicht brennbaren Komponenten des Brennstoffs sowie seine Feuchte in Form von Wasserdampf, der Stickstoff und die Feuchte der Luft bzw. des Verbrennungsmittels in die Verbrennungsprodukte übergehen. Bei der Verbrennung eines Brennstoffs mit $\lambda > 1$ ändern sich die Menge und die Zusammnsetzung der Verbrennungsprodukte aufgrund der Zunahme der Stickstoffmenge und des Überganges des überschüssigen Sauerstoffs in die Verbrennungsprodukte. Bei Verwendung eines mit Sauerstoff angereicherten Verbrennungsmittels wird die Zusammensetzung und Menge der Verbrennungsprodukte unter Berücksichtigung des im Verbrennungsmittel vorliegenden Verhältnisses N_2/O_2 bestimmt.
Die Erhöhung des prozentualen Sauerstoffgehaltes im Verbrennungsmittel führt zu einer Absenkung der Menge der Verbrennungsprodukte und zur Veränderung ihrer Zusammensetzung. Die Stoffbilanz d s Verbrennungsprozesses wird zweckmäßigerweise in Form einer Tabelle aufgeste t. In Tabelle 5.1-7 ist ein Beispiel für die Berechnung der Stoffbilanz der Verbrennung von 100 kg Heizöl angegeben.
Für die nachfolgenden aerodynamischen und wärmetechnischen Berechnungen eines Ofens ist es erforderlich, die Dichte der Verbrennungsprodukte und die Partialdrücke der enthaltenen dreiatomigen Gase zu ermitteln. Die Dichte der Verbrennungsprodukte beträgt

$$\varrho_{VP} = \frac{m_{VP}}{V_{VP}} \quad (\text{kg/m}^3)$$

(m_{VP} Masse der sich bei der Verbrennung einer Brennstoffeinheit bildenden Verbrennungsprodukte)

Bei der Verbrennung von 1 m³ Gas bilden sich Verbrennungsprodukte gemäß der Beziehung

$$m_{VP} = \varrho_{G,tr} + \frac{W_G}{1000} + 1{,}306\,\lambda\,L_{min} \quad (\text{kg/m}^3\ \text{Gas})$$

(W_G Feuchte des Brennstoffs (g/m³); 1,306 Dichte der feuchten Luft (kg/m³); $\varrho_{G,tr}$ Dichte des trockenen Gases (kg/m³))

$$\varrho_{G,tr} = 0{,}01\,[1{,}96\,CO_2 + 1{,}52\,H_2S + 1{,}25\,N_2 + 1{,}43\,O_2 + 1{,}25\,CO + 0{,}09\,H_2 + \Sigma\,(0{,}54\,m + 0{,}4\,n)\,C_mH_n]\ (\text{kg/m}^3)$$

Die Masse der sich bei der Verbrennung von 1 kg festen oder flüssigen Brennstoffs bildenden Verbrennungsprodukte setzt sich aus der aschefreien Substanz des Brennstoffs und der zugeführten Verbrennungsluft zusammen:

$$m_{VP} = 1 - \frac{A}{100} + 1{,}306\,\lambda\,L_{min} \quad (\text{kg/kg Brennstoff})$$

Die Partialdrücke der dreiatomigen Bestandteile der Verbrennungsprodukte lassen sich für Normbedingungen nach den folgenden Beziehungen ermitteln:

$$p_{RO_2} = \frac{V_{RO_2}}{V_{VP}} \qquad p_{H_2O} = \frac{V_{H_2O}}{V_{VP}}$$

Wärmebilanz des Verbrennungsprozesses. Sie wird zur Bestimmung der Verbrennungstemperatur aufgestellt. Unter der tatsächlichen Verbrennungstemperatur ist die Temperatur der Verbrennungsprodukte beim Verlassen der Verbrennungszone zu verstehen. Diese Temperatur ist abhängig

1. vom Heizwert des Brennstoffs,
2. von der Konstruktion und sonstigen Besonderheiten der Verbrennungseinrichtung,
3. von den Brennstoff- und Lufttemperaturen,
4. von der Größe der an die Umgebung abgeführten Wärmeverluste,
5. von der Intensität der Dissoziationsreaktionen der Verbrennungsprodukte.

Der letzte Faktor beginnt sich bei Verbrennungstemperaturen von über 2100 K merklich auszuwirken, wenn die endothermen Zerlegungsreaktionen der Bestandteile CO_2 und H_2O spürbaren Einfluß zeigen. Die Wärmebilanz der Verbrennungszone hat folgende Form:

$$H_u + H_{ph,B} + H_{ph,L} = H_{VP} + H_{ch,VP} + Q_V + H_{diss}$$

$H_{ph,B} = c_{m,B}\,\Delta T_B$ (kJ/m³ oder kJ/kg) physikalische Enthalpie des in die Verbrennungszone eingebrachten Brennstoffs;
$H_{ph,L} = c_{m,L}\,\Delta T_L\,\lambda\,L_{min}$ (kJ/m³) physikalische Enthalpie der eingebrachten Verbrennungsluft;
$H_{VP} = c_{m,VP}\,\Delta T_{VP}$ (kJ/m³) physikalische Enthalpie der Verbrennungsprodukte;
$H_{ch,VP}$ Enthalpieverluste in der Verbrennungszone durch unvollständigen Ausbrand (mechanisch oder chemisch) des Brennstoffs (kJ/Brennstoffeinheit);
H_{diss} Enthalpieverluste durch die Dissoziation der Verbrennungsprodukte in der Verbrennungszone (kJ/Brennstoffeinheit);
Q_V Wärmeverluste an die Umgebung (kJ/Brennstoffeinheit);
c_m mittlere volumenbezogene Wärmekapazität)

Setzt man die Formelausdrücke in die einzelnen Summanden der Gleichung ein, so erhält man die Gleichung zur Berechnung der *tatsächlichen Verbrennungstemperatur T*:

$$T = \frac{H_u + H_{ph,B} + H_{ph,L} - H_{ch,VP} - Q_V - H_{diss}}{c_{m,VP}\,V_{VP}} \qquad (5.1\text{-}51)$$

Die analytische oder experimentelle Bestimmung der tatsächlichen Verbrennungstemperatur ist eine schwierige Aufgabe. Deshalb ermittelt man bei wärmetechnischen Berechnungen entweder die theoretische oder die kalorimetrische Verbrennungstemperatur.

Moderne Brenner ermöglichen es, den unkontrollierbaren unvollständigen Ausbrand auszuschalten ($H_{ch,VP} = 0$). Unter der Annahme, daß in der Verbrennungszone adiabate Bedingungen vorliegen ($Q_V = 0$), wird die *theoretische Verbrennungstemperatur* bestimmt:

$$T_{th} = \frac{H_u + H_{ph,B} + H_{ph,L} - H_{diss}}{c_{m,VP} V_{VP}} \tag{5.1-52}$$

Aus Gln. (5.1-51) und (5.1-52) geht der starke Einfluß der Luft- und Brennstoffvorwärmung sowie des Luftverhältnisses auf die Höhe der tatsächlichen und theoretischen Verbrennungstemperatur hervor. Der Einfluß der Vorwärmung ist um so größer, je höher die Vorwärmtemperatur und je geringer der Heizwert des Brennstoffs sind.

Die Brennstoff- und Luftvorwärmung ist besonders wichtig bei der Verbrennung von niedrigkalorischen Brennstoffen in Hochtemperaturöfen, wobei in einer Reihe von Fällen die Verwendung dieser Brennstoffe ohne Vorwärmung unmöglich ist.

Die Änderung des Luftverhältnisses wirkt sich auf komplizierte Art auf die Verbrennungstemperatur aus. Bei $\lambda < 1$ führt eine Zunahme von λ zum Ansteigen der tatsächlichen Verbrennungstemperatur, da $H_{ch,VP}$ kleiner wird und $H_{ph,L}$ zunimmt. Diese beiden Faktoren haben einen größeren Einfluß als die Zunahme von V_{VP}. Bei $\lambda > 1$ führt eine Zunahme von λ zur Absenkung der tatsächlichen Verbrennungstemperatur, da bei $\lambda \geqq 1$ der unvollständige chemische Ausbrand zwar nicht auftritt, dafür aber das Volumen der Verbrennungsprodukte zunimmt, was zur Absenkung der Verbrennungstemperatur führt.

Die kalorimetrische Verbrennungstemperatur wird für adiabate Bedingungen unter der Annahme, daß Enthalpieverluste durch Dissoziation der Verbrennungsprodukte nicht auftreten ($H_{diss} = 0$), bestimmt:

$$T_k = \frac{H_u + H_{ph,B} + H_{ph,L}}{c_{m,VP} V_{VP}} \tag{5.1-53}$$

Bei fehlender bzw. unbedeutender Brennstoff- und Luftvorwärmung erhält man:

$$T_k = \frac{H_u}{c_{m,VP} V_{VP}} \tag{5.1-54}$$

In die Formeln für die Verbrennungstemperaturen geht die Wärmekapazität der Verbrennungsprodukte ein, welche eine temperaturabhängige Größe ist. Deshalb wird die kalorimetrische Verbrennungstemperatur durch Iteration unter Zuhilfenahme des Begriffs der volumenbezogenen Enthalpie ermittelt:

$$h_V = c_{m,VP} T_k = \frac{H_u + V_L c_{m,L} T_L + c_{m,B} T_B}{V_{VP}}$$

Die Bestimmung von T_k soll an dem für die Verbrennungsrechnung gewählten Beispiel gezeigt werden. Zunächst wird der Heizwert des Heizöls nach *Mendelejew* berechnet (Heizölbestandteile s. Tabelle 5.1-7):

$$H_u = 340\,C + 1030\,H - 109\,(O - S) - 25\,W$$
$$= 340 \cdot 85{,}3 + 1030 \cdot 10 - 109\,(0{,}6 - 0{,}7) - 25 \cdot 3{,}0$$
$$H_u = 39336\ \text{kJ/kg}$$

Bei $\lambda = 1{,}0$ wird je m³ Verbrennungsprodukte eine Wärmemenge von

$$h_V = \frac{H_u m_B}{V_{VP,th}} \quad (kJ/m^3)$$

(m_B Brennstoffmasse (kg); h_V Anfangsenthalpie der Verbrennungsprodukte (kJ/m³))

$$h_V = \frac{39336 \cdot 100}{1084{,}16} = 3629 \text{ kJ/m}^3$$

frei. Weiter wird eine geschätzte Temperatur der Verbrennungsprodukte vorgegeben und die Enthalpie bei dieser Temperatur für die ermittelte Zusammensetzung berechnet:

bei $T_1 = 2373$ K	bei $T_2 = 2473$ K
$h_{CO_2} = 0{,}147 \cdot 5115 = 752$	$h_{CO_2} = 0{,}147 \cdot 5386 = 792$
$h_{H_2O} = 0{,}107 \cdot 4163 = 445$	$h_{H_2O} = 0{,}107 \cdot 4400 = 471$
$h_{N_2} = 0{,}746 \cdot 3127 = 2333$	$h_{N_2} = 0{,}746 \cdot 3289 = 2454$
$h_1 = 3530$ kJ/m³	$h_2 = 3717$ kJ/m³

Die Anfangsenthalpie liegt zwischen diesen beiden Werten, und die gesuchte Temperatur kann nun sehr leicht durch Interpolation berechnet werden:

$$T_k = T_1 + \frac{h_V - h_1}{h_2 - h_1} 100$$

$$T_k = 2373 + \frac{3629 - 3530}{3717 - 3530} 100 = \underline{2426 \text{ K}}$$

5.2. Elektrische Wärmeentbindung

5.2.1. Allgemeines

Von allen möglichen Energieträgern für Industrieöfen – chemische Enthalpie der Brennstoffe, chemische Enthalpie der Rohstoffe und Elektroenergie – besitzt die Elektroenergie folgende Vorteile:

1. einfache Umwandlung ihrer Parameter (Stromstärke, Spannung, Frequenz),
2. Übertragung über große Entfernungen mit hohem Wirkungsgrad,
3. stetige Regelung des Nutzungsniveaus von Null bis zu einem Maximalwert,
4. Wärmeentbindung mit vollständiger Energiewandlung.

Die Verwendung von Elektroenergie zur Wärmeentbindung gewährleistet

1. Konzentration großer Energiemengen in kleinen Volumina, wodurch man hohe Temperaturen und hohe Erwärmungsgeschwindigkeiten in kompakten Elektroöfen erreichen kann:
2. Regelung der Temperatur und -verteilung im Ofenraum, wodurch günstige Bedingungen für die Automatisierung des thermischen und des technologischen Prozesses entstehen;

3. Überlagerung von Erwärmung und elektrochemischer oder elektrophysikalischer Wirkung der Elektroenergie, z. B. bei der elektrodynamischen Wirkung auf das Schmelzbad in Elektroschmelzöfen;
4. Möglichkeit der Erwärmung unter Luftabschluß; dadurch kann der Druck im Ofenraum von elektrischen Vakuum- oder Hochdrucköfen als Regelgröße des technologischen Prozesses genutzt werden. Da meist kein Abgas auftritt, haben diese Anlagen einen thermischen Wirkungsgrad von nahe Eins, der Ofenraum ist sehr sauber, die Arbeitsbedingungen für das Bedienungspersonal sind sehr gut, und die sanitärtechnischen Maßnahmen ökologischen Charakters verringern sich.

Bei der Aufzählung der Vorzüge der Elektroenergie darf auch die Transportfähigkeit und die Einfachheit der Elektroenergiezufuhr (über die Übertragungsleitungen) nicht unerwähnt bleiben. Als Nachteile der thermischen Elektroenergieanwendung sind zu nennen:

1. höhere Betriebskosten der Elektroöfen im Vergleich zu brennstoffbeheizten Öfen, d. h., die Kosten für eine Wärmeeinheit dem Ofen zugeführter Elektroenergie sind wesentlich höher als die Kosten für die gleiche Wärmeeinheit bei durch Verbrennung im Arbeitsraum eines Ofens freigesetzter Wärme;
2. komplizierte Ausrüstungen für Elektroöfen (aus der Sicht der Fertigung und Komplettierung) und folglich z. T. höhere Investitionskosten und höhere Anforderungen an die technische Kultur der Produktion sowie häufig hoher Verbrauch von teueren und defizitären Materialien zur Fertigung der Ausrüstungen;
3. teilweise geringere Zuverlässigkeit und Lebensdauer der Elektroöfen.

Unter Berücksichtigung der genannten Vor- und Nachteile erfordert die Elektroenergieanwendung für die Wärmeentbindung eine technisch-ökonomische Begründung. Gegenwärtig werden in entwickelten Industrieländern bis über 20 % der eingesetzten Elektroenergie für die elektrische Erwärmung genutzt (in der UdSSR etwa 15 %).

5.2.2. Physikalische Grundlagen der Umwandlung von Elektroenergie in Wärme

Die Gesetzmäßigkeiten der Energieumwandlung im elektromagnetischen Feld beruhen auf dem allgemeinen Theorem von der Übertragung (Bewegung) der Energie, das 1874 von dem russischen Physiker und Theoretiker *Umov* (1846 bis 1915) aufgestellt wurde. Dieses Theorem entspricht dem Energieerhaltungsgesetz; es gibt eine Vorstellung über die physikalische Lokalisierung: Durch die Energiezufuhr W durch eine geschlossene Oberfläche A, die ein bestimmtes Volumen eines Mediums V einschließt, findet eine Änderung der Summe von kinetischer und potentieller Energie der Medienteilchen in diesem Volumen statt. Anders ausgedrückt, der Energiestrom in das Medium durch seine Grenzen hindurch ist gleich der Energieänderungsgeschwindigkeit im Medium:

$$\oint_A U \, \mathrm{d}A = -\partial w/\partial t = -\int_V (\partial w/\partial t) \, \mathrm{d}V = -\int_V \dot{q}_V \, \mathrm{d}V \tag{5.2-1}$$

(U Vektor der Energiestromdichte, *Umov-Vektor*[1]) genannt (W/m²); w volumetrische Energiedichte (J/m³); $\dot{q}_V = \partial w/\partial t$ spezifische (bezogen auf die Volumeneinheit) Geschwindigkeit der Energieumwandlung (W/m³))

[1]) In dem bestehenden System bedingter Bezeichnungen nach GOST 1497-77 hat die Energiestromdichte verschiedener Energiearten unterschiedliche Symbole: Φ für die thermische, S oder P für die elektromagnetische Energiestromdichte u. a.

Wendet man auf Gl. (5.2-1) das Theorem von *Ostrogradski-Gauß* an, dann kann das *Umov-Theorem* in differentieller Form wie folgt geschrieben werden:

$$\operatorname{div} U = -q_V = -\partial w/\partial t \tag{5.2-2}$$

und daraus

$$U = w\, v \tag{5.2-3}$$

(v Geschwindigkeit der Energieübertragung (m/s))

Der Umov-Vektor für eine beliebige Bewegungsform (Übertragungsform) der Energie ist gleich dem Produkt aus volumetrischer Energiedichte und ihrer Übertragungsgeschwindigkeit und ist abhängig von den Eigenschaften des Mediums sowie vom Charakter der Bewegung.

Zur Klärung der Besonderheiten der Energieumwandlung in einem Material, das in ein elektromagnetisches Feld eingebracht wird, muß die räumliche Verteilung des elektrischen Feldes der Feldstärke E und des magnetischen Feldes mit der Feldstärke H betrachtet werden. Der Ausdruck für die Stromdichte der elektromagnetischen Energie in der Funktion der Felder E und H wurde 1885 vom englischen Physiker *Pointing* (1852 bis 1914) gefunden:

$$\boldsymbol{S} = [\boldsymbol{E}\, \boldsymbol{H}] \tag{5.2-4}$$

Bei harmonischer Änderung der Größen des elektromagnetischen Feldes über der Zeit ist der *Pointing-Vektor* in komplexer Form das Vektorprodukt des Komplexes der Feldstärke des elektrischen Feldes und des Komplexes der Feldstärke des magnetischen Feldes:

$$\boldsymbol{S} = [\boldsymbol{E}\, \boldsymbol{H}] = Re\,\boldsymbol{S} + j\, Jm\,\boldsymbol{S} = \dot{q}_a + j\dot{q}_p \tag{5.2-5}$$

($\dot{q}_a$ reeller Teil, der die Stromdichte der aktiven Energie in der Zeiteinheit bestimmt (Wirkleistung) (W/m²); $\dot{q}_p$ imaginärer Teil der komplexen Größe, der die Stromdichte der reaktiven Energie (Blindleistung) in der Zeiteinheit bestimmt (die abwechselnd aus der elektrischen in die magnetische Form und umgekehrt übergeht) (V A_r/m²))

Die Stromdichte der aktiven Leistung $\dot{q}_a$ bestimmt das Wesen der Wärmeentbindung aus elektrischer Energie, die

1. im Ergebnis der Wirkung des Leitungsstromes in elektrisch leitenden Medien nach dem Lenz-Jouleschen Gesetz,
2. bei magnetischer Polarisation ferromagnetischer Werkstoffe,
3. bei elektrischer Polarisation von Dielektrika,
4. durch Umwandlung der kinetischen Energie von im elektrischen Feld beschleunigten Elektronen,
5. durch thermische Effekte bei elektrischer Entladung in Gasen,
6. bei Verwendung kohärenter Strahlung eines optischen Quantengenerators

erfolgen kann.

5.2.3. Wärmeentbindung nach dem Gesetz von Lenz-Joule[1])

Legt man an ein leitendes Medium (z. B. das Kristallgitter der Metalle) ein elektromagnetisches Feld an, dann werden die Leitungselektronen relativ langsam mit der Geschwindigkeit v_n der Größenordnung 10^{-3} bis 10^{-5} m/s mit der Kraft F, H gegen den Vektor E getragen, wobei ihre chaotische Bewegung mit Geschwindigkeiten in der Größenordnung von Tausenden km/s[2]) nicht abgeschwächt wird:

$$\boldsymbol{F} = - |e| \boldsymbol{E} = \mathrm{d}(m_{\mathrm{eff}} v_n)/\mathrm{d}t \tag{5.2-6}$$

($e = 1{,}6021 \cdot 10^{-19}$ As Elementarladung; m_{eff} Effektivmasse eines Leitungselektrons, unterscheidet sich von der Ruhemasse eines Elektrons $m_e = 9{,}1091 \cdot 10^{-31}$ kg aus Gründen der elektrostatischen Wechselwirkung in einem Medium)

Diese schwach geordnete Bewegung (Drift) der Elektronen ruft einen Leitungsstrom hervor:

$$\boldsymbol{I} = -N_e\, e\, v_n \tag{5.2-7}$$

I Stromdichtevektor des Leitungsstromes (A/m²); N_e Dichte der Leitungselektronen (m^{-3}))

In Metallen befinden sich die positiven Ionen an den Ecken des Kristallgitters, wo sie eine chaotische harmonische Schwingung um ihre Gleichgewichtslage ausführen. In der Elektronentheorie der Stoffe betrachtet man die thermische Schwingung des Gitters gemäß dem *Einstein-Modell* als Gesamtheit von elastischen Wellen, die sich mit unterschiedlicher Frequenz f ausbreiten. Jeder dieser Wellen entsprechen Phononen mit der Energie W_{Ph} (J):

$$W_{\mathrm{Ph}} = \mathrm{h}\, f = \hbar\, \omega \tag{5.2-8}$$

(h $= 6{,}6262 \cdot 10^{-34}$ J s Plancksche Konstante; $\hbar = \mathrm{h}/2\pi = 1{,}0545 \cdot 10^{-34}$ Diracsche Konstante; $\omega = 2\pi f$ maximale (charakteristische) Winkelfrequenz der Ionenschwingungen (s^{-1}))

Bei thermischem Gleichgewicht hat ein Ion eine mittlere Energie W_m (J) von

$$W_m = \frac{\sum_{n=0}^{\infty} n\,\mathrm{h} f \exp(-n\,\mathrm{h} f/\mathrm{k}T)}{\sum_{n=0}^{\infty} \mathrm{e}^{-n\,\mathrm{h} f/\mathrm{k}T}} = \frac{\mathrm{h} f}{\mathrm{e}^{-\mathrm{h}f/\mathrm{k}T} - 1} \tag{5.2-9}$$

($n = 0, 1, 2, \ldots$ Quantenzahl; k $= 1{,}3805 \cdot 10^{-23}$ J/K Boltzmann-Konstante; T thermodynamische Temperatur des Körpers (K))

Bei hohen Temperaturen ist $\mathrm{k}\,T \gg \mathrm{h}\, f$, und es ergibt sich aus Gl. (5.2-9):

$$W_m \approx \mathrm{k}\, T \tag{5.2-10}$$

Die thermischen Schwingungen der Ionen stören die Periodizität des Kristallgitters und verhindern eine geordnete Bewegung der Elektronen, wobei sie gemäß dem aus

---

[1]) Das Gesetz wurde im 19. Jh. experimentell durch voneinander unabhängige Untersuchungen des russischen Physikers und Elektrotechnikers *Lenz* (1804 bis 1865) und des englischen Physikers *Joule* (1818 bis 1889) aufgestellt.

[2]) Die Energie dieser Bewegung entspricht dem Energieniveau von *Fermi* (*Fermi-Grenze*) und übersteigt einige Hunderte Male die Energie der thermischen Bewegung der Atome oder Moleküle eines gewöhnlichen Gases bei Raumtemperatur.

der Elektrotechnik bekannten Ohmschen Gesetz einen elektrischen Widerstand gegen den Leitungsstrom hervorrufen. Die Elektronen werden innerhalb des Gitters zerstreut und geben dabei den Ionen bei nichtelastischer Wechselwirkung den Überschuß an kinetischer Energie ΔW_K ab, den sie in einem elektromagnetischen Feld der Stärke E gemäß Gl. (5.2-6) haben:

$$\Delta W_K = 0{,}5\, m_{eff}\, v_n^2 \tag{5.2-11}$$

Bei dieser Wechselwirkung nimmt die potentielle Energie der Ionen ΔW_P (J) infolge ihrer größeren Entfernung (Verschiebung) Δx von der Gleichgewichtslage in den Gitterecken zu:

$$\Delta W_P = 0{,}5\, m\, \omega^2\, (\Delta x)^2 \tag{5.2-12}$$

(m Masse des Ions (kg))

Aus der Analyse der Gln. (5.2-9) und (5.2-12) folgt der Schluß, daß die Zunahme der Amplitude der thermischen Schwingungen Δx die Temperaturerhöhung, d. h. die Erwärmung eines Körpers, bestimmt.
Wenn der Stromdurchfluß nicht mit einer Strukturänderung des Stoffes verbunden ist und nicht von chemischen Prozessen begleitet wird, dann wird nach dem Theorem von *Umov* (Gl. (5.2-1)) die gesamte äußere Arbeit zur Änderung der thermischen Energie je Volumeneinheit des Wärmgutes mit der Geschwindigkeit $\dot{q}_V$ (W/m³) verbraucht:

$$N_e\, v_n\, F = I\, F/e = I\, E = \dot{q}_V \tag{5.2-13}$$

Gl. (5.2-13) drückt in differentieller Form das Gesetz der thermischen Wirkung des Leitungsstromes der Dichte I gemäß Gl. (5.2-7) aus, das unter der Bezeichnung *Lenz-Joulesches Gesetz* bekannt ist und einen Spezialfall des Energieerhaltungssatzes darstellt.
Die wärmetechnischen Möglichkeiten der Wärmeentbindung nach dem Lenz-Jouleschen Gesetz sind abhängig von der Art der Zuführung der elektromagnetischen Energie nach der Gleichung von *Pointing* (Bild 5.2-1), von der Gleichmäßigkeit der Verteilung von $\dot{q}_V$ im Volumen der Zone der Wärmeentbindung und von der Lage der Zone der Wärmeentbindung und der Zone des technologischen Prozesses zueinander.
Der zur Wärmeentbindung erforderliche Strom kann beispielsweise entlang der Achse eines leitfähigen Körpers (Bild 5.2-1 *a*) erzeugt werden, wenn dieser Körper über Kontakte an einen äußeren Stromkreis angeschlossen wird, der eine sich aus dem Ohmschen Gesetz ergebende Potentialdifferenz aufweisen muß. Diese konduktive (lat.: *conduco* – zusammenziehen, verbinden) Stromzuführung wird in elektrischen Widerstandsöfen realisiert, die sowohl mit Gleichstrom (Gl. (5.2-4)) als auch mit Wechselstrom (Gl. (5.2-5)) arbeiten können.

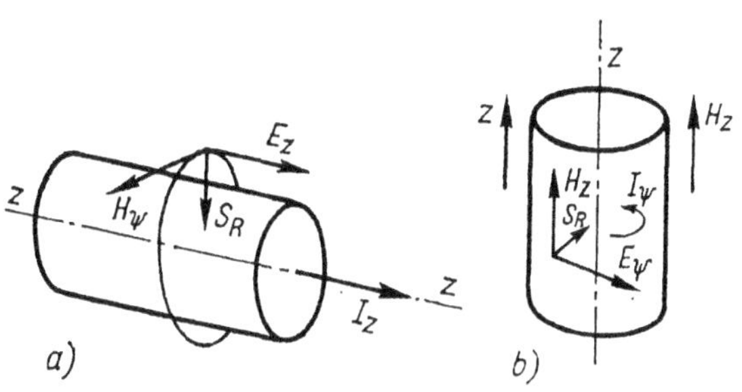

Bild 5.2-1. Elektrischer Energietransport

a) bei konduktiver Übertragung
b) bei induktiver Übertragung

Ist ein Kontakt mit dem Stromkreis aus elektrotechnischen Gründen nicht möglich oder aus technologischen Gründen unerwünscht, dann kann in dem Wärmgut mit Hilfe eines elektromagnetischen Feldes ein Wirbelstrom I (Bild 5.2-1*b*) induziert werden. Diese induktive Energiezufuhr wird in Induktionsöfen angewendet, die nur mit Wechselstrom (Gl. (5.2-5)) unterschiedlicher Frequenzen arbeiten.
Die Energiedissipation des elektromagnetischen Wechselfeldes in einem elektrisch leitenden Medium ruft das Abklingen dieses Feldes hervor. Diese Erscheinung wird durch die sog. *äquivalente Eindringtiefe* δ_E (m) des Feldes in einem bestimmten Medium charakterisiert:

$$\delta_E = \sqrt{2/(\omega\, \mu_a \varkappa)} \approx 500 \sqrt{\varrho/(\mu_r f)} \tag{5.2-14}$$

($f = \omega/2\pi$ Feldfrequenz (Hz); $\varkappa = 1/\varrho$ spezifische elektrische Leitfähigkeit $((\Omega m)^{-1})$; ϱ spezifischer elektrischer Widerstand (Ω m); $\mu_a = \mu_r \mu_0$ absolute magnetische Permeabilität (H/m); μ_r relative magnetische Permeabilität; $\mu_0 = 4\pi \cdot 10^{-7}$ H/m Magnetkonstante (Permeabilität des Volumens).

In einem Abstand δ_E von einer ebenen Oberfläche verringert sich die Amplitude der elektrischen (E) und magnetischen (H) Feldstärke um $e = 2{,}71828\ldots$mal (d. h., sie klingt auf 36,8 % ihres Anfangswertes ab), und die Energiestromdichte $\dot{q}_a$ verringert sich nach Gl. (5.2-5) um $e^2 = 7{,}389\ldots$mal (d. h., sie sinkt auf 13,5 % ihres Anfangswertes ab). Deshalb wird in der Oberflächenschicht der Dicke δ_E 86,5 % der gesamten Energie des elektromagnetischen Wechselfeldes in Wärme umgesetzt. Somit ist also der Gleichmäßigkeitsgrad der Wärmeentbindung $\dot{q}_V$ bei sonst unveränderten Bedingungen von der Größe δ_E abhängig: Je größer δ_E, desto weniger intensiv klingt das elektromagnetische Feld ab und desto gleichmäßiger erfolgt nach Gl. (5.2-13) die Wärmeentbindung.
Aus der Analyse der Gln. (5.2-13) und (5.2-14) folgt, daß die Größe und die Gleichmäßigkeit der Verteilung von $\dot{q}_V$ in einem Volumen V der Zone der Wärmeentbindung von den Parametern E, H und f der elektromagnetischen Energie abhängig ist sowie von den elektrophysikalischen Eigenschaften des Mediums ϱ und μ_r, dem Verhältnis der Abmessungen der Zone und der äquivalenten Eindringtiefe δ_E.
Wenn die Parameter des elektromagnetischen Energieflusses und die elektrophysikalischen Eigenschaften des Wärmgutes aufeinander abgestimmt sind, dann ist eine Wärmeentbindung nach dem Lenz-Jouleschen Gesetz unmittelbar in der Zone des technologischen Prozesses (Wärmgut) in Form einer konduktiven oder induktiven Erwärmung möglich. Bei direkter Widerstandserwärmung mit Gleichstrom nach dem im Bild 5.2-1*a* gezeigten Schema ist $f = 0$, und δ_E wird nach Gl. (5.2-14) unendlich. Der Oberflächeneffekt tritt folglich nicht auf, und man kann eine gleichmäßige Wärmeentbindung im gesamten Volumen von Wärmgütern einfacher (z. B. zylindrischer oder prismatischer) Form mit einem hohen wärmetechnischen Effekt gewährleisten. Bei direkter Widerstands- oder induktiver Erwärmung mit Wechselstrom, bei der der Oberflächeneffekt vorhanden ist, müssen die Querschnittsabmessungen des Wärmgutes mit der äquivalenten Eindringtiefe δ_E abgestimmt sein, damit die geforderte Verteilung von $\dot{q}_V$ im Volumen V der Zone des technologischen Prozesses erzielt und optimale technisch-ökonomische Kennziffern erreicht werden können.
Es muß darauf hingewiesen werden, daß eine ungleichmäßige direkte Wärmeentbindung bei Vorhandensein des Oberflächeneffektes eine ungleichmäßige Temperaturverteilung über den Wärmegutquerschnitt zur Folge hat, woraus sich entsprechende Wärmeübertragungsprozesse (sog. *innere Wärmeübertragung*) ergeben. Einer der Nach-

teile der direkten Wärmeentbindung nach dem Lenz-Jouleschen Gesetz besteht in der Schwierigkeit (und in der Mehrzahl der Fälle in der Unmöglichkeit) der Abstimmung der energetischen Parameter mit den Abmessungen und Eigenschaften des zu erwärmenden Materials. Beispielsweise erfolgt bei der Erwärmung von Stahl von 300 auf 1100 bis 1300 K eine spürbare Änderung der spezifischen elektrischen Leitfähigkeit um das 8- bis 9fache, und die magnetischen Eigenschaften bei Erwärmung über den Curie-Punkt verschwinden. In diesen Fällen wird die Energiedissipation des elektromagnetischen Feldes nach dem Lenz-Jouleschen Gesetz außerhalb der Zone des technologischen Prozesses (sog. *indirekte Wärmeentbindung*) in einer Zone der Wärmeentbindung in Form eines Mediums mit kontrollierbaren elektrophysikalischen Eigenschaften realisiert. So werden z. B. bei Elektroöfen mit indirekter Widerstandsbeheizung Heizleiter aus Legierungen mit einem hohen spezifischen elektrischen Widerstand eingesetzt.

5.2.4. Wärmeentbindung bei magnetischer Polarisation ferromagnetischer Werkstoffe

Die Wärmeentbindung in ferromagnetischen Werkstoffen entsteht im Ergebnis irreversibler energetischer Umwandlungsvorgänge bei der Ummagnetisierung in einem elektromagnetischen Wechselfeld. Dabei erfolgt in metallischen ferromagnetischen Werkstoffen auch eine Wärmeentbindung durch die Wirkung des Leitungsstromes, d. h. nach dem Lenz-Jouleschen Gesetz.

Die Magnetisierung ferromagnetischer Materialien als Prozeß der magnetischen Polarisation ergibt sich aus der Orientierungsänderung des magnetischen Moments der Bahnelektronen (Orbitalelektronen) in den positiven Ionen des Kristallgitters bei Einwirkung eines elektromagnetischen Feldes. Im Wechselfeld erfolgt eine *Spinpräzession*[1]). Dabei ändert sich die Energie bei Zunahme der magnetischen Induktion von $-B_{max}$ auf $+B_{max}$ und bei Abnahme der magnetischen Induktion von $+B_{max}$ auf $-B_{max}$. Der Energiezuwachs des magnetischen Feldes des zu magnetisierenden ferromagnetischen Werkstoffes kann nach dem *Pointing-Satz* aus dem Integral

$$dW_m = \int_V H\,dB\,dV \qquad (5.2\text{-}15)$$

($H\,dB = dw$ Zuwachs der volumetrischen Energiedichte (J/m³))

ermittelt werden. Bekanntlich weisen ferromagnetische Werkstoffe eine komplizierte Abhängigkeit zwischen B und H in Form der Hysteresis auf. Bei einem Ummagnetisierungszyklus tritt eine Dissipation der Energie des elektromagnetischen Feldes von

$$w_D = \int_{-B_{max}}^{+B_{max}} H\,dB + \int_{+B_{max}}^{-B_{max}} H\,dB \qquad (5.2\text{-}16)$$

auf, die an die Schwingungen des Kristallgitters übertragen wird. Dabei verändert sich infolge der größeren Verschiebung der Ionen aus den Ecken des Kristallgitters die po-

---

[1]) lat. *praecedo* – fortschreiten, vorangehen. In der Mechanik existiert eine Bewegung der Achse der Eigendrehung eines Körpers, der sich um einen festen Punkt dreht, wobei diese Achse eine kreisförmige konische Oberfläche umschreibt (Kreiselbewegung).

tentielle Energie derselben (Gl. (5.2-12)). Die Zunahme der Schwingungsamplitude der Gitterionen bestimmt die Temperaturerhöhung, d. h. die Erwärmung des Materials. Es sei darauf verwiesen, daß die Wärmeentbindung bei der Ummagnetisierung ferromagnetischer Werkstoffe (als Wärmgut) eine direkte Energiezuführung in die Zone des technologischen Prozesses darstellt. Sie wird auch als *direkte Hysteresiserwärmung* bezeichnet. Wegen des auftretenden Oberflächeneffektes, der sich nach Gl. (5.2-14) bei Vorhandensein einer Hysterese vergrößert, ist diese Erwärmung jedoch ungleichmäßig. Dieses Erwärmungsprinzip findet in der Technik keine spezielle Anwendung. Die Wärmeentbindung gemäß Gln. (5.2-15) und (5.2-16) unterstützt aber die direkte Widerstands- oder Induktionserwärmung bei ferromagnetischen Metallen und Legierungen auf der Basis von Fe, Ni und CO nach dem Lenz-Jouleschen Gesetz.

5.2.5. Wärmeentbindung bei elektrischer Polarisation von Dielektrika

Im Unterschied zu den Metallen sind in Dielektrika keine freien Elektronen vorhanden, die in der Lage sind, sich unter Einwirkung eines äußeren elektromagnetischen Feldes im gesamten Volumen zu bewegen und als Träger des elektrischen Stromes zu fungieren. Alle elektrischen Ladungen von Dielektrika sind an die Atome und Moleküle des Stoffes gebunden. Diese gebundenen Ladungen können jedoch unter der Wirkung eines elektrischen Feldes aus ihrer Gleichgewichtslage in den Gitterecken der Dielektrika verschoben werden, wodurch zusätzliche elektrische Dipole entstehen. Dieser Prozeß wird als *elektrische Polarisation* bezeichnet.
Unter Einwirkung eines elektrischen Wechselfeldes polarisieren die Dielektrika jeweils in die mit dem Vektor E übereinstimmende Richtung. Die Veränderung der Verteilung der gebundenen Ladungen ergibt den Effekt der Bewegung der Ladungen (genauer der Verschiebung), d. h. einen elektrischen Strom, der als *Polarisationsstrom* oder *Verschiebungsstrom* bezeichnet wird. Das elektrische Feld in Dielektrika, das durch den Vektor der elektrischen Verschiebung D gekennzeichnet ist, ändert sich bei der Zunahme von $-D_{max}$ bis $+D_{max}$ und bei der Abnahme von $+D_{max}$ auf $-D_{max}$. Der Energiezuwachs des elektrischen Feldes in Dielektrika läßt sich nach dem Pointing-Satz aus dem Integral

$$dW_e = \int_V E \, dD \, dV \tag{5.2-17}$$

($E\,dD = dw$ Zuwachs der volumetrischen Energiedichte (J/m³))

ermitteln. In Dielektrika, die eine Abhängigkeit zwischen D und E in Form der Hysterese aufweisen, erfolgt bei einem Änderungszyklus des elektromagnetischen Wechselfeldes eine Energiedissipation des Feldes von

$$w_D = \int_{-D_{max}}^{+D_{max}} E \, dD + \int_{+D_{max}}^{-D_{max}} E \, dD \tag{5.2-18}$$

Die Energie wird zur Überwindung der Wirkung inneratomarer und innermolekularer Kräfte verbraucht und verändert die potentielle Energie der Atome und Moleküle, indem sie die Schwingungen verstärkt und die Amplituden der Verlagerung der Atome und Moleküle aus den Gleichgewichtspunkten des Gitters vergrößert, was durch die Erhöhung der Temperatur der Dielektrika zum Ausdruck kommt.
Die Wärmeentbindung bei elektrischer Polarisation von Dielektrika (als Wärmgut)

stellt eine direkte Zuführung der Energie in die Zone des technologischen Prozesses dar und wird als *direkte dielektrische Erwärmung* bezeichnet.
Die spezifische Umwandlungsgeschwindigkeit der Energie $\dot{q}_V$ ist bei der dielektrischen Erwärmung unter Beachtung von Gln. (5.2-17) und (5.2-18) direkt proportional dem Quadrat der elektrischen Feldstärke E, der Frequenz des Feldes f und hängt von den dielektrischen Eigenschaften des Wärmgutes ab, die durch die absolute dielektrische Permeabilität ε_a charakterisiert werden.
Die Wärmeentbindung durch Polarisationsströme ist bedeutend weniger intensiv als bei Nutzung von Leitungsströmen, ist aber für Dielektrika die einzige Möglichkeit der direkten Erwärmung unter Umgehung der Wärmeübertragung durch die Grenze der Zone des technologischen Prozesses (Wärmgutoberfläche). Die Gleichmäßigkeit der Wärmeentbindung $\dot{q}_V$ im gesamten Volumen der Zone des technologischen Prozesses ist dabei von der Verteilung des Vektors der elektrischen Verschiebung $\boldsymbol{D} = \varepsilon_a \boldsymbol{E}$ abhängig.

5.2.6. Wärmeentbindung durch Elektronenbeschleunigung

Dieses Verfahren der Wärmeentbindung beruht auf der Umwandlung der potentiellen Energie, die die elektrische Ladung eines Elektrons e im elektrischen Feld der Stärke E aufweist, in kinetische Energie K_e der Bewegung des Elektrons mit nachfolgender Umwandlung in thermische Energie beim Auftreffen dieses beschleunigten Elektrons auf dem Kristallgitter des Wärmgutes. Auf der freien Weglänge Λ des Elektrons verrichtet das Potentialfeld die Arbeit A, die gleich der Verringerung der potentiellen Energie ΔW_P dieses Elektrons ist:

$$A = -\Delta W_P = -e\,\Delta\varphi = e\,\Lambda\,E \tag{5.2-19}$$

(φ Potential in einem gegebenen Feldpunkt (V))

Dabei erhält ein Elektron der Masse m_e die Geschwindigkeit v_e und die kinetische Energie K_e der gerichteten Bewegung von

$$K_e = 0{,}5\, m_e\, v_e^2 \tag{5.2-20}$$

Zur Vermeidung der Streuung der kinetischen Energie darf das Elektron auf seinem Weg keine Zusammenstöße mit Molekülen eines im Ofenraum vorhandenen Gases haben, d. h., die freie Weglänge des Elektrons muß größer sein als die linearen Abmessungen des Ofenraumes. Deshalb wird ein Hochvakuum von $(5 \cdot 10^{-2})$ bis $(5 \cdot 10^{-3})$ Pa erzeugt, so daß die freie Weglänge einen Wert von mehreren Metern erreicht. Unter dieser Bedingung entspricht der Potentialunterschied in Gl. (5.2-19) der Potentialdifferenz zwischen Katode und Anode, d. h., bei Nullpotential der geerdeten Katode ergibt sich $\Delta\varphi$ aus dem positiven Potential der Anode $\Delta\varphi_A$:

$$\Delta\varphi_A = \Lambda\,E = U_A \tag{5.2-21}$$

(U_A Anoden- oder Beschleunigungsspannung (V))

Aus Gln. (5.2-19) bis (5.2-21) erhält man die Geschwindigkeit der gerichteten Elektronenbewegung:

$$v_e = \sqrt{2\,e/m_e}\;\sqrt{U_A} \approx 0{,}6 \cdot 10^6\,\sqrt{U_A} \tag{5.2-22}$$

(v_e Elektronengeschwindigkeit (m/s))

Eine hohe kinetische Energie eines Elektrons mit sehr geringer Masse kann gemäß Gl. (5.2-20) durch eine Beschleunigung des Elektrons auf sehr hohe Geschwindigkeiten v_e erzielt werden. In Erwärmungs- und Schmelzanlagen wird meist eine Beschleunigungsspannung in der Größenordnung von 15 bis 35 kV verwendet, was eine Beschleunigung der Elektronen auf Geschwindigkeiten von $(72 \cdot 10^3)$ bis $(111 \cdot 10^3)$ km/s ermöglicht. Diese Geschwindigkeiten machen ohne Berücksichtigung des relativistischen Effektes 24 bis 37 % der Lichtgeschwindigkeit aus.

Die durch thermische Elektronenemission aus der Katode in den Elektrodenzwischenraum gelangenden Elektronen formieren sich im elektrischen Feld als gerichteter Strom sich schnell bewegender Elektronen, was als *Elektronenstrahl* bezeichnet wird. Die Leistung dieses Elektronenstrahls wird durch die kinetische Energie von n Elektronen, die sich je Zeiteinheit t bewegen, bestimmt:

$$P = n\,K_e/t = (n\,e/t)\,U_A = I_A\,U_A = K\,U_A^{5/2} \tag{5.2-23}$$

($I_A = n\,e/t$ Stromstärke der Übertragung in Vakuum)

Die Stromstärke I_A ist mit der Beschleunigungsspannung U_A durch das sog. »*Drei-Halbe-Gesetz*« in Abweichung vom Ohmschen Gesetz verknüpft:

$$I_A = K\,U_A^{3/2} \tag{5.2-24}$$

(K charakteristische Konstante für Form und Abmessung von Katode und Anode)

Beim Erreichen der Wärmgutoberfläche dringen die als Primärelektronen des Elektronenstrahls bezeichneten Elektronen in das Kristallgitter ein, wobei sie bei der Wechselwirkung mit den Ionen und den freien und gebundenen Elektronen abgebremst werden. In dem von den elektrischen Feldern der Primärelektronen durchdrungenen Raum steigt die potentielle Energie der Ionen an. Dadurch erfolgt gemäß Gl. (5.2-12) eine Zunahme der Verschiebungen und der Schwingungsamplitude in den Gitterecken und somit nach Gl. (5.2-9) eine örtliche Erhöhung der Materialtemperatur. Bei einer Beschleunigungsspannung von 15 bis 35 kV beträgt die Eindringtiefe des Elektronenstrahls in das Metall nur einige Mikrometer. Deshalb stellt dieses Verfahren der Wärmeentbindung durch die kinetische Energie der Elektronen für technologische Erwärmungs- und Schmelzprozesse eine indirekte, sog. *Elektronenstrahlerwärmung* dar.

Durch die Möglichkeit der Steuerung der Elektronenbewegung mit Hilfe eines elektrischen und magnetischen Feldes kann der Elektronenstrahl fokussiert und entlang der Wärmgutoberfläche verschoben werden, wobei die geforderten Wärmstromdichten in der Größenordnung von 10^4 W/cm² beim Schmelzen, 10^8 W/cm² beim Schweißen und 10^{10} W/cm² bei Trennprozessen eingestellt werden können.

Bei der Elektronenstrahlerwärmung verringert sich der energetische Wirkungsgrad wegen zusätzlichen Nebeneffekten durch Umwandlungsvorgänge beim Eindringen von Primärelektronen in das Gitter von Metallen.

1. Auftreten von Röntgenstrahlung beim Abbremsen der Primärelektronen (Bremsstrahlung), deren biologische Auswirkung für das Bedienungspersonal schädlich sein kann (aus diesem Grund ist die Beschleunigungsspannung nach oben begrenzt, besonders bei Schwermetallen);
2. Auftreten von charakteristischer Röntgenstrahlung durch Elektronenübergang zwischen den Schalen (Eigenstrahlung) infolge Anregung durch die Primärelektronen (durch unelastische Stöße);

3. Reflexion der Primärelektronen bei Änderung der Bewegungsrichtung infolge elastischer Stöße mit den Teilchen des Gitters;
4. »*Ausstoß*« von Sekundärelektronen infolge unelastischer Stöße mit freien Elektronen im Gitter;
5. Thermoelektronenemission der erwärmten Metalloberflächen.

Außerdem tritt beim Schmelzen von Metallen eine Beeinflussung der Primärelektronen über der Oberfläche des flüssigen Metalls durch Metalldampf und Gase, die aus dem Schmelzbad ausgetreten sind, ein. Deshalb hat der Wirkungsgrad (Energienutzungskoeffizient) bei Elektronenstrahlerwärmung lediglich einen Wert von 0,7 bis 0,85, wobei der kleinere Wert bei Schwermetallen, wie Rhenium, Wolfram und Tantal, und der größere bei den leichteren Metallen, wie Eisen, Titan und Kupfer, auftritt.

5.2.7. Wärmeentbindung durch elektrische Gasentladung

Unter normalen physikalischen Bedingungen sind Gase elektrisch nicht leitend, und eine Wärmeentbindung durch Elektroenergie ist in ihnen nicht möglich. Bei der Einwirkung eines elektromagnetischen Feldes kann durch die Trennung neutraler Moleküle eine elektrische Ladung im Gas herbeigeführt werden. In Abhängigkeit von der Größe der energetischen Einwirkung von außen auf ein Molekül kann eine Erregung des Moleküls erfolgen, wobei sich die Schwingungsbewegung der Atome verstärkt. Außerdem kann eine Dissoziation mit Aufspaltung in einfachere Teilchen – in fragmentierte Moleküle oder Atome – stattfinden sowie die Ionisation unter Bildung von Molekularionen und die Erregung und Ionisation von Atomen.

Eine energetische Einwirkung erfolgt in Gasen bei Teilchenzusammenstößen und bei der Strahlungsabsorption. Deshalb trägt neben der Verstärkung der thermischen Bewegung der Moleküle und dem proportionalen Anwachsen der mittleren kinetischen Energie und der Enthalpie des Gases die Temperaturerhöhung im Gas zur Erregung, Dissoziation und Ionisation von neutralen Molekülen bei ihren Zusammenstößen bei. Dieser Ionisationsprozeß ist bei der thermischen Ionisation von Gasen möglich, welche das Wesen einer der Arten der elektrischen Gasentladung ausmacht – der Lichtbogenentladung.

Das Abtrennen eines Elektrons von einem Atom (Ionisation des Atoms) erfordert eine bestimmte Ionisationsenergie W_i, die gleich der Bindungsenergie im Atom ist. Damit es beim Zusammenstoß neutraler Teilchen der Masse m zur Ionisation kommen kann, muß das auftreffende Teilchen eine kinetische Energie der thermischen Bewegung mit der Geschwindigkeit v_n bei der Erwärmung des Gases auf die Temperatur T von

$$W = 1{,}5\,\mathrm{k}\,T = \Delta\mathrm{K} = 0{,}5\,m\,v_n^2 \qquad (5.2\text{-}25)$$

haben, die gleich oder größer der Ionisationsenergie W_i des getroffenen Teilchens ist. Die Bedingung $W > W_i$ bringt die Energetik des Ionisationsprozesses als endothermer Prozeß zum Ausdruck.

Es sei vermerkt, daß dem endothermen Ionisationsprozeß auch ein endothermer Dissoziationsprozeß der mehratomigen Gasmoleküle vorausgeht, der unter Aufnahme der Dissoziationsenergie W_{dis} abläuft. Theoretisch können diese Prozesse bei beliebiger Temperatur T ablaufen, praktisch beginnen sie aber erst bei Temperaturen von $T >$ 2000 bis 3000 K im Energiehaushalt des Gases eine spürbare Rolle zu spielen.

Die elektrische Leitfähigkeit eines Gases kann durch eine der fünf folgenden Arten von Elektronenemission erhöht werden:

1. durch thermische Elektronenemission aus einer heißen Katode,
2. durch elektrostatische Elektronenemission aus einer kalten Katode,
3. durch Fotoelektronenemission,
4. durch Sekundäremission, die durch positive Ionen hervorgerufen wird,
5. durch von metastabilen Atomen hervorgerufene Sekundäremission.

Durch die Beschleunigung von geladenen Teilchen, insbesondere der Elektronen wegen ihrer hohen Beweglichkeit, wird beim Anlegen eines elektromagnetischen Feldes die Energie des ionisierten Gases erhöht. Die nach Gl. (5.2-20) anwachsende kinetische Energie der Elektronen ΔK_e wird z. T. in thermische Energie umgewandelt, wobei sich die Enthalpie des Gases H bei Erwärmung auf 10^3 bis 10^4 K erhöht und eine Dissoziation der mehratomigen Gasmoleküle unter Aufwendung der Energie W_{dis} hervorgerufen wird. Der andere Teil der Energie des elektromagnetischen Feldes wird als Ionisationsenergie W_i im ionisierten Gas gespeichert. Deshalb ist der summare, vom elektromagnetischen Feld aufzubringende Energieverbrauch für die elektrische Gasladung gleich

$$W_\Sigma = H + W_{dis} + W_i \tag{5.2-26}$$

Neben den Ionisationsprozessen erfolgt in ionisierten Gasen auch eine Neutralisierung der geladenen Teilchen infolge des ablaufenden Rekombinationsprozesses. Bei der Rekombination wird eine dem Wert von W_i äquivalente Energie frei, wobei der Rekombinationsmechanismus mit der Umwandlung von Energiequanten in Photonen zusammenhängt. Die bei der Rekombination entstehende Strahlung ist eine der Ursachen für den Leuchteffekt bei vielen Formen der elektrischen Entladung und stellt eine effektive Form der Wärmeentbindung für die in Lichtbogenöfen angewendete Lichtbogenentladung dar.
Der Wert der Größe W_Σ kann am besten durch W_i bei zunehmendem Ionisationsgrad des Gases erhöht werden. Man unterscheidet

1. einfache Ionisation beim Abtrennen eines Elektrons und
2. mehrfache Ionisation beim Abtrennen mehrerer Elektronen (Bild 5.2-2).

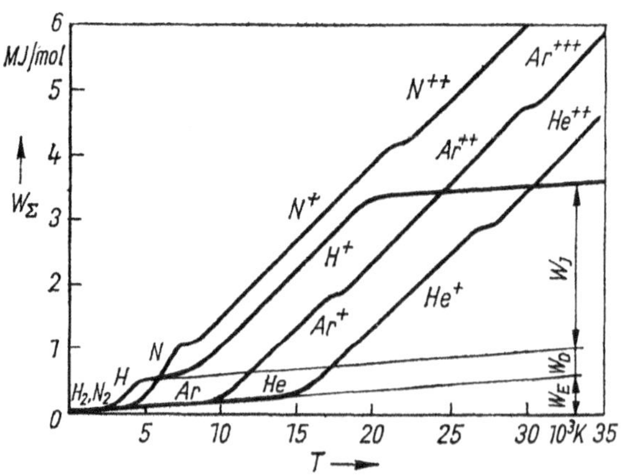

Bild 5.2-2. Energiegehalt des Plasmas in Abhängigkeit von der Temperatur bei Normaldruck ($W_D \triangleq W_{dis}$; $W_E \triangleq W_H$; $W_J \triangleq W_i$)

Bei einem genügend hohen Ionisationsgrad besitzt das Gas besondere elektrophysikalische und physikalisch-chemische Eigenschaften. Darum kann das ionisierte Gas als vierter Aggregatzustand eines Stoffes – als *Plasma* – bezeichnet werden. Das bei der elektrischen Gasladung entstehende Plasma wird nicht nur erfolgreich als Energieträger gemäß Gl. (5.2-26) für die indirekte Wärmezufuhr in die Zone des technologischen Prozesses in Plasmaöfen genutzt, sondern findet auch als aktiver technologischer Faktor in der sog. *Plasmametallurgie* als eine Form der plasmachemischen Technologien Anwendung, wo die pyrometallurgischen Prozesse in einem Medium aus dissoziierten und ionisierten Gasen ablaufen.
Nach dem Typ der elektrischen Ladung bestimmt man zwei Hauptprozesse:

1. die Elektronenemission aus einer Katode und
2. die Bildung von Elektronen und Ionen im Gas.

Der Charakter der Ladung ist von der chemischen Natur des Gases und der Elektroden, von Temperatur und Druck des Gases, von Form, Abmessung und Lage der Elektroden zueinander, von den elektrischen Parametern (Spannung, Stromdichte) u. a. abhängig.
Unter Berücksichtigung der in den Gasen ablaufenden elektrophysikalischen Prozesse und des Prozesses der Wärmeentbindung kommen in der Metallurgie mehrere Arten der *Gasentladung* zum Einsatz.

1. *Korona (Sprühentladung):* zur Ionisation von Aerosolen im elektrischen Feld mit einer Feldstärke von 15 kV/cm und darüber bei der Abgasreinigung in Elektrofiltern;
2. *Funkenentladung:* zur elektroerosiven Metallbearbeitung durch die thermische und mechanische Einwirkung von impulsartigen Elektronenlawinen, die bei Spannungen von 100 bis 200 V in auf etwa 10000 K erhitzten Gasen entstehen;
3. *Glimmentladung:* zur Metallzerstäubung durch Beschuß einer Katode mit positiven Ionen des entladenen Gases bei der Herstellung von dünnen Filmen in der Halbleitertechnik und bei der Herstellung von superleitendem Material;
4. *Bogenentladung:* zur Wärmeentbindung in Lichtbogen-, Reduktions- und Plasmaschmelzöfen, beim Lichtbogenschweißen und in speziellen Brennern u. a.

Der Elektrodenzwischenraum bei der Lichtbogenentladung besteht über der Länge und hinsichtlich des Charakters der ablaufenden elektrophysikalischen Vorgänge sowie der energetischen Umwandlungen aus drei Zonen: aus der Katode und dem Katodenbereich, aus der Lichtbogenstrecke sowie aus dem Anodenbereich und der Anode.
Bei der thermischen Elektronenemission erfolgt die Erwärmung der Katode durch Rekombination der die Katode beschießenden positiven Ionen sowie durch Wärmeleitung von den nahegelegenen Schichten des Plasmas in der Lichtbogenstrecke. Die Temperatur des Katodenflecks nähert sich der Siedetemperatur des Materials und beträgt bei Graphit- (in Lichtbogenöfen) oder bei Kohlekatoden (in Reduktionsöfen) 3500 bis 4000 K und bei Stahlkatoden (in Vakuumlichtbogenöfen) 3000 bis 3200 K. Diese Art der Wärmeentbindung an einer Katode wird beim Vakuumschmelzen zur Erwärmung und zum Schmelzen sog. *Verschleißelektroden* genutzt.

Der Katodenbereich entspricht etwa der freien Weglänge eines Elektrons, die bei Umgebungsdruck etwa 10^{-7} m beträgt. In diesem Bereich werden die Emissionselektronen durch das elektrische Feld beschleunigt, wobei sich ihre kinetische Energie um den Wert

$$\Delta W_{K,e} = e\, U_K$$

(U_K Spannungsabfall im Katodenbereich der Lichtbogenentladung)

erhöht. Die Größe $\Delta W_{K,e}$ muß dabei so groß sein, daß eine Ionisation der neutralen Teilchen der Atmosphäre des Elektrodenzwischenraumes erfolgen kann, d. h., $\Delta W_{K,e} \geqq W_i$. Der Spannungsabfall U_K beschleunigt ebenfalls die in Richtung Katode fliegenden positiven Ionen und gewährleistet dadurch die entsprechenden energetischen Umwandlungen in diesem Bereich der Lichtbogenentladung, die die Wärmeentbindung an der Katode und in der Lichtbogenstrecke ermöglichen.

Die energetischen Umwandlungen der physikalischen Prozesse gemäß Gl. (5.2-26) und die Wärmeübertragung durch Wärmeleitung, Strahlung und Konvektion werden durch die Größe des Potentialgradienten längs des elektrischen Feldes in der Lichtbogenstrecke grad U_{Str} charakterisiert. Die Temperatur der Lichtbogenstrecke ist durch den minimalen Gradienten grad U_{Str} festgelegt *(Steenbeck-Prinzip)* und beträgt für die Betriebsbedingungen von Lichtbogenöfen zur Stahlerzeugung 5000 bis 8000 K. Wie bereits erwähnt, werden bei technologisch notwendigen Erhöhungen des Energiegehaltes von Plasma in Plasmaöfen Temperaturen von 10000 bis 30000 K erreicht (s. Bild 5.2-2).

In der Nähe der Anode erhalten die aus der Lichtbogenstrecke austretenden Elektronen aufgrund der durch den Spannungsabfall im Anodenbereich des Lichtbogens U_A charakterisierten Energie des elektrischen Feldes analog Gl. (5.2-19) eine zusätzliche kinetische Energie.

An der Anode laufen physikalische Prozesse ab, die dem Wesen der Elektronenstrahlerwärmung (Abschn. 5.2.6.) entsprechen. Die beschleunigten Elektronen dringen in das Kristallgitter des Anodenmaterials ein, wobei ihre kinetische Energie in Wärme umgewandelt wird (im Anodenfleck). Dadurch wird eine lokale Temperaturerhöhung der Anode hervorgerufen. Die in der Anode entbundene Wärme wird zum Erwärmen, Schmelzen und Überhitzen des Metallbades verbraucht und deckt die Abstrahlverluste in die Umgebung sowie die Verluste durch Wärmeleitung im Anodenkörper ab.

Die elektrische Leistung der Lichtbogenentladung P_L (bei einem Nutzungsgrad der Energie der Wärmeentbindungsstrecke von eins) entspricht der Wärmeleistung, d. h., die Umwandlungsgeschwindigkeit von elektrischer in thermische Energie beträgt gemäß Gl. (5.2-4):

$$P_L = I_L\, U_L = I_L\, (U_K + \text{grad}\, U_{Str}\, l_{Str} + U_A) \approx I_L\, (U_K + U_A) + \text{grad}\, U_{Str}\, l_L \tag{5.2-27}$$

(I_L Stromstärke der Lichtbogenentladung; l_{Str} Länge der Lichtbogenstrecke; l_L Gesamtlänge des Lichtbogens, die wegen der geringen Ausdehnung des Katoden- und Anodenbereiches der Länge der Lichtbogenstrecke gleichgesetzt werden kann, d. h. $l_L \approx l_{Str}$)

Gl. (5.2-27) zeigt die Möglichkeit einer Regelung der Wärmeleistung der Lichtbogenentladung in weiten Grenzen je nach den Forderungen des technologischen Prozesses durch Veränderung der Stromstärke I_L, der Lichtbogenspannung U_L und der Lichtbogenlänge l_L (oder des Elektrodenzwischenraumes bei Verschiebung der Elektroden). Beispielsweise erreicht man bei Lichtbogenöfen zur Stahlerzeugung, die mit Drehstrom bei $l_L \approx 15$ bis 25 cm, grad $U_{Str} \approx 10$ bis 40 V/cm und $I_L \approx 100$ bis 120 kA arbeiten, eine Lichtbogenwirkleistung von $P_L \approx 75$ bis 100 MW (die Scheinleistung der Öfen beträgt bis zu 120 bis 160 MVA). In Vakuumlichtbogenöfen, die mit Gleichstrom bei $l_L \approx 2$ bis 5 cm, grad $U_{Str} \approx 0{,}5$ bis 2,5 V/cm und $I_L \approx 25$ bis 50 kA arbeiten, wird eine Lichtbogenleistung von $P_L \approx 0{,}5$ bis 1,5 MW erreicht.

5.2.8. Wärmeentbindung bei Verwendung von kohärenter Strahlung eines optischen Quantengenerators

Die Arbeitsweise eines optischen Quantengenerators basiert auf der Verstärkung von elektromagnetischen Schwingungen mit Hilfe induzierter Strahlung von Mikroteilchen eines Quantensystems. Durch die Erzeugung einer kohärenten[1]) Strahlung monochromatischer Wellen des optischen Bereiches in Form eines enggebündelten Strahls kann über ein optisches Linsensystem ein Lichtfleck von 20 bis 40 µm Durchmesser eingestellt werden, der eine Bestrahlungsstärke von 10^{16} bis 10^{20} W/m² hat. Dabei erreicht die spektrale Strahlungsstromdichte Werte von 10^{21} bis 10^{22} W/m² µm), was die Werte der Sonnenstrahlung um einige Hundertmillionen Mal übersteigt. Die Abstrahlung von elektromagnetischer Energie mit solch hoher Dichte ist von einer entsprechend hohen elektrischen Feldstärke begleitet, die größer ist als diejenige der Felder, die die äußeren Elektronen (Valenzelektronen) in den Atomen binden. Bei diesen hohen Energien und Feldstärken erfolgt eine intensive Erhöhung der kinetischen Energie der Teilchen, die wiederum eine Änderung des Aggregatzustandes des Stoffes (Erwärmung, Schmelzen, Verdampfen, Anregung und Ionisation) hervorruft. Diese Eigenschaften der Strahlung von optischen Quantengeneratoren liegt der technologischen Nutzung bei der Werkstoffbehandlung zugrunde (Schmelzen und Verdampfen von schwerschmelzenden Werkstoffen, Schweißen, Herstellung kleiner Öffnungen). Weiterhin wird diese Eigenschaft bei der Emission von Elektronen und Ionen aus Festkörpern, bei der Ionisation von Gasen sowie bei der Erzeugung von Hochtemperaturplasma genutzt.

In Metallen werden die Strahlungsquanten hf von den Leitungselektronen absorbiert, deren Überschuß an kinetischer Energie ΔW_K zur Änderung der potentiellen Energie des Gitters gemäß Gl. (5.2-12) verbraucht wird. Dieser Prozeß läuft im Lichtfleck bis zu einer Tiefe von 10^{-7} bis 10^{-8} m ab. Diese Tiefe entspricht der Eindringtiefe der Strahlung in Metalle. Der Lichtfleck stellt eine kreisförmige, flächenhafte Wärmequelle dar, die eine lokale Erwärmung des Metalls gewährleistet. Die Wärmeleitung im Metall erfolgt im wesentlichen durch die Wärmeleitfähigkeit der Elektronen.

Die Abmessung des in der Zeit t erwärmten Gebietes wird aus der Beziehung $\sqrt{a\,t}$ (a Temperaturleitfähigkeit) ermittelt. Berechnungen haben ergeben, daß die minimale Dichte des absorbierten Lichtstromes zur Erwärmung von Eisen auf Schmelztemperatur 23 GW/m² beträgt (bei einem Lichtfleckdurchmesser von 10 µm) und entsprechend 6 GW/m² bei einem Durchmesser von 40 µm[2]). Eine Strahldichte von 10 bis 1000 GW/m² bewirkt eine Verdampfung des Metalls, und bei der Bildung des Dampfstromes wird die flüssige Phase in Form eines Ultraschallstrahls ausgetragen, d. h., das Metall wird zerstört. Bei Lichtstromdichten über 1 TW/m² werden die Lichtströme in den heißen Metalldämpfen infolge der Anregung und nachfolgenden

---

[1]) lat. *Cohaerentia* – Zusammenhang: für Wellenvorgänge entsprechend gleiche Frequenz, Phase, Bewegungsrichtung und Polarisation

[2]) Für Lichtstrom gilt abgeleitete SI-Einheit Lumen (1 lm = 1 cd · 1 sr); Lichtstromdichte W/(m² sr) = cd/m²

Ionisation der Atome merklich absorbiert. Es kommt zu einer elektrischen Entladung, und über der Metallfläche tritt ein Leuchten auf, d. h., es bildet sich Plasma. Deshalb ist die Anwendung von Lichtströmen solcher Dichte zur Metallbearbeitung nicht sinnvoll. Die Strahlungseigenschaften optischer Quantengeneratoren sind für die Ultrahochtemperaturerwärmung von Interesse. Wenn die technischen Schwierigkeiten bei der Entwicklung effektiver Quantengeneratoren überwunden werden, können Erwärmungs- und Schmelzanlagen entwickelt werden, die in der Lage sind, die komplizierten Anlagen der Elektronenstrahlerwärmung (mit ihrem unbedingt notwendigen hohen Vakuum zur Erzeugung des Elektronenstrahls) zu verdrängen. Mit Hilfe des Quantengenerators ist eine kontaktlose Energiezufuhr in die Zone des technologischen Prozesses in einem beliebigen strahlungsdurchlässigen Medium (Vakuum, Schutzgasatmosphären) möglich. Außerdem ist eine Erwärmung schwer zugänglicher Stellen sowie eine lokale Wirkung auf das Material ohne Deformation und Strukturänderung des gesamten Volumens realisierbar.

5.3. Wärmeentbindung durch Abbrand von Begleitelementen (Beimischungen)

5.3.1. Wärmeentbindung durch Abbrand von Beimengungen in Metallen

Bekanntlich werden bei der *Stahlerzeugung* aus Roheisen solche Beimengungen wie Kohlenstoff, Silizium, Mangan, Schwefel und Phosphor vermindert bzw. weitgehend entfernt. Dies erfolgt durch *Oxydation* dieser Stoffe unter Verwendung von Sauerstoff, der dem Schmelzbad zugeführt wird. Die Oxydationsreaktionen verlaufen exotherm, und die bei der Oxydation frei werdende Wärme spielt bei der Stahlerzeugung eine bedeutende Rolle. Das bezieht sich insbesondere auf die Oxydation von Kohlenstoff, der in den größten Mengen oxydiert wird. Gegenwärtig wird die Stahlerzeugung aus Roheisen in zwei verschiedenen Ofentypen realisiert: in Herdöfen (z. B. Siemens-Martin-Öfen) und in Tiegelöfen (z. B. Konvertern). In den brennstoffbeheizten Siemens-Martin-Öfen hat die bei der Oxydation der Begleitelemente (hauptsächlich des Kohlenstoffs) frei werdende Wärme zwar einen spürbaren, aber dennoch untergeordneten Einfluß auf die Wärmetechnik des Schmelzbades und des Ofens insgesamt.

In *Konvertern* ist die bei der Oxydation der Begleitelemente des Roheisens frei werdende Wärme i. allg. die einzige Wärmequelle des Prozesses. Diese Wärmemenge und deren Verwendung bestimmt fast vollständig den wärmetechnischen Charakter der Schmelzaggregate. Daraus erwächst die Notwendigkeit einer gründlichen Analyse der thermischen Kennwerte der Oxydationsreaktionen der Begleitelemente im flüssigen Roheisen. Am Beispiel des Kohlenstoffs, der die entscheidende Rolle spielt, soll dies gezeigt werden. Innerhalb des Schmelzbades oxydiert Kohlenstoff im wesentlichen zu CO, das dann außerhalb des Bades weiter abbrennt. Die Oxydationsreaktion für Kohlenstoff

$$2\,C + O_2 \rightarrow 2\,CO + Q_{CO}$$

verläuft exotherm, d. h. unter Freisetzung der Wärmemenge Q_{CO}, was aber nicht bedeutet, daß gerade diese Wärme im Schmelzbad genutzt werden kann. Der im geschmolzenen Roheisen vorhandene Kohlenstoff liegt bei der Temperatur des Schmelzbades vor. Die Temperatur des zugeführten Sauerstoffs unterscheidet sich deutlich von der des Roheisens, und der Sauerstoff muß also erst auf diese Temperatur erwärmt werden. Deshalb ergibt sich die aus der Oxydationsreaktion des Kohlenstoffs für eine weitere Nutzung zur Verfügung stehende Wärmemenge aus der Differenz von frei werdender Wärme bei der Oxydation (von C zu CO) und der zur Erwärmung des Oxydationsmittels auf Badtemperatur erforderlichen Wärmemenge. Diese Differenz stellt im Prinzip eine Wärmebilanz der Oxydation von Kohlenstoff oder eines beliebigen anderen Elementes dar. Sie kann sowohl positive als auch negative Werte annehmen und weist somit auf ein Überangebot oder ein Defizit an Wärme hin, die sich bei den verschiedenen Oxydationsreaktionen der Beimengungen bildet und die die Enthalpieänderung des Schmelzbades beeinflußt. Diese sich aus der Energiebilanz der Oxydation und Verschlackung (von Si, Mn, S, P) der im Schmelzbad enthaltenen Beimengungen ergebende Größe bezeichnet *Glinkov* als *Wärmeäquivalent* (in der Literatur auch teilweise als *energetisches Äquivalent* bezeichnet) der Begleitelemente (BE) (kJ/kg BE). Je nach der Technologie des Schmelzprozesses kann der Sauerstoff dem Bad aus folgenden Quellen zugeführt werden:

1. aus der Ofenraumatmosphäre mit einer Temperatur von etwa 1500 °C (Siemens-Martin-Öfen);
2. mit technisch reinem Sauerstoff bei etwa 25 °C (Sauerstoffkonverter, SM-Öfen mit Sauerstoffblasen des Bades);
3. aus der Luft bei etwa 25 °C (Konverter, die mit Luft arbeiten);
4. aus Eisenerz (hauptsächlich Fe_2O_3), das zur Verstärkung der Oxydationsreaktionen dem Bad zugesetzt wird, und aus Zunder (hauptsächlich Fe_3O_4).

Alle vier Sauerstoffquellen für die Oxydation, sowohl von Kohlenstoff als auch der anderen Beimengungen, liefern unterschiedliche Werte des energetischen Äquivalentes, die der Berechnung der Energiebilanz des Schmelzbades insgesamt zugrunde liegen (s. Tabelle 5.3-1).

Der Sauerstoffübergang aus der Ofenraumatmosphäre in das Metallbad findet im Ergebnis komplizierter Wärme- und Stoffübertragungsprozesse statt und erfordert keine zusätzliche Erwärmung des Sauerstoffs im Bad. Deshalb haben die energetischen Äquivalente bei Verwendung dieses Oxydationsmittels die höchsten Werte. Bei

Tabelle 5.3-1. Wärmeäquivalente für wichtige Begleitelemente (BE) (Rechenwerte für basisches Stahlerzeugungsverfahren)

Element	Wärmeäquivalente (kJ/kg BE) bei Oxydationsmittel					Bei Berechnung berücksichtigt
	Sauerstoff bei		Luft bei	Fe_3O_4 bei		
	1500 °C	25 °C	25 °C	700 °C	25 °C	
C	8970	6970	−607	−14030	−17000	95 % zu CO, 5 % zu CO_2
Si	39700	37000	29000	18650	16050	$CaSiO_4$, wobei CaO bei 700 °C
Mn	7880	7420	57600	7400	2450	MnO
P	39300	37200	29700	11000	5280	$(CaO)_4P_2O_3$, wobei CaO bei 700 °C

Verwendung von technischem Sauerstoff wird dieser i. allg. im kalten Zustand zugeführt, und bei seiner Erwärmung auf Badtemperatur wird ein Teil der Energie verbraucht. Bei Einsatz von Luft wird nicht nur Energie zur Erwärmung des Sauerstoffs auf Badtemperatur verbraucht, sondern es muß eine beträchtliche Wärmemenge zur Erwärmung des Stickstoffs aufgebracht werden, der das Schmelzbad praktisch mit Badtemperatur verläßt.

Der Einsatz fester Oxydationsmittel ist nicht nur mit deren Erwärmung auf Badtemperatur verbunden, sondern auch mit ihrer Zerlegung sowie mit dem Sauerstoffübergang in das Metallbad in Form von FeO. Die Oxydation solcher Begleitelemente wie Si, Mn, P, S wird von der Verschlackung (mit Hilfe von CaO) und vom Übergang in die Schlacke begleitet. Dieser Prozeß muß bei der Berechnung der energetischen Äquivalente (s. Tabelle 5.3-1) berücksichtigt werden.

Roheisen enthält bekanntlich gleichzeitig die genannten Beimengungen, die im Verlaufe der Stahlerzeugung oxydiert werden. Das Wärmeäquivalent von Roheisen (RE) ergibt sich folglich unter Berücksichtigung der zu oxydierenden Beimengungen und der Größe ihrer Wärmeäquivalente:

$$Q_{\text{Ä,RE}} = (\text{C}\, Q_{\text{Ä,C}} + \text{Si}\, Q_{\text{Ä,Si}} + \text{Mn}\, Q_{\text{Ä,Mn}} + \text{P}\, Q_{\text{Ä,P}})\, 10^{-2} \quad (\text{kJ/kg RE})$$

($Q_{\text{Ä,C}}$, $Q_{\text{Ä,Si}}$, $Q_{\text{Ä,Mn}}$, $Q_{\text{Ä,P}}$ Wärmeäquivalente der Begleitelemente (kJ/kg BE) bei der entsprechenden Art der Sauerstoffzuführung in das Schmelzbad; C, Si, Mn, P prozentualer Gehalt der Begleitelemente im Roheisen)

Das Wärmeäquivalent von Roheisen ist sowohl von der Art der Sauerstoffzufuhr als auch von der chemischen Zusammensetzung des Roheisens abhängig (s. Tabelle 5.3-2).

Tabelle 5.3-2. Wärmeäquivalente für Roheisen (RE) (Rechenwerte für CaO *bei* 700 °C*)*

Chemische Zusammensetzung des Roheisens				Wärmeäquivalente (kJ/kg RE) bei Oxydationsmittel				
C	Si	Mn	P	Sauerstoff bei		Luft bei	Fe_3O_4 bei	
				1 500 °C	25 °C	25 °C	700 °C	25 °C
4,3	0,40	0,35	0,14	628	523	125	−565	−733
4,4	0,85	1,05	0,11	838	733	335	−336	−565
4,2	0,7	2,0	0,12	854	733	347	−285	−532

Beim Sauerstoffkonverter ist die Oxydation der Begleitelemente beim Blasen i. allg. die einzige Energiequelle, die es ermöglicht, das benötigte Temperaturniveau des Stahlerzeugungsprozesses zu gewährleisten. In Siemens-Martin- und in Tandemöfen, in denen das Sauerstoffblasen angewendet wird, stellt die Wärmeentbindung durch den Abbrand der Begleitelemente des Metalls einen bedeutenden Posten in der Energiebilanz dar. (Konkrete Werte, die diese Darlegungen belegen, werden im Buch »Konstruktion und Betrieb von Industrieöfen« im Abschnitt über die wärmetechnische Arbeitsweise und über die Konstruktionen konkreter Stahlschmelzaggregate angegeben.)

5.3.2. Wärmeentbindung auf Basis der chemischen Enthalpie sulfidischer Rohstoffe

Sulfidische Materialien, in deren Zusammensetzung ein oder mehrere Buntmetalle eingehen, stellen einen wertvollen Rohstoff der Metallurgie dar, der insbesondere bei der Herstellung von schweren Buntmetallen verwendet wird. Im Verarbeitungsprozeß werden die Sulfide bekanntlich beim Zusammenwirken mit dem Sauerstoff des in die Zone des technologischen Prozesses zugeführten Windes oxydiert. Diese Oxydationsreaktionen verlaufen unter Freisetzung einer großen Wärmemenge, und aus diesem Grunde fungieren die sulfidischen Rohstoffe im Ofen praktisch als *technologischer (sulfidischer) Brennstoff*. Die Effektivität seines Einsatzes und die Brennstoffeigenschaften sind zum großen Teil von den Parametern des technologischen Prozesses und seiner apparativen Ausstattung abhängig. So verläuft z. B. das Hochtemperaturrösten (Oxydation) von Sulfidkonzentraten in der Wirbelschicht als autogener Prozeß, d. h. nur unter Nutzung der Energie der technologischen Reaktionen. Derselbe Prozeß erfordert in Etagenöfen eine erhebliche Zufuhr von gewöhnlichen Brennstoffen, die umgerechnet auf Einheitsbrennstoff bis zu 10 % der Masse des eingesetzten Konzentrats ausmachen. Folglich sind bei der Bewertung der energetischen Charakteristika sulfidischer Rohstoffe immer die Bedingungen des technologischen Prozeßablaufs zu berücksichtigen.

Als Beispiel soll der am meisten verbreitete sulfidische Brennstoff, das in der *Kupfermetallurgie* verwendete Einsatzgut, betrachtet werden. Die energetisch bedeutsamen Komponenten sind Eisen und Schwefel, die mit dem Kupfer komplizierte chemische Verbindungen (Minerale) bilden. Der *Möller* von Kupferhütten enthält Konzentrate unterschiedlicher Lagerstätten, und ihre Zusammensetzung ist sehr verschieden. Zur Vereinfachung der nachfolgenden Berechnungen soll angenommen werden, daß das im Möller enthaltene Kupfer gleichmäßig unter den sulfidischen Mineralien, wie Chalkopyrit (Kupferkies), Chalkosin (Kupferglanz), Kovelin und Bormit, verteilt ist und daß Eisen und Schwefel, die nicht in diesen Mineralien gebunden sind, in die Zusammensetzung des Pyrits eingehen. Die Kupfererzeugung beinhaltet die Erwärmung und das Schmelzen des Möllers, die Oxydation der Sulfide und die Trennung der Schmelzprodukte. Dabei geht Eisen als Oxydul gemeinsam mit den Zuschlagstoffen und den steinbildenden Komponenten des Möllers in die schmelzflüssige Schlacke über, das erzeugte, von Beimengungen verunreinigte Kupfer liegt als Rohmaterial, der Schwefel in Form von schwefeligem Anhydrid sowie der Stickstoff des Windes in gasförmiger Phase vor.

Analog zu den traditionellen Brennstoffarten ist der Heizwert ($H_{\text{Ch,M}}$) die wichtigste energetische Kennzahl der Rohmaterialien. Als Heizwert des Konzentrats wird jene Wärmemenge bezeichnet, die bei der Oxydation einer Masseeinheit des Möllers bis zu den Endprodukten des technologischen Prozesses frei wird. Zur Ermittlung dieses Wertes verwendet man Berechnungsmethoden, die auf der Analyse der energetischen Effekte der Reaktionen sowie der Möllerzusammensetzung basieren. Als exotherme Reaktionen treten die Oxydationsreaktionen der Eisen- und Kupfersulfide sowie des sich im Ergebnis der thermischen Zerlegung der Minerale bildenden Schwefels auf:

1. $Cu_2S + O_2 \rightarrow 2\,Cu + SO_2 + 1711$ kJ/kg Cu;
2. $FeS + 1{,}5\,O_2 \rightarrow FeO + SO_2 + 8389$ kJ/kg Fe;
3. $S + O_2 \rightarrow SO_2 + 9263$ kJ/kg S.

Die Möllerzusammensetzung wird meist durch den Gehalt an Schwefel und Kupfer angegeben, nach denen dann die im Möller enthaltene Menge Eisensulfid und der bei der Erwärmung freigesetzte Schwefel berechnet werden. Die Werte der im Möller enthaltenen Komponenten (in Masse-%) sowie des Windes (in Volumen-%) werden mit den entsprechenden Symbolen bezeichnet: S, Cu, Fe, S_{el}, O_2. Zur Berechnung der Menge des an den Oxydationsreaktionen beteiligten Eisensulfids sowie des Elementarschwefels S_{el} können die folgenden Formeln verwendet werden:

$$\mathrm{Fe} = 0{,}871\ \mathrm{S} - 0{,}201\ \mathrm{Cu}$$

$$\mathrm{S_{el}} = 0{,}500\ \mathrm{S} - 0{,}130\ \mathrm{Cu}$$

Bei der Berechnung des Heizwertes des Möllers müssen die energetischen Effekte der Reaktionen mit den dazugehörenden Massen der Komponenten multipliziert und anschließend addiert werden. Unter Verwendung der vereinbarten Bezeichnungen ergibt sich die Formel für den Heizwert des Möllers:

$$H_{\mathrm{Ch,M}} = 119{,}4\ \mathrm{S} - 12{,}4\ \mathrm{Cu}\ (\mathrm{kJ/kg}) \tag{5.3-1}$$

Die Umrechnung des technologischen auf Einheitsbrennstoff erfolgt über das *kalorische Äquivalent* des Möllers, dessen Größe $\ddot{A}_{\mathrm{K,M}}$ sich aus dem Verhältnis von Möllerheizwert zum Heizwert des Einheitsbrennstoffs H_{EB} ergibt:

$$\ddot{A}_{\mathrm{K,M}} = \frac{H_{\mathrm{Ch,M}}}{29{,}3} = 4{,}1\ \mathrm{S} - 0{,}4\ \mathrm{Cu}\quad (\mathrm{kg\ EB/t\ Möller})$$

Der Heizwert der Rohstoffe bringt ihre potentiellen energetischen Möglichkeiten zum Ausdruck. Beispielsweise hat ein Konzentrat mit 35 % Schwefel und 19 % Kupfer einen Heizwert von 3944 kJ/kg. Das liegt in der Größenordnung des spezifischen Energieverbrauchs beim Ablauf des technologischen Prozesses, der durch traditionelle Energiequellen aufgebracht wird. In Abhängigkeit von der Effektivität der Nutzung der aus der chemischen Energie der Sulfide freigesetzten Wärme beträgt dieser Anteil 40 bis 70 % des Gesamtenergieverbrauchs für die Rohkupfererzeugung. Die Effektivität der Nutzung der chemischen Energie der Sulfide ist abhängig von den Parametern der Temperaturführung der Oxydation dieser Sulfide, d. h. davon, in welchem Stadium des technologischen Prozesses und mit welchem Ziel bei der Kupfererzeugung herkömmliche Brennstoffarten und Elektroenergie eingesetzt werden. Nach diesem Merkmal können die gegenwärtig in den Kupferhütten vorhandenen technologischen Aggregate in drei große Gruppen unterteilt werden:

1. *Die in diesem Industriezweig eingesetzten traditionellen brennstoff- und elektrisch beheizten Öfen, in denen der Brennstoff (oder die Elektroenergie) zur Erwärmung und zum Aufschmelzen des Möllers verbraucht wird.* Die zum Aufschmelzen des Möllers am weitesten verbreiteten Anlagen sind brennstoffbeheizte Öfen, die als Flamm- oder Herdschmelzöfen bezeichnet werden. Der in diesem Produktionsstadium erzeugte Kupferstein wird weiter in Konvertern verarbeitet, die in autothermer Betriebsweise arbeiten.
2. *Öfen, in denen zur Erwärmung und zum Aufschmelzen des Möllers die aus der chemischen Enthalpie der Sulfide frei werdende Wärme genutzt wird.* Sie werden als autogene Schmelzöfen für Sulfidkonzentrate bezeichnet. Hier werden traditionelle Brennstoffarten außerhalb des Ofens zur Möllertrocknung und zur Vorwärmung der Verbrennungsluft genutzt und Elektroenergie zur Sauerstofferzeugung, der

entweder unmittelbar im Schmelzofen oder zur Sauerstoffanreicherung der Luft eingesetzt wird.

3. *Öfen, in denen zum Erwärmen und Aufschmelzen des Möllers gleichzeitig die chemische Enthalpie der Sulfide und herkömmliche Brennstoffe (oder Elektroenergie) genutzt werden.* Diese Anlagen gehören bedingt ebenfalls zur Gruppe der in autogener Betriebsweise arbeitenden Öfen zum Schmelzen von Sulfidkonzentraten.

Die große Anzahl technologischer Schemata und die Vielfältigkeit der konstruktiven Gestaltung der Schmelzaggregate widerspiegeln in erster Linie die Anfangsbedingungen der Oxydationsprozesse der Sulfide. In der modernen Kupferherstellung schwankt die Anfangstemperatur der in die Oxydationszone gelangenden Sulfide in Abhängigkeit von den genannten Faktoren im Bereich von 20 bis 1250 °C, die Anfangstemperatur des Windes liegt zwischen 20 und 1000 °C und die Konzentration des in ihm enthaltenen Sauerstoffs zwischen 21 und 100 %. All diese Faktoren haben einen bedeutenden Einfluß auf die wärmetechnischen Eigenschaften des technologischen Brennstoffs, die durch den Wert des Wärmeäquivalentes bestimmt werden.

Als *Wärmeäquivalent* eines Brennstoffs wird jene Wärmemenge bezeichnet, die bei der Oxydation einer Masseeinheit dieses Brennstoffs frei wird und zum Ablauf des technologischen Prozesses im Arbeitsraum des Ofens (oder einer Gruppe von Öfen) genutzt werden kann. Um den Wert des Wärmeäquivalentes von traditionellen und sulfidischen Brennstoffarten richtig berechnen zu können, muß man ihre funktionellen Unterschiede kennen. Traditionelle Brennstoffe dienen hauptsächlich als Wärmequelle im Arbeitsraum des Ofens. Deshalb kann die mit den Verbrennungsprodukten den Ofen verlassende Abgasenthalpie H_{Ab} im technologischen Prozeß nicht genutzt werden. Unter Berücksichtigung dessen kann die Berechnungsformel für das Wärmeäquivalent von Brennstoffen $H_{\mathrm{Ä,B}}$ in folgender Form dargestellt werden:

$$H_{\mathrm{Ä,B}} = H_{\mathrm{U,B}} - H_{\mathrm{Ab}} \text{ oder } H_{\mathrm{Ä,B}} = H_{\mathrm{U,B}}\,\eta_{\mathrm{th}}$$

($H_{\mathrm{U,B}}$ Heizwert des Brennstoffs; η_{th} thermischer Wirkungsgrad des Ofens)

Die sulfidischen Rohstoffe (Möller, Konzentrat) und der zu ihrer Oxydation erforderliche Sauerstoff einschließlich des im Wind enthaltenen Stickstoffs stellen die Ausgangsstoffe der Kupferherstellung dar. Damit der technologische Prozeß ablaufen kann, müssen diese Reagenzien bis zur »*Zündtemperatur*« der Sulfide erwärmt werden. Der weitere Ablauf des Prozesses ist begleitet von der Erwärmung der Oxydationsprodukte der Sulfide und der Rohstoffe, die nicht an der Oxydation beteiligt sind, auf eine mittlere Temperatur (T_{m}) der Zone des technologischen Prozesses. Eine Überhitzung der im Ofen befindlichen Stoffe führt zu Störungen der Technologie. Außerdem kann von der gesamten aus der chemischen Enthalpie der Rohstoffe freigesetzten Wärme der Teil, der zur Überhitzung der Schmelzprodukte aufgebracht wird, nicht technologisch genutzt werden. Für die Berechnung des Wärmeäquivalentes des Möllers $H_{\mathrm{Ä,M}}$ muß außerdem bekannt sein, auf welche Art und Weise die Wärme dem im Ofen befindlichen Material zugeführt wird. Bekanntlich erhalten die Oxydationsprodukte der Sulfide einschließlich der technologischen Gase die Wärme unmittelbar beim Ablauf der exothermen Reaktionen. Die Intensität der möglichen Wärmeübertragung in der Zone der Oxydation der Sulfide ist größer als die Intensität der Wärmeentbindung durch Oxydationsreaktionen, und man geht deshalb davon aus, daß die Geschwindigkeit der Wärmezuführung an die an den Oxydationsreaktionen beteiligten Stoffe sowie an den Stickstoff des Windes von der Geschwindigkeit der Wärmeentbindungsprozesse bestimmt wird. Den anderen, nicht an der Oxydation beteiligten

Materialien wird die Wärme von den Oxydationsprodukten der Sulfide durch Wärmeübertragung zugeführt. Somit wird die Geschwindigkeit der Wärmezuführung an die Zuschlagstoffe des Möllers durch die Intensität der im Ofen ablaufenden Wärmeübertragungsprozesse bestimmt. Um die Ablaufbedingungen des technologischen Prozesses vollständiger berücksichtigen zu können, benutzt man die Begriffe der *wärmeentbindenden* und *wärmeübertragenden Bestandteile* des Wärmeäquivalentes des Möllers. Diese Bestandteile geben an, welche Wärmemenge den Schmelzprodukten im Prozeß der Wärmeentbindung bzw. durch Wärmeübertragung zugeführt wird.
Der wärmeentbindende Bestandteil des Wärmeäquivalentes $H^{\mathrm{WE}}_{\mathrm{Ä,M}}$ ist gleich der sich aus der Oxydation der Sulfide ergebenden Wärme, die zur Erwärmung der Oxydationsprodukte der Sulfide sowie des im Wind enthaltenen Stickstoffs auf eine mittlere Temperatur der Zone und zum Ablauf von Phasenumwandlungen (Zerlegung der Minerale, Schmelzen u. ä.) aufgewendet wird. Der Zahlenwert dieser Größe wird nach folgender Gleichung bestimmt:

$$H^{\mathrm{WE}}_{\mathrm{Ä,M}} = \sum (m_{\mathrm{E}}\, c_{\mathrm{E}}\, T_{\mathrm{m}} - m_{\mathrm{A}}\, c_{\mathrm{A}}\, T_{\mathrm{A}}) + \sum r_{\mathrm{i}} \quad (\mathrm{kJ/kg})$$

(m_{a}, m_{E}, c_{A}, c_{E} Masse der Anfangs- und Endprodukte der Oxydationsreaktionen und ihre spezifischen Wärmekapazitäten; T_{A}, T_{m} Anfangstemperatur der Ausgangsstoffe und mittlere Prozeßtemperatur, die mit 1250°C angenommen wird; r_{i} Wärme der Phasenumwandlungen, die die Erwärmung der Sulfide und den Oxydationsprozeß begleiten)

Setzt man voraus, daß der Grad der Vollständigkeit der Phasenumwandlungen im Einsatzmaterial der Materialtemperatur entspricht und daß der Prozeß selbst im Temperaturintervall von 20 bis 1250 °C kontinuierlich abläuft, so erhält man nach einigen unbedeutenden Vereinfachungen die Gleichung für die Berechnung des wärmeentbindenden Bestandteiles des Wärmeäquivalentes des Möllers:

$$H^{\mathrm{WE}}_{\mathrm{Ä,M}} \cdot 10^2 = 2{,}9\ \mathrm{S}\ (T_{\mathrm{m}} - T^{\mathrm{S}}_{\mathrm{A}}) + 1{,}2\ \mathrm{S}\ \frac{100}{\mathrm{O}_2}\ (T_{\mathrm{m}} - T^{\mathrm{W}}_{\mathrm{A}}) \tag{5.3-2}$$

Der erste Term auf der rechten Seite stellt die Wärmemenge dar, die zum Erwärmen und Schmelzen der im Möller enthaltenen Sulfide aufzuwenden ist. In brennstoffbeheizten (Flammen-)Öfen ist dem Sinne nach die sog. *Nutzwärme* eine analoge Größe, die man bei der Berechnung je Masseeinheit von Einheitsbrennstoff nach der Gleichung

$$H_{\mathrm{N}} = H_{\mathrm{EB}}\, \eta_{\mathrm{ges}}$$

(η_{ges} Gesamtwirkungsgrad (für Flammenöfen $\eta_{\mathrm{ges}} \approx 0{,}3$))

erhält. Der zweite Term von Gl. (5.3-2) beinhaltet die Wärmemenge zur Erwärmung des Windes. Ein analoger Prozeß wird in Winderhitzern beim Schmelzen von Sulfiden in der Schwebeschicht durchgeführt. Jener Teil der bei der Verbrennung eines Brennstoffs frei werdenden Wärme, der zur Winderhitzung genutzt wird, ist in diesem Falle gleich

$$H_{\mathrm{W}} = H_{\mathrm{EB}}\, \eta_{\mathrm{W}}$$

(η_{W} Wirkungsgrad der Windvorwärmanlage (im Mittel $\eta_{\mathrm{W}} \approx 0{,}8$))

Bei der Berechnung des Wärmeübertragungsanteils des Wärmeäquivalentes $H^{\mathrm{WÜ}}_{\mathrm{Ä,M}}$ des Möllers kann zur Bewertung der Intensität der Wärmeübertragung im Ofenraum ein Ausnutzungskoeffizient der chemischen Enthalpie der Sulfide $\eta_{\mathrm{Ch,WÜ}}$ herangezogen werden, der sich aus dem Quotienten des Wärmeübertragungsanteiles des Wärmeäquivalentes zu seinem Maximalwert ergibt:

$$\eta_{\mathrm{Ch,WÜ}} = \frac{H_{\mathrm{Ä,M}}^{\mathrm{WÜ}}}{H_{\mathrm{Ch,M}} - H_{\mathrm{Ä,M}}^{\mathrm{WE}}}$$

$$H_{\mathrm{Ä,M}}^{\mathrm{WÜ}} = (H_{\mathrm{Ch,M}} - H_{\mathrm{Ä,M}}^{\mathrm{WE}})\, \eta_{\mathrm{Ch,WÜ}}$$

Eine analoge Größe hierzu ist das Wärmeäquivalent eines Brennstoffs, bei dessen Berechnung in Mittel für Flammenöfen dieses Produktionszweiges ein Wirkungsgrad von $\eta_{\mathrm{th}}^{\mathrm{Fl}} \approx 0{,}4$ angenommen wird.

Das Wärmeäquivalent des Möllers ergibt sich aus der Summe der wärmeentbindenden und wärmeübertragenden Komponenten und kann nach der folgenden Gleichung berechnet werden:

$$H_{\mathrm{Ä,M}} = (119{,}4\,\mathrm{S} - 12{,}4\,\mathrm{Cu})\, \eta_{\mathrm{Ch,WÜ}} + \left[2{,}9\,\mathrm{S}\,(T_{\mathrm{m}} - T_{\mathrm{A}}^{\mathrm{S}}) + \frac{100}{\mathrm{O}_2}\, 1{,}2\,\mathrm{S}\,(T_{\mathrm{m}} - T_{\mathrm{A}}^{\mathrm{W}})\right] \times$$
$$\times\, 10^{-2}\,(1 - \eta_{\mathrm{Ch,WÜ}}) \qquad (5.3\text{-}3)$$

Zum Vergleich der potentiellen energetischen Fähigkeiten der Rohstoffe und des Brennstoffs sowie zur Bewertung ihrer Austauschbarkeit unter den Bedingungen eines konkreten technologischen Prozesses ist die Verwendung des Begriffes des *Brennstoffäquivalentes des Möllers* gebräuchlich. Diese Größe gibt an, welche Brennstoffmenge (umgerechnet auf *Einheitsbrennstoff*) eine Tonne Möller ersetzt. Man erhält diese Größe durch Division der wärmeentbindenden und wärmeübertragenden Komponenten durch ihre analogen, den Brennstoff unter den konkreten Einsatzbedingungen charakterisierenden Größen. Danach erhält man für das Brennstoffäquivalent des Möllers:

$$\ddot{A}_{\mathrm{B,M}} = \frac{2{,}9\,\mathrm{S}\,(T_{\mathrm{m}} - T_{\mathrm{A}}^{\mathrm{S}})\,10^{-2}}{H_{\mathrm{EB}}\,\eta_{\mathrm{ges}}} + \frac{1{,}2\,\mathrm{S}\,(T_{\mathrm{m}} - T_{\mathrm{A}}^{\mathrm{W}})}{H_{\mathrm{EB}}\,\eta_{\mathrm{W}} - \mathrm{O}_2} + \frac{H_{\mathrm{Ä,M}}^{\mathrm{WÜ}}}{H_{\mathrm{EB}}\,\eta_{\mathrm{ges}}} \qquad (5.3\text{-}4)$$

Wird der in Flammenöfen eingesetzte Brennstoff durch sulfidische Rohstoffe ersetzt, dann nimmt Gl. (5.3-4) folgende Form an:

$$\ddot{A}_{\mathrm{B,M}} = \frac{1}{11{,}7}\left[(119{,}4\,\mathrm{S} - 12{,}4\,\mathrm{Cu})\,\eta_{\mathrm{Ch,WÜ}} + 2{,}9\,\mathrm{S}\,(T_{\mathrm{m}} - T_{\mathrm{A}}^{\mathrm{S}})\,(1{,}33 - \eta_{\mathrm{Ch,WÜ}})\,10^{-2}\right.$$
$$\left. + \frac{1{,}2\,\mathrm{S}\,(T_{\mathrm{m}} - T_{\mathrm{A}}^{\mathrm{W}})}{\mathrm{O}_2}\,(0{,}5 - \eta_{\mathrm{Ch,WÜ}})\right] \quad (\mathrm{kg\ EB/t}) \qquad (5.3\text{-}5)$$

Das Wärme- und das Brennstoffäquivalent des Möllers sind in bedeutendem Maße vom Schema des technologischen Prozesses und von den Parametern des konkreten Aggregates (oder einer Gruppe von Aggregaten) abhängig (Tabelle 5.3-3).

Nachfolgend soll der Einfluß der Prozeßparameter auf die energetischen Kennwerte des Möllers bei der Kupferherstellung betrachtet und mit den energetischen Kennwerten traditioneller Brennstoffe verglichen werden.

Mittlere Temperatur der Zone des technologischen Prozesses. Die Änderung dieser Temperatur hat einen entgegengesetzten Einfluß auf die Werte des Wärmeäquivalentes des Möllers und des Brennstoffs. Bei Zunahme der mittleren Temperatur der Zone des technologischen Prozesses steigt der Wert des Wärmeäquivalentes des Möllers proportional an. Das erfolgt deshalb, weil die Oxydationsprodukte der

Tabelle 5.3-3. Stoffwerte für Möllermaterialien der Kupfererzeugung, die als technologische Brennstoffe genutzt werden (Cu-Gehalt im Möller 19 %; Schwefelgehalt 35 %)
Heizwert des Möllers $H_{Ch,M} = 3944$ kJ/kg
kalorisches Äquivalent des Möllers $Ä_{K,M} = 135$ kg EB/t

Parameter des technologischen Prozesses					
T_A °C	Wind	T_A^W °C	$\eta_{CH,WÜ}$	$H_{Ä,M}$ kJ/kg	$Ä_{B,M}$ kg EB/t
20	Luft	20	0,0	3725	245
20			0,5	3835	255
20			1,0	3944	263
1250			0,0	2508	107
1250			0,5	3226	168
1250			1,0	3944	229
20		500	0,0	2747	203
20			0,5	3345	255
20			1,0	3944	306
1250			0,0	1529	65
1250			0,5	2737	168
1250			1,0	3944	271
20		1000	0,0	1727	160
20			0,5	2836	255
20			1,0	3944	349
1250			0,0	510	21
1250			0,5	2482	168
1250			1,0	3944	315
20	Sauerstoff	20	0,0	1769	162
20			0,5	2856	255
20			1,0	3944	347
1250			0,0	552	24
1250			0,5	2248	168
1250			1,0	3944	313

Sulfide gleichzeitig Schmelzprodukte sind und die thermische Energie zur Erwärmung derselben auf Solltemperatur aufgebracht wird und somit als Nutzenergie auftritt. Bekanntlich zieht eine Erhöhung der Wärmguttemperatur eine Erhöhung des Abgasverlustes nach sich und führt zur Verringerung des Wärmeäquivalentes des Brennstoffs.

Erwärmung und Anreicherung des Windes mit Sauerstoff. Eine Temperaturerhöhung des Windes sowie dessen Anreicherung mit Sauerstoff bei sonst gleichen Bedingungen ($\eta_{Ch,WÜ}$ = const) führt zu einer Verringerung des Wärmeäquivalentes des Möllers und zum Ansteigen des entsprechenden Wertes beim traditionellen Brennstoff. Bei der Auswahl der Oxydationsbedingungen der Sulfide sowie der Betriebsparameter eines konkreten technologischen Aggregates ist jedoch nicht nur der absolute Wert der Effektivität der Nutzung der chemischen Enthalpie der Sulfide eine charakteristische Größe, sondern auch ihr über das Brennstoffäquivalent ausgedrückter relativer Wert. Unter den betrachteten Bedingungen ändert sich das Brennstoffäquivalent in breiten Grenzen (von 21 bis 351 kg EB/t Möller). Einfluß auf seinen Wert hat das Ziel (aus technologischer Sicht), für was die Energie der Sulfide genutzt wird, und wie diese Energie dem zu erwärmenden Material übertragen wird. Aus der Analyse der Gl. (5.3-5) folgt, daß 1 kJ der wärmeentbindenden Komponente des Wärmeäquivalentes des Möllers 3,3 kJ eines gewöhnlichen Brennstoffs entspricht, wenn er zur Erwärmung der Sulfide genutzt wird und 1,25 kJ bei Einsatz zur Erwärmung des Windes entspricht. Bei der wärmeübertragenden Komponente des Wärmeäquivalentes entspricht ein bei der Oxydation des Möllers frei werdendes Kilojoule 2,5 kJ eines traditionellen Brennstoffs. Die zur Überhitzung der Schmelzprodukte aufgewendete Wärme entspricht ihrem Wesen nach dem Abgasverlust in brennstoffbeheizten Öfen, und der Umrechnungskoeffizient ist gleich Null. Folglich kann bei Vorwärmung des Windes oder bei seiner Anreicherung mit Sauerstoff die Energie der Sulfide in größerem Maße zum Erwärmen und Schmelzen des Möllers genutzt und somit sein Brennstoffäquivalent erhöht werden.

Vorwärmung des Möllers. Eine Erhöhung der Einsatztemperatur des Möllers verringert dessen Werte für das Wärme- und das Brennstoffäquivalent. In brennstoffbeheizten Öfen trägt die Möllervorwärmung bekanntlich zur effektiveren Nutzung des Brennstoffs bei und hat eine Senkung des Energieverbrauchs bei der Kupferherstellung zur Folge. (Konkrete Werte, die diese Aussagen bestätigen, sind im Buch »Konstruktion und Betrieb von Industrieöfen« bei der Darstellung der wärmetechnischen Betriebsweise und der konstruktiven Auslegung von Öfen zur Kupfererzeugung angegeben.)

6 Erwärmung von Werkstoffen

6.1. Beschreibung der Erwärmungsvorgänge

6.1.1. Ziele und Kenngrößen der Erwärmung

Die Erwärmung von Werkstoffen wird entweder zur Verringerung ihres Verformungswiderstandes (z. B. vor dem Schmieden oder Walzen) oder zur Veränderung der Kristallstruktur unter dem Einfluß hoher Temperaturen (Wärmebehandlung) durchgeführt. In allen diesen Fällen haben die Bedingungen des Erwärmungsvorganges einen bedeutenden Einfluß auf die Qualität des Endproduktes. Bei den zu lösenden Aufgaben werden vorher die Hauptparameter des Erwärmungsprozesses bestimmt: die *Erwärmungstemperatur*, *Temperaturverteilung* und *Erwärmungsdauer*.
Unter der *Erwärmungstemperatur* versteht man i. allg. die Endtemperatur der Wärmgutoberfläche, bei der das Wärmgut in Übereinstimmung mit den technologischen Anforderungen den Ofen verlassen kann. Die Erwärmungstemperatur hängt von der chemischen Zusammensetzung des Werkstoffs (z. B. Stahlmarke) und vom Erwärmungsziel ab.
Bei Erwärmung vor der Druckverformung muß die Materialtemperatur beim Verlassen des Ofens so hoch sein, daß sie

1. zur Verringerung des Verformungswiderstandes,
2. zur Verringerung des Elektroenergieverbrauches im Verformungsprozeß,
3. zur Erhöhung der Produktivität der Walz- und Schmiedeausrüstung,
4. zur Erhöhung deren Lebensdauer sowie
5. zur Qualitätssicherung.

beiträgt. Es existiert jedoch eine obere Grenze der Erwärmungstemperatur, die durch das Kornwachstum, durch Erscheinungen des *Überhitzens* und des *Verbrennens* und weiterhin durch die Beschleunigung der Oxydation des Wärmgutes bedingt ist. Bei der Erwärmung der meisten Legierungen bildet sich bei Erreichen einer Temperatur, die 30 bis 100 K unter der Soliduslinie (im Zustandsdiagramm) liegt, infolge von Seigerungen und nichtmetallischen Einschlüssen an den Korngrenzen eine flüssige Phase. Das führt zur Schwächung des mechanischen Zusammenhaltes der Körner und zur intensiven Oxydation an ihren Grenzen. Solches Metall verliert an Festigkeit und

wird bei der Druckverformung zerstört. Diese Erscheinung wird *Verbrennen* genannt und bestimmt die maximale Erwärmungstemperatur.
Das verbrannte Metall kann durch keine folgende thermische Behandlung korrigiert werden und eignet sich nur noch zum Umschmelzen. Das *Überhitzen*, das zu einem außerordentlichen Kornwachstum führt, ruft eine Verschlechterung der mechanischen Eigenschaften hervor. Deshalb muß das Walzen unterhalb der Überhitzungstemperatur durchgeführt werden. Dieser Umstand engt den Grenzwert der Erwärmungstemperatur weiter ein. Überhitztes Metall kann durch Glühen oder Normalisieren korrigiert werden.
Die untere Grenze der Erwärmungstemperatur wird ausgehend von der zulässigen Temperatur am Ende der Druckverformung unter Berücksichtigung aller Wärmeverluste des Materials an die Umwelt und durch die plastische Verformung festgelegt. Folglich existiert für jede Legierung und für jede Art von Druckverformung ein bestimmtes Temperaturintervall, das nach oben und unten nicht überschritten werden darf (Angaben werden in entsprechenden Nachschlagewerken angeführt).

Tabelle 6.1-1. Erwärmungstemperatur und Verbrennungstemperatur einiger Stähle

Stahl	Temperatur (°C)	
	max. zulässige Erwärmung	Verbrennung
Kohlenstoffstahl mit C-Gehalt in %:		
1,5	1050	1140
1,1	1080	1180
0,7	1180	1280
0,5	1250	1350
0,2	1320	1470
0,1	1350	1490
Si-Mn-Federstahl	1250	1350
Cr-V-Stahl	1270	1350
Schnellarbeitsstahl	1280	1380

Die Erwärmungstemperatur ist besonders wichtig für solche komplizierten Legierungen wie höherlegierte Stähle, die bei der Druckverformung einen höheren Verformungswiderstand aufweisen und gleichzeitig schneller zur Überhitzung und zum Verbrennen neigen. Diese Faktoren bedingen für hochlegierte Stähle ein kleineres Intervall der Erwärmungstemperatur im Vergleich zu Kohlenstoffstählen. In Tabelle 6.1-1 sind für einige Stahlmarken die Werte der maximal zulässigen Erwärmungstemperaturen vor der Druckverformung und die der Verbrennungstemperaturen angeführt.
Bei der Wärmebehandlung hängt die Erwärmungstemperatur nur von den technologischen Forderungen ab, d. h. von der Art der Wärmebehandlung, die durch den Aufbau und die Struktur der Legierung bedingt ist.
Die *Temperaturverteilung* wird durch den Temperaturunterschied des Materials zwischen Materialoberfläche und -kern (i. allg. ist dies der größte Unterschied) bei Verlassen des Ofens gekennzeichnet:

$$\Delta T'' = T''_0 - T''_K$$

Dieser Wert ist sehr wichtig, da ein sehr großer Temperaturunterschied im Querschnitt des Materials bei der Druckverformung eine ungleichmäßige Verformung hervorrufen kann. Bei der Wärmebehandlung hat er die Unvollständigkeit der geforderten Strukturumwandlungen über den Werkstückquerschnitt zur Folge, d. h., in beiden Fällen entsteht Ausschuß oder Qualitätsminderung der Finalprodukte. Andererseits ist der Temperaturausgleich über den Querschnitt des Metalls teuer, da er eine lange Haltezeit bei hoher Temperatur erfordert.

Ein vollständiger Temperaturausgleich wird von der Druckverformung nicht gefordert, weil beim Transport des Materials vom Ofen zum Walzgerüst oder zur Presse und während des Walzens (Schmiedens) unweigerlich eine Temperaturvergleichmäßigung im Querschnitt des Materials durch Wärmeabgabe von der Oberfläche an die Umgebung und durch Wärmeleitung innerhalb des Materials erfolgt. Davon ausgehend kann man den zulässigen Temperaturunterschied im Querschnitt nach praktischen Werten vor der Druckverformung in folgenden Grenzen angeben:

1. für hochlegierte Stähle $\Delta T'' = 100\ (\mathrm{K/m})\ s$
2. für alle anderen Stahlmarken $\Delta T'' = 200\ (\mathrm{K/m})\ s$, bei $s \leqq 0{,}1$ m
   und $\Delta T'' = 300\ (\mathrm{K/m})\ s$, bei $s > 0{,}2$ m

(s wärmetechnische Schichtdicke (diese Größe wird später noch genauer erklärt))

In allen Fällen darf unabhängig von der Metalldicke am Ende der Erwärmung vor dem Walzen oder Schmieden der Temperaturunterschied im Querschnitt des Materials 50 K, bei der Wärmebehandlung 20 K i. allg. nicht überschreiten. Bei der Erwärmung großer Blöcke ist bei Verlassen des Ofens $\Delta T'' \leqq 100$ K gestattet.

Eine andere wichtige Aufgabe der Erwärmungstechnologie des Metalls ist die Gewährleistung einer gleichmäßigen Temperatur bzw. einer geforderten Temperaturverteilung der Materialoberfläche beim Verlassen des Ofens. Die Notwendigkeit dieser Forderung ist offensichtlich, weil bedeutende Erwärmungsunterschiede an der Metalloberfläche (sogar beim Erreichen des zulässigen Temperaturunterschiedes über den Querschnitt) unweigerlich solche Fehler wie die Ungleichmäßigkeit des Profils des Walzproduktes oder unterschiedliche mechanische Eigenschaften von wärmebehandelten Produkten hervorrufen. Die notwendige Temperaturgleichmäßigkeit an der zu erwärmenden Metalloberfläche erreicht man durch die richtige Auswahl des Erwärmungsofens für die jeweilige Art des Materials, durch eine geeignete Anordnung der wärmezuführenden Einrichtungen, um das notwendige Temperaturfeld im Ofenraum zu schaffen, durch einen zweckmäßigen Materialbesatz und andere Maßnahmen.

Ein bedeutsamer Parameter ist die *Erwärmungsdauer* bis zur Endtemperatur, da sie über die Bedingungen der äußeren und inneren Wärmeübertragung den Zusammenhang zwischen der Produktivität des Ofens und seinen Abmessungen herstellt. Andererseits bestimmt die Erwärmungsdauer bis zur geforderten Temperatur die *Erwärmungsgeschwindigkeit*, d. h. die Temperaturveränderung über der Zeit in einem beliebigen Punkt des zu erwärmenden Körpers. Gewöhnlich ändert sich die Erwärmungsgeschwindigkeit im Laufe des Prozesses. Aus diesem Grund unterscheidet man die momentane und die mittlere Erwärmungsgeschwindigkeit im zu betrachtenden Zeitintervall. Je schneller die Erwärmung erfolgt, d. h. je größer die Erwärmungsgeschwindigkeit ist, um so größer ist die Produktivität des Ofens bei sonst gleichen Bedingungen. In einer Reihe von Fällen kann jedoch die Erwärmungsgeschwindigkeit nicht so hoch gewählt werden, wie es eigentlich die Bedingungen der äußeren Wärmeübertragung gestatten würden. Das erklärt sich aus bestimmten Einschränkungen, die durch die beim Erwärmungsprozeß des Metalls in Industrieöfen gleichzeitig ablaufenden Prozesse bedingt sind. Diese Prozesse werden nachfolgend näher betrachtet.

6.1.2. Prozesse, die bei der Erwärmung von Werkstoffen ablaufen

Bei der Erwärmung des Werkstoffs erfolgt eine Enthalpieveränderung. Da der Materialoberfläche meist Wärme zugeführt wird, ist die Temperatur der Oberfläche höher als die der inneren Schichten. Durch die thermische Ausdehnung verschiedener Teile des festen Körpers um einen unterschiedlichen Wert entstehen Spannungen, die man *Temperaturspannungen* nennt.
Eine weitere Gruppe von Erscheinungen bilden die chemischen Prozesse an Metalloberflächen. Die erwärmte Metalloberfläche tritt mit der Umgebung in Wechselwirkung (d. h. mit den Verbrennungsprodukten oder mit der Luft), in deren Ergebnis sich an seiner Oberfläche eine Oxidschicht bildet. Falls einige Legierungselemente mit der Umgebung des Metalls unter Bildung einer Gasphase reagieren, tritt eine Verarmung an diesen Elementen ein. So ruft z. B. die Oxydation von Kohlenstoff des Stahls bei seiner Erwärmung in Öfen eine sog. *Randentkohlung* hervor.

6.1.2.1. Temperaturspannungen

Wie bereits erwähnt, kommt es bei der Erwärmung von Material über dessen Querschnitt zu unterschiedlichen örtlichen Temperaturen und folglich zu einem unterschiedlichen Ausdehnungsbestreben. Da in festen Körpern Bindungen zwischen deren örtlichen Elementen bestehen, können sie sich nicht unabhängig voneinander entsprechend der jeweiligen Temperatur ausdehnen. Es entstehen *Temperaturspannungen*, die durch den Temperaturunterschied hervorgerufen werden. Die äußeren, am meisten erwärmten Schichten streben danach, sich auszudehnen, d. h., sie befinden sich im zusammengedrückten Zustand. Die inneren, weniger erwärmten Schichten sind hingegen Zugkräften ausgesetzt. Sofern diese Spannungen die Elastizitätsgrenze des zu erwärmenden Metalls nicht übersteigen, verschwinden sie mit dem Temperaturausgleich über den Querschnitt. Alle Metalle und Legierungen besitzen bis zu einer bestimmten Temperatur elastische Eigenschaften (bei der Mehrzahl der Stahlmarken bis etwa 500 °C). Oberhalb dieser Temperatur gehen die Metalle in einen plastischen Zustand über, und die in ihnen entstandenen Temperaturspannungen rufen eine plastische Verformung hervor und werden dadurch abgebaut. Folglich müssen die Temperaturspannungen bei der Erwärmung oder Abkühlung von Stahl nur im Temperaturintervall zwischen Umgebungstemperatur und der Temperatur des Übergangs des jeweiligen Metalls oder der Legierung vom elastischen in den plastischen Zustand berücksichtigt werden. Solche Spannungen nennt man *reversible* oder *zeitweilige Spannungen.* Außer den zeitweiligen Spannungen treten häufig *Restspannungen* auf, durch die sich die Zerstörungsgefahr bei der Erwärmung erhöht. Diese Spannungen entstehen, wenn das Material vorher bereits einer Erwärmung und Abkühlung unterzogen wurde. Bei der Abkühlung des Metalls erreichen die äußeren (also kälteren) Schichten früher die Übergangstemperaturen aus dem plastischen in den elastischen Zustand. Bei der weiteren Abkühlung geraten die inneren Schichten unter Einfluß von Zugspannungen, die durch die geringe Plastizität des kalten Metalls nicht verschwinden. Wenn dieses Material nochmals erwärmt wird, summieren sich die in ihm entstehenden Spannungen mit den Restspannungen, und die Gefahr der *Rißbildung* wird erhöht.

Neben den reversiblen und den Restspannungen entstehen bei der Erwärmung und Abkühlung der Legierungen weitere Spannungen durch Gefügeveränderungen. Da diese Erscheinungen gewöhnlich bei Temperaturen auftreten, die die Grenze zwischen dem elastischen und dem plastischen Zustand überschreiten, bauen sich diese Gefügespannungen meist durch das plastische Verhalten des Metalls ab.

Die dargelegten Betrachtungen über den Entstehungsmechanismus von Temperaturspannungen gestatten es, das *Hookesche Gesetz*, das die Abhängigkeit zwischen Verformung und Spannung beschreibt, folgendermaßen zu interpretieren:

$$R = \frac{\beta E}{1 - \nu} (T_m - T) \tag{6.1-1}$$

(β Längenausdehnungskoeffizient; T_m mittlere Körpertemperatur; T örtliche Temperatur im Körper; E Elastizitätsmodul (bei vielen Stahlmarken sinkt E von (18 bis 20) · 10^4 MPa auf (14 bis 17) · 10^4 MPa bei der Erwärmung von Raumtemperatur auf etwa 500 °C); R Spannung; ν Poisson-Zahl (für Stahl $\nu \approx 0{,}3$))

Das Bestimmen des maximal zulässigen Temperaturunterschiedes über den Körperquerschnitt $\Delta T_{zul} = T_0 - T_K$ beim Erwärmen eines Körpers ist von starkem Interesse, um eine Zerstörung durch die entstehenden Spannungen zu verhindern. Als Beurteilungsgröße für die Festigkeit sollte die *Zugfestigkeit* der Legierung R_m dienen. Wenn man die im Abschnitt 4.3. angeführten Lösungen der Wärmeleitaufgaben im quasistationären Zustand verwendet und Gl. (6.1-1) berücksichtigt, erhält man

1. für eine symmetrisch erwärmte unendliche Platte:

$$\Delta T_{zul} = \frac{1{,}5 (1 - \nu) R_m}{\beta E} \tag{6.1-2}$$

2. für einen symmetrisch erwärmten unendlichen Zylinder:

$$\Delta T_{zul} = \frac{2 (1 - \nu) R_m}{\beta E} \tag{6.1-3}$$

Die zulässige Temperaturdifferenz, die man nach Gl. (6.1-2) und (6.1-3) finden kann, hängt nicht von den Maßen des Körpers und seinen thermophysikalischen Eigenschaften ab. Die Maße des Körpers haben aber dadurch, daß die Restspannungen in größeren Körpern größer sind, einen indirekten Einfluß auf den Wert von ΔT_{zul}.

6.1.2.2. Oxydation und Entkohlung der Oberflächenschichten bei der Erwärmung

Die Oxydation von Material bei der Erwärmung in Industrieöfen ist eine sehr unerwünschte Erscheinung, da durch sie zwangsläufig Metallverluste entstehen. Das führt zu einer großen ökonomischen Belastung, die bei einem Vergleich der Kosten der Metallverluste durch Oxydation mit anderen Verarbeitungskosten deutlich wird. Bei der Erwärmung von Stahlblöcken in Tieföfen sind z. B. die Kosten der Metallverluste durch Zunderbildung mitunter größer als die Kosten des Brennstoffs, der zur Erwärmung des Metalls benötigt wird. Sie übersteigen teilweise auch die Kosten für Elektroenergie, die beim Walzen verbraucht wird. Bei der Erwärmung von Material für Profilwalzstraßen sind die *Zunderverluste* i. allg. geringer, aber trotzdem noch groß genug, um mit den Kosten für den Brennstoff verglichen zu werden. Da auf dem Weg vom Block bis zum Finalprodukt das Metall mehrmals in verschiedenen Öfen erwärmt wird, stellen die Verluste durch Oxydation eine erhebliche Größe dar. Gleichzeitig führt die hohe Festigkeit der Oxide im Vergleich zum Metall zu einem erhöhten Verschleiß an Werkzeugen und erhöht den Ausschuß beim Schmieden und Walzen.

Die im Vergleich zum Metall geringere Wärmeleitung der sich an der Oberfläche bildenden Oxidschicht vergrößert die Erwärmungszeit in Industrieöfen, was eine Senkung seiner Produktivität bei ansonst gleichen Bedingungen nach sich zieht. Der abfallende Zunder bildet auf der Ofensohle eine Schlackenschicht, die den Ofenbetrieb erschwert und einen erhöhten Verbrauch an Feuerfestmaterialien hervorruft. Das Vorhandensein von Zunder gestattet auch nicht, die nach Technologie vorgegebene Metalloberflächentemperatur zu messen, was die Steuerung der Temperaturführung im Ofen erschwert.

Die schon früher erwähnte Wechselwirkung zwischen der Ofenatmosphäre und bestimmten Legierungselementen hat praktische Bedeutung für Stähle. Die Senkung des Kohlenstoffgehaltes in ihm ruft eine Verringerung der Festigkeitswerte hervor. Zur Erzielung der geforderten Werkstoffeigenschaften muß die entkohlte Schicht (die 2 mm erreichen kann) abgetragen werden, wodurch sich die Aufwendungen bei der Bearbeitung erhöhen. Absolut unzulässig ist die Randentkohlung solcher Werkstücke, die nachfolgend einer thermischen Behandlung unterzogen werden.
Die Oxydationsprozesse der Legierung insgesamt wie auch die einzelnen Bestandteile muß man bei der Erwärmung in Industrieöfen komplex betrachten, da sie untereinander eng gekoppelt sind. Bei der Erwärmung von Stahl auf Temperaturen $\geqq$1 100°C in normaler Ofenatmosphäre verläuft die Verzunderung nach Erfahrungswerten schneller als die Entkohlung der Oberflächenschichten. Der sich dabei bildende Zunder spielt die Rolle einer Schutzschicht, die die Entkohlung hindert. Bei niedrigeren Temperaturen verläuft die Verzunderung vieler Stähle (sogar in stark oxydierendem Medium) langsamer als die Entkohlung. Deshalb kann bei bis zu Temperaturen von 700 bis 1 000 °C erwärmten Stählen eine entkohlte Oberflächenschicht auftreten. Das ist besonders bedeutsam, weil das Temperaturintervall 700 bis 1 000 °C charakteristisch für die Wärmebehandlung ist.

Oxydation von Metallen. Die Oxydation von Metallen stellt einen Prozeß der Wechselwirkung von oxydierenden Gasen mit den Grund- und Legierungselementen des Werkstoffs dar. Dieser Prozeß wird nicht nur durch die Geschwindigkeit der chemischen Reaktionen bestimmt, sondern auch durch die Gesetzmäßigkeiten der Bildung einer Oxidschicht, die im Laufe des Wachstums mehr und mehr die Metalloberfläche vom Einfluß der oxydierenden Gase isoliert. Deshalb hängt die Wachstumsgeschwindigkeit der Oxidschicht nicht nur vom Verlauf des Oxydationsprozesses des Metalls ab, sondern auch von den Transportbedingungen der Metallionen (vom Metall und den inneren Oxidschichten zu den äußeren) und der Sauerstoffatome (von der Oberfläche zu den inneren Schichten), d. h. vom Ablauf des physikalischen Prozesses der *gegenläufigen Diffusion.*
Der Diffusionsmechanismus bei der Bildung von Eisenoxiden, der von *Archarov* detailliert untersucht wurde, bedingt bei der Erwärmung von Stahl im oxydierenden Medium eine dreischichtige Struktur der Zunderschicht. Die innere Schicht, die an das Metall grenzt, hat den größten Eisenanteil und besteht hauptsächlich aus FeO (Wüstit):

$$Fe + {}^1/_2\, O_2 \rightarrow FeO$$

Die Schmelztemperatur von Wüstit liegt bei 1 317 °C. Die mittlere Schicht besteht aus

Magnetit Fe_3O_4, der eine Schmelztemperatur von 1565 °C hat und sich durch Oxydation des Wüstits bildet:

$$3\,FeO + {}^1/_2\,O_2 \rightarrow Fe_3O_4$$

Diese Schicht enthält weniger Eisen und ist im Verhältnis zur inneren Schicht sauerstoffreicher, jedoch nicht in solchem Maße wie der den meisten Sauerstoff enthaltende Hämatit Fe_2O_3 (Schmelztemperatur 1538 °C):

$$2\,Fe_3O_4 + {}^1/_2\,O_2 \rightarrow 3\,Fe_2O_3$$

Die Zusammensetzung ist innerhalb jeder dieser Schichten nicht konstant, sie ändert sich stetig durch den Gehalt an mehr (näher der Oberfläche) oder weniger (näher zum Metall) sauerstoffreichen Oxiden.
Oxydierendes Gas ist bei der Erwärmung in Industrieöfen nicht nur freier, sondern auch gebundener Sauerstoff, der in die Bestandteile der Verbrennungsprodukte eingeht (CO_2, H_2O und SO_2). Diese Gase nennt man (ebenso wie O_2) oxydierende Gase im Unterschied zu den reduzierenden (CO, H_2 und CH_4), die bei unvollständiger Verbrennung vorhanden sind. In den meisten brennstoffbeheizten Industrieöfen stellt die Ofenatmosphäre ein Gemisch aus N_2, CO_2, H_2O, SO_2 und einer kleinen Menge freien Sauerstoffs dar. Die Existenz einer größeren Menge von reduzierenden Gasen in Industrieöfen zeugt von unvollständiger Verbrennung und ist vom Standpunkt der Brennstoffnutzung nicht zulässig. Deshalb besitzt die Ofenatmosphäre in brennstoffbeheizten Industrieöfen i. allg. oxydierenden Charakter.
Das *Oxydations-* und *Reduktionsvermögen* der Ofengase gegenüber Metallen hängt von ihrer Konzentration in der Ofenatmosphäre und von der Oberflächentemperatur des Metalls ab. Das stärkste Oxydationsmittel ist O_2, hinter ihm folgt H_2O. Den geringsten oxydierenden Einfluß besitzt CO_2. Die Vergrößerung des Anteils an neutralem Gas in der Ofenatmosphäre verringert die Oxydationsgeschwindigkeit, diese hängt jedoch stark vom Anteil an H_2O und SO_2 in der Ofenatmosphäre ab. Die Anwesenheit von selbst kleinen Mengen SO_2 in den Ofengasen vergrößert die Oxydationsgeschwindigkeit erheblich, weil sich an der Oberfläche der Legierung leichtschmelzbare Verbindungen aus Oxiden und Sulfiden bilden. H_2S kann in reduzierender Atmosphäre vorkommen. Der Einfluß von H_2S auf das Metall (neben SO_2) führt zur Vergrößerung des Schwefelgehaltes in der Oberflächenschicht. Die Metallqualität verschlechtert sich dabei stark, wobei der Schwefel auf die legierten Stähle einen besonders schädlichen Einfluß ausübt, weil diese ihn in größerem Maße aufnehmen als einfache Kohlenstoffstähle. Nickel bildet dabei mit Schwefel ein leichtschmelzbares Eutektikum.
Die Dicke der sich bildenden Oxidschicht an der Oberfläche hängt nicht nur von der Atmosphäre ab, in der das Metall erwärmt wird, sondern auch von einer Reihe anderer Faktoren, zu denen in erster Linie die Temperatur und die Zeit gehören. Je höher die Temperatur der Metalloberfläche ist, um so größer ist die Oxydationsgeschwindigkeit. Es wurde jedoch festgestellt, daß die Wachstumsgeschwindigkeit der Oxidschicht nach Erreichen einer bestimmten Temperatur schneller wächst. Die Oxydation von Stahl verläuft bei Temperaturen bis 600 °C mit geringer Geschwindigkeit, jedoch steigt die Wachstumsgeschwindigkeit der Oxidschicht bei Temperaturen >900 °C stark an. Wenn man die Oxydationsgeschwindigkeit bei 900 °C mit 1 annimmt, so beträgt sie bei 950 °C 1,25, bei 1000 °C 2 und bei 1300 °C 7.
Die Aufenthaltszeit des Metalls im Industrieofen hat einen sehr großen Einfluß auf die Menge der sich bildenden Oxide. Die Vergrößerung der Erwärmungszeit bis zur vor-

gegebenen Temperatur führt zum Wachstum der Oxidschicht, obwohl die Oxydationsgeschwindigkeit im Laufe der Zeit fällt, was durch die Verdickung der sich bildenden Schicht, die zur Verringerung der Dichte des Diffusionsstromes von Eisenionen und Sauerstoffatomen führt, bedingt ist. Wenn die oxydierte Schicht bei einer Erwärmungszeit von t_1 die Dicke δ_1 hat, dann erreicht sie bei Erwärmung auf die gleiche Temperatur in der Zeit t_2 die Dicke δ_2:

$$\delta_2 = \delta_1 \, (t_1/t_2)^{1/2} \qquad (6.1\text{-}4)$$

Die Erwärmungszeit des Metalls bis zur vorgegebenen Temperatur kann durch die Erhöhung der Ofenraumtemperatur verkürzt werden. Das führt zu einer intensiveren äußeren Wärmeübertragung und verringert die Oxidschicht.

Es wurde festgestellt, daß die Faktoren, die auf die Intensität des Sauerstofftransports von der Ofenatmosphäre an die Oberfläche einwirken, keinen bedeutenden Einfluß auf das Wachstum der Oxidschicht ausüben. Das ist dadurch bedingt, daß die Diffusionsprozesse in der festeren Oberflächenschicht langsam verlaufen und damit diesen Prozeß limitieren. Deshalb hängt die Oxydation der Oberfläche praktisch nicht von der Strömungsgeschwindigkeit der Gase ab. Jedoch kann die Strömungsverteilung der Verbrennungsprodukte einen merklichen Einfluß ausüben, weil eine örtliche Überhitzung des Metalls, die durch ein ungleichmäßiges Temperaturfeld der Ofengase bedingt ist (großer Anstellwinkel der Brenner, deren unzweckmäßige Anordnung über Höhe und Länge des Industrieofens usw.), unweigerlich zu einer intensiven örtlichen Metalloxydation führt.

Der Transport des zu erwärmenden Materials innerhalb des Industrieofens und die Zusammensetzung der zu erwärmenden Legierung haben ebenfalls einen merklichen Einfluß auf die Oxydationsgeschwindigkeit. Beim Metalltransport im Industrieofen kann eine mechanische Abtrennung der sich bildenden Oxidschicht erfolgen, was eine intensive Oxydation der ungeschützten Oberfläche zur Folge hat.

Das Vorhandensein einiger Legierungselemente (Cr, Ni, Al, Si u. a.) kann die Bildung einer dünnen und festen, gut anliegenden Oxidschicht gewährleisten, die eine weitere Oxydation weitgehend verhütet. Solche Stähle nennt man ***hitzebeständig.*** Stähle mit höherem Kohlenstoffanteil neigen in geringerem Maße zur Oxydation als niedriggekohlter Stahl. Dies erklärt sich dadurch, daß im Stahl ein Teil des Eisens mit Kohlenstoff gebunden als Eisenkarbid Fe_3C vorhanden ist. Der im Stahl enthaltene Kohlenstoff oxydiert zu Kohlenmonoxid, das zur Oberfläche diffundiert und die Oxydation des Eisens behindert.

Entkohlung der Oberflächenschicht von Stahl. Zu einer Entkohlung des Stahls bei Erwärmungsprozessen kommt es durch die Wechselwirkung der Ofengase mit dem Kohlenstoff, der entweder in der Form einer festen Lösung im Eisen oder in der Form von Eisenkarbid Fe_3C vorhanden ist. Die Entkohlungsreaktionen verschiedener Ofengase mit Eisenkarbid können folgendermaßen ablaufen:

$$Fe_3C + H_2O \rightarrow 3\,Fe + CO + H_2$$
$$2\,Fe_3C + O_2 \rightarrow 6\,Fe + 2\,CO$$
$$Fe_3C + CO_2 \rightarrow 3\,Fe + 2\,CO$$
$$Fe_3C + 2\,H_2 \rightarrow 3\,Fe + CH_4$$

Analoge Reaktionen laufen zwischen diesen Gasen und dem in einer festen Lösung befindlichen Kohlenstoff ab.

Die Entkohlungsgeschwindigkeit wird hauptsächlich durch den Prozeß der gegenseitigen Diffusion bestimmt, der durch die Konzentrationsunterschiede gesteuert wird. Einerseits diffundieren die bei der Entkohlung entstehenden Gase zur Oberflächenschicht des Stahls, und andererseits bewegen sich die gebildeten gasförmigen Produkte in umgekehrte Richtung. Gleichzeitig verlagert sich der Kohlenstoff aus den inneren Metallschichten in die entkohlte Oberflächenschicht. Sowohl die Geschwindigkeitskonstanten der chemischen Reaktionen als auch die Diffusionskoeffizienten vergrößern sich bei Temperaturerhöhung. Deshalb wächst mit der Erwärmungstemperatur die Tiefe der entkohlten Schicht. Da die Dichte des Diffusionsstromes proportional dem Konzentrationsunterschied der diffundierenden Komponenten ist, ist die Tiefe der entkohlten Schicht bei der Erwärmung von hochgekohltem Stahl größer als bei der Erwärmung von niedriggekohltem. Die im Stahl enthaltenen Legierungselemente spielen ebenfalls eine bestimmte Rolle im Entkohlungsprozeß. So verringern Chrom und Mangan den Diffusionskoeffizient von Kohlenstoff, während ihn Kobalt, Aluminium und Wolfram erhöhen. Dementsprechend wird die Entkohlung des Stahls behindert oder begünstigt. Silizium, Nickel und Vanadium üben keinen wesentlichen Einfluß auf die Entkohlung aus.

Von den Bestandteilen der Ofenatmosphäre rufen H_2O, CO_2, O_2 und H_2 eine Entkohlung hervor. Den stärksten entkohlenden Einfluß hat H_2O, den schwächsten H_2. Das Entkohlungsvermögen von CO_2 vergrößert sich mit Temperaturerhöhung, das Entkohlungsvermögen von trockenem H_2 verringert sich unter gleichen Bedingungen. Wasserstoff hat bei Vorhandensein von Wasserdampf einen sehr starken entkohlenden Einfluß auf die Oberflächenschicht von Stahl.

Schutz vor Verzunderung und Entkohlung von Stahl. Der schädliche Einfluß der Verzunderung und Entkohlung auf die Eigenschaften des Metalls erfordert Maßnahmen, die diese Erscheinung verhindern. Der beste Schutz von metallischen Oberflächen ist in den Öfen erreichbar, in denen das Einwirken von oxydierenden und entkohlenden Gasen ausgeschlossen wird, z. B. Salz- und Metallbadöfen sowie Öfen, bei denen die Erwärmung in einer Schutzgasatmosphäre erfolgt. In solchen Öfen wird das zu erwärmende Metall entweder von den Ofengasen isoliert (gewöhnlich von speziellen hermetischen Muffeln), oder die Flamme selbst wird in sog. *Strahlheizrohre* eingeschlossen, die eine Wärmeübertragung an das zu erwärmende Metall ohne Kontakt mit oxydierenden und entkohlenden Gasen ermöglichen. Der Arbeitsraum dieser Öfen ist mit speziellen Atmosphären gefüllt, deren Zusammensetzung in Abhängigkeit von der Erwärmungstechnologie und der Metallzusammensetzung ausgewählt wird. Schutzgasatmosphären werden in speziellen Anlagen hergestellt. (Die Ofenkonstruktionen und deren Elemente werden im Buch »Konstruktion und Betrieb von Industrieöfen« beschrieben.)

Es gibt weiterhin Methoden zur Schaffung einer *schwachoxydierenden Ofenatmosphäre* unmittelbar im Arbeitsraum der Öfen ohne Muffelung des Metalls oder der Flamme. Das wird durch unvollständige Brennstoffverbrennung erreicht (mit einem Luftverhältnis von 0,5 bis 0,55). Die Verbrennungsprodukte enthalten dann CO_2 und H_2O sowie CO und H_2. Wenn die Verhältnisse CO/CO_2 und H_2/H_2O nicht kleiner als 1,3 sind, dann verläuft die Metallerwärmung in solchen Atmosphären fast ohne Oxydation der Metalloberflächen.

Die Verringerung der Oxydation der Metalloberfläche bei ihrer Erwärmung in brennstoffbeheizten Industrieöfen mit offener Flamme (sie stellen einen großen Teil des Ofenparks von metallurgischen und maschinenbaulichen Betrieben dar) kann, wie bereits erwähnt, auch durch die Verkürzung der Erwärmungszeit bei hoher Oberflächentemperatur erreicht werden. Das erfordert jedoch wissenschaftliche (rationelle) Erwärmungstechnologien in Industrieöfen.

6.2. Grundprozesse der Erwärmung

Unter dem *Erwärmungsprozeß* versteht man i. allg. den zeitlichen Verlauf der Temperaturänderungen der Wärmgutoberfläche und des -kerns sowie des heizenden Mediums. Die Auswahl eines rationellen Erwärmungsverlaufes für das Wärmgut ist dadurch gekennzeichnet, daß eine Reihe von teilweise einander widersprechenden Forderungen zu erfüllen sind. Selbstverständlich müssen die technologischen Bedingungen erfüllt werden, d. h., das Material muß bis auf die vorgegebene Endtemperatur erwärmt werden, ohne die jeweils zulässige Temperaturdifferenz im Querschnitt zu überschreiten. Das Bestreben, diese Werte mit dem Ziel der Produktivitätserhöhung des Ofens möglichst schnell zu erreichen, ist mit einer Erhöhung der Erwärmungsgeschwindigkeit verbunden. Dies zieht jedoch eine Vergrößerung der Temperaturdifferenz über den Querschnitt besonders im Anfangsstadium der Erwärmung nach sich. Dabei entsteht die Gefahr der Rißbildung im Wärmgut durch Temperaturspannungen. Auf der anderen Seite kann eine lange Haltezeit des Wärmgutes bei einer hohen Oberflächentemperatur, die zur Erreichung der vorgegebenen Endtemperaturdifferenz erforderlich ist, zu einer erhöhten Oxydation der Oberfläche führen.

All diese Faktoren müssen bei der Auswahl des Erwärmungsprozesses berücksichtigt werden. Rationelle Lösungen werden vor allem durch den Wert der Temperaturdifferenzen bestimmt, die während der Erwärmung über den Querschnitt entstehen. Wie in Abschnitt 4.3. bemerkt wurde, strebt die Temperaturdifferenz über den Querschnitt bei der Erwärmung und Abkühlung bei der Bedingung Bi $\to 0$ gegen Null. Solche Körper nennt man *wärmetechnisch dünne Körper* im Unterschied zu den *wärmetechnisch dicken*, bei denen eine erhebliche Temperaturdifferenz im Querschnitt entsteht. *Ivanzov* stellte fest, daß man die Temperaturdifferenz im Querschnitt nur unter der Bedingung $Bi \leqq 0{,}25$ vernachlässigen kann. Diese Einschätzung trägt reinen ingenieurtechnischen Charakter und gilt vorrangig für die in der Metallurgie existierenden technologischen Erwärmungs- und Abkühlungsprozesse von Metallen. Bei Werten von $Bi \geqq 0{,}5$ darf man die entstehenden Temperaturdifferenzen nicht vernachlässigen. Solche Körper müssen wie wärmetechnisch dicke Körper betrachtet werden, d. h., man muß bei der Auswahl des Erwärmungsprozesses die Ungleichmäßigkeit der Temperatur im Querschnitt berücksichtigen. Das Intervall $0{,}25 \leqq Bi \leqq 0{,}5$ entspricht einem Übergangsbereich. Körper, die in diesen Bereich fallen, muß man bei der Berechnung wie wärmetechnisch dicke Körper behandeln. Zur Berücksichtigung der Strahlungswärmeübertragung von den Ofenwänden und den Verbrennungsprodukten an die Metalloberfläche setzt man in die *Biot-Zahl* den summaren Wert des Wärmeübertragungskoeffizienten durch Strahlung und Konvektion $\alpha_\Sigma = \alpha_S + \alpha_K$ ein, oder man verwendet zur Bewertung der Übergangsgrenze vom dünnen zum dicken Körper die *Stark-Zahl* $Sk = \frac{C\,s}{10^8\,\lambda}\,T_0^3$

(T_0 Temperatur der Ofengase (K); des zu erwärmenden Körpers (m); C resultierender Strahlungskoeffizient (W/(m² K⁴)); s Dicke λ Wärmeleitfähigkeit (W/(m K)))

Es wurde nachgewiesen, daß man die Temperaturdifferenz über den Querschnitt bei $Sk \leqq 0{,}15$ vernachlässigen kann.
Die Auswahl und die Berechnung des Erwärmungsverlaufes werden in erster Linie durch den *Grad der wärmetechnischen Massivität* des Wärmgutes bestimmt. Deshalb werden diese beiden Körperkategorien (wärmetechnisch dünne und dicke) getrennt betrachtet.

6.2.1. Erwärmung wärmetechnisch dünner Körper

Aus Abschnitt 6.1. folgt, daß man bei der Erwärmung wärmetechnisch dünner Körper die in ihnen entstehenden Temperaturspannungen vernachlässigt. Deshalb ist in diesem Fall die Erwärmungsgeschwindigkeit an keine inneren Faktoren gebunden. Folglich kann man die Erwärmung wärmetechnisch dünner Körper so einrichten, daß die Erwärmungszeit (ausgehend von den Betrachtungen der Ofenproduktivität und der Verringerung der sich bildenden Zundermenge) bis zur vorgegebenen Endtemperatur so gering wie möglich ist. Der diese Forderung erfüllende Erwärmungsverlauf ist durch eine konstante, maximal mögliche Temperatur des heizenden Mediums entweder über der Zeit oder über der Länge des Ofenraums charakterisiert (in Abhängigkeit von der Betriebsweise – zyklische oder kontinuierliche Erwärmung). Somit gibt es nur eine Stufe der Erwärmung (von Anfang bis Ende), und man spricht deshalb vom *einstufigen Erwärmungsprozeß* (Bild 6.2-1). Je höher die Temperatur des heizenden Mediums ist, desto größer ist offensichtlich die Wärmestromdichte zur Oberfläche des zu erwärmenden Körpers, und um so geringer ist die Erwärmungszeit. Man muß jedoch daran erinnern, daß die Intensivierung der äußeren Wärmeübertragung eine Vergrößerung der Temperaturdifferenz über den Querschnitt des zu erwärmenden Körpers nach sich zieht. Mit anderen Worten, die Biot-Zahl kann den Bereich für dünne Körper verlassen, und derselbe Körper muß u. U. als wärmetechnisch dicker Körper betrachtet werden.
Die Erwärmung von wärmetechnisch dünnen Körpern wird z. T. auch mit einem *zweistufigen Erwärmungsprozeß* realisiert. Dabei ist zu bemerken, daß ein solcher Erwärmungsverlauf nicht durch die Gesetzmäßigkeiten des Erwärmungsprozesses diktiert wird, sondern durch das Bestreben bedingt ist, die Temperatur der den Ofen ver-

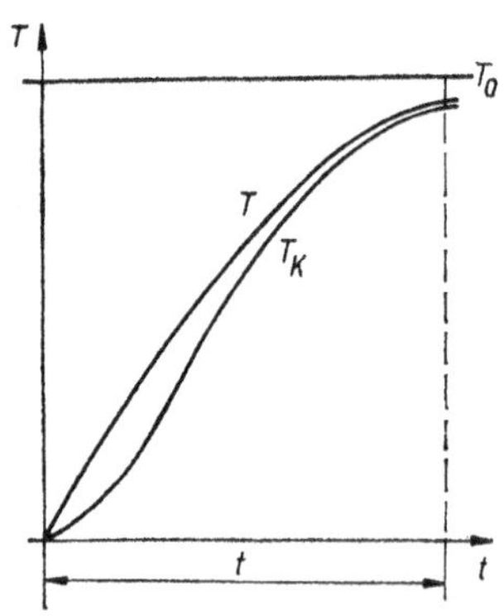

Bild 6.2-1. Einstufige Erwärmung eines dünnen Körpers

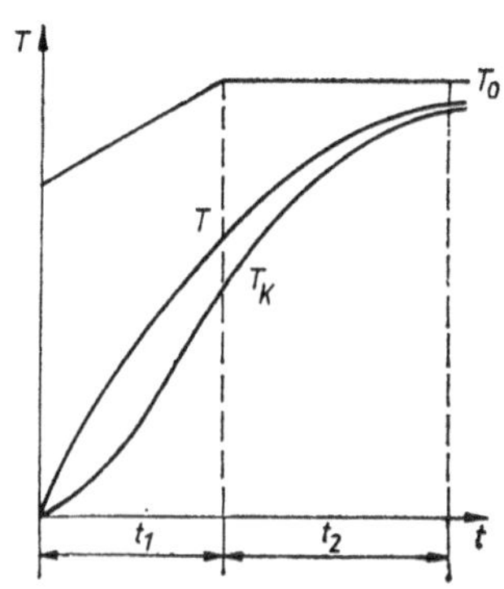

Bild 6.2-2. Zweistufige Erwärmung eines dünnen Körpers

lassenden Verbrennungsprodukte durch bessere Nutzung ihrer Enthalpie im Ofen zu senken. Die zweistufige Erwärmung ist dadurch gekennzeichnet, daß ein Abschnitt mit sich ändernder Temperatur des heizenden Mediums und ein Abschnitt mit konstanter Temperatur vorhanden sind (Bild 6.2-2).

6.2.2. Erwärmung wärmetechnisch dicker Körper

Im Unterschied zur Erwärmung wärmetechnisch dünner Körper entstehen bei der Erwärmung wärmetechnisch dicker Körper Bedingungen, die zu einer Vergrößerung der Aufenthaltszeit des Wärmgutes in Industrieöfen zwingen. Zu diesen Faktoren gehören in erster Linie die Ungleichmäßigkeit der Erwärmung über der Dicke und die damit verbundenen Temperaturspannungen, die es nicht gestatten, eine einstufige Erwärmung anzuwenden.

Die Entstehung von Temperaturspannungen, die eine Gefahr beim Erwärmungsbeginn (bis zur Übergangstemperatur aus dem elastischen in den plastischen Bereich) darstellen, gebieten, die Erwärmungsgeschwindigkeit in diesem Intervall so weit zu senken, daß die Temperaturdifferenz über den Querschnitt einen zulässigen Wert nicht überschreitet, der nach Gln. (6.1-2) und (6.1-3) ermittelt werden kann. Die Auswahl der Erwärmungsgeschwindigkeit in der Anfangsphase muß man für die Erwärmung von Werkstoffen mit geringer Wärmeleitfähigkeit sehr aufmerksam vornehmen. In Blöcken solcher Werkstoffe entstehen u. U. große Temperaturdifferenzen zwischen Oberfläche und Kern und deshalb auch entsprechend größere Temperaturspannungen. Auf der anderen Seite zwingt die Existenz von erheblichen Temperaturdifferenzen über den Querschnitt des Wärmgutes am Erwärmungsende entweder, die Erwärmungsgeschwindigkeit im gesamten Intervall der Erwärmung zu senken oder eine Ausgleichzone im Industrieofen vorzusehen. Die einzige Aufgabe der *Ausgleichzeit* (oder *-zone*) besteht in der Verringerung der Temperaturdifferenz über den Querschnitt bei annähernd konstanter Oberflächentemperatur. Dabei muß berücksichtigt werden, daß die verringerte Erwärmungsgeschwindigkeit in der Anfangsperiode zu keiner wesentlichen Vergrößerung der Verzunderung führt (s. Abschn. 6.1.). Eine geringfügige Vergrößerung der Erwärmungszeit im Industrieofen bei einer hohen Oberflächentemperatur kann jedoch merkliche zusätzliche Metallverluste durch Verzunderung hervorrufen.

Diese Betrachtungen erfordern die Auswahl und Berechnung eines rationellen Erwärmungsprozesses für jeden konkreten Fall. Der Erwärmungsverlauf muß eine minimale Aufenthaltszeit des Wärmgutes im Industrieofen gewährleisten bei gefahrloser (aus Sicht der Temperaturspannungen) Erwärmungszeit und bei zulässigen (aus Sicht der Technologie) Temperaturdifferenzen über den Querschnitt am Ende der Erwärmung. Die große Vielzahl von Abmessungen und Formen des Wärmgutes mit unterschiedlichsten Werkstoffzusammensetzungen und völlig verschiedenen thermophysikalischen Eigenschaften bedingen auch eine Vielzahl der in der Praxis angewendeten Erwärmungsprozesse von wärmetechnisch dicken Körpern. Deshalb ist es notwendig, die Vielzahl der existierenden Erwärmungsprozesse auf die grundlegenden, prinzipiellen Schemata zurückzuführen, die als zwei- und dreistufige Erwärmung von wärmetechnisch dicken Körpern (mit möglichen Modifikationen innerhalb jedes Schemas) dargestellt werden. Durch diese Modelle können die realen Erwärmungsprozesse mathematisch beschrieben und analysiert werden. Sie gestatten es, die bestimmenden Faktoren herauszukristallisieren und die Berechnungsfolge der Erwärmung in In-

dustrieöfen auf der Grundlage der im Abschnitt 4.2. dargelegten Wärmeleittheorie zu ermitteln. Erwärmungsprozesse, die nicht mit den nachfolgend beschriebenen Modellen übereinstimmen, besitzen jedoch gleiche Grundelemente. Mit diesen Grundelementen können auch sie physikalisch und mathematisch beschrieben werden. Deshalb ist auch deren Analyse und Berechnung möglich.
Die *zweistufige Erwärmung* besteht aus zwei zeitlich einander folgenden Abschnitten. Die Wärmeübertragungsbedingungen zwischen dem Medium und dem Metall werden in jeder der Phasen aus der zulässigen Erwärmungsgeschwindigkeit und den realen Möglichkeiten der Wärmezuführung an die zu erwärmende Oberfläche in Industrieöfen verschiedener Konstruktion bestimmt. In Übereinstimmung damit kann die erste Phase – die Erwärmungsphase – entweder *verlangsamt* oder *beschleunigt* ablaufen.
Wenn die Temperaturspannungen eine Gefahr für das Wärmgut darstellen (z. B. bei großer Dicke des zu erwärmenden Körpers, bei der Erwärmung von legiertem Stahl mit niedriger Wärmeleitfähigkeit usw.), dann muß der erste Abschnitt der Erwärmung verlangsamt ablaufen. Dies wird erreicht, indem man das zu erwärmende Material in einen Ofenraum mit verringerter Temperatur gibt und im Laufe der Materialerwärmung die Temperatur erhöht. Solche Bedingungen treten beim Kalteinsatz von Blöcken in Tieföfen auf. Eine verlangsamte Erwärmung im ersten Erwärmungsabschnitt ist manchmal auch durch wärmetechnische Bedingungen des Ofens selbst bedingt und kann (wie bei der zweistufigen Erwärmung wärmetechnisch dünner Körper) zweckmäßig sein, selbst wenn sie bezüglich der Temperaturspannungen nicht gefordert ist. Als Beispiel kann ein beliebiger Durchlaufofen dienen, bei dem in der Vorwärmzone, die die Funktion eines Gegenstromwärmeübertragers ausübt, die verlangsamte Erwärmung bei stetig wachsender Temperatur des heizenden Mediums erfolgt. Die Wärmeübertragungsbedingungen zwischen den Ofengasen und dem Wärmgut sind der Erwärmung mit konstantem Wärmestrom sehr nahe.
Die zweite Erwärmungsstufe wird in diesem Fall bei konstanter Temperatur der Ofengase (Bild 6.2-3a) verwirklicht. Die Oberflächentemperatur erreicht im Verlauf der

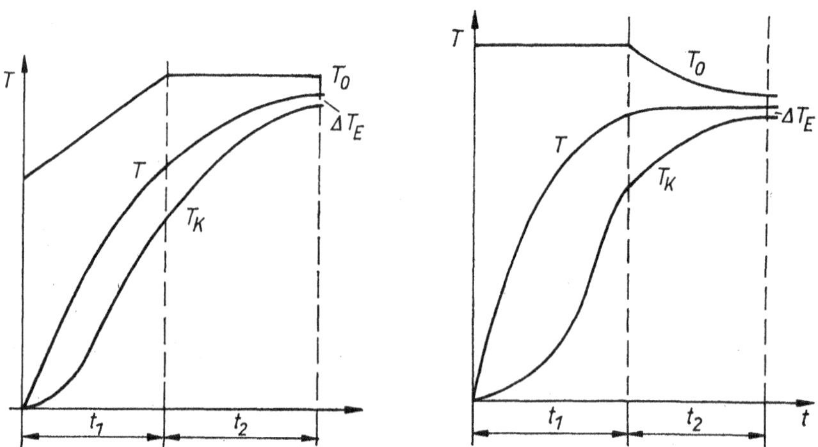

Bild 6.2-3. Zweistufige Erwärmung

a) mit langsamer Erwärmung in der ersten Stufe
b) mit schneller Erwärmung in der ersten Stufe

zweiten Stufe die vorgegebene Größe. Die Temperaturdifferenz über den Querschnitt verringert sich bis zum Ende der zweiten Stufe und übersteigt den zulässigen Wert nicht, der von den technologischen Anforderungen der weiteren Verarbeitung abhängt.
Wenn die bei der Erwärmung entstehenden Temperaturspannungen keine Gefahr darstellen (und wenn es die Ofenkonstruktion gestattet), dann kann die erste Erwärmungsstufe durch den Einsatz von Kaltmaterial bei konstanter erhöhter Temperatur (Bild 6.2-3b) erfolgen. Die Temperatur der Ofengase und die dadurch bestimmten Wärmeströme zum Wärmgut müssen in diesem Fall so ausgewählt werden, daß die Temperaturdifferenz im Wärmgut den maximal zulässigen Wert nicht überschreitet. Die Gefahr des Überhitzens der wärmeaufnehmenden Oberflächen des Wärmgutes zwingt jedoch dazu, die Temperatur der Ofengase in der zweiten Stufe zu senken und eine Haltezeit bei konstanter Wärmgut-Oberflächentemperatur einzulegen. Nach Berechnungen und Erfahrungen ist für die zweite Variante der zweistufigen Erwärmung eine wesentlich kürzere Erwärmungszeit erforderlich, und sie führt somit zu einer Steigerung der Ofenleistung und zu einer Verringerung der Zunderverluste.

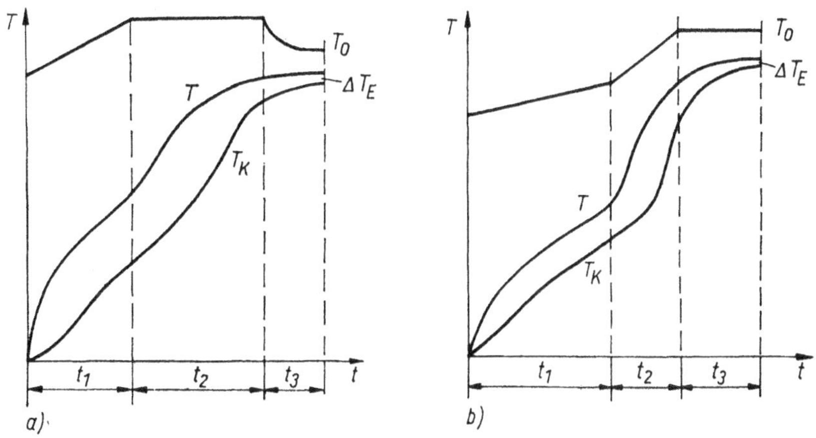

Bild 6.2-4. Dreistufige Erwärmung
a) mit konstanter Temperatur der zweiten Stufe
b) mit ansteigender Temperatur der zweiten Stufe

Wärmetechnisch dicke Körper, für die die Temperaturspannungen eine erhebliche Gefahr darstellen, können mit der *dreistufigen Erwärmung* effektiver erwärmt werden. In erster Linie bezieht sich dies auf kalteingesetzte Blöcke, Brammen und Strangguß-halbzeug, welche i. allg. große Restspannungen aufweisen, wobei den Werkstoffen mit geringer Wärmeleitfähigkeit besondere Beachtung geschenkt werden muß. Wie Bild 6.2-4 zeigt, verläuft die erste Stufe – die Erwärmung – mit verringerter Geschwindigkeit bei zunehmender Temperatur der Ofengase gewöhnlich bei fast konstanter Wärmestromdichte. Der Wert der Wärmestromdichte wird von der zulässigen Temperaturdifferenz über den Querschnitt bestimmt. Die Erwärmung mit verringerter Geschwindigkeit wird bis zur Erreichung des Übergangs aus dem elastischen in den plastischen Bereich im Kern beibehalten. In der zweiten Stufe wird die beschleunigte Erwärmung entweder bei konstanter Ofentemperatur, wie es in Stoßöfen beim Übergang des Wärmgutes in die Heizzone (Bild 6.2-4a) der Fall ist, oder bei zunehmender

Ofentemperatur, was für die Erwärmung von großen Blöcken beim Kalteinsatz in Tieföfen (Bild 6.2-4b) charakteristisch ist, verwirklicht. In beiden Fällen folgt nach der Stufe der beschleunigten Erwärmung, in der das Wärmgut an der Oberfläche seine Endtemperatur erreicht, eine dritte Stufe - die *Ausgleichsstufe*. Im Verlauf dieser Stufe erfolgt ein Temperaturausgleich über den Querschnitt, und die technologisch geforderte Gleichmäßigkeit der Erwärmung wird erreicht.

6.3. Erwärmungsberechnung

Das Hauptziel bei der Berechnung der Erwärmung von Werkstoffen besteht in der Bestimmung der Erwärmungszeit bis zur vorgegebenen technologischen Endtemperatur bei Gewährleistung der geforderten zulässigen Temperaturdifferenz über den Querschnitt am Ende des Prozesses. Dabei wird gewöhnlich die Temperaturänderung des heizenden Mediums ermittelt, und man wählt in Abhängigkeit vom Grad der wärmetechnischen Massivität des Wärmgutes den jeweiligen Erwärmungsprozeßtyp (s. Abschn. 6.2.2.) aus. Zur Beurteilung des Grades der wärmetechnischen Massivität und für die nachfolgenden Berechnungen wird die *wärmetechnische Schichtdicke* des Wärmgutes ermittelt.

6.3.1. Wärmetechnische Schichtdicke

In der Mehrzahl der Fälle stimmt die tatsächliche (geometrische) Dicke des Wärmgutes nicht mit der Dicke der zu erwärmenden Schicht - der *wärmetechnischen Schichtdicke* - überein. Das liegt daran, daß dem Wärmgut gewöhnlich nicht von einer Seite, sondern von zwei oder mehreren Seiten die Wärme zugeführt wird. Die wärmetechnische Schichtdicke ist der geometrischen nur im Falle der einseitigen Erwärmung einer unendlichen Platte, die auf einem Herd mit idealer Wärmedämmung liegt, gleich. Auf die Erwärmung des Materials hat die gegenseitige Lage auf dem Ofenherd einen Einfluß, da bei Vorhandensein von Zwischenräumen einerseits die Möglichkeit geschaffen wird, die wärmeaufnehmende Wärmgutoberfläche zu vergrößern, und andererseits tritt eine gegenseitige »*Beschattung*« des Materials auf. Noch schwieriger ist dies bei der Erwärmung von Material mit komplizierten Profilen (Schienen, Träger u. a.). Deshalb wird zur Bewertung der wärmetechnischen Schichtdicke der sog. *Asymmetriekoeffizient der Erwärmung* eingeführt, der sie mit der geometrischen Schichtdicke verbindet. Wenn man die tatsächliche (geometrische) Dicke eines Körpers einfacher Form mit d und die wärmetechnische Schichtdicke mit s bezeichnet, dann ist dieser Koeffizient wie folgt festgelegt:

$$\mu = s/d \tag{6.3-1}$$

Dann gilt z. B. für eine unendliche Platte, die auf einem ideal wärmedämmenden (adiabaten) Herd erwärmt wird, $\mu = 1$ (weil $s = d$). Für eine Platte, die von beiden Seiten mit gleicher Wärmestromdichte erwärmt wird, ist die wärmetechnische Schichtdicke 2mal kleiner als die geometrische: $s = 0{,}5\,d$, d. h., $\mu = 0{,}5$.

Für Körper mit komplizierter Form (z. B. Schienen und Träger) wird die wärmetechnische Schichtdicke nach verschiedenen i. allg. empirischen Formeln bestimmt. In

Tabelle 6.3-1. Wärmetechnische Schichtdicke in Abhängigkeit von der Wärmgutanordnung auf dem Ofenherd

Anordnung des Materials		μ	s
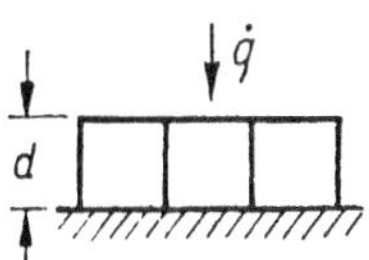	Einseitige Erwärmung bei lückenlosem Besatz auf einem monolithischen Herd	$\mu = 1{,}0$	$s = d\,\mu$
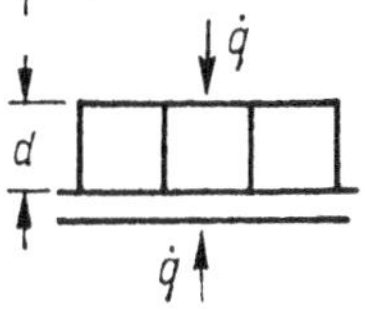	Zweiseitige Erwärmung bei lückenlosem Besatz auf wassergekühlten Rohren	$\mu = 0{,}55$ bis $0{,}6$	$s = d\,\mu$
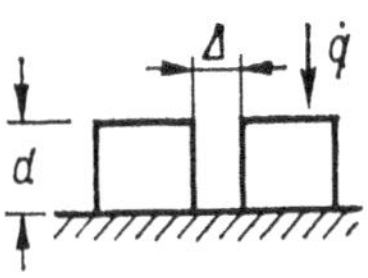	Einseitige Erwärmung bei Besatz mit Zwischenräumen auf monolithischem Herd	Δ: 0; $0{,}5\,d$; d; $2\,d$; ∞ μ: 1,0; 0,6; 0,55; 0,5; 0,4	$s = d\,\mu$
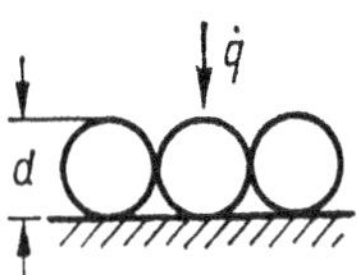	Einseitige Erwärmung bei lückenlosem Besatz auf einem monolithischen Herd	$\mu = 0{,}75$ bis $0{,}8$	$s = d\,\mu$
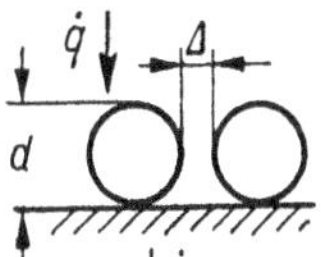	Einseitige Erwärmung bei Besatz mit Zwischenräumen auf monolithischem Herd	Δ: d; $2\,d$; $>2\,d$ μ: 0,8...1,0; 0,6; 0,5	$s = d\,\mu$
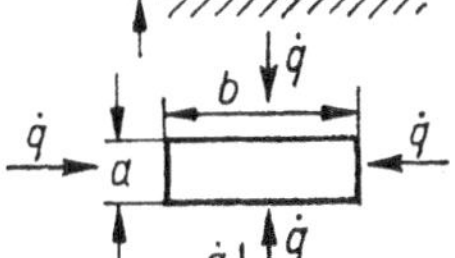	Vierseitige Erwärmung flacher Werkstücke	bei $b/a \leqq 1{,}8$; $\mu = 0{,}564$ bei $b/a > 1{,}8$; $\mu = 0{,}5$	$s = \mu\sqrt{a\,b}$ $s = a\,\mu$
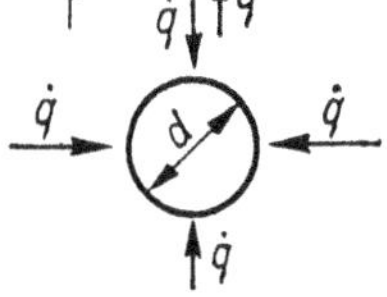	Allseitig gleichmäßige Erwärmung von runden Werkstücken	$\mu = 0{,}5$	$s = d\,\mu$
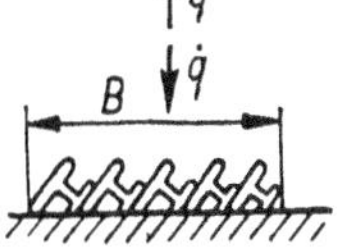	Einseitige Erwärmung von Schienen oder Trägern auf monolithischem Herd	(A Querschnittsfläche einer Schiene bzw. eines Trägers; B Länge der Reihe)	$s = \dfrac{\Sigma A}{B}$

Tabelle 6.3-1 (Fortsetzung)

Anordnung des Materials	μ	s
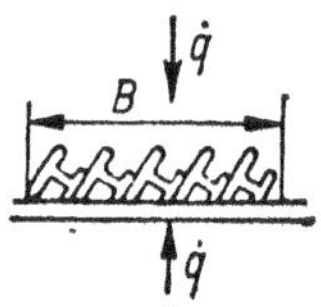	Zweiseitige Erwärmung von Schienen und Trägern	$s = \frac{\Sigma A}{2B}$
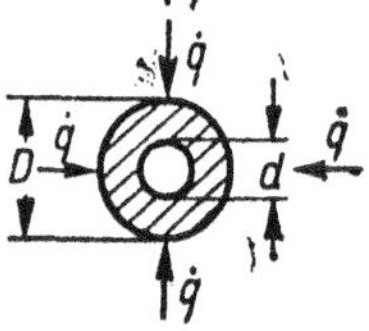	Allseitig gleichmäßige Erwärmung von dickwandigen Rohren D/d: 1 | 2 | 3 | 4 | $\geqq 5$ μ: 1 | 0,89 | 0,85 | 0,82 | 0,8	$s = (D\text{-}d)\ \mu$

Tabelle 6.3-1 sind die Berechnungswerte für die Bestimmung der wärmetechnische Schichtdicke von verschiedenen Wärmgutgeometrien angegeben.

6.3.2. Erwärmungsberechnung von unterschiedlichem Wärmgut

Nach Bewertung der wärmetechnischen Massivität des zu erwärmenden Gutes und der Auswahl der Erwärmungskurve wird die Erwärmungszeit des Gutes im Industrieofen berechnet. Der Lösungsweg zur Bestimmung der Erwärmungszeit von wärmetechnisch dünnen und wärmetechnisch dicken Körpern unterscheidet sich erheblich.

6.3.2.1. Erwärmungsberechnung von wärmetechnisch dünnen Körpern

Da die bei der Erwärmung entstehende Temperaturdifferenz über den Querschnitt eines wärmetechnisch dünnen Körpers vernachlässigbar klein ist, entfällt die Notwendigkeit, den Wärmetransport innerhalb dieses Körpers zu betrachten und zu berechnen. Somit ist bei der Ermittlung der Erwärmungszeit nur die Lösung einer einfachen Gleichung notwendig, die davon ausgeht, daß die gesamte an die Oberfläche des zu erwärmenden wärmetechnisch dünnen Körpers übertragene Wärmemenge zur Enthalpieänderung des Körpers führt.
Die Erwärmungszeit eines wärmetechnisch dünnen Körpers wird für die Wärmeübertragung vom Heizmedium konstanter Temperatur an die Wärmgutoberfläche durch Konvektion oder durch Strahlung ermittelt. Im Falle zeitlich oder räumlich veränderlicher Temperaturen des Heizmediums kann man die nachfolgenden Gleichungen für einzelne Intervalle (Zonen) verwenden, in die man den gesamten Erwärmungsvorgang unterteilt. Dabei werden die Temperaturen der Stufenkurve für jedes Intervall als konstant betrachtet. Die gesamte Erwärmungszeit findet man dann durch die Summe der Erwärmungszeiten aller Intervalle. Bei der gleichzeitigen konvektiven und radiativen Wärmeübertragung an die Oberfläche des Wärmgutes ist ein Gesamtwärmeübergangskoeffizient zu verwenden: $\alpha_\Sigma = \alpha_K + \alpha_S$ (s. Abschn. 4.4.).
Bei den nachfolgenden Berechnungen werden die Begriffe *Temperatur des Heizmediums* T_0 (Ofentemperatur) und Wärmeübergangskoeffizient vom Heizmedium zur

wärmeaufnehmenden Oberfläche α verwendet. Die Werte dieser Parameter lassen sich i. allg. schwer für reale Ofenbedingungen ermitteln, zumal sie sich gewöhnlich in Zeit und Raum ändern. Deshalb hängen die Zuverlässigkeit und Genauigkeit der Berechnungen verschiedener Erwärmungstechnologien von der richtigen Ermittlung der Parameter der äußeren Wärmeübertragung ab.

Erwärmung eines wärmetechnisch dünnen Körpers bei konvektivem Wärmeübergang. Beim konvektiven Wärmeübergang an die Wärmgutoberfläche ist die Wärmemenge $\mathrm{d}Q$, die der Körper durch die wärmeaufnehmende Oberfläche A mit einer Temperatur T von einem Heizmedium mit konstanter Temperatur T_0 in der Zeit $\mathrm{d}t$ aufnimmt

$$\mathrm{d}Q = \alpha_K \, (T_0 - T) \, A \, \mathrm{d}t \tag{6.3-2}$$

Da diese Wärmemenge eine Enthalpieänderung des zu erwärmenden Körpers, der die Masse m und die spezifische Wärmekapazität c besitzt, hervorruft, gilt:

$$m \, c \, \mathrm{d}T = \alpha_K \, (T_0 - T) \, A \, \mathrm{d}t \tag{6.3-3}$$

Durch Trennung der Variablen und Integration (für die Integration gilt, daß c und α temperaturunabhängig sind) erhält man die Erwärmungszeit von der Anfangstemperatur T_A bis zur Endtemperatur T_E:

$$\mathrm{d}t = \frac{m c \, \mathrm{d}T}{A \, \alpha_K \, (T_0 - T)}$$

$$t = \frac{mc}{A \alpha_K} \int_{T_A}^{T_E} \frac{\mathrm{d}T}{(T_0 - T)} = \frac{mc}{A \alpha_K} \ln \frac{T_0 - T_A}{T_0 - T_E} \tag{6.3-4}$$

Durch Lösung der umgekehrten Aufgabe, d. h. der Ermittlung der Körpertemperatur zum Zeitpunkt t, erhält man:

$$T = T_0 + (T_A - T_0) \exp - \left(\frac{\alpha_K A \, t}{c \, m} \right) \tag{6.3-5}$$

Erwärmung eines wärmetechnisch dünnen Körpers durch Strahlung. Bei der Wärmeübertragung durch Strahlung an die Wärmgutoberfläche kann man zur Berechnung entweder die Gln. (6.3-4) und (6.3-5) verwenden, wenn man anstatt des Wärmeübergangskoeffizienten durch Konvektion den Wärmeübergangskoeffizienten durch Strahlung α_S (in diesem Fall muß man die starke Abhängigkeit des Wärmeübergangskoeffizienten durch Strahlung von der Temperatur der zu erwärmenden Oberfläche dadurch berücksichtigen, daß man bei der Berechnung ihren zeitlichen Mittelwert verwendet) verwendet, oder man verwendet eine eigene Lösung der Erwärmung durch Strahlung von wärmetechnisch dünnen Körpern. Diese Lösung erhält man wie folgt: Die Enthalpieänderung des Körpers infolge der radiativen Wärmeübertragung von einem Heizmedium mit T_0 und dem resultierenden Strahlungskoeffizienten c_{res} in der Zeit $\mathrm{d}t$ ist

$$m c \, \mathrm{d}T = c_{res} \left[\left(\frac{T_0}{100} \right)^4 - \left(\frac{T}{100} \right)^4 \right] A \, \mathrm{d}t \tag{6.3-6}$$

Nach Trennung der Variablen und Integration von der Anfangstemperatur T_A bis zur Endtemperatur T_E ergibt sich die Erwärmungszeit t als

$$dt = \frac{mc\,dT}{A c_{\mathrm{res}}\left[\left(\frac{T_0}{100}\right)^4 - \left(\frac{T}{100}\right)^4\right]}$$

$$t = \frac{mc}{A c_{\mathrm{res}}} \int\limits_{T_A}^{T_E} \frac{dT}{\left[\left(\frac{T_0}{100}\right)^4 - \left(\frac{T}{100}\right)^4\right]}$$

Folglich ist die Erwärmungszeit:

$$t = \frac{mc \cdot 100}{A c_{\mathrm{res}} 4 \left(\frac{T_0}{100}\right)^3} \left[\left(\ln \frac{1 + T_E/T_0}{1 - T_E/T_0} + 2 \arctan T_E/T_0\right) - \left(\ln \frac{1 + T_A/T_0}{1 - T_A/T_0} + 2 \arctan T_A/T_0\right)\right] \tag{6.3-7}$$

Die Gln. (6.3-4) und (6.3-7) zeigen, daß die Erwärmungszeit eines wärmetechnisch dünnen Körpers proportional seiner Masse und spezifischen Wärmekapazität und umgekehrt proportional zur wärmeaufnehmenden Oberfläche und der Wärmestromdichte ist. Somit hängt die Erwärmungsgeschwindigkeit eines gegebenen wärmetechnisch dünnen Körpers nur von den Bedingungen der Wärmezuführung ab.

6.3.2.2. Erwärmungsberechnung von wärmetechnisch dicken Körpern

Die Ziele der Erwärmungsberechnung von wärmetechnisch dicken Körpern sind im Vergleich zur Berechnung wärmetechnisch dünner Körper breiter angelegt. Sie schließen nicht nur die Ermittlung der Erwärmungszeit für das Wärmgut bis zum Erreichen der geforderten Oberflächenendtemperatur bei technologisch zulässiger Temperaturdifferenz über den Querschnitt ein, sondern auch die Bestimmung der übertragenen Wärmestromdichte an die Wärmgutoberfläche. Da man bei der Erwärmung von wärmetechnisch dicken Körpern die Wärmeleitung innerhalb des Wärmgutes berücksichtigen muß, ist die Erwärmungsberechnung bedeutend schwieriger als die von wärmetechnisch dünnen Körpern.

Die Grundlage der Erwärmungsberechnung von wärmetechnisch dicken Körpern ist die Wärmeleittheorie, genauer gesagt die Lösung der Wärmeleitaufgaben mit unterschiedlichen Randbedingungen. Im Abschnitt 4.3. wurden die Aufgabenstellung, Lösung und Analyse von Wärmeleitaufgaben mit den typischen Randbedingungen für Grundkörper (unendliche Platte und unendlicher Zylinder) betrachtet. Diese Aufgaben wurden für die Fälle gelöst, bei denen entweder die Temperatur an der Körperoberfläche *(Randbedingung 1. Art)*, die Wärmestromdichte an die Wärmgutoberfläche *(Randbedingung 2. Art)* oder die Temperatur des Heizmediums und der Wärmeübergangskoeffizient *(Randbedingung 3. Art)* konstant bleiben.

Aus der bereits dargestellten Beschreibung vereinfachter Erwärmungstechnologien (zwei- oder dreistufige Erwärmung) ist sichtbar, daß sie eine komplizierte Gesamtheit bestimmter Einflußbedingungen des Heizmediums auf die Wärmgutoberfläche darstellen, wobei sich diese Bedingungen im Laufe der Erwärmung verändern. Deshalb ist es günstig, die unterschiedliche Art der Erwärmung in den einzelnen Stufen in Form von Randbedingungen zu beschreiben, um die Möglichkeit zu haben, die bekannten analytischen Lösungen für die praktischen Erwärmungsberechnungen von wärmetechnisch dickem Wärmgut anzuwenden. Es ist folglich sehr wichtig, die richtige Art der Randbedingung für jede einzelne Erwärmungsetappe zu bestimmen, nach der man leicht die im Abschnitt 4.3. betrachteten Lösungen benutzen kann. Diese Lösungen ergeben die Temperaturverteilung im Wärmgut während der Erwärmung und die Zeit, die für die Erwärmung bis zur vorgegebenen Temperatur in den einzelnen Stufen notwendig ist. Die Gesamtwärmzeit im Industrieofen ist die Summe der Erwärmungszeiten aller Stufen.

Zweistufige Erwärmung. Bei der Erwärmungsberechnung eines wärmetechnisch dicken Körpers, der durch Temperaturspannungen gefährdet ist, muß zuerst die maximal zulässige Temperaturdifferenz über den Wärmgutquerschnitt im ersten Erwärmungsabschnitt ermittelt werden. Diese Temperaturdifferenz wird mit Hilfe der Gln. (6.2-2) und (6.2-3) bestimmt. Danach betrachtet man die in den Bildern 6.2-3*a* und *b* dargestellten Modelle.

Bei der Notwendigkeit der Verwirklichung einer verlangsamten Erwärmung in der ersten Stufe (s. Bild 6.2-3*a*) wird die Erwärmung bei zunehmender Temperatur des Heizmediums durchgeführt. Dabei kann der Wärmestrom in erster Näherung als konstant angenommen werden, d. h., die Erwärmung wird ausreichend gut durch die Aufgabe der Wärmeleitung mit Randbedingungen 2. Art beschrieben. Aus der Lösung der im Abschnitt 4.3. betrachteten Aufgabe erhält man leicht den Wert für die maximale Temperaturdifferenz über den Wärmgutquerschnitt, der den Wert der maximal zulässigen Temperaturdifferenz ΔT_{zul} nicht überschreiten darf:

$$\Delta T = \frac{\dot{q}_0 s}{2\lambda} \leqq \Delta T_{\mathrm{zul}} \tag{6.3-8}$$

($\dot{q}_0$ Wärmestromdichte, die an die Wärmgutoberfläche übertragen wird (W/m^2); λ Wärmeleitfähigkeit des Wärmgutes (W/(m K)); s wärmetechnische Schichtdicke (m))

Aus Gl. (6.3-8) kann man die maximal zulässige Wärmestromdichte $\dot{q}_0$ ermitteln, die eine ungefährliche Erwärmung gewährleistet. Dieser Wert muß durch die Bedingungen der äußeren Wärmeübertragung eingehalten werden. Wenn die äußere Wärmeübertragung berechnet wird, muß eine solche Temperatur des Heizmediums im gegebenen Moment der ersten Erwärmungsstufe bestimmt werden, die einen Gesamtwärmeübergangskoeffizienten ergibt, der dem gefundenen Wert für $\dot{q}_0$ entspricht (entsprechend Gl. (6.3-8)).

Die Dauer der ersten Stufe t_1, die durch Temperaturspannungen diktiert wird, kann man aus der angegebenen Lösung der Wärmeleitaufgabe mit Randbedingungen 2. Art finden. Wenn man nach den Bedingungen der gefahrlosen Erwärmung am Ende der ersten Stufe eine Kerntemperatur erreicht, die für den gegebenen Werkstoff der Übergangstemperatur aus dem elastischen in den plastischen Bereich $T_{\mathrm{Überg.}}$ entspricht, dann kann man die Erwärmungszeit für eine unendliche Platte nach folgender Gleichung ermitteln:

$$\frac{(T_{\mathrm{Überg.}} - T_{\mathrm{A}})\,\lambda}{\dot{q}_0 s} = \frac{1}{2}\left(\frac{2\,a t_1}{s^2} + \frac{2}{3}\right) \tag{6.3-9}$$

(a Temperaturleitfähigkeit des Wärmgutes (m^2/s))

Für den unendlichen Zylinder gilt dann entsprechend

$$\frac{(T_{\mathrm{Überg.}} - T_{\mathrm{A}})\,\lambda}{\dot{q}_0 s} = \frac{1}{2}\left(4\frac{a t_1}{s^2} + \frac{1}{2}\right) \tag{6.3-10}$$

Wenn die verlangsamte Erwärmung in der ersten Stufe nicht durch Temperaturspannungen, sondern durch die wärmetechnischen Möglichkeiten des Ofens bedingt wird, dann kann das Ende dieses Erwärmungsabschnittes bei beliebiger Körpertemperatur gewählt werden, die für die Verkürzung der Gesamterwärmungszeit günstig ist.

Beim Übergang zur Berechnung der zweiten Stufe (s. Bild 6.2-3*a*) erkennt man, daß die Erwärmung bei konstanter Temperatur des Heizmediums abläuft. Dadurch, daß sich die Temperatur der Wärmgutoberfläche im Laufe der Erwärmung verändert, wird sich auch der Wärmeübergangskoeffizient durch Strahlung verändern. Wenn man für diesen Erwärmungsabschnitt jedoch seinen mittleren Wert als konstant annimmt, läßt sich erkennen, daß die Erwärmung durch typische Randbedingungen 3. Art bei ungleichmäßiger Anfangstemperaturverteilung im Körper beschrieben wird.

Im Abschnitt 4.3. wurde gezeigt, daß bei beliebigen Randbedingungen und im besonderen bei Randbedingungen 3. Art, beginnend mit dem Zeitpunkt, der einer *Fourier-Zahl* $Fo \geqq 0{,}3$ entspricht, eine »*reguläre*« *Phase* eintritt. Eine der Haupteigenschaften der regulären Phase ist die Vernachlässigbarkeit des Einflusses der Anfangstemperaturverteilung auf das Temperaturfeld im Wärmgut. Unter realen Bedingungen der Metallerwärmung in Industrieöfen wird gewöhnlich die Bedingung $Fo \geqq 0{,}3$ eingehalten. Deshalb bringt die Verwendung der mittleren (d. h. konstanten) Temperatur im Querschnitt als Anfangsbedingung für den zweiten Erwärmungsabschnitt keinen Fehler in die Berechnung. Dies gestattet, die analytische Lösung mit Randbedingungen 3. Art für die Berechnung anzuwenden, wobei man als Anfangsbedingung die mittlere Temperatur der Wärmgutmasse am Ende des ersten Abschnittes als eine konstante Temperatur einsetzt. Für die praktische Verwendung der Lösung ist es am bequemsten, die bekannten Diagramme für die wärmetechnischen Kennzahlen zu verwenden:

$$\Theta = \mathrm{f}(Bi,\ Fo,\ x/s) \qquad (6.3\text{-}11)$$

Diese Diagramme sind in den Anlagen 4 bis 9 dargestellt. Sie sind unter der Bezeichnung *Gröber-Diagramme* bekannt (in russischsprachiger Literatur als *Budrin-Diagramme* bezeichnet; beide Diagramme sind halblogarithmisch, bei *Gröber* die *Fo*-Achse und bei *Budrin* die Θ-Achse). Sie werden gewöhnlich für den Kern ($x/s = 0$) und für die Oberfläche ($x/s = 1$) der Grundkörper dargestellt. Aus ihnen, wenn man den Wert der normierten Temperaturdifferenz $\Theta = (T_0 - T)/(T_0 - T_A)$ und der Biot-Zahl $Bi = (\alpha\, s)/\lambda$ bestimmt hat, kann man leicht den Wert der Fourier-Zahl $Fo = (a\, t)/s^2$ ablesen. In die Größe Θ gehen die Temperatur des Heizmediums T_0 und die Oberflächen- bzw. Kerntemperatur des Wärmgutes am Ende des Erwärmungsabschnittes T ein (diese Größen werden gewöhnlich durch die Technologie vorgegeben). Aus den äußeren Wärmeübertragungsbedingungen muß der Wärmeübergangskoeffizient ermittelt werden. Diesen setzt man zur Ermittlung der Biot-Zahl ein. Danach kann man aus der Fourier-Zahl die Erwärmungszeit bis zur vorgegebenen Endtemperatur ermitteln. Die gleichzeitige Verwendung der Lösungen für die Oberfläche und den Kern gestattet auch, die Temperaturdifferenz über den Querschnitt des erwärmten Materials am Ende des Erwärmungsabschnittes zu finden.

Bei der beschleunigten Erwärmung in der ersten Stufe (s. Bild 6.2-3*b*), wenn Temperaturspannungen keine Gefahr darstellen, muß die Grenze für die Temperatur des Heizmediums T_0 und des Gesamtwärmeübergangskoeffizienten α_Σ ermittelt werden. Zu diesem Zweck kann man die beschriebenen Diagramme der Gl. (6.3-11) verwenden. Indem man dazu verschiedene Werte von T_0 und α_Σ vorgibt (wobei sie untereinander durch die Berechnung der äußeren Wärmeübertragung verbunden sind), simuliert

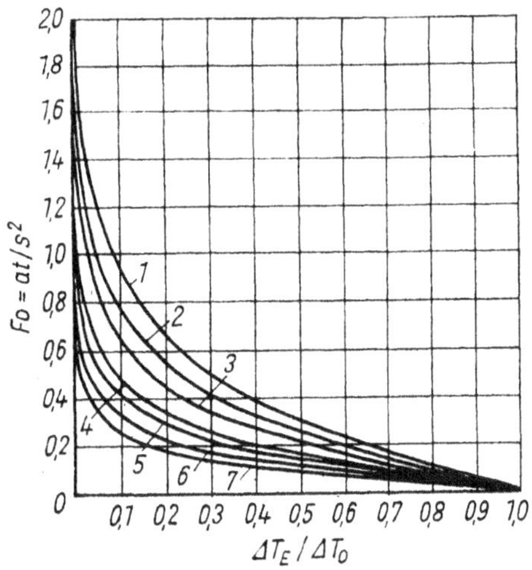

Bild 6.3-1. Abhängigkeit der Fourier-Zahl von der normierten Temperatur bei einer parabolischen Anfangstemperaturverteilung und konstanter Oberflächentemperatur

1 unendliche Platte
2 unendliches Prisma bei $b/a = 2{,}0$
3 unendliches Prisma bei $b/a = 1{,}4$
4 unendliches Prisma bei $b/a = 1{,}0$
5 unendlicher Zylinder
6 Würfel
7 Kugel

man die Änderung der Oberflächen- und Kerntemperatur des Wärmgutes über der Zeit. So kann man sich von der Unbedenklichkeit der simulierten Erwärmungstechnologie in bezug auf Temperaturspannungen überzeugen. Für den gesamten ersten Erwärmungsabschnitt darf die ermittelte Temperaturdifferenz über den Querschnitt den zulässigen Wert nach Gln. (6.1-2) und (6.1-3) nicht überschreiten.

Die Erwärmungsdauer der ersten Stufe bei beschleunigter Erwärmung wird mit Hilfe der Gl. (6.3-11) ermittelt, wobei davon ausgegangen wird, daß für den gegebenen Werkstoff die geforderte Temperatur der Oberfläche erreicht wird. Von diesem Zeitpunkt ab muß die Temperatur des Heizmediums zur Verhinderung einer Überhitzung gesenkt werden, und es beginnt die Haltezeit bei annähernd konstanter Oberflächentemperatur des Materials. Dieser Fall wird durch die Aufgabe der Wärmeleitung mit Randbedingungen 1. Art bei ungleichmäßiger Anfangstemperaturverteilung beschrieben. Diese Temperaturverteilung ist nahezu parabelförmig. Die Lösung dieser Aufgabe bei parabelförmiger Anfangstemperaturverteilung ist im Diagramm (Bild 6.3-1) angegeben. Das Diagramm kann man zum Ermitteln der notwendigen Haltezeit verwenden: Wenn die Temperaturdifferenz am Ende der ersten Stufe (Anfang der Haltezeit) $\Delta T_A = T_{0A} - T_{KA}$ beträgt, am Ende der Haltezeit $\Delta T_E = T_{0E} - T_{KE}$ ist, dann kann die Lösung der Wärmeleitaufgabe mit Randbedingungen 1. Art als Beziehung zwischen dem Verhältnis der Temperaturdifferenzen und der Fourier-Zahl dargestellt werden:

$$\frac{at}{s^2} = \mathrm{f}\left(\frac{\Delta T_E}{\Delta T_A}\right) \tag{6.3-12}$$

Wenn man in Gl. (6.3-12) den Wert von ΔT_A einsetzt, den man mit Hilfe von Gl. (6.3-11) nach dem Gröber-Diagramm findet, und wenn man ΔT_E nach der vorgeschriebenen Erwärmungstechnologie annimmt, dann kann man leicht die Fourier-Zahl für Körper entsprechender Form mit Hilfe von Bild 6.3-1 finden. Aus der Fourier-Zahl läßt sich dann die Haltezeit berechnen.

Stoffwerte für einige Stähle, Buntmetalle und Legierungen sind in den Anhängen 10 und 11 enthalten.

Dreistufige Erwärmungstechnologie. Beim Vergleich der Bilder 6.2-3*a* und 6.2-4 erkennt man, daß sich der Verlauf der zwei- und dreistufigen Erwärmungstechnologien in der ersten Stufe nicht unterscheidet. Folglich ist die oben erläuterte Berechnungsmethode für die zulässige Wärmestromdichte an die Oberfläche des zu erwärmenden Materials und die daraus resultierende Erwärmungsdauer für die erste Stufe auch bei dreistufiger Technologie vollständig anwendbar.

Beim Übergang zur Berechnung der zweiten Stufe, die in Bild 6.2-4*a* dargestellt ist, kann man erkennen, daß dieser Situation die Wärmeleitaufgabe mit Randbedingungen 3. Art bei konstanter, gewöhnlich durch die Verbrennungsbedingungen des Brennstoffs bestimmter Temperatur des Heizmediums entspricht. Indem man die Lösung dieser Aufgabe unter Einsetzen der mittleren Materialtemperatur am Ende der ersten Stufe der Erwärmung als Anfangsbedingung verwendet, kann man die zeitliche Veränderung der Oberflächen- und Kerntemperatur des Wärmgutes mit Hilfe der Gl. (6.3-11) bzw. der Gröber-Diagramme berechnen. Die Wärmdauer der zweiten Stufe kann man dann aus der Fourier-Zahl ermitteln, die dem Erreichen der normierten Endtemperatur Θ an der Oberfläche des Materials in Übereinstimmung mit den technologischen Forderungen entspricht. Den Wert der Biot-Zahl, der durch die Wärmeübergangsbedingungen und durch die thermophysikalischen Eigenschaften des Wärmgutes bestimmt wird, berechnet man mit dem für diese Stufe mittleren Wert des Wärmeübergangskoeffizienten.

Die Haltezeit bei konstanter Oberflächentemperatur des Wärmgutes kann man mit Hilfe des in Bild 6.3-1 dargestellten Diagramms ermitteln, so wie bei der zweistufigen Technologie.

Wenn man die in Bild 6.2-4*b* dargestellte Erwärmungskurve betrachtet und sie mit Bild 6.2-3*a* vergleicht, erkennt man, daß sich die Berechnung des ersten Erwärmungsabschnittes nicht von der bereits beschriebenen Berechnung des ersten Abschnittes der zweistufigen schonenden Erwärmung unterscheidet. Somit gilt die Anwendung der Wärmeleitaufgabe mit Randbedingungen 2. Art. Die erste Stufe ist dann beendet, wenn der Kern die Übergangstemperatur in den plastischen Bereich erreicht. Die zweite Stufe, die bei zunehmender Heizmedientemperatur abläuft, kann durch die Wärmeleitaufgabe mit Randbedingungen 3. Art bei veränderlicher Heizmedientemperatur und komplizierter Anfangstemperaturverteilung beschrieben werden. Die analytische Lösung dieser Aufgabe ist schwierig. Deshalb bleibt zur Berechnung der zeitlichen Änderung der Temperatur nur der Weg der Beschreibung der Temperatur des Heizmediums durch eine Stufenfunktion. Dabei wird die zweite Erwärmungsstufe in Bereiche unterteilt, für die jeweils der Mittelwert der Temperatur des Heizmediums über die Länge des Abschnittes (oder über das Zeitintervall) angenommen wird. Für jeden dieser Abschnitte muß der Gesamtwärmeübergangskoeffizient berechnet werden, um damit für jeden dieser Abschnitte die Biot-Zahl zu ermitteln. Danach kann man für jeden einzelnen Abschnitt die Lösung der Wärmeleitaufgabe mit Randbedingungen 3. Art (Gl. (6.3-11)) verwenden und mit Hilfe der Gröber-Diagramme den zeitlichen Verlauf der Kern- und Oberflächentemperatur des Materials erhalten. Den Endpunkt der zweiten (beschleunigten) Erwärmungsstufe findet man aus den berechneten Temperaturkurven. Die Temperaturverteilung über den Wärmgutquerschnitt am Ende dieser Stufe dient als Anfangsbedingung der Wärmeleitaufgabe für die dritte Stufe – den Abschnitt der abschließenden Erwärmung bei konstanter Temperatur des Heizmediums. Die Berechnungsmethodik dieses Erwärmungsabschnittes entspricht der Berechnung der zweiten Stufe nach Bild 6.2-3*a*.

7 Schmelzen von Metallen

7.1. Dynamik des Schmelzprozesses

7.1.1. Kenngrößen des Schmelzprozesses

Das Schmelzen ist ein untrennbarer Bestandteil einer Vielzahl von technologischen Prozessen der Produktion und Verarbeitung von Metallen, Legierungen und anderen Werkstoffen. Die Gewinnung von Metallen aus Erzen, die Entfernung (Raffination) überflüssiger und schädlicher Beimengungen aus Legierungen, der Einsatz von Legierungselementen mit dem Ziel der Veränderung der Eigenschaften der Legierung, die Herstellung von Werkstücken komplizierter Form – all das sind technologische Operationen, in deren Verlauf Schmelzprozesse auftreten. Die Vielzahl der genannten Aufgaben bestimmt auch die Unterschiede der Bedingungen, unter denen die Prozesse ablaufen. Sie können sowohl in den verschiedensten Schmelzöfen (Hochöfen, Siemens-Martin-Öfen, Elektrolichtbogenöfen, Konverter u. a.) als auch bei der Pfannenbehandlung von Metall oder in speziellen Aggregaten ablaufen. Ungeachtet der Vielzahl dieser Prozesse sind dem Schmelzprozeß als physikalische Erscheinung einige ihn charakterisierende allgemeine Gesetzmäßigkeiten eigen. Zu ihnen gehört vor allem der Verbrauch der *Schmelzwärme*, die notwendig ist, damit eine Veränderung des Aggregatzustandes des Stoffes (Übergang aus dem festen in den flüssigen Zustand) erfolgt. Diese Wärmemenge hängt von der physikalischen Natur des Stoffes ab und stellt eine seiner energetischen Charakteristika dar.
Eine weitere Besonderheit des Schmelzprozesses besteht darin, daß der Verbrauch der Schmelzwärme bei einer bestimmten Temperatur auftritt, die man *Schmelzpunkt* nennt. Der Schmelzpunkt ist eine weitere wichtige thermische Charakteristik des reinen kristallinen Stoffes. Beim Übergang von amorphen und Mehrkomponentenstoffen oder Legierungen in den flüssigen Zustand verläuft der Verbrauch der Schmelzwärme nicht in einem Punkt, sondern in einem bestimmten Temperaturintervall. Für Legierungen entspricht dieses Intervall dem Gebiet zwischen Liquidus- und Solidustemperaturen. Bei der Lösung vieler technischer Aufgaben geht man oft von der Annahme aus, daß der Schmelzprozeß eines aus vielen Komponenten bestehenden Körpers bei einer bestimmten konstanten Temperatur abläuft. Als diese nimmt man gewöhnlich die Liquidustemperatur an. Solch eine Annahme vereinfacht die mathema-

tische Beschreibung des Prozesses wesentlich und ergibt keine großen Fehler (im Rahmen von technischen Berechnungen), wenn die Temperaturdifferenz zwischen Liquidus und Solidus merklich geringer ist als der Wert der Liquidustemperatur (meist um zwei Größenordnungen).

Da die Schmelztemperatur von der physikalischen Natur des Stoffes abhängt, muß die Veränderung dieser Natur (z. B. die Veränderung der chemischen Zusammensetzung infolge von Diffusion eines Bestandteiles im festen Körper) auch zu einer Veränderung der Schmelztemperatur führen. Konkret tritt solch ein Effekt beim Schmelzen von Stahl in einer flüssigen Roheisenschmelze auf. Die Kohlenstoffdiffusion aus der Schmelze an die Oberflächenschicht des Stahls führt zu einer Senkung ihrer Schmelztemperatur. Dadurch wird die Möglichkeit des Ablaufes des Schmelzprozesses von Stahl (der eine Schmelztemperatur von etwa 1500 °C hat) im flüssigen Roheisen geschaffen, dessen Temperatur etwa 1250 bis 1350 °C beträgt.

Eine weitere wesentliche Besonderheit des Schmelzprozesses ist das Vorhandensein der sich bewegenden Phasengrenzen zwischen Anfangs- (festen) und Endphasen (flüssigen). Diese Grenze ist für reine kristalline Stoffe eindeutig festgelegt. Für Legierungen tritt diese Grenze als ein *Zweiphasengebiet* auf (d. h. in einem Gebiet, in dem zugleich feste und flüssige Phasen existieren). Dieses Gebiet hat eine bestimmte Dicke und wird dadurch charakterisiert, daß an der einen Oberfläche die Solidus- und an der anderen die Liquidustemperatur auftritt.

In Verbindung mit der o. g. Annahme werden die Schmelze von Metallen und Legierungen wie reine Stoffe betrachtet, die durch einen Schmelzpunkt charakterisiert werden. Es muß bemerkt werden, daß an der Phasengrenze Gleichheit der Temperaturen des festen Körpers und der sich bildenden Schmelze herrscht. Dabei sind die Wärmestromdichten, die an der Grenze zu- bzw. abgeführt werden, infolge des Verbrauches der Schmelzwärme untereinander nicht gleich. Deshalb erweist sich die Temperatur an der sich bewegenden Phasengrenze als stetige Funktion, der Temperaturgradient aber besitzt eine Unstetigkeit.

Die Lage der sich bewegenden Grenze zu einem beliebigen Zeitpunkt ist bei der Berechnung des Schmelzens eines festen Körpers interessant. Die Antwort auf diese Frage gestattet, die Schmelzzeit unter diesen oder jenen konkreten Bedingungen zu ermitteln. Im allgemeinen hängt beim Schmelzen des Körpers die Geschwindigkeit der Phasengrenzlageänderung von den zugeführten Wärmestromdichten sowie von dem innerhalb des festen Restes abgeführten Wärmestrom ab. Letztere Größe ist eine Funktion der Temperaturverteilung im Körper und hängt von der geometrischen Körperdicke und ihren thermophysikalischen Eigenschaften ab. Deshalb führt i. allg. die Aufgabenstellung des Schmelzens eines festen Körpers zur Aufgabe der Wärmeleitung bei Vorhandensein einer sich bewegenden Phasengrenze, an der der Verbrauch der Schmelzwärme auftritt.

Dem Schmelzprozeß geht die Erwärmung des Körpers bis auf eine Temperatur voraus, bei der sich die flüssige Phase bildet. Die Schmelzgeschwindigkeit hängt nicht nur von der zugeführten Wärmestromdichte, sondern auch von der in das Innere des festen Körpers abgeführten Wärmestromdichte ab. Wenn der Körper beim Erreichen der Schmelztemperatur gleichmäßig durchwärmt ist, dann wird die gesamte der Oberfläche zugeführte Energie nur als Schmelzwärme verbraucht, weil die Wärmestromdichte innerhalb des Körpers gleich Null ist. Es ist offensichtlich, daß in diesem Grenzfall die Schmelzgeschwindigkeit maximal ist. Wenn dieser Körper nicht gleichmäßig über den Querschnitt bis zur Schmelztemperatur erwärmt ist, dann führt der vorhandene Temperaturgradient zu einem nach innen abgeführten Wärmestrom, der unwei-

gerlich die Schmelzgeschwindigkeit senkt. Beim Schmelzen erfolgt dann die Erwärmung des festen Restes, dessen Abmessungen ständig geringer werden, und in dessen Oberflächenschicht verringert sich der Temperaturgradient. Infolgedessen verringert sich auch die in das Körperinnere abgeführte Wärmestromdichte, und die Abschmelzgeschwindigkeit nimmt zu.
Die Aufgabenstellung und die Lösung dieser beiden Fälle unterscheiden sich wesentlich, und sie müssen getrennt betrachtet werden:

1. Schmelzen eines Körpers, der gleichmäßig bis auf Schmelztemperatur durchwärmt wurde;
2. Schmelzen eines Körpers, der zu Schmelzbeginn eine Temperaturverteilung über den Querschnitt aufweist.

Die *Abschmelzgeschwindigkeit* der Phasengrenze hängt weiterhin noch vom Zustand der sich bildenden Schmelze ab. Sie kann entweder schnell von der Oberfläche ablaufen (z. B. beim Abschmelzen fester Möllerstücken in Hochöfen oder beim Schmelzen von Ferrolegierungen), oder sie kann sich auch an der Oberfläche des auf dem Herd liegenden Einsatzgutes anhäufen (z. B. bei Siemens-Martin-Ofen). Im ersten Fall wird die zugeführte Wärme nicht zur Überhitzung der sich bildenden Schmelze verwendet, und im zweiten Fall senkt der Wärmeverbrauch zur Überhitzung die Schmelzgeschwindigkeit. Deshalb betrachtet man bei der Aufgabenstellung des Schmelzens zwei Grundprozesse:

1. Schmelzen bei ständigem Entfernen der Schmelze;
2. Schmelzen bei Anhäufung des Schmelzgutes an der Oberfläche des zu schmelzenden festen Körpers.

7.1.2. Schmelzen einer gleichmäßig auf Schmelztemperatur durchwärmten Platte bei ständiger Entfernung der Schmelze

Beim Schmelzen einer gleichmäßig bis zum Schmelzpunkt durchwärmten Platte unendlicher Breite und Länge mit der Anfangsdicke δ werden für die Aufgabenstellung folgende Vereinfachungen eingeführt:

1. Im Schmelzprozeß verringert sich die Plattendicke, ihre Grundform bleibt jedoch unveränderlich.
2. Die sich bildende Schmelze wird ständig von der Oberfläche entfernt.
3. Das Material der Platte ist durch konstante Schmelztemperatur T_{S} und Schmelzwärme r_{S} charakterisiert; die thermophysikalischen Stoffdaten hängen nicht von der Temperatur ab.

Wenn man den Koordinatenanfang so legt, wie es in Bild 7.1-1 gezeigt ist, und die Wärmezufuhr von der linken Plattenoberfläche aus realisiert und dabei auf der rechten Plattenoberfläche eine ideale Wärmeisolation vorsieht, dann liegt die x-Achse rechtwinklig zur Plattenoberfläche. Man bezeichnet die Dicke der Elementarschicht mit $\mathrm{d}x$, die in der Zeit $\mathrm{d}t$ an der sich bewegenden Grenze mit der Koordinate x' abschmilzt. Dann ist die Wärmemenge, die in der Zeit $\mathrm{d}t$ der Oberflächeneinheit zugeführt wird:

$$\mathrm{d}q = \alpha\,(T_0 - T_{\mathrm{S}})\,\mathrm{d}t \tag{7.1-1}$$

(α Wärmeübergangskoeffizient vom Heizmedium zur Oberfläche; T_0 Temperatur des Heizmediums (Ofentemperatur); T_{S} Schmelztemperatur)

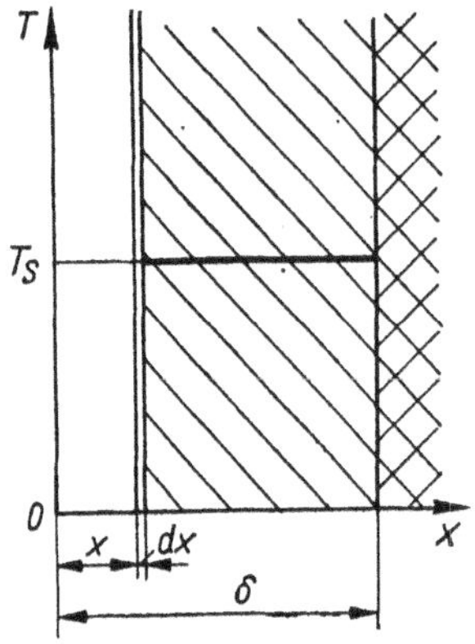

Bild 7.1-1. Abschmelzvorgang einer erwärmten Platte bei Entfernung der Schmelze von der Oberfläche

Da der Körper im gesamten Querschnitt gleichmäßig bis zur Schmelztemperatur durchwärmt ist, wird die gesamte der Oberfläche zugeführte Wärme nur für das Schmelzen verbraucht:

$$dq = r_S \varrho \, dx \tag{7.1-2}$$

Daraus ergibt sich folgende Wärmebilanz an der Oberfläche:

$$\alpha (T_0 - T_S) \, dt = r_S \varrho \, dx \tag{7.1-3}$$

Wenn man Gl. (7.1-3) integriert, erhält man:

$$x' = \alpha (T_0 - T_S) \, t \, / \, r_S \varrho + C \tag{7.1-4}$$

(C Integrationskonstante, deren Wert aus der Anfangsbedingung gefunden wird: bei $t = 0$; $x' = 0$)

d. h., der Koordinatenursprung der sich bewegenden Schmelzgrenze entspricht der Ausgangskoordinate der wärmeaufnehmenden Oberfläche; hieraus folgt: $C = 0$. Den gefundenen Wert der Integrationskonstante in Gl. (7.1-4) eingesetzt, ergibt die allgemeine Lösung der gestellten Aufgabe, die die Lage der sich bewegenden Schmelzgrenze x' zu jedem beliebigen Zeitpunkt t (im angenommenen Koordinatensystem) angibt:

$$x' = \alpha (T_0 - T_S) t \, / \, r_S \varrho \tag{7.1-5}$$

Ein vollständiges Abschmelzen der Platte entspricht der Bedingung $x' = \delta$, daraus kann man leicht die vollständige Schmelzzeit t_S finden. Wie aus Gl. (7.1-5) ersichtlich, ist die Abhängigkeit $x'(t)$ linear, d. h., die Schmelzgeschwindigkeit bei einem vorher

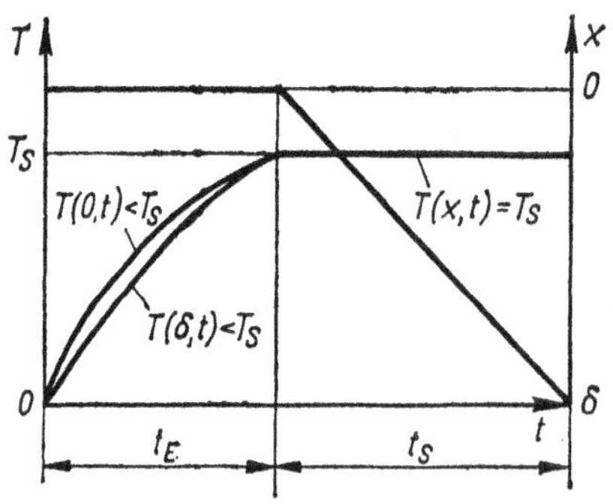

Bild 7.1-2. Abschmelzvorgang einer erwärmten Platte über der Zeit bei Entfernung der Schmelze von der Oberfläche

gleichmäßig erwärmten Körper ist konstant, wenn der der Oberfläche zugeführte Wärmestrom konstant bleibt. Das illustriert Bild 7.1-2, das einen konstanten Neigungswinkel der Geraden der sich verändernden Lage der Phasengrenze zeigt. Dabei ist die Schmelzgeschwindigkeit (d. h. der Neigungswinkel der Geraden) um so größer, je größer die Wärmestromdichte zur sich bewegenden Phasengrenze und je geringer die Schmelzwärme ist. Aus Bild 7.1-2 ist weiterhin zu erkennen, daß sich im Laufe der Erwärmungszeit t_E die Plattendicke nicht verändert und ein Fortschreiten der Phasengrenze erst beginnt, nachdem der Körper die Schmelztemperatur erreicht hat.

7.1.3. Schmelzen einer gleichmäßig auf Schmelztemperatur durchwärmten Platte bei Verweilen der Schmelze auf der Oberfläche

Betrachten wir das Schmelzen einer bis zum Schmelzpunkt gleichmäßig durchwärmten Platte unendlicher Breite und Länge mit der Dicke δ, der durch die linke Plattenoberfläche Wärme zugeführt wird und bei der die rechte Plattenoberfläche ideal wärmeisoliert ist (Bild 7.1-3). Bei der Aufgabenstellung werden die gleichen Vereinfachungen wie in Abschnitt 7.1.2. genutzt. Dabei wird die Festlegung zum Entfernen der Schmelze dahingehend geändert, daß die sich bildende Schmelze an der Oberfläche verbleibt und sich auf ihr als gleichmäßige Schicht verteilt. Weiterhin wird festgelegt, daß zu Beginn des Schmelzens die Oberflächentemperatur der sich bildenden Schmelzschicht auf den Wert $T_{Ob} > T_S$ anwächst und bis zum Prozeßende konstant bleibt. Dann wird die der Oberfläche mit der Temperatur T_{Ob} zugeführte Wärme zum Schmelzen und zum Überhitzen der sich ständig vergrößernden Schmelzschicht verbraucht. Eine Antwort auf die Frage der Lage der Schmelzgrenze x' zu jedem beliebigen Zeitpunkt t kann man aus der Lösung der Aufgabe der Wärmeleitung für eine Schmelzschicht bei Randbedingungen 1. Art an seiner freien Grenze unter Berücksichtigung der Bedingung an der Phasengrenze zwischen fester und flüssiger Phase erhalten:

$$\left.\begin{aligned}
&\frac{\partial T}{\partial t} = a\,\frac{\partial^2 T}{\partial x^2} && 0 < x < x' \\
&T(x, 0) = T_S && x'(0) = 0 \\
&T(x', t) = T_S && T(0, t) = T_{Ob} > T_S \\
&-\lambda\,\frac{\partial T(x', t)}{\partial x} = r_S\,\varrho\,\frac{dx'}{dt}
\end{aligned}\right\} \qquad (7.1\text{-}6)$$

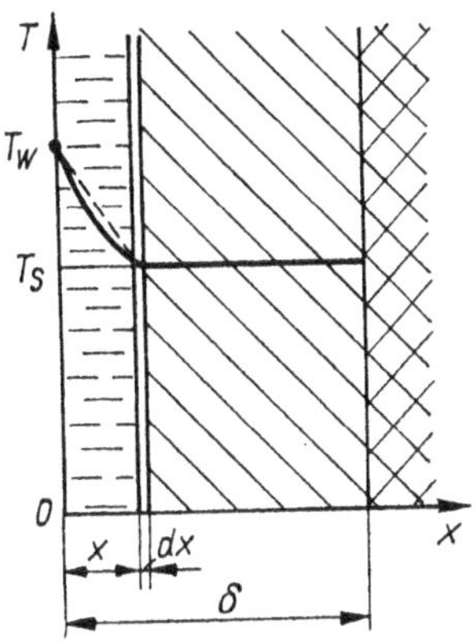

Bild 7.1-3. Abschmelzvorgang einer erwärmten Platte ohne Entfernung der Schmelze von der Oberfläche ($T_W \triangleq T_{Ob}$)

Die analytische Lösung dieser Aufgabe ist bekannt, doch sie ist relativ schwierig und umfangreich. Die Lösung zeigt, daß die Koordinate der sich bewegenden Phasengrenze proportional $\sqrt{t}$ ist.
Näherungslösungen der Aufgabe nach Gl. (7.1-6) kann man relativ leicht durch Verwendung von vereinfachenden Annahmen, die ein Stufenprofil der Temperaturverteilung in der Schmelzschicht vorsehen, erhalten. Die einfachste Variante einer solchen Annahme ist eine lineare Temperaturverteilung in der Schmelzschicht, d. h., die Überhitzung der Schmelzschicht verläuft quasistationär. Dann kann man die Lösung der Wärmeleitaufgabe für das Temperaturfeld in der Schmelzschicht zu jedem beliebigen Zeitpunkt durch den bekannten Ausdruck für das stationäre Temperaturfeld in einer ebenen Wand austauschen, das einer Wärmestromdichte entspricht, die im Schmelzprozeß verbraucht wird:

$$\lambda\,(T_{\mathrm{Ob}} - T_{\mathrm{S}})/x' = r_{\mathrm{S}}\,\varrho\,\frac{\mathrm{d}x}{\mathrm{d}t} \qquad (7.1\text{-}7)$$

Trennt man die Variablen, dann kann man die Wärmebilanz für die sich bewegende Grenze schreiben als

$$(T_{\mathrm{Ob}} - T_{\mathrm{S}})\,\mathrm{d}t = (r_{\mathrm{S}}\,\varrho/\lambda)\,x'\,\mathrm{d}x \qquad (7.1\text{-}8)$$

Integriert man Gl. (7.1-8), so erhält man:

$$x'^2/2 = (T_{\mathrm{Ob}} - T_{\mathrm{S}})\,\lambda\,t\,/\,r_{\mathrm{S}}\,\varrho + \mathrm{C} \qquad (7.1\text{-}9)$$

Die Integrationskonstante C kann man aus der Anfangsbedingung ermitteln: Bei $t = 0$, $x' = 0$ folgt, daß $\mathrm{C} = 0$. Dann ist die Lage der sich bewegenden Phasengrenze x' zu einem beliebigen Zeitpunkt t gleich

$$x' = \sqrt{2\,\lambda\,(T_{\mathrm{Ob}} - T_{\mathrm{S}})\,t/r_{\mathrm{S}}\,\varrho} \qquad (7.1\text{-}10)$$

Die gefundene Näherungslösung gibt die Lage der Schmelzfront als Funktion der Quadratwurzel der Zeit an. Diese Abhängigkeit entspricht der, die man auch bei einer exakten Lösung der Aufgabe (7.1-6) erhält. Diese Lösung zeigt, daß im Verlaufe des Schmelzens eine Verringerung der Prozeßgeschwindigkeit vonstatten geht. Das ist bedingt durch das Anwachsen der Schmelze an der Oberfläche und durch das Wachstum des Wärmeverbrauches zur Überhitzung der neuen flüssigen Phase, deren Dicke sich vergrößert (Bild 7.1-4). Wie auch im vorhergehenden Fall, kann man die vollständige Schmelzzeit der Platte aus der Bedingung $x' = \delta$ finden.

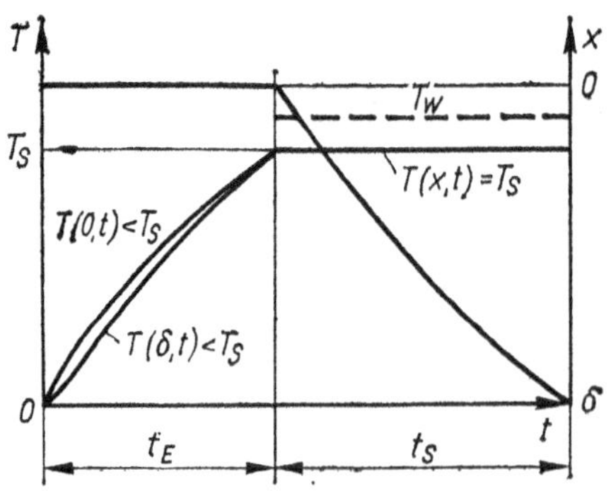

Bild 7.1-4. Abschmelzvorgang einer erwärmten Platte über der Zeit ohne Entfernung der Schmelze von der Oberfläche ($T_{\mathrm{W}} \triangleq T_{\mathrm{Ob}}$)

7.1.4. Schmelzen einer nicht gleichmäßig auf Schmelztemperatur erwärmten Platte bei ständiger Entfernung der Schmelze

Betrachten wir das Schmelzen einer unendlichen Platte mit der Anfangsdicke δ, der von der linken Plattenoberfläche Wärme zugeführt wird und deren rechte Plattenoberfläche ideal wärmeisoliert ist (Bild 7.1-5). Zum Zeitpunkt des Erreichens der Schmelztemperatur an der Plattenoberfläche ist sie noch nicht gleichmäßig über den Querschnitt erwärmt, und das Temperaturfeld in ihr wird durch eine Funktion $f(x)$ beschrieben, d. h., über den Querschnitt existiert eine Temperaturdifferenz. Dann kann man bei Beibehaltung der in Abschnitt 7.1.2. aufgezählten Vereinfachungen die Aufgabe in folgendem Gleichungssystem formulieren:

$$\left.\begin{array}{ll} \dfrac{\partial T}{\partial t} = a \dfrac{\partial^2 T}{\partial^2 x^2} & x' < x < \delta \\ T(x,0) = f(x) & x'(0) = 0 \\ T(x', t) = T_S & \\ \alpha (T_0 - T_S) = -\lambda \dfrac{T(x', t)}{\partial x} + r_S\, \varrho \dfrac{dx}{dt} & \end{array}\right\} \qquad (7.1\text{-}11)$$

Die letzte Gleichung im System (7.1-11), die die Bedingung an der sich bewegenden Schmelzgrenze beschreibt, stellt einen Ausdruck für die Wärmebilanz dar. Aus ihr wird sichtbar, daß die Wärme, die dem nicht gleichmäßig durchwärmten Körper nach Erreichen der Schmelztemperatur an der Oberfläche zugeführt wurde, nicht nur zum Schmelzen verbraucht wird, sondern auch zur Erwärmung des festen Restes. Bei der Erwärmung wird sich der Temperaturgradient $\partial T(x', t) \,/\, \partial x$ verringern, was zu einer stetigen Erhöhung der Schmelzgeschwindigkeit führt. Qualitativ ist die Dynamik dieses Prozesses in Bild 7.1-6 dargestellt.

Aufgabe (7.1-11) besitzt keine genaue Lösung, da sich im Schmelzprozeß ständig die Dicke des zu erwärmenden festen Restes verringert. Näherungsweise Lösungsmethoden dieser Aufgabe sind bekannt. Sie bauen i. allg. auf der Annahme dieser oder jener

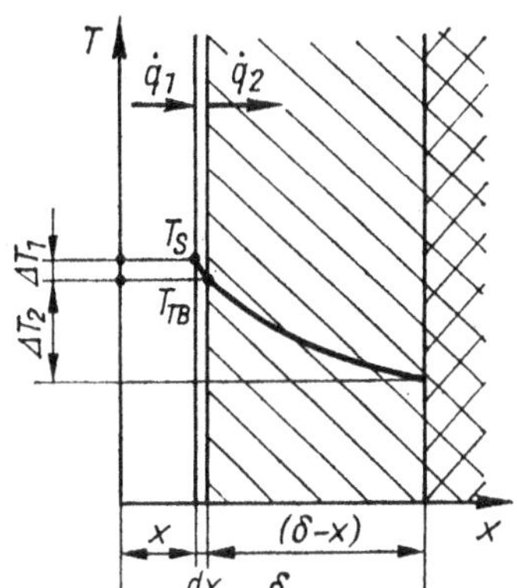

Bild 7.1-5. Abschmelzvorgang einer nicht durchwärmten Platte bei Entfernung der Schmelze von der Oberfläche ($T_{TB} \triangleq T_{fe}$)

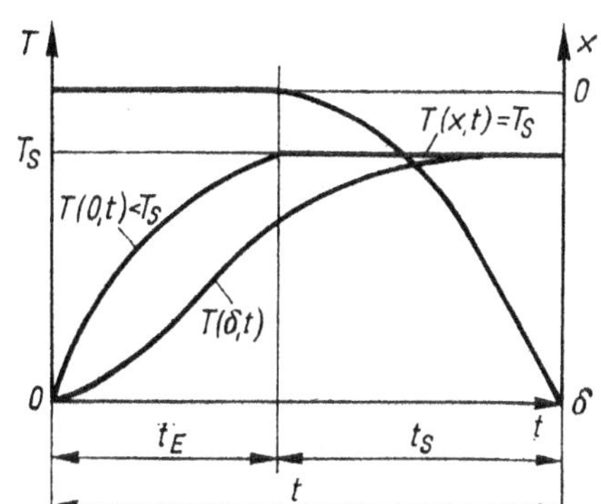

Bild 7.1-6. Abschmelzvorgang einer nicht durchwärmten Platte über der Zeit ohne Entfernung der Schmelze von der Oberfläche

Vereinfachung des Gesetzes der Veränderung des Temperaturgradienten an der sich bewegenden Schmelzgrenze $\partial T(x', t) / \partial x$ auf. Solche Lösungen wurden von *Glinkov*, *Brovkin*, *Vejnik*, *Nevski* u. a. erhalten. *Goldfarb* schlug eine Näherungslösung unter Verwendung der *Methode der Momentanbilanz* auf der Basis von Randbedingungen 2. Art vor. Dabei ging er davon aus, daß die Veränderung des Temperaturgradienten in der Oberflächenschicht der Erwärmung eines Körpers mit konstantem Wärmestrom entspricht. Dank der konstanten Schmelztemperatur an der sich bewegenden Schmelzgrenze und bei unveränderlichem Wärmeübergangskoeffizient vom Heizmedium mit konstanter Temperatur ist die Wärmestromdichte zur schmelzenden Oberfläche konstant. Somit stimmt diese Vereinfachung mit dem entsprechenden realen Prozeßbild weitgehend überein.

Zur Illustration des oben aufgezeigten Herangehens an die Herleitung von Näherungslösungen der Schmelzberechnung betrachten wir die Methode der Momentanbilanzen ausführlicher. Im gegebenen Fall nimmt man an, daß sich bei Erreichen der Schmelztemperatur über den Querschnitt des Körpers an der Oberfläche des gleichen die Temperaturverteilung $T(x, 0) = \mathrm{f}(x)$ einstellt, die den Randbedingungen 2. Art entspricht. Sie wird für die Platte durch eine Parabelgleichung beschrieben:

$$\mathrm{f}(x) = T\,(x, 0) = T_\mathrm{S} - \Delta T\,(1 - x^2 / \delta^2) \qquad (7.1\text{-}12)$$

Dabei beträgt die mittlere Plattentemperatur

$$T_\mathrm{m} = T_\mathrm{S} - \frac{2}{3}\Delta T \qquad (7.1\text{-}13)$$

(ΔT Temperaturdifferenz in der Dicke)

$$\Delta T = \dot{q}_1\delta/2\lambda \qquad (7.1\text{-}14)$$

($\dot{q}_1$ Wärmestromdichte an der Plattenoberfläche)

Nach Beginn des Schmelzprozesses entsteht die abschmelzende Schicht mit der Dicke $\mathrm{d}x$. Die Wärmestromdichte verändert sich in dieser Schicht infolge von Energieaufwendungen für die Schmelzwärme. Dann wird innerhalb des festen Restes mit der Dicke $(\delta - x')$ eine Wärmestromdichte $\dot{q}_2$ abgeführt, d. h., zum Schmelzen wird der Wärmestrom $(\dot{q}_1 - \dot{q}_2)$ verbraucht. Dabei wird der Schmelzprozeß als Erwärmung einer zweischichtigen Platte betrachtet, die aus einer elementaren geschmolzenen Schicht und einem festen Rest besteht. Als Vereinfachung nimmt man an, daß über der Dicke der geschmolzenen Schicht eine finite Temperaturdifferenz entsteht, wobei die Temperatur an ihrer äußeren Oberfläche gleich T_S, die Temperatur an der Grenze mit dem festen Körper T_fe beträgt. Dann kann man von einer mittleren Temperatur der geschmolzenen Schicht $T_{\mathrm{x,m}}$ sprechen.

Wenn man den Begriff der *effektiven Wärmekapazität* der geschmolzenen Schicht c_eff einführt, der neben der spezifischen Wärmekapazität c des Stoffes die Schmelzwärme $c_\mathrm{eff} = c + r_\mathrm{S}/(T_\mathrm{S} - T_\mathrm{m})$ berücksichtigt, kann man die Erwärmungsgeschwindigkeit dieser Schicht folgendermaßen ausdrücken:

$$(\dot{q}_1 - \dot{q}_2)/c_\mathrm{eff}\,\varrho\,\mathrm{d}x \qquad (7.1\text{-}15)$$

Die Erwärmungsgeschwindigkeit des festen Restes ist entsprechend gleich

$$\dot{q}_2/c\,\varrho\,(\delta - x') \qquad (7.1\text{-}16)$$

Da bei konstantem Wärmestrom entsprechend Randbedingungen 2. Art die Erwärmungsgeschwindigkeiten der beiden einander berührenden Schichten gleich sein müssen, erhält man beim Gleichsetzen der Gln. (7.1-15) und (7.1-16):

$$(\dot{q}_1 - \dot{q}_2)/c_{\mathrm{eff}}\, \varrho\, \mathrm{d}x = \dot{q}_2/c\, \varrho\, (\delta - x') \tag{7.1-17}$$

Aus der Lösung der Aufgabe der Wärmeleitung für die zweischichtige Wand bei Randbedingungen 2. Art folgt, daß die Temperaturdifferenz in der Dicke der geschmolzenen Schicht gleich

$$\Delta T_1 = T_{\mathrm{S}} - T_{\mathrm{fe}} = \dot{q}_2\, \mathrm{d}x/\lambda + (\dot{q}_1 - \dot{q}_2)\, \mathrm{d}x/2\,\lambda = (\dot{q}_1 + \dot{q}_2)\, \mathrm{d}x/2\,\lambda$$

ist. Die mittlere Temperatur dieser Schicht beträgt

$$T_{1,\mathrm{m}} = T_{\mathrm{fe}} + \dot{q}_2\, \mathrm{d}x/2\,\lambda + (\dot{q}_1 - \dot{q}_2)\, \mathrm{d}x/6\,\lambda$$

Hieraus folgt:

$$T_{1,\mathrm{m}} = T_{\mathrm{S}} - (2\,\dot{q}_1 + \dot{q}_2)\, \mathrm{d}x/6\,\lambda$$

und die bereits bekannte Gleichung für die effektive Wärmekapazität kann in folgender Form geschrieben werden:

$$c_{\mathrm{eff}} = c + 6\,\lambda\, r_{\mathrm{S}}/\,(2\,\dot{q}_1 + \dot{q}_2)\, \mathrm{d}x \tag{7.1-18}$$

Wenn man Gl. (7.1-18) in Gl. (7.1-17) einsetzt, erhält man einen Ausdruck, aus dessen Lösung man die Wärmestromdichte $\dot{q}_2$ ermitteln kann, die zur Erwärmung des festen Restes verbraucht wird:

$$n\,(\dot{q}_2/\dot{q}_1)^2 + (1 + n)\,(\dot{q}_2/\dot{q}_1) - 2\,n = 0 \tag{7.1-19}$$

wobei

$$n = c\,\Delta T\, X/3\, r_{\mathrm{S}} = X/3\, Ko$$

($Ko = r_{\mathrm{S}}/c\,\Delta T$ Kossovič-Zahl; $X = (1 - x'/\delta)$ normierte Koordinate)

Die Lösung der quadratischen Gl. (7.1-19) ergibt den Wert $\dot{q}_2/\dot{q}_1$:

$$\dot{q}_2/\dot{q}_1 = \frac{\sqrt{(1 + n)^2 + 8\,n} - (1 - n)}{2\,n} \tag{7.1-20}$$

Hieraus kann man die Wärmestromdichte $\dot{q}_2$ an der Grenze zwischen geschmolzener Schicht und festem Rest finden.

Die Wärmebilanzgleichung, die den vollständigen Energieverbrauch zum Schmelzen der elementaren Schicht und zur Erwärmung des festen Restes ausdrückt, kann man dann in folgender Form schreiben:

$$\dot{q}_1\, \mathrm{d}t = r_{\mathrm{S}}\, \varrho\, \mathrm{d}x + \mathrm{d}\,[\varrho\, c\, (\delta - x')\, (T_{\mathrm{S}} - T_{2,\mathrm{m}})] \tag{7.1-21}$$

($T_{2,\mathrm{m}}$ mittlere Temperatur des festen Restes)

$$T_{2,\mathrm{m}} = T_{\mathrm{S}} - \dot{q}_2\, (\delta - x')/3\,\lambda)$$

$T_{2,\mathrm{m}}$ in Gl. (7.1-21) eingesetzt, ergibt:

$$\dot{q}_1\, \mathrm{d}t = r_{\mathrm{S}}\, \varrho\, \mathrm{d}x - \mathrm{d}\,[\dot{q}_2\, (\delta - x')^2]\,/\,3a \tag{7.1-22}$$

In Gl. (7.1-22) wird der Wert der Wärmestromdichte $\dot{q}_2$ eingesetzt, dann erlaubt die Integration, den Ausdruck zur Bestimmung der Schmelzzeit t_{S} der Platte für diese

Randbedingungen zu ermitteln:

$$\frac{a t_S}{\delta^2} = Ko^2 \left[\psi \left(\frac{1}{Ko} \right) - \psi \left(\frac{X}{Ko} \right) \right] \tag{7.1-23}$$

(Ko Kossovič-Zahl)

wobei ψ die folgende Funktion darstellt:

$$\psi(u) = (1/2)\, u \sqrt{(u + 1/3)^2 + 8/9} - (1/6)\, u^2 \tag{7.1-24}$$

Bei der Herleitung all dieser Gleichungen wurde von Anfang an die Vereinfachung verwendet, daß sich die Temperaturverteilung entsprechend Randbedingungen 2. Art für eine Platte einstellt, wenn die Schmelztemperatur an der Oberfläche erreicht wird. In Wirklichkeit stellt sich solch eine Temperaturverteilung nicht sofort ein, sondern nach Ablauf einer bestimmten Zeit. Dieses Zeitintervall erhielt die Bezeichnung *Verzugszeit,* in deren Verlauf die Erwärmung des Körpers abläuft. Die Dauer dieser Periode kann man relativ einfach aus der Änderung der Körperenthalpie finden.
Diese einfache Herleitung weglassend, führen wir die sehr einfach zu erhaltende Beziehung zur Bestimmung der vollständigen Schmelzzeit der Platte an:

$$\frac{a t_{\Sigma S}}{\delta^2} = 1/3 + Ko/2 \tag{7.1-25}$$

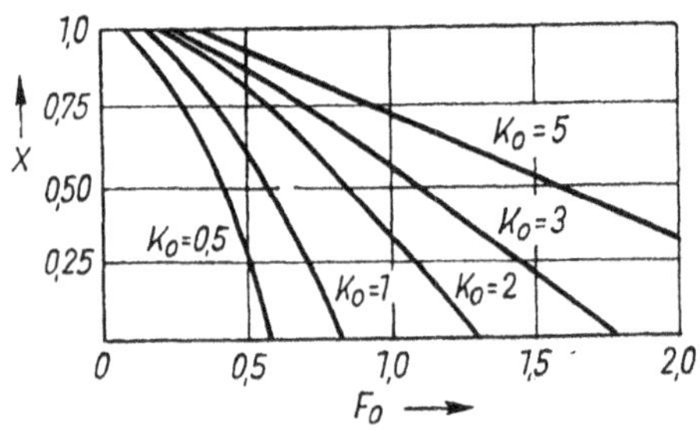

Bild 7.1-7. Normierte dynamische Schmelzcharakteristik bei Entfernung der Schmelze von der Oberfläche

Die Ergebnisse der nach den oben angeführten Beziehungen durchgeführten Berechnungen der Abschmelzgeschwindigkeit der Platte sind in Bild 7.1-7 dargestellt. Sie entsprechen den qualitativen Gesetzmäßigkeiten, die in Bild 7.1-6 gezeigt sind, ausgehend von der Aufgabenstellung zum Schmelzen eines nichtdurchwärmten Körpers (Gl. (7.1-11)). Auf der Ordinate ist die normierte Schmelzfront $X = 1 - x'/\delta$ und auf der Abszisse die Schmelzzeit $a\, t_S/\delta^2$ abgetragen. Es ist ersichtlich, daß die Abschmelzgeschwindigkeit im Prozeßverlauf durch die stetige Erwärmung des festen Restes und durch die Senkung des Temperaturgradienten in ihm zunimmt. Dabei führt die Vergrößerung der Kossovič-Zahl, die einem geringen Wert der Temperaturdifferenz über den Querschnitt des Körpers zu Schmelzbeginn entspricht, dazu, daß die Abschmelzgeschwindigkeit zu einer konstantan Größe strebt, die gleich der Schmelzgeschwindigkeit des Körpers ist, wenn dieser bis zur Schmelztemperatur durchgewärmt ist. Dies wird durch die Gerade bei $Ko = 5$ charakterisiert.

7.2. Hydrodynamik einer durchgasten Schmelze

7.2.1. Grundlagen der Durchgasung

Besonders in der Metallurgie sind Prozesse weit verbreitet, bei denen sich diskrete Teilchen (Blasen, Tropfen oder feste Teilchen) durch eine Flüssigkeitsschicht, durch eine Metall- oder Schlackenschmelze bewegen. Dabei unterscheidet sich die Dichte der Teilchen von der Dichte der durchströmten Schicht. Zu solchen Prozessen gehören der Konverterprozeß, die Prozesse der Pfannenmetallurgie und der thermischen Schlackenverarbeitung, die Anreicherung von Erzen, das Trocknen von Konzentraten u. a.

Die Fluidschicht, durch die sich diskrete Teilchen einer anderen Dichte bewegen, nennt man *dynamische Mehrphasenschicht (Mehrkomponentenschicht).* In der technischen Literatur (besonders dann, wenn von einer Gasströmung durch eine Flüssigkeitsschicht die Rede ist) nennt man diese Mehrphasenschicht oft *durchgaste Schmelze.* Eine durchgaste Schmelze existiert nur dann, wenn es einen stetigen Gasstrom gibt. Die Unterbrechung der Gaszufuhr wandelt die Zweiphasenschicht in eine Einphasenschicht um. Die *Umwandlungszeit* (auch »*Lebensdauer*« genannt) ist die Zeit, die zum Auftauchen der Blasen an die Badoberfläche der Schmelze benötigt wird. Auf das Verhalten der Blasen und ihre Lebensdauer haben oberflächenaktive Stoffe und kleine Teilchen (z. B. Konzentratteilchen, Flußmittel oder staubförmiger Kohlenstoff), die sich in der Flüssigkeit befinden, starken Einfluß. So gering ihr Gehalt in der Schmelze auch ist, sie konzentrieren sich an der Oberfläche der Phasengrenze und verlängern i. allg. die Existenzzeit der Blasen. In diesen Fällen bildet sich an der Oberfläche der durchgasten Schicht *Schaum.* Schaum, das ist ein System aus Hohlräumen und dünnen Zwischenwänden, dessen einzelne Blasen untereinander durch Zwischenwände zu einem Ganzen verbunden sind. Die Dicke der Schaumschicht wird durch die Lebenszeit der einzelnen Blasen und durch die Intensität des Schichtwachstums aufgrund des Hinzukommens neuer Blasen bestimmt. In der »*schäumenden*« Flüssigkeit vereinigen sich die Gasblasen nicht miteinander, und ihr Auftauchen vollzieht sich mit relativ geringer Geschwindigkeit. Das führt zu einer plötzlichen Volumenvergrößerung der durchgasten Schmelze. In Schmelzprozessen, die mit sauren Schlacken realisiert werden, erhöht sich z. B. das »*Badvolumen*« bei der Durchgasung auf das 2fache. Das effektivste Mittel im Kampf gegen die Schaumbildung und das »*Aufquellen*« der Schmelze ist eine starke Erhöhung der *Durchgasungsintensität.* Dabei beschleunigt das Gas aufgrund seiner kinetischen Energie die Zerstörung der Schaumschicht und verändert die Stabilität der Blasen innerhalb der Schicht.

Die Hauptcharakteristik, die die Hydrodynamik der durchgasten Schmelze bestimmt, ist die *volumenbezogene Gasstromdichte* $\dot{V}_V$ ($m^3/(m^2\,s)$). Sie entspricht dem Gasdurchsatz je Flächeneinheit der Schmelzbadoberfläche. Man nennt sie gewöhnlich *Gasbelastung* oder *relative Gasgeschwindigkeit.* Der *volumenbezogene Gasgehalt* einer Schicht ε ist eine dimensionslose Größe, die dem Verhältnis des Gasvolumens zum Gesamtvolumen der Schmelze gleich ist. In stabil durchgasten Schmelzen übersteigt ε i. allg. den Wert 0,4 nicht.

Wenn man die Gasbelastung einer Schmelze ständig erhöht und dabei den Gasgehalt mißt, wie Bild 7.2-1 (Kurve *1*) zeigt, dann wächst der Gasgehalt bis zum Wert $\dot{V}'_{kr}$. In diesem Intervall der Gasbelastungen ist die Flüssigkeit in der durchgasten Schmelze eine kompakte Phase, und das Gas strömt in Form von Blasen durch diese. In Punkt

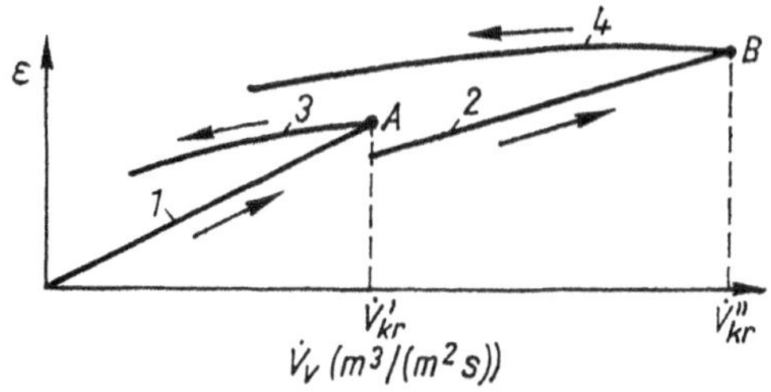

Bild 7.2-1. Abhängigkeit des Gasgehaltes vom Durchgasungsstrom

A, der *erster kritischer Punkt* genannt wird und der Belastung $\dot{V}'_{kr}$ entspricht, erfolgt eine Strukturveränderung der durchgasten Schmelze. Die Schmelze wird in große Volumina geteilt, zwischen denen sich Kanäle bilden. Durch diese Kanäle entschwindet ein großer Teil des Gases mit einer Geschwindigkeit, die $\dot{V}'_{kr}$ übersteigt, aus der Schmelze. Dabei fällt der Gasgehalt der Schmelze stark ab. Diesen Effekt nennt man *erste Strömungskrise* in der durchgasten Schmelze oder *Durchbruch*. Eine weitere Erhöhung der Gasbelastung führt wieder zu einer Erhöhung des Gasgehaltes der Schmelze (Kurve *2* in Bild 7.2-1), im Punkt *B* jedoch, der der Belastung $\dot{V}''_{kr}$ entspricht, erfolgt die zweite Strukturveränderung der Schmelze. Dabei wird die Schmelze in kleine Tropfen zerkleinert, die mit dem Gas transportiert werden. Im Punkt *B* tritt die *zweite Strömungskrise* auf.

Wenn sich beim Erreichen der kritischen Punkte *A* und *B* die Gasbelastung zu senken beginnt, dann wird sich der Gasgehalt der Schmelze verringern, jedoch nicht nach den Kurven *1* und *2*, sondern nach den Kurven *3* und 4. Das zeugt davon, daß nach der Zerteilung der Flüssigkeit (Schmelze) die Senkung der Gasbelastung nicht zur Wiederherstellung der ursprünglichen Struktur der Schmelze führt – in ihr bleibt die diskrete Struktur der flüssigen Phase erhalten.

Im Betriebsregime bis zum Gasdurchbruch führt die Erhöhung der Gasbelastung zur Intensivierung der Wärme- und Stoffübertragungsprozesse. Nach Erreichen von $\dot{V}''_{kr}$ senkt eine weitere Erhöhung der Gasbelastung die Intensität der Übertragungsprozesse.

7.2.2. Vorgänge an der Phasengrenzfläche

Eine der Hauptbesonderheiten der durchgasten Schmelze besteht darin, daß gleichzeitig äußere, räumlich fixierte und innere, sich in Zeit und Raum ändernde Phasengrenzen auftreten. Die äußeren Phasengrenzen sind die Gefäßwände, in denen sich die durchgaste Schmelze befindet, die inneren sind Oberflächen der einzelnen Blasen, die man *innere Phasengrenzflächen* nennt. An diesen Grenzen tritt eine mechanische Wechselwirkung des Gases mit der Schmelze auf, die die Blase umspült, es gehen Wärme- und Stoffübertragungsprozesse vonstatten. All diese Wechselwirkungen haben einen wesentlichen Einfluß auf die Hydrodynamik der durchgasten Schmelze. Nachfolgend werden die aufgezählten Wechselwirkungen kurz betrachtet, dabei werden die Parameter der kontinuierlichen Phase mit einem Strich, die der diskreten Phase (Gas als Blase oder Flüssigkeit als Tropfen) mit zwei Strichen bezeichnet.

7.2.2.1. Mechanische Wechselwirkungen

Aus der durchgasten Schmelze lösen wir gedanklich ein Volumen V der zweiphasigen Schmelze heraus, das sich an der äußeren Phasengrenzfläche A_T (Bild 7.2-2) befindet.

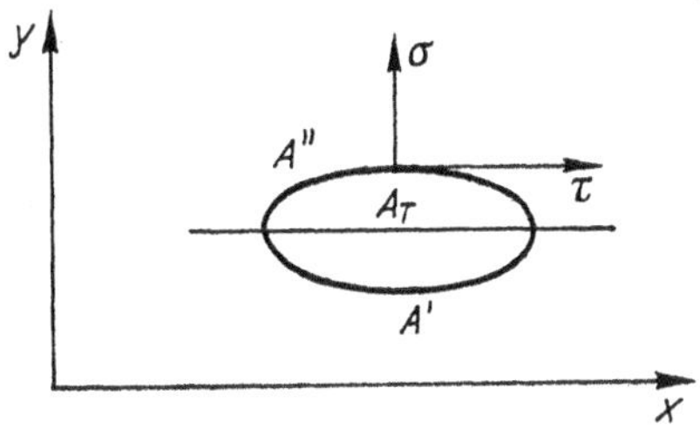

Bild 7.2-2. Ableitung der Bedingungen an der Phasengrenze

Die Phasengrenzoberfläche der Blase A stellt die Summe der Grenzflächen der kontinuierlichen (A') und der diskreten (A'') Oberflächen der Blase dar:

$$A = A' + A''$$

Die Bilanz der Kräfte, die auf das betrachtete Volumen wirken, kann man nach dem Prinzip von *d'Alembert* durch folgende Gleichung ausdrücken:

$$\int_A p \, \mathrm{d}A + \int_A \tau \, \mathrm{d}A + \int_V \varrho g \, \mathrm{d}V = M \frac{\mathrm{d}v}{\mathrm{d}t} \qquad (7.2\text{-}1)$$

(p Druck an der Oberfläche A (Pa); τ Schubspannung an der Oberfläche A (Pa); ϱ volumenbezogene Masse (Dichte) des Mediums (kg/m³); g Fallbeschleunigung (m/s²); $M = \int_V \varrho \, \mathrm{d}v$ Masse des kontrollierten Volumens (kg))

In Gl. (7.2-1) steht links die Summe der Oberflächen- und Raumkräfte, die durch die Spannungen ausgedrückt werden, und rechts die Trägheitskraft. Aus Bild 7.2-2 folgt:

$$\int_A p \, \mathrm{d}A = \int_{A'} p \, \mathrm{d}A' + \int_{A''} p \, \mathrm{d}A''$$

$$\int_A \tau \, \mathrm{d}A = \int_{A'} \tau \, \mathrm{d}A' + \int_{A''} \tau \, \mathrm{d}A''$$

Wenn man die Oberflächen A und A_T zusammenzieht, dann strebt das kontrollierte Volumen V gegen Null, und es ergibt sich auf der Grundlage von Gl. (7.2-1) der Grenzwert

$$\int_{A_T} p \, \mathrm{d}A_T + \int_{A_T} \tau \, \mathrm{d}A_T = 0 \qquad (7.2\text{-}2)$$

Da die Projektionen der Oberflächenkräfte, die den Druck und die Schubspannung schaffen, in jedem Punkt von A_T rechtwinklig aufeinander stehen, wird Gl. (7.2-2) nur erfüllt, wenn diese beiden Spannungen gleich Null sind. Somit zerfällt die Existenzbedingung der stabilen Grenze in zwei Gleichungen:

$$\left. \begin{aligned} p'_T + p''_T &= 0 \\ \tau'_T + \tau''_T &= 0 \end{aligned} \right\} \qquad (7.2\text{-}3)$$

Wenn das rechtwinklige Koordinatensystem so gelegt wird, daß die Fläche xz tangential zur Phasengrenzfläche liegt und die y-Achse die Normale zu dieser Fläche (Bild 7.2-2) bildet, dann ergibt sich nach dem Newtonschen Gesetz:

$$\left.\begin{aligned} p_y &= -p + 2\eta \frac{\partial v_y}{\partial y} - \frac{2}{3}\eta \operatorname{div} \boldsymbol{v} \\ \tau_{xy} &= \eta\left(\frac{\partial v_x}{\partial y} + \frac{\partial v_y}{\partial x}\right) \\ \tau_{zy} &= \eta\left(\frac{\partial v_z}{\partial y} + \frac{\partial v_y}{\partial z}\right) \end{aligned}\right\} \tag{7.2-4}$$

(p hydrostatischer Druck in der beruhigten Schmelze oder im beruhigten Gas (in der ersten Gleichung schreibt man das dritte Glied der rechten Seite nur für ein kompressibles Fluid); v_x, v_y, v_z Projektionen des Geschwindigkeitsvektors jeder Phase auf die Koordinatenachsen OX, OY, OZ; η dynamische Viskosität des Gases oder der Schmelze (Pa s))

Die Oberfläche der Phasengrenze ist gekrümmt, folglich ist die Fläche der Oberfläche der Gasphase ungleich der Schmelzoberfläche an der Phasengrenze, und die freie Energie, die von der Anzahl der Moleküle jeder Phase in einer dünnen Schicht an der Phasengrenze abhängt, ist für Gas und Schmelze nicht gleich. Das ruft einen Unterschied des statischen Druckes an der Phasengrenze hervor. Der Druck in den Gasbläschen ist um folgenden Wert größer als der Druck in der umgebenden Schmelze:

$$p''_T - p'_T = \sigma\left(\frac{1}{R_1} + \frac{1}{R_2}\right) \tag{7.2-5}$$

(σ Koeffizient der Oberflächenspannung (N/m); R_1, R_2 Hauptkurvenradien der Oberfläche der Phasengrenze)

Für Bläschen runder Form gilt $R_1 = R_2 = R$, dann ist

$$\Delta p'' = \frac{2\sigma}{R}$$

Die Viskosität von Schmelze und Gas führt an der Phasengrenze zu einem Impulsaustausch, in dessen Ergebnis die Geschwindigkeiten des Gases und der Schmelze an der Phasengrenze gleich sind. Das Fehlen einer Verschiebung an der Phasengrenze wird durch folgende Gleichsetzung ausgedrückt:

$$\boldsymbol{v}'_{Ob} = \boldsymbol{v}''_{Ob} \tag{7.2-6}$$

7.2.2.2. Stoffübertragung

Die Stoffübertragung durch die Phasengrenze ist mit den Prozessen der Phasenumwandlung, der Adsorption und der Diffusion verbunden. Gewöhnlich wird ein Massestrom durch die Phasengrenze mit Hilfe des normalen Geschwindigkeitsvektors der Schmelze und des Gases ausgedrückt:

$$v''_T = \pm \frac{\dot{m}_T}{\varrho''} \qquad v'_T = \mp \frac{\dot{m}_T}{\varrho'} \tag{7.2-7}$$

($\dot{m}_T$ Massestromdichte durch die Phasengrenze (Trennfläche) (kg/(m^2 s)))

Bei $\dot{m}_T = 0$ sind die Normalen der Geschwindigkeitsvektoren gleich Null, und an der Oberfläche der Phasengrenze sind nicht nur die tangentialen Komponenten der Geschwindigkeitsvektoren der Phasen gleich, sondern auch die Geschwindigkeitsvektoren selbst

Wenn der Massestrom mit Phasenänderung (durch Verdampfung, Kondensation usw.) verbunden ist, dann gibt es an der Phasengrenze einen Geschwindigkeitssprung, der mit der Ungleichheit der Dichten ϱ'' und ϱ' verbunden ist. Beim Durchgang durch die Phasengrenze ändert sich der Impuls des Massestromes, was die Entstehung eines zusätzlichen Druckes nach sich zieht:

$$p^* = \dot{m}_T (v''_T - v'_T) = \frac{\dot{m}^2_T}{\varrho''} \left(1 - \frac{\varrho''}{\varrho'}\right)$$

Gewöhnlich ist diese Größe gering und kann vernachlässigt werden.

7.2.2.3. Wärmeübertragung

Die Wärmeübertragung in einer durchgasten Schmelze wird durch Konvektion und Wärmeleitung verwirklicht. Die Wärmeübertragung durch Strahlung ist unbedeutend, weil die Maße der Gasbläschen in der Schmelze so klein sind, daß man das Gas in ihnen als diatherman annehmen kann.

In der Gasblase wird die Wärmeübertragung von der Schmelze zum Gas (oder umgekehrt) durch Wärmeleitung verwirklicht, oder sie wird durch das Gas übertragen, welches sich aus der Schmelze als Gasbläschen bildet bzw. umgekehrt, welches in der Schmelze gelöst wird. Außerdem laufen an der Blasenoberfläche die Phasenumwandlungsprozesse ab, die durch eine Freisetzung oder Aufnahme von Wärme begleitet werden. Somit hat die Wärmebilanz einer Oberflächeneinheit der Phasengrenze beim Vorhandensein eines Phasenübergangs (z. B. Verdampfen) folgendes Aussehen:

$$\dot{q}'_T = r\,\dot{m}'_T + \dot{q}''_T + h''\,\dot{m}''_T$$

($\dot{q}'$, $\dot{q}''$ Vektoren der Wärmestromdichten, die durch Wärmeleitung in der Flüssigkeit und im Gas übertragen werden (kJ/(m² s)); $\dot{m}'$, $\dot{m}''$ Vektoren der Massestromdichten der Schmelze und des Gases durch die Phasengrenzfläche (kg/(m² s)); r Umwandlungsenthalpie (kJ/kg))

Wenn man die Wärmestromdichte durch den Temperaturgradienten in den Zwischenwänden ausdrückt, erhält man:

$$-\lambda' \left(\frac{\mathrm{d}T}{\mathrm{d}y}\right)'_T = r\,\dot{m}'_T + h''\,\dot{m}''_T - \lambda'' \left(\frac{\mathrm{d}T}{\mathrm{d}y}\right)''_T \qquad (7.2\text{-}8)$$

Aus der Kontinuität des Temperaturfeldes in der Schmelze ergibt sich $T'_T = T'_T$ Beim Vorhandensein eines Phasenübergangs stellt T'_T die Sättigungstemperatur dar, die den thermodynamischen Bedingungen in dem gegebenen Oberflächenpunkt der Phasengrenze entspricht.

7.2.3. Bewegung von Blasen und Tropfen in der durchgasten Schmelze

Der Druck der Schmelze auf ein Oberflächenelement einer Blase oder eines Tropfens in der Schmelze ist um so größer, je tiefer sich das Element in der Schmelze befindet, infolgedessen sind die resultierenden Vektoren der Druckkräfte immer nach oben gerichtet, man nennt sie deshalb *Auftriebskraft.* Dem absoluten Wert nach beträgt die Auftriebskraft

$$F_{\text{auf}} = \int_A p\,\mathrm{d}A = \int_V \operatorname{grad} p\,\mathrm{d}V$$

(p Druck, der am Oberflächenelement der Blase (oder des Tropfens) wirkt, die das Volumen V und die Oberfläche A hat)

Auf eine Blase (oder einen Tropfen) endlicher Abmessungen in einer ruhenden Schmelze wirkt eine Auftriebskraft, die gleich

$$F_{auf} = g\,V\,(\varrho' - \varrho'') \tag{7.2-9}$$

ist. In stationärer Strömung wird die Auftriebskraft durch die Kraft des Reibungswiderstandes gegenüber der Strömung der Blase (oder des Tropfens) aufgewogen:

$$\mu A \varrho' \frac{v_{rel}^2}{2} = g\,V\,(\varrho' - \varrho'')$$

wobei

$$v_{rel} = \sqrt{\frac{2g}{\mu} R \left(1 - \frac{\varrho''}{\varrho'}\right)} \tag{7.2-10}$$

(μ Reibungskoeffizient; A Querschnitt der Blase (oder des Tropfens) (m²); v_{rel} Relativgeschwindigkeit der Strömung (m/s); $R = V/A$ charakteristische Abmessung der Blase (oder des Tropfens (m))

Die Verwendung von Gl. (7.2-10) in den Berechnungen wird erschwert, weil der Reibungskoeffizient eine unbekannte Funktion des Umströmungsregimes des Teilchens und dessen Form ist. Für bekannte Strömungsregime, für die die Abhängigkeiten des Reibungskoeffizienten von der Reynolds-Zahl bekannt sind, kann man auf der Grundlage von Gl. (7.2-10) den Wert der Relativgeschwindigkeit ermitteln:

1. Kriechströmung ($Re \ll 1$): $\mu \sim Re^{-1}$

$$v_{rel} \sim \frac{g R^2}{\nu'} \left(1 - \frac{\varrho''}{\varrho'}\right) \tag{a}$$

2. Laminare Strömung ($Re < 2300$): $\mu \sim Re^{-1/2}$

$$v_{rel} \sim R^3 \sqrt{\frac{g}{\nu'^2} \left(1 - \frac{\varrho''}{\varrho'}\right)} \tag{b}$$

3. Turbulente Strömung: $\mu = \text{const}$

$$v_{rel} \sim \sqrt{g R \left(1 - \frac{\varrho''}{\varrho'}\right)} \tag{c}$$

Unter dem Einfluß der Druckungleichmäßigkeit strebt die Blase (oder der Tropfen) danach, eine plattgedrückte Form anzunehmen. Dem steht die Oberflächenspannung entgegen, die den Blasen und Tropfen eine sphärische Form geben soll, die die geringste spezifische Oberfläche besitzt. Bei einer kriechenden Flüssigkeitsströmung, die das Teilchen umströmt, hat letzteres eine sphärische Form. Den Radius der Rundung kann man aus folgender Bedingung ermitteln:

$$Re = \frac{v_{rel} R}{\nu'} < 1$$

Berechnungen zeigen, daß solche Teilchen derart kleine Abmessungen besitzen, daß man sie wie feste Kugeln betrachten kann, deren Strömungsgeschwindigkeit wie folgt ermittelt werden kann:

$$Re = \frac{2}{9} Ar \tag{7.2-11}$$

$\left(Ar = \frac{g R^3}{\nu'^2}\left(1 - \frac{\varrho''}{\varrho'}\right) \text{ Archimedes-Zahl}\right)$

Der in Gl. (7.2-11) erhaltene Ausdruck für v_{rel} ist dem in Gl. (a) angeführten analog. Eine charakteristische Besonderheit der Strömung großer Tropfen und Blasen besteht darin, daß ab einer bestimmten Abmessung der Blasen deren Strömungsgeschwindigkeiten nicht mehr von den Abmessungen abhängen. Diesen Fakt kann man am Beispiel der Strömungsbewegung eines großen Tropfens (Blase) beweisen. Als groß betrachtet man einen Tropfen (Blase), der sich in der Schmelze verformt.

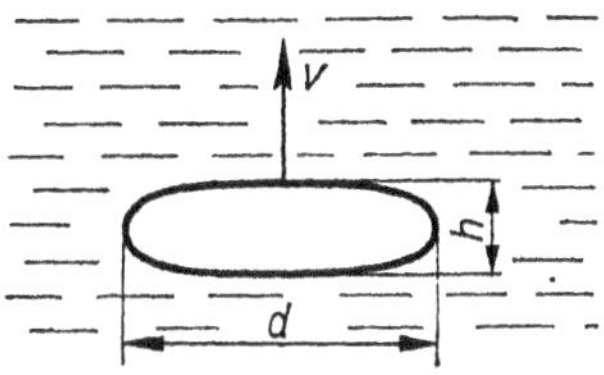

Bild 7.2-3. Darstellung des Aufsteigens eines deformierten Tropfens

Ein deformierter Tropfen nimmt die Form eines Diskus (Bild 7.2-3) an, sein Reibungskoeffizient ist eine konstante Größe, die von der Tropfenform abhängt. Der Druckunterschied auf die Bug- bzw. Heckfläche des Tropfens führt zu dessen Abplattung; die Oberflächenspannung wirkt diesem Vorgang entgegen. Für Tropfen mit ausgebildeter Form und Abmessungen gilt die Gleichheit der Arbeit, die durch die Kraft des Bugwiderstandes bei Veränderung der Abmessungen des Tropfens h, und der Arbeit, die durch die Kraft der Oberflächenspannung zur Verringerung der Tropfenoberfläche geleistet werden:

$$\mu \varrho' \frac{v_{rel}^2}{2} A \, dh = -\sigma \, dA \tag{7.2-12}$$

Da die Flüssigkeit praktisch nicht kompressibel ist, ist das Volumen des Tropfens eine konstante Größe; deshalb gilt:

$$A \, dh + h \, dA = 0 \tag{7.2-13}$$

Wenn man den aus Gl. (7.2-12) ermittelten Ausdruck dA in Gl. (7.2-13) einsetzt und ihn nach h auflöst, erhält man:

$$h = \frac{2\sigma}{\mu \varrho' v_{rel}^2} \tag{7.2-14}$$

Setzt man jetzt Gl. (7.2-14) in die Gleichung der Relativgeschwindigkeit des Tropfens (Gl. (7.2-10)) ein, ergibt sich nach Umformungen:

$$v_{rel} = \sqrt[4]{\frac{4 g \sigma}{\mu^2 \varrho'} \left(1 - \frac{\varrho''}{\varrho'}\right)} \tag{7.2-15}$$

Somit hängt die Strömungsgeschwindigkeit großer Blasen und Tropfen in einer durchgasten Schmelze tatsächlich nicht von ihren Abmessungen ab. Versuche haben gezeigt, daß die Ergebnisse der Berechnung von v_{rel} nach Gl. (7.2-15) mit den experimentellen Werten bei $\mu = 1{,}2$ übereinstimmen.

Die Strömung großer Blasen besitzt noch eine charakteristische Besonderheit. Weil ihr Volumen mit einem kompressiblen Fluid ausgefüllt ist, ändert sich unter dem Einfluß des Druckes, der sich beim Aufsteigen der Blase ändert, die Dichte des Fluides, was eine Pulsation des Blasenvolumens, der Geschwindigkeit und des Aufstiegweges hervorruft. Große Blasen steigen deshalb in Form einer Zickzacklinie auf. Beim Auf-

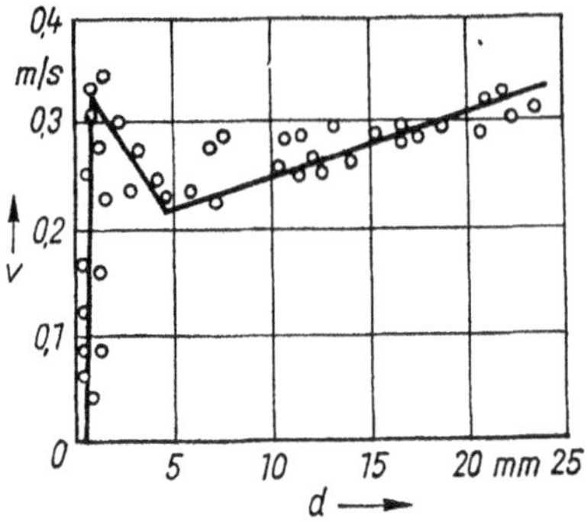

Bild 7.2-4. Aufstiegsgeschwindigkeit von Luftblasen in Wasser in Abhängigkeit von deren Durchmesser

steigen einer Kette von Gasblasen versetzen letztere die Blasenkette in eine pendelartige Schwingung. Die Schwingung der Ketten bewirkt eine Schwingung der gesamten durchgasten Schmelze.

In Bild 7.2-4 sind experimentelle Angaben zur Bestimmung der Aufstiegsgeschwindigkeit einzelner Gasblasen in einem anorganischen Fluid dargestellt. Der linke steile Anstieg der Aufstiegsgeschwindigkeit entspricht der Strömung kleiner Blasen und Tropfen. Im weiteren fällt die Aufstiegsgeschwindigkeit der Blasen, was mit ihrem Zusammendrücken verbunden ist und in Verbindung damit mit dem Anwachsen des Reibungswiderstandes. Die geringste Aufstiegsgeschwindigkeit besitzen Blasen mit einem Durchmesser von etwa 5 mm. Bei weiterem Anwachsen des Blasendurchmessers steigt die Geschwindigkeit unvergleichlich langsamer als auf der linken Seite des Diagrammes. Die experimentellen Werte aus Bild 7.2-4 werden durch folgende Gleichung beschrieben:

$$v_{\text{rel}} = \sqrt{\frac{\sigma}{R\,(\varrho' - \varrho'')} + g\,R\left(1 - \frac{\varrho''}{\varrho'}\right)} \tag{7.2-16}$$

In einer durchgasten Schmelze, in der gleichzeitig eine große Menge von Blasen aufsteigt, kann ihre Aufstiegsgeschwindigkeit als konstant und in erster Näherung gleich 0,4 m/s angenommen werden.

7.3. Gasstrahlen in der Schmelze

7.3.1. Grundlagen

In metallurgischen Öfen mit durchgaster Schmelze wird das Gas meist örtlich durch eine oder mehrere Gaslanzen in das flüssige Bad eingeführt. Dabei bildet sich im Eintrittsgebiet des Gases eine besondere Zone, die mit einem Gas-Schmelzbad-Gemisch gefüllt ist, in deren Grenzen die Übergangsprozesse und weiterhin die Wechselwirkungsreaktionen zwischen Gas und Schmelze ablaufen. Deren Hydrodynamik bestimmt in bedeutendem Maße die Hydrodynamik der gesamten durchgasten Schmelze. So laufen im Sauerstoff-Konverterverfahren in der Zone des Sauerstoffeintritts in die Schmelze intensive Oxydationsprozesse des Eisens und seiner Begleitelemente ab. Die sich dabei bildenden Eisenoxide verteilen sich durch die Zirkulation rund um die Einblaszone in dem Schmelzbad und dienen als Sauerstoffquelle für die Oxydation der Eisenbegleiter des Roheisens in einer bestimmten Reihenfolge. Deshalb haben die Fragen der Hydrodynamik der Wechselwirkung des eingeblasenen Gases mit dem

flüssigen Bad sowie die Strukturen und die Geometrie der Einblaszone eine große theoretische und praktische Bedeutung.
Die Theorie der Aerodynamik eines Gasstrahles in einem flüssigen Bad erarbeitete *Kasanzev* bereits Ende der 30er Jahre d. Jh. Die genannte Theorie ist noch nicht abgeschlossen, sie basiert sehr stark auf Ergebnissen von experimentellen Forschungen. Die Hauptschwierigkeit bei der Formulierung eines mathematischen Modells des Sauerstoffblasens besteht darin, daß die Wechselwirkung des Gases mit der umgebenden Schmelze an der Grenze des Gasstrahles noch nicht vollständig klar und nicht genügend bekannt ist, wie sich die Grenze zwischen Strahl und Bad in Raum und Zeit ändert. Die aufgezeigten Umstände lassen es noch nicht zu, Eindeutigkeitsbedingungen ausreichend genau zu formulieren. Ohne diese Bedingungen sind aber Aufstellung und Lösung einer mathematischen Aufgabe unmöglich. Die genannten Gründe gestatten es auch nicht, auf der Basis der Ähnlichkeitstheorie strenge Ähnlichkeitskriterien zu erhalten, die umfassend den zu beurteilenden Prozeß charakterisieren.
In Verbindung damit werden i. allg. eine Reihe von Annahmen gemacht:

1. Es wird ein über die Zeit gemitteltes Bild des Vorganges der Wechselwirkung des Gases mit der Schmelze untersucht. Das Mittlungsintervall wird so ausgewählt, daß man den zu untersuchenden Prozeß als quasistationär annehmen kann.
2. Weil die Ausströmungsgeschwindigkeit des Gases in die Schmelze i. allg. groß ist und die Strömung des Gases und der Schmelze in der Einblaszone turbulenten Charakter trägt, kann man die innere Reibung vernachlässigen.
3. Im Zusammenhang damit, daß die Energie des Gasstrahles wesentlich größer ist als die zum »*Zerkleinern*« des Bades in Tropfen nötige Energie, werden die Kräfte der Grenzflächenspannung vernachlässigt.

Mit den genannten Vereinfachungen wird die Wechselwirkung des Gasstrahles mit dem flüssigen Bad durch ein Verhältnis von Trägheitskräften des Gasstrahles und von Auftriebskräften des Gasstrahles und von Auftriebskräften, die seitens der Schmelze auf den Gasstrahl wirken, definiert. Größenmäßig wird dieses Verhältnis durch eine modifizierte *Archimedes-Zahl* charakterisiert, die erstmals von *Kasanzev* angewandt wurde:

$$Ar^* = \frac{\varrho'' v''^2}{\varrho' g d_0} \tag{7.3-1}$$

(ϱ'' Gasdichte beim Austritt aus der Gasdüse (kg/m³); v'' Geschwindigkeit des Gases beim Austritt aus der Gasdüse im Arbeitszustand (m/s); d_0 Durchmesser der Austrittsöffnung der Gasdüse (m))

Durch dieses Kriterium wurde experimentell festgestellt, daß die Wechselwirkung des Gases mit der Schmelze von den Turbulenzcharakteristika des Gasstrahles, insbesondere vom Koeffizienten der turbulenten Viskosität und von dessen Struktur, abhängt. Weil sowohl der *Koeffizient der turbulenten Viskosität* als auch die Struktur des turbulenten Strahles in der Schmelze vom Verhältnis ein und derselben Trägheits- und Auftriebskräfte abhängen, wird im weiteren der Einfluß dieser Parameter ebenfalls mit Hilfe der Archimedes-Zahl ausgedrückt.
Zur Zeit existieren eine Reihe empirischer Gleichungen, die es gestatten, die Geometrie des Gasstrahles in der Flüssigkeit bei verschiedenen Gasgeschwindigkeiten und bei Veränderung der physikalischen Parameter des Gases und des Schmelzbades zu berechnen. Es wurde insbesondere festgestellt, daß der *Löslichkeitsgrad des Gases* einen

bedeutenden Einfluß auf die Struktur und die Geometrie der Blaszone hat. Das Verhältnis von Gas- und Schmelzbadtemperatur hat dagegen fast keinen Einfluß. Letzteres ist sehr wichtig, weil es die Richtigkeit von Untersuchungen der Hydrodynamik von Industrieöfen mit durchgasten Schmelzen an kalten Labormodellen bestätigt. Vor der Betrachtung einzelner Fälle des Blasprozesses werden einige Begriffsbestinmungen vorgenommen. Als einen *Gasstrahl* bezeichnet man einen in einem Flüssigkeitevolumen konstant existierenden Hohlraum, der sich an der Stelle des Gaseintritts in das Schmelzbad befindet und der mit Gas gefüllt ist, das entlang der Düsenachse strömt. Die lokale volumenbezogene Konzentration von Schmelzgut an den Grenzen des Gasstrahles übersteigt 2% nicht. Der Gasstrahl ist von einer *Reaktionszone* umgeben, die durch einen Gas-Schmelzbad-Strom gefüllt ist. Innerhalb dieser Zone ist das Gas ein kontinuierliches Medium, und das Schmelzbad tritt in Form einzelner Tropfen auf. In dieser Zone laufen die Wärme- und Stoffübertragungsprozesse zwischen Schmelzbad und Gas und weiterhin die chemischen Reaktionen im System Gas-Schmelzbad ab. Die Strömung des Gas-Schmelzbad-Stromes erfolgt i. allg. durch die kinetische Energie des Gases. Die *Blaszone* ist der Abschnitt des flüssigen Bades, der neben dem Gasstrahl und der Reaktionszone auch die *Zone der Blasendurchgasung* umfaßt, die durch ein Gas-Schmelzbad-Gemisch gefüllt ist, in der die Schmelze ein kontinuierliches Medium ist und das Gas in Form von Blasen auftritt. Die lokale volumenbezogene Gaskonzentration an der äußeren Grenze der *Zone der Blasendurchgasung* übersteigt 2% nicht. An den Grenzen der Blaszone werden die Wärme- und Stoffübertragungsprozesse zwischen Gas und Schmelzbad und die der chemischen Reaktionen im System Gas-Schmelzbad beendet. Die Strömung im Gebiet der Blasendurchgasung wird durch das Aufsteigen der Blasen unter dem Einfluß der Auftriebskraft bestimmt. Mit Erhöhung des Löslichkeitsgrades des Gases verringert sich die Geometrie der Zone der Blasendurchgasung. Bei Eintritt eines vollständig löslichen Gases in das Schmelzbad besteht die Blaszone nur aus dem Gasstrahl und der Reaktionszone.

Ausgehend von den Besonderheiten der Wechselwirkung zwischen Gas und Schmelzbad unterscheidet man zwei Methoden der Gaszuführung:

1. Gaszuführung durch eine Gaslanze, die über der Schmelzbadoberfläche angeordnet ist;
2. Gaszuführung durch eine Gaslanze, die in das Schmelzbad eintaucht.

7.3.2. Gaszuführung durch eine Gaslanze über der Schmelzbadoberfläche

Bei der Gaszuführung durch eine Gaslanze über der Schmelzbadoberfläche bildet sich im Schmelzbad ein *Krater*, der mit Gas gefüllt ist (Bild 7.3-1). Der statische Druck im Krater erhöht sich in Richtung auf seine untere Grenze, dabei fällt die Impulsstromdichte des Gases $\varrho v''$ bis auf Null. Wenn das Gas den Grund des Kraters erreicht, ändert es seine Strömungsrichtung um 180° und steigt entlang der Außenwände des Kraters auf. Unter dem Einfluß des Gases bilden sich an den Wänden des Kraters quergerichtete Wellen. Bei genügend großer Gasgeschwindigkeit werden die Wellen zerrissen, und es bilden sich Tropfen. Der die Schmelzbadtropfen mitführende aufsteigende Gasstrom bildet die *Reaktionszone.* Der Gasstrom, der sich entlang der Düsenachse zum Grund des Kraters bewegt, bildet den *Gasstrahl.* Infolge eines Impuls-

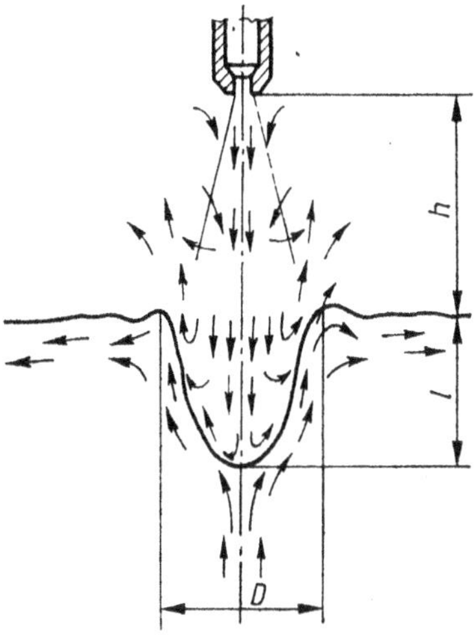

Bild 7.3-1. Blaszone bei Lanzenstellung über der Badoberfläche

austausches mit der Reaktionszone wird die Gasgeschwindigkeit des Strahles bedeutend schneller verringert als unter den Bedingungen einer Freistrahlströmung. Unter dem Einfluß der Reaktionszone bewegt sich das Schmelzbad um die Blaszone nach oben. Wenn das aufwärts strömende Schmelzbad die Oberfläche erreicht, fließt es seitwärts ab und bewegt sich in einem bestimmten Abstand von der Gaslanze nach unten in das Schmelzbad. Die Zone der Blasendurchgasung ist schwach entwickelt bzw. fehlt vollständig. Eine geringe Anzahl von Blasen verläßt die Grenzen des Gasstrahles entlang der Längsachse der Gaslanze. Die Eindringtiefe des Strahles in die Schmelze l gestattet es, den Grad der Wechselwirkung des Strahles mit der Schmelze zu bewerten. Aus der Praxis ist bekannt, daß insbesondere bei ungenügender Eindringtiefe des Sauerstoffstrahles in das Metallbad der Sauerstoffnutzungskoeffizient durch das Metall verringert wird; es steigt der Sauerstoffgehalt der Schlacke usw.
Die relative Eindringtiefe des Gasstrahles in die Schmelze kann nach folgender empirischer Gleichung berechnet werden:

$$l/d_0 = Ar^{1/2} \, (\beta \, d_0/h)^{1/2} \tag{7.3-2}$$

((h Entfernung der Gaslanze von der Schmelzbadoberfläche (m); $\beta = (0{,}106/\nu_T)\sqrt{I_0/\varrho''}$ *dynamischer Koeffizient des Strahles* (er hängt von der Struktur des turbulenten Strahles ab); $I_0 = \varrho'' \, v''^2 \, \pi \, d^2_0/4$ Impulsstrom des Gases am Austritt aus der Gasdüse (N))

Für die in metallurgischen Öfen verwendeten Gaslanzen gilt $5{,}3 \leqq \beta \leqq 6{,}0$. Wenn sich die Gasdüse direkt an der Schmelzbadoberfläche ($h = 0$) befindet, dann wird die Eindringtiefe des Gasstrahles nach der Gleichung

$$l/d_0 = Ar^{1/2} \tag{7.3-3}$$

ermittelt. Von großer Bedeutung ist der Querschnitt der Blaszone, welcher im betrachteten Fall gleich dem äußeren Durchmesser der Reaktionszone D angenommen wird. Im allgemeinen hängt der äußere Durchmesser der Reaktionszone von der gegenseitigen Beeinflussung des Gasstrahles und des aufwärts strebenden Gas-Schmelzbad-Stromes ab. Beim Einblasen von gut löslichem Gas in das Schmelzbad (z. B. Sauerstoff in Metall) wird jedoch ein großer Teil des Gases im Schmelzbad im unteren

Teil des Kraters gelöst. Deshalb bildet sich praktisch nur ein geringer aufwärtsstrebender Gas-Schmelzbad-Strom, und die Blaszone bildet sich nur durch die Einwirkung des Gasstrahles auf die Schmelze. In diesem Sonderfall kann man den Durchmesser der Reaktionszone nach folgender Gleichung berechnen:

$$D/d_0 = n^{1/3}\,Ar^{1/3} \tag{7.3-4}$$

(D Durchmesser der Reaktionszone (m); $n = \frac{\varrho_1'' g l}{\varrho_h'' v_h^2/2}$ *Eindringkoeffizient*, der dem Verhältnis des statischen Druckes auf dem Grund des Kraters zum dynamischen Druck des Strahles beim Eintritt in die Schmelze entspricht; v_h Gasgeschwindigkeit beim Eintritt in die Schmelze (m/s); ϱ_h, ϱ_1 Gasdichte beim Eintritt in die Schmelze und am Boden des Kraters (kg/m^3))

Beim Einblasen von schlecht oder unlöslichem Gas in das Schmelzbad wird der Durchmesser der Reaktionszone größer. Für unlösliches Gas wird er nach folgender Gleichung ermittelt:

$$D/d_0 = 1{,}47\,Ar^{0,35} \tag{7.3-5}$$

Somit ist der Durchmesser der Reaktionszone bei unterschiedlichem Löslichkeitsgrad des Gases in allen Fällen proportional der Archimedes-Zahl, was davon zeugt, daß der Charakter der Wechselwirkung beliebiger Gase mit der Schmelze qualitativ gleich ist.
Aus den Gln. (7.3-2) bis (7.3-5) ist zu erkennen, daß die Veränderung der Einblasparameter stärker auf die Eindringtiefe des Strahles in die Schmelze einwirkt als auf den Durchmesser der Blaszone. Eine Veränderung des Gasdüsendurchmessers hat einen geringen Einfluß auf die Geometrie der Blaszone, bei Entfernung der Düse von der Schmelzbadoberfläche verringert sich die Tiefe der Reaktionszone. Dieser Effekt wird beim Konverterprozeß oft genutzt. Der Prozeßablauf wird mit Hilfe der Lageveränderung der Gaslanze gegenüber der Schmelzbadoberfläche gesteuert.

7.3.3. Gaszuführung durch eine Gaslanze unter der Schmelzbadoberfläche

In der Metallurgie werden verschiedene Methoden der Anordnung von Gaslanzen unter der Schmelzbadoberfläche angewendet. So werden z. B. beim Sauerstoffeinblasen im Siemens-Martin-Ofen die Gaslanzen meist von oben in die Schmelze getaucht. Beim Konverterprozeß werden intensiv Einblasmethoden von Sauerstoff oder anderen Gasen in die Schmelze erarbeitet, bei denen die Gasdüsen am Boden des Konverters angebracht sind. In der Buntmetallurgie finden Konverter und Öfen zur Verarbeitung von Metall und Schlacken breite Anwendung, bei denen die Gasdüsen an den Seitenwänden installiert sind. Die Art der Gaslanzenanordnung hat keinen wesentlichen Einfluß auf den Charakter der Wechselwirkung des Gases mit der Schmelze und auf die Struktur der Blaszone. Sie wirkt sich jedoch bedeutend auf den Gasdurchbruch in Form einer Kanalströmung in Abhängigkeit von der Gasbelastung aus. Bei gleicher Tiefe der Gaslanzenstellung in der Schmelze tritt bei steigender Gasbelastung der Gasdurchbruch zuerst bei den Gaslanzen am Boden, danach bei den Gaslanzen in den Seitenwänden und zuletzt bei den von oben eingeführten Gaslanzen auf. Bei Ansteigen des Gasdurchsatzes der Gasdüsen kann man verschiedene Strömungsregime in der Schmelze beobachten. Bei geringen Ausströmgeschwindigkeiten bilden sich periodisch am Düsenmund Gasblasen. Die Abmessungen, die Form und die Abreißfrequenz der Gasblasen hängen vom Gasdurchsatz, vom Durchmesser der Gasdüse, von den Eigenschaften der Schmelze und von der Gaslanzenanordnung ab. Für metallische Schmelzen beträgt bei Blasenbildung die Abreißfrequenz der Blasen 5 bis 10 Hz. Bei der Gaszuführung durch die Vertikalgaslanze werden die Blasen infolge der entgegengesetzten Einwirkung des Gasimpulses und der Auftriebskräfte zusammengedrückt. Bei der Gaszuführung durch eine Bodenlanze wird das entgegengesetzte Bild beobachtet: Die sich am Gasdüsenmund bildenden Blasen ziehen sich vertikal auseinander. Durch seitlich gelagerte Gasdüsen werden die Blasen gegen die Gaslanzenwand gedrückt und dehnen sich dann in vertikaler Richtung.

Bei Erhöhung der Gasaustrittsgeschwindigkeit tritt ein *Übergangsregime der Ausströmung* ein, bei dem am Gasdüsenmund Gasblasen komplizierter Form und unterschiedlicher Abmessung entstehen, die mit einer Frequenz von 10 bis 15 Hz von der »*Gaszone*« abreißen, die stabil am Gasdüsenmund existiert. Bei weiterer Erhöhung der Ausströmgeschwindigkeit des Gases wandelt sich das Übergangsregime in ein Strahlregime um. Dabei bildet sich die Blaszone, die die stabile Strahlzone, die Reaktionszone (mit einer Zweiphasenströmung) und die Zone der Blasendurchgasung einschließt (Bild 7.3-2). Beim Einblasen von löslichem Gas in die Schmelze verringern sich die Abmessungen der Zone der Blasendurchgasung mit Erhöhung des Löslichkeitsgrades des eingeblasenen Gases. Im Grenzfall kann diese Zone vollständig verschwinden.

Die Strahllänge hängt vom Impuls der Gasströmung und vom Druck der Schmelze auf den Gasdüsenmund nach folgender Beziehung ab:

$$l/d_0 = 0{,}5\, G^{0,44}\, H^{0,37} \tag{7.3-6}$$

($G = \varrho_0'' v_0^2/\varrho' g h_S$ dimensionsloser Ausdruck, der wertmäßig dem Verhältnis der Impulsstromdichte des Gases am Gasdüsenmund zum Druck der Schmelze auf den Gasdüsenmund gleich ist; h_S Schichtdicke der Schmelze über dem Gasdüsenmund (m); $H = h_S/d_0$ relative Eindringtiefe der Gaslanze in das Schmelzbad)

Der Strahldurchmesser entspricht etwa dem Durchmesser des Gasdüsenmundes der Gaslanze und ändert sich nicht mit der Strahllänge. Dadurch unterscheidet sich der Gasstrahl in der Schmelze prinzipiell von einem Freistrahl, der sich bekanntermaßen verbreitert.

Beim Einblasen von schlecht löslichem Gas in die Schmelze werden die Abmessungen der Blaszone und deren Form durch die Wechselwirkung des Gasstrahles und der aufsteigenden Gas-Flüssigkeits-Ströme in der Zone der Blasendurchgasung bestimmt. Dabei wird für das Blasen durch eine horizontale Gaslanze die Länge der Blaszone nach folgender Gleichung ermittelt:

$$z/d_0 = 5{,}44\, (G\, H)^{0,24} \tag{7.3-7}$$

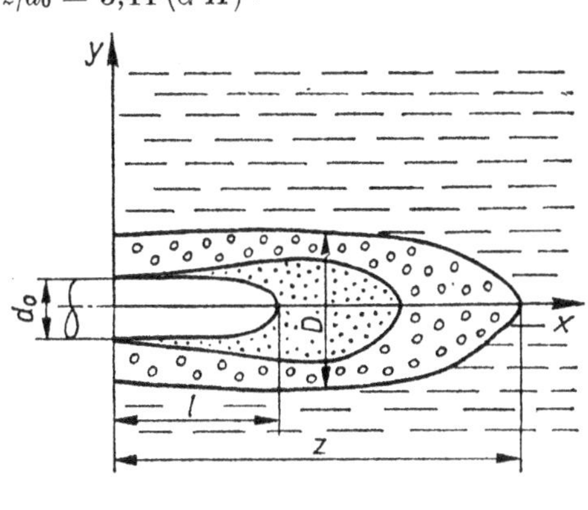

Bild 7.3-2. Blaszone bei Lanzenstellung unter der Badoberfläche

Dadurch, daß $G\,H = \varrho''\,v''^2/\varrho'\,g\,d_0 = Ar^*$ ist, ergibt sich aus Gl. (7.3-7), daß die Länge der Blaszone durch das Verhältnis von Trägheitskräften des Gasstrahles und Auftriebskräften der Schmelze definiert wird.
Den Durchmesser der Blaszone kann man nach folgender Gleichung berechnen:

$$D/d_0 = 1{,}21\;G^{0{,}18} \qquad (7.3\text{-}8)$$

Eine Gegenüberstellung der Gln. (7.3-7) und (7.3-8) zeigt, daß der Durchmesser der Blaszone von der Eindringtiefe der Gaslanze in die Schmelze abhängt, die Länge der Blaszone jedoch von der Eindringtiefe unabhängig ist. Die Gln. (7.3-6) und (7.3-7) kann man für Berechnungen der Geometrie der Blaszone für eine horizontale Gaslanze bei Veränderung der dimensionslosen Parameter G und H in den Grenzen von $0{,}61 \leqq G \leqq 50$ bzw. $4 \leqq H \leqq 20$ verwenden. Wenn man berücksichtigt, daß der prinzipielle Charakter der Wechselwirkung des Gases mit der Schmelze nicht von der Art der Anbringung der Gaslanze abhängt, kann man die angeführten Gleichungen ebenfalls für die Berechnung der Geometrie der Blaszone bei Anbringung der Gasdüsen am Boden oder bei vertikaler Lanzenanordnung verwenden. Alle Angaben gelten selbstverständlich nur bei der Gaszufuhr in das Schmelzbad ohne Gasdurchbruchsregime (Kanaldurchströmung des Schmelzbades).

8 Trocknung

8.1. Grundlagen des Trocknungsprozesses

8.1.1. Allgemeines

Die Trocknung spielt in vielen Produktionsprozessen eine große Rolle, da die Qualität der Finalprodukte oft in bedeutendem Maße davon abhängt. Beispielsweise müssen Gießpfannen, Stopfeneinrichtungen, Gießformen und Kerne einer Trocknung unterzogen werden, damit die bei deren Herstellung mit den Werkstoffen und Bindemitteln eingebrachte Feuchte (Wasser) teilweise oder vollständig entfernt wird. Oft werden auch die Ausgangsstoffe, z. B. für die Herstellung von feuerfesten Baustoffen, und weiterhin auch staubförmige Konzentrate in der Buntmetallurgie, Schlämme von Feuchtreinigungsanlagen und andere Materialien Trocknungsprozessen unterzogen.

Die *Trocknung* (die Begriffe werden weitgehend nach TGL 15382 verwendet) ist ein technologischer Prozeß, bei dem die Feuchte eines Materials aus dem flüssigen in den gasförmigen Zustand überführt und über Trocknungsmittel in die Atmosphäre entfernt wird. Zur Beschleunigung dieses Prozesses wird an das Feuchtgut Wärme übertragen. Diese Wärmeübertragung kann durch Strahlung, Konvektion oder Konduktion (Leitung) realisiert werden. Deshalb unterscheidet man Strahlungs-, Konvektions- oder Kontakttrocknung.

Das *Trocknungsmittel* (gasförmiges Fluid), in das die verdampfte Feuchte (Wasserdampf) transportiert wird, spielt im Verlauf des Trocknungsprozesses eine große Rolle. Das ist besonders dann der Fall, wenn eine Konvektionstrocknung durchgeführt wird (was in den meisten Trocknungstechnologien der Fall ist), da hier das Fluid gleichzeitig auch als Wärmeträger im Prozeß wirksam wird. Ein solches gasförmiges Fluid wird als Trocknungsmittel bezeichnet. Im Verlauf des *Trocknungsprozesses* ändert sich die Feuchte sowohl im *Trocknungsgut* als auch im Trocknungsmittel. Bei der Konvektionstrocknung ändert sich außerdem die Enthalpie des Trocknungsmittels u. U. wesentlich. Deshalb charakterisieren die quantitativen Änderungen der Trocknungsparameter von Trocknungsgut und Trocknungsmittel den ablaufenden Prozeß.

Spezielle Trocknungsverfahren, die besonders in der Leicht- und Lebensmittelindustrie sowie in der Landwirtschaft eingesetzt werden, wie Überdruck-, Vakuum-, Sublimations- (Gefrier-), Widerstands-, Induktiv-, Niederfrequenz- und Hochfrequenztrocknung, sowie auch die mechanische Trocknung (z. B. Pressen und Schleudern) werden hier nicht behandelt. Diese Prozesse sind der Spezialliteratur zu entnehmen.

8.1.2. Eigenschaften des Trocknungsgutes

Das *Feuchtgut (Trocknungsgut)*, das einer Trocknung unterzogen wird, ist durch seine absolute und relative Feuchte *(Feuchtebeladung)* charakterisiert. Die *absolute Feuchte* (u) eines Gutes wird durch den Quotient der im Feuchtgut enthaltenen Feuchtemasse (m_W), meist Wassermasse, zur Masse des feuchtefreien Feststoffes (Trockenstoff) des Gutes (m_{tr}) dargestellt und als *Feuchtesatz* oder *absoluter Feuchtegehalt* bezeichnet:

$$u = \frac{m_W}{m_{tr}} \quad \text{bzw.} \quad u = \frac{m_W}{m_{tr}} 100\,\% \tag{8.1-1}$$

Der Feuchtesatz wird in kg Feuchte je kg Trockenstoff oder in Prozent angegeben. Die *relative Feuchte* (f) eines Gutes wird durch den Quotient der im Feuchtgut enthaltenen Feuchtemasse (Wassermasse) (m_W) zur Masse des Feuchtgutes (Trocknungsgutes) (m_f) dargestellt und wird *Feuchteanteil* oder *Feuchtegehalt* genannt:

$$f = \frac{m_W}{m_f} \quad \text{bzw.} \quad f = \frac{m_W}{m_f} 100\,\% \tag{8.1-2}$$

Der Feuchteanteil wird in kg Feuchte je kg Feuchtgut oder in Prozent angegeben. Die beiden Feuchteangaben sind durch folgende Beziehungen verbunden:

$$u = \frac{f}{1 - f} \quad \text{bzw.} \quad u = \frac{f(\%)}{100 - f(\%)} 100\,\% \tag{8.1-3}$$

$$f = \frac{u}{1 + u} \quad \text{bzw.} \quad f = \frac{u(\%)}{100 + u(\%)} 100\,\% \tag{8.1-4}$$

Zur Erstellung einer Massebilanz des Trocknungsprozesses muß die Wassermasse (kg) (Feuchtemasse), die aus dem Feuchtgut zu entfernen ist, bekannt sein:

$$m_W = m_{f,1} - m_{f,2} = m_{W,1} - m_{W,2} \tag{8.1-5}$$

($m_{f,1}$ Masse des Feuchtgutes (kg) vor der Trocknung;
$m_{f,2}$ Masse des Trocknungsgutes (kg) nach der Trocknung;
$m_{W,1}$ Wassermasse (Feuchtemasse) (kg) vor der Trocknung;
$m_{W,2}$ Wassermasse (Feuchtemasse) (kg) nach der Trocknung)

Die Größen $m_{W,1}$ und $m_{W,2}$ werden durch den jeweiligen Feuchteanteil vor und nach der Trocknung dargestellt:

$$m_{W,1} = \frac{f_1(\%)\, m_{f,1}}{100}$$

$$m_{W,2} = \frac{f_2(\%)\, m_{f,2}}{100}$$

Dann beträgt die bei der Trocknung zu entfernende Wassermasse (Feuchtemasse):

$$m_W = \frac{f_1(\%)\, m_{f,1} - f_2(\%)\, m_{f,2}}{100} \tag{8.1-6}$$

Da $m_{f,1} = m_{f,2} + m_W$, so ist

$$m_W = \frac{f_1(\%)\,(m_{f,2} + m_W) - f_2(\%)\, m_{f,2}}{100} \tag{8.1-7}$$

oder

$$m_W = m_{f,2} \frac{f_1(\%) - f_2(\%)}{100 - f_1(\%)} \tag{8.1-8}$$

Die Feuchte, die aus dem Trocknungsgut während des Trocknungsprozesses entfernt wird, geht in das Trocknungsmittel über und erhöht dabei dessen *Wasserdampfgehalt* (Dampfgehalt). Es ist zu berücksichtigen, daß $m_{f,2} \neq m_{tr}$ ist, da beim Verlassen des Trockners im Gut i. allg. eine *Restfeuchte* $m_{W,2}$ verbleibt. Der Feuchteanteil f des Trocknungsgutes zu Beginn des Trocknungsprozesses hängt von der Technologie des entsprechenden Produktionsprozesses ab und schwankt in teilweise großen Grenzen von $f_1 \approx 5$ bis 15%. Die Restfeuchte ist i. allg. klein und liegt meist in den Grenzen von $f_2 \approx 0{,}5$ bis 1,5%.

Als weiterer wichtiger Parameter gilt die *Trocknungstemperatur* des Gutes. Sie ist die Temperatur, auf die das Gut erwärmt werden darf. Es ist offensichtlich: Je höher die zulässige Trocknungstemperatur des Gutes ist, um so kürzer ist die *Trocknungszeit* und um so größer der Durchsatz für den entsprechenden Trockner. Die maximal *zulässige Trocknungstemperatur* des Gutes wird durch technologische Faktoren begrenzt. So darf z. B. bei der Trocknung von Schüttgütern die Trocknungstemperatur des Gutes nie kristalline Veränderungen hervorrufen oder Beimengungen entfernen (z. B. Entfernung von Schwefel aus Kupfererzkonzentraten). Deshalb werden auch für die meisten Schüttgüter Begrenzungen für die maximal zulässige Temperatur des Trocknungsmittels festgelegt (max. 800 bis 1000 °C), die nicht überschritten werden darf.

Beim Trocknen von Gießereiformen und Kernen werden die zulässigen Temperaturen besonders durch die verwendeten Bindemittel festgelegt, damit eine thermische Zerlegung dieser durch unzulässig hohe Temperaturen verhindert wird. Eine thermische Überbelastung würde die Festigkeit der Formen und Kerne mindern und dadurch zu einer Qualitätsminderung der Gußstücke führen. Deshalb ist die Trocknungstemperatur für Formen und Kerne i. allg. auf 200 bis 400 °C begrenzt (in Abhängigkeit von den verwendeten Bindemitteln und der Art der Formen und Kerne) (siehe auch Tabellen 8.2-3 und 8.2-4). Dabei sind die höheren Temperaturen für die Trocknung bei Verwendung anorganischer Bindemittel und die niederen beim Einsatz organischer Bindemittel üblich. Es muß besonders darauf verwiesen werden, daß eine »*Überhitzung*« des Trocknungsgutes gegen Ende der Trocknungsprozesse, wo die Feuchte weitgehend entfernt ist, verhindert werden muß. In diesem Zeitabschnitt wird die übertragene Wärme kaum für die Trocknung, sondern fast ausschließlich zur Erwärmung des Gutes verwendet.

8.1.3. Eigenschaften des Trocknungsmittels

Als *Trocknungsmittel* wird meist Luft verwendet, aber auch Verbrennungsprodukte, Abgase oder deren Gemische werden eingesetzt.

8.1.3.1. Feuchte Luft

Luft wird in Trocknungsprozessen zur Mischung mit Verbrennungsprodukten und als eigenständiges Trocknungsmittel (erwärmt) eingesetzt. Der Feuchtegehalt und die *Enthalpie der Luft* sind über die Temperatur miteinander gekoppelt. Feuchte Luft stellt ein Gemisch von trockener Luft und Wasserdampf dar. Man unterscheidet (nach dem Wasserdampfgehalt) die absolute und die relative Feuchte der Luft.

Die *absolute Feuchte von Luft* ist die Masse Wasserdampf, die in einem Kubikmeter feuchter Luft enthalten ist, d. h., es ist die partielle Dichte des Wasserdampfes ϱ_D, und sie ist eine Funktion der Temperatur.
Die *relative Feuchte* φ *von Luft* wird durch den Quotient der absoluten Feuchte ϱ_D zur *Sättigungsfeuchte* ϱ_S eines Kubikmeters feuchter Luft bei gegebener Temperatur dargestellt:

$$\varphi = \frac{\varrho_D}{\varrho_S} \quad \text{bzw.} \quad \varphi = \frac{\varrho_D}{\varrho_S} 100\,\% \tag{8.1-9}$$

und gibt eine Aussage darüber, ob die feuchte Luft bei gegebener Temperatur Wasserdampf aufnehmen kann. Sie kann auch durch den Quotient des *Partialdruckes des Wasserdampfes* p_D in der feuchten Luft zum *Sättigungsdampfdruck* p_S bei gegebener Temperatur ausgedrückt werden:

$$\varphi = \frac{p_D}{p_S} \quad \text{bzw.} \quad \varphi = \frac{p_D}{p_S} 100\,\% \tag{8.1-10}$$

Wird die feuchte Luft als ein Gemisch von idealen Gasen betrachtet, so kann man den barometrischen Druck als eine Summe der Partialdrücke von trockener Luft und Wasserdampf darstellen:

$$p_b = p_{RL} + p_D$$

Bei gegebener Temperatur ist der maximal mögliche Partialdruck des Wasserdampfes gleich dem Sättigungsdruck:

$$p_{D,\max} = p_S \tag{8.1-11}$$

Am Trocknungsprozeß ändern sich die Temperatur, die relative Feuchte und das Volumen der feuchten Luft. Die Masse der trockenen Luft in diesem Gasgemisch bleibt jedoch konstant. In diesem Zusammenhang wird die Größe *Wassergehalt* x eingeführt. Er ist der Quotient von der Masse des Wasserdampfes im Gemisch zur Masse der trokkenen Luft (auch Reinluft RL):

$$x = \frac{m_D}{m_{RL}} \tag{8.1-12}$$

(x Wassergehalt der feuchten Luft (kg Wasser/kg RL); m_D Masse des Wasserdampfes (kg); m_{RL} Masse der trockenen Luft (Reinluft) (kg))

Für feuchte Luft wird die Gleichung nach *Clapeyron-Mendelejew* verwendet:

$$p\,v = R_i\,T \tag{8.1-13}$$

(p Druck des Gases (Pa); v spezifisches Volumen (m³/kg); R_i Gaskonstante des Gases i bzw. des Gasgemisches (kJ/(kg K)); T thermodynamische Temperatur (K))

Das *spezifische Volumen* der trockenen Luft (Reinluft) beträgt

$$v_{RL} = \frac{V}{m_{RL}} \quad (\text{m}^3/\text{kg}) \tag{8.1-14}$$

und für Wasserdampf

$$v_D = \frac{V}{m_D} \quad (\text{m}^3/\text{kg}) \tag{8.1-15}$$

(V Volumen des Gasgemisches, d. h. der feuchten Luft)

Schreibt man die Clapeyron-Mendelejew-Gleichungen jeweils für trockene Luft und für Wasserdampf und setzt Gln. (8.1-14) und (8.1-15) für das spezifische Volumen von trockener Luft und für Wasserdampf ein, dann kann der Wassergehalt x der feuchten Luft wie folgt dargestellt werden:

$$x = \frac{m_D}{m_{RL}} = \frac{p_D V R_{RL} T}{p_{RL} V R_D T} \quad (\text{kg/kg RL}) \tag{8.1-16}$$

($R_{RL} = 0{,}28710$ kJ/(kg K) spezielle Gaskonstante für trockene Luft; $R_D = 0{,}46152$ kJ/(kg K) spezielle Gaskonstante für Wasserdampf)

Setzt man in Gl. (8.1-16) die Werte für R_{RL} und R_D ein, so erhält man:

$$x = 0{,}622 \frac{p_D}{p_{RL}} = 0{,}622 \frac{p_D}{p_b - p_D} \quad (\text{kg/kg RL}) \tag{8.1-17}$$

(p_b barometrischer Druck der feuchten Luft (i. allg. Atmosphärendruck))

Beträgt der Partialdruck des Wasserdampfes $p_D = \varphi p_S$, dann ist

$$x = 0{,}622 \frac{\varphi p_S}{p_b - \varphi p_S} \tag{8.1-18}$$

Bei Berechnungen des Trocknungsprozesses wird der Umgebungsdruck (Atmosphärendruck) meist als mittlerer örtlicher Wert eingesetzt, z. B. $p \approx 98$ kPa (≈ 735 mm Hg), $p \approx 100$ kPa (≈ 750 mm Hg).
Die spezifische Enthalpie der feuchten Luft setzt sich aus der Summe der spezifischen Enthalpie der trockenen Luft und der des in ihr enthaltenen Wasserdampfes zusammen. Die Enthalpie der trockenen Luft bei der Temperatur t in °C bestimmt man nach

$$h_{RL} = c_{p,RL}\, t \quad (\text{kJ/kg}) \tag{8.1-19}$$

($c_{p,RL} = 1{,}005$ kJ/(kg K) mittlere spezifische Wärmekapazität der trockenen Luft im Temperaturbereich von 0 bis 100 °C)

Die spezifische Enthalpie des Wasserdampfes wird bestimmt mit

$$h_D = r_D + c_{p,D}\, t \tag{8.1-20}$$

$$h_D = 2490 + 1{,}97\, t \quad \text{kJ/kg}$$

(r_D spezifische Verdampfungsenthalpie (Verdampfungswärme) des Wassers (kJ/kg); $c_{p,D}$ mittlere spezifische Wärmekapazität des Wasserdampfes (kJ/kg))

Dann beträgt die spezifische Enthalpie der feuchten Luft bei einer Temperatur t in °C:

$$h_{L,f} = (2490 + 1{,}97\, t)\, x + 1{,}005\, t \quad (\text{kJ/kg}) \tag{8.1-21}$$

8.1.3.2. Verbrennungsprodukte

Verbrennungsprodukte (auch *Abgas* oder *Rauchgas* genannt) werden in einer großen Zahl von Trocknern als Trocknungsmittel eingesetzt. Ihr Wassergehalt wird wie folgt bestimmt:

$$x_{VP} = \frac{m_{W,VP}}{V_{VP,tr}\, \varrho_{VP,tr}} \quad (\text{kg/kg VP}_{tr}) \tag{8.1-22}$$

$$m_{W,VP} = \frac{18\, V_{W,VP}}{22{,}4}$$

($m_{W,VP}$ Masse des Wasserdampfes in den Verbrennungsprodukten (kg); $V_{W,VP}$ Wasserdampfvolumen in den Verbrennungsprodukten (m³/m³))

Das trockene Volumen der Verbrennungsprodukte $V_{VP,tr}$ wird berechnet aus

$$V_{VP,tr} = V_{VP} - V_{W,VP}$$

(V_{VP} Gesamtvolumen der Verbrennungsprodukte)

und die Dichte der trockenen Verbrennungsprodukte $\varrho_{VP,tr}$ (kg/m³) aus

$$\varrho_{VP,tr} = \frac{V_{CO_2,VP} \cdot 44 + V_{N_2,VP} \cdot 28 + V_{O_2,VP} \cdot 32}{V_{VP,tr} \cdot 22{,}4}$$

($V_{CO_2,VP}$; $V_{N_2,VP}$; $V_{O_2,VP}$ Volumenanteile in den Verbrennungsprodukten)

Die *spezifische Enthalpie* der Verbrennungsprodukte ist dann:

$$h_{VP} = \frac{H_u}{v_{VP}\ \varrho_{VP,tr}} \tag{8.1-23}$$

(H_u Heizwert des eingesetzten Brennstoffes (kJ/kg))

Die genannten Größen der Verbrennungsprodukte stammen aus der Verbrennungsrechnung, deren Werte bei den jeweils vorliegenden Luftzahlen der Feuerungseinrichtung des Trockners ermittelt werden. Die richtige Wahl der entsprechenden Luftzahl hat große Bedeutung. Da die Temperatur der Verbrennungsprodukte in der Mehrzahl der industriellen Feuerungen bedeutend über der zulässigen Temperatur des Trocknungsmittels bei Zuführung zum Trockner (Trocknungsgas) liegt, ist man bestrebt, mit einer maximal möglichen Luftzahl die entsprechenden Feuerungen zu betreiben. Dies erleichtert die weitere Senkung der Temperatur der Verbrennungsprodukte durch Zumischung von Luft oder von aus dem Trockner abgeleitetem Abgas (Rückgas). Dadurch wird eine gleichmäßigere Temperaturverteilung im Trocknungsmittel erreicht und somit Einfluß auf die Qualität der Trocknung genommen. Allerdings kann die Luftzahl nicht beliebig vergrößert werden, denn bei einer übermäßig großen Luftzahl wird bei der Verbrennung die Temperatur so stark abgesenkt, daß keine stabile Verbrennung mehr stattfinden kann. Durch Experimente wurde gefunden, daß die Temperatur der Verbrennungsprodukte in der Feuerung maximal auf 900 bis 1000 °C abgesenkt werden kann, wenn eine stabile Verbrennung aufrechterhalten werden soll. Daraus läßt sich auch der Wert der maximal zulässigen Luftzahl ermitteln:

$$\lambda_{max} = \frac{\dfrac{H_u}{h_{min}} - V_{VP,\lambda=1}}{L_{min}} + 1 \tag{8.1-24}$$

(h_{min} spezifische Enthalpie der Verbrennungsprodukte bei minimal zulässiger Temperatur in der Feuerung, $h_{min} \approx 1340$ bis 1460 kJ/m³ (kJ/kg); $V_{VP,\lambda=1}$ Volumen der Verbrennungsprodukte bei einer Verbrennung mit $\lambda = 1$ bezogen auf 1 m³ Brenngas (oder 1 kg Brennstoff) (m³/m³ oder m³/kg); H_u Heizwert des Brennstoffes (kJ/m³ oder kJ/kg) (wird auch mit Q_i (nach TGL 9494) bezeichnet); L_{min} stöchiometrisches Volumen der Verbrennungsluft bezogen auf 1 m³ Brenngas (oder 1 kg Brennstoff) (m³/m³ oder m_g^3/kg))

Durch die Entfernung der Feuchte aus dem Trocknungsgut erhöht sich der Wasserdampfanteil des Trocknungsmittels. Die zugeführte Wärme wird für die *Verdampfung* (bei Temperaturen >100 °C wird auch von *Verdunstung* gesprochen) der Feuchte aus dem Trocknungsgut, für die Erwärmung des Trocknungsgutes und für die Deckung von Wärmeverlusten des Trockners benötigt. Deshalb verringert sich während des Trocknungsprozesses die Temperatur des Trocknungsmittels und dessen Enthalpie. Aus diesem Grunde muß zwischen Anfangs- und Endenthalpie sowie zwischen Anfangs- und Endfeuchtegehalt des Trocknungsmittels unterschieden werden.

8.2. Wärme- und Stoffübertragung im Trocknungsprozeß

8.2.1. Verlauf des Trocknungsprozesses

Während des Trocknungsprozesses ändert sich der Feuchtegehalt des Trocknungsgutes ständig. Dadurch entsteht zwischen der Oberfläche des Gutes, von der die Feuchte ständig entfernt wird, und den inneren Schichten des Gutes eine Konzentrationsdifferenz der Feuchte. Im Ergebnis dessen entsteht ein Feuchtetransport von den Orten größerer zu den Orten mit niederer Feuchtekonzentration, d. h., es geht eine *Feuchtediffusion* vor sich, die auch *Feuchteleitfähigkeit* genannt wird. Dabei wird die Feuchte zur Oberfläche des Gutes oder zum Ort der *Verdampfungsgrenze (Trocknungsspiegel)* transportiert, dort in Dampf überführt, der sich dann mit erwärmter Luft oder mit Verbrennungsprodukten vermischt und in die Umgebung abgeführt wird. Wie Experimente nachweisen, bewegt sich die Verdampfungsgrenze von der Oberfläche des Gutes im Verlauf des Trocknungsprozesses in das Innere.

Da für die Verdampfung Wärme zugeführt werden muß, wird außer der Entfernung der Feuchte des Gutes auch eine Erwärmung desselben erfolgen. Dadurch entsteht eine Temperaturdifferenz zwischen Oberfläche und Kern des Trocknungsgutes. Als Folge davon bewegt sich die Feuchte von den Orten höherer zu den Orten niederer Temperatur. Diese Erscheinung wird durch den unterschiedlichen Kapillardruck in den Kanälen (Poren) des Trocknungsgutes bei Vorhandensein einer Temperaturdifferenz hervorgerufen. Sie wird als *Thermofeuchte-Leitfähigkeit* bezeichnet. Besonders bei massiven (dicken) Trocknungsgütern ist diese Erscheinung zu beachten, da bei ihnen erhebliche Temperaturdifferenzen auftreten können. Da die Temperatur der Gutoberfläche größer ist als die Kerntemperatur, haben die Vektoren der Feuchteleitfähigkeit und der Thermofeuchte-Leitfähigkeit entgegengesetzte Vorzeichen, d. h., der Trocknungsprozeß wird verlangsamt. Mit der »*Durchwärmung*« des Trocknungsgutes (Verringerung des Temperaturgradienten) verringert sich der Einfluß der Thermofeuchte-Leitfähigkeit. In den meisten Fällen hat die Feuchteleitfähigkeit den entscheidenden Einfluß.

Wenn das Trocknungsgut auf 100 °C durchwärmt wird, verdampft die Feuchte innerhalb des Gutes (z. B. Formstoff oder Kerne). Dabei entsteht im Inneren des Gutes ein höherer *Wasserdampfpartialdruck* als in den äußeren Schichten. Diese Partialdruckdifferenz führt zu einer Vergrößerung des Wasserdampftransportes aus dem Inneren zu den äußeren Schichten (Oberfläche). Das erwärmte *Trocknungsgas* (Trocknungsmittel), das die Oberfläche des Trocknungsgutes umspült, überträgt dabei nicht nur Wärme, sondern übernimmt auch den Abtransport der verdampften Feuchte von der Oberfläche. So werden also die instationären Felder des Feuchtegehaltes und der Temperatur im Trocknungsgut von den Gesetzmäßigkeiten des Feuchte- und Wärmetransportes sowohl innerhalb als auch außerhalb (mit der Umgebung) des Gutes bestimmt. Zur Beurteilung der Prozesse des Feuchte- und Wärmetransportes während der Trocknung wird deren Verhalten über der Zeit in Bild 8.2-1 dargestellt. Die Darstellung gilt für eine konstante relative Feuchte des Trocknungsmittels. Es ist zu erkennen, das der Trocknungsvorgang in drei Abschnitte eingeteilt werden kann. In der Fachliteratur werden die Abschnitte *I* und *II* oft gemeinsam als *erster Trocknungsabschnitt* und der Abschnitt *III* als *zweiter Trocknungsabschnitt* bezeichnet und teilweise unterteilt. Im Abschnitt *I* geht eine Erwärmung des Gutes und eine Verdampfung der Feuchte an der Gutoberfläche vor sich. Die Trocknungsintensität ist in die-

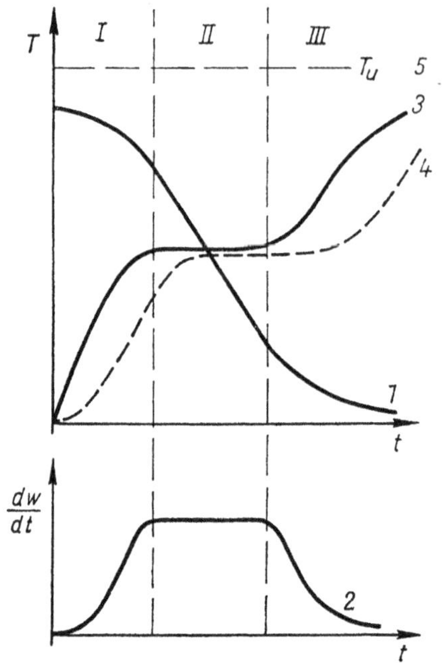

Bild 8.2-1. Änderungen der Trocknungsparameter über der Zeit
1 relative Feuchte f des Trockengutes (%)
2 Massestrom der entfernten Feuchtigkeit (kg/(m² s))
3 Oberflächentemperatur des Trockengutes (°C)
4 Kerntemperatur des Trockengutes (°C)
5 Temperatur des Trockenmediums (°C)

sem Abschnitt nicht groß. Das ist dadurch bedingt, daß die übertragene Wärme nicht nur zur Verdampfung der »*Feuchte*«, sondern auch zu einem beträchtlichen Teil zur Erwärmung des Gutes benötigt wird und daß durch die Temperaturdifferenz zwischen Oberfläche und Kern (durch die Thermofeuchte-Leitfähigkeit) die Entfernung der Feuchte gebremst wird. Mit zunehmender Erwärmung des Gutes verringert sich dann die Temperaturdifferenz über den Querschnitt des Gutes, und die Trocknungsgeschwindigkeit nimmt zu. Im Abschnitt *II* bleibt die Trocknungsgeschwindigkeit praktisch konstant. Die Temperaturen von Oberfläche und Kern des Gutes unterscheiden sich nur sehr wenig und unterliegen nur geringen Veränderungen. Die Temperaturen haben den Wert eines »*Naßthermometers*«. Die in diesem Abschnitt übertragene Wärme wird für die Verdampfung der Feuchte verwendet. Es stellt sich ein stationärer Prozeß ein, der Einfluß der Thermofeuchte-Leitfähigkeit entfällt, und der Trocknungsvorgang wird ausschließlich durch die Feuchteleitfähigkeit bestimmt. Im Abschnitt *III* nimmt die Trocknungsintensität wieder ab. Die *Verdampfungsgrenze* (Fläche, die den feuchten und trockenen Teil des Gutes trennt) bewegt sich mit der weiteren Erwärmung des Gutes von dessen Oberfläche in das Innere des Gutes. Die dem Gut übertragene Wärme wird nicht nur zur Verdampfung der Feuchte, sondern in zunehmendem Maße zur Erwärmung verwendet. Erneut bildet sich ein Temperaturgradient über den Querschnitt des Gutes aus, und die Trocknungsgeschwindigkeit nimmt wieder ab. Dies geschieht infolge der sinkenden Feuchte des Gutes und damit der abnehmenden Feuchteleitfähigkeit durch die Verringerung der Konzentrationsunterschiede der Feuchte und im Ergebnis einer zunehmenden Thermofeuchte-Leitfähigkeit, was zur Verringerung des Feuchtetransportes zur Oberfläche führt. Im Abschnitt *III* ist die Partialdruckdifferenz des Wasserdampfes zwischen den inneren und äußeren Schichten des Gutes für den Feuchtetransport zur Gutoberfläche entscheidend. Am Ende des Abschnittes *III* ist die Entfernung der Feuchte aus dem Gut

beendet, und die Guttemperatur nähert sich der Temperatur des Trocknungsmittels. Es ist jedoch noch zu bemerken, daß die Trocknungsgeschwindigkeit nicht nur vom Wert des Feuchtetransportes im Gut abhängig ist, sondern auch von der Geschwindigkeit der Entfernung des Wasserdampfes von der Trocknungsgutoberfläche.
Die Trocknungsgeschwindigkeit hängt insgesamt von den Bedingungen der Wärmeübertragung an die Gutoberfläche ab. Je größer die Wärmestromdichte ist, um so größer ist, bei sonst gleichen Bedingungen, die Verdampfungsgeschwindigkeit an der Gutoberfläche. Mit Zunahme der Wärmestromdichte nimmt jedoch auch die Temperaturdifferenz über den Gutquerschnitt zu, was zu Temperaturspannungen führt und im Trocknungsgut Risse hervorrufen kann. Außerdem wächst mit der Temperaturdifferenz die Thermofeuchte-Leitfähigkeit, und diese führt in den Abschnitten *I* und *III* zu einem Feuchtetransport in das Innere des Gutes und verringert damit die Trocknungsgeschwindigkeit.
Die Bindung von Feuchte (Wasser) an Gut wird nach *Rebinder* in drei Arten unterschieden:

1. physikalisch-mechanische Bindung,
2. physikalisch-chemische Bindung und
3. chemische Bindung.

Physikalisch-mechanisch gebundenes Wasser ist in Kapillaren des Gutes und an dessen Oberfläche vorhanden. Diese Feuchte wird als *Kapillar-* und *Haftflüssigkeit* (Oberflächenwasser) bezeichnet. Beide (Kapillar- und Haftflüssigkeit) werden infolge der Oberflächenspannung der Flüssigkeit an das Gut gebunden. Die *Oberflächenspannung* σ (N/m) entsteht durch intermolekulare Kräfte. In Flüssigkeiten nehmen die Oberflächenspannungen mit zunehmender Temperatur ab (Tabelle 8.2-1). Aufgrund dieser Oberflächenspannung erklären sich auch die *Kapillareffekte,* der *Kapillardruck* und die *kapillare Steighöhe.* Beide lassen sich mit den Gesetzen der Mechanik darstellen. Taucht man ein enges Glasrohr (Kapillare) in eine Flüssigkeit, so bildet sich nach dem mechanischen Kräftegleichgewicht für die Stoffkombination Glas-Wasser durch die Wirkung der Oberflächenspannung ein entsprechender *Benetzungswinkel* α (Bild (8.2-2). Dieser Winkel bestimmt auch den Radius des sich ausbildenden Meniskus r_M. Bei einer vollständigen Benetzung ist $\alpha = 0$ (bei totaler Nichtbenetzung $\alpha = \pi$). Bei Kenntnis der Oberflächenspannung und des Meniskusradius wird der Kapillardruck

$$p_K = \frac{2\sigma}{r_M} \quad \text{(Pa)} \tag{8.2-1}$$

Tabelle 8.2-1. Oberflächenspannung des Wassers in Abhängigkeit von der Temperatur

Temperatur °C	Oberflächenspannung σ N/m · 10^{-3}
0	75,625
20	72,582
40	69,414
60	66,039
80	62,499
100	58,742

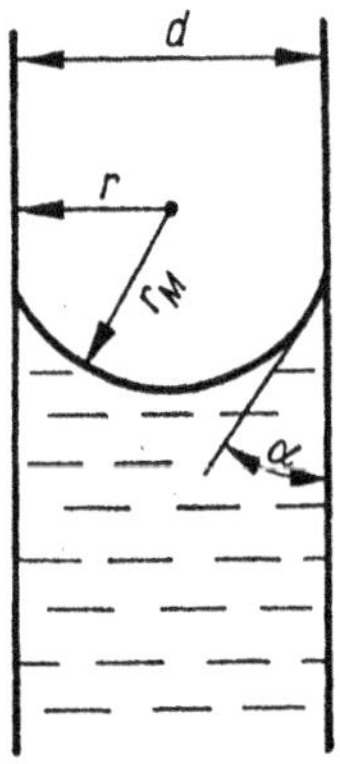

Bild 8.2-2. Kapillare mit Meniskus

bei vollständiger Benetzung $r_M = r$ entsprechend

$$p_K = \frac{2\sigma}{r}$$

Unter Wirkung des Kapillardruckes wird die potentielle Energie der gestiegenen Flüssigkeit verändert. Diese Änderung entspricht der *Bindungsenergie* der Flüssigkeit r_b:

$$r_b = \frac{p_K}{\varrho_W - \varrho_D} = \frac{2\sigma}{r_M(\varrho_W - \varrho_D)} \quad \text{(J/kg)} \tag{8.2-2}$$

Bei vollständiger Benetzung und unter Berücksichtigung, daß $\varrho_D \ll \varrho_W$, beträgt die Bindungsenergie

$$r_b = \frac{2\sigma}{r\,\varrho_W} = p_{K,W}\, v_W \tag{8.2-3}$$

oder

$$r_b = g\,h = p_{K,W}\, v_W$$

(p_K Kapillardruck (Pa); $p_{K,W}$ Kapillardruck des Wassers (kPa); v_W spezifisches Volumen des Wassers (m³/kg); σ Oberflächenspannung des Wassers (N/m); g Fallbeschleunigung (m/s²); h Steighöhe (m); r Radius der Kapillare (m))

Das bedeutet, daß bei geringen *Kapillarradien* erhebliche Kapillardrücke und entsprechend große Steighöhen vorhanden sind (Tabelle 8.2-2). Aus der Tabelle ist ersichtlich, daß bei Vorhandensein von Mikrokapillaren ($r < 1$ µm) beträchtliche Bindungsenergien wirksam werden, die sich selbstverständlich auf den Trocknungsprozeß auswirken. Bei makrokapillarem Gut werden diese Bindungskräfte i. allg. nicht berück-

Tabelle 8.2-2. Kapillardruck und kapillare Steighöhe von Wasser (für 0 °C, $\alpha = 0°$, g = 9,80665 m/s²)

Kapillarradius r m	Kapillardruck $p_{K,W}$ kPa	kapillare Steighöhe h m
10^{-4}	1,5102241	0,154
10^{-5}	15,102241	1,54
10^{-6}	151,02241	15,4
10^{-7}	1510,2241	154

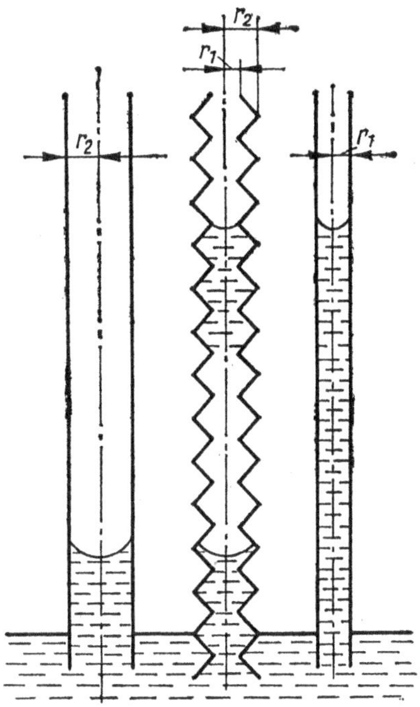

Bild 8.2-3. Wirkung unterschiedlicher Kapillarradien

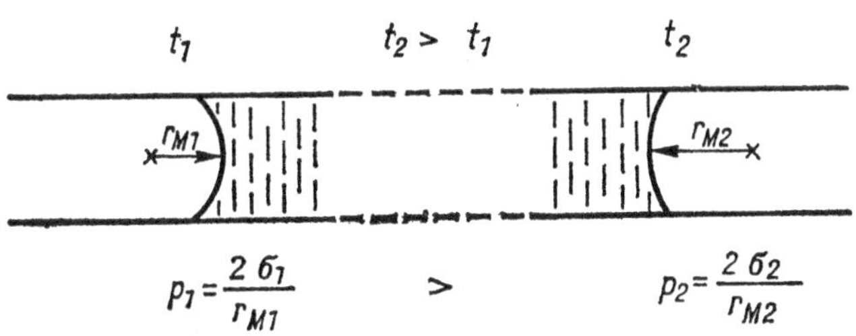

Bild 8.2-4. Kapillardruckdifferenz infolge Temperaturgradient

sichtigt. Die Tatsache, daß bei kapillarporösen Gütern eine Hysterese zwischen Sorption und Desorption beobachtet wird, kann man sich auch an einem Modell nach Bild 8.2-3 vorstellen. Die sog. *Zwickelkapillarität,* die in den Zwischenräumen von körnigem Gut entsteht, hat wechselnde Kapillarradien. Folglich ist die Steighöhe bestimmten Schwankungen unterworfen.

Auch die Thermofeuchte-Leitfähigkeit läßt sich mit einem Kapillarmodell nach Bild 8.2-4 nachbilden. Aufgrund der Verringerung der Oberflächenspannung des Wassers mit zunehmender Temperatur wird die Sogwirkung des Kapillardruckes in Orten höherer Temperatur nach Gl. (8.2-1) geringer, ud es entsteht wegen der Kapillardruckdifferenz ein Wassertransport in Richtung des Wärmestromes, d. h. von der Oberfläche des Gutes in Richtung Kern.

Physikalisch-chemisch gebundenes Wasser umfaßt die *Quellungsflüssigkeit* und die *Adsorptionsflüssigkeit.* Diese Bindung ist durch zusätzliche Effekte, wie Wärmeentbindung, Systemkontraktion und teilweises Eingehen chemischer Bindung, gekennzeichnet. Deshalb ist sie für die jeweiligen Trocknungsgüter mitunter sehr unterschiedlich und in ihren physikalisch-chemischen Zusammenhängen meist komplizierter. (Die Fachliteratur vermittelt dazu entsprechende Kenntnisse; hier wird nicht näher darauf eingegangen.)

Chemisch gebundenes Wasser wird bei technischen Trocknungsprozessen i. allg. nicht entfernt und ist deshalb nicht Gegenstand der Trocknungstechnik.

Weiterhin wird in *nichthygroskopische* (wenn Haft- und Makrokapillarflüssigkeit entfernt werden muß) und *hygroskopische Bindung* (wenn Mikrokapillar- und physikalisch-chemisch gebundene Flüssigkeit entfernt wird) unterschieden. Nachfolgend wird die Trocknung von nichthygroskopischen Gütern dargestellt.

8.2.2. Beschreibung der Wärme- und Stoffübertragung im Trocknungsprozeß

Die Mehrzahl aller Trocknungsgüter sind kapillarporöse Stoffe und werden deshalb bei der Analyse und Beschreibung der Entfeuchtungsvorgänge durch die Gesetzmäßigkeiten des Feuchte- und Wärmetransportes solcher Stoffe bestimmt. Deshalb kann man die Feuchtestromdichte des Trocknungsgutes wie folgt beschreiben:

$$\dot{m}_W = D_W \varrho_{TG,tr} \nabla W \pm K_T \varrho_{TG,tr} \nabla T \pm K_p \nabla p \quad (kg/(m^2\,s)) \tag{8.2-4}$$

(D_W Feuchteleitkoeffizient (m^2/s); K_T Thermofeuchte-Leitkoeffizient ($m^2/(s\,K)$); K_p Feuchteleitkoeffizient durch Partialdruckdifferenz des Wasserdampfes (s); $\varrho_{TG,tr}$ Dichte des Trockenstoffes (kg/m^3); ∇W Feuchtigkeitsgradient (1/m); ∇T Temperaturgradient (K/m); ∇p Partialdruckgradient (Pa/m))

In Abhängigkeit des Vorzeichens des zweiten und dritten Gliedes der rechten Seite der Gl. (8.2-4) für Thermofeuchteleitung und Partialdruck-Feuchteleitung kann der Trocknungsprozeß beschleunigt oder verzögert werden. Wenn der Trocknungsprozeß bei Temperaturen $<100\,°C$ abläuft, wird der Feuchtetransport im Inneren des Gutes in der flüssigen Phase realisiert, und die Verdampfung verläuft an der Trocknungsgutoberfläche. Bei höheren Temperaturen wird der Feuchtetransport im Inneren des Gutes hauptsächlich in dampfförmiger Phase realisiert, und die Verdampfungsgrenze (Trocknungsspiegel) wandert mit fortschreitender Trocknung zum Kern des Gutes. In beiden Fällen wird der Wasserdampf an der Trocknungsgutoberfläche an das Trocknungsmittel übertragen. Die Feuchtestromdichte an der Gutoberfläche zum Trocknungsmittel wird dann:

$$\dot{m}_{W,O} = \beta_W (p_{W,O} - p_{TM}) \quad (kg/(m^2\,s)) \tag{8.2-5}$$

(β_W partialdruckbezogener Stoffübertragungskoeffizient des Wasserdampfes (s/m); $p_{W,O}$ Wasserdampfpartialdruck an der Gutoberfläche (Pa); p_{TM} Wasserdampfpartialdruck des Trocknungsmittels (Pa))

Gl. (8.2-5) ist auch als eine Form des *Daltonschen Gesetzes* bekannt. Sie ist eine Näherungsbeschreibung der Wasserdampfübertragung, da der Partialdruck keine Triebkraft für den Wassertransport ist. Gl. (8.2-5) beschreibt die gegenseitigen Einwirkungen von Trocknungsgut und Trocknungsmittel (bei Randbedingungen dritter Art) und ist strenggenommen nur gültig, wenn der Stoffübertragungskoeffizient β_W konstant ist, d. h. bei einem stationären Prozeß, also im Abschnitt *II* der Trocknung (konstante Trocknungsgeschwindigkeit). Bei sich ändernder Trocknungsgeschwindigkeit muß die zeitliche Änderung des Stoffübertragungskoeffizienten berücksichtigt werden.

Für die Beschreibung der Wärmeübertragung an die Gutoberfläche kann die Wärmestromdichte nach *Newton* wie folgt geschrieben werden:

$$\dot{q} = \alpha\,(T_{\mathrm{TM}} - T_{\mathrm{G,O}}) \quad (\mathrm{W/m^2}) \tag{8.2-6}$$

(α Wärmeübertragungskoeffizient (W/(m² K)); T_{TM} Temperatur des Trocknungsmittels (K oder °C); $T_{\mathrm{G,O}}$ Temperatur der Gutoberfläche (K oder °C))

Auch dieser Ansatz ist strenggenommen nur gültig, wenn die Gutoberflächentemperatur $T_{\mathrm{G,O}}$ konstant ist, d. h. in der Periode der konstanten Trocknungsgeschwindigkeit. Man kann beide Ansätze (nach *Dalton* und *Newton*) auch näherungsweise für eine nicht konstante Trocknungsgeschwindigkeit benutzen, wenn man die zeitliche Änderung der Koeffizienten der Stoff- und Wärmeübertragung (β_{W} und α) berücksichtigt.

Es muß weiterhin berücksichtigt werden, daß die im Abschnitt 4.2. erhaltenen Abhängigkeiten zur Ermittlung von Stoff- und Wärmeübertragungskoeffizienten für die Analyse des Trocknungsprozesses nur angenähert gelten. Die Entfernung des Wasserdampfes von der Gutoberfläche bedingt eine Querströmung und somit eine Deformation der Geschwindigkeits-, Temperatur- und Konzentrationsverteilung in der hydrodynamischen Grenzschicht für den Wärmetransport und die Diffusion. Das führt i. allg. zur Vergrößerung der Grenzschichtdicke und damit zur Senkung der Werte der Koeffizienten. Der Trocknungsprozeß muß also, bezogen auf die genannten Trocknungsabschnitte, auf der gleichzeitigen Lösung der Gleichungen für den Wärme- und Stofftransport beruhen, die für kapillarporöse Güter gelten und entsprechende Randbedingungen berücksichtigen (Gl. (8.2-4) bis (8.2-6)). Dabei ist die Abhängigkeit der Koeffizienten für die Stoff- und Wärmeübertragung und die Tatsache, daß die Koeffizienten der Feuchteleitung, der Thermofeuchteleitung und der Temperaturleitung des Trocknungsgutes von der Gutfeuchte abhängen (und sich deshalb über die Zeit ändern), zu berücksichtigen. Die Ergebnisse solcher Berechnungen dienen zur Festlegung der Trocknungszeit und der Trocknungsparameter.

Es muß jedoch bemerkt werden, daß Berechnungen mit hoher Zuverlässigkeit bis heute nur für einfache Fälle (einfache Formen der Trocknungsgüter) möglich sind. Die mathematische Beschreibung von komplizierten Trocknungsgütern bereitet noch erhebliche Schwierigkeiten. Deshalb wird die Trocknungszeit für reale Güter oft über

Tabelle 8.2-3
Maximal zulässige Trocknungstemperaturen für Gießereikerne (nach Mastrjukov)

Bindemittel	Temperatur °C
Melasse, Dextrin, Sulfidlösung	180
ölhaltige Verfestiger	220
tonhaltige Lösungen	240

Tabelle 8.2-4
Maximal zulässige Trocknungstemperaturen für Gießereiformen (nach Mastrjukov)

Bindemittel	Temperatur °C
Wasserglas	240
tonhaltige Lösungen für Grauguß	320...450
tonhaltige Lösungen für Stahlguß	350...400

Wanddicke m	Trocknungszeit h
bis 0,1	6... 7
0,1...0,3	7...12
0,3...0,5	12...24

Tabelle 8.2-5. Trocknungszeit für Gießereiformen in Abhängigkeit der Wanddicke (nach Mastrjukov)

Kernmasse kg	Trocknungsdauer h
bis 2	1...1,5
2...15	1,5...2
15...30	2...4
30...100	4...7
>100	8...12

Tabelle 8.2-6. Trocknungszeit für Gießereikerne in Abhängigkeit von der Masse (nach Mastrjukov)

experimentelle Werte korrigiert oder bestimmt, die dann in die angeführten Berechnungsgleichungen eingehen. Derartige Richtwerte für technologische Trocknungstemperaturen und Trocknungszeiten sind in den Tabellen 8.2-3 bis 8.2-6 dargestellt.

8.3. Berechnung des Trocknungsprozesses

8.3.1. Aufgabenstellung

Die Berechnung des Trocknungsprozesses ist erforderlich, damit für den ordnungsgemäßen Betrieb des Trockners die Menge des Trocknungsmittels und der Wärmeverbrauch (Brennstoffverbrauch) bestimmt werden können. Trocknertyp, technologische Randbedingungen für das Trocknungsgut und der zur Verfügung stehende Wärmeträger (Brennstoff) sind i. allg. gegeben. Das *Trocknungsregime (Trocknungstechnologie)* wird nach technologischen Überlegungen und der Art des Trocknungsgutes meist nach praktischen Erfahrungen festgelegt. Unter diesen Umständen ist es Aufgabe der Berechnungen, eine gemeinsame Bilanzierung für Feuchte und Wärme im Trocknungsprozeß vorzunehmen. Es ist offensichtlich, daß die gesamte Feuchte, die aus dem Trocknungsgut entfernt wird, in das Trocknungsmittel überführt wird. Dabei wird der Feuchtegehalt des Trocknungsmittels von einem Anfangszustand x_A (Zuführung zum Trockner) bis auf einen Endzustand x_E (Trocknerabgas) erhöht. Auf der Basis des Gesetzes der Massenerhaltung ist dann

$$m_W = m_{TM,tr}\,(x_E - x_A) \quad \text{(kg)} \tag{8.3-1}$$

(m_W Masse der vom Trocknungsmittel aufgenommenen Feuchte (kg); $m_{TM,tr}$ Masse des Trocknungsmittels im trockenen Zustand (kg); x_A, x_E Wassergehalt des Trocknungsmittels am Anfang und am Ende des Trocknungsprozesses (kg/kg TM oder kg/kg RL))

Die notwendige *Trocknungsmittelmasse* im trockenen Zustand wird meist auf 1 kg Feuchte, die aus dem Trocknungsgut entfernt werden muß, bezogen:

$$l = \frac{m_{TM,tr}}{m_W} = \frac{1}{x_E - x_A} \quad \text{(kg/kg Feuchte)} \tag{8.3-2}$$

Den *Brennstoffverbrauch* (oder Elektroenergieverbrauch) ermittelt man aus der Wärmebilanz unter Berücksichtigung der Verdampfungswärme der zu entfernenden Feuchte, der Überhitzung des Wasserdampfes und aller Arten von Wärmeverlusten. Es ist sehr praktisch, eine Analyse des Trocknungsprozesses mit Hilfe des h-x-Diagrammes durchzuführen. Dieses Diagramm gibt eine anschauliche thermodynamische Darstellung über die gegenseitigen Beziehungen der Parameter des Trocknungsprozesses und gestattet sehr leicht und schnell, den Verbrauch an Wärme und Trocknungsmittel zu bestimmen.

8.3.2. h-x-Diagramm

Basis des *h-x-Diagrammes* sind die spezifische Enthalpie h (kJ/kg) und der Wassergehalt x (kg Wasser/kg RL). Das h-x-Diagramm wurde für feuchte Luft aufgestellt; wegen der geringen Abweichung der thermodynamischen Stoffwerte kann es auch für Verbrennungsprodukte und Gemische von Verbrennungsprodukten und Luft verwendet werden. Zur besseren (übersichtlicheren) Nutzung des Diagrammes wurde es in einem schiefwinkligen Koordinatensystem aufgebaut (Bild 8.3-1). Es berücksichtigt die Parameter spezifische Enthalpie h, Wassergehalt x, relative Feuchte φ und Temperatur T. Spezifische Enthalpie h und Temperatur T werden auf der Ordinate und Wassergehalt x auf der Abszisse (als Hilfsachse) abgetragen. Die Isenthalpen werden im Winkel von 135° zur Ordinate dargestellt. Die Isothermen sind gleichfalls in einem Winkel zur Abszisse abgetragen. Sie sind Geraden entsprechend Gl. (8.1-21), die den Zusammenhang zwischen Enthalpie und Wassergehalt darstellen. Mit Zunahme der Temperatur nimmt der Neigungswinkel der Isothermen zu. Weiterhin ist die relative Feuchte als Parameter mit konstanten Werten φ = const eingetragen. Bei einer Temperatur 99,4 °C, die für einen Druck von 98 kPa der Siedetemperatur

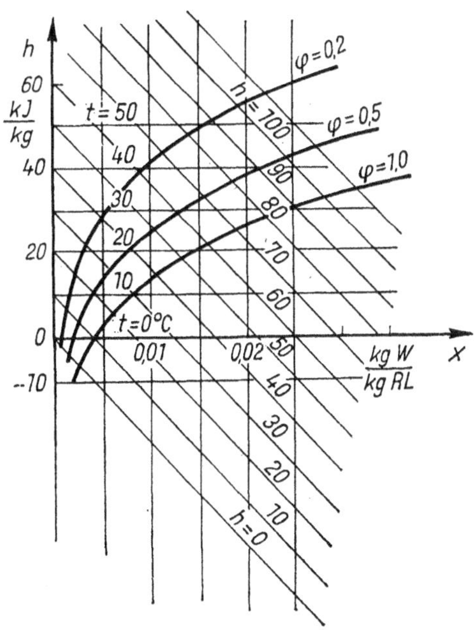

Bild 8.3-1. h-x-Diagramm

entspricht, haben die Kurven der relativen Feuchte einen scharfen Knick und verlaufen für höhere Temperaturen fast steil vertikal im Diagramm (Anhang 13). Die Linie $\varphi = 1$ (oder 100%) unterteilt das Diagramm in zwei Bereiche. Der obere Bereich der feuchten Luft entspricht einem Gemisch von trockener Luft und *ungesättigtem Wasserdampf*, der untere Bereich einem Gemisch von trockener Luft und *gesättigtem Wasserdampf*.
Bei der Wahl der technologischen Trocknungsparameter darf der Bereich unterhalb der Linie $\varphi = 1$ (100%) nicht gewählt werden, da der gesättigte Wasserdampf teilweise kondensieren und sich auf dem Trocknungsgut absetzen würde, was die Trocknungsqualität wesentlich mindert. Im h-x-Diagramm ist weiterhin die Linie des Partialdruckes des Wasserdampfes p_D eingezeichnet. Sie ist nur vom Wassergehalt abhängig. Diese Linie ist auf ein rechtwinkliges Koordinatensystem bezogen. Daher kann man im h-x-Diagramm einen beliebigen der fünf Parameter h, x, T, φ, p_D bestimmen, wenn zwei von ihnen bekannt sind.

8.3.3. Nutzung des h-x-Diagrammes für die Berechnung des Trocknungsprozesses

Bei der Nutzung des h-x-Diagrammes[1]) für die Berechnung des Trocknungsprozesses werden die Vorgänge, die in einem Trockner ablaufen, folgerichtig abgetragen: Vorbereitung des Trocknungsmittels durch Erwärmung der Luft auf die technologische vorgegebene Temperatur bzw. die Mischung von Verbrennungsprodukten mit Luft oder Rückgas sowie die eigentlichen Vorgänge der Entfernung der Gutfeuchte. Im weiteren ist das Vorgehen im h-x-Diagramm für den Trocknungsprozeß mit unterschiedlichen Trocknungsmitteln dargestellt. Die Darstellung des Trocknungsprozesses im Diagramm wird »*Konstruktion des Prozesses*« genannt.

8.3.3.1. Trocknung mit Luft

Für die Konstruktion des Trocknungsprozesses mit Luft im h-x-Diagramm werden zunächst die Temperatur t und die relative Feuchte φ_L bestimmt. Sie sind jahreszeit- und ortsabhängig. Entsprechend den Werten dieser Größen gewinnt man im Diagramm den Punkt A (Bild 8.3-2). Entsprechend den technologischen Forderungen wird die Luft auf die Anfangstemperatur t_A erwärmt (Temperatur der Luft bei der Zuführung in den Trockner). Diese Temperatur wird meist auf 100 bis 250 °C über der technologisch zulässigen Trocknungsguttemperatur festgelegt. Die Differenz ist für die konvektive Wärmeübertragung, die in den meisten Trocknern genutzt wird, erforderlich.
Die Erwärmung der Luft wird durch die Strecke $\overline{AB}$ dargestellt, dabei bleibt der Wassergehalt der Luft konstant, $x_A = \text{const}$. Wenn die gesamte im Trockner an das Trocknungsgut übertragene Wärme nur zur Verdampfung der Feuchte genutzt wird, spricht man von der *theoretischen Trocknung* (oder vom *theoretischen Trockner*).
In diesem Fall ist die Enthalpie des Trocknungsmittels am Anfang und am Ende des Prozesses gleich. Im h-x-Diagramm entspricht das der Strecke $\overline{BC}$ (Bild 8.3-2), die auf der entsprechenden Isenthalpe $h = \text{const}$ verläuft. C liegt auf der Isotherme der

[1]) Das h-x-Diagramm nach *Ramsin* ist im Anhang 13 enthalten.

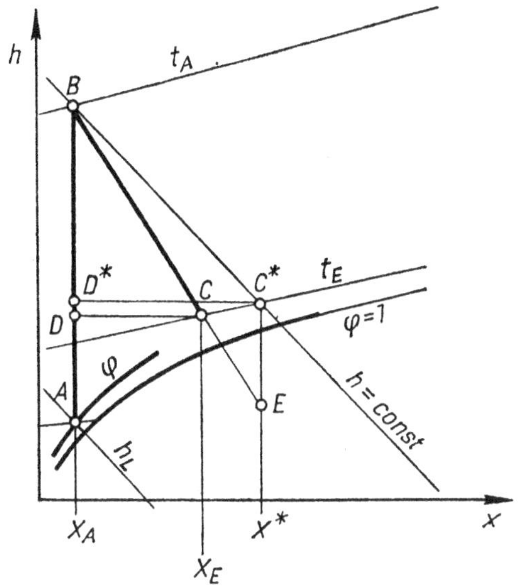

Bild 8.3-2. Darstellung des Trocknungsvorganges im *h*-*x*-Diagramm für das Trockenmedium Luft

technologisch festgelegten Endtemperatur des Trocknungsprozesses t_E. So bleibt die spezifische Enthalpie h für das Trocknungsmittel Luft für die theoretische Trocknung konstant, da die Wärme, die zur Verdampfung verwendet wird, mit dem Wasserdampf der Luft wieder zugeführt wird (als Verdampfungs- und Überhitzungswärme). Zur Bestimmung des theoretischen Luftbedarfes zur Verdampfung von 1 kg Feuchte des Trocknungsgutes l_{th} wird auf der Achse des Wassergehaltes die Differenz zwischen dem Endwassergehalt x^* und dem Anfangswassergehalt x_A ermittelt (entsprechend dem theoretischen Prozeß im Bild 8.3-2). Dieser Wert wird dann in Gl. (8.3-2) eingesetzt. Der Punkt D^*, der dem Anfangswassergehalt x_A entspricht, wird durch die parallel zur Abszisse verlaufende Strecke $\overline{C^*D^*}$ ermittelt, die dann der Differenz des Wassergehaltes zwischen der angesaugten Luft und dem aus dem Trockner abgeführten Trocknungsmittel entspricht.

Der *reale Trocknungsprozeß (realer Trockner)* unterscheidet sich vom theoretischen dadurch, daß die auftretenden Verluste berücksichtigt werden (z. B. die Wärme, die zur Erwärmung des Trocknungsgutes und der Transporteinrichtungen im Trockner sowie zur Deckung der Wandverluste und der Leckverluste des Trockners benötigt wird usw.). Diese Verluste senken die Enthalpie des Trocknungsmittels. Deshalb wird der reale Trocknungsprozeß durch die Enthalpieänderung infolge der auftretenden Verluste bestimmt. Im *h*-*x*-Diagramm werden alle ermittelten *Wärmeverluste* auf die Masse von 1 kg verdampfter Feuchte bezogen. Die bezogenen Wärmeverluste q_{TG}, die durch die *Trocknungsguterwärmung* entstehen, werden wie folgt ermittelt:

$$q_{TG} = \frac{m_{TG}\, c_{TG}\,(t_{TG,E} - t_{TG,A})}{m_W} \quad \text{(kJ/kg Wasser)} \tag{8.3-3}$$

(m_{TG} Masse des Trocknungsgutes nach der Trocknung (kg); m_W Masse des zu verdampfenden Wassers (kg); c_{TG} mittlere spezifische Wärmekapazität des Trocknungsgutes (kJ/(kg K)); $t_{TG,E}$ mittlere Endtemperatur des Trocknungsgutes (°C); $t_{TG,A}$ mittlere Anfangstemperatur des Trocknungsgutes (°C))

Die bezogenen Wärmeverluste der Transporteinrichtungen q_{TE} werden dann

$$q_{TE} = \frac{m_{TE}\, c_{TE}\, (t_{TE,E} - t_{TE,A})}{m_W} \quad (\text{kJ/kg Wasser}) \tag{8.3-4}$$

(m_{TE} Masse der Transporteinrichtungen im Trockner (kg); c_{TE} mittlere spezifische Wärmekapazität der Transporteinrichtungen (kJ/(kg K)); $t_{TE,E}$ mittlere Temperatur der Transporteinrichtungen am Trocknungsende (°C); $t_{TE,A}$ mittlere Temperatur der Transporteinrichtungen am Trocknungsanfang (°C))

Die bezogenen Wärmeverluste durch Speicherwärme des Trockners q_{Sp} entsprechen

$$q_{Sp} = \frac{m_T c_T\, (t_{T,E} - t_{T,A})}{m_W} \quad (\text{kJ/kg Wasser}) \tag{8.3-5}$$

(m_T Masse der Baustoffe des Trockners (kg); c_T mittlere spezifische Wärmekapazität der Baustoffe (kJ/(kg K)); $t_{T,E}$ mittlere Temperatur der Trocknerbaustoffe am Trocknungsende (°C); $t_{T,A}$ mittlere Temperatur der Trocknerbaustoffe am Trocknungsanfang (°C))

Die mittlere Wandtemperatur wird meist durch ein Differenzenverfahren ermittelt. Die nicht berücksichtigten Verluste (z. B. Wanddurchgangs- und Leckverluste) werden meist mit 5 bis 10 % der ermittelten summaren Verluste für Transporteinrichtungen und Speicherung berechnet. Danach wird die Enthalpieänderung, bezogen auf 1 kg RL, mit Hilfe der Summe aller bezogenen Wärmeverluste bestimmt:

$$h_{Verl} = \frac{q_{Verl}}{l_{th}} \quad (\text{kJ/kg RL}) \tag{8.3-6}$$

Der erhaltene Wert (im Maßstab der Enthalpie) wird vom Punkt C^* bei x^* senkrecht zur Abszisse hin abgetragen (Strecke $\overline{C^*E}$). Wir erhalten somit den Punkt E. Dieser wird mit Punkt B (dem Anfang des Trocknungsprozesses) verbunden. So erhalten wir den realen Trocknungsprozeß, der im h-x-Diagramm durch die Strecke $\overline{BE}$ beschrieben ist. Da der Trocknungsprozeß jedoch bei der technologisch festgelegten Endtemperatur t_E abschließt, ist auf der Isotherme t_E der Schnittpunkt C zu ermitteln, der die Parameter des realen Trocknungsprozesses für den untersuchten Fall festlegt, d. h. x_E, t_E, h_E. Die in Bild 8.3-2 dargestellte Strecke $\overline{DC}$, die parallel zur Abszisse verläuft und die Strecke $\overline{AB}$ bei $x_A = \text{const}$ im Punkt D schneidet, entspricht der Wassergehaltsdifferenz $x_E - x_A$ des Trocknungsmittels Luft für den realen Trocknungsprozeß. Wenn man den Wert $x_E - x_A$ in Gl. (8.3-2) einsetzt, bestimmt man die Masse trockener Luft (RL), die zur Entfernung von 1 kg Feuchte (Wasser) aus dem Trocknungsgut benötigt wird. Das benötigte Luftvolumen beträgt

$$V_{real} = v\, l_{real} \quad (\text{m}^3/\text{kg Wasser})$$

(v spezifisches Volumen der feuchten Luft (m^3/kg RL) bei Umgebungsdruck)

Bei einer Temperatur von 20 °C wird v mit 0,86 m^3/kg angegeben. Den spezifischen Wärmeverbrauch für die Entfernung von 1 kg Feuchte (Wasser) kann man über die Enthalpieänderung der Luft bei ihrer Erwärmung von t_L auf t_A ermitteln:

$$q = l_{real}\,(h_A - h_L) - c\, t_{TG,A} \quad (\text{kJ/kg Wasser}) \tag{8.3-7}$$

($h_A - h_L$ spezifische Enthalpiedifferenz der Luft (entsprechend Strecke $\overline{AB}$) (kJ/kg); $c = 4{,}187$ kJ/(kg K) spezifische Wärmekapazität des mit dem Feuchtgut eingebrachten Wassers; $t_{TG,A}$ Temperatur des mit dem Feuchtgut eingebrachten Wassers (°C))

Der Gesamtwärmeverbrauch für die Erwärmung der Trocknungsluft beträgt damit:

$$Q_\Sigma = q\, m_W \quad (\text{kJ}) \tag{8.3-8}$$

(q spezifischer Wärmeverbrauch (kJ/kg Wasser); m_W zu entfernende (verdampfende) Wassermasse (kg))

8.3.3.2. Trocknung mit Verbrennungsprodukten

Zur Konstruktion des Trocknungsprozesses mit Verbrennungsprodukten im h-x-Diagramm werden zunächst die Ausgangsgrößen t_{VP} und x_{VP} bestimmt (nach Gl. (8.1-22)). Dadurch ist der Punkt B im Diagramm festgelegt (Bild 8.3-3). Die technologisch festgelegte Anfangstemperatur t_A liegt i. allg. beträchtlich unter der Temperatur der Verbrennungsprodukte t_{VP}. Deshalb werden die Verbrennungsprodukte mit Luft oder *Rückgas* gemischt. Für die Darstellung im h-x-Diagramm bedeutet das die Festlegung der Werte für die Luft, die zugemischt wird (Punkt A mit t_L, φ_L und x_L). Der Mischungsvorgang wird durch die Strecke $\overline{AB^*}$ dargestellt. Die technologische Anfangstemperatur t_A des Trocknungsprozesses wird mit 100 bis 250 °C über der technologisch zulässigen Endtemperatur des Trocknungsgutes festgelegt. Der Schnittpunkt B von Strecke $\overline{AB^*}$ und der Isothermen t_A legt den Anfangswassergehalt x_A des Trocknungsmittels, die Anfangstemperatur t_A und die entsprechende spezifische Enthalpie h_A fest. Nach Festlegung der technologischen Endtemperatur der Trocknung mit Verbrennungsprodukten wird im Diagramm analog der Trocknung mit Luft vorgegangen.

Die Masse des Anfangsgemisches aus Verbrennungsprodukten und Luft, die zur Entfernung von 1 kg Feuchte (Wasser) aus dem Feuchtgut bei theoretischem Prozeß benötigt wird, ist dann:

$$l_{th} = \frac{1}{x^* - x_A} \quad \text{(kg/kg Wasser)} \tag{8.3-9}$$

Die Strecke $\overline{C^*D^*}$ entspricht der Feuchtedifferenz $(x^* - x_A)$ für den theoretischen Prozeß (Bild 8.3-3). Für den realen Prozeß gilt analog:

$$l_{real} = \frac{1}{x_E - x_A} \quad \text{(kg/kg Wasser)} \tag{8.3-10}$$

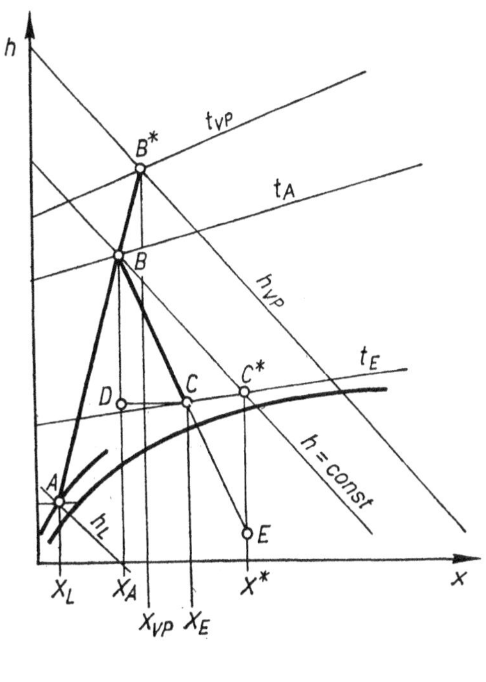

Bild 8.3-3. Darstellung des Trocknungsvorganges im h-x-Diagramm für ein Gemisch aus Verbrennungsprodukten und Luft

Die Strecke $\overline{CD}$ im h-x-Diagramm (Bild 8.3-3) entspricht der Feuchtedifferenz $(x_E - x_A)$ für den realen Prozeß.
Der Wärmeverbrauch für die Entfernung der Feuchte wird analog zur Trocknung mit Luft über die Enthalpiedifferenz des Trocknungsmittels bestimmt. Bei Berechnungen wird bei Verwendung von Verbrennungsprodukten meist vom Heizwert H_u (Q_i) ausgegangen und weiterhin davon, daß die in den Verbrennungsprodukten bei 20 °C vorhandene gesamte Feuchte dampfförmig vorliegt. Damit wird zur Vereinfachung eine Rechengröße eingeführt, die der gleichen technologischen Anfangstemperatur entspricht, sich jedoch auf die zugemischte Luft mit x_L bezieht. Es wird also die Enthalpiedifferenz $h_A^* - h_L$ für die Berechnung benutzt. Dies entspricht der Strecke $\overline{AB^*}$ in Bild 8.3-3. Dann ist der spezifische Wärmeverbrauch:

$$q = l_{\text{real}}\,(h_A^* - h_L) - c\,t_{\text{TG,A}} \quad \text{(kJ/kg Wasser)} \tag{8.3-11}$$

Der Gesamtwärmeverbrauch für die Trocknung wird nach Gl. (8.3-8) bestimmt. Daraus läßt sich der Brennstoffverbrauch leicht bestimmen, wenn der Heizwert des Brennstoffes bekannt ist:

$$B = \frac{Q_\Sigma}{H_u} \quad \text{(kg oder m}^3\text{)} \tag{8.3-12}$$

oder der zeitliche (stündliche) Brennstoffverbrauch:

$$\dot{B} = \frac{B}{t} \quad \text{(kg/h oder m}^3\text{/h)} \tag{8.3-13}$$

(H_u Heizwert (kJ/kg oder kJ/m³); Q_Σ Gesamtwärmeverbrauch (kJ); t Trocknungszeit (h, min oder s))

Moderne Trockner arbeiten mit Rückgas, d. h., ein Teil des abgeführten Trocknungsmittels wird dem Trockner wieder zugeführt. Diese Maßnahme führt zu einer Brennstoffeinsparung.

8.3.3.3. Trocknung mit Verbrennungsprodukten und Rückgas

Für die Konstruktion des Trocknungsvorganges bei Verwendung von Verbrennungsprodukten und zugemischtem *Rückgas* wird zunächst so vorgegangen, als ob ein Gemisch von Verbrennungsprodukten und Luft genutzt wird (wie in Bild 8.3-4 dargestellt). In der Tat würde bei Inbetriebnahme des Trockners so vorgegangen werden müssen, d. h., die Verbrennungsprodukte werden zunächst mit Luft auf die technologische Anfangstemperatur gemischt. Erst dann wird durch entsprechende Umwälzeinrichtungen ein Gemisch von Verbrennungsprodukten und Rückgas gebildet.
Zur Darstellung im h-x-Diagramm werden zunächst alle Operationen der Gemischbildung von Verbrennungsprodukten und Luft durchgeführt und für den realen Prozeß der Punkt C erhalten. Damit sind auch die Parameter des Abgases, das als Rückgas genutzt werden soll, festgelegt (t_E, h_E und x_E). Dieser Vorgang ist in Bild 8.3-4 mit den ausgezogenen Linien dargestellt. Im weiteren wird nun die Mischung von Verbrennungsprodukten (Punkt B^*) mit dem Rückgas (Punkt C) konstruiert. Dazu wird eine Verbindungsgerade zwischen den Punkten B^* und C gezogen. Diese Mischungsgerade ist durch die gestrichelte Strecke $\overline{B^*C}$ dargestellt. Im Schnittpunkt dieser Strecke mit der Isothermen t_A erhält man den Arbeitspunkt B_{R1} mit den Parametern t_A und x_{A1}. Danach wird nach dem theoretischen Prozeß die Isenthalpe durch den Punkt B_{R1} eingezeichnet und auf der Isothermen t_E der Punkt C_{R1}^* ermittelt.

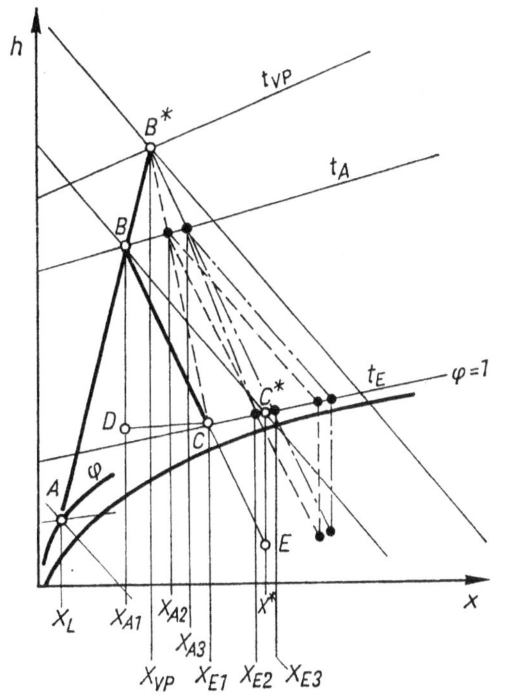

Bild 8.3-4. Darstellung des Trocknungsvorganges im h-x-Diagramm für ein Gemisch aus Verbrennungsprodukten und rückgeführtem Trocknungsmedium

Entsprechend dem bisherigen Vorgehen wird zum Übergang auf den realen Trocknungsprozeß die Enthalpieänderung durch die summaren Wärmeverluste im Diagramm parallel zur Ordinate abgetragen und der Punkt E_{R1} ermittelt. Durch die Gerade B_{R1} und E_{R1} wird auf der Isotherme t_E der Arbeitspunkt C_{R1} ermittelt. Dieser Arbeitspunkt ergibt die Abgase aus dem Trocknungsprozeß der ersten Mischung von Verbrennungsprodukten und Rückgas mit den Arbeitsparametern t_E und x_{E1}. Im weiteren wird mit dem neu gewonnenen Arbeitspunkt C_{R1} so verfahren, wie vorher mit dem Arbeitspunkt C, d. h., durch die Verbindungsgerade $\overline{B^*C_{R1}}$ wird durch den dadurch gewonnenen Schnittpunkt mit der Isothermen t_A der Punkt B_{R2} gefunden. Das Eintragen der Isenthalpe $B_{R2}C^*_{R2}$ charakterisiert die Trocknung für den zweiten Mischungsvorgang. Durch Abtragen der summaren bezogenen Wärmeverluste von der Isotherme t_E in Richtung Abszisse (wie in den vorherigen Konstruktionen) als Strecke $\overline{C^*_{R2}E_{R2}}$ wird der Punkt E_{R2} gewonnen. Durch die Verbindungsgerade von B_{R2} zu E_{R2} wird dann auf der Isotherme t_E der Arbeitspunkt C_{R2} gefunden, mit den Trocknungsparametern t_E und x_{E2}. Der zweite Mischungsvorgang mit Rückgas ist strichpunktiert im Bild 8.3-4 dargestellt.

Setzt man dieses Vorgehen fort, dann kann man erkennen, daß die so gewonnenen Arbeitspunkte B_{Ri} und C_{Ri} mit dem dritten Mischungsvorgang von frischen Verbrennungsprodukten und Rückgas mit B_{R3} und C_{R3} praktisch nicht mehr veränderliche Werte erreicht haben und somit die Wassergehaltsdifferenzen von $\Delta x_3 = x_{E3} - x_{A3}$ für die Berechnungen zur Grundlage genommen werden. Bild 8.3-4 weist aber auch aus, daß die Wassergehaltsdifferenzen $\Delta x_1 = x_{E1} - x_{A1}$ und $\Delta x_3 = x_{E3} - x_{A3}$ sowie $\Delta x_i = x_{Ei} - x_{Ai}$ nicht wesentlich voneinander abweichen. Man kann also die Ergebnisse des ersten Mischungszyklus als erste Näherung für Berechnungen benutzen.

Die Masse des Gemisches von Verbrennungsprodukten und Rückgas, die zur Entfernung (Verdampfung) von 1 kg Feuchte (Wasser) aus dem Trocknungsgut für den theoretischen Trocknungsprozeß benötigt wird, ist dann nach Bild 8.3-4:

$$l_{\text{th}} = \frac{1}{x^*_{\text{Ei}} - x_{\text{Ai}}} \quad \text{(kg/kg Wasser)} \tag{8.3-14}$$

oder für die erste Näherung:

$$l_{\text{th}} = \frac{1}{x^*_{\text{E1}} - x_{\text{A1}}} \quad \text{(kg/kg Wasser)}$$

($x^*_{\text{Ei}} - x_{\text{Ai}}$ Wassergehaltsdifferenz des Trocknungsmittels nach Bild 8.3-4 für den theoretischen Prozeß (kg Wasser/kg TM_{tr}))

Für den realen Prozeß ist dann für die o. g. Bedingungen:

$$l_{\text{real}} = \frac{1}{x_{\text{Ei}} - x_{\text{Ai}}} \quad \text{(kg/kg Wasser)} \tag{8.3-15}$$

oder für die erste Näherung

$$l_{\text{real}} = \frac{1}{x_{\text{E1}} - x_{\text{A1}}} \quad \text{(kg/kg Wasser)}$$

($x_{\text{Ei}} - x_{\text{Ai}}$ Wassergehaltsdifferenz für den realen Prozeß (kg Wasser/ TM_{tr}))

Der spezifische Wärmeverbrauch zur Entfernung der Feuchte wird analog Gl. (8.3-11) ermittelt:

$$q = l_{\text{real}}\,(h^*_{\text{A}} - h_{\text{E}}) - c\,t_{\text{TG,A}} \quad \text{(kJ/kg Wasser)} \tag{8.3-16}$$

Die Enthalpieänderung ($h^*_{\text{A}} - h_{\text{E}}$) entspricht der Strecke $\overline{A^*B^*}$ in Bild 8.3-4. Sie wird unter den gleichen Gesichtspunkten gewonnen, wie bei der Verwendung eines Gemisches von Verbrennungsprodukten mit Luft als Trocknungsmittel (s. Abschn. 8.3.3.2.).

Bei Diskussion der Gln. (8.3-11) und (8.3-16) ist ersichtlich, daß der Wärmeverbrauch bei Verwendung von Rückgas gesenkt wird. Das trifft sowohl auf die Verwendung eines Gemisches von Verbrennungsprodukten und Luft als auch nur von Luft als Trocknungsmittel zu. Die Ursache ist offensichtlich, da die Enthalpie des Rückgases dem Trockner wieder zugeführt wird. In der Darstellung im zugehörigen h-x-Diagramm ist das durch die Länge der jeweiligen Strecken (bei Verwendung des gleichen Maßstabes und gleicher technologischer Anfangs- und Endtemperaturen) zu erkennen:

$\overline{AB}$ (Bild 8.3-2) $>$ $\overline{AB^*}$ (Bild 8.3-3) $>$ $\overline{A^*B^*}$ (Bild 8.3-4)

Der Wärmeverbrauch für den dargestellten Fall wird dann nach Gln. (8.3-8) und (8.3-13) ermittelt.

Wenn ein maßstabsgerechtes h-x-Diagramm vorliegt (siehe Anhang 13), kann man mit den entsprechenden Vermessungen der Strecken unter Einbeziehung des Maßstabes die Berechnungen beachtlich erleichtern. Für die jeweiligen technologischen Trocknungsaufgaben gibt es eine Vielzahl von Varianten und Kombinationen der hier dargestellten Verfahren. Es ist weiterhin zu beachten, daß in vielen Industriebetrieben, in denen Trockner betrieben werden, andere Wärmeanwendungsanlagen vorhanden sind, deren Abgase mit den geforderten Trocknungsparametern vereinbar sind, so daß eine zusätzliche Beheizung von Trocknern oft ganz oder teilweise eingespart werden kann. Insbesondere die Diskussion des hier vorgestellten dritten Trocknungsverfahrens zwingt vom Standpunkt der rationellen Energieanwendung zu derartigen Überlegungen in der Trocknungstechnik.

Anhang

Verlustbeiwerte für Strömungswiderstände

(Verschiedene Autoren geben z. T. stark abweichende Werte an)

Strömungswiderstand	Skizze	ζ	ζ bezogen auf	Bemerkungen	Quelle
Kanal- und Rohrströmung	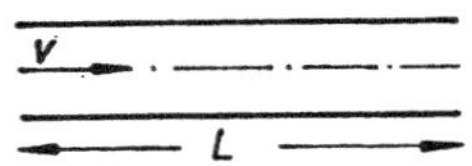	$\zeta = \lambda \frac{L}{d_{gl}}$	v	λ Reibungsbeiwert $d_{gl} = 4\,A/U$	[2.1, S. 348]
Unstetige Erweiterung	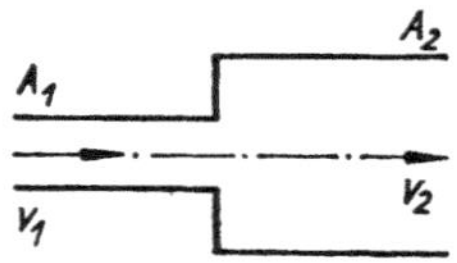	nach [6, S. 45]: A_1/A_2 – ζ: 0,0 – 1,0; 0,1 – 0,81; 0,2 – 0,64; 0,3 – 0,49; 0,4 – 0,36; 0,5 – 0,25 bezogen auf v_1: A_1/A_2 – ζ: 0,6 – 0,16; 0,7 – 0,09; 0,8 – 0,04; 0,9 – 0,01; 1,0 – 0,0	v_1	$\zeta_1 = \left(1 - \frac{A_1}{A_2}\right)^2$	[2.1, S. 348; 2.2, Bd. I, S. 69; 2.8, S. 938]
			v_2	$\zeta_2 = \left(\frac{A_2}{A_1} - 1\right)^2$	[2.3, S. 112]
Stetige Erweiterung (Diffusor)	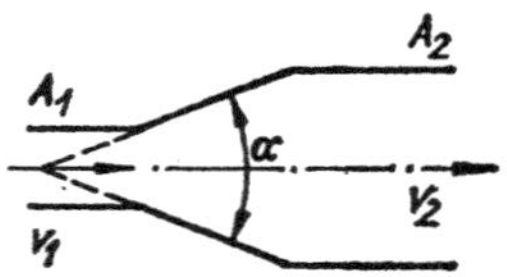	$\zeta = \zeta_1 \sin\alpha/2$	v_1	ζ_1 aus unstetiger Erweiterung	[2.1, S. 348]
		$\zeta = f(A_1/A_2;\ \alpha;\ Re)$	v_1		[2.2, Bd. II, S. 139]
		$\zeta = f(A_1/A_2;\ \alpha)$	v_1	bei $\alpha > 40°$ wie unstetige Erweiterung	[2.10, S. 222]
		$\zeta = f(\alpha)\left(1 - \frac{A_1}{A_2}\right)$	v_1		[2.11, S. 117]

Unstetige Verengung	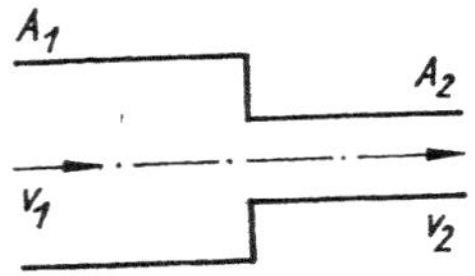	nach [6, S. 45] A_2/A_1 ζ $<0{,}1$ 0,50 0,1 0,48 0,2 0,46 0,3 0,42 0,4 0,37 0,5 0,32 bezogen auf v_2 A_2/A_1 ζ 0,6 0,26 0,7 0,20 0,8 0,13 0,9 0,06 1,0 0,00	v_2	$\zeta = 0{,}5\left(1 - \frac{A_2}{A_1}\right)$	[2.2, Bd. II, S. 129; 2.10, S. 222]
			v_2	$\zeta = \left(\frac{A_2}{A_0} - 1\right)^2$ A_0 Einschnürungsquerschn.	[2.3, S. 113]
			v_2	$\zeta = \left(\frac{1}{\mu} - 1\right)^2$ μ Kontraktionszahl $\mu = 0{,}63 + 0{,}37\,(A_2/A_1)^3$ für $A_2/A_1 > 0{,}1$	[2.7]
			v_2	$\zeta = 0{,}5\left(1 - \frac{A_2}{A_1}\right)$ bei $Re > 10^4$	[2.11, S. 114]
		$\zeta = \left(\frac{1}{\mu} - 1\right)^2$	v_2	$\mu = 0{,}586 + 0{,}12\,(A_2/A_1)$ für $0 < A_2/A_1 < 0{,}6$ $\mu = 0{,}586 + 0{,}41\,(A_2/A_1)^3$ für $0{,}6 < A_2/A_1 < 0{,}9$	[2.4, Anh. 9]
Stetige Verengung (Konfusor)	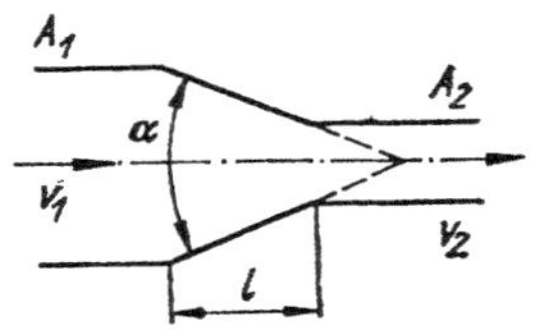	$\zeta = f(\alpha;\, A_1/A_2)$	v_2	für α von 4° bis 20°	[2.3, S. 114]
		$\zeta = 0{,}09$ $\zeta = 0{,}04$ $\zeta = 0{,}06$	v_2	bei $\alpha/2 < 15°$ bei $15° < \alpha/2 < 40°$ bei $40° < \alpha/2 < 60°$	[2.4, Anh. 9]
		$\zeta = 0{,}5 \sin \alpha/2 \left(1 - \frac{A_2}{A_1}\right)$	v_2	für α von 0° bis 180°	[2.10, S. 224]
		$\zeta = f(\alpha;\, l/A_2)\left(1 - \frac{A_2}{A_1}\right)$	v_2	für α von 0° bis 180°	[2.11, S. 116]
		$\zeta = \zeta'\left(1 - \frac{A_1}{A_2}\right) + \lambda \frac{l}{d_2}$	v_2	ζ'-Werte $= f(\alpha/2)$ l/d_2 0° 10° 30° 60° 100° 180° 0,05 0,5 0,45 0,36 0,30 0,35 0,5 0,10 0,5 0,40 0,25 0,18 0,27 0,5 0,60 0,5 0,28 0,13 0,12 0,23 0,5 λ Reibungsbeiwert	[2.8, S. 939]

Strömungswiderstand	Skizze	ζ	ζ bezogen auf	Bemerkungen	Quelle
Unstetige Umlenkung 90°	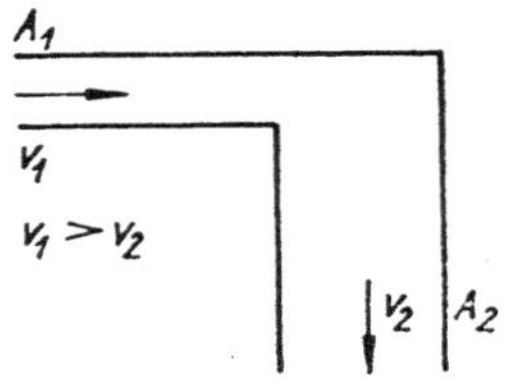	$\zeta = 0,85$		für $A_2/A_1 = 2$	[2.8, S. 941]
		A_1/A_2 – ζ: 0,1 – 1,0; 0,2 – 1,0; 0,4 – 1,0; 0,6 – 1,02; 0,8 – 1,05; 1,0 – 1,15	v_1		
Unstetige Umlenkung 90°	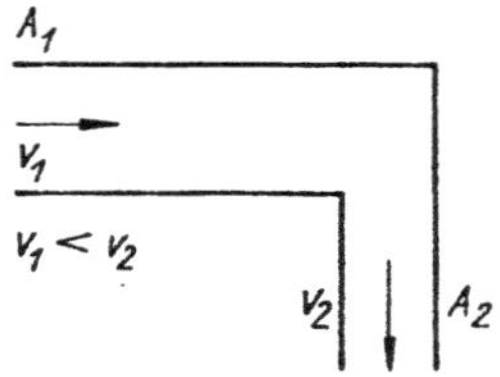	A/A_1 – ζ: 0,1 – 0,42; 0,2 – 0,44; 0,4 – 0,52; 0,6 – 0,65; 0,8 – 0,85; 1,0 – 1,15	v_2		
Unstetige Umlenkung 90°	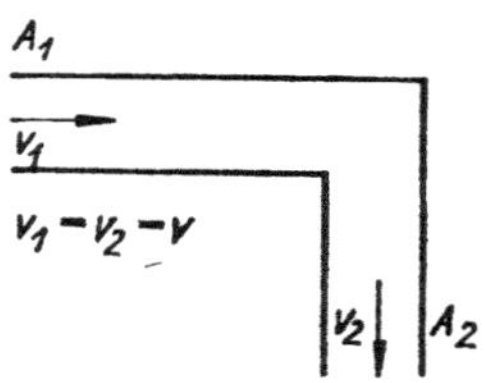	$\zeta = 1,15$	v	$A_1 = A_2$	[2.8]
		$\zeta_{\bigcirc} = 1,08$ bis 1,26	v	runde Querschnitte: 1,08 für glatte Oberfläche 1,26 für rauhe Oberfläche	[2.3, S. 117]
		$\zeta_{\square} = 0,47$ bis 2,2	v	rechteckige Querschnitte: $a/b = 0,25 \triangleq 2,2$ $a/b = 1,0 \triangleq 1,2$ $a/b = 3,0 \triangleq 0,47$	[2.3, S. 117]

<table>
<tr><td>Unstetige Umlenkung 180°</td><td>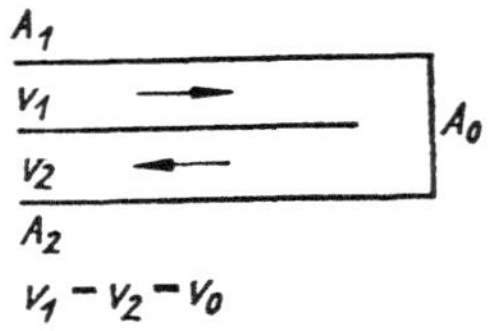
</td><td>$\zeta = 2{,}0$</td><td>v_0</td><td></td><td>[2.1, S. 350]</td></tr>
<tr><td></td><td></td><td>$\zeta_{\bigcirc} = 1{,}25$</td><td>$v_1$</td><td>bei $Re \geqq 4 \cdot 10^4$</td><td>[2.11, S. 118]</td></tr>
<tr><td></td><td></td><td>$\zeta_{\square} = 3{,}0$</td><td>v_1</td><td>bei $Re \geqq 4 \cdot 10^4$</td><td>[2.11, S. 118]</td></tr>
<tr><td>Unstetige Umlenkung (Knie)</td><td>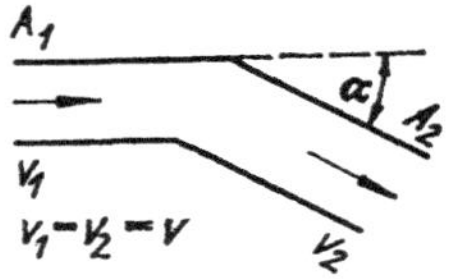
</td><td>nach [8, S. 943] für v_1
<table>
<tr><th>α</th><th>$\zeta_{\bigcirc}$</th><th>$\zeta_{\square}$</th></tr>
<tr><td>20°</td><td>0,05</td><td>0,11</td></tr>
<tr><td>40°</td><td>0,20</td><td>0,30</td></tr>
<tr><td>60°</td><td>0,50</td><td>0,53</td></tr>
<tr><td>80°</td><td>0,90</td><td>0,93</td></tr>
<tr><td>100°</td><td>1,20</td><td>1,30</td></tr>
</table>
nach [4, Anh. 14]
<table>
<tr><th>α</th><th>ζ_{glatt}</th><th>ζ_{auh}</th></tr>
<tr><td>5°</td><td>0,016</td><td>0,024</td></tr>
<tr><td>10°</td><td>0,034</td><td>0,044</td></tr>
<tr><td>15°</td><td>0,042</td><td>0,062</td></tr>
<tr><td>30°</td><td>0,13</td><td>0,17</td></tr>
<tr><td>45°</td><td>0,24</td><td>0,32</td></tr>
<tr><td>60°</td><td>0,47</td><td>0,68</td></tr>
<tr><td>90°</td><td>1,13</td><td>1,27</td></tr>
</table></td><td>v_1

v_1</td><td>für kreisrunde Querschnitte
$\zeta = f(d)$
für rechteckige Querschnitte
$\zeta = f(d)$</td><td>[2.3, S. 117]

[2.3, S. 117]</td></tr>
</table>

Strömungs-widerstand	Skizze	ζ				ζ bezogen auf	Bemerkungen	Quelle
Stetige Umlenkung (Krümmer)	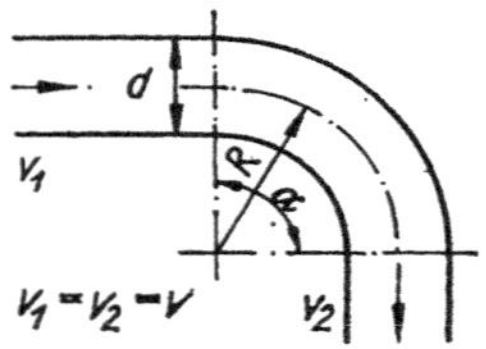	$\zeta = \zeta_{Kr} + \zeta_R$				v	$\zeta_{Kr} = \frac{C\alpha C_{Re} C_k C_Q}{\sqrt{R/d_{gl}}}$ $\zeta_R = \lambda\, \alpha^x\, R/d_{gl}$ $\alpha^x = \alpha^\circ \pi/180^\circ$	[2.9] (aus [2.2, Bd. I, S. 79])
		$\zeta = \zeta_{Kr}\, f(Re)$				v	$\zeta_{Kr} = f(\alpha; R/d)$	[2.3, S. 116]
		Form	R/d	b/a	ζ	v_1	$\alpha = 90^\circ$	[2.8, S. 942]
		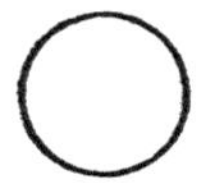	0,75 1,0 1,5		0,45 0,25 0,17			
			2,0 3,0		0,15 0,12			
		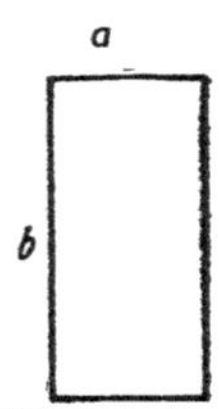		0,25 0,50 0,75 1,00 2,00 3,00 4,00 5,00	1,75 1,50 1,25 1,00 0,45 0,40 0,45 0,50			

Physikalische Parameter von trockener Luft bei einem Druck von 101,3 kPa (≙ 760 mm Hg)

Temperatur K	°C	ϱ kg/m³	$\lambda \cdot 10^2$ W/mK	$a \cdot 10^4$ m²/s	$\nu \cdot 10^6$ m²/s	*Pr* —
273	0	1,293	2,44	0,188	13,28	0,707
323	50	1,093	2,83	0,258	17,95	0,698
373	100	0,946	3,22	0,337	23,13	0,688
423	150	0,846	3,58	0,425	28,99	0,684
473	200	0,746	3,93	0,514	34,85	0,680
523	250	0,674	4,27	0,610	40,61	0,677
573	300	0,615	4,61	0,715	48,33	0,674
623	350	0,566	4,90	0,819	55,46	0,676
673	400	0,524	5,22	0,930	63,09	0,678
773	500	0,456	5,75	1,155	79,38	0,687
873	600	0,404	6,23	1,384	96,89	0,699
973	700	0,362	6,71	1,635	115,4	0,706
1073	800	0,329	7,18	1,885	134,8	0,713
1173	900	0,301	7,64	2,163	155,1	0,717
1273	1000	0,277	8,06	2,461	177,1	0,719
1373	1100	0,257	8,50	2,762	199,3	0,722
1473	1200	0,239	9,16	3,165	223,7	0,724
1573	1300	0,225	9,61	3,415	248,1	0,726
1673	1400	0,211	10,03	3,780	175,0	0,727

Physikalische Parameter von Verbrennungsprodukten bei einem Druck von 101,3 kPa (≙ 760 mm Hg)

Zusammensetzung der Verbrennungsprodukte:
13 % CO_2; 11 % H_2O; 76 % N_2

Temperatur K	°C	c_p kJ/m³K	$\lambda \cdot 10^2$ W/mK	$a \cdot 10^4$ m²/s	ϱ kg/m³	$\nu \cdot 10^6$ m²/s	Pr —
273	0	1,359	2,28	0,169	1,295	12,20	0,72
373	100	1,370	3,02	0,308	0,950	21,54	0,69
473	200	1,381	4,02	0,489	0,748	32,80	0,67
573	300	1,397	4,85	0,698	0,617	45,81	0,65
673	400	1,415	5,71	0,941	0,525	60,38	0,64
773	500	1,431	6,56	1,210	0,457	76,30	0,63
873	600	1,448	7,44	1,51	0,405	93,61	0,62
973	700	1,460	8,29	1,84	0,363	112,1	0,61
1073	800	1,472	9,16	2,20	0,329	131,8	0,60
1173	900	1,485	10,00	2,58	0,301	152,5	0,59
1273	1000	1,498	10,09	3,014	0,275	174,3	0,58
1373	1100	1,511	11,75	3,46	0,257	197,1	0,57
1473	1200	1,523	12,62	3,92	0,240	221,0	0,56
1573	1300	1,535	13,50	4,45	0,225	245,1	0,55
1673	1400	1,548	14,42	5,01	0,212	270,5	0,54
1773	1500	1,560	15,26	5,56	0,199	295,2	0,53

Gröber-Diagramm für die Oberflächentemperatur einer unendlichen Platte der Dicke 2 S bei Randbedingungen 3. Art (Darstellung nach *Budrin*) ▸

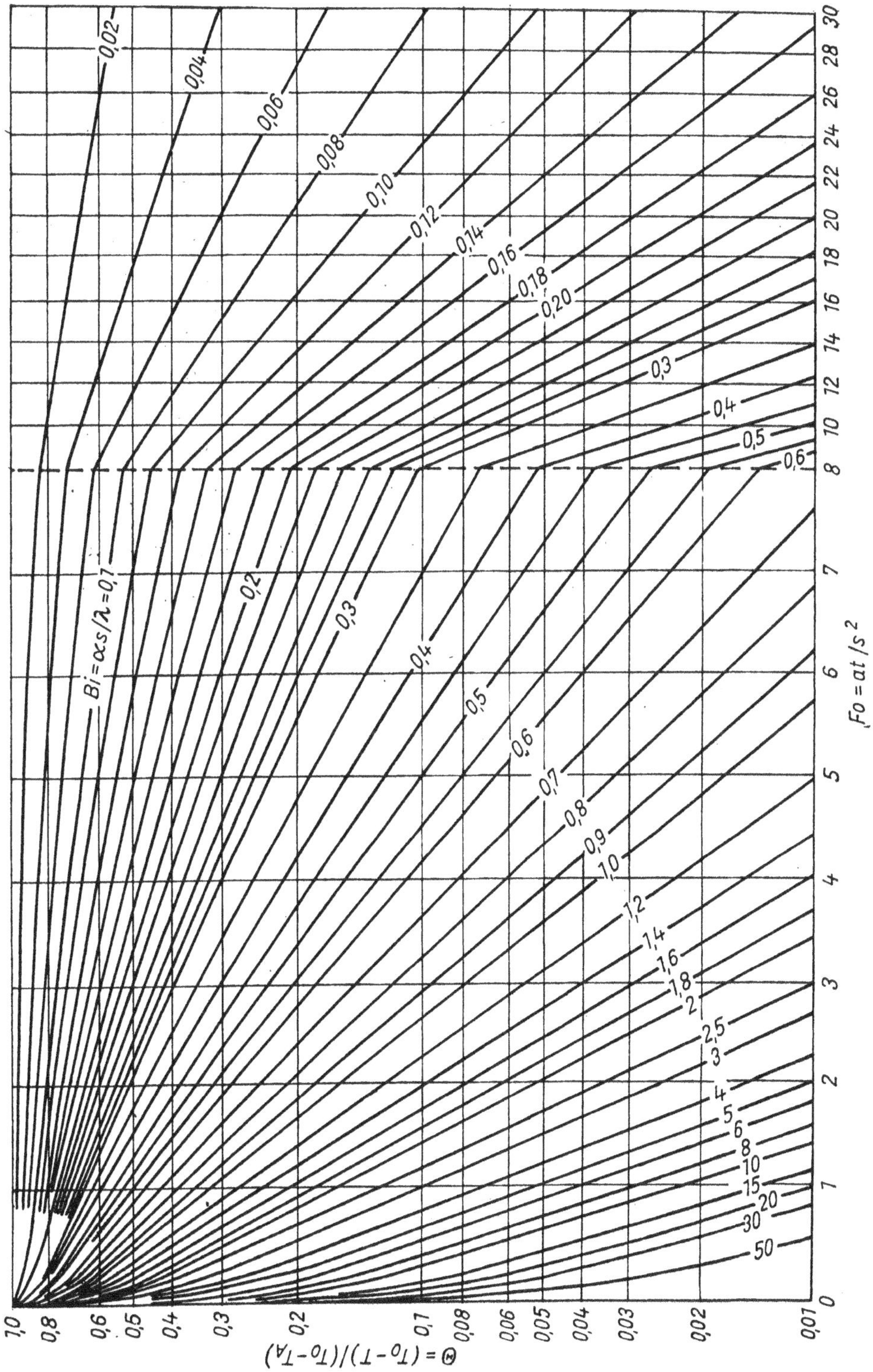
Bi = αs/λ = 0,1
Fo = at/s²
Θ = (T0 − T)/(T0 − TA)

Gröber-Diagramm für die Oberflächentemperatur einer unendlichen Platte der Dicke 2 S für kleine Fourier-Zahlen

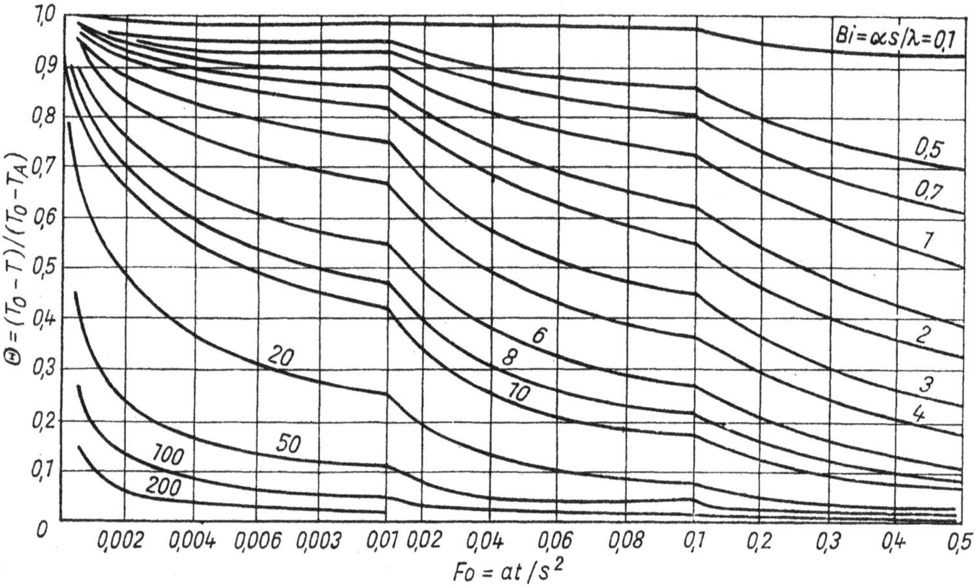

Gröber-Diagramm für die Kerntemperatur einer unendlichen Platte der Dicke 2 S (Darstellung nach *Budrin*)

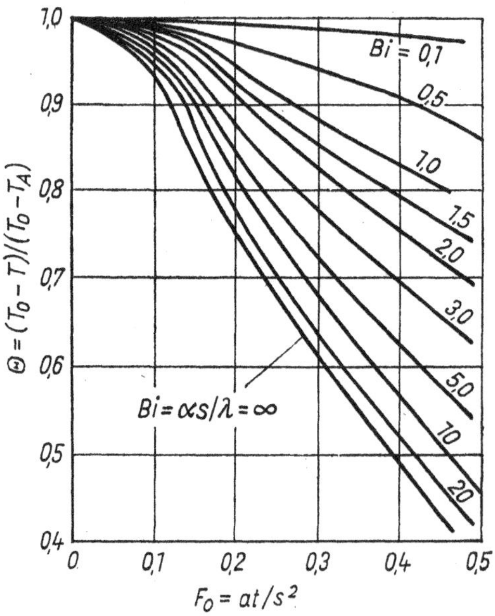

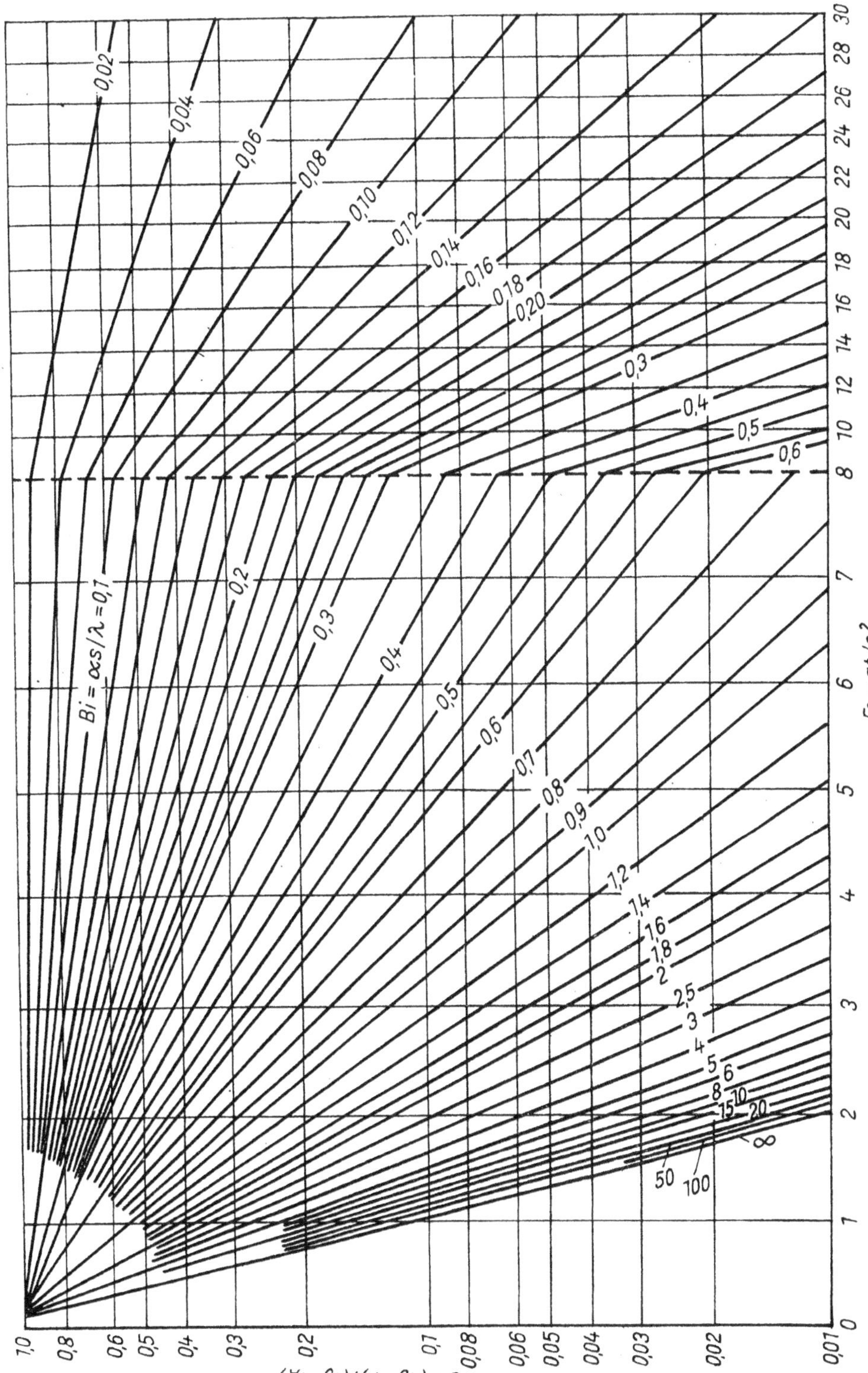
Bi = αs/λ = 0,1
0,2
0,3
0,4
0,5
0,6
0,7
0,8
0,9
1,0
1,2
1,4
1,6
1,8
2
2,5
3
4
5
6
8
10
15
20
50
100
∞
0,02
0,04
0,06
0,08
0,10
0,12
0,14
0,16
0,18
0,20
0,3
0,4
0,5
0,6
Fo = at/s²
Θ = (T₀ − T)/(T₀ − T_A)
0
1
2
3
4
5
6
7
8
10
12
14
16
18
20
22
24
26
28
30
1,0
0,8
0,6
0,5
0,4
0,3
0,2
0,1
0,08
0,06
0,05
0,04
0,03
0,02
0,01

Gröber-Diagramm für die Oberflächentemperatur eines unendlichen Zylinders mit dem Radius *R* bei Randbedingungen 3. Art (Darstellung nach *Budrin*)

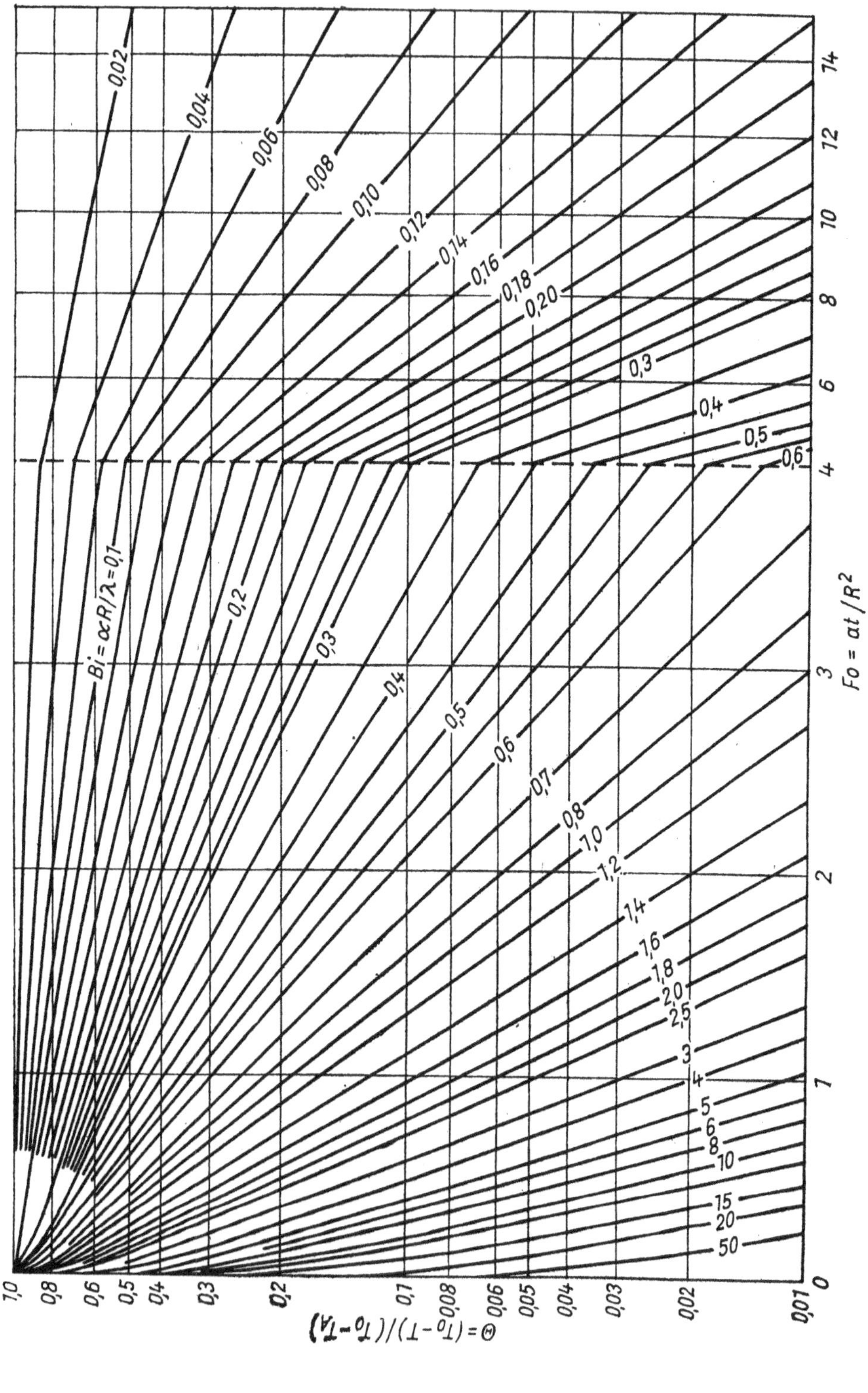

Gröber-Diagramm für die Oberflächentemperatur eines unendlichen Zylinders mit dem Radius *R* bei kleinen Fourier-Zahlen

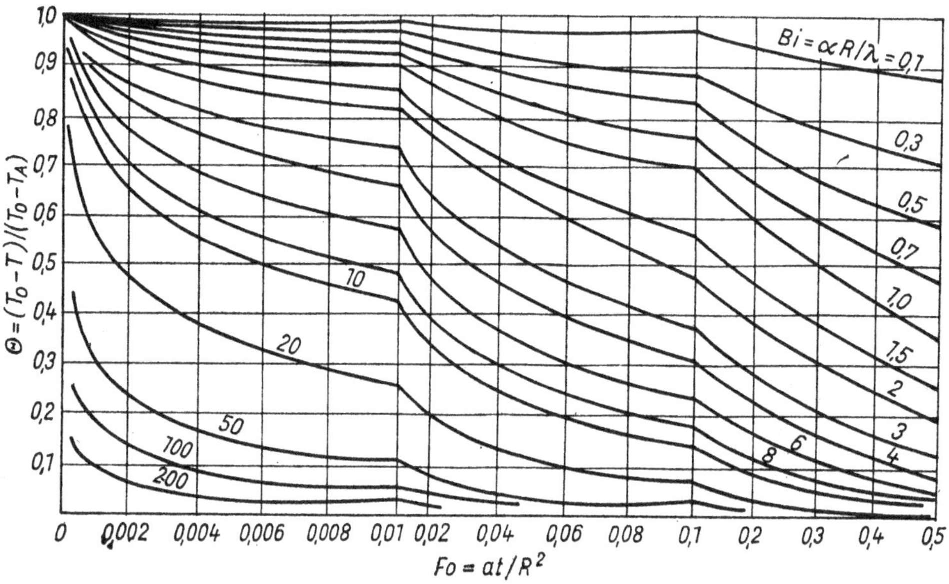

Gröber-Diagramm für die Kerntemperatur eines unendlichen Zylinders mit dem Radius *R* (Darstellung nach *Budrin*)

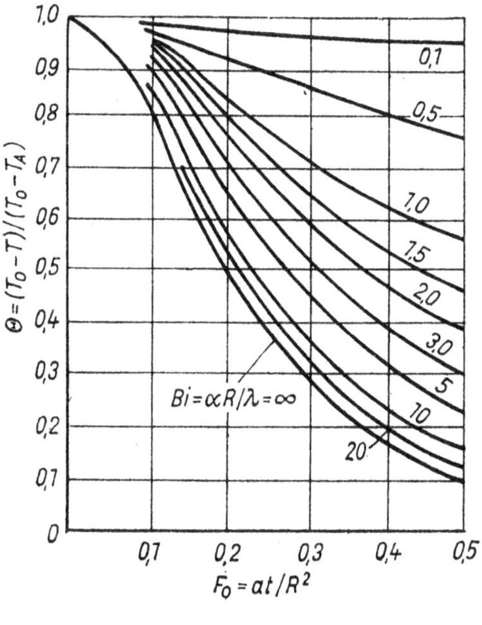

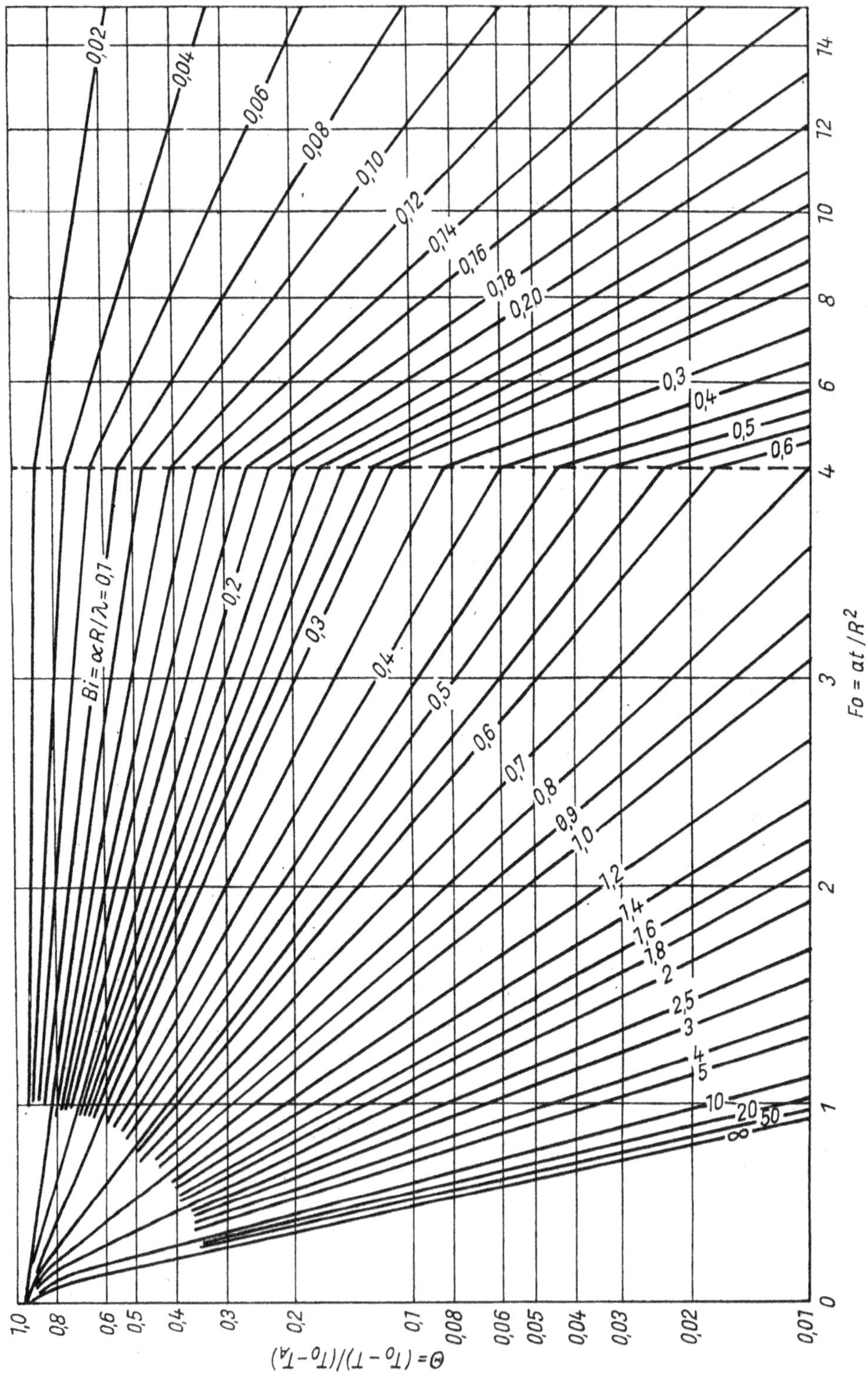
$Bi = \alpha R/\lambda = 0{,}1$
$Fo = at/R^2$
$\Theta = (T_0 - T)/(T_0 - T_A)$
0,02
0,04
0,06
0,08
0,10
0,12
0,14
0,16
0,18
0,20
0,3
0,4
0,5
0,6
0,2
0,3
0,4
0,5
0,6
0,7
0,8
0,9
1,0
1,2
1,4
1,6
1,8
2
2,5
3
4
5
10
20
50
∞
0
1
2
3
4
6
8
10
12
14
1,0
0,8
0,6
0,5
0,4
0,3
0,2
0,1
0,08
0,06
0,05
0,04
0,03
0,02
0,01

Thermophysikalische Stoffwerte der wichtigsten Stahlmarkengruppen

■ *Einteilung der Gruppen nach der chemischen Zusammensetzung*

Kohlenstoffstähle	
Niedriggekohlte Stähle	0,05...0,2 % C
Mittelgekohlte Stähle	0,2 ...0,6 % C
Hochgekohlte Stähle	0,6 ...1,3 % C
Elektrotechnische Stähle	0,06...0,09 % C; 0,1...0,35 Mn; 2,5 ...3 % Si
Niedriglegierte Stähle	
Chrom-legierte Stähle	0,7 ...1,1 % Cr
Mangan-legierte Stähle	1,2 ...1,8 % Mn
Chrom-Silizium-legierte Stähle	1,3 ...1,6 % Cr; 1,0...1,6 % Si
Silizium-Mangan-legierte Stähle	1,1 ...1,4 % Si; 1,1 %1,4 % Mn
Chrom-Molybdän-legierte Stähle	0,8 ...1,3 % Cr; 0,15...0,55 % Mo
Chrom-Vanadium-legierte Stähle	0,8 ...1,1 % Cr; 0,1...0,2 % V
Chrom-Nickel-legierte Stähle	0,45...0,9 % Cr; 1,0...3,15 % Ni
Hochwarmfeste Stähle	
Chrom-Stähle	11 ...13 % Cr
Chrom-Nickel-Stähle	15 ...22 % Cr; 8...15 % Ni

■ *Temperaturleitfähigkeit (Temperaturleitkoeffizient)* ((m²/s) · 10^{-5})

Gruppe	Temperatur (°C)										
	100	200	300	400	500	600	700	800	900	1000	1100
Niedriggekohlte Stähle	1,44	1,28	1,17	0,97	0,81	0,64	0,47	0,44	0,56	0,56	0,58
Mittelgekohlte Stähle	1,31	1,17	1,05	0,92	0,78	0,64	0,50	0,50	0,56	0,56	0,56
Hochgekohlte Stähle	1,19	1,05	0,94	0,81	0,69	0,61	0,56	0,36	0,56	0,56	0,58
Chrom-legierte Stähle	1,14	1,03	0,89	0,75		0,53		0,58			
Mangan-legierte Stähle	1,05	0,97	0,89	0,78	0,64	0,56	0,33	0,58			
Chrom-Silizium-legierte Stähle		0,944		0,75	0,61	0,53		0,48			
Silizium-Mangan-legierte Stähle	1,05	1,00	0,89	0,80	0,67	0,58	0,36	0,72			
Chrom-Molybdän-legierte Stähle	1,11	1,00	0,94	0,80	0,67	0,53	0,33	0,64	0,61		
Chrom-Vanadium-legierte Stähle	1,33	1,17		0,94		0,78					
Elektrotechnische Stähle	0,65	0,68	0,69	0,68	0,60	0,47	0,39	0,51	0,48		
Chrom-Stähle	0,70	0,68	0,63	0,58	0,51	0,44	0,37				
Chrom-Nickel-Stähle	0,39	0,42	0,44	0,50	0,53	0,58	0,61	0,67	0,69		

■ *Wärmeleitfähigkeit (Wärmeleitkoeffizient)* (W/(m K))

Gruppe	Temperatur (°C)										
	100	200	300	400	500	600	700	800	900	1000	12	1200
Niedriggekohlte Stähle	55,6	52,6	48,6	45,0	40,8	37,1	34,2	30,2	27,4	27,8	28,5	29,8
Mittelgekohlte Stähle	49,4	48,2	45,6	42,5	39,1	35,8	32,5	26,1	26,1	26,9	28,1	29,6
Hochgekohlte Stähle	46,6	44,0	40,9	37,8	35,0	32,4	28,2	24,1	25,3	26,5	27,9	29,5
Chromlegierte Stähle	44,8	42,3	39,4	36,4	—	32,6	—	26,8	—	—	—	—
Manganlegierte Stähle	41,6	40,1	38,9	37,0	35,3	34,4	31,0	26,4	—	—	—	—
Chrom-Silizium-legierte Stähle	—	38,8	—	36,0	33,5	32,6	—	26,8	—	—	—	—
Silizium-Mangan-legierte Stähle	41,6	41,6	39,5	39,0	36,3	34,9	33,8	32,6	—	—	—	—
Chrom-Molybdän-legierte Stähle	43,9	41,9	41,4	39,5	36,5	32,4	29,8	29,1	23,5	—	—	—
Chrom-Vanadium-legierte Stähle	52,5	48,8	—	45,4	41,9	—	—	—	—	—	—	—
Elektrotechnische Stähle	24,9	27,2	29,3	31,1	30,6	28,1	27,3	27,7	26,4	—	—	—
Chrom-Stähle	27,6	28,8	29,3	28,8	28,5	28,0	—	—	—	—	—	—
Chrom-Nickel-Stähle	16,3	17,2	18,4	20,1	21,7	23,8	25,6	26,7	26,7	28,0	28,8	29,7

■ *Mittlere spezifische Wärmekapazität von 0 bis T* °C (J/(kg K))

Gruppe	Temperatur (°C)										
	100	200	300	400	500	600	700	800	900	1 000	1 100	1 200
Kohlenstoffstähle	486	506	524	540	562	591	620	695	695	692	687	683
Niedriggekohlte Stähle	486	503	520	536	549	591	645	695	686	675	670	670
Elektrotechnische Stähle	494	507	533	536	558	616	628	654	666	—	—	—
Chromstähle	469	486	506	532	561	598	636	683	—	—	—	—
Chrom-Nickel-Stähle	504	511	524	536	545	554	561	574	574	582	591	595

Thermophysikalische Stoffwerte einiger Buntmetalle und deren Legierungen

■ *Mittlere spezifische Wärmekapazität von 0 bis T* °C (J/(kg K))

Metall	Temperatur (°C)										
	0	100	200	300	400	500	600	700	800	900	1000
Aluminium	896	915	938	946	980	996	1021				
Kupfer	390	394	398		407		415		423		431
Nickel	428	448	473		512		520		524		528
Titan	532	540	553		574		595		620		628
Messing[1]	390										
Bronze[2]	369										
Bronze[3]	419										

■ *Wärmeleitfähigkeit (Wärmeleitkoeffizient)* (W/(m K))

Metall	Temperatur (°C)										
	0	100	200	300	400	500	600	700	800	900	1000
Aluminium	203,5	204,5		230,0	249,0	267,0	280,0				
Kupfer	394,0	386,0	378,0	371,0	365,0	359,5	354,0	348,0	338,0	333,0	320,0
Nickel	61,6	57,0	54,6		48,8		52,3		58,1		
Titan	15,1	15,7		16,7		18,0					
Messing[1]	114,0	125,8	142,0	157,0	174,5	188,0	203,5				
Bronze[2]	83,6	93,0	101,2	108,1	114,0	120,0	124,2				
Bronze[3]	58,5	64,2	71,4	76,7	80,5	83,6					

[1]) [2]) [3]) siehe S. 434

■ *Temperaturleitfähigkeit (Temperaturleitkoeffizient)* ((m^2/s) · 10^{-5})

Metall	Temperatur (°C)										
	0	100	200	300	400	500	600	700	9	900	1000
Aluminium	8,69	8,50	8,44	8,39	8,27	8,22	8,17				
Kupfer	11,25	11,00	10,61	10,33	10,00	9,67	9,42		8,83		8,11
Nickel	1,78	1,47	1,28		1,17		1,25		1,42		
Titan	0,63	0,65	0,66		0,68		0,71				
Messing[1]	3,33										
Bronze[2]	2,58										
Bronze[3]	1,86										

[1]) Nach GOST 1019-47: Messing L90
Zusammensetzung: 88 bis 91 % Kupfer
0,2 % andere Elemente
Rest Zink
Nach TGL 8110: Kupfer-Zink-Knetlegierung
Ms-90 (alt)
CuZn10 (neu)
Zusammensetzung: wie nach GOST

[2]) Nach GOST 5017-74: Bronze OZ 4-3
Zusammensetzung: 4,0 % Zinn
3,0 % Zink
Rest Kupfer
Nach TGL 35486: Kupfer-Zinn-Knetlegierung
CuSn4Zn3
Zusammensetzung: wie nach GOST
ST-RGW 376-76

[3]) Nach GOST 18175-72: Bronze AShMZ
Zusammensetzung: 10 % Aluminium
3,0 % Eisen
1,5 % Mangan
0,75 % andere Elemente
Rest Kupfer
Nach TGL 35488: Kupfer-Aluminium-Knetlegierung
CuAl10Fe3Mn1
Zusammensetzung: wie nach GOST
ST-RGW 377-76

Gesamtemissionsgrad einiger Werkstoffe[1]) (für Bezugstemperaturen)

Werkstoff	Temperatur °C	ε_{ges}
Silikastein	1100	0,8
Schamottestein	1230	0,6
Magnesitstein	1500	0,4
Aluminium, oxydiert	600	0,19
Eisen, oxydiert	500	0,8
Messing, gewalzt	20	0,06
Kupfer, oxydiert	500	0,55
Stahlguß, poliert	1000	0,55
Gußeisen	1000	0,95

[1]) Am Lehrstuhl für Industrieofentechnik der Bergakademie Freiberg liegen umfangreiche Meßwerte für spektrale, integrale und Gesamtemissionsgrade vor (Stoffwertkatalog).

h-x-Diagramm für feuchte Luft (nach *Ramsin*) (Gesamtdruck ≈100 kPa)

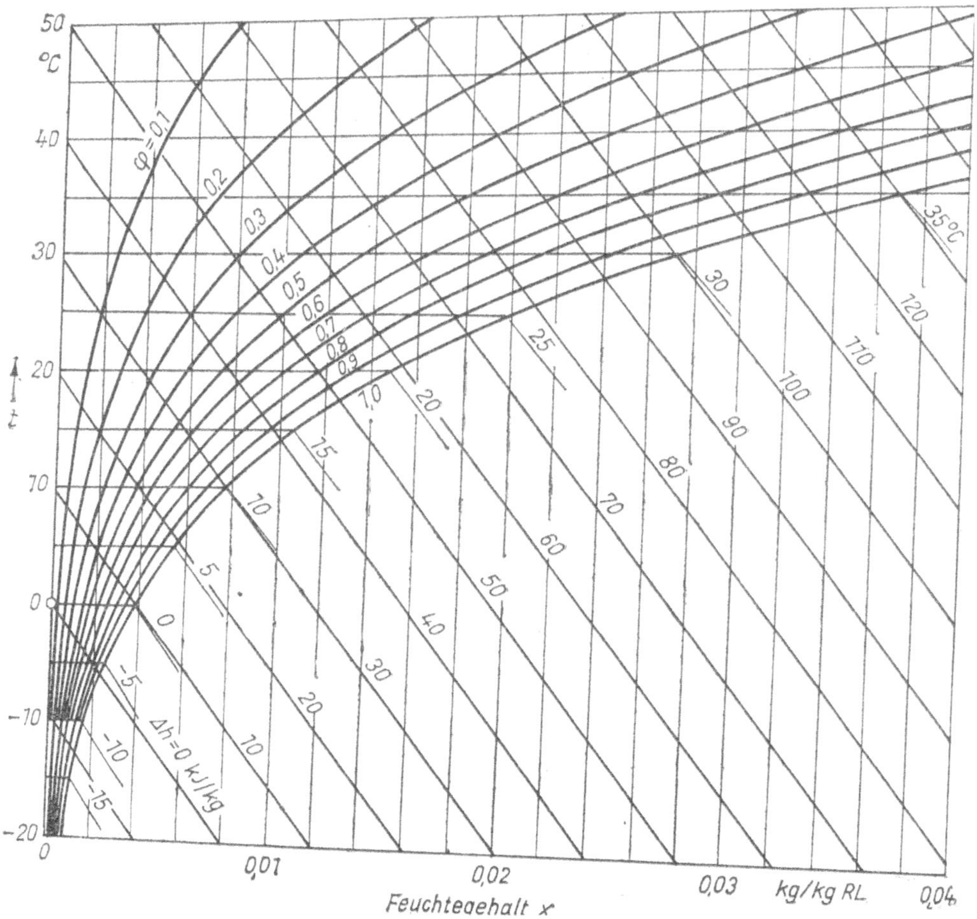

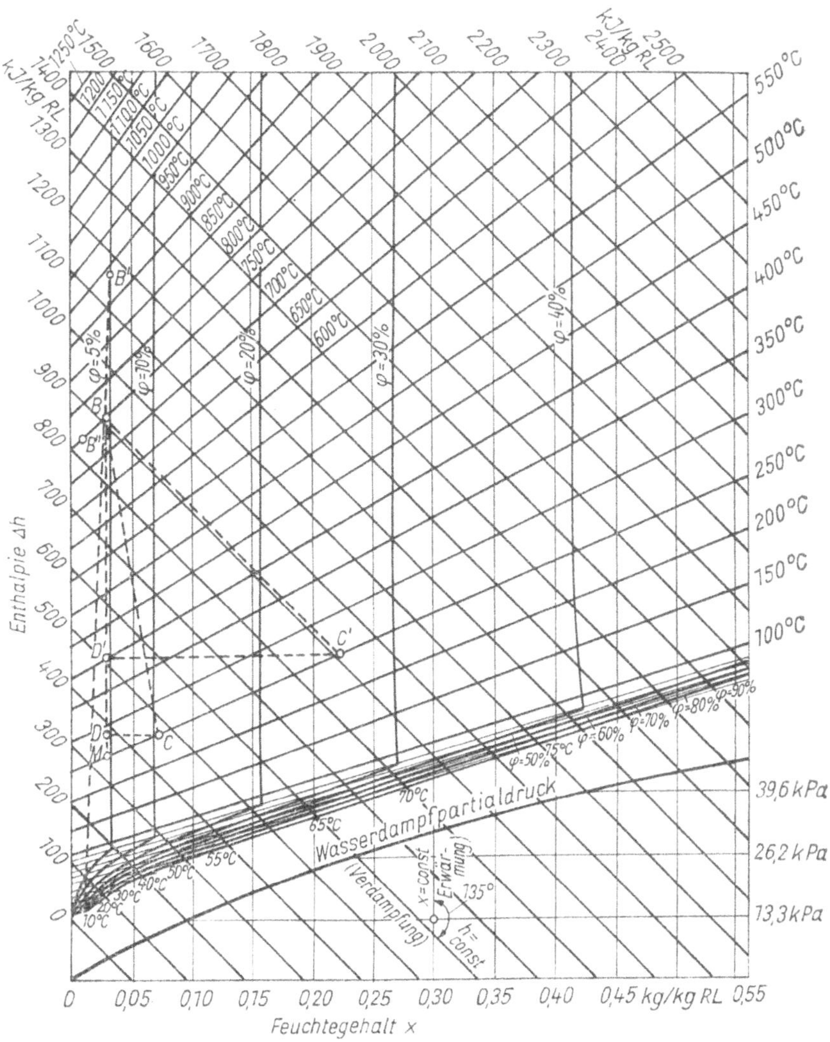

kJ/kg RL
1250°C
1400
1500
1600
1700
1800
1900
2000
2100
2200
2300
2400
2500
kJ/kg RL
550°C
500°C
450°C
400°C
350°C
300°C
250°C
200°C
150°C
100°C
1200
1150°C
1100°C
1050°C
1000°C
950°C
900°C
850°C
800°C
750°C
700°C
650°C
600°C
1300
1200
1100
1000
900
800
700
600
500
400
300
200
100
0
Enthalpie Δh
φ=5%
φ=10%
φ=20%
φ=30%
φ=40%
φ=50%
φ=60%
φ=70%
φ=80%
φ=90%
B''
B
B'
D'
C'
D
C
M
10°C
20°C
30°C
40°C
50°C
55°C
65°C
70°C
75°C
Wasserdampfpartialdruck
x=const
(Verdampfung)
Erwär-mung
135°
h=const
39,6 kPa
26,2 kPa
13,3 kPa
0
0,05
0,10
0,15
0,20
0,25
0,30
0,35
0,40
0,45 kg/kg RL
0,55
Feuchtegehalt x

Verzeichnis wichtiger Standards

TGL	Titel	DIN	Titel
0-1341	Wärmeübertragung; Grundbegriffe, Einheiten, Kenngrößen	E 1341	Wärmeübertragung; Begriffe, Kenngrößen
0-1345	Technische Thermodynamik	E 1341	s. o.
9494	Feste Brennstoffe; Bestimmung der Verbrennungswärme und Berechnung des Heizwertes	51900/1	Prüfung fester und flüssiger Brennstoffe; Bestimmung des Brennwertes mit dem Bombenkalorimeter und Berechnung des Heizwertes; Allgemeine Angaben, Grundgeräte, Grundverfahren
20967	Strömungsmechanik; Größen, Formelzeichen, Einheiten	5492	Formelzeichen der Strömungsmechanik
21126	Gasförmige Brennstoffe; Berechnung der Verbrennungswärme und des Heizwertes	51858	Gasförmige Brennstoffe und sonstige Gase; Berechnung des Brennwertes, Heizwertes und der relativen Dichte von Gasgemischen
22100/03	Formelzeichen, Kennzahlen	E 1304/01	Formelzeichen; Allgemeine Formelzeichen
22112/01	Elektrotechnik, Elektronik	E IEC25(CO)85	Formelzeichen für die Elektrotechnik
		4897	Elektrische Energieversorgung, Formelzeichen
31548	Einheiten physikalischer Größen	1301	Einheiten; Einheitennamen, Einheitenzeichen
34126	Gas; Bezugszustand, Normzustand, Standardzustand	E 1343	Referenzzustand, Normzustand, Normvolumen
34854	Druck; Begriffe, Formelzeichen	1314	Druck; Grundbegriffe, Einheiten
190-379/03	Gaswirtschaft; Gasarten	1340	Gasförmige Brennstoffe und sonstige Gase; Arten, Bestandteile, Verwendung
190-379/04	Gaswirtschaft; Gütewerte	51850	Brennwerte und Heizwerte gasförmiger Brennstoffe
		51872	Prüfung von gasförmigen Brennstoffen und sonstigen Gasen

Literaturverzeichnis

Abschnitt 1

[1.1] *Elsner, N.:* Grundlagen der Technischen Thermodynamik. Berlin: Akademie-Verlag 1973

[1.2] *Christian, W.:* Einführung in die technische Thermodynamik. Leipzig: VEB Deutscher Verlag für Grundstoffindustrie 1973

[1.3] *Fleischer, L.-G.* (Federführung): Technische Thermodynamik I und II (Lehrwerk Verfahrenstechnik). Leipzig: VEB Deutscher Verlag für Grundstoffindustrie 1973

[1.4] *Fratscher, W.; Picht, H.-P.:* Stoffdaten und Kennwerte der Verfahrenstechnik (Lehrwerk Verfahrenstechnik). Leipzig: VEB Deutscher Verlag für Grundstoffindustrie 1984

[1.5] *Jaworski, B. M.; Detlaf, A. A.:* Taschenbuch der Physik. Moskau: Verlag Mir; Berlin; Akademie-Verlag 1985

[1.6] *Frohberg, M.G.:* Thermodynamik für Metallurgen und Werkstofftechniker, Leipzig: VEB Deutscher Verlag für Grundstoffindustrie 1981

[1.7] *Kowaczeck, J.; Kurth, K.; Schubert, H.:* Tabellenbuch für die Gastechnik. Leipzig: VEB Deutscher Verlag für Grundstoffindustrie 1974

[1.8] *Arutjunov, V. A.; Mitkalinnij, V. I.; Stark, S. B.:* Metallurgičeskaja teplotechnika (Metallurgische Wärmetechnik), Band. I Moskau: Verlag Metallurgija 1974

[1.9] *Vukalovič, M. P.; Novikov, J. J.:* Termodinamika (Thermodynamik). Moskau: Verlag Mašinostrojenije 1972

[1.10] *Kirillin, V. A.:* Techničeskaja termodinamika (Technische Thermodynamik). Moskau: Verlag Energija 1968

[1.11] *Telegin, A. S.; Švydkij, V.-S.; Jarošenko, Ju. G.:* Termodinamika i teplomassoperenos (Thermodynamik und Stoff- und Wärmeübertragung). Moskau: Verlag Metallurgija 1980

Abschnitt 2

[2.1] *Filimonov, Ju. P.* (Federführung): Promyšlennyje peči (Industrieöfen). Moskau: Verlag Mašinostrojenije 1964

[2.2] *Naue, G.* (Federführung): Technische Strömungsmechanik I (Lehrwerk Verfahrenstechnik), 3. Auflage. Leipzig: VEB Deutscher Verlag für Grundstoffindustrie 1983

[2.3] *Naue, G.* (Federführung): Technische Strömungsmechanik II (Lehrwerk Verfahrenstechnik). Leipzig: VEB Deutscher Verlag für Grundstoffindustrie 1978

[2.4] *Bohl, W.:* Technische Strömungslehre, 6. Auflage, Leipzig: VEB Fachbuchverlag 1984

[2.5] *Költzsch, P.:* Strömungsmechanik I, Wissensspeicher, Teil I. Freiberg: Bergakademie 1982

[2.6] Taschenbuch Maschinenbau, Band 1 (Hrsg. *W. Häußler*), 4. Auflage. Berlin: Verlag Technik 1978

[2.7] *Kostočkin, V. N.:* Zentrobeshnije ventilatory (Zentrifugalgebläse). Moskau: Verlag Mašinostrojenije 1951

[2.8] *Philipp, W.:* Manuskriptunterlagen, Strömungsmechanik. Freiberg: Bergakademie 1985

[2.9] *Glinkov, M. A.* (Federführung): Metallurgičeskije peči (Metallurgische Öfen). Moskau: Metallurgisdat 1951

[2.10] *Idelšik, J.*: Spravoλnik po gidravličeskim soprotivlenijam (Handbuch für Strömungswiderstände). Moskau: Verlag Mašinostrojenije 1960

[2.11] *Kasanzev, E. J.*: Promyšlennije peči (Industrieöfen), 2. Auflage, Moskau: Verlag Metallurgija 1975

[2.12] *Tymčak, V. M.*: Spravočnik konstruktora pečej (Handbuch des Ofenkonstrukteurs), Band I. Moskau: Verlag Metallurgija 1970

[2.13] *Abramovič, G. N.*: Teorija turbulentnich struj (Theorie turbulenter Strahlen). Moskau: Verlag Fismatgis 1960

[2.14] *Povch, J. L.*: Techničeskaja gidromechanika (Technische Hydrodynamik). Moskau: Verlag Mašinostrojenije 1969

[2.15] *Schlichting, H.*: Grenzschichttheorie, 5. Auflage. Karlsruhe: Braun-Verlag 1965

[2.16] *Brunklaus, J. H.*: Industrieöfen, 5. Auflage. Essen: Vulkan-Verlag 1986

Abschnitt 3

[3.1] *Hackeschmidt, M.*: Strömungstechnik, Band III. Leipzig: VEB Deutscher Verlag für Grundstoffindustrie 1972

[3.2] *Tetelbaum, J. M.*: Elektrische Analogieverfahren. Berlin: VEB Verlag Technik 1963

[3.3] *Guchman, A. A.*: Vedenije v teoriju podobija (Einführung in die Ähnlichkeitstheorie). Moskau: Verlag Vysšaja škola 1973

[3.4] *Guchman, A. A.*: Primenenije teorii podobija k issledovaniju prozessov teplomassoobmena (Anwendung der Ähnlichkeitstheorie zur Untersuchung von Prozessen der Wärme- und Stoffübertragung). Moskau: Verlag Vysšaja škola 1967

[3.5] *Kirpičev, M. V.*: Teorija podobija (Ähnlichkeitstheorie). Moskau: Verlag Akademi nauk SSSR 1953

Abschnitt 4

[4.1] *Elsner, N.*: Grundlagen der Technischen Thermodynamik. Berlin: Akademie-Verlag 1973

[4.2] *Christian, W.*: Einführung in die technische Thermodynamik. Leipzig: VEB Deutscher Verlag für Grundstoffindustrie 1973

[4.3] *Javorski, B. M.; Detlaf, A. A.*: Taschenbuch der Physik. Moskau: Verlag Mir; Berlin: Akademie-Verlag 1985

[4.4] *Michejew, M. A.*: Grundlagen der Wärmeübertragung. Berlin: VEB Verlag Technik 1968

[4.5] *Tautz, H.*: Wärmeleitung und Temperaturausgleich. Berlin: Akademie-Verlag 1971

[4.6] *Arutjunov, V. A.; Mitkalinnij, V. I.; Stark, S. B.*: Metallurgčieskaja teplotechnika (Metallurgische Wärmetechnik). Band I. Moskau: Verlag Metallurgija 1974

[4.7] *Bloch, A. G.*: Osnovy teploobmena islučenijem (Grundlagen der Strahlungswärmeübertragung). Moskau/Leningrad: Verlag Energija 1962

[4.8] *Guchman, A. A.*: Primenenije teorii podobija k issledovaniju prozessov teplomassoobmena (Anwendung der Ähnlichkeitstheorie zur Untersuchung von Prozessen der Wärme- und Stoffübertragung). Moskau: Verlag Vysšaja šlola 1967

[4.9] *Siegel, R.; Howell, J.*: Teploobmen islučenijem (Strahlungswärmeübertragung). Moskau: Verlag Mir 1975

[4.10] *Isačenko, V. P.; Osipova, V. A.; Sukomel, A. S.*: Teploperedača (Wärmeübertragung). Moskau: Verlag Energija 1975

[4.11] *Kasanzev, E. I.*: Promyšlennije peči (Industrieöfen). Moskau: Verlag Metallurgija 1975

[4.12] *Kutateladse, S. S.*: Osnovy teploobmena (Grundlagen der Wärmeübertragung). Novosibirsk: Verlag Nauka (1970

[4.13] *Lykov, A. V.*: Teorija teploprovodnosti (Wärmeleittheorie). Moskau: Verlag Vysšaja škola 1967

[4.14] *Mastrjukov, B. S.*: Teplotechničeskije pasčety promyšlennich pečej (Wärmetechnische Berechnung von Industrieöfen). Moskau: Verlag metallurgija 1972

[4.15] *Nevskij, A. S.*: Lučistij teploobmen v pečach i topkach (Strahlungswärmeübertragung in Öfen und Feuerungen). Moskau: Verlag Metallurgija 1971

[4.16] *Telegin, A. S.; Švydkij, V. S.; Jarošenko, Ju. G.*: Termodinamika i teplomassoperenos (Thermodynamik und Stoff- und Wärmeübertragung). Moskau: Verlag metallurgija 1980

Abschnitt 5

[5.1] *Kurth, K.; Kochs, A.*: Grundlagen der Gasanwendung. Leipzig: VEB Deutscher Verlag für Grundstoffindustrie 1980

[5.2] *Kowaczeck, J.; Kurth, K.; Schubert, H.*: Tabellenbuch für die Gastechnik. Leipzig: VEB Deutscher Verlag für Grundstoffindustrie 1974

[5.3] *Becher, U.*: Gasbeheizte Industrieöfen und Wärmeanlagen. Leipzig: VEB Deutscher Verlag für Grundstoffindustrie 1968

[5.4] *Heiligenstaedt, W.*: Wärmetechnische Rechnungen für Industrieöfen. Düsseldorf: Verlag Stahleisen 1951

[5.5] *Glinkov, M. A.*: Teplovaja rabota staleplavilnich vann (Wärmetechnik von Stahlschmelzbädern). Moskau: Verlag Metallurgija 1970

[5.6] *Kantorovič, B. V.; Mitkalinnij, V. I.; Deljagin, G. N.; Ivanov, V. M.*: Gidrodinamika i teorija gorenija potoka topliva (Hydrodynamik und Verbrennungstheorie des Gasstromes). Moskau: Verlag Metallurgija 1971

[5.7] *Krivandin, V. A.; Markov, B. L.*: Metallurgičeskije peči (Metallurgische Öfen). Moskau: Verlag Metallurgija 1977

[5.8] *Michejev, V. P.; Mednikov, Ju. P.*: Sshiganije prirodnogo gasa (Verbrennung von Erdgas). Leningrad: Verlag Nedra 1975

[5.9] *Isserlin, A. S.*: Osnovy sshiganija gasovogo topliva (Grundlagen der Verbrennung von Gas). Leningrad. Verlag Nedra 1980

[5.10] *Brunklaus, J. H.*: Industrieöfen. 5. Auflage. Essen: Vulkan-Verlag 1986

Abschnitt 6

[6.1] *Elsner, N.*: Grundlagen der Technischen Thermodynamik. Berlin: Akademie-Verlag 1973

[6.2] *Michejew, M. A.*: Grundlagen der Wärmeübertragung. Berlin: VEB Verlag Technik 1968

[6.3] *Tautz, H.*: Wärmeleitung und Temperaturausgleich. Berlin: Akademie-Verlag 1971

[6.4] *Mastrjukov, B. S.*: Teorija, konstrukzija i pasčety metallurgičeskich pečej (Theorie, Konstruktion und Berechnung metallurgischer Öfen). Moskau: Verlag Metallurgija 1978

[6.5] *Taiz, N. Ju.*: Teorija negreva stali (Theorie der Stahlerwärmung). Moskau: Verlag Metallurgija 1962

[6.6] *Filimonov, Ju. P.; Stark, S. B.; Morosov, V. A.*: Metallurgičeskaja teplotechnika (Metallurgische Wärmetechnik). Band II. Moskau: Verlag Metallurgija 1974

[6.7] *Heilgenstaedt, W.*: Wärmetechnische Rechnungen für Industrieöfen. 3. Auflage. Düsseldorf: Verlag Stahleisen 1955

[6.8] *Schack, A.*: Der industrielle Wärmeübergang, 5. Auflage. Düsseldorf: Verlag Stahleisen 1957

[6.9] *Brunklaus, J. H.*: Industrieöfen, 5. Auflage. Essen: Vulkan-Verlag 1986
[6.10] *Senkara, T.*: Wärmetechnische Rechnung für gas- und ölbeheizte Wärmeöfen. Essen: Vulkan-Verlag 1977

Abschnitt 7

[7.1] *Javojskij, V. I.*: Theorie der Stahlerzeugung. Leipzig: VEB Deutscher Verlag für Grundstoffindustrie 1969
[7.2] *Glinkov, M. A.*: Teplovaja rabota staleplavilnich vann (Wärmetechnik von Stahlschmelzbädern). Moskau: Verlag Metallurgija 1970
[7.3] *Arutjunov, V. A.; Mitkalinnij, V. I.; Stark, S. B.*: Metallurgičeskaja teplotechnika (Metallurgische Wärmetechnik), Band I. Moskau: Verlag Metallurgija 1974
[7.4] *Goldfarb, E. M.*: Teplotechnika metallurgičeskich prozessov (Wärmetechnik metallurgischer Prozesse). Moskau: Verlag Metallurgija 1967
[7.5] *Kutateladse, S. S.; Styrikovič, M. A.*: Gidrinamika gasoshidkostnich sistem (Hydrodynamik von Gas-Flüssigkeits-Systemen). Moskau: Verlag Energija 1976
[7.6] *Javoiskij, V. I.; Dorofejev, G. A.; Povch, I. L.*: Teorija produvki staleplavilnoj vanny (Theorie des Durchblasens von Stahlschmelzbädern). Moskau: Verlag Metallurgija 1974
[7.7] *Marincek, B.*: Stoff- und Wärmeumsatz metallurgischer Vorgänge. Berlin/Göttingen/Heidelberg: Springer-Verlag 1964
[7.8] *Thring, M. W.*: The science of flames and furnaces (Theorie von Flammen und Öfen). London: Verlag Chapman & Hall Ltd 1952

Abschnitt 8

[8.1] *Lykow, A. W.*: Experimentelle und theoretische Grundlagen der Trocknung. Berlin: VEB Verlag Technik 1955
[8.2] *Maltry, W.*: Wirtschaftliches Trocknen. Dresden: Verlag Theodor Steinkopff 1975
[8.3] *Krischer, O.; Kröll, K.*: Trocknungstechnik, Band I und II, 2. Auflage. Berlin/Göttingen/Heidelberg: Springer Verlag 1966
[8.4] *Vauck, W. R. A.; Müller, H. A.*: Grundoperationen chemischer Verfahrenstechnik, 6. Auflage. Leipzig: VEB Deutscher Verlag für Grundstoffindustrie 1982
[8.5] *Häußler, W.*: Das Mollier-*i*-*x*-Diagramm für feuchte Luft und seine technische Anwendung. Dresden: Verlag Theodor Steinkopff 1960
[8.6] *Elsner, N.*: Grundlagen der Technischen Thermodynamik. Berlin: Akademie-Verlag 1973
[8.7] *Pawlow, K. F.; Romankow, P. G.; Noskow, A. A.*: Beispiele und Übungsaufgaben zur chemischen Verfahrenstechnik, 5. Auflage. Leipzig: VEB Deutscher Verlag für Grundstoffindustrie 1963
[8.8] *Weiß, S.* (Federführung): Thermische Verfahrenstechnik (Lehrbuch und Aufgabensammlung aus dem Lehrwerk Verfahrenstechnik), 3. Auflage. Leipzig: VEB Deutscher Verlag für Grundstoffindustrie 1975
[8.9] *Filimonov, Ju. P.; Stark, S. B.; Morosov, V. A.*: Metallurgičeskaja teplotechnika (Metallurgische Wärmetechnik), Band II. Moskau: Verlag Metallurgija 1974
[8.10] *Filimonov, Ju. P.* (Federführung): Promyslennije peči (Industrieöfen). Moskau: Verlag Mašinostrojenije 1964

Sachwörterverzeichnis

VERZEICHNIS DER WICHTIGSTEN SYMBOLE

Symbol	Bezeichnung [Einheit]
$\boldsymbol{A}$	Fläche [m^2] spezifische Oberfläche [m^2/kg]
a	Schallgeschwindigkeit [m/s] Temperaturleitfähigkeit [m^2/s]
B, b	Breite [m]
B	magnetische Flußdichte [T] magnetische Induktion [T; T = Wb/m^2]
C	Konstante
C	molare Wärmekapazität [J/kmol] Proportionalitätsfaktor Strahlungskoeffizient [W/(m^2 K^4)] Wärmekapazität [J/K]
c	Lichtgeschwindigkeit [m/s] spezifische Wärmekapazität [J/(kg K)]
$\bar{c}$	mittlere Geschwindigkeit der thermischen Molekülbewegung [m/s]
C_t	molare Wärmekapazität [J/(kmol K)]
c_p	isobare spezifische Wärmekapazität [J/(kg K)]
c_v	isochore spezifische Wärmekapazität [J/(kg K)]
D	Diffusionskoeffizient [m^2/s]
D, d	Durchmesser [m]
E	Aktivierungsenergie [J/kg; J/kmol] Elastizitätsmodul [Pa] Energie [J]
e	spezifische Arbeit [J/kg] spezifische äußere Energie [J/kg]
F	Kraft [N]
f	Frequenz [^{1}/s] massebezogene Kraft [N/kg] relative Feuchte [kg/kg; %]
g	Fallbeschleunigung [m/s^2]
H	Enthalpie [J]
H, h	Höhe [m]
$\dot{H}$	Enthalpiestrom [J/s $\triangleq$ W]
h	Höhe [m] Plancksches Wirkungsquantum [J s] spezifische Enthalpie [J/kg]
H_u	Heizwert [J/kg; J/m^3]
H_o	Brennwert [J/kg; J/m^3)]
I	Impuls [kg m/s]
$\dot{I}$	Impulsstrom [N]
i	Laufzahl
K	Feuchteleitfähigkeit [m^2/s] Massedichte der äußeren Massekraft
k	Laufzahl Rauhigkeit, relative Schwächungskoeffizient [^{1}/m]
K_p	Feuchteleitkoeffizient [s]
K_T	Thermofeuchteleitkoeffizient [m^2(s K)]
L	Länge [m] Weg [m]
l	Mischungsweg [m]
m	Masse [kg]
$\dot{m}$	Massestrom [kg/s] Massestromdichte [kg/(m^2 s)]
M_t	molare Masse [kmol]
n	Anzahl der Moleküle je Volumeneinheit [^{1}/m^3]
$\boldsymbol{n}$	Normaleneinheitsvektor
P	Konstante
P	Leistung [W]
p	Druck, Partialdruck [Pa]
Q	Wärmemenge [J]
$\dot{Q}$	Wärmestrom [J/s $\triangleq$ W]
q	spezifische Wärme [J/kg]
$\dot{q}$	Strahlungsdichte [W/m^2]
$\dot{q}$	Wärmestromdichte [J/(s m^2) $\triangleq$ W/m^2]
$\dot{q}_V$	volumenbezogene Strahlungsdichte [W/m^3]
R	Gaskonstante, universelle (molare) [J/(kmol K)]
R, r	Radius [m]
r	spezifische Verdampfungsenthalpie [J/kg]
R_t	spezifische Gaskonstante [J/(kg K)]
S	Entropie [J/K]
s	gleichwertige Schichtdicke [m] spezifische Enthalpie [J/(kg K)]
T	thermodynamische Temperatur [K]
t	Temperatur [°C] Zeit [s]
u	absolute Feuchte [kg/kg] spezifische innere Arbeit [J/kg]
V	Volumen [m^3]
$\dot{V}$	Volumenstrom [m^3/s]
v	Geschwindigkeit [m/s] spezifisches Volumen [m^3/kg]
$\boldsymbol{v}$	Geschwindigkeitsvektor [m/s]
V_M	molares Volumen [m^3/kmol]
W	Arbeit [J] Feuchtigkeit
w	spezifische Arbeit [J/kg]
x	Wassergehalt [kg/kg]
α	Absorptionsgrad Benetzungswinkel Wärmeübertragungskoeffizient [W/(m^2 K)]
β	dimensionslose Konstante Luftverdichtungsverhältnis Raumausdehnungskoeffizient [1/K $\triangleq$ m^3/(m^3 K)] Stoffübertragungskoeffizient [m/s] Streukoeffizient [^{1}/m]
β_k	kritisches Druckverhältnis Laval-Druckverhältnis
γ	Volumentemperaturkoeffizient [1/K $\triangleq$ m^3/(m^3 K)]
ΔT	Temperaturdifferenz [K]
δ	Dicke der Grenzschicht [m] bzw. Unterschicht [m]
ε	Emissionsgrad Kompressionszahl Kontraktionskoeffizient Leistungszahl Verdichtungsverhältnis
ζ	Druckverlustbeiwert Widerstandsbeiwert
η	dynamische Viskosität [Pa s] Strahldichte der Volumenstrahlung [W/m^3] Wirkungsgrad
Θ	Winkel
ϑ	Übertemperatur [K]
$\varkappa$	Absorptionskoeffizient [1/m]
λ	Druckverhältnis Luftverhältnis [m^3/m^3] Reibungsbeiwert Wärmeleitkoeffizient [W/(m K)] Wellenlänge [m]
μ	Ausströmzahl Gaskonzentration
ν	kinematische Viskosität [m^2/s]
ϱ	Ausdehnungsverhältnis Dichte (kg/m^3]
σ	Oberflächenspannung [N/m]
τ	Reibungsschubspannung [Pa] Transmissionsgrad
φ, Φ	Einstrahlzahl relative Feuchte [%] Strahlungsflußdichte [W/m^2]

GPSR Compliance

The European Union's (EU) General Product Safety Regulation (GPSR) is a set of rules that requires consumer products to be safe and our obligations to ensure this.

If you have any concerns about our products, you can contact us on ProductSafety@springernature.com

In case Publisher is established outside the EU, the EU authorized representative is:

Springer Nature Customer Service Center GmbH
Europaplatz 3
69115 Heidelberg, Germany

Batch number: 10704763

Printed by Printforce, the Netherlands